彩色悦读馆

武器百科

彩色图鉴

才 林 编写

北京联合出版公司
Beijing United Publishing Co.,Ltd.

图书在版编目（CIP）数据

武器百科彩色图鉴 / 才林编写 . -- 北京：北京联合出版公司 , 2014.10
（2020.12 重印）
ISBN 978-7-5502-3693-6

Ⅰ . ①武… Ⅱ . ①才… Ⅲ . ①武器—图集 Ⅳ . ① E92-64

中国版本图书馆 CIP 数据核字（2014）第 227465 号

武器百科彩色图鉴

编　　写：	才　林	
责任编辑：	徐秀琴	
封面设计：	彼　岸	
责任校对：	黄海娜	
美术编辑：	李丹丹	

出　　版：北京联合出版公司
地　　址：北京市西城区德外大街 83 号楼 9 层　100088
经　　销：新华书店
印　　刷：三河市兴博印务有限公司
开　　本：720mm×1020mm　1/16　印张：27.5　字数：780 千字
版　　次：2014 年 10 月第 1 版　2020 年 12 月第 13 次印刷
书　　号：ISBN 978-7-5502-3693-6
定　　价：75.00 元

前言 PREFACE

　　战争是人类历史具有永恒魅力的课题，它始终作为解决矛盾的终结方式伴随在人类左右，在大约5000年有文字记载的历史上，先后发生的战争在一万次以上。如此频繁且绵延恒久的战争覆盖了世界短暂的和平祥光。唯有决定战争方式的武器，随着时代的进步、科技的发展不断改头换面，体现着优胜劣汰的自然法则。

　　武器——一个让人充满好奇和有些恐惧的字眼，既能沦为战争发动者的帮凶，又能成为遏制战争爆发的英雄。它以其独特的双重身份和令人恐惧的巨大威力成为战场上的焦点。在纷飞的战火中，它们上天入地，无所不能：或腾空而起，或从天而降；或以排山倒海之势摧毁一切，或不声不响地杀人于无形……武器家族以一种神秘的姿态吸引我们前去探寻。

　　让我们穿越时空，回到远古时代。那时，掠夺战争频频出现，石头、枪、刀、剑等随之诞生，闪耀着信义和忠勇光芒的冷兵器走过了漫长的石木兵器时代、铜兵器时代、铁兵器时代。火器时代的开始，结束了冷兵器作为战场首选武器的历史。特别是13世纪中国火药的发明，为武器装备带来了一场革命。滑膛枪取代长矛等冷兵器，成为战场上的有生力量，并导致了新的兵种——装备滑膛炮的炮兵应运而生。15～17世纪，各封建国家对枪、炮不断改进，至16世纪20年代，将大炮搬上了战船，延长了军舰的作战距离，接舷而战终为炮击的巨大威力彻底抛弃。

　　18世纪中期，欧洲进入自由资本主义时期，以英国工业革命为标志，社会生产力从铁器时代推进到机器时代，武器装备不断改进，燧发枪、前装线膛枪逐步改进为击针后装线膛枪，前装滑膛炮改进为后装线膛炮；榴弹和榴霰弹代替了球形炮弹；出现了装甲车、装甲战舰、地雷和水雷，火器射程和毁伤力大大增强。

　　第一次世界大战前后，多种新式技术兵器接踵问世，陆军有自动步枪、机枪、迫击炮、手榴弹等；海军有驱逐舰、战列舰、巡洋舰、潜艇、鱼雷和鱼雷艇等。飞机开始用于军事，坦克、高射炮、化学武器亮相战场，直接影响到了战争的局势。到第二次世界大战，这些武器装备已成为大规模作战形式。继之，导弹、原子弹使整个世界处于核威慑的阴影中。

　　对于生长在和平年代的我们而言，对武器不知道、想知道的实在太多了。为了帮助大家揭开兵器家族的神秘面纱，我们精心组织编写了这本《武器百科彩色图鉴》。本书是一部全面介绍武器知识的大型图书，以时间为线索，循着武器发展的脉络，从几百万年前人类使用的第一件武器开始讲起，详细解读了古代冷兵器、火器时代的兵器、现代战争中的常规武器、日新月异的新式武器等，几乎囊括了人类历史上所有的武器种类。全书共分为轻武器、火炮、舰船、飞机、坦克与装甲车、导弹及其他6个部分，比较全面、完整、系统地介绍了轻武器、火炮、装甲车辆、导弹、战斗舰艇、作战飞机、武装直升机、化学武器、生物武器、燃烧武器、核武器、新概念武器、地雷等600余种当今世界现役的主流武器与曾经辉煌无限的老一代王牌武器。编者遵循知识性、趣味性和科学性相互结合的原则，以权威翔实的数据，配以 2000 余幅精美图片，分门别类地介绍了世界各国具有代表性的武器风貌，并对特定武器相关的事件和背景进行了阐述，增强了本书的可读性，以期读者通过较短时间的阅读便可对世界武器发展的轨迹有一个清晰了解。这本书不仅是普及军事知识的最佳读本，而且也是军事爱好者必备的理想藏书。

目录 CONTENTS

轻武器

火 炮

舰 船

飞 机

坦克与装甲车

导弹及其他

SMALL ARMS
轻武器

冷兵器时代

在火药发明以前的兵器，基本上都是冷兵器。冷兵器按材质可分为石、骨、蚌、竹、木、皮、革、青铜、钢铁等种类；按用途可分为进攻性兵器和防护装具，其中进攻性兵器中又可分为格斗、远射和卫体三类；按作战使用可分为步战兵器、车战兵器、骑战兵器、水战兵器和攻守城器械等；按结构形制可分为短兵器、长兵器、抛射兵器、系兵器、护体装具、器械、兵车、战船等。冷兵器基本上都是以近战杀伤为主。世界各国冷兵器的发展基本可归结为石木兵器时代、铜兵器时代、铁兵器时代和冷兵器与火器并用时代。

刀

刀以砍杀的方式直取敌人的性命，总是和凶猛的威力联系在一起，而不像剑那样雅致和富有诗意。即使作为佩刀佩挂在身上，也主要是战将才这么做，文人雅士是不佩挂大刀的。刀比剑的出现要早得多，石器时代已经有打磨而成的石刀。这些早期的石刀、骨刀既是工具，也是随身携带的武器。中国的黄帝时代，石刀被称为"玉兵"。许多刀在早期还用于仪式。这些石刀都是用珍贵的玉石磨制成的，上面雕刻着精美的花纹图案。

↑丹麦匕首（公元前3000～公元前2000年），现存于保加利亚伐尔那博物馆。

↑中国商代青铜兵器三孔有銎钺。

↓古非洲人使用弓箭、长矛砍杀野牛等很多动物。

↑意大利青铜雕像《朱迪达》。

↑双耳瓷瓶（其上绘有赫克力士使用弓剑、长矛与三身巨人革律翁奋战）。

从铜兵器时代到铁兵器时代

这是冷兵器时代最为辉煌的一段时间。先是出现了红铜做的兵器，但硬度不够好。接着人们发现，将铜、锡、铅三种金属放在一起冶炼会大大增强硬度，于是开始用这种青铜合金来打制锋利的兵器。这样，那些锋利但笨重易损坏的石制兵器就被淘汰了。

青铜兵器的制造工艺精巧，外表雕饰、镶嵌着各种美丽的花纹，有的兵器上还镌有铭文。此时的兵器多为铸制而成，主要有铜剑、铜戈、铜矛、铜刀、铜戟等，防护兵器有铜盔甲等。这个时期持续时间不长，性能更好的铁便出现了。铁比铜更容易铸造且可以反复打制，可塑性和强度大大提高，而且冶炼简单，矿石材料随处可见，易于大量生产并装备大规模作战的军队。此时用铁制造的兵器种类极多，主要有各种刀、剑、铁杖、铁锥、铁鞭、铁锏、铁枪等。随着炼钢术的不断进步，铁兵器的质量、形制及种类也不断发展、完善，但仍没脱离近战的以直接杀伤为主的范围。火器出现并发展后，铁兵器的辉煌时代便结束了。

汉代的刀

中国汉代通用铁制环首刀，直背直刃，刀背较厚，刀柄扁圆环状，长度多在1米之内，后来普遍加长到1米以上。刀用于大力劈杀，极有威力。传说当时最有名的是制刀工匠阮师所制的刀。他用3年造刀1770口，制成后，已经精衰力竭，双目失明。中国晋代北齐人发展了灌钢法，造出著名的宿铁刀。先把生铁熔化浇灌到熟铁上，增加熟铁的含碳量，然后分别用牲畜尿和牲畜脂肪淬火成钢。牲畜尿中含有盐分，淬火时比水冷却快，淬火后的钢质坚硬；用牲畜脂肪淬火时冷却慢，因此钢质柔韧。

→古代蒙古骑士所持的刀主要用于劈杀。

↑古代土耳其士兵及佩带的马刀

↑古罗马角斗场的图画。描绘了角斗士用刀拼杀的残酷场面。

↑古代欧洲作战图画。两军短兵相接，举刀相迎。

↑古代中国人持刀武士图

欧洲的马刀和阿拉伯弯刀

　　公元 7 ～ 8 世纪，马刀盛行于东欧和中亚游牧民族，用做劈刺武器。公元 14 世纪，马刀上有了宽脊，用于增加刀身的重量和增大撞击力。马刀从此主要用于劈杀。这一类马刀中最具代表性的是土耳其马刀和波斯马刀。两种马刀均为直把，刀柄带有十字横档，重量小，刀身弯度大，刀身长近 1 米。在公元 18 ～ 19 世纪的欧洲军队中，马刀刀柄带有笨重的弧形护手，马刀全长达 1.11 米。

　　公元 18 世纪，马刀大量装备俄国骑兵部队，使这种机动性很强的军队具有了轻便的近战速决武器，作战能力大大提高。随后，马刀在各国普遍装备骑兵，一些国家也用于装备禁卫军。

　　现代一些国家仍装备有马刀，但大部分作为仪仗武器。

　　最有特色的是阿拉伯弯刀。这是一种曲线型的刀，刀身狭窄，弯度较大，长 1 ～ 1.2 米，刀身上有一道较深的凹痕。其特点是韧性和硬度好，刀刃极为锋利。古代大马士革和托莱多的军械工匠因制作优质的阿拉伯弯刀而闻名于世。

剑

　　剑应该是最美的兵器，它总是与英雄、武士、酒、美人和诗联系在一起。在中世纪的史诗中，英雄人物对武器有一种感情上的依附。剑通常像人一样有专门的名称：罗兰伯爵的剑称为"杜伦达尔"，查理大帝的剑称为"乔尤斯"，亚瑟王的剑称为"伊克斯卡利巴"。

　　真正的剑在青铜时代才出现。考古人员在世界各地发现了许多剑，其中许多是用于英雄或国王的殉葬品，例如在美塞尼的坟墓里就发现了90 多把剑。有些剑的装饰和镶嵌都极其豪华，一定是只供举行仪式用的。大多数的剑是大而薄的轻剑，剑身有 1 米长，主要是用来刺杀而不是用来砍杀。也有一种较短的剑，剑身上有凸纹，柄脚甚大，剑口较快，不仅用于刺杀，也用于砍和劈。在公元前 1350 年左右，铸剑的匠人通过在剑上增加棱纹的办法来增加剑的强度，西亚和多瑙河流域的人们多使用这种剑。希腊人使用的剑有好几种，虽然他们有用于砍杀的单刀剑，但是大多数剑都用于刺杀，跟他们喜欢使用长矛来刺杀颇为相似。

　　中世纪的后期出现了片甲，为了劈开这种甲胄，出现了长约 1.5 米的重型剑。这种武器需要双手使用，既用于刺，也用于劈。公元 15 ～ 16世纪时，步兵用剑同骑兵作战。公元 16 世纪初，由于射击武器的推广，剑在步兵中就不再使用，

→罗马军团用的铠甲和剑

↑古罗马佩剑

↓欧洲中世纪后期大量使用可用于劈、砍的长剑。下图是手持长矛混战的场面。

而骑兵则改用马刀和大军刀。

在中国，剑又称为"直兵"。迄今发现最早的是张家坡柳叶形青铜短剑，周代以后出现钢铁剑。汉代以后由于步骑兵砍、劈的需要，多用单刀厚背的环首刀，剑逐渐变为饰物和防身武器。

日本的长剑是造剑工艺中的杰作。这种剑的铸造时间甚长，剑身是熟铁做的，剑刃是含碳量高的钢。一把好的日本剑插在水中，顺流而下的草会齐刷刷地断为两截。

弓箭

弓箭是一种了不起的发明，因为它是人类制造出来的第一种可以积存能量来打击敌人的武器，而且它可以越过一段距离去杀伤对手，使士兵不用面对面地近战。最简单的弓是用加热的办法使木棍稍微弯曲，再用弦线拴起来。经过若干世纪，长弓和弩在欧洲发展起来了。这两种弓在引进了火器之后许久的公元17世纪仍在使用。长弓是由简单的单棍弓演变出来的一种又大又重的硬弓，需要较大的力气才拉得开，射的距离也比较远。这种弓用榆木、榛木或紫杉木制成，长约1.8米，有效射程达230米。英国部队在公元13世纪开始使用这种弓，并发展出弓箭部队。这种弓简单，射得快，一个好的弓箭手每分钟可射五六支箭。亨利八世在位时有一条法令规定，大

小城市里的所有居民都必须制造箭垛子，到节假日把箭垛子拿出去练习射箭，违令者每月罚款20先令。古埃及的弓十分精良，新王国时期埃及人的弓一般是用圆木条制成，中间粗，两端逐渐细尖。也有的在木弓上嵌以羚羊角片，外覆一条牛筋，用棕榈树皮将各种复合件紧缠在木弓上。复合弓力量大，射程远，但不易拉开，箭杆材料有木棍、芦苇等，金属做箭头，用3支羽毛做尾翼。

↓手执弓箭的古代欧洲人

↓弩的复原模型图

弩

弩是一种固定在一段木头上的弓，弓弦与木头相交成直角。最简单的弩用手来发射，但是借助某些弯曲的机械可逐渐产生张力。

弩箭通常比一般的箭短，但弩箭的箭头要重一些，上面装有羽毛翼或金属翼。有时金属翼制成螺旋形，使弩箭旋转。弩与弓的根本区别在于弩具有延时结构，不须引弓和同时瞄准，可利用臂、足、腰、机械等多种方式引弓，从容瞄准，伺机发射。弩比弓发射的箭射程远，准确性高，穿透性强；但发射速度逊于弓，且比弓笨重。早在古希腊和中国战国时期已出现了最早的弩，以后几乎传遍所有主要军事国家。

长矛

矛是最早出现的长兵器之一。迄今已发现有从旧石器时期早期遗留下来的约10万年前的木矛。约3万年前的旧石器时期晚期的人，把坚硬物绑在木棍上做成矛。矛出现以前，人类打猎是向动物扔石头。从公元前2700年起，在旧王朝和新王朝时期的古埃及，步兵都使用铜矛，后来

↑手持长矛和盾牌的古代士兵。在古代中国、波斯和古希腊，长矛已经普遍被使用。

↑罗马战车。这是由两匹马牵引的四轮战车，用于发射长矛。

则使用青铜矛。早于他们的苏美尔人，步兵和驾战车的将士都使用矛。矛也是古波斯人的主要武器，这一点我们可以从佩西波利斯王宫的石头浮雕上看出，那上面刻有波斯王大流士的手执长矛的私人卫士。

后来的希腊人也使用矛，掷标枪是奥林匹克运动会上的一个比赛项目，它提出了怎样使用矛的问题。壁画上有个步兵手持马其顿矛，这种矛两头都是尖的，以防毁损。他显然是用这种矛来刺杀。矛在此时是骑兵和步兵的通用武器。荷马时代的英雄们常常是带着两支矛上战场，带着一支矛回来，这表明轻的一支矛是用来投掷的，重的一支矛是握在手里刺杀的。骑兵使用的长矛是亚历山大大帝的骑兵最先开始使用的。他的骑兵穿着盔甲，带着剑、盾和长矛。从这个时候起，在罗马使用长矛的人已经很普遍了。在中世纪，欧洲为了提高武士们的作战技术，经常举办长矛投掷比武。长矛直到很晚的时候还是人们喜欢的一种武器。

古代的马拉战车

坐在或站在马拉的车上冲入敌阵作战，是古代英雄们充分显示其体魄和力量的事情。冷兵器时代的战车是指以人力、畜力推挽，直接用于作战的各种车辆。约在公元前26世纪，两河流域的苏美尔人使用的战车是世界上最早的战车。苏美尔人的战车为木质，四轮，轮外缘宽、内缘窄，直接同车轴联结，无轮辐。车厢略呈长方形，车厢前部隆起，有作掩护用的小盾和斜挂着的标枪筒。战车驾4头毛驴，车上配有驭者和佩带斧子的战士。只有在轻便灵活、有轮辐和用一两匹马来驾辕的双轮战车出现后，战车在中东战

↑战车像。描绘着乘坐着马拉的战车的埃及人的这幅石浮雕，在位于上埃及阿比多斯的拉美西斯二世的神殿内。

争中才开始发挥重大作用。这种战车是在约公元前1800年出现的。最先造这种战车的是赫梯人。我们可以在许多古代的浮雕上看见赫梯人驾着数千辆战车跟埃及人打仗。此外，亚述人、印度人和中国人都曾有过大规模战车作战的辉煌历史。

马拉战车被骑兵取代了

早期的马拉战车使战斗能迅速进行，因而使埃及、赫梯和亚述这些大帝国能够维持其统治。早期的战车可能是用弯木做的，车身覆盖着柳条或牛皮，"挡泥板"上有一个筐子，用来装箭和短矛——因为战车上用的主要武器是箭和矛。一个人驾车，一两个人射箭。在欧洲，战车很少成为作战的主要兵器，而是用于作战指挥或一些特殊活动。战车的乘员往往是国王、贵族、军官和其他在军队中地位较高的人。不足的是，战车本身受地形、战斗队形、成本等因素的局限，后来在作战中的作用逐渐降低。荷马时代，用战车打仗已经过时了，灵活而气势磅礴的骑兵队伍取代了这种局限性较大的战车，成为战争中的主要突击力量。古代战车渐渐退出了战争。

攻城用的抛石机和石弩

公元前500多年，人类就开始研制和使用远射的重兵器。最早的重兵器是抛石机和石弩。抛石机利用杠杆原理，靠人力把约10千克重的石头抛出300步远，用于攻城或对付集团目标。石弩则是用蓄能武器弩来发射巨大的石块，形式和现代大炮非常相近。亚历山大大帝在公元前332年围攻蒂雷城时一连攻了7个月，他最后的胜利，是因为使用了石弩。据说，石弩是公元前3世纪初期的一个叫迪奥尼修斯的西西里将军发明的。

罗马人极擅长使用抛石机和石弩。他们的抛石机能把重100千克的标枪发射约460米远，石弩能把重230千克的圆石抛得更远。罗马人在公元68年的对犹太人战争中围攻约塔帕塔城，此城三面是悬崖峭壁，罗马人战斗了5天之后才进逼城下。罗马人建造起掩体，叫兵士们用160台抛射机向城上发射石头、箭和燃烧物以进行掩

↑古代攻城图：使用弓箭、抛掷机械等远射程兵器。

←这张波斯图表现了交战的双方，描绘的是蒙古人横跨底格里斯河攻陷巴格达的情形。胜利的取得归功于蒙古人使用的中国的围城机械，由驮马分件运送。弩炮装上配重体，射程从100米提高到了300米开外。公元1241年4月11日，在7门弩炮的隆隆炮火掩护下，蒙古人渡过了匈牙利境内的绍约河。

护，使用云梯攻城。犹太人用滚油和滚沥青向下泼。虽然烫死烫伤的人不计其数，但是罗马人还是在抛石机的掩护下爬云梯冲了上去。

枪的发展

火绳枪

据史料记载，在公元 1259 年，中国就制成了以黑火药发射子窠的竹管突火枪，这是世界上最早的管形射击火器。随后，又发明了金属管形射击火器——火铳，到明代已在军队中大量装备。

公元 14 世纪时，欧洲也有了从枪管后端火门点火发射的火门枪。公元 15 世纪欧洲的火绳枪，从枪口装入黑火药和铅丸，转动一个杠杆，用硝酸钾浸过的燃着的火绳头移近火孔，即可用手点燃火药发射。

比较有名的火绳枪是 16 世纪 20 年代出现于西班牙的"穆什克特"火枪。这种火枪的口径在

23 毫米以内，枪重 8 ～ 10 千克，弹丸重约 50 克，射程约 250 米。弹丸用木制的或铁制的通条从枪口装填。装备"穆什克特"火枪的步兵称为火枪手。由于火绳雨天容易熄灭，夜间容易暴露，这种枪在公元 16 世纪后逐渐被燧发枪所代替。

→公元 14 世纪的一名火枪手在发射长枪。此时的枪托夹在胳膊下。到公元 16 世纪枪托变宽变短后，才顶在肩上发射。

↑公元 16 世纪西班牙人发现和掠夺美洲大陆时所用的燧发枪。

燧发枪

燧发枪是一种枪口装弹的滑膛燧发式武器。最初的燧发枪是轮式燧发枪，用转轮同压在它上面的燧石摩擦发火。以后又出现了几种利用燧石与铁砧撞击迸发火星点燃火药的撞击式燧发枪。燧发枪与火绳枪相比，主要优点有：射速快、口径小、枪身短、重量轻、后坐力小等。燧发枪的主要样式有步兵燧发枪和骑兵燧发枪。燧发枪问世后，由于优点显著，渐渐取代了火绳枪，成为军队的主要武器，使用了约 300 年。

来复枪

早期的枪械都是前装滑膛枪。公元 1520 年，德国纽伦堡的一名铁匠戈特，为了简化前装手续，减少气体泄出，使弹丸在枪膛内起紧塞作用并提高装填速度，发明了直线式线膛枪，采用圆

↑公元 1607 年的火枪手。此图展示了一名典型的火枪手。

↑ 1830 年"七月革命"，起义者手持来复枪推翻了波旁王朝。

↑使用来复枪以后，军队的战斗力大为增强。这是来复枪队以排枪阵容对敌方的骑兵进行射击。

↓描绘美国西部枪战的图画。

↑一名法国海军士兵手持一支 1878 年的来复枪，这种来复枪已刻有螺旋形膛线。

形铅球弹丸。由于"膛线"一词的英文译音是"来复"，所以线膛枪也被称做来复枪。至今，印有戈特姓名和公元 1616 年生产日期的步枪还保存在博物馆内。这种带有膛线的来复枪射击精度大大超过了滑膛枪。

公元 16 世纪以后，膛线由直线形改为螺旋形，发射时能使长形铅丸作旋转运动，出膛后飞行稳定，提高了射击精度，增加了射程。较为有名的是法国的米宁前装式来复枪。此枪重约 4.8 千克，有 4 条螺旋形膛线，最大射程 914 米。弹丸长形，头部蛋形，底部中空，略小于口径，比较容易从枪口装填。发射时，火药气体使弹底部膨胀而嵌入膛线以发生旋转。但由于这种线膛枪前装很费时间，因而直到后装枪真正得到发展以后，螺旋形膛线才被广泛采用。

最有名的是英国帕特里克·弗格森于公元 1776 年发明的一种新式来复步枪。这种枪射程达 180 米，最远可达 270 米，平均每分钟可射 4 ~ 6 次。这比起当时每分钟只能发射一次，射程仅 90 米的一般步枪来说确是巨大进步。弗格森在枪膛内刻上螺旋形的纹路即来复线，使发射的弹头

旋转前进，增加了子弹飞行的稳定性、射程和穿透力；又在枪上安装了调整距离和瞄准的标尺，提高了射击命中率。

19 世纪，人们对枪的性能提出了更高的要求。1825 年，法国军官德尔文设计了一种枪管尾部带药室的步枪，采用球形弹丸，弹丸装入枪管后，利用探条冲打，使弹丸变形而嵌入膛线。这种枪的射程和精度都有明显提高。德尔文被称为"现代步枪之父"。

1848 年出现的米涅式步枪，构造比德尔文步枪更加简化，省去了专门的药室，弹丸也改为中空式。

从后面装弹的击发枪

1800 年，人们发现了雷汞，紧接着便又发明了含雷汞击发药的火帽。把火帽套在带火孔的击砧上，打击火帽即可引燃膛内火药，这就是击发式枪机。随后，1812 年在法国出现了定装式枪弹。它是将弹头、发射药和纸弹壳连成一体的枪弹。于是，人们开始从枪管尾部装填枪弹。这是由一位普鲁士军械工人德莱赛于 1835 年发明的，

←1856年3月30日，克里米亚战争以英、法、土联国战胜，俄战败而告终，而后在巴黎签订了《巴黎和约》，宣布依照和约规定，黑海为中立区，俄国必须炸毁包括塞瓦斯托波尔在内的4个海军基地，放弃对奥斯曼帝国境内的东正教臣民的保护权。图为发生在巴拉克拉瓦第93号萨瑟兰高地的一场激战。欧洲其他国家都纷纷装备了后装枪。

他把自己造的枪称为"针枪"。一勾扳机，一根长撞针便从弹药筒的底部穿过，插入炸药，刺穿雷管，引发炸药爆炸，将弹丸发射出去。后膛迅速装弹使德莱赛枪成了一种优越的武器，并于1840年装备普鲁士军队。

击针枪比以前的枪具有更高的射速，而且射手能以任何一种姿势重新装填子弹。可是在当时，几乎所有的国家都极力反对后装枪。战争使对后装枪持反对意见的人改变了看法。1866年，奥地利军队在战争中遭到了后装枪的沉重打击，于是法国、俄国、奥地利，还有欧洲其他国家都纷纷装备了后装枪。

1866年，法国装备了A·沙斯波式击针枪，俄国则装备了英国人卡莱式结构的击针枪。然而，纸壳子弹没有可靠的密闭，影响射击精度，并使枪机结构复杂化了。因此，在19世纪70年代，击针枪被更完善的机柄式步枪所代替，这种步枪使用定装式金属壳子弹和装有弹簧击针的活动枪机，把气体密封起来，解决了后喷问题。

这种从后面装填的武器从此才真正具有了前人无法想象的射程、准确性和发射速度，因此威力大增。从此，枪在战争中起到了决定性的作用。在1870年的色丹战役中，历史上最后一次大规模骑兵冲锋，在一次群射中遭到了惨重的打击。

首先使用金属壳子弹的毛瑟步枪

1867年，普鲁士王国姓毛瑟的两兄弟研制成功了世界上第一支发射金属外壳子弹的步枪，并于1871年被普鲁士王国用来装备军队。这是一种采用金属弹壳枪弹的机柄式步枪。这种枪的口径为11毫米，有螺旋膛线，发射定装式枪弹，由射手操纵枪机机柄，实现开锁、退壳、装弹和闭锁。这种枪可靠性好，操作简单方便，很快显示出它的威力来。

1882年，毛瑟步枪被改进后，在枪管下方枪托里装上可容8发枪弹的管形弹仓，将弹仓装满后，可多次发射，1884年被普鲁士政府用于基本的步兵武器。毛瑟又进一步改进其设计，最后发明出一种装在枪内的5发匣式弹仓。这种枪成为德军的制式步兵武器，并被世界各国所仿造。1886年无烟火药首先在法国用于枪弹发射药后，由于火药性能提高，残渣减少，以及金属深孔加

↑从后面装弹的击发枪，火帽套在带大孔的击砧上。

↑底部装有雷管的定装式枪弹用于击针枪。

↑19世纪初才出现的定装式枪弹，由火药、纸弹壳和金属弹丸组成。

工技术的进步，步枪的口径大都减小到 8 毫米以下，弹头初速也进一步得到提高。1896 年，毛瑟步枪也改为使用这种无烟火药制造的枪弹，并将口径改为 7.92 毫米。不久，很多国家都购买和装备了这种先进的步枪。

小口径自动步枪的发展

第二次世界大战以后，人们普遍认识到单兵突击的意义已经不大了。

1958 年，美军首先开始试验发射 5.56 毫米雷明顿枪弹的小口径自动步枪 AR15 式。它由美国著名枪械设计师尤金·斯通纳设计，1962 年定名为 M16 式自动步枪并装备部队，开枪械小口径化的先河。M16 式自动步枪重 3.1 千克，有效射程为 400 米，弹头命中目标后能产生翻滚，在有效射程内的杀伤威力较大。这种枪后来的改进型 M16A1式和 M16A2 式自动步枪，均用来装备美军。

许多国家也研制出多种发射小口径枪弹的步枪。苏联于 1974 年定型了口径为 5.45 毫米的AK74 式自动步枪。在欧洲一些国家还装备了无托步枪。这种枪握把在弹匣前方，可保持足够的枪管长度，枪长明显缩短，如法国的 FAMAS 步枪，奥地利的斯太尔自动步枪和英国的 SA80 自动步枪。1980 年 10 月，北大西洋公约组织选定5.56 毫米作为枪械的第二标准口径，并在各公约国军队中装备这种高射速小口径的自动步枪。

自动步枪和突击步枪的差别

19 世纪末 20 世纪初，一些国家开始研制自动步枪。1908 年墨西哥首先装备了蒙德拉贡设计

↓手持各式武器装备的德国士兵。

↑ 21 世纪现代化的士兵装备

的半自动步枪。但是，世界上第一支大量装备的半自动步枪是第二次世界大战中美国使用的"伽兰德"M1 式半自动步枪。第二次世界大战后迎来了全自动步枪的年代。20 世纪 50 年代，美国M14 式、比利时 FN FAL 式、德国 HKG3 式等全自动步枪相继问世，人们习惯上把全自动步枪叫自动步枪。

诞生于第二次世界大战中的德国 STG44 式突击步枪是一种能连发的自动步枪。那么突击步枪与自动步枪有何差别呢？

突击步枪是自动步枪中一种较短、较轻的步枪。而反过来，自动步枪不一定是突击步枪。如美国的 M14 式 7.62 毫米步枪是自动步枪，但不是突击步枪。但是对于某种步枪，尤其是 HKG3 式和 FN FAL 式步枪，有人认为是突击步枪，有人则认为它是一般自动步枪。至于小口径（6 毫米与 6毫米以下口径）步枪，则都属于突击步枪。

第二次世界大战中和战后的突击步枪

第二次世界大战中，不同型号的冲锋枪得到了迅速发展和大量应用。大战后期，出现了发射中间型枪弹的自动枪械，它具有冲锋枪火力密集的特点又有近于步枪的杀伤威力，有些国家把它称为突击步枪或自动步枪，而中国一般统称为冲锋枪。如德国的 STG44 式突击步枪，苏联的

↑英国恩菲尔德兵工厂的产品（自上而下）：车载机枪、弹链式轻机枪、L85A1（SA80）重管型步枪、L85A1（SA80）突击步枪、连发防暴枪。

↑枪族的概念已经成为现代轻武器设计与发展的基本思想。

AK47式突击步枪，中国的56式冲锋枪等。突击步枪是一种重量较轻、长度较短、具有冲锋枪猛烈的火力和接近步枪威力的全自动步枪。它使用中等威力步枪弹或小口径步枪弹，有效射程近，在近距离上能突然、机动灵活地消灭敌人，还可用刺刀、枪托杀伤敌人，有的还可发射枪榴弹，实现全面杀伤和反薄壁装甲。有人认为，俄国费德洛夫于1916年研制的6.5毫米口径自动步枪，是突击步枪的先驱。但世界上第一支真正的突击步枪是诞生于第二次世界大战期间的德国STG44式7.92毫米突击步枪，它在轻武器史上具有重大意义。而数年之后，1947年苏联推出的AK47式7.62毫米突击步枪，则将突击步枪向前大大推进了一步。十几年后，美国M16式自动步枪的装备，以及20世纪70～80年代各国相继研制与装备，使步枪逐渐被小口径突击步枪所取代。

卡拉什尼科夫枪族

苏联著名枪械设计师米哈伊尔·季莫费耶维奇·卡拉什尼科夫出生于1919年。卡拉什尼科夫枪族的第一位成员——口径为7.62毫米的AK47式突击步枪诞生时，他才28岁。它的使用极为简便，而可靠性却无与伦比。人们曾做过试验，在经过河水浸泡、黄沙掩埋，甚至被从两层楼高处摔到水泥地板上后，它竟然还能正常使用。此后，口径为5.45毫米的AKM、AKMC、AK74三种型号，带有可卸枪托的AKC5.56毫米口径的AK101型、7.62毫米口径的AK103型冲

锋枪和各种轻重机枪又相继问世。今天，世界上共生产了数千万支卡拉什尼科夫自动步枪和冲锋枪（根据各种统计，其总数在5000万～7000万之间），100多个国家的军队在使用它。仅苏联和俄罗斯所生产的卡拉什尼科夫自动步枪和冲锋枪的型号就有12种之多，机关枪型号也多达10种。全世界曾有芬兰、以色列、荷兰、意大利、印度和美国等16个国家生产过这一武器。卡拉什尼科夫自动步枪和冲锋枪无疑已成为世界上使用最广泛的武器。

枪族

减轻弹药供应困难的方法是减少枪种。但是减少枪种带来的弊病是不利于达到各种射击要求。于是人们又考虑出另一种设计方案，即在通用一种枪弹的前提下，通过不同的枪来实现不同的射击目的，而枪管和枪机等主要部件都可以

↑枪支的泛滥导致暴力冲突加剧。在某些国家和地区，人们可以方便地得到各种自动步枪。

互相更换，这就出现了"枪族"这一概念。苏联于20世纪60年代在AK47式突击步枪的基础上设计出卡拉什尼科夫班用枪族，其中的AKM自动步枪和ППК轻机枪采用同一种M43式枪弹，多数部件可互换使用。前联邦德国发展了5.56毫米HK33式枪族。其他许多国家也相继发展了各种枪族。

通用的子弹

第二次世界大战中，出现了弹重和尺寸介于手枪弹和步枪弹之间的中间型枪弹。德国研制了7.92毫米枪弹，用于MP43式冲锋枪；苏联也研制了口径为7.62毫米的M43式枪弹，战后按此枪弹设计了CKC式半自动卡宾枪、AK47式突击步枪和ПП К式轻机枪，首先解决了班用枪械弹药统一的问题。1953年12月，北大西洋公约组织选用了美国7.62毫米T65枪弹作为标准弹，可用于北大西洋公约组织各成员国使用的各种枪支。

各国步枪

德国毛瑟步枪

毛瑟（Mauser）步枪是由德国著名枪械设计师保罗·毛瑟和威廉·毛瑟共同设计的一种步枪。1868年，保罗·毛瑟在威廉·毛瑟和美国人S.诺里斯的协助下，在美国取得第一支口径为11毫米的步枪专利。1871年正式定型生产并装备军队，定名为1871年式，这是世界上第一支金属弹壳子弹的步枪。1882年，该枪经改进，在枪管下方增加一个容弹8发的管形平行弹仓。1888年，该枪再经改进，口径缩小为7.92毫米，发射无烟火药枪弹，使用5发垂直固定弹仓。1898年，毛瑟步枪改为发射流线型尖头弹丸。毛瑟98K式步枪口径为7.92毫米，发射7.92毫米毛瑟弹，全枪重4.08千克，全枪长1100毫米，只可单发射击。使用5发固定弹仓供弹，有效射程为800

↑德国毛瑟98K式步枪

↑德军在第二次世界大战中使用Kar43自动装弹步枪。

米。毛瑟98K式步枪是第二次世界大战中德军步兵的主要装备。中国早期仿制的毛瑟步枪因枪管外有一套筒，俗称"老套筒"；1893年在汉阳兵工厂仿造时省去了外部的套筒，称为"汉造"七九式步枪。1907年仿造的6.8毫米毛瑟步枪，在1912年辛亥革命后改称"元年式"步枪；1935年仿造的7.9毫米短管毛瑟步枪，称为"二四式"步枪或"中正式"步枪。

↑德军在东部战线使用的20毫米S18－1100式半自动反坦克枪。

德国毛瑟反坦克枪

第一次世界大战爆发后的第二年，德军中出现了一种特殊型号的"K"型子弹。该子弹使用的是钨芯，能远距离射透敌方堑壕内为掩护观察哨而设置的薄钢板。在1917年4月的阿让斯战役中，德军的"K"型子弹穿透了英军坦克的装甲。英国人于是着手改进坦克的钢板质量，用一种淬火装甲钢造出了新的Ⅳ型坦克。德军获悉情报后，立即把制造反坦克枪的任务交给了毛瑟公司。毛瑟公司决定用标准的7.92毫米步枪按比例放大到13毫米的办法，制造一种大口径步枪。不到一年，一种专用反坦克枪问世了。该枪长约1700毫米，重11.8千克，单发装填子弹，后坐力很大，能在110米的距离内，成功地穿透Ⅳ型坦克的前装甲。由于是毛瑟公司制造的，因此它被命名为"毛瑟反坦克枪"。

德国4.7毫米HK G11式无壳弹步枪

从纸壳子弹到金属壳子弹是一大进步，但这种优势现在已经不那么重要了。由于现代防弹装备的不断完善，士兵必须携带大量金属子弹投入作战，这样一来，作战机动性就受到影响。于是，人们又开始使用无壳子弹，在保证装药量不变的前提下使子弹的重量大为减轻。

4.7毫米HK G11式无壳弹步枪是由前联邦德国研制的。1969年，前联邦德国开始无壳弹步枪的研制，1974年造出样枪，但在1977～1980年间的北约步枪选型中未获通过。后几经改进，渐趋成熟。该枪口径为4.7毫米，发射4.7毫米无壳弹，全枪重4.3千克（带100发弹时），全枪长为750毫米，可单发、连发射击或3发点射，使用50发弹匣供弹，有效射程为400米。该枪由于使用无壳弹，火力持续性能好，射击精度也大幅度提高。全枪采用无托结构，弹匣水平置于枪管上方，上方提把内装有倍率为1：1的光学瞄准镜。

↑德国HK G11式无壳弹枪

德国5.56毫米HK33式自动步枪

5.56毫米HK33式自动步枪是由前联邦德国HK公司生产的G3式自动步枪缩小口径的改进型，结构基本相同，大部分零件可以互换使用。该枪口径为5.56毫米，发射各种5.56×45毫米枪弹，全枪重3.65千克（固定枪托型，空枪时），全枪长920毫米（固定枪托型）。可单发、连发射击，使用25发弹匣供弹，有效射程为400米。HK33式也形成一个包括带固定枪托的标准型、枪托可伸缩型、带两脚架型、带光学瞄准镜的狙击型以及卡宾枪型的枪族。

↑德国5.56毫米HK33A3式自动步枪

德国5.56毫米HK G41式步枪

5.56毫米HK G41式步枪是由前联邦德国HK公司为发射北约制式5.56毫米SS109枪弹而

↓德国5.56毫米HK G41式步枪

专门研制的，除基本型G41式以外，还有G41A1式、G41A2式、G41A3式等变型枪。其口径为5.56毫米，全枪重4.1千克（不带弹匣时），全枪长997毫米。可单发、3发点射，也可连发射击，使用30发弹匣供弹，有效射程为400米。该枪射击噪声小，闭锁作用可靠，通用M16式步枪弹匣，可使用白光、夜视与微光瞄准装置。

德国7.62毫米HK G3式自动步枪

7.62毫米HK G3式自动步枪是前联邦德国HK公司在西班牙赛特迈58式自动步枪的基础上稍加改进而成的。它有三种型号：G3A3（为标准型，采用塑料枪托），G3A4（伸缩式金属枪托）和G3A3ZF（带光学瞄准镜的狙击步枪型）。该枪口径为7.62毫米，发射7.62×51毫米北约制式弹。全枪重4.4千克（G3A3），全枪长1025毫米（G3A3）。可单发、连发射击，使用20发弹匣供弹，有效射程为400米。该枪大部分零件为冲压件，枪托、握把和前托都用塑料制造，枪口消焰器可兼作枪榴弹发射具。1959年，该枪用于装备前联邦德国国防军。该枪仍在生产。除德国陆军外，世界上有约50个国家的武装部队和警察都装备此枪。

↑德国7.62毫米HK G3式自动步枪

↑德国HK G3A3式自动步枪

↑德国HK33E式步枪

德国7.62毫米HK32式自动步枪

7.62毫米HK32式自动步枪是前联邦德国HK G3式自动步枪发射苏联7.62毫米M43式中间型枪弹的改型枪。口径为7.62毫米，发射7.62毫米M43式步枪弹，全枪重3.55千克（不带弹匣时），全枪长920毫米，可单发、连发射击，使用20、30、40发弹匣供弹，有效射程为400米。

↓德国 HK G8 式步枪

↓德国 HK PSG-1 式步枪

该枪结构与 G3 式完全相同，零件可以互换，自身形成了一个枪族。

德国毛瑟 7.62 毫米 SP66 式和 86SR 式狙击步枪

SP66 式是一种重枪管非自动步枪，是毛瑟公司专门为司法机构和军事狙击手研制的。枪上配用的瞄准镜座可以安装蔡司 ZA1.5 ~ 6×42 毫米变焦望远瞄准镜，也可装夜视瞄准具。使用 7.62×51 毫米的狙击步枪弹，自动方式为手动，供弹具为 3 发整体弹仓。

86SR 式是 SP66 型的替代产品。配用特制瞄准镜座，可以安装各种光学瞄准具或夜视瞄具。使用 7.62×51 毫米北约制式枪弹，自动方式为非自动，供弹具采用 9 发双排弹匣。以上两种枪的作用距离在 2000 米左右。

↑德国毛瑟 SP66 式狙击步枪

德国 7.92 毫米 MP43 式突击步枪

7.92 毫米 MP43 式突击步枪是德国于 1942 年研制的世界上第一支突击步枪。其口径为 7.92 毫米，全枪重 5.22 千克，全枪长 940 毫米。可单发、连发射击，使用 30 发弹匣供弹，有效射程为 400 米。该枪 1944 年后改名为 STG44 式突击步枪。

德国 HK PSG-1 式、HK33E 式和 HK G8 式步枪

前联邦德国 HK PSG-1 式、HK33E 式和 HK G8 式步枪均为前联邦德国 HK 公司生产。它们的自动原理和闭锁方式均为枪机延迟后坐式和自由滚柱闭锁式。

HK PSG-1 式配用 5 发或 20 发弹匣，采用带照明十字标线的整体瞄准镜，放大倍率为 6。该枪配有三脚架，发射 7.62×51 毫米枪弹，全枪重 8.1 千克，全枪长 1208 毫米。

HK33E 式有 5 种型号：固定枪托式标准型步枪、伸缩枪托式步枪、配有两脚架的步枪、配用瞄准镜的狙击步枪和 HK33E 式卡宾枪。使用 5.56×45 毫米枪弹。

HK G8 式步枪是专门为防暴警察和治安部队的反恐怖活动而设计的，它具有半自动、全自动和 3 发点射能力。HK G8 式具有灵活的供弹方式，除配用标准弹匣外，还可配用专用的 50 发弹鼓，此外，还可采用弹链供弹。全枪重 8.15 千克，全枪长 1030 毫米。配有瞄准具，射程可达 1100 米。

美国 5.56 毫米 M16 式步枪

5.56 毫米 M16 式步枪是美军装备的世界上第一种小口径军用步枪。1957 年美国枪械设计师尤金·斯通纳设计的 5.56 毫米 AR15 式步枪在美

↑美国 5.56 毫米 M16 式"死神型"SD 步枪

国招标时中标，1958年美军开始试验 AR15 式步枪，1962年美军机场警卫部队正式装备这种步枪，并命名为 M16 式。

该枪口径为 5.56 毫米，发射 5.56×45 毫米 M193 式枪弹，全枪重 3.1 千克（空枪时），全枪长 990 毫米（带消焰器），可单发、连发射击。使用 20 发或 30 发弹匣供弹，有效射程为 400 米。该枪采用导气式自动原理，固定直枪托，瞄准线较高，直立三角形准星座，表尺在提把中，装有枪口消焰器。

M16 式步枪的射击精度好，杀伤力大，持续作战能力强。采用铝合金、塑料等轻质材料和先进的加工制造工艺制造。M16 式步枪的不足之处在于卡壳故障率高。

M16 式的改进型为 M16A1 式步枪，1967年正式装备美军。

美国 5.56 毫米 M16A1 式步枪

5.56 毫米 M16A1 式步枪是美国 M16 式步枪的改进型，1967年开始装备美军。其口径为 5.56 毫米，发射 5.56 毫米 M193 式步枪弹，全枪重 3.18 千克（空枪时），全枪长 990 毫米（带消焰器），可单发、连发射击，使用 20 发或 30 发弹匣供弹，有效射程为 400 米。与 M16 式相比，

↑在海湾战争中，手持 M16A1 式步枪的美国士兵走下飞机，准备奔赴战场。

它重新设计了复进簧导管缓冲器，使理论射速下降；机匣右侧后端增加一个辅助闭锁器，在枪机不能完全闭锁时，可以用手推其闭锁。

M16 式和 M16A1 式步枪向国外大量出口，对世界枪械小口径化的发展影响很大。中国曾仿造 M16A1 式步枪，1983年定型生产，命名为 CQ5.56 毫米自动步枪。

美国 5.56 毫米 M16A2 式步枪

1982年，美国海军陆战队采用了改进的 M16A1 步枪，命名为 M16A2 式步枪，1984年3月，陆军正式采用 M16A2 式步枪，它成为美军

↑美国 5.56 毫米 M16A1 式步枪

↑海湾战争中美军使用的 M16A2 式步枪。

↑美国 5.56 毫米 M16A2 式步枪及 M203 式 40 毫米榴弹发射器。

正式装备的制式武器。全枪重 3.4 千克（空枪无弹匣），全枪长 1000 毫米，使用 20 发或 30 发弹匣供弹。M16A2 式步枪改用刚度较大的重枪管，膛线缠距由 M16A1 式的 305 毫米降低至 178 毫米，发射 5.56 毫米北约标准弹，最大有效射程提高到 800 米。发射方式为单发和 3 发点射，也可以选用单发和连发。它的枪托、后握把均改用高强度材料制造。取消了消焰器朝下的开口，抑制射击时枪口上跳，增加了射击精度。

美国 5.56 毫米 AAI 先进战斗步枪

20 世纪 80 年代初，美国军方提出研制一种命中率比 M16A2 式步枪高出 1 倍的新型步枪，即先进战斗步枪（简称为 ACR）。

AAI 先进战斗步枪是美国先进战斗步枪 4 种方案之一，由于同其他 3 种枪一样，没有达到比 M16A2 式提高 1 倍的命中率而被淘汰。该枪采用导气式自动方式，具有革新性的气体截留式导气系统，火药气体进入活塞筒推动活塞而使枪机运动。这种结构有利于枪机机构清洁，易于维护保养。枪为全托结构，枪口装有消声器，导气孔的位置比普通步枪更靠近弹膛，以便提供足够的能量，使自动机完成自动循环。该枪采用 3 发点射与半自动射击方式。

AAI 先进战斗步枪发射箭形弹。这种箭形弹是将 1 枚直径为 1.5 毫米、长 41 毫米、重 0.66 克的钢制箭，装入 M855 式 5.56 毫米枪弹的铜弹壳内，其头部是由半液晶聚合物质制成的弹托卡位。全枪长 1016 毫米，全枪重 3.53 千克，供弹具为 30 发弹匣。在试验中由于命中率未达到军方的要求而被淘汰。

↑美国 5.56 毫米 CAR15 式突击步枪

美国 5.56 毫米 CAR15 式枪族

5.56 毫米 CAR15 式枪族是美国柯尔特公司以 AR15（M16）式步枪为基础发展起来的一个枪族。族内各枪发射同一 5.56 毫米弹种，基本原理相同，结构上仅有微小差别，主要是尺寸、重量和用途不同。这些枪包括：1.CAR15 冲锋枪，枪长 730 毫米，装满弹枪重 2.68 千克，弹头初速 830 米 / 秒；2.CAR15 卡宾枪，枪长 865 毫米，装满弹枪重 3.09 千克，弹头初速 925 米 / 秒；3.MICAR15 重枪管突击步枪，枪长 990 毫米，装满弹枪重 3.82 千克，弹头初速 1000 米 / 秒；4.CAR15 自卫枪，采用伸缩式枪托，喇叭状消焰器，枪长 736 毫米，装满弹枪重 2.45 千克，弹头初速 830 米 / 秒；5. 带榴弹发射器的 AR15 式步枪，榴弹发射器口径为 40 毫米，挂于枪管下方，连枪全重 4 千克。

美国 5.56 毫米斯通纳 63 自动步枪

5.56 毫米斯通纳（Stoner）63 自动步枪是由美国枪械设计师尤金·斯通纳于 1963 年设计成功的，它与冲锋枪、轻机枪、中型机枪和车载机枪等多种枪械构成斯通纳枪族，各枪主要零部件

↑手持 AAI 战斗步枪的美国士兵

↑美国士兵正在用 AAI 战斗步枪射击。

可以通用。这一枪族中以机枪为主，为了兼顾中型机枪的性能，步枪显得较重，但动作可靠，射击精度极高。步枪口径为 5.56 毫米，发射 5.56 毫米 M193 式步枪弹，全枪重 3.59 千克（空枪时），全枪长 1022 毫米，可单发、连发射击，使用 30 发弹匣供弹，有效射程为 400 米。该枪枪口可以装刺刀，能发射枪榴弹，枪托可以侧叠。改进型斯通纳 63A 工作可靠性更好。

↑ 美国 7.62 毫米 M14A1 式自动步枪

↑ 美国 5.56 毫米斯通纳 63 自动步枪

美国 7.62 毫米"伽兰德"M1 式半自动步枪

7.62 毫米"伽兰德"（Garand）M1 式半自动步枪由美国制造。1929 年，美国枪械设计师伽兰德设计了一种口径为 7 毫米的半自动步枪。后改口径为 7.62 毫米，1939 年开始装备美军，称为 7.62 毫米 M1 式半自动步枪。该枪发射 M2 式 7.62 毫米枪弹。全枪重 4.3 千克（空枪不带刺刀），全枪长 1107 毫米，可单发射击，使用 8 发弹仓供弹，有效射程为 600 米。后来许多国家仿制此枪。1957 年，M14 式自动步枪取代了该枪在美军中的地位。

↑ 美国 M14 式自动步枪

↑ 美国 7.62 毫米 M1A1 式卡宾枪

↑ 美国 7.62 毫米"伽兰德"M1 式半自动步枪

↑ M14 式自动步枪枪口装置

上配装快慢机和两脚架。M14 式自动步枪用固定枪托，使用 20 发弹匣供弹。全枪重 5.1 千克（带实弹匣），全枪长 1120 毫米，可单发、连发射击。有效射程在使用脚架单发射击的情况下，可达到 700 米。

该枪的改进型有 M14E1 式和 M14E2 式两种。1968 年，美军将改进后的 M14E2 式自动步枪命名为 M14A1 式。该枪增加了后握把和可折叠前握把，枪口装有射击稳定器。

美国 7.62 毫米 M14 式自动步枪

7.62 毫米 M14 式自动步枪曾是美国步兵的制式装备。1957 年 5 月，美国军方宣布用斯普林菲尔德兵工厂在"伽兰德"M1 式半自动步枪基础上生产的自动步枪，命名为 T44 式，取代在美军装备已久的 M1 式半自动步枪。该枪有两种型号，M14 式为轻型枪管半自动发射，M15 式为重型枪管，能单发、连发射击，两者都发射 7.62 毫米北约标准弹。

1959 年，美军决定放弃 M15 式，在 M14 式

美国 7.62 毫米 M40A1 式狙击步枪

M40A1 式狙击步枪是美国雷明顿武器公司研制的，现装备海军陆战队。

↑ 美国士兵正在使用 M40A1 式狙击步枪进行射击训练。

↑美国 5.56 毫米 M16A2 式步枪

↓美国步兵武器装备

↑美国 M4 式自动步枪及配套附件

↑美国 M700 式狙击步枪

↑美国 7.62 毫米
M21 式狙击步枪

↑美 M16 式步枪

↑法国 FR — F2 狙击步枪

↑西班牙赛特迈 L
型突击步枪

↑美国特种部队士兵用的 7.62 毫米 M21 式狙击步枪。

↑美国 XM177 式短突击步枪

该枪采用重型枪管和木制枪托，由弹仓供弹。枪上装有永久固定式瞄准镜，放大倍率为10。使用枪弹为7.62×51毫米北约枪弹，闭锁方式为枪机回转，供弹具为5发固定弹仓，射击方式为单发，全枪重6.57千克，全枪长1117毫米。

射程"枪弹，供500～1000米射程使用；"亚声速"枪弹，供特殊情况下使用。

↑美国RAI M500式远程狙击步枪

美国7.62毫米 RAI M300式远射程步枪

7.62毫米 RAI M300远射程步枪由美国研究装备工业公司研究制造，主要装备美国海军陆战队和海军部队，目前已为警察部队采用。

M300式是一种普通式非自动高精度步枪，发射7.62×51毫米北约枪弹，更换枪管和机头后，可发射8.58×51毫米枪弹。供弹方式为弹仓供弹，采用5发或4发盒式弹仓。枪上配有制式瞄准镜座，可调式两脚架装在前托上。全枪重5.67千克，枪管长610毫米，弹头初速800～915米/秒，射程远，准确性高。

↓美国7.62毫米 RAI M300式远射程步枪

↑美国7.62毫米 M600式狙击步枪

美国7.62毫米 M600式狙击步枪

M600式狙击步枪由美国精密系统公司研究制造，是一种非自动高精度步枪。该枪有三种枪托供选择——木托、玻璃纤维枪托和金属枪托。通用瞄具座可安装各种瞄准镜和图像增强瞄具。此外，还备有激光弹着点指示仪供选用。M600式狙击步枪主要配用下述枪弹：10.89克"中等射程"枪弹，供500米以内射程使用；12.32克"远

美国12.7毫米 RAI M500式远程狙击步枪

12.7毫米 RAI M500式远射程狙击步枪由美国研究装备工业公司研究制造，主要装备美国海军陆战队和海军部队，目前已被警察部队采用。

RAI M500式发射12.7×99毫米勃朗宁枪弹。它与普通的非自动武器不同，它的枪机非常短，由只带拉机柄的尾栓构成，装弹或退弹时须将机柄彻底拉出来。装弹时，将机柄上抬，待断剖式机耳解脱后拉出枪机，将一发弹卡入枪机镜面并被拉壳钩抓住，该弹便随枪机送入弹膛，机柄落下，实现闭锁。推入枪机，击针成待发状态。扣动扳机，击发枪弹。然后，拉出枪机，枪机同时带出空弹壳，接着装填下一发弹。枪上未装普通的机构瞄具，但配有瞄准镜座，瞄准系统为望远镜式普通瞄准镜。

全枪重13.6千克，弹头初速888米/秒，战斗射速10～15发/分，有效射程1500米，最大射程3000米。

美国格伦德尔 SRT狙击步枪

SRT狙击步枪是美国佛罗里达州格伦德尔（Grendel）公司研制的一种现代狙击步枪。该枪属非自动武器，采用著名的毛瑟枪机。SRT狙击步枪采用弹仓供弹，配用固定两脚架。枪上未安装机械瞄具，但机匣上加工有楔形燕尾槽，可安装各种瞄准镜，紧急情况下也可安装夹紧式机械瞄具。SRT狙击步枪使用7.62×51毫米北约弹，供弹具为9发盒式弹仓。全枪重3千克，全枪长为1035毫米（枪托打开时）。

美国巴雷特 M82A1型"轻50"狙击步枪

M82A1型"轻50"狙击步枪是美国巴雷特（BARRETT）武器制造公司研制的一种半自动武器，发射12.7毫米勃朗宁重机枪弹。该枪主要作

↑美国巴雷特 M82A1 型"轻 50"狙击步枪

为狙击和远射程武器使用，也可作为轻型远洋舰艇的防卫武器，是军、警通用型步枪。该枪的自动方式为枪管短后坐式，半自动。闭锁方式为枪机回转式。枪上装有可调式两脚架，配有专用的瞄准镜，放大倍率为 10，最大有效射程为 1800 米，供弹具为 10 发活动弹匣，全枪重 14.7 千克，全枪长 1549 毫米，该枪后继型 M90 型已被美陆军采购。

美国鲁格 M77V、Mini30、Mini14/20GB、AC556、AC556F 步枪

美国斯图姆·鲁格公司是美国著名的枪械制造公司之一，该公司在民用步枪的基础上开发了一批警用步枪，现已形成系列产品，被美国警察部队和司法机构广泛采用。鲁格 M77V 是一种非自动步枪。该枪原是一种小型狩猎步枪，改进后，采用了重型枪管，配置了固定式瞄准镜，不仅可以使用美式民用枪弹，而且可以发射 7.62×51 毫米北约枪弹。

鲁格 Mini30 主要发射苏联 7.62×39 毫米

M43 式枪弹。该枪配有瞄准镜，精度优于其他同口径步枪。Mini14/20GB 是在 Mini14 民用步枪的基础上改进而成的。AC556 步枪的外观与 Mini14/20GB 几乎没有什么区别。它们都发射 5.56 毫米美国军用枪弹或民用枪弹。

AC556F 的结构与 AC556 基本相同。AC556F 采用短枪管和钢制折叠式枪托，体积小，重量轻，机动性强，射速高，最适合装备飞机和装甲车士兵、伞兵部队和舰艇巡逻队、要人保镖和司法人员。

美国柯尔特先进战斗步枪

柯尔特先进战斗步枪是美国先进战斗步枪 4 种方案之一，它由 M16A2 式派生而来，随着先进战斗步枪计划的结束，该枪研制自然停止。与 M16A2 式步枪不同的是，该枪采用伸缩性枪托，以便调整扳机与枪托底板之间的距离；该散热盘在急射时，可以起瞄准具的作用；采用新型枪口制退补偿器，它前面装有四周开孔的、底部封闭的消焰器；该枪托内装有油压式缓冲器，该缓冲器与枪口制退补偿器一道，使枪的后坐冲力比 M16A2 式步枪减少 40%；采用加拿大 3.5 倍的、低能见度条件下射击用的光学瞄准镜。该枪发射 M855 枪弹时的初速为 948 米 / 秒，发射双头弹的初速为 884 米 / 秒，采用单发、连发射击

↑美国鲁格 AC556F 步枪

↑美国鲁格 Mini14 步枪

↓美国鲁格 AC556 步枪及其配套附件

↑美国柯尔特 M4 式卡宾枪

方式，全枪长 1031 毫米，全枪重 3.3 千克，最大射程 325 米。

美国理想单兵战斗武器

1999 年，美国阿连特公司研制出理想单兵战斗武器。该武器由 4 部分组成：5.56×45 毫米自动步枪、20 毫米半自动榴弹发射器、通用的发射机构和瞄准装置、20 毫米榴弹与 5.56 毫米枪弹。采用康特拉维斯公司的火控系统。士兵先判定到目标的距离，然后将该距离输入火控弹道计算机，引信计算弹头的转数，最后榴弹按预定计数引爆。

↑美国理想单兵战斗武器

苏联 7.62 毫米西蒙诺夫半自动步枪

7.62 毫米西蒙诺夫半自动步枪由苏联枪械设计师谢尔盖·加里洛维奇·西蒙诺夫于 1946 年设计。这是一种仅可单发射击的半自动步枪，也称 CKC 半自动步枪。其口径为 7.62 毫米，发射 7.62 毫米 M43 式步枪弹。全枪重 3.85 千克（不带弹时），全枪长 1021 毫米（刺刀折叠时），用 10 发固定弹仓供弹，有效射程为 400 米。

该枪为苏联发射 7.62 毫米中间型步枪弹的第一种武器，主要用于装备苏联和华约国家军队。1956 年中国曾仿造此枪，命名为 1956 年式 7.62 毫米半自动步枪并装备军队。

苏联 7.62 毫米 1944 年式骑枪

7.62 毫米 1944 年式骑枪是苏联军队 20 世纪 40 年代的装备。该枪历史较老。1891 年，由俄军上校枪械设计师莫辛设计出该枪的原型，弹仓部分由比利时人纳干做了调整，通称莫辛—纳干步枪或 1891 年式步枪，此后又有 1891 年式骑兵步枪、1891/1930 年式步枪、1891/1930 年式狙击步枪、1910 年式骑枪、1938 年式骑枪和 1944 年式骑枪等改型。其口径为 7.62 毫米，发射 7.62 毫米 1908 年式有底缘枪弹。全枪重 4 千克，全枪长 1016 毫米（刺刀折叠时），最大射程为 1000 米，采用 5 发单排直立固定弹仓供弹，只可以单发射击，装有四棱锥形刺刀。该枪射击精度好，性能稳定。中国曾于 20 世纪 50 年代仿制，1953 年定型生产，作为中国人民解放军的制式武器，命名为 1953 年式 7.62 毫米骑枪。

↑苏联 7.62 毫米 1944 年式骑枪

苏联 7.62 毫米 AK47 式突击步枪

7.62 毫米 AK47 式突击步枪是 1947 年由苏联枪械设计师米哈伊尔·季莫费耶维奇·卡拉什尼科夫设计的，1951 年装备苏军。此后发展成一个许多零部件可以互换的卡拉什尼科夫枪械系列。

该枪口径为 7.62 毫米，发射 7.62 毫米 M43 式步枪弹，全枪重 4.3 千克（空枪时），全枪长 870 毫米（固定枪托或枪托打开时），可单发、连

↑苏联 7.62 毫米西蒙诺夫半自动步枪

↑苏联卡拉什尼科夫 7.62 毫米 AK47 式突击步枪

发射击，使用 30 发弧形弹匣供弹，有效射程为 400 米，有固定枪托和折叠枪托两种类型。

该枪最为突出的优点是坚实耐用，性能极为可靠，适于在风沙、泥水等恶劣环境条件下使用，深受各国重视并被大量订购来装备军队。20 世纪 50 年代中国仿制此枪，命名为 1956 年式冲锋枪。

↓俄罗斯 AN94 式突击步枪

俄罗斯 5.45 毫米 AN94 式突击步枪

20 世纪 80 年代，美国开始研制先进战斗步枪与理想的单兵战斗武器，前联邦德国研制了 G11 式无壳弹步枪，苏联也不甘落后，开始研制新一代突击步枪。1993 年首次公开亮相的 5.45 毫米 AN94 式突击步枪就是一支很成功的步枪。尽管它仍发射苏联/俄罗斯的 5.45×39 毫米枪弹，但它的战斗有效性提高了 1.5 ~ 2 倍，以立姿实施了高速点射时，精度提高 13 倍。AN94 式突击步枪之所以能大幅度提高射击精度，是因为该枪采用了两项十分独特的技术：一是采用自动混合后坐冲力的原理，大幅度减轻后坐力对点射散布的不利影响；二是采用了双射频技术，即开始射击时以 1800 发/分的高射速，实施 2 发点射，然后从第 3 发开始，将理论射速自动地降低到一般步枪的射速，即 600 发/分。所谓自动混合后坐冲力原理，是采用内外两个机匣，内机匣容纳枪机组件，通过枪机框带动枪机运动，实现开闭锁、退壳、抛壳、进弹等机构动作，闭锁方式为枪机回转闭锁。内机匣与枪管连接，构成一个大的运动组件，沿外机匣上的导轨运动。进行射击时，火药气体产生的后坐力，不会直接地作用到人体上，而是先作用于枪管与机匣，再通过外机匣传到人体上，所以能大幅度减轻后坐力，有利于提高点射时的射击精度。它可以加挂榴弹发射器与光学瞄准具。采用导气式自动方式，机头旋转式闭锁方式，可单发、2 发点射与连发射击，枪管长 405 毫米，全枪长 943 毫米（枪托打开时）。

俄罗斯 APS 水下突击步枪

APS 是披露于世的第一支水下突击步枪，主要供特种部队与武装蛙人作战时使用，也可用于攻击危险的水下动物。

该枪结构类似于卡拉什尼科夫步枪，采用导气式自动方式与枪机回转式闭锁机构，使用折叠枪托。该枪主要特点是发射箭形弹，而容纳箭形弹的弹匣又特别大。

水下突击步枪发射的长为 150 毫米（箭形弹头长为 120 毫米）的箭形弹，靠较重的后部在水中保持飞行稳定。在 5 米水深时，其有效射程为 30 米；水深 40 米时，有效射程 11 米。在有效作用距离内，箭形弹能穿透常规潜水艇和 5 毫米厚的有机玻璃（面罩），还能对其后的有生命目标产生致命的杀伤效果。该枪在地面上的有效射程为 100 米。APS 水下突击步枪可单发、连发射击，用 26 发弹匣供弹，全枪长 840 毫米（枪托打开时），空枪重 2.4 千克。

日本 6.5 毫米三八式步枪

三八式步枪是 1905 年（日本明治三十八年）由日本友坂兵工厂生产的一种弹仓式非自动步枪。该枪口径 6.5 毫米，发射 6.5 毫米友坂弹。全枪重 4.3 千克（不带刺刀）。全枪长 1275 毫米（不带刺刀时）。有效射程为 600 米。使用 5 发固定弹仓供弹，只能单发射击。枪口可装刀长 395 毫米的单刃刺刀，可用于肉搏拼刺或劈杀。它还有马枪、狙击步枪等变型枪。该枪射击精度好。在第二次世界大战期间，三八式步枪在侵华日军中大量使用，因该枪上方有一防尘盖，能随枪机前后运动，在中国俗称为"三八大盖"。此枪在 20 世纪初时是世界上口径最小的步枪之一。1924 年，中国曾仿造过此枪。

↓手持三八式步枪的日本步兵

英国 5.56 毫米 L85A1 式突击步枪

5.56 毫米 L85A1 式突击步枪由英国恩菲尔德公司研制。在 20 世纪 70 年代初期，恩菲尔德公司认为，小口径军用步枪的理想口径是 4.85 毫米。它研制的 4.85 毫米枪弹能满足北约所规定的在各个射程上的精度和杀伤作用标准，同时也研制出了 4.85 毫米 IW 枪族，包括步枪和轻机枪。但由于美国大力推荐 5.56 毫米口径，许多国家纷纷采用，为了占领武器销售市场，英国放弃 4.85 毫米口径，转为 5.56 毫米口径，研制出 L85A1 式。1985 年正式装备英军。该枪口径为 5.56 毫米，发射 5.56 毫米北约标准弹，全枪重 3.8 千克（不带弹匣与瞄准镜时），全枪长 785 毫米，可单发、连发射击。使用 30 发弧形弹匣供弹，6 条右旋膛线，弹头初速 940 发/分，战斗射速 60 ~ 150 发/分，有效射程 400 米。该枪采用机匣缩入枪托、扳机位于弹匣前方的无托结构，枪口可装刺刀。但该枪问题不少，受到多方批评。

↑英国 L85A1 式突击步枪

英国 7.62 毫米恩菲尔德 L42A1 狙击步枪

L42A1 狙击步枪是英国皇家兵工厂专门为狙击手研制的高精度步枪，由于该枪技术明显落后，已不生产，但仍装备英国武装部队。L42A1 采用 7.62×51 毫米枪弹，弹匣容弹量为 10 发，自动方式为手动，单发射击，闭锁方式为枪机回转式。全枪重 4.43 千克，全枪长 1181 毫米。瞄准装置为机械瞄具或 L1A1 瞄准镜。

英国 7.62 毫米恩菲尔德"执法官"狙击步枪

英国恩菲尔德"执法官"狙击步枪是英国皇家兵工厂在英国著名的 N04 式步枪基础上，专门为司法机构研制的。该枪与 N04 式步枪相同，也是非自动式。枪上装有机械瞄具，同时配用 Pecar 瞄准镜，瞄准镜的放大倍率为 4 ~ 10。使用枪弹为 7.62×51 毫米枪弹，供弹具为 10 发弹匣，全枪重 4.75 千克，全枪长 1206 毫米。

↑英国 7.62 毫米恩菲尔德"执法官"狙击步枪

↑英国 7.62 毫米帕克·黑尔 M85 式狙击步枪

英国 7.62 毫米帕克·黑尔 M85 式狙击步枪

M85 式狙击步枪现已装备英国陆军。该枪结构坚实，射击精度好，600 米射程首发命中率达 100%，有效射程 1000 米。装有机械瞄具，备有整体燕尾槽底座，可安装各种光学瞄准镜。此外还配有消声装置。使用枪弹为 7.62×51 毫米北约枪弹。自动方式为非自动。供弹具为 10 发弹匣。全枪重（带瞄准镜）为 5.7 千克，全枪长 1210 毫米（最长）。

法国 5.56 毫米 FAMAS 自动步枪

FAMAS 步枪是法国研制的第一种 5.56 毫米自动步枪，1979 年由法国陆军军械工业集团所属的圣·艾蒂安兵工厂研制并装备法军，1984 年开

↑英国 7.62 毫米恩菲尔德 L42A1 狙击步枪

↑一名特种部队的外籍兵团士兵手持FAMAS步枪于一次训练任务中。

↑法国5.56毫米FAMAS自动步枪

↑手持5.56毫米AR70式步枪的意大利伞兵

采用固定枪托，枪口消焰器兼做枪榴弹发射具。该枪有两种变型枪：M70SC特种卡宾枪和M70LM轻机枪，已组成一个枪族。还有一种短突击步枪。枪口处可以安装刺刀。

意大利5.56毫米伯莱塔70/90武器系统

意大利伯莱塔70/90武器系统是为参加意大利陆军未来步枪选型而设计的。该武器系统由4种枪组成：1.AR70/90突击步枪，供步兵使用；2.SC70/90卡宾枪，供特种部队使用；3.SCS70/90特种卡宾枪（短步枪），供装甲部队使用；4.AS70/90轻机枪，作为班用自动武器使用。AR70/90采用导气式自动方式，它有半自动、3发点射或全自动3种发射方式。它的供弹具是一个30发弹匣。该枪的附件包括刺刀、两脚架及背带等。使用枪弹为5.56×45毫米枪弹。SC70/90卡宾枪与步枪的区别仅在于前者采用了折叠式钢管枪托。SC70/90卡宾枪采用短枪管，不带榴弹发射插座，不配用刺刀，枪托为折叠式钢管枪托。

始向国外出口。该枪口径为5.56毫米，发射5.56毫米M193枪弹或北约SS109枪弹。全枪重3.61千克（空枪时），全枪长757毫米。可单发、连发、3发点射，使用25发弹匣供弹，有效射程为300米。该枪采用机匣装入枪托、弹匣置于扳机后方的无托结构，保持枪管长度。

全枪使用大量轻合金与塑料零件，弹壳材料为钢，较大的框形塑胶提把可安装发射枪榴弹的直接瞄准具。

意大利5.56毫米伯莱塔AR70式步枪

5.56毫米伯莱塔（beretta）AR70式步枪是由意大利伯莱塔公司于1969年研制生产的一种自动步枪。该枪口径为5.56毫米，发射5.56毫米M193式或SS109枪弹，全枪重3.8千克（空枪时），全枪长955毫米，可单发、连发射击。使用30发弹匣供弹，有效射程为400米。该枪

↑意大利5.56毫米伯莱塔70/90突击步枪

意大利7.62毫米BM59式自动步枪

7.62毫米BM59式自动步枪由意大利设计师在美国"伽兰德"步枪的基础上改造设计而成。它发射7.62毫米北约步枪弹。全枪重4.6千克，全枪长1095毫米，可以单发、连发射击。使用20发弹匣供弹，有效射程为600米。该枪可以发

↓意大利 7.62 毫米 BM59 式自动步枪

射任何尾管内径为 22 毫米的枪榴弹。意大利早已不再生产 BM59 式自动步枪，印度尼西亚和摩洛哥还特许生产该枪。

意大利 7.62 毫米伯莱塔狙击步枪

该枪为非自动武器，发射 7.62×51 毫米北约枪弹。装有机械瞄具，还配有制式瞄准镜座，可配用各种光学或光电瞄准镜。自动机为旋转枪机，供弹具为 5 发盒式弹仓。全枪重 5.55 千克，全枪长 1165 毫米。

↑意大利 7.62 毫米伯莱塔狙击步枪

瑞士 5.56 毫米西格 SG540 式自动步枪

5.56 毫米西格 SG540 式自动步枪是瑞士工业公司于 20 世纪 70 年代研制的一种自动步枪，主要变化是闭锁机构改用了枪机回转式，重量及长度减少。

该枪口径为 5.56 毫米，发射 5.56 毫米 M193 枪弹，全枪重 3.26 千克（固定托时），全枪长 950 毫米（固定托时），可单发、连发射击。使用 20 发或 30 发弹匣供弹，有效射程为 400 米。该枪还可装 3 发点射机构。消焰器可作为榴弹发射具使用。可装棱形刺刀。该枪有固定枪托型和折叠枪托型两种。该枪的变型枪 SG542 式自动步枪改为发射 7.62 毫米北约弹。

↑瑞士 5.56 毫米西格 SG540 式自动步枪

↑瑞士 7.62 毫米西格 SG542 式自动步枪

瑞士 5.56 毫米西格 SG550/551 式突击步枪

西格 SG550/551 式突击步枪是瑞士工业公司在 SG540 式步枪基础上改进而成的。该枪有 SG550 式标准型和 SG551 短枪管型两种型号。该枪于 1984 年初装备瑞士陆军。为减轻重量，SG550 式广泛采用了塑料原件，如枪托、护木和弹匣。弹匣用透明塑料制造。枪上装有发点射控制机构和冬用扳机，供发射枪榴弹或冬季戴手套时使用。枪尾部装有屈光校准瞄具，可进行方向和高低调整。瞄准具上涂有供夜间射击瞄准用的荧光点。使用枪弹为 5.56 毫米枪弹，自动方式为导气式，闭锁方式为枪机回转式，全枪重分别为 4.1 千克（SG550 式）和 3.5 千克（SG551 式），SG550 有效射程为 400 米。

↑瑞士西格 SG550/551 式突击步枪

瑞士 7.62 毫米西格 SG510－4 式突击步枪

7.62 毫米西格 SG510－4 式突击步枪是由瑞士工业公司（SIG）在 7.5 毫米 STGM57 式步枪的基础上研制而成的一种步枪。STGM57 原型是德国的 STG45 式突击步枪。SG510 式步枪系列只有 510－4 投产。

该枪口径为 7.62 毫米，发射 7.62×51 毫米北约步枪弹，全枪重 4.25 千克，全枪长 1016 毫米，可单发、连发射击，使用 20 发弹匣供弹，有效射程为 600 米。SG510－4 式步枪机匣以薄钢板冲压而成。枪口可发射枪榴弹。可装光学瞄准镜和夜视瞄准具。

↑瑞士 7.62 毫米西格 SG510－4 式突击步枪

奥地利 5.56 毫米斯太尔 AUG 突击步枪

5.56 毫米斯太尔 AUG 突击步枪由奥地利陆军与斯太尔·曼利夏公司共同研制，1972 年定型，

↑奥地利 5.56 毫米斯太尔 AUG 突击步枪及卡宾枪

↑奥地利 5.56 毫米斯太尔 AUG 突击步枪

↑奥地利斯太尔 AUG 突击步枪结构图

↑外形粗壮的奥地利斯太尔先进战斗步枪

1977 年装备奥地利军队。该枪口径为 5.56 毫米，发射 5.56×45 毫米 SS109 枪弹。全枪重 3.6 千克（不带弹匣时），全枪长 790 毫米，可单发、连发射击，使用 30 发或 42 发塑料弹匣供弹，有效射程 600 米。

该枪造型古怪，使用 20% 的塑料部件。采用无托结构，机匣装入枪托。弹匣位于扳机后方，由透明塑料制成，能显示存弹数量。用扳机行程控制单发、连发。该枪通过更换不同长度的枪管，可组合成标准型、卡宾枪型、伞兵型短枪型和轻机枪型，它们共同组成此枪，已形成一个枪族。

奥地利 5.56 毫米斯太尔先进战斗步枪

5.56 毫米斯太尔先进战斗步枪与奥地利 5.56 毫米 AUG 突击步枪相似，也是无托结构，外形粗壮，并大量采用塑料部件，使全枪重量大为减轻。采用导气式自动方式。其独特之处在于采用弹膛起落式闭锁方式。枪管很特殊，固定活塞与枪管套犹如一个活动的圆柱体，操作的滑块与枪管套连接。当射击循环开始时，滑块在弹簧力作用下向前运动，从弹匣里抓一发枪弹送入弹膛。枪弹入膛后，即把前一发枪弹的弹壳顶出。弹膛在导销及滑动件的作用下上升，直到击针与枪弹接触，才使枪弹被击发。该枪瞄准镜为 1.5 倍和 3.5 倍双通道瞄准镜。可连发与 3 发点射。用 24 发弹匣供弹。全枪长 765 毫米，全枪重 3.23 千克。

西班牙 5.56 毫米赛特迈 L 型突击步枪

5.56 毫米赛特迈 L 型突击步枪是由西班牙特种材料技术研究中心研制生产的一种突击步枪。该枪口径为 5.56 毫米，发射 5.56 毫米 M193 式弹。全枪重 3.4 千克，全枪长 925 毫米。可单发或连发射击，也可设定为 3 发点射。使用 20 发或 30 发弹匣供弹。理论射速 700～800 发/分，弹头初速 920 米/秒，射程 400 米。该枪与 7.62 毫米赛特迈步枪结构大体相同，有固定枪托的标准型和伸缩托的短枪管型两种。

↓西班牙赛特迈 L 型突击步枪

西班牙 7.62 毫米赛特迈自动步枪

7.62 毫米赛特迈自动步枪是由西班牙特种材料技术研究中心根据德国的 STG45 式突击步枪为原型研制定型的一种自动步枪，1958 年正式装备西班牙军队，命名为赛特迈 58 式突击步枪。

该枪口径为 7.62 毫米，发射 7.62×51 毫米减装药枪弹。全枪重 4.2 千克（木制枪托型），全枪长 1015 毫米。可单发、连发射击，使用 20 发弹匣供弹，有效射程为 600 米。该枪部件多为冲

↑两名手持狙击步枪的特种部队士兵

↑西班牙赛特迈 5.56 毫米突击步枪

压件，便于制造。后来前联邦德国又以赛特迈步枪为原型，改进设计成了著名的 G3 式步枪。

西班牙 7.62 毫米 C－75 特种步枪

C－75 特种步枪主要装备狙击手、警察部队和特种部队。它采用毛瑟旋转后拉式枪机。除机械瞄准具外，枪上还装有瞄准镜座。该枪有效射程可达 1000 米。全枪重 3.7 千克。

↑西班牙 7.62 毫米 C－75 特种步枪

以色列 5.56 毫米加利尔突击步枪

5.56 毫米加利尔突击步枪是以色列军事工业公司以苏联的 AK47 式突击步枪为原型的一种突击步枪。它已形成一个包括 ARM 式轻机枪、AR式突击步枪和 SAR 式短突击步枪的枪族。该枪口径为 5.56 毫米，发射 5.56 毫米 M193 式枪弹和 7.62×51 毫米北约制式枪弹。全枪重 3.9 千克

（不带两脚架与提把时），全枪长 742 毫米（枪托折叠时），可单发、连发射击，使用 35 发或 50发弹匣供弹，有效射程为 400 米。该枪 1973 年开始装备以色列军队。它打开两脚架可当轻机枪用，折叠枪托即可当冲锋枪使用，该枪结构可靠，适于在中东地区的风沙恶劣环境中使用，而且连发射击精度好，火力持续性也好。机柄在机匣上方，适于左撇子射手使用。该枪两脚架还可当做钢丝剪使用。

以色列 5.56 毫米 R－4 式和 R－5 式突击步枪

R－4 式和 R－5 式突击步枪是在以色列加利尔突击步枪的基础上改进而成的。使用5.56×45 毫米枪弹，自动方式为导气式，闭锁方式为枪机回转式，供弹具为 35 发或 50 发弹匣。

R－4 式突击步枪全枪重 4.3 千克，全枪长为 1005 毫米，初速 980 米 / 秒，最大有效射程600 米。R－5 式突击步枪全枪重 3.7 千克，全枪长为 877 毫米，初速 920 米 / 秒。

以色列 7.62 毫米加利尔狙击步枪

加利尔狙击步枪采用导气式的自动方式和半自动射击方式，发射 7.62×51 毫米北约枪弹。射

↑以色列 5.56 毫米加利尔突击步枪及其配套附件。

↑以色列 7.62 毫米加利尔狙击步枪

击精度比较好，在 300 米距离上，射弹散布在直径为 120 ~ 150 毫米圆内，在 600 米距离上，散布圆直径为 300 毫米。两脚架安装在前护木的下方，瞄准镜座系精密件，木制枪托可折叠。供弹具采用 20 发弹匣。全枪重 6.4 千克（包括两脚架和背带），全枪长 1115 毫米（枪托展开时），初速为 780 米 / 秒。

以色列 7.62 毫米瓦尔梅特微声狙击步枪

瓦尔梅特微声狙击步枪是一种非自动步枪。有两种型号：SSRMark1，发射 7.62 × 51 毫米北约弹；SSRMark3，发射 5.56 边缘发火运动步枪弹。两种型号都采用带消声装置的整体枪管组件。瞄准镜座可与各种瞄准镜或光电瞄准镜配合。SSRMark1 全枪长 1180 毫米，全枪重 4.1 千克。供弹具为 5 发弹仓。SSRMark3 全枪长 1010 毫米，全枪重 3 千克。

↑以色列 7.62 毫米瓦尔梅特微声狙击步枪

↑瑞典 5.56 毫米 AK5 式突击步枪

瑞典 5.56 毫米 AK5 式突击步枪

AK5 式突击步枪是瑞典博福斯公司在比利时 FN FNC 步枪的基础上改进而成的。

AK5 式突击步枪使用 5.56 × 45 毫米北约枪弹，自动方式为导气式，闭锁方式为枪机回转式，配 30 发弹匣，全枪重 3.9 千克，全枪长 1008 毫米，初速为 930 米 / 秒，有效射程 400 米。

新加坡 5.56 毫米 SAR80 式突击步枪

新加坡 SAR80 式突击步枪于 1976 年完成设计，1980 年投入批量生产并装备新加坡陆军。

SAR80 式突击步枪广泛采用钢板冲压件，自动方式为导气式，可以半自动发射，也可全自动射击，采用闭膛待击方式。SAR80 式突击步枪的供弹具为美国 M16 式 20 发或 30 发弹匣。全枪重

3.7 千克，全枪长 970 毫米（枪托伸展时），初速为 970 米 / 秒，有效射程为 400 米。

↓ 新加坡 5.56 毫米 SAR80 突击步枪

↑比利时 5.56 毫米 FN CAL 自动步枪及其配套附件。

比利时 5.56 毫米 FN CAL 自动步枪

5.56 毫米 FN CAL 自动步枪 1963 年由比利时国家兵工厂研制，1967 年定型。其口径为 5.56 毫米，全枪重 3 千克（无弹匣与背带时），全枪长 980 毫米，可单发或连发射击，也可设定 3 发点射。使用 20 发弹匣供弹。有效射程为 400 米。它以 FN FAL 自动步枪为基础改进而成，把枪机由偏移式改为回转式，增设了 3 发点射控制机构。

比利时 5.56 毫米 FN FNC 自动步枪

5.56 毫米 FN FNC 自动步枪是 FN CAL 步枪的改进型，1978 年开始批量生产，1980 年 9 月定型。该枪口径为 5.56 毫米，全枪重 3.8 千克（空枪时），全枪长 997 毫米（枪托打开时），可

↑比利时 FN FNC 自动步枪及其配套附件。

↑配有 FN FAL 步枪的北约士兵所形成的射击线

单发、连发射击或 3 发点射，使用 20 发或 30 发弹匣供弹，通用 M16A1 式弹匣。有效射程为 300 米。该枪结构简单，性能可靠，出口印度尼西亚、瑞典等国。

比利时 7.62 毫米 FN FAL 自动步枪

7.62 毫米 FN FAL 自动步枪由比利时制造。20 世纪 50 年代初由比利时国家兵工厂研制而成。该枪口径为 7.62 毫米，发射 7.62 毫米北约弹，全枪重 4.31 千克（无弹匣时），全枪长 1100 毫米，可单发、连发射击，使用 10 发或 20 发弹匣供弹，战斗射速为 60 发 / 分（单发时）或 120 发 / 分（连发时），有效射程为 600 米。该枪坚实可靠，射击精度好，成本较低，便于制造，曾被 40 多个国家采用或仿制。此枪可换重枪管加两脚架，当轻机枪使用。该型枪共发展了 4 型。

↑比利时 7.62 毫米 FN FAL 自动步枪

↑比利时 FA FAL 自动步枪坚实可靠。

南斯拉夫 5.56 毫米 M80 式突击步枪

南斯拉夫研制的 5.56 毫米小口径武器族由两种突击步枪——M80 式、M80A 式和两种轻机枪组成。M80 式采用固定式木制枪托，M80A 采用折叠式金属枪托。两种步枪都能发射枪榴弹，

自动方式为导气式，可半自动发射，也可全自动发射。供弹具为 30 发活动式弧形弹匣。全枪重 3.5 千克，全枪长 990 毫米，初速为 970 米 / 秒，有效射程为 300 米。

↑南斯拉夫 5.56 毫米 M80 式突击步枪

↑南斯拉夫 5.56 毫米改良型突击步枪

↑南斯拉夫 7.62 毫米 M70B1 式突击步枪

↑南斯拉夫 7.62 毫米 M70AB2 突击步枪

南斯拉夫 7.62 毫米 M70B1 式和 M70AB2 式突击步枪

M70B1 式和 M70AB2 式突击步枪的区别仅在于枪托不同，前者为固定式木制枪托，后者采用折叠式金属枪托。两种枪的结构与苏式 AK47 式和 AKM 式基本相同，也采用导气式的自动方式，具有选择发射能力。

该枪使用 7.62×39 毫米枪弹，供弹具为 30 发活动式弧形弹匣，全枪重 3.7 千克，初速 720 米 / 秒，有效射程为 400 米。

匈牙利 7.62 毫米 AKM63 式和 AMD65 式突击步枪

AKM63 式突击步枪是在苏联 AK47 式突击步枪的基础上改进而来。AMD65 式突击步枪是 AKM63 式的改进型，它特别适合在装甲车和空间狭小的场合使用。该枪使用 7.62×39 毫米枪弹，自动方式为导气式，闭锁方式为枪机回转式，供弹具为 30 发可拆卸式盒式弹匣，全枪重 3.27 千克，全枪长 851 毫米，射速为 600 发 / 分。

捷克 7.62 毫米 Vz52 式半自动步枪

7.62 毫米 Vz52 式半自动步枪是由捷克布尔诺兵工厂于第二次世界大战后设计生产的一种半自动步枪。Vz52 式半自动步枪的口径为 7.62 毫米，发射 7.62 毫米 M52 式枪弹，全枪重 4.1 千克（不带弹匣时），全枪长 1003 毫米（刺刀折叠时），只能单发射击，使用 10 发弹匣供弹，有效射程为 400 米。该枪结构复杂，成本高，重量较大，后来改用苏联的 7.62×39 毫米短弹，并将 Vz52 式改名为 Vz52/57 式。

↑捷克 7.62 毫米 Vz52 式半自动步枪

↑捷克 MODEL Vz52 式半自动步枪

手枪的发展

柯尔特发明左轮手枪

手枪是近战和自卫用的单手发射的短枪。手枪按构造又可分为转轮手枪和自动手枪。公元 13 世纪，中国的军队已装备了手持火铳。欧洲原始的手枪出现在公元 14 世纪，它是一种单手发射的手持火门枪，公元 15 世纪发展为火绳手枪，随后被燧发枪所取代。19 世纪初出现一种击发式后装弹多枪管旋转手枪。1836 年，美国人柯尔特改进的转轮手枪，取得了美国专利。这支枪被认为是第一支真正成功并得到广泛应用的转轮手枪。转轮手枪的转轮上通常有 5 ～ 6 个既作弹仓又作弹膛的弹巢，枪弹装于巢中，旋转转轮，枪弹可逐发对正枪管，处于待击发状态。常见的转轮手枪，装弹时转轮从左侧摆出，故又称左轮手枪。

左轮手枪的特点

左轮手枪的发射机构有两种类型：一种是单动机构，先用手向后压倒击锤待击，同时带动转轮旋转到位，然后扣压扳机完成单动击发；另一种是 1855 年出现的双动机构，可以一次扣压扳机自行联动完成待击和击发两步动作，也可以进行单动击发。战斗用左轮手枪用于杀伤 100 米以内的活动目标。其口径为 7.62 ～ 11.5 毫米，重量为 0.75 ～ 1.3 千克，转轮的弹膛通常为 5 ～ 7 个，优等型号手枪的射速每 15 ～ 20 秒钟不超过 6 ～ 7 发。左轮手枪对瞎火弹的处理非常方便，如一发子弹瞎火，再扣动扳机，可迅速将另一发子弹移动对准枪管待击，这一点极有实战价值。所以自动手枪出现后，左轮手枪依然装备许多国家的警察。

↓ 19 世纪的多管旋转手枪

↑ 19 世纪的左轮手枪

↑柯尔特左轮手枪

↑仿古 18K 镀金手枪

↑美国柯尔特 SAA 式巴顿将军纪念左轮手枪

↑美国柯尔特公司 150 周年纪念左轮手枪

↓早期的转轮手枪

↑19 世纪出现了左轮手枪，有可旋转的弹仓，枪弹可逐发进入枪膛。

↑史密斯·韦森 36 型 7.62 毫米左轮手枪　　↑早期的左轮手枪

自动手枪

　　自动手枪出现于 19 世纪末期。1892 年奥地利首先研制出 8 毫米舍恩伯格手枪。1893 年德国制造的 7.62 毫米博查特手枪问世。自动手枪的自动方式，大多为枪机后坐式或枪管短后坐式。采用弹匣供弹，弹匣通常装在握把内，容弹量多为 6 ~ 12 发，有的可达 20 发。一般均有空仓挂机

装置，采用单动或双动击发机构。多数自动手枪为可自动装填的单发手枪，战斗射速约 24 ~ 40 发 / 分。由于它比转轮手枪初速大、装弹快、容弹量多、射速高，各国大都改用了自动手枪。

↑18 世纪的手枪

↑1810 年欧洲生产的手枪

↓21 世纪的自动手枪及其配套附件。

↑1902 年德国人保罗·毛瑟改进了他在 1896 年发明的连发手枪。该枪备有可装 10 发子弹的弹匣，子弹可连续自动入膛射击。

↑毛瑟手枪分解状态图

毛瑟手枪

　　毛瑟手枪是世界著名的手枪之一。该枪由德国人费德勒兄弟三人研制，1896 年以毛瑟的名义获得专利，首批由德国毛瑟兵工厂生产，型号定为 1896 年式，是世界上最早出现的自动手枪之一。该枪采用枪管短后坐式自动原理，卡铁起落式闭锁机构，口径 7.63 毫米，全枪重 1.16 千克，全枪长 288 毫米，10 发弹匣供弹，射击方式采用单发、连发射击方式。有效射程在手持射击时为 50 米，在抵肩射击时为 150 米。

　　毛瑟手枪威力大，性能可靠，使用方便，许多国家的军队都仿制和装备过毛瑟手枪，因而产生了许多不同型号的变型枪。俄国在 1918 ~ 1920 年的内战期间就广泛使用了 1908 年式 7.63 毫米毛瑟自动手枪。

　　毛瑟手枪有连在一起的、能装 6 发和 10 发子弹的弹仓，也有能装 20 发子弹的加装式弹仓。常见的口径有 7.63 毫米与 9 毫米两种。1932 年

↑毛瑟 7.63 毫米手枪

式毛瑟冲锋手枪，采用 20 发弹匣供弹，木制枪盒可兼做枪托，抵肩射击以提高连发火力密度，增大有效射程。1921 年中国也开始仿造这种手枪，并在抗日战争与解放战争时期广泛使用。中国把它叫作"驳壳枪""盒子炮""自来得""二十响"等。

勃朗宁手枪

　　勃朗宁手枪是世界最为著名的手枪之一，由美国枪械设计师 J.M. 勃朗宁（1855 ~ 1926）设计。勃朗宁 1889 年开始致力于世界上首批自动装填手枪的研制工作。1895 年 7 月 3 日的样枪是一种导气式武器。1897 年 4 月 20 日，勃朗宁同时取得了 4 种手枪设计方案的美国专利。

　　世界上制造勃朗宁手枪最大的公司有两

↑镀金的毛瑟手枪是古董枪中的极品

↑ 1903 年造德国毛瑟手枪。

↑在比利时生产的 9 毫米勃朗宁大威力手枪。

↑比利时勃朗宁 M1900 型手枪

↑比利时勃朗宁 M1903 型手枪

家，一是美国的柯尔特火器制造公司，一是比利时国营赫斯塔尔制造有限公司。柯尔特公司的产品主要源于 1897 年美国专利 580924 号，其中有 M1900、M1902、M1905、M1907、M1909、M1910、M1911、M1911A1 等主要型号，前两种的口径为 9.65 毫米（0.38 英寸）；比利时国家兵工厂的产品主要类型有 M1899/1900、M1903、M1910、M1910/1922、M1935 等，其中前 4 种源于 1897 年美国专利 580926 号。M1935 为美国柯尔特公司 M1911 的改进型，口径为 9 毫米，有固定表尺型和可调表尺型两种，此枪常称为勃朗宁 9 毫米大威力手枪。柯尔特公司和 FN 工厂制造的勃朗宁手枪广泛在世界各地使用。中国也仿造过一些勃朗宁手枪供军用。苏联的托卡列夫 1930 年式手枪、法国的 MAS1935A 手枪、瑞士的 P210 手枪、比利时的 M1935 大威力手枪等，都是勃朗宁手枪的仿制改型。

各国手枪

美国 9 毫米勃朗宁大威力手枪

9 毫米勃朗宁大威力手枪是美国枪械设计师 J.M. 勃朗宁设计，于 1925 年定型，1935 年在比利时投产至今的著名手枪。该枪有固定表尺型

↑美国 9 毫米勃朗宁 BDM 手枪

和可调表尺型两种。使用 9 毫米帕拉贝鲁姆手枪弹。全枪重 0.94 千克（带空弹匣）。全枪长 197 毫米，用 13 发弹匣装弹，单手发射时有效射程 45 米左右；抵肩射击时有效射程可达 180 米左右。只能单发射击，设有手动保险、扳机—弹匣保险和不到位保险，弹尽时有空仓挂机装置将套筒停在后方。该枪有 3 种型号：1 型、2 型和 3 型。1 型于 1925 年由 J.M. 勃朗宁设计，1935 年在比利时投产。2 型是 1 型（标准型）的一种变形手枪。1987～1988 年 FN 公司全面检查了大威力手枪的设计并安装了一条生产新设计产品的计算机控制生产线，这种新产品被称之为 3 型。新中国成立前，中国曾经仿造此枪。由于该枪容弹 13 发，膛内可存 1 发，因此能连续发射 14 发弹，俗称"十四连手枪"。第二次世界大战中德军占领比利时时，该枪改由加拿大生产，一些中国人称其为"加拿大手枪"。目前，该枪仍是世界上广泛使用的手枪之一，它的设计思想长期影响着美国及其他一些国家的手枪设计。

美国 9 毫米 M9 式手枪

1985 年 1 月 15 日，美军宣布以 9 毫米 M9 式手枪取代自 1926 年以来正式装备美军将近 60 年的 M1911A1 式自动手枪。M9 式手枪是美军经过近 10 年选中的意大利伯莱塔 M92F 式手枪的美国型号，美军在 20 世纪 90 年代前采购 31 万多支，所需总数超过 100 万支。

M9 式手枪使用 9 毫米帕拉贝鲁姆手枪弹。全枪重 0.95 千克（空枪），全枪长 217 毫米。M9 式手枪为半自动、双动击发。装弹用 15 发双排弹匣。有效射程为 50 米左右。

该枪火力较强，结实可靠，是意大利伯莱塔公司 1976 年定型生产的一种性能良好的手枪。

↑美军装备的 9 毫米 M9 式手枪即意大利伯莱塔公司的 M92F 式手枪，但在外形上略有区别。

美国 11.43 毫米 M15 式将官手枪

11.43 毫米 M15 式将官手枪是专为美军高级军官设计的配枪。美军将官在 20 世纪 70 年代以前，一直配用的是柯尔特兵工厂制造的 9 毫米柯尔特自动手枪。这种枪在 1946 年即停止生产。于是，1972 年美军选择了岩岛兵工厂研制的 XM70 自动手枪作为装备，并命名为 M15 式。

M15 式全枪重 1.02 千克，全枪长 200 毫米，采用半自动射击方式，用 7 发弹匣供弹。

美国 11.43 毫米柯尔特进攻型手枪

11.43 毫米柯尔特进攻型手枪，是为满足美国特种作战指挥部需要而研制的，样枪于 1992 年 8 月送交美国海军作战武器支援中心进行试验，但是未能进入第三阶段。柯尔特进攻型手枪采用枪管短后坐式自动方式，枪管回转式闭锁方式，可以进行单动或双动击发，用 10 发弹匣供弹。与 HK 公司的进攻型手枪一样，它也是由手枪、消声器和激光瞄准具 3 部分组成。手枪是在柯尔特生产的"双鹰"手枪的套筒座上加装泛美 2000 手枪的套筒，并借鉴了泛美 2000 手枪的旋

↑美国 9 毫米口径柯尔特蟒蛇型带瞄准镜转轮手枪，此枪是 1985 年的新产品，采用不锈钢材料，加黑色防滑式塑料握把。

美国 9 毫米 M1971 式柯尔特手枪

9 毫米 M1971 式柯尔特手枪是美军装备的一种现代军用手枪。

全枪重 0.992 千克，全枪长 202 毫米。射击方式采用半自动、双动击发的射击方式。全部采用不锈钢制作，便于维护，工作可靠。采用 15 发大容量弹匣，火力较强。

美国 9 毫米史密斯·韦森 M469 式手枪

史密斯·韦森 M469 式手枪是在史密斯·韦森 M459 式手枪的基础上改进而成的，是它的一种缩短型。该手枪于 1983 年推出，它是为了满足美国空军需求而研制生产的。该枪与 M459 式相比，尺寸缩小。使用枪弹为 9 毫米帕拉贝鲁姆手枪弹，全枪重 737 克，全枪长 175 毫米，供弹具为 12 发弹匣（也可用 M459 式的 14 发弹匣）。

↑美国史密斯·韦森 M469 式手枪

↑美国改进型 M1911A1 式 11.43 毫米自动手枪。

转枪管，因此闭锁不是通过枪管的起落完成，而是靠枪管旋转一定角度来完成。消声器兼有消焰功能，通过一个按钮式弹簧卡固定在枪口制退器上。激光瞄准具有 4 种方式可供选用：可见光瞄准点、可见光瞄准点与可见光照明、红外瞄准点、红外瞄准点与红外照明。手枪发射 11.43 毫米的柯尔特自动手枪弹，单发射击，枪管长 121 毫米，全枪长 249 毫米，连同实弹匣枪重 2.54 千克。

↑美国史密斯·韦森 M645 式手枪

↑美国 11.43 毫米柯尔特 M1911A1 式自动手枪

美国 11.43 毫米柯尔特 M1911A1 式自动手枪

　　11.43 毫米柯尔特 M1911A1 式自动手枪是世界著名的手枪之一，已经被许多国家所采用。M1911A1 式基于勃朗宁设计的 M1905 式手枪，于 1911 年定型为 M1911 式。1923 年，美国斯普林菲尔德兵工厂对该枪进行改进，取名 M1911A1式，于 1926 年正式装备。

　　该枪采用枪管短后坐式自动方式，枪管摆动式闭锁方式，用 7 发弹匣供弹，全枪长 219 毫米（不含枪托时），全弹重 1.13 千克（不含弹匣），单发射击，有效射程为 50 米，发射 11.43 毫米枪弹。

　　11.43 毫米柯尔特 M1911A1 式自动手枪在美国军队中已服役近 60 年，1985 年才被伯莱塔M92F 式 9 毫米手枪取代。

美国 11.43 毫米史密斯·韦森 M645 式手枪

　　史密斯·韦森 M645 式手枪于 1985 年出品，它在成功的 M459 式 9 毫米手枪的基础上研制而成，但枪管较厚较长。试验表明，该枪可装填、发射各种型号的枪弹而无故障。使用枪弹为 11.43 毫米柯尔特自动手枪弹，自动方式为管退式，半自动、双动击发，闭锁方式为枪管起落式，供弹具为 6 发弹匣，全枪重 1.063 千克（不带弹匣），全枪长 219 毫米。

美国 11.43 毫米史密斯·韦森 M945 式手枪

　　11.43 毫米 M945 式手枪由美国著名厂商史密斯·韦森公司制造。20 世纪 50 年代，该公司开始制造半自动手枪，80 年代先后推出 M459 式和 M645 式手枪，其中 M645 式手枪与意大利 M92F式手枪等参加了美国陆军手枪选型试验，结果伯莱塔 M92F 式手枪入选，M645 式与其他手枪落选。落选后，该公司不服，曾向法庭起诉。与此同时，公司于 1988 年推出一系列第三代手枪，这一系列有各种口径，M945 式就是其中之一。该手枪特别注意人机工程因素，射击舒适，稳定性好。

↑美国 11.43 毫米 M945 式手枪

↑苏联 5.45 毫米 PSM 手枪

↑苏联 9 毫米斯捷奇金冲锋手枪

苏联 5.45 毫米 PSM 手枪

5.45 毫米 PSM 手枪，20 世纪 70 年代中期由苏联国家兵工厂生产。全枪重 0.46 千克（空枪时），全枪长 155 毫米。采用半自动、双动击发的射击方式和 8 发弹匣供弹，有效射程 50 米左右，主要装备警察和将官。该枪在主要军用手枪之中口径尺寸小，重量轻，便于隐蔽佩带或自卫。该枪 50 米处的单发射击精度很好。

苏联 7.62 毫米 1933 年式托卡列夫手枪

7.62 毫米 1933 年式托卡列夫手枪是苏联枪械设计师托卡列夫设计的一种手枪，1930 年装备苏军，1933 年进行了改进，因此，也称 7.62 毫米 1930/1933 年式手枪。该枪发射 7.62 毫米托卡列夫手枪弹。全枪重 0.83 千克（空枪），全枪长 193 毫米。采用半自动射击方式和 8 发弹匣供弹，有效射程 30 米。该枪在第二次世界大战后的很长时间内，被许多国家采用。中国 20 世纪 50 年代初开始仿制并装备军队，称为 1954 年式 7.62 毫米手枪。

↑苏联 7.62 毫米 1933 年式托卡列夫手枪

苏联 9 毫米斯捷奇金冲锋手枪

9 毫米斯捷奇金冲锋手枪是 20 世纪 50 年代初由苏联图拉兵工厂工程师伊戈尔·斯捷奇金设计的一种冲锋手枪。

该枪主要特点是较一般手枪外形尺寸稍大，可单发、连发选择射击，火力猛烈，能把枪盒结合在握把上当肩托使用，以增加有效射程。但该枪连发不易控制，射击精度较差，最后从苏军中撤装并停止生产。

全枪重 1.03 千克（空枪时），空枪重 1.58 千克（加肩托时）。全枪长 225 毫米，加肩托时长 540 毫米。采用单发、连发射击，双动击发方式，使用 20 发双排弹匣供弹。有效射程单发时 50 米，单发抵肩时 200 米，连发抵肩时降为 100 米。

苏联 9 毫米瓦斯普 77 冲锋手枪

9 毫米瓦斯普 77 冲锋手枪，全枪重 1 千克，全枪长 218 毫米。采用单发、3 发点射两种射击方式，使用 18 发可卸弹匣供弹。该枪前握把折叠后可构成扳机护圈，并使武器处于单发状态，打开后能用于控制边发射边跳动，并使武器处于 3 发点射状态。

↑苏联马卡洛夫手枪 Q54 SA-80

↑苏联 9 毫米马卡洛夫手枪

苏联 9 毫米马卡洛夫手枪

9 毫米马卡洛夫（Makarov）手枪是由苏联国家兵工厂生产的，主要装备校级军官使用，为原华约各国制式手枪。全枪重 0.73 千克（空枪），全枪长 163 毫米。采用半自动、双动击发的射击方式和 8 发弹匣供弹。有效射程 50 米。中国仿造的产品于 1959 年设计定型，称为 1959 年式 9 毫米手枪。

↑德国 6.35 毫米 HK4 式袖珍手枪及其组件。

德国 6.35 毫米 HK4 式袖珍手枪

6.35 毫米 HK4 手枪是前联邦德国 HK 公司研制生产的一种双动击发袖珍手枪。全枪重 0.48 千克（不带弹匣），全枪长 157 毫米。使用 8 发弹匣供弹，有效射程 27 米。该枪可以更换枪管、弹匣和复进簧，口径可以改为 5.59、6.35、7.65、9 毫米。发射 9 毫米柯尔特自动手枪弹、7.65 毫米柯尔特自动手枪弹或 6.35 毫米柯尔特自动手枪弹。

德国 7.63 毫米鲁格手枪

鲁格（Luger）手枪是美籍德国人雨果·博查特研制的一种手枪，1893 年供应欧洲市场。该枪外形笨拙，性能却十分出色。它的口径为 7.63 毫米，可卸式弹匣安装于握把之内。博查特后来到了德国，此枪就在那里投产。开始生产的手枪带有可卸枪托。

1908 年，博查特的一个助手乔治·鲁格改进了博查特手枪，并进行大规模生产，这就是世界闻名的 1908 年式鲁格手枪，简称 P08 式。该枪使用 9 毫米帕拉贝鲁姆手枪弹，全枪重 0.85 千克，全枪长 222 毫米。采用半自动射击方式，使用 8 发可卸式弹匣供弹。此枪从 1908 ~ 1938 年在德国军队中服役达 30 年之久，口径增加至 9 毫米，取消了其前身 1904 年式所带的握把保险。

↑德国 P08 式鲁格手枪在德国陆军服役 30 年（1908 ~ 1938 年），中国人称为"撸子"。该枪由乔治·鲁格于 1902 年设计成功，1908 年 8 月被德国陆军采用。

↑德国鲁格 P08 式手枪

→德制鲁格手枪

1942 年 6 月，该枪停产，但在军队中一直使用到第二次世界大战结束。

鲁格手枪有一种变型枪称为炮兵 08 式、1914 年式或 1917 年式，该枪配用长枪管（192 毫米），带有弧形表尺。第一次世界大战后期，德国人曾制造了一种容弹 32 发的蜗形弹鼓供弹，由于使用不便，又改用 8 发弹匣。鲁格手枪表尺射程可达 800 米，这在手枪中是罕见的。

德国 9 毫米 M 式手枪

该种手枪是前民主德国军队的制式装备，它由前民主德国制造，仿苏联的马卡洛夫手枪。这种枪是自由枪机式，自动装填，配用专门为其设计的 9×18 毫米弹药。通过手扳击锤扳机机构能使手枪单动击发。供弹具为 8 发可卸弹匣，全枪重 0.633 千克，全枪长 160 毫米。

↑德国 M 式手枪

↑德国 9 毫米瓦尔特 P1 式手枪

德国 9 毫米瓦尔特 P1 式手枪

9 毫米瓦尔特 P1 式手枪是第二次世界大战中德军使用的瓦尔特 9 毫米 P38 式手枪的改进型，为德国军队现在装备的制式手枪。该枪套筒座改用硬铝制成，击针也有改变。有军用和民用两种型号，军用手枪上有"P1 Ca1.9 毫米"字样，民用手枪上有"P38 Ca1.9 毫米"字样。

全枪重 0.77 千克（不带弹匣），全枪长 218 毫米。采用单动或双动击发的射击方式和 8 发弹匣供弹，使用 9 毫米帕拉贝鲁姆手枪弹，有效射程 50 米。

德国 9 毫米瓦尔特 P5 式手枪

为了给警察和军队提供可靠、安全的手枪，联邦德国研制了瓦尔特 P5 式手枪。基本规范是由德国警方提供的，他们要求操作方便，安全可

↑德国瓦尔特 P5 式手枪

靠，能联动击发，扣扳机前不需解脱不方便的保险机构。

瓦尔特 P5 式手枪自动方式是枪管短后坐，该枪有 4 个内部保险动作，这些保险措施确保击锤只有当套筒到位并与枪管锁紧及扳机扣到位置时才能打击击针，除此而外，手枪遇到跌落、打击或手动待发疏忽时绝对安全。

瓦尔特 P5 式手枪使用 9×19 毫米帕拉贝鲁姆手枪弹，供弹具为 8 发弹匣，全枪重 0.795 千克（不带弹匣），全枪长 180 毫米。

德国 9 毫米瓦尔特 P88 式手枪

这种手枪告别了早先的瓦尔特结构。它是双动击锤击发，采用左右均可操作的待发解脱杆，枪把前边缘、扳机护圈的下方有左右手弹匣卡榫。使用枪弹为 9×19 毫米帕拉贝鲁姆手枪弹，自动方式为枪管短后坐式，闭锁方式为枪管摆动式，半自动，供弹具为 15 发弹匣，全枪长 187 毫米，全枪重 0.9 千克（不带弹匣）。

↑德国 9 毫米瓦尔特 P88 式手枪

德国 9 毫米 HK P7K3 手枪

HK P7K3 手枪是 P7 系列手枪的最新型号，由设在奥本多夫—内卡的德国 HK 公司研究设计。它操作简单，采用一种揿压式待发扳机。枪上没有侧向套筒卡榫及解脱杆，所以它很适合左

↑德国9毫米HKP7K3手枪

↑德国9毫米HK VP70Z手枪

右手都射击的人。另外，手枪落地以前总是处于非待发状态，这是该枪的一个重要安全特点。它使用9×17毫米短弹或9.65毫米柯尔特自动手枪弹，自动方式为自由枪机式，自动装填，单动击发，供弹具有13发可卸弹匣，全枪重0.75千克（不带弹匣），全枪长171毫米。

德国9毫米HK P8式手枪

HK P8式手枪由前联邦德国HK公司制造的USP演变而成，USP是"通用自动装填手枪"的英文缩写。它有10.16毫米和9毫米两种口径。10.16毫米口径的手枪发射0.40英寸史密斯·韦森手枪弹，命名为USP.40式；发射9毫米帕拉贝鲁姆手枪弹的USP手枪被命名为USP9式。1988年，前联邦德国将该手枪命名为P8式，第一批采购于1996年，将成为德国现役制式手枪。

P8式手枪采用枪管短后坐式自动方式，枪管起落式闭锁方式，双动击发，用16发弹匣供弹，单发。主要特点是手枪采用聚酰胺基复合材料，重量较轻；弹匣透明，可以见到弹匣内子弹数；握把人机工程好，左、右射手均可方便操作；后坐力小，射手射击时感到舒适；既有扳机保险，又有击针保险，安全性好等。新枪枪管长108毫米，全枪长194毫米，空枪重0.72千克。

德国9毫米HK VP70手枪

9毫米HK VP70手枪是前联邦德国HK公司生产的手枪。单手发射时为半自动射击方式，当枪托装于枪上时可作为冲锋手枪，能进行3发控制点射。全枪长为204毫米（手枪时），545毫米（冲锋手枪型时）。全枪重手枪时为0.82千克（不带弹匣），冲锋手枪型时为1.27千克。使用18发弹匣供弹。有效射程手枪时为50米，冲锋手枪型时为150米。该枪采用塑料件和铝制作。由于

射速很高，零部件受力大，对结构要求高，据称全枪仅有4个运动部件。

法国9毫米MR73式左轮手枪

9毫米MR73式左轮手枪是紧凑型双动击发左轮手枪，有3种不同的枪管长度，且能发射9.65毫米特种弹及9毫米马格努姆弹。转轮容量为6发，当装填时侧向一边，可使用9毫米帕拉贝鲁姆手枪弹。该枪还配有一种可替换的转轮。采用双动或单动装置。

↑法国9毫米MR73式左轮手枪

↑意大利伯莱塔 81 式手枪

意大利 7.65 毫米伯莱塔 81 式手枪

伯莱塔 81 式手枪是 1976 年大批量生产的伯莱塔 3 种手枪中的一种。

该枪使用枪弹为 7.65 毫米手枪弹，自动方式为自由枪机式，单动或双动击发，供弹具为 12 发弹匣，全枪重为 0.67 千克（带空弹匣），全枪长 172 毫米。

意大利 9 毫米伯莱塔 86 式手枪

伯莱塔 86 式手枪于 1985 年投产，用于装备警察及公安人员。该枪采用翻转枪管，这种结构曾一度常见，但已久被冷落。使用枪弹为 9×17 毫米短弹，自动方式为自由枪机式，半自动，供弹具为 8 发弹匣，全枪重为 0.66 千克（不带弹匣），全枪长 185 毫米。

↑意大利伯莱塔 86 式手枪

意大利 9 毫米伯莱塔 M92 式手枪

9 毫米伯莱塔 M92 式手枪是意大利伯莱塔公司 1976 年研制投产的手枪，威力大于该公司的 81 式及 84 式，主要用于装备意大利军队和某些外国军队。该枪口径 9 毫米，发射 9 毫米帕拉贝鲁姆手枪弹。全枪重 0.95 千克（带空弹匣），全枪长 217 毫米。自动方式采用枪管短后坐式，半自动、单动或双动击发，用 15 发可卸弹匣供弹，有效射程 50 米。M92 式手枪使用灵活、方便，动作可靠，成为许多改进型手枪如 M92F 式、M93R 式等手枪的基础。

↑意大利伯莱塔 M92 式手枪

→意大利伯莱塔 M92F 式手枪

意大利 9 毫米伯莱塔 M92F 式手枪

9 毫米伯莱塔 M92F 式手枪是意大利伯莱塔公司在 M92 式手枪基础上改进而成的新型手枪。1976 年，M92 式手枪在该公司投产，后改进为 M92S 式，又改进为 M92SB 式，第三次改进后命名为 M92F 式手枪。和 M92 式相比，M92F 式手枪将保险机从握把座上移至套筒上；弹匣卡榫从握把下方移至扳机护圈后方，便于单手操作；同时保险机和弹匣卡榫可从枪两侧操纵，适于左手

↑伯莱塔 M92 式手枪

↑意大利伯莱塔 M92S 式手枪

射手使用。M92F 式手枪体积小, 使用方便, 性能可靠, 美军在 1985 年 1 月选定其为制式手枪, 并命名为 9 毫米 M9 式手枪。

意大利 9 毫米伯莱塔 M93R 式冲锋手枪

9 毫米伯莱塔 M93R 式冲锋手枪是 20 世纪 70 年代末在 M92 式基础上研制出的改型产品。该枪能连发, 有 3 发点射控制机构。在扳机护圈前方安装有一个折叠式前握把, 便于双手握持射击。该枪还配有能结合在握把上的可卸枪托, 以实施抵肩射击, 增加有效射程。枪管前方装有兼具消焰作用的小型枪口制退器。该枪因火力猛烈、结构紧密而深受专家好评, 目前已被意大利特种警察部队采用。全枪重 1.17 千克 (带 20 发空弹匣), 全枪长 250 毫米。可单发和 3 发点射射击。用 20 发或 15 发可卸弹匣供弹。

↑意大利伯莱塔 M93R 式冲锋手枪

意大利 9 毫米伯莱塔 M951R 式冲锋手枪

9 毫米伯莱塔 M951R 式冲锋手枪是意大利伯莱塔公司研制的 9 毫米 M1951 式手枪的改进型, 主要供特种部队和警察使用。全枪重 1.35 千克 (不装弹), 全枪长 170 毫米。可单发、连发射击, 使用 10 发可卸弹匣供弹。该枪枪管比 M1951 式手枪枪管稍长, 套筒较厚, 意在提高弹头初速。为了便于控制射击时的枪口跳动, 增加了折叠木质前握把, 不用时可折叠于扳机护圈前方。该枪弹匣较长, 供弹故障较多。

意大利 9 毫米伯莱塔 M1951 式手枪

9 毫米伯莱塔 M1951 式手枪由意大利伯莱塔公司研制生产, 是意大利军队的制式手枪, 以色列、埃及等国军队以及尼伯利亚警察也装备有该枪。该枪使用 9 毫米帕拉贝鲁姆手枪弹。全枪重 0.89 千克 (不带弹匣), 全枪长 203 毫米。使用 8

↑意大利伯莱塔 M1951 式手枪

→意大利伯莱塔 M951R
式冲锋手枪

发弹匣供弹, 有效射程 50 米。该枪有 3 个主要部件 : 铝合金或钢制的套筒座、套筒和枪管。

西班牙 9 毫米星式 30M 和 30PK 手枪

9 毫米星式 30M 和 30PK 手枪是 28 和 28PK 型的现代型手枪。其结构与外形皆相同, 但装有左右手保险卡榫。该枪套筒在套筒座内部导轨里滑动, 整个套筒运动平稳, 套筒上的左右手保险卡榫把击针缩入它的孔内, 免遭击锤打击。枪上有一装弹指示器, 当弹药上膛时, 它突出于套筒。瞄准具很清楚, 表尺可调风偏, 射击准确。使用枪弹为 9 毫米帕拉贝鲁姆手枪弹, 自动方式为枪管短后坐式, 闭锁方式为枪管偏移式, 供弹具为 15 发弹匣, 全枪重为 0.86 千克 (不带弹匣), 全枪长 205 毫米 (30M 手枪)。

↑西班牙 9 毫米星式 30M 手枪

西班牙 11.43 毫米星式 PD 手枪

研制星式 PD 手枪的目的是为提高手枪的威力, 并且易于携带, 便于隐藏。由于重量轻, 所以控枪较困难。在 11.43 毫米柯尔特自动手枪弹级别中, 因枪管短, 初速和动能也小于正常值。

↑西班牙 11.43 毫米星式 PD 手枪

↑瑞士西格 - 绍尔 P220 式手枪侧面图及保险机构。

使用枪弹为 11.43 毫米柯尔特自动手枪弹,自动方式为枪管短后坐式,闭锁方式为勃朗宁枪管起落式,供弹具为 6 发弹匣,全枪重为 0.71 千克(不带弹匣),枪管长 100 毫米。

瑞士 9 毫米西格 P210 式手枪

9 毫米西格 P210 式手枪由瑞士工业公司生产。P210 式手枪有 5 种型号:P210 — 1 式和 P210 — 2 式为军用和警用手枪;P210-5 和 P210-6 为比赛用枪;P210-4 为出口型。P210-1 和 P210-2 都有两种口径,可发射 9 毫米或 7.65 毫米帕拉贝鲁姆手枪弹,全枪重 0.91 千克(不带弹匣),全枪长 215 毫米,采用半自动射击方式和 8 发弹匣供弹,有效射程 50 米。P210 — 5 式枪管较长,准星装在枪管上,P210 — 6 式准星装在套筒上,都采用千分尺型表尺,带风偏修正。两种比赛枪装有轻型短射程扳机,扳机拉力可调整。

11.43 毫米两种口径,瑞士军队装备 9 毫米口径型,命名为 M75 式。M75 式发射 9 毫米帕拉贝鲁姆手枪弹。全枪重 0.75 千克(空枪),全枪长 198 毫米。采用半自动、单动或双动击发射击方式,并使用 9 发弹匣供弹。

瑞士 9 毫米西格 - 绍尔 P225 式手枪

瑞士 9 毫米西格 - 绍尔 P225 式手枪是一种管退式武器,装有自动击针保险,采用双动击发扳机、解脱杆及外部套筒卡榫杆。它上面还有另一个保险,甚至在击锤待发、解脱或半待发状态时手枪跌落于地也能确保安全。由于枪上无推出保险卡榫,所以武器一扣扳机即能迅速射击枪弹。使用 9 毫米帕拉贝鲁姆手枪弹,自动方式为枪管短后坐式,单动或双动击发,闭锁方式为枪管偏移式,供弹具为 8 发弹匣,全枪重 0.74 千克(不带弹匣),全枪长 180 毫米。

↑瑞士 9 毫米西格 P210 式手枪

瑞士西格 - 绍尔 P220 手枪

西格 - 绍尔 P220 手枪由瑞士工业公司研制,并与前联邦德国绍尔(Sauer)公司共同生产。该枪换装不同的枪管和弹匣等部件可以发射多种手枪弹,如 11.43 毫米柯尔特自动手枪弹、9 毫米柯尔特高级自动手枪弹、9 毫米和 7.65 毫米帕拉贝鲁姆手枪弹等。其生产型号主要为 9 毫米和

↑西格 - 绍尔 P225 手枪发射瞬间。

瑞士 9 毫米西格 - 绍尔 P226 式手枪

9 毫米西格 - 绍尔手枪由瑞士工业公司于 1980 年参照美军公布的新一代手枪战术技术规范要求而研制开发的一种手枪,旨在参加美军新一代枪选型竞争。但由于该枪价格原因而未能被选中,最后意大利 9 毫米伯莱塔 M92F 式手枪中选。该枪现被广泛地用于保安部队,由德国 J·P·绍尔 - 绍恩公司生产。

↑瑞士 9 毫米西格—绍尔 P226 式手枪

　　全枪大部分零件基本上来自 P220 式和 P225 式手枪，在结构上采用了联动发射，击针自动保险装置，击锤待击解脱柄、大容弹量弹匣（15 发），双侧弹匣锁键等。发射 9 毫米帕拉贝鲁姆手枪弹，采用枪管短后坐式自动方式，全枪长 196 毫米，全枪重 0.75 千克，枪管长 112 毫米，6 条右旋膛线，初速 350 米 / 秒。

瑞士 9 毫米西格–绍尔 P230 式手枪

　　9 毫米西格—绍尔 P230 式手枪由瑞士工业公司研制，与前联邦德国绍尔公司共同生产。其保险特点和"发射多种枪弹"的特性与 P220 式手枪完全一样。P220 式主要作为军用，P230 式

↑瑞士 9 毫米西格—绍尔 P230 式手枪

主要作为警用。

　　西格—绍尔 P230 式手枪改枪管短后坐自动方式为自由枪机式，并且专门设计了一种威力介于 9 毫米帕拉贝鲁姆手枪弹与 9 毫米短弹之间的 9 毫米警用手枪弹。

　　9 毫米 P230 式手枪全枪重 0.69 千克（空枪），全枪长 168 毫米。采用半自动或双动击发射击方式和 7 发弹匣供弹。

匈牙利 FEG 式手枪

　　FEG 式手枪是一种袖珍枪，双动击发，自由枪机式，解脱卡及杆位于套筒的左侧、扳机护圈之前，套筒及枪管很容易拆除。使用枪弹为 7.65 毫米柯尔特自动手枪弹，供弹具为 6 发弹匣，全枪重 0.45 千克，全枪长 140 毫米。

↑匈牙利 FEG 式手枪

波兰 9 毫米 Wz63 微型冲锋手枪

　　9 毫米 Wz63 微型冲锋手枪是波兰枪械设计家 P·威尔内维奇设计的，1963 年正式定型，由波兰国家兵工厂生产，主要装备波兰陆军和警察部队，现已停产。

　　Wz63 微型冲锋手枪口径为 9 毫米，发射 9 毫米马卡洛夫手枪弹。全枪重 1.8 千克（带 25 发空弹匣），全枪长 333 毫米（枪托折叠时）。该枪可单发、连发射击。用扳机行程控制第二道火为连发，无单独的快慢机。有效射程在抵肩射击时为 200 米，单手射击时仅为 40 米。

　　Wz63 微型冲锋手枪配用 40 发、25 发和 15 发长、中、短 3 种双列供弹弹匣，带有一个伸缩式肩托。

↑波兰 9 毫米 Wz63 微型冲锋手枪

波兰 9 毫米 P64 式手枪

9 毫米 P64 式手枪是波兰国家兵工厂制造的，装备波兰军队的制式手枪。

该枪口径 9 毫米，发射 9 毫米马卡洛夫手枪弹。全枪重 0.636 千克（不带弹匣），全枪长 155 毫米。采用半自动或双动击发射击方式，用 6 发弹匣供弹，有效射程为 50 米。

↑ 波兰 9 毫米 P64 式手枪

↑ 比利时勃朗宁 HP 式大威力手枪

比利时 9 毫米勃朗宁 HP 式手枪

9 毫米勃朗宁 HP 式大威力手枪于 1925 年设计定型，是世界上最著名的手枪之一。除比利时本国装备外，还出口 50 余个国家，德国、英国、加拿大、印度尼西亚等国也仿制使用该枪，口径 9 毫米，用 13 发弹匣供弹，全枪重 0.9 千克。

日本南部手枪

南部手枪是 1909 年 8 月由日本军人南部其次郎研制而成的。该枪是参考意大利的格利森蒂手枪设计而成的。

南部手枪的早期型号有 4 式和"小孩"式两种，4 式枪管长 119 毫米，全枪长 229 毫米，全枪重 0.88 千克；"小孩"式枪管长 83 毫米，全枪长 171 毫米，全枪重 0.65 千克。

日本大正十四年（1925 年），南部手枪做了一些改进，命名为 14 式，正式装备日军。该枪口径为 8 毫米，发射日本 8×21 毫米南部手枪弹。

全枪重 0.96 千克，全枪长 227 毫米。采用半自动、击针式击发射击方式，使用 8 发可卸弹匣供弹。

1937～1938 年，南部 14 式手枪又有了改进，陆续出现了一些型号，如实验式、94 式和哈马达 2 式等，与南部本人已经没有什么关系，与南部手枪的原型也相差甚远。仍称为"南部"，是由于它们仍然发射 8×21 毫米南部手枪弹。

专家认为南部式手枪设计结构不合理，制作粗劣，为第二次世界大战期间世界上最差的手枪。

↑ 日本 9 毫米 M57A 式新南部自动手枪

↑ 日本 9.652 毫米 M60 式新南部手枪

↑ 8 毫米 14 式南部手枪

↓奥地利格洛克17
式手枪

↑奥地利9毫米斯太尔GB式手枪

奥地利9毫米斯太尔GB式手枪

9毫米斯太尔GB式手枪由奥地利斯太尔公司研制生产，是从目前pi 18式手枪改进而来的，装备奥地利军队。

GB式手枪口径为9毫米，发射9毫米帕拉贝鲁姆手枪弹。全枪重0.962千克（带空弹匣），全枪长216毫米。采用半自动、双动击发的射击方式和18发弹匣供弹，有效射程为50米。它采用多边形膛线的固定枪管，自由枪机，气体延迟开锁。刃形准星后面和方形照门两侧，都嵌有夜光圆点，便于夜间瞄准射击。

奥地利9毫米格洛克17式手枪

奥地利9毫米格洛克17式手枪装备奥地利军队及警察。该枪具有重量轻、结构简单的特点。

格洛克17式采用柯尔特—勃朗宁系统的凸面控制的枪管起落式闭锁机构。扳机为二道火。射击时首先扣压解脱扳机保险，然后扣扳机至5毫米的行程时，击锤待发并解脱两个内部保险机构。继续扣扳机（行程2.5毫米）时解脱击锤并使之击发。每次射击后，手枪恢复到安全状态，直到再次扣拉扳机。使用枪弹为9×19毫米帕拉贝鲁姆手枪弹，供弹具为17发弹匣，全枪重0.62千克（不带弹匣），全枪长188毫米，枪管长114毫米。

奥地利9毫米格洛克18式冲锋手枪

9毫米格洛克18式冲锋手枪系由奥地利格洛克公司于1988年在格洛克17式手枪基础上改进而成的一种冲锋手枪，可实施连发射击（短点射）。主要改进之处是增加了枪口制退器；设有快慢机，可供单发、连发转换；大容弹量弹匣，容弹量分别为17发、19发、33发。格洛克18式冲锋手枪与格洛克17式手枪基本结构与原理是一样的。但不能实现零件通用互换，该枪主要装备奥地利军队及警察。通常可携带两个备份弹匣，最大携弹量为86发，一般携弹量为58发，扳机控制的点射一般每次5发，因此对付应急事件火力较强。另外，该枪没有与枪管一体的枪口制退器，射击稳定性好，易于控制，不需加装肩

↑奥地利9毫米格洛克17式手枪

↑奥地利9毫米格洛克18式冲锋手枪

托、携带方便、隐蔽，是理想的小型单兵近战突击武器。该枪发射9毫米帕拉贝鲁姆手枪弹，采用枪管后坐式自动方式，枪管起落式闭锁方式，全枪长223毫米，全枪重0.636千克，枪管长134毫米，多边弧形右旋膛线，初速350米/秒。

↑捷克9毫米M75式手枪

捷克9毫米M75式手枪

M75式手枪是第二次世界大战以来捷克的最佳手枪，它是在吸取国内外同类手枪优点的基础上设计而成的。

该枪自动方式为枪管短后坐式，枪管固定在套筒上。套筒和套筒座是压铸件，枪管是锻钢的，握把是核桃木或塑料的。套筒卡榫、保险杆和弹匣卡榫皆安放在套筒座的左侧。瞄准具有表尺固定式或可调风偏的燕尾槽式。手枪的一大特点是双列供弹。手枪的惰性击针直至发射时才与弹底相接触，在混凝土上多次跌落试验时，高度为2米，枪口向下，皆不开火。由于是双动击发机构，因此在膛内有弹时携带安全。使用枪弹为9毫米帕拉贝鲁姆手枪弹，闭锁方式为枪管偏移式，供弹具为15发弹匣，全枪重0.98千克（不带弹匣），全枪长203毫米。

以色列9毫米"沙漠之鹰"手枪

以色列9毫米"沙漠之鹰"（Desert Eagle）手枪，原先是为比赛用枪设计的一种枪型，由于其在实际使用上具有极高的可靠性，所以被军方看中，并被采用。因此，"沙漠之鹰"手枪也被作为正式的军用手枪。

"沙漠之鹰"手枪的不同寻常之处，是采用导气式和回转式枪机。其自动方式为导气式、半自动、单动击发，供弹具为9发弹匣。沙漠之鹰手枪全枪重为1.76千克（不带弹匣），全枪长为260毫米。

以色列9毫米乌齐手枪

以色列9毫米乌齐（UZi）手枪在9毫米乌齐冲锋枪的基础上改进而成，缩短并减轻了重量，仅允许半自动射击。尽管与常规型手枪相比略显笨重，但手枪具有较大的弹容量，其形状、大小适于双手握持。它的体积有助于减小后坐力，所以在迅速射击时易于控制。使用9毫米帕拉贝鲁姆手枪弹，自动方式为自由枪机式，闭锁枪尾，全枪重为1.65千克（不带弹匣），全枪长为240毫米，供弹具为20发弹匣，有效射程为60米。

南斯拉夫M70式和M70A式手枪

M70A式是M70式的改进型。它们都使用9×19毫米帕拉贝鲁姆手枪弹，自动方式为枪管短后坐式，供弹具为9发弹匣，全枪重为0.9千克，全枪长为200毫米。

↑南斯拉夫M70式手枪

↑以色列9毫米乌齐手枪

↑装有红外瞄准镜的"沙漠之鹰"手枪。

机枪的问世与发展

帕克尔和加特林发明手摇机枪

自从步枪成为军队的主要武器之后，步枪的装弹方式大为改善，从而提高了射击速度。但是，枪械的射击速度仍然不能满足战争的需要。为了提高枪械的发射速度，19世纪80年代前，许多国家都研制过连发枪械。英国人J.帕克尔发明的单管手摇机枪，1718年在英国取得专利。由于枪身太重，装弹困难，未引起普遍重视。一些国家尝试着将许多支枪管平行或环形排列，进行齐射或连射。

1862年，美国人R.J.加特林发明的手摇式机枪，将6支口径为14.7毫米的枪管安放在枪架上，射手转动曲柄，6支枪管依次发射，因而解决了射速问题，在紧张操作时每分钟可发射枪弹300～350发。该枪于1862年取得专利，曾在美国1861～1865年的南北战争中起了很大的作用。

马克沁重机枪和麦德森轻机枪

世界上第一支以火药燃气为能源的机枪，是英籍美国人H.S.马克沁发明的，1883年他试验成功了枪管短后坐自动原理，1884年应用这种原理的机枪取得了专利，这是枪械发展史上的一项重大技术突破。这种机枪的理论射速约为600发/分，全枪重27.2千克，后人称为马克沁重机枪。

↑军用马克沁重机枪

在第一次世界大战的索姆河会战中，1916年7月1日，英军向德军发起进攻，德军用马克沁重机枪向密集队形的英军进行猛烈持续地射击，英军一天之中伤亡了近6万人，人们真正认识到了这种自动发射的重型机枪的巨大威力。

马克沁重机枪发明后，各国纷纷仿制或开发研制各种新型重机枪，并且开始研制能随步兵机动作战的轻型机枪。1902年，丹麦人W.O.H.麦德森设计了一种有两脚架带枪托可抵肩发射的机枪，全枪重9.98千克，最大射程为2000米，称为轻机枪。从此，以马克沁重机枪和麦德森轻机枪作为自动机枪的母型，开始出现大量新式的大口径机枪，并开始装备飞机、坦克和战船，成为仅次于火炮的压制性武器。

↑早期的手摇机枪。一人从上面用弹夹装弹，一人手摇连续发射。

↑马克沁与他发明的机枪

诺登飞发明多管排列式机枪

　　1878年，美国的诺登飞发明了多管排列式机枪，其构造为5支枪管一字排列，固定不动。这种机枪后坐和复进都是由扳动侧方的机柄来完成的，弹匣垂直安装在枪上，弹匣内的枪弹借自身的重量而下降。发射时，5支枪管同时发射。在自动武器的发展中，多管排列式机枪起到了很大推动作用。自动武器的主要机构与多管排列式机枪很相似，不同的是，自动武器是利用发射时火药气体所产生的能量来转动机构进行连射。

机枪的改进和发展

　　机枪一出现，首先装备舰艇，作为舰艇用压制性武器。第一次世界大战爆发后，军用飞机和坦克的问世要求步兵有相应的防空和反装甲能力，于是出现了大口径机枪。1918年，德军首先装备了13.2毫米苏罗通机枪。随后英国装备了12.7毫米维克斯机枪。军用飞机和坦克上也相应装备了航空机枪和坦克机枪。第一次世界大战前与大战中，德国设计了MG34式和MG42式通用机枪，MG34式枪身带两脚架，全枪重12千克，1934年装备部队，配备弹鼓和两脚架可作轻机枪使用，配备弹链和三脚架可作重机枪用。第二次世界大战后，各国研制的新型通用机枪相继出现，如美国的M60式机枪，苏联的PKM/PKMS机枪，中国的1967－2式机枪等。它们全枪重一般在20千克左右。枪身轻重两用，枪架一般可高平两用，并能改装在坦克、步兵战车、直升机或舰艇上使用。这些机枪在美越战争、朝鲜战争和战后世界各地的局部战争中都发挥过巨大作用。

↑1917年11月20日，英国军队的重机枪手在与德军作战的阵地上休息。他们的武器是马克沁机枪。

↑第一次世界大战中的印度机枪队正守卫在阵地上。

↑第一次世界大战中俄军正在使用7.62毫米机枪。

↑装有三脚架的MG08马克沁重机枪。

↑第一次世界大战中，英军机枪手在开火。

↑第一次世界大战中比利时的一支狗拉重机枪队。

奥德怀尔发明号称"金属风暴"的射速最快的机枪

1995年底，澳大利亚人迈克·奥德怀尔发明的称为"金属风暴"的机枪，射速比世界上现有的射速最快的机枪高出20倍，这种机枪可能给武器技术带来革命。在测试过程中，每分钟可以向目标发射13.5万发子弹，其射速很快，甚至可以用来拦截由激光制导的"智能"炸弹。澳大利亚高级官员说，尽管他们对这种新武器的评估工作尚未结束，但它有可能是一种非常重要的武器。自从阿根廷人在1982年的马尔维纳斯群岛（英国称福克兰群岛）战争中使用"贴近海面飞行的"飞鱼式舰对舰导弹击中英国的"谢菲尔德"号军舰以后，军舰设计人员就在军舰上布满了诸如美国制造的每分钟能发射3000发弹的"密集阵"近防武器系统，对拦截弹道导弹和巡航导弹具有重要的作用。

↑第一次世界大战中奥地利军中的机枪阵地。

"金属风暴"的机枪发明人奥德怀尔在研制过程中，采用的是公元14世纪火器刚刚诞生时的原理，即让武器能比"现有技术投掷出更多的子弹"。其原理极为简单，而且不需要活动的部件。专门为澳大利亚奥林匹克射击队制造枪支的

↑装有两脚架的MG08"马克沁"机枪。

↑手持机枪的现代士兵

↑美军12.7毫米M2勃朗宁重机枪

↑20世纪70年代抗击苏军的阿富汗游击队重机枪阵地。

MAB工程公司已经制造出这种速射机枪的样品，其研制费用为72.3万美元，与大多数武器研制费用相比，这个研制费用是微不足道的。尽管常规的美制加特林速射机枪是多管机枪，但每个枪管发射一发子弹之后要重新装填子弹。"金属风暴"的机枪却能够把多发子弹依次排列在枪管内，最新的样品每个枪管能储存90发子弹。照这样计算，一挺6管机枪可以非常快速地发射540发子弹。

各国机枪

英国7.62毫米布伦轻机枪

7.62毫米布伦轻机枪是世界上有名的轻机枪之一。1937年，由英国恩菲尔德兵工厂根据捷克ZB26式轻机枪研制而成，主要有Mk1式、Mk2式、Mk3式和Mk4式4种类型。其口径为7.62毫米，发射

↑ 英国布伦 L4A3 轻机枪

7.62 毫米 Mk7 枪弹，全枪重为 10.05 千克，全枪长 1156 毫米，可单发、连发转换射击，使用 30 发弹匣供弹。布伦轻机枪理论射速为 500 发 / 分，有效射程为 800 米；内部结构和动作原理与 ZB26 轻机枪基本相同。1953 年英国对布伦轻机枪加以改进，以适应北约组织确立的 7.62 毫米北约弹。布伦轻机枪因此变成了 L4 式系列，有 L4A1 式、L4A2 式、L4A3 式、L4A4 式、L4A5 式、L4A6 式、L4A7 式、L4A8 式、L4A9 式等，在几十个国家先后装备过此枪。20 世纪 40 年代，中国将布伦轻机枪口径改为 7.92 毫米，称为勃然式轻机枪，装备军队使用。

德国 7.62 毫米 MG3 式通用机枪

7.62 毫米 MG3 式通用机枪是德国的一种通用机枪。该型机枪是 1968 年由联邦德国在 MG42 式通用机枪基础上开发研制出来的一种通用机枪。1959 年，联邦德国改进 MG42 型机枪，由使用 7.92 毫米毛瑟枪弹改为发射 7.62 毫米北约弹，并命名为 MG42/59 型机枪，又称 MG1 型机枪。以后又有 MG1A1 型机枪、MG1A2 型机枪、MG2A3 型机枪等多种改型枪。MG3 型机枪口径

↑ 德国 7.62 毫米 MG3 式通用机枪

为 7.62 毫米，发射 7.62 毫米北约制式枪弹。枪身重 11.5 千克，全枪长为 1225 毫米（带枪托），采用连发射击方式，使用弹链供弹，而且可通用德国的 DM1、DM6 或美国的 M13 型弹链供弹。战斗射速为 250 发 / 分，可以预先调定射速，有效射程为 800 米（轻机枪时）或 1200 米（重机枪时）。该枪每射击 150 发用 6 秒钟就可更换一根枪管。目前此枪已向十几个国家出售。

↓ 德国 MG42 式通用机枪

德国 7.92 毫米 MG42 式通用机枪

7.92 毫米 MG42 式通用机枪是 1942 年德国格鲁诺博士在 MG34 式通用机枪基础上开发研制出来的一种通用机枪。该枪口径为 7.92 毫米，发射 7.92 毫米毛瑟枪弹。枪重 11.05 千克，枪长 1219 毫米。采用连发射击方式。使用 50 发弹链供弹。理论射速达 1200 发 / 分。有效射程为 800 米（轻机枪时）或 1000 米（重机枪时）。MG42 式仍采用枪管短后坐的自动方式，机构动作可靠，既能平射，又能高射。MG42 式在第二次世界大战中名声显赫，而且对后来通用机枪的发展产生了重要影响。

德国 7.92 毫米 MG34 式通用机枪

7.92 毫米 MG34 式机枪是 1934 年由德国毛瑟兵工厂设计师 L.施坦格研制的世界上第一种通用机枪。该枪设计时参照了瑞士 M30 式苏洛通机

↑装有三脚架的 MG34 式通用机枪可作为重机枪使用。

→装设有对空三脚架的 MG34 式通用机枪。

↑德国 7.92 毫米 MG34 式通用机枪对空射击

枪的构造原理，可做轻机枪或重机枪用，还可改装成高射机枪、坦克机枪或机载机枪用。其口径为 7.92 毫米，发射 7.92 毫米毛瑟 98 式步枪弹，枪身重 12 千克，枪身长 1224 毫米。可单发、连发转换射击，使用 50 发不散弹链或 75 发弹鼓供弹，战斗射速连发时为 200 发 / 分，有效射程为 800 米（轻机枪时）或 1000 米（重机枪时）。该枪可左右两侧供弹，故可以并联成双管或多管机枪使用。而且枪管可以迅速更换，各部件间用销钉结合。

MG34 式通用机枪对世界通用机枪的发展产生了重要的影响。世界许多机枪都是在此基础上或参照该机枪的设计思想设计出来的。

美国 7.62 毫米 M60 式通用机枪

7.62 毫米 M60 式通用机枪是 1957 年 1 月在美国定型投产并装备美军的机枪。它彻底取

代了装备美军长达 40 年之久的勃朗宁轻机枪和重机枪。该枪口径为 7.62 毫米，发射 7.62 毫米北约弹，枪重 10.5 千克，枪长 1100 毫米，只能连发射击，使用可散弹链供弹，战斗射速为 200 发 / 分，有效射程为 800 米（轻机枪时）或 1000 米（重机枪时）。该枪采用活塞短行程截流膨胀原理的导气式自动方式，枪膛内镶有钨铬钴合金衬套，增加枪管寿命。零件多为冲压件，结构精密紧凑，重量较轻。M60 式通用机枪成为西方国家广为使用的机枪之一。M60 式通用机枪的改型枪有：M60E1 式机枪，坦克或装甲车的并列机枪 M60E2 式机枪，装在直升机上的 M60C 式机枪，带 "D" 形握把和尾部扳机、用于直升机或炮艇上的 M60D 式机枪以及单兵机枪 M60LWMG — 1 式机枪等。

美国 7.62 毫米 M60E3 式通用机枪

7.62 毫米 M60E3 式通用机枪是 20 世纪 80 年代初在 M60 式通用机枪的基础上改进而成的。全枪重 8.61 千克，发射 7.62 毫米北约弹，枪长 1067 毫米，闭锁方式为枪机回转式，连发射击，使用可散弹链供弹，有效射程为 800 米（轻机枪时）或 1000 米（重机枪时）。与 M60 式不同的

↑美国 M60 式通用机枪

↑美国 7.62 毫米 M60E3 式通用机枪

↓ M60E3 式通用机枪结构图

↑第二次世界大战中美国使用的勃朗宁 M1917 式重机枪。

是，两脚架改装于机匣上，提把改装在枪管上，装前方小握把便于控制射击，导气装置也做了简化改进。美国海军和海军陆战队已经装备此枪。

美国 7.62 毫米 M134 米尼岗式 6 管机枪

7.62 毫米 M134 米尼岗式 6 管机枪是 20 世纪 60 年代美国在越南战争中采用加特林原理研制成功的一种高射速航空武器。该枪由电动机带动 6 根枪管旋转射击，射速可达 6000 发 / 分，是一种火力极为猛烈的武器，口径为 7.62 毫米，发射 7.62 毫米北约制式枪弹，全枪重 15.9 千克（不包括电动机、供弹机），电动机重 3.4 千克，供弹机重 4.8 千克，枪座重 42 千克，枪长 800 毫米，只可连发射击，使用弹链供弹，常用射速在 2000 ～ 4000 发 / 分之间，有效射程为 1000 米。该机枪机动性能优良，改变电流大小即可调整机枪的射速，范围可从 300 发 / 分 ～ 6000 发 / 分。在枪管旋转的同时，瞎火弹像弹壳一样退出，不会造成射击中断。美国主要在各类武装直升机上使用，也作为机械化步兵的车载机枪使用。此外，米尼岗还发展了 5.56 毫米和 12.7 毫米口径类型，12.7 毫米 6 管机枪射速高达 8000 发 / 分。

↓美国 7.62 毫米 M134 米尼岗式 6 管机枪

美国 7.62 毫米勃朗宁 M1917 式重机枪

7.62 毫米勃朗宁 M1917 式重机枪是 1917 年由美军设计并装备美军的一种水冷式重机枪。该型机枪作为美军的主要机枪，在两次世界大战中都发挥过重要的作用。1936 年改型为 M1917A1

型机枪。它在美军中的位置直到 20 世纪 50 年代才被 M60 式机枪取代。

勃朗宁 M1917 式重机枪的口径为 7.62 毫米，发射 7.62 毫米 M1 式或 M2 式重尖弹。全枪重为 18.64 千克（带水时），枪身长为 981 毫米，连发射击，用 250 发帆布弹带供弹。该枪理论射速为 450 ～ 600 发 / 分，有效射程为 1000 米。该枪枪尾有可单手发射的握把。采用水冷结构，在高寒及无水地区不便使用。因此，该枪后来又发展出一款气冷式改进型——M1919A4 式重机枪。

美国 7.62 毫米勃朗宁 M1919A4 式重机枪

7.62 毫米勃朗宁 M1919A4 式重机枪是在美国勃朗宁 M1917 式重机枪基础上改进而成的重机枪。主要改进是枪管由水冷改为气冷。其口径仍为 7.62 毫米，发射 7.62 毫米 M1 式或 M2 式枪弹，枪身重 14.06 千克，M2 三脚架重 6.35 千克，枪身长 1044 毫米，只可连发射击，使用 250 发弹带或可散弹链供弹，理论射速为 400 ～ 550 发 / 分，有效射程为 1000 米。该枪在第二次世界大战时曾作为坦克机枪使用，战后也装于步兵战车上使用。如装在 M2 型三脚架上，可作为连用机枪。全枪的结构与 M1917 式大致相同。

↑美国勃朗宁 M1919A4 式重机枪

美国 7.62 毫米勃朗宁 M1919A6 式轻机枪

7.62 毫米勃朗宁 M1919A6 式轻机枪是在美国勃朗宁 M1917 式重机枪基础上改进而成的。

其口径为 7.62 毫米，发射 7.62 毫米 M1 式或 M2 式枪弹，全枪重 14.7 千克（带金属枪托和

↑美国 7.62 毫米勃朗宁 M1919A6 式轻机枪

两脚架时），全枪长 826 毫米（不带枪托时），只能连发射击，使用可散金属弹链或弹带供弹，有效射程为 800 米。由水冷改成的气冷枪管可以迅速更换，带两脚架、提把和搭肩枪托。装在 M2 型三脚架上可当重机枪用。

直到 20 世纪 50 年代，该枪才从美军装备中撤出。

美国 11.43 毫米马克沁机枪

马克沁重机枪是由英籍美国人 H.S. 马克沁研制的极为著名的机枪。1884 年，马克沁首先取得了这种机枪的发明专利。这是世界上第一种真正以火药燃气为能源的自动武器。该枪采用枪管短后坐式自动原理，发射 11.43 毫米 M71 式黑火药枪弹，枪身重 27.2 千克，使用容弹 333 发的帆布弹带供弹，水冷枪管，可单发、连发射击。该枪一问世，便因其猛烈的火力受到各国重视。1893 年，英军在罗得西亚战场首先使用此枪，大显神威。此后在日俄战争和第一次世界大战中，马克沁机枪都显示出它极大的威力和作用。德国人在此基础上改进仿制出了 MG08 式马克沁机枪，口径为 7.92 毫米，发射 7.92 毫米 M98 式枪弹，枪身重 26.54 千克，三脚架重 31.98 千克，枪身长 1175 毫米，使用 100 或 250 发弹带供弹，只可连发射击，依靠水套枪管冷却，理论射速为 400 ~ 500 发 / 分，最大射程可达 2000 米。中国 1888 年就仿造了最初的"马克沁"机枪，直到

↑德国 7.92 毫米 MG17 双联高射机枪在对空防御。

20 世纪 40 年代，这种重机枪一直在中国军队中使用，其中以 1935 年命名的民国二四式重机枪最为有名。

↑ M2 式重机枪。20 世纪 30 年代就已被美军采用，至今仍是美军高效能武器之一。

↑ 12.7 毫米弹链

↑ 12.7 毫米 M2 式重机枪

← 12.7 毫米弹药箱

美国 12.7 毫米勃朗宁 M2 式大口径机枪

12.7 毫米勃朗宁 M2 式大口径机枪是 1921 年在美国勃朗宁 M1917 式重机枪基础上开发出来的一种重机枪。开始采用水冷枪管式，后采用气冷枪管式。1933 年开发出重枪管的 M2HB 型。该型重机枪口径为 12.7 毫米，发射 12.7 毫米 M2 式普通弹，枪身重 38.2 千克，枪身长 1653 毫米，连发射击方式，使用可散弹链供弹，理论射速为 450 ~ 550 发 / 分，有效射程为 1400 米。该型重机枪开始是用来对付坦克与装甲车的，后来形成了一个包括高射机枪、航空机枪、坦克机枪在内的 M2 式重机枪系列。M2HB 式重机枪目前主要用于高射机枪和车载机枪使用，装在 M3 型三脚架上，也能作为地面机枪使用。

苏联 7.62 毫米 RPD 轻机枪

该枪是 1943 年由苏联枪械设计师捷格加廖夫设计的一种轻机枪。第二次世界大战后正式装备苏军，20 世纪 60 年代撤装。该枪口径为 7.62 毫米，发射 M43 式 7.62×39 毫米中间型枪弹。

↑苏联 RPD M4 式轻机枪

↑苏联 7.62 毫米 RPK 轻机枪

↓俄罗斯 RPK-74 式轻机枪

全枪重 7.1 千克，全枪长 1037 毫米，采用连发射击方式，用不散弹链供弹，战斗射速为 150 发 / 分，有效射程为 800 米。中国 20 世纪 50 年代仿造此枪，称为 1956 年式 7.62 毫米轻机枪。

苏联 7.62 毫米 DP 轻机枪

7.62 毫米 DP 轻机枪是由苏联枪械设计师捷格加廖夫 1926 年设计定型并装备苏联红军的一种轻机枪，20 世纪 50 年代才撤装。该枪口径为 7.62 毫米，发射 1908 年式 7.62×54 毫米有底缘弹。全枪重 9.1 千克（不带弹盘时），全枪长 1270 毫米，只可连发射击，使用 47 发弹盘（早期为 49 发）供弹，战斗射速为 80 ~ 90 发 / 分，有效射程为 800 米。

1940 年该枪枪管由固定式改为可更换式。全枪共 65 个零件，结构坚实，在风沙等恶劣环境中工作可靠性好。但全枪重量较大，机动性较差。DP 的变型枪有 DA 航空机枪、DA－2 双管航空机枪、DT 坦克机枪及其改进型 DTM 坦克机枪。

中国于 20 世纪 50 年代曾仿造过 DPM 和 RP46 机枪，称为 1953 年式 7.62 毫米轻机枪和 1958 年式 7.62 毫米连用机枪。

苏联 7.62 毫米 RPK 轻机枪

7.62 毫米 RPK 轻机枪是苏联 AKM 自动枪的同族武器，1964 年装备苏军。两枪基本结构完全相同，多数零件可以互换。AKM 自动枪的枪机有 83% 可更换到 RPK 轻机枪上，弹底间隙符合要求，这在战场上的好处是很大的，有利于实战需要。其口径为 7.62 毫米。发射 M43 式中间型枪弹。全枪重 5 千克（空枪时），全枪长 1035 毫米。可单发、连发射击。使用 30 发、40 发弹匣或 75 发弹鼓供弹。战斗射速在连发时为 80 发 / 分。有效射程为 600 米。差别在于，RPK 的枪管加长，而且带折叠式两脚架，不能更换。

苏联 7.62 毫米 SG43 式重机枪

7.62 毫米 SG43 式重机枪是由苏联枪械设计师郭留诺夫在第二次世界大战中设计出来的一种代替 1910 式马克沁水冷机枪的重机枪。该枪可高射与平射。口径为 7.62 毫米。发射 1908 年式

↑苏联弹盘供弹的 DP7.62 毫米轻机枪

↑苏联弹链供弹的 RP46 机枪

↑苏联 7.62 毫米 SG43 式重机枪

→苏联 7.62 毫米 SG43 式重机枪

7.62×54 毫米有底缘弹。枪身重 13.8 千克，枪架重 26.6 千克（轻式架），全枪长 1708 毫米（战斗状态时），连发射击，使用 250 发闭式不散弹链（1 箱），战斗射速为 250 发 / 分，有效射程为 1000 米（平射时）或 500 米（高射时）。该枪采用导气式自动方式，枪管可以迅速更换，枪尾有两个"D"形握把。本枪结构简单，动作可靠，火力猛烈，精度好，但重量大，携行不便。SG43 重机枪有多种改进型，如 SGMT 和 SGM 型，SGMT 是 SGM 的坦克机枪型。中国在 20 世纪 50 年代曾仿造出两种，称为 1953 年式 7.62 毫米重机枪和 1957 年式 7.62 毫米重机枪。

苏联 7.62 毫米 PK/PKS 通用机枪

7.62 毫米 PK/PKS 通用机枪是苏联在 20 世纪 50 年代研制出来的一种通用机枪。1966 年后正式装备苏军，取代了 RP46 连用机枪和 SGM 营属重机枪。PK 是做轻机枪用的代号，PKS 是 PK 放在三脚架上当重机枪使用的代号。

该枪口径为 7.62 毫米，发射 1908 年式 7.62 毫米步枪弹，枪身重 9 千克，枪架重为 7.5 千

↓ PK/PKS 通用机枪

克，全枪长 1267 毫米（带三脚架时）。只可连发射击，使用不散弹链或 50 发、100 发、200 发或 250 发弹链箱供弹。战斗射速为 250 发 / 分。

PK/PKS 通用机枪的有效射程为 1000 米。该枪是卡拉什尼科夫枪械系列中的一种。该枪结构简单，重量轻，射击精度好。它的改进型枪为 PKM 通用机枪；它的变型枪有 PKT 坦克机枪和 PKB 装甲运兵车机枪。

苏联 12.7 毫米 DSHK38 式大口径机枪

12.7 毫米 DSHK38 式大口径机枪是由苏联枪械设计师捷格加廖夫对自己在 1934 年设计的一种机枪改进而成的。

DSHK38 式大口径机枪的口径为 12.7 毫米，发射苏联 12.7 毫米机枪弹。全枪重 180 千克，全枪长 2330 毫米（平射状态时），只可连发射击。该枪采用枪械设计师什巴金设计的转鼓式供弹机构。弹箱容量为 50 发，开式弹链。战斗射速为 125 发 / 分，最大射程为 3500 米。该机枪火力猛烈，子弹破甲能力强。

该枪可采用科列斯尼可夫设计的高平两用架，既可做普通机枪用，也可做高射机枪用。

↑苏联 12.7 毫米 DSHK38 式重机枪

苏联 12.7 毫米 DSHK38/46 式大口径机枪

该枪是苏联在 1938 年式大口径机枪基础上进一步改进而成的，1946 年正式定型生产。该枪口径仍为 12.7 毫米，发射苏联 12.7 毫米机枪弹，全枪重 180 千克，全枪长 2328 毫米（平射

↑装在坦克上的 DSHK 式大口径机枪

↑捷克 ZB26 式轻机枪

↑捷克 ZB27 式轻机枪

状态时），只可连发射击。采用滑板式弹链供弹机构供弹，每一只弹箱容量为 50 发，有效射程为 2000 米。与 1938 年式大口径机枪相比，该枪将转鼓式供弹机构改为滑板式弹链供弹机构；将枪管与机匣由螺纹连接改为枪管固定栓连接，便于迅速更换枪管。

20 世纪 40 年代末，捷克以此枪为基础研制了牵引式四联高射机枪。中国也仿制了该机枪，生产了 1954 年式 12.7 毫米高射机枪。

捷克 7.62 毫米 Vz59 式通用机枪

7.62 毫米 Vz59 式通用机枪是第二次世界大战后由捷克研制出的一种通用机枪。该枪口径为 7.62 毫米，发射 7.62 毫米苏联 1908 年式有底缘枪弹。全枪重 8.67 千克（轻机枪时）或 19.24 千克（重机枪时）。枪身长 1215 毫米（重机枪时）或 1116 毫米（轻机枪时）。采用连发射击方式。使用弹链供弹。战斗射速为 350 发 / 分（重机枪时）或 157 发 / 分（轻机枪时）。有效射程为 900 米（轻机枪时）或 1400 米（重机枪时）。该枪结构简单，适于在恶劣环境中使用，性能稳定可靠。该枪作轻机枪时配用轻枪管，作重机枪时配用重枪管。该枪有 4 种类型：Vz59L 为轻机枪型；Vz59 为重机枪型；Vz59T 为坦克上的并列机枪；Vz59N 为发射北约弹的类型。

↓捷克 7.62 毫米 Vz59 式通用机枪

捷克 7.92 毫米 ZB26 式轻机枪

7.92 毫米 ZB26 式轻机枪是世界上最著名的轻机枪之一。1924 年由捷克布尔诺武器公司的胡莱兄弟合作研制并定名为 M24 普拉加机枪，通常称为 ZB26 式，捷克国内称为 M24 式，枪上印记是 Vz26。该枪口径为 7.92 毫米，发射 7.92 毫米德国毛瑟 98 式各种枪弹。全枪重 9.66 千克（装满弹时）。全枪长 1163 毫米。可单发、连发射击。使用 20 发弹匣上方供弹。理论射速为 550 发 / 分，有效射程为 900 米。该枪为导气式自动武器，枪机起落式闭锁机构，准星照门偏置于左侧。该枪结构简单，动作可靠，火力较强而机动性又极佳，因而曾被 24 个国家装备。1930 年捷克又改进此枪，出产了改进型 ZB30 式轻机枪。1939 年德军占领捷克，继续生产上面两种机枪，并改称 MG26 式、MG30 式装备德军。1932 年英国生产 ZB26 式，称为布伦轻机枪。捷克后来又出现了发射 7.62 毫米短弹的 Vz52 式和发射 7.62 毫米 M43 式枪弹的 Vz57 式。ZB26 式轻机枪在中国称为捷克轻机枪，曾装备中国军队。

比利时 5.56 毫米米尼米轻机枪

5.56 毫米米尼米轻机枪是 20 世纪 70 年代初由比利时国家兵工厂参考 MAG 通用机枪和 CAL 步枪结构研制而成的一种轻机枪。米尼米轻机枪口径为 5.56 毫米，发射 5.56 毫米北约弹 或 M193 式弹。全枪重 6.875 千克，全枪长 1040 毫米（固定托时）。连发射击或 3 发、6 发可控点射。使用 M27 式可散弹链或 M16A1 式步枪弹匣供弹。理论射

↑法国维和部队使用的米尼米伞兵型轻机枪。

↑比利时米尼米轻机枪

↓比利时 7.62 毫米
MAG 通用机枪

速为 750 ~ 1000 发 / 分，有效射程为 600 米。米尼米轻机枪还可迅速更换枪管，更换枪管后发射比利时 5.56 毫米 SS109 枪弹，在 1200 米射程上可穿透钢盔。

　　米尼米轻机枪有固定枪托型、折叠枪托型和安装于战车上的类型。米尼米轻机枪使用灵活，火力较猛，受到各国军事专家的关注，1980 年 9 月被美军选作班用自动武器，其他国家也都购买此枪用于军队的制式装备。

比利时 7.62 毫米 MAG 通用机枪

　　7.62 毫米 MAG 通用机枪是 20 世纪 50 年代由比利时国家兵工厂聘请枪械设计师欧内斯特·费尔菲设计研制的一种通用机枪。MAG 机枪可做

轻机枪用，也可做重机枪使用，还可以安装在战车上使用。该枪口径为 7.62 毫米，发射 7.62 毫米北约制式枪弹。枪身重 10.85 千克，三脚架重 10.5 千克，枪身长 1225 毫米。采用连发射击方式。使用弹链供弹。射速为 600 ~ 1000 发 / 分。有效射程为 800 米（轻机枪时）或 1200 米（重机枪时）。该枪结构坚实可靠，被公认为是世界上最好的通用机枪之一。世界上有 80 个国家装备使用，总数超过 15 万挺。

比利时 BRG - 15 式大口径机枪

　　该枪是比利时国家兵工厂 1980 年开始研制的，发射专门研制的 15×115 毫米枪弹，枪口动能高，穿甲能力强。该枪采用导气式自动方式与枪机回转闭锁机构，枪机闭锁时卡在枪管后部的延伸体内。枪管外部开有纵向散热槽，枪口部装有消焰器。枪管可以速换，但换枪管时，必须连同活塞导杆组件一起更换。机匣用冲压钢制成，内部装有缓冲器，因此机枪可以装在多种支架上射击。可以左右弹链供弹，枪上有选择杆可供射手选择供弹方向。该枪初速为 1055

↑比利时 FN MAG 通用机枪

↑比利时 BRG — 15 式大口径机枪

瑞士 7.62 毫米西格 710 — 3 通用机枪

　　7.62 毫米西格 710 — 3 通用机枪是由瑞士工业公司参照德国 MG42 式、MG3 式等通用机枪研制出来的一种机枪。可作轻机枪和重机枪使用，也可作车载用机枪使用。该枪口径为 7.62 毫米，发射 7.62 毫米北约弹。枪身重 9.25 千克，枪身长 1143 毫米，采取连发射击方式，使用可散弹链或不散弹链供弹，理论射速为 800 ~ 950 发 / 分，有效射程为 800 米（轻机枪时）或 1000

米 / 秒，有效射程为 2000 米，单发、连发射击，全枪长 2150 毫米，全枪重 60 千克（不含弹链时）。从 1989 年起，该枪已少量生产，比利时用它取代 FNM2HB/QCB 式 12.7 毫米机枪。

法国 7.5 毫米 M1952 通用机枪

　　7.5 毫米 M1952 通用机枪是 1952 年由法国圣艾蒂安兵工厂研制生产的一种通用机枪，随后装备法军和非洲法属殖民地国家。该枪口径为 7.5 毫米，发射 1929 年式 7.5 毫米无底缘枪弹。枪身重 9.7 千克（轻枪管时），枪身长 1145 毫米（托伸、轻枪管时），采用连发射击方式，使用 50 发可散弹链供弹，理论射速为 900 发 / 分。有效射程为 800 米（轻机枪时）或 1200 米（重机枪时）。该枪采用轻、重两种枪管，半自由枪机，但工作可靠性差，更换枪管麻烦，机动性也受到限制，影响到该枪的销路。

↑瑞士 7.62 毫米西格 710 — 3 通用机枪

米（重机枪时）。采用半自由枪机自动方式，枪管轻、重两型可以更换。作重机枪使用时，采用 L810 三脚架，折叠起来可由单兵背携。

奥地利 5.56 毫米斯太尔 AUG 轻机枪

　　5.56 毫米 AUG 轻机枪与 AUG 步枪为同一枪族，其结构基本相同，主要改进是：换装了重型

↑法国 7.5 毫米 M1952 通用机枪

日本 7.62 毫米 62 式通用机枪

　　7.62 毫米 62 式通用机枪是 1962 年定型并装备战后日本自卫队的通用机枪。发射 7.62 毫米北约制式枪弹和减装药枪弹。全枪重 10.7 千克，全枪长 1200 毫米。采用连发射击。使用可散弹链供弹。理论射速为 600 发 / 分。有效射程为 600 米（轻机枪）或 1100 米（重机枪）。

↑奥地利斯太尔 AUG 轻机枪

↓日本 7.62 毫米 62 式通用机枪

枪管，增大了射程，提高了连发射击能力。其特点是：采用无枪托结构，长度较短，大量采用塑料零部件，加工容易，其零件与步枪可以互换。该枪口径5.56毫米，发射美国M193式或北约SS109式5.56毫米枪弹，射速680发/分，全枪重4.9千克。

↓西班牙赛特迈阿梅利轻机枪

西班牙5.56毫米赛特迈阿梅利轻机枪

赛特迈阿梅利轻机枪是一种班用自动武器，只能进行连发射击。采用半自由枪机式自动方式，闭锁机构为滚柱闭锁式，由可散弹链供弹。机匣由可分开的两块冲压的钢板组成，以使容易拆卸连接枪管和锻造的枪管节套拆卸容易。机匣前端既可作枪管护套又可作抵木使用，机匣后部装有活动部件、复进机和缓冲器组件、供弹槽、小握把、增强塑料枪托等。发射美国M193式或北约SS109式5.56毫米枪弹，初速为875米/秒，全枪长970毫米，枪管长400毫米，全枪重5.2千克，最大射程为1650米。

冲锋枪的问世与发展

意大利人列维里发明维拉·派洛沙冲锋枪

1915年，第一次世界大战时期，为适应阵地争夺战和近战、巷战的需要，意大利人阿比

尔·贝特尔·列维里设计了发射9毫米手枪弹的维拉·派洛沙双管自动枪。9毫米维拉·派洛沙冲锋枪是世界冲锋枪之鼻祖。阿比尔·贝特尔·列维里取得美国和意大利专利后，该枪由维拉·派洛沙兵工厂生产，命名为M1915VP冲锋枪。该枪口径为9毫米，发射9毫米格里森蒂手枪弹。全枪重6.5千克（空枪），全枪长533毫米。只能连发射击，射程50～400米。该枪有两个枪身，由两个25发弧形弹匣上方供弹，枪身以脚架支撑，无枪托，以双手握持枪尾射击。由于全枪较重，不适于单兵使用，一般装在车船或飞机上射击。这种枪的射速达3000发/分，精度很差。

↑手持MP28II冲锋枪的德国警察。

MP18I冲锋枪问世了

1918年，德国人设计的9毫米MP18冲锋枪问世了。这是德国著名枪械设计师雨果·施迈赛尔设计的，是世界上第一支真正适用并大量装备的冲锋枪。1918年初的样枪称为MP18，后经过改进，命名为MP18I式，于同年夏季装备前线部队。MP18I冲锋枪的口径为9毫米，发射9毫米帕拉贝鲁姆手枪弹。全枪重4.19千克（空枪），全枪长812毫米。理论射速为400发/分，有效射程为200米。它是第一支开膛待击的自由枪机式武器，结构简单，固定枪托，只能连发，没有专门保险，1920年以前曾经使用过左侧"蜗牛"式弹鼓供弹，笨重而不便于加工，后改用直弹匣。该枪以极强的火力和可靠的性能在第一次世界大战中威名远扬。它虽然射程近，精度

↑在第二次世界大战中苏军士兵手持冲锋枪。

↑德国9毫米MP18I冲锋枪和MP28II冲锋枪。

不高，但较适合单兵使用，且具有异常猛烈的火力。为此，战后的《凡尔赛条约》中规定，禁止战败的德国10万陆军装备这种冲锋枪。1936～1939年西班牙内战时期，交战双方都大量使用了这种火力迅猛的冲锋枪。

冲锋枪

冲锋枪是一种介于手枪和机枪之间的武器，比步枪短小轻便，便于突然开火，射速高，火力猛，适用于近战和冲锋，在200米内有良好的杀伤效力。冲锋枪结构简单，自动方式多采用枪机后坐式，采用容弹量较大的弹匣供弹，战斗射速

↑美国0.22英寸卡利科M100冲锋枪

↑德国9毫米MP40式冲锋枪

单发时约为40发/分，长点射时约为100～120发/分。多具有小握把，枪托一般可伸缩或折叠。

各国冲锋枪

德国5.56毫米HK53冲锋枪

HK53冲锋枪发射5.56×45毫米枪弹，既可用于冲锋枪，又可用于突击步枪。该枪的动作原理与HK公司的其他步枪和冲锋枪相似，即采用滚柱闭锁延迟后坐的自动机枪，当火药气体压力充分下降后，才允许整个枪机部件安全后坐。HK53冲锋枪供弹具为25发弹盒，射击方式为半自动或全自动，空枪重3.05千克，全枪长为563毫米（枪托缩回）。

↑德国5.56毫米HK53冲锋枪

德国9毫米HK MP5式冲锋枪

9毫米HK MP5式冲锋枪是联邦德国HK公司于20世纪60年代研制的一种冲锋枪，最初的型号为HK54，1966年装备联邦德国治安和警察部队，改称MP5式。该枪口径为9毫米，发射9毫米帕拉贝鲁姆手枪弹。全枪重MP5A3式为2.55千克；MP5SD3式为3.4千克。全枪长（托伸）MP5A3式为660毫米，MP5SD3式为780毫米。可单发、连发射击。使用15发或30发弧形弹匣供弹。有效射程为200米（MP5A3）或135

↑两名手持9毫米斯特林L2A3式冲锋枪的英国伞兵。

↑英国制造的L2A3式冲锋枪

↑德国 9 毫米 MP5 SD 式微型冲锋手枪

↑德国 9 毫米 HK MP5A2 式冲锋枪

米（MP5SD3）。MP5 式后经多次改进，形成了一个冲锋枪系列，基本型为 MP5A2 式（固定托）、MP5A3 式（伸缩托），微声型为 MP5SD 式，冲锋手枪型为 MP5K。MP5 系列全部采用半自由枪机，1977 年前使用直弹匣，1977 年后改用弧形弹匣，配有轻型榴弹发射具和次口径弹发射组件，备有光学瞄准具。瑞士、荷兰军队也装备了此枪。MP5SD 式分为 3 种：MP5SD1 式（无托）、MP5SD2 式（固定托）和 MP5SD3 式（金属伸缩托），枪管稍短，消声效果较好，深受各国反恐怖突击队员的欢迎，一些国家的武装部队和警察也装备此枪。

德国 9 毫米 HK MP5K 式微型冲锋手枪

　　9 毫米 HK MP5K 式微型冲锋手枪是 1976 年联邦德国的 HK 公司为特种警察部队和反恐怖队员研制的一种微型冲锋枪。全枪重 2 千克（空枪），全枪长 325 毫米。采用单发、连发的射击

↑德国 9 毫米 HK MP5K 式微型冲锋手枪

方式，使用 15 发或 30 发可卸弹匣供弹。MP5K 式是 MP5 式冲锋枪系列的成员之一，基本性能和结构与 MP5 式大体相同，只是枪管长度及其他部分尺寸较小，取消了枪托，并在枪管的前下方增加了小握把。

德国 9 毫米 MP38 式 /40 式冲锋枪

　　9 毫米 MP38 式冲锋枪是德国生产的一种著名的冲锋枪。早在 1936 年，德国埃尔玛兵工厂就研制出了一种冲锋枪，1938 年应德国陆军总部要求进行改进生产，正式装备，命名为 MP38 式冲锋枪。该枪口径为 9 毫米。发射 9 毫米帕拉贝鲁姆手枪弹。全枪重（空枪）MP38 式为 4.086 千克，MP40 为 4.027 千克。全枪长（托伸）MP38 式和 MP40 式为 833 毫米。MP38 式和 MP40 式只能连发。使用 32 发直弹匣供弹。MP38 瞄准具是护翼片状准星，"U" 形缺口照门表尺，表尺射程 100 米、200 米。该枪是世界上第一支采用金属折叠枪托的冲锋枪，也是世界上第一支全部采用钢材和塑料的枪械。它是第二次世界大战中使用最广的冲锋枪之一。MP40 式是 MP38 式降低成本的改进型。它大量采用冲压零件和焊、铆等工艺，部分采用塑料件，零件具有良好的互换性，适于大批量生产。为了增加容弹量，曾经改为使用双弹匣和左右滑动弹仓。MP40 式在改进中有 MP40 I 式和 MP40 II 式两种型号。它是德国在第二次世界大战中生产数量最多的一种冲锋枪。此后还有 MP41 式，由德国亨耐尔兵工厂生产，基本结构同 MP40 式，但采用固定木托，增加了快慢机，可以进行连发或单发射击，产量很少，未装备德军。

↑在第二次世界大战中，手持 MP40 式冲锋枪的德军士兵。

↑德国 9 毫米瓦尔特 MP－L 冲锋枪

↓德国 9 毫米瓦尔特 MP－K 冲锋枪

↑美国 5.56 毫米 ILACO180 冲锋枪

德国 9 毫米瓦尔特 MP－L/K 冲锋枪

9 毫米瓦尔特 MP－L/K 冲锋枪由前联邦德国卡尔－瓦尔特－沃芬费布莱克工厂研制，1963 年定型生产，曾装备联邦德国警察和海军部队，拉丁美洲一些国家也购买并装备了此枪。其口径为 9 毫米，发射 9 毫米帕拉贝鲁姆枪弹。全枪重（空枪）MP－L3 千克，MP－K2.8 千克。全枪长（枪托折叠）MP－L460 毫米，MP－K373 毫米。可单发、连发射击。使用 32 发直弹匣供弹，每分钟可发射子弹 96 发。枪身由高强度钢板冲压而成；枪机套在复进簧导杆上，能减小射击时武器的跳动；快慢机可由机匣两侧操纵，方便左手射手；配有空包弹射击辅助器和枪口消声器。MP－L/K 冲锋枪有两种型号：MP－L 为长枪管型，MP－K 为短枪管型。

美国 5.56 毫米 ILACO180 冲锋枪

ILACO180 冲锋枪由美国伊利诺斯武器公司（ILACO）制造，在 20 世纪 70 年代美式 180 冲锋枪的基础上改进而成。

该枪可发射 5.56 毫米 LR、5.56 毫米 SM、5.56 毫米 WRF 或 5.56 毫米 RS 多种枪弹，采用 165 发弹鼓供弹，弹鼓水平安装在机匣的上方。自动方式为自由枪机式，射击方式为半自动或全自动。它是 180 冲锋枪的基本型，空枪重 3.8 千克，全枪长 876 毫米。可通过枪座或支架将该基本型变换为双管式、四管式冲锋枪，还可通过各种安装具将该枪安装在水上飞机、轻型飞机和地面车辆上，扩大了该枪的使用范围。

美国 9 毫米"响尾蛇"冲锋枪

9 毫米"响尾蛇"冲锋枪是由美国机械工人 S.J.麦奎因于 1966 年研制的一种冲锋枪。1979 年，他在原来样枪的基础上提出了 3 种新样枪：SS－Ⅰ、SS－Ⅱ和 SS－Ⅲ。SS－Ⅰ的基本特点是枪身由两段圆柱形机匣组成，弹匣仓位于扳机的后方，有伸缩式枪托，发射 9 毫米帕拉贝鲁姆手枪弹，用扳机一、二、三道火控制武器单发、点射、连发，后期出厂的 SS－Ⅰ型冲锋枪上方装有提把式光学瞄准具。全枪重 1.19 千克（空枪时），全枪长 457 毫米（带枪托时）。使用 32 发直弹匣供弹，有效射程为 91.4 米。SS－Ⅱ发射 11.43 毫米柯尔特自动手枪弹。SS－Ⅲ采用双头枪机，能分别发射上述两种枪弹。

↓美国 9 毫米"响尾蛇"冲锋枪

美国 9 毫米英格拉姆 M10 冲锋枪

9 毫米英格拉姆 M10 冲锋枪是美国枪械设计师戈登·英格拉姆于 1964 年设计的，1969 年由军用武器装备有限公司（MAC）开始生产。英格拉姆冲锋枪分别发射 9 毫米帕拉贝鲁姆手枪弹、11.43 毫米柯尔特自动手枪弹、9 毫米短弹，它们的结构原理完全一样，只是由于发射弹种不同，

↓美国9毫米韦弗 PKS－9 冲锋枪

↑装上消声器的英格拉姆 M10 冲锋枪

美国9毫米韦弗 PKS－9 冲锋枪

　　9毫米韦弗 PKS－9 冲锋枪由美国韦弗武器公司研制，是一种大量采用铸铝合金和不锈钢锻压件的轻型冲锋枪。9毫米韦弗 PKS－9 冲锋枪使用枪弹为 9×19 毫米帕拉贝鲁姆手枪弹，自动方式为自由枪机式，供弹具为 25 发、30 发或 42 发弹匣，击发方式为开膛式击发，发射方式为半自动或全自动，空枪重 2.77 千克，全枪长 416 毫米（不带枪托时）。

美国 11.43 毫米 M1928A1 式汤姆逊冲锋枪

　　11.43 毫米 M1928A1 式汤姆逊冲锋枪是世界上最早出现的冲锋枪之一。第一次世界大战期间，美国军火局长汤姆逊将军认为需要一种威力介于手枪和步枪之间的自动武器，并且提出了 Submachine gun（冲锋枪）一词，得到了公认，后来就以汤姆逊将军的姓氏命名这种冲锋枪。汤姆逊冲锋枪由工程师 O.V. 佩恩思和 T.H. 奥克霍夫设计，1918 年制成样枪。最早生产的型号为 M1921 式，后又出现 M1928A1 式等多种型号，曾少量装备过美军，并提供给英、法等盟国军队使用。该枪口径为 11.43 毫米，发射 11.43 毫米柯尔特自动手枪弹。全枪重 4.9 千克（不装弹），全枪长 852 毫米。可单发、连发射击，使用 20 发或 30 发直弹匣供弹，有效射程为 200 米。该枪最大的特点是采用了结构比较复杂的半自由枪机。1942 年对该枪做了改进，采用自由枪机，定名为 M1，作为美军第一种制式冲锋枪装备部队，但由于重量较大，且成本较高，1943 年停产。

尺寸、重量也有所不同，前两种的型号统称为 M10 式，最后一种称为 M11 式。M10 式口径为 9 毫米，全枪重 2.84 千克（空枪），全枪长 548 毫米（枪托打开），可单发、连发射击，使用 32 发可卸弹匣供弹，有效射程为 200 米。英格拉姆冲锋枪枪管大部分容纳在机匣内，因而尺寸缩小，带有伸缩式金属枪托，拉机柄在机匣上方，标准的军警用枪枪口都能安装消声器。该枪适合特种兵、保安人员和反恐怖队员使用，许多国家大量购买并装备军警。

↑美国 11.43 毫米 M1928A1 式汤姆逊冲锋枪

↑美国 11.43 毫米 M3 冲锋枪

美国 11.43 毫米 M3 冲锋枪

11.43 毫米 M3 冲锋枪是生产量和使用量相当大的一种冲锋枪。它由美国兵器设计师乔治·海德和弗里德里克·桑普森总工程师根据 1941 年美国兵工总署技术部轻武器研究发展局提出的指标共同设计，1942 年定型并大量投产。

M3 冲锋枪不使用合金钢，大量使用冲压件，用精锻的方法生产枪管，成本低。此枪只能连发，以防尘盖代替保险，伸缩式钢丝枪托可当通条使用。该枪口径为 11.43 毫米，发射 11.43 毫米柯尔特自动手枪弹。全枪重 3.63 千克（空枪时）。全枪长 579 毫米（不带枪托时），使用 30 发直弹匣供弹，有效射程可达 200 米。

1944 年 12 月，经过改进后生产了 M3A1 型，1945 年它被批准为制式冲锋枪，取消了拉机柄，在枪机上增加了一个扣槽，供射手以手指扣拉枪机向后待击；加大了抛壳窗盖的尺寸；枪口部增加了一个喇叭状消焰器。

英国 9 毫米司登冲锋枪

9 毫米司登（Sten）冲锋枪由英国枪械设计师 R.V. 谢泼德和 H.J. 特宾设计，由恩菲尔德兵工厂生产。1941 年 6 月司登的最初型号 Mk Ⅰ投产。

司登冲锋枪整个枪身由钢管和冲压件组成，带有木质前握把，枪口喇叭状消焰器起减震作用，金属框架枪托不能折叠，采用自由枪机自动方式，32 发弹匣左侧供弹。1941 年底出现了 Mk Ⅰ的改进型 Mk Ⅱ，省去了消焰器，取消了

前握把，枪管与枪托可以卸下，弹匣仓可以旋转 90° 到机匣下方，前方露出一段枪管，还可以安装刺刀。该枪口径为 9 毫米，发射 9 毫米帕拉贝鲁姆手枪弹。全枪重 2.8 千克（空枪时），全枪长 763 毫米（枪托打开），可单发、连发射击。有效射程为 200 米。Mk Ⅲ是 Mk Ⅰ的一种改进型，但其枪管不能卸下。Mk Ⅴ型 1944 年装备英军，1960 年为斯特林冲锋枪所取代。它由 Mk Ⅱ型改进而成，装了小握把和固定木托，可以安装刺刀。

9 毫米司登冲锋枪在第二次世界大战中产量达 375 万支，以性能可靠、成本低廉、便于制造而闻名于世。

英国 9 毫米斯特林 L2A3 式冲锋枪

9 毫米斯特林 L2A3 式冲锋枪由英国斯特林武器装备有限公司研制，1953 年被英军正式装备。该枪发射 9 毫米帕拉贝鲁姆手枪弹，全枪重 2.72 千克（空枪时），全枪长 690 毫米（枪托打开时），可单发、连发射击。使用 10 发或 34 发弧形弹匣左侧供弹，有效射程为 200 米。该枪机匣与枪管护筒为一整体，护筒上有散热孔，枪口可装刺刀，采用折叠金属枪托。该枪枪机有 4 条带刃口的肋，可减少运动中被尘砂污垢卡滞的可能。已经有大约 90 个国家使用和购买了这种冲锋枪。

↑英国 9 毫米斯特林 L2A3 式冲锋枪。

↑在手持斯特林 L2A3 式冲锋枪的士兵掩护下，一名英军翻窗进入一间屋中。

↑英国司登 Mk Ⅱ型冲锋枪、刺刀、弹夹。

←苏联 7.62 毫米 PPD-1934
式冲锋枪

苏联 7.62 毫米 PPD-1934 式冲锋枪

7.62 毫米 PPD-1934 式冲锋枪由苏联枪械设计师瓦西里·捷格加廖夫设计，1934 年装备苏联军队。

该枪采用枪管散热筒，固定木托。口径为 7.62 毫米，发射 7.62 毫米毛瑟手枪弹。全枪重 3.75 千克，全枪长 777 毫米。可单发、连发射击，使用 25 发弹匣或 71 发弹鼓供弹，有效射程为 200 米。

PPD-1934 式冲锋枪共有 3 种类型，基本结构一致，仅在外观上有小的变化。

苏联 7.62 毫米 PPD-1941 式冲锋枪

7.62 毫米 PPD-1941 式冲锋枪是由苏联枪械设计师斯帕金设计的一种冲锋枪。该枪口径为 7.62 毫米，发射 7.62 毫米托卡列夫手枪弹。全枪重 3.63 千克（空枪），全枪长 843 毫米，采用单发、连发射击方式，使用 35 发弹匣或 71 发弹鼓供弹，有效射程为 200 米。该枪从 1941 年正式装备苏联军队。20 世纪 40 年代共生产了 500 多万支，是苏军在第二次世界大战中使用最多的一种冲锋枪。它的整个机匣和枪管散热筒由钢板冲压而成，部件都用焊、铆工艺制成，加工工艺简单可靠。中国曾仿造此枪，称为 1950 年式 7.62 毫米冲锋枪，用来装备军队。

↑手拿 PPD-1941 式冲锋枪和 DP 式轻机枪的苏联士兵向敌人开火。

捷克 7.65 毫米 Vz61 "蝎" 式冲锋手枪

7.65 毫米 Vz61 "蝎" 式冲锋手枪由捷克斯洛代克米罗斯拉夫·里巴兹设计，基本型号为 M61 式，发射 7.65 毫米柯尔特自动手枪弹，主要装备捷克特种部队和保安部队。全枪重 1.59 千克（不带弹匣），全枪长 269 毫米（枪托折叠）。有效射程单手射击时为 50 米，抵肩射击时为 200 米。该枪发射机构仿美国 "伽兰德" M1 式步枪，可进行单发、连发射击。每支枪配有 1 个 10 发弹匣，4 个 20 发弹匣。该枪配有一具橡皮封闭式消声器，但消声效果较差。该枪制作精良，结构简单坚实，动作可靠，零部件互换性好，具有手枪的小巧灵便和冲锋枪的火力猛烈两种特性，是一支典型的冲锋手枪。M61 式还有 3 种变型枪：M64 式（发射 9 毫米勃朗宁短弹）、M65 式（发射 9 毫米勃朗宁短弹或 9 毫米马卡洛夫手枪弹）和 M68 式（发射 9 毫米帕拉贝鲁姆弹）。

↑捷克 7.65 毫米 Vz61 式微型冲锋手枪射击状态。

↑捷克 7.65 毫米 Vz61 "蝎" 式冲锋手枪

↑意大利士兵手持 9 毫米 "幽灵" M4 式冲锋枪进行射击。

↑意大利伯莱塔 M12 式冲锋枪及分解状态。

意大利 9 毫米 "幽灵" M4 式冲锋枪

　　9 毫米 "幽灵" M4 式冲锋枪是意大利西特斯股份有限公司针对 20 世纪 70 ~ 80 年代城市恐怖活动的特点而设计的。其设计思想是：减少武器的射击操作动作，实现快速射击和高射速。该枪结构比较新颖，弹匣容量大，连发射击平稳，且操作简便，携带安全。该枪采用自由枪机式自动方式，闭膛待击，枪机到位时通过平移式击锤与特殊的双动机构联动进行击发，有利于提高连发射击的平稳性。为了克服闭膛射击带来的枪管过热，采用 "正弦曲线形" 膛线，此膛线不仅能减小弹头对膛线的摩擦阻力，同时有助于降低枪管温度。配用隔离式 4 排弹匣供弹，弹匣容量有 50 发或 30 发两种。"幽灵" M4 有 4 种变型枪："幽灵" C 型 4 卡宾枪、"幽灵" P 型手枪、"幽灵" PCC 警用小型卡宾枪、鹰式冲锋枪。该枪可单发、连发射击，全枪长 580 毫米（枪托打开时），350 毫米（折叠枪托时），全枪重 2.9 千克（不含弹匣时），发射帕拉贝鲁姆手枪弹。

意大利 9 毫米伯莱塔 M12 式冲锋枪

　　9 毫米伯莱塔 M12 式冲锋枪是由意大利伯莱塔公司的多米尼克·萨尔泽在 20 世纪 50 年代设计的，1959 年大量投产。该枪口径为 9 毫米，发射 9 毫米帕拉贝鲁姆手枪弹。全枪重 3.2 千克（金属托型）。全枪长 645 毫米（枪托打开时）。可单发、连发射击。使用 20 发、32 发或 40 发直弹匣供弹，有效射程为 200 米。该枪的枪机非常独特，射击精度高。M12 式是现代世界上第一流的新型冲锋枪之一，产量和销售量很大。意大利陆军和特种部队装备此枪。比利时和印度尼西亚都购买了该枪的特许生产权。购买此枪的还有巴西、加蓬、利比亚、尼日利亚、沙特阿拉伯和委内瑞拉等国。

意大利 9 毫米伯莱塔 M1938/1949 冲锋枪

　　9 毫米伯莱塔 M1938/1949 冲锋枪是意大利冲锋枪设计师图利奥·马恩戈尼于 1938 年初设计的一种冲锋枪，结构简单，射击精度好。后来该枪几经改进设计。M1938/1949 是 M1938/1944 的改进型，有两个扳机，前扳机为单发用，后扳机为连发用。它有固定枪托型和金属折叠枪托型两种。该枪口径为 9 毫米，发射 9 毫米帕拉贝鲁姆手枪弹。全枪重 25 千克（空枪）。全枪长 798 毫米，可单发、连发射击，使用 20 发或 40 发直弹匣供弹，最大射程为 200 米。

↑意大利 9 毫米伯莱塔 M1938/1949 冲锋枪

奥地利 9 毫米斯太尔 TMP 冲锋枪

　　该枪在外形上像一支手枪，称为战术冲锋手枪，其实是一支具有全自动射击性能的轻型冲

↑奥地利 9 毫米斯太尔 TMP 冲锋枪

↑西班牙9毫米 Z-62 星式冲锋枪

锋枪。TMP 冲锋枪口径为9毫米，使用枪弹为
9×19毫米帕拉贝鲁姆手枪弹，自动方式为管退
式，射击方式为半自动，闭锁方式为刚性闭锁，
供弹具为15发或25发弹匣，空枪重1.4千克，
全枪长282毫米。

奥地利9毫米斯太尔 AUG 冲锋枪

9毫米斯太尔 AUG 冲锋枪是标准 AUG 突击
步枪的变型枪，采用无托结构，并配有新的9毫
米口径枪管、专用的枪机组件、弹匣节套和弹匣。
斯太尔 AUG 冲锋枪采用自由枪机式自动方式，其
枪机为整体结构。使用9毫米帕拉贝鲁姆手枪弹，
射击方式为单发、连发射击，供弹具为25发或32
发弹匣，空枪重3.3千克，全枪长665毫米。

↑奥地利9毫米斯太尔 AUG 冲锋枪

西班牙9毫米 Z-62 星式冲锋枪

9毫米 Z-62 星式冲锋枪是西班牙博尼法
乔—埃色维里亚有限公司在早期生产的 Z-45 式
冲锋枪的基础上，1962年研制定型的一种冲锋枪。
Z-62 式冲锋枪已成为西班牙军队的正式装备。

Z-62 式冲锋枪发射9毫米拉戈手枪弹或9

毫米帕拉贝鲁姆手枪弹。全枪重2.65千克（空枪
时），全枪长700毫米（托打开时）。供弹方式使
用20发、30发或40发直弹匣。Z-62 式冲锋枪
的有效射程为200米。Z-62 式冲锋枪的拉机槽设
在枪管护套上；具有上下两个月牙形的扳机式快
慢机，扣动下方月牙部位可单发，扣动上方月牙
部位可连发。

西班牙9毫米 Z-70、Z-84 式星式冲锋枪

西班牙 Z-70 星式冲锋枪是 Z-62 式冲锋枪
的改进型，该枪于1971年装备西班牙陆军。当
时，鉴于 Z-62 式冲锋枪的双半月形扳机机构难
以准确掌握，故对此扳机机构进行了改进设计，
除此之外，其基本原理与 Z-62 式冲锋枪相同。

↑西班牙士兵手持 Z-70 星式冲锋枪

Z-70 星式冲锋枪使用的枪弹为 9 毫米拉戈手枪弹或 9 毫米帕拉贝鲁姆手枪弹，自动方式为自由枪机式，供弹具有 20 发、30 发或 40 发弹匣，击发方式为开膛式击发，发射方式为半自动或全自动，空枪重 2.87 千克，全枪长 701 毫米（打开枪托）。

Z-84 星式冲锋枪是一种轻便、简单、可靠而有效的冲锋枪，该枪的良好防水性能和操作性能使其成为特种部队和海军手中的强有力武器。Z-84 星式冲锋枪使用枪弹为 9×19 毫米帕拉贝鲁姆手枪弹，采用自由枪击式，使用 25 发或 30 发弹匣，采用半自动或全自动的发射方式，有效射程 200 米。Z-84 星式冲锋枪的空枪重 3 千克，全枪长为 615 毫米（打开枪托时）。

↑巴西 9 毫米乌鲁冲锋枪

↑丹麦 9 毫米霍维 M49 冲锋枪

丹麦 9 毫米霍维 M49 冲锋枪

9 毫米霍维 M49 冲锋枪是丹麦国家兵工厂于 1949 年仿制瑞典 M45 冲锋枪的产物。霍维 M49 冲锋枪不仅在结构与外形方面与瑞典的 M45 非常相似，而且两枪都使用卡尔·古斯塔夫 36 发直弹匣。口径为 9 毫米。发射 9 毫米帕拉贝鲁姆手枪弹。全枪重 3.35 千克（空枪时）。全枪长 808 毫米（托伸时）。霍维 M49 冲锋枪只可连发射击。有效射程为 150 米。它的主体由厚钢板冲压、点焊、铆接而成，有一折叠肩托，有将拉机柄推入卡槽的简易保险。霍维 M49 冲锋枪为丹麦军队的制式装备，现在已停产。

巴西 9 毫米乌鲁冲锋枪

9 毫米乌鲁冲锋枪是帕西机械工商股份有限公司研制的一种冲锋枪。

乌鲁冲锋枪口径为 9 毫米。该枪发射 9 毫米帕拉贝鲁姆手枪弹。乌鲁冲锋枪全枪重 3.01 千克（空枪时），全枪长 671 毫米（托伸时），可单发、连发射击。乌鲁冲锋枪使用 30 发直弹匣供弹。已为巴西陆军、海军和警察部队大量采用，在国际市场上占有重要地位。

乌鲁冲锋枪的全枪结构极为简单，包括弹匣和枪托在内，只有 17 个零件，而且没有采用任何销子与螺钉，拆解时不需要任何分解工具，在 45 秒钟之内，用双手即可将它分解完毕。将乌鲁冲锋枪换上一个枪管与消声器，可改装成一个微声冲锋枪。

葡萄牙 9 毫米 M948 冲锋枪

9 毫米 M948 冲锋枪是由葡萄牙兵工厂生产的冲锋枪，1948 年被该国正式采用。设计者为梅要·戈凯斯·卡多斯。该枪口径为 9 毫米。发射 9 毫米帕拉贝鲁姆手枪弹。全枪重 3.77 千克（空枪时），全枪长 813 毫米（托伸时）。只能连发射击，使用 32 发直弹匣供弹。战斗射速为 120 发/发。有效射程为 200 米。该枪采用冲压机匣，钢丝枪托，自由枪机式，拉机柄设在枪的左侧，枪口可装刺刀。该枪价格低廉，性能可靠。

↑葡萄牙 9 毫米 M948 冲锋枪

↑带木制托的以色列乌齐冲锋枪

以色列 9 毫米乌齐冲锋枪

9 毫米乌齐冲锋枪是 1949 年由以色列陆军少校乌齐尔·盖尔研制的一种冲锋枪。该枪口径为 9 毫米，发射 9 毫米帕拉贝鲁姆手枪弹。全枪重 3.7 千克。全枪长 650 毫米（枪托打开时）。可

↑以色列乌齐冲锋枪
及32发直弹匣。

↑以色列乌齐
冲锋枪

↑三种乌齐冲锋枪

单发、连发射击。使用25发或32发直弹匣供弹，有效射程为200米。该枪设计参照捷克战前的各式冲锋枪，广泛采用冲压、焊接工艺以及耐热塑料，抗风沙性能优良。有快慢机保险、握把保险，还有拉机柄保险，防止拉枪机不到位走火。乌齐冲锋枪为以色列军队的制式装备，在国外也被广泛采用。

轻型乌齐冲锋枪是制式乌齐的缩小型，两者在操作方面极其相似，只是尺寸、质量和火力特性有些不同。该枪可以藏在衣服里或在车内的狭窄空间使用，特别受到保安人员、刑警和突击队员的青睐。可以抵腰或打开枪托抵肩进行全自动、半自动射击，其可靠性和精度都能保持乌齐冲锋枪那样的高水平。微型乌齐冲锋枪实际上是乌齐的最大限度小型化并可实用的冲锋枪，外形比乌齐手枪稍微大一些。

比利时5.7毫米FN P90式个人自卫武器

美国在20世纪80年代中期提出研制个人自卫武器，其要求是：在50米距离命中概率为

↑比利时5.7毫米FN P90式个人自卫武器

90%，在100米距离命中概率为50%，重量轻，体积小，射击迅速，携行舒适，操作、维护、保养简单。此后，北约各国也提出需要个人自卫武器。

由比利时FN公司研制成功的5.7毫米P90式个人自卫武器是一支最典型且成功的个人自卫武器。该武器发射5.7×28毫米小型步枪弹，采用自由枪机式自动方式。其结构新颖，外形奇特，充分采用了当前的多种新技术和新材料，例如50发白色透明弹匣位于枪管上，并与枪管平行；类似于德国的4.7毫米G11式无壳弹步枪上的弹匣。枪弹在送进弹膛时，弹匣内双排弹改为单排，落到滑动装置上，滑动装置转动90度，再由往复运动的枪机将它推入膛内。枪管下面有两个古怪的孔状物，前面一个是扳机护圈，后面一个是只能在比赛枪上见到的带孔握把，该握把处于枪的重心下方，射手射击时大姆指可以伸入握把孔内，握持起来不但感觉舒适，而且肘节拐弯更加合理。抛出空弹壳时，采用特殊技术减小了弹壳的冲击，然后以不会影响射手的方式被"软"抛出

↑比利时FN P90式个人自卫武器

去。该枪枪管长 230 毫米，全枪长 500 毫米，全枪重 2.8 千克（不含弹匣），有效射程为 150 米。

墨西哥 9 毫米 HM-3 式冲锋枪

墨西哥 9 毫米 HM-3 式冲锋枪是一种采用套入式枪机，枪机前端包络枪管，使枪长缩短的轻型武器。这种设计虽然使枪的结构简化，但在操作上带来一些问题，如射击时射手没有前握把可支撑，基本外露的枪机容易伤着射手托在套筒下的手。

HM-3 式冲锋枪的握把上设有自动保险，以防止走火。采用固定式枪托，使用枪弹为 9×19 毫米帕拉贝鲁姆手枪弹，自动方式为自由枪机式，供弹具为 32 发弹匣，发射方式为半自动、全自动，全枪重 2.69 千克（不带弹匣），全枪长 635 毫米（枪托打开时）。

↑墨西哥 9 毫米 HM-3 式冲锋枪

芬兰 9 毫米杰迪·玛蒂克冲锋枪

芬兰研制的 9 毫米杰迪·玛蒂克冲锋枪于 1983 年开始批量生产，本国装备。它的特点是重量轻、体积小和大量采用冲压、塑模制造零件。该枪的枪机运动不像一般自由枪机式那样与枪管轴线平行运动，而是以机匣底部为导轨做与枪管轴线成一定角度的向上运动。枪机的这种向上运动要求握把位置比通常高一些，以便使射手的握持位置高于枪膛轴线，据说这样可减少翻转力矩，减轻射手手腕的紧张程度，并可使武器在连发射击时非常稳定。使用枪弹为 9 毫米帕拉贝鲁

↑芬兰 9 毫米杰迪·玛蒂克冲锋枪

姆手枪弹，自动方式为自由枪机式，单发、连发射击，供弹具为 20 发或 40 发弹匣，全枪重 1.65 千克（空枪），全枪长 375 毫米，有效射程为 150 米。

↑18 世纪的法国士兵在投掷手榴弹。

手榴弹的出现和使用

手榴弹是中国人最早发明的。早在唐末的战争中人们就已开始使用被称为"火球"的武器了，它便是手榴弹最原始的样子。到公元 13 世纪，中国已有人将火药装在陶罐中点燃，掷出后使其发挥爆炸作用。这便与手榴弹很相似了。在西方，公元 15 世纪时意大利人才开始制造早期的手榴弹。现代手榴弹的广泛使用是从 1904 年的日俄战争开始的。到了第二次世界大战期间，手榴弹已在战争中发挥了重要作用。如今，手榴弹已成为陆军士兵的常备武器装备。

手榴弹的构成

手榴弹主要由弹壳、装药、引信、保险机构、握柄（也有的无握柄）等 5 个部分组成。弹壳由金属或塑料制成，用以装炸药或化学药剂，并与引信相连接，爆炸后形成破片。装药一般采用压装或铸装梯恩梯，也有的用其他高能炸药。引信是引爆炸药的机构，也是手榴弹的心脏部分。有柄手榴弹的保险机构为柄端的保险盖，投

↑第一次世界大战中奥军士兵在练习投手榴弹。

掷时要取下保险盖或拉出保险销；无柄手榴弹的保险机构由保险握片和保险销组成，投掷时要用手压住保险握片，拔出保险销。握柄由木材、金属、塑料或玻璃钢材料制成。

手榴弹的种类

手榴弹可分为杀伤、反坦克、燃烧、发烟、照明、毒气和教练等弹种。

杀伤手榴弹又可分为两种：一种是常用的破片型（也称防御手榴弹），主要用破片杀伤目标，兼有震慑作用。其弹体外壳用铸铁或冲压钢板制成，也有用铁皮（或塑料）壳内衬钢珠、钢丝等预制破片制成的。一般全弹重 1.3 ~ 0.6 千克，有的仅重 0.12 千克，特殊的可重达 1 千克左右。引信延期时间为 3 ~ 5 秒，有效破片重 0.1 ~ 0.4 克，数量为 300 ~ 1000 片，有的可达 5000 以

上。杀伤半径为 5 ~ 15 米。另一种是爆破型（也称进攻手榴弹），弹壳用铁皮、塑料或其他材料制成。一般全弹重 0.1 ~ 0.4 千克，炸药重量占 30% ~ 70%，引信延期时间为 4 秒左右。爆炸时，产生爆轰作用，震慑并杀伤敌人。因产生的破片很轻，飞散不远，投掷后可继续冲锋而不致伤及自己。这种手榴弹也可临时加装破片套，改作防御手榴弹用。

反坦克手榴弹也称反坦克手雷，多用空心装药，瞬发引信，通常配有手柄，弹尾有尾翅或稳定伞以保证命中姿态正确，利于破甲。一般全弹重 1 千克左右，垂直破甲厚度可达 170 毫米，可穿透混凝土工事 500 毫米以上。

燃烧、发烟、照明、毒气等手榴弹外形和结构与杀伤手榴弹相似，弹体内装化学剂或烟火药，并配有延期起爆或点火引信。

↑美国手雷　　　　　↑波兰 31 型手雷　　　　↑德国 DM51 式手雷　　　↑巴西 M3 手雷

↑中国木柄手榴弹

↑苏联 RPG-43 反坦克手榴弹

↓在第一次世界大战中，德军士兵使用的长柄手榴弹。

ARTILLERY
火 炮

火炮的问世与发展

早期的滑膛炮

到了公元 10 世纪，抛石机演变到抛射火药包和火药弹，但射程没有多大变化。

公元 13 世纪中叶，中国出现了用竹筒制成的"突火枪"，这是人类第一次利用火药发射弹丸。

公元 13 世纪末，滑膛火炮在中国首先出现，称为火铳。

中国的火药和火器很快就传到了西方，火炮在欧洲得到迅速发展。公元 14 世纪上半叶，欧洲制造出了一种发射石弹的短粗身管火炮，叫做臼炮。臼炮的威力已经很大了，可以在较远的距离大面积杀伤敌人。于是人们又将火炮安装在舰船的两舷，用于海战。但很快，又有一种口径较小的长管炮代替了臼炮，出现了从炮口装进去再发射的球形实心弹和爆炸弹。爆炸弹的出现，让人们真正看到了大炮的威力。战争中谁拥有更多的可以发射爆炸弹的大炮，谁就拥有了主动权。到公元 17 世纪，火炮已有加农炮和榴弹炮。但是，直到 19 世纪中叶，火炮基本上都是滑膛前装炮，发射球形弹，射速慢，射程近，因为只靠炮管赋予炮弹飞行的方向，所以，早期这种滑膛炮射击精度差。

↑公元 15 世纪的大炮。从火炮出现到 19 世纪线膛炮出现以前，所有的火炮均为滑膛炮。

↑从海底打捞上来的公元 15 世纪制造的滑膛炮。这种大炮从炮口装入不能爆炸的实心弹，主要用于海战。

↑可架在车轮上的火炮

←公元 17 世纪初军队的火炮，炮身呈 45° 倾角射击。

↑冷兵器和火炮一同使用的时代。火炮用来轰击城门，弓箭手则用来压制突出城门的敌方士兵。

↑公元 1326 年，英王爱德华三世画的一幅最早的火炮图画。

↑公元 15 世纪欧洲城堡的墙上的滑膛炮

↑古代攻城图

↑古代战船中的火炮

火炮的种类

人们通常依据用途、弹道特性、运动方式和炮膛构造来划分火炮的种类。

按照用途，火炮可分为压制火炮、高射炮、反坦克火炮、坦克炮、航空机关炮、舰炮和海岸炮。有些国家把火箭炮也算为压制火炮。反坦克火炮包括反坦克炮和无坐力炮。

按照弹道特性，火炮可分为加农炮、榴弹炮、加农榴弹炮和迫击炮。

按火炮的运动方式，火炮可分为车辆牵引火炮、自行火炮、骡马挽曳火炮、骡马驮载火炮、机载火炮、舰载火炮和便携式火炮。

按火炮的炮膛构造，火炮可分为线膛炮和滑膛炮。

世界上最古老的铜铸火铳

世界上现存最早的两尊火铳是中国元代火铳。一尊是元代至顺三年（公元1332年）铸造的盏口铜铳。它由身管和药室两部分组成，铳口直径105毫米，全长353毫米，重6.94千克。这就是火炮的初始原型。另一尊火铳是元代至正十一年（公元1351年）铸成，重4.75千克，长435毫米，铳口直径30毫米，火铳下端刻有"至正辛卯"4个篆字，前端刻有"射穿百札，声动九天"8个篆字。所谓札，即古代武士穿的铠甲上的甲片。该火铳比西方国家最早的两尊"火筒"早29年，因此它是目前世界上已发现的最古老和最大的火铳。

↑古代战船上的火炮外视

↑中国元代至顺三年（公元1332年）铸造的火铳。

↑清代"神威大将军"铜炮

虎蹲炮

虎蹲炮是中国明代抗倭名将戚继光研制和使用的。他研究了当时的几种轻型火炮后，为了克服发射时容易产生后坐造成自伤的缺点，在炮口安装了支撑架，因形似虎蹲而得名。该炮用熟铁制造，长约590毫米，重约21.5千克。炮筒外加5道箍，使用时不易炸裂。发射时前身加铁爪钉，后身加铁绊，将其固定于地。虎蹲炮炮身短，射程不远，但发射散弹，具有较大的杀伤面，而且体轻，机动性好，也可船载作战。公元1598年11月18日夜，中国与朝鲜联军的水军在露梁海峡附近海面对日军的数百艘船只进行突然袭击。中国战船追击日军至釜山南海，战斗激烈。中国船上众多虎蹲大炮连续猛烈地轰击，日军战船纷纷中弹起火，日军大败。在这次海战中，日军伤亡1万多人，战船除逃脱50余艘外，全部葬身海底。此战后，日军全部撤离朝鲜，20年中没敢再侵犯朝鲜。

红夷炮

中国明朝万历四十八年（公元1620年），中国购买了4门西洋新式大炮。到明朝天启三年（公元1623年）时，又购买了26门。中国为其取名为"红夷炮"。红夷炮的口径较大，为80～130毫米左右。管壁较厚，且从炮口至炮尾逐步加厚，有准星、照门，便于瞄准，中部还增设了炮耳，架炮时可以保持炮身的平稳。这是当时威力最大的火炮。当时明军与清军正在关外交战，努尔哈赤率6万大军攻宁远，宁远守将袁崇焕仅

↓清代"红衣将军"炮

有守军2万，但拒不投降，发炮还击。双方激战3日，明军用炮火击毙清军1.7万余人，清军战败。努尔哈赤也因受伤而死。

明崇祯十五年（公元1642年），清军在皇太极的带领下进攻松山和锦州。此时清军已装备红夷大炮，在大炮的轰击下，明军损失达5.4万余人，战马损失7000余匹。清军攻破松山，俘守将洪承畴，13万明军全军覆没。随后下锦州，攻塔山。在塔山西列红夷炮，将城墙炸垮70米，全歼守军7000人。而后又用红夷炮轰垮杏山城墙83米，破杏山。此后，明军的红夷炮尽皆落入清军之手。清军将红夷炮改名为"红衣炮"。

清天聪五年（公元1631年）正月，清军仿制成功第一门红衣炮，钦定名为"天佑助威大将军"。

佛郎机

佛郎机是欧洲公元15世纪末至16世纪初流行的一种火炮。当时正值中国明朝，中国称葡萄牙为"佛郎机"，因而也就把葡萄牙制造的这种大炮叫"佛郎机"。葡萄牙制造的佛郎机大多作为舰炮使用，并采用了子铳与母铳结构，较中国明朝军队的火炮先进。母铳即炮筒，子铳即小火铳。每门母铳配4～9个子铳，发射完一个退出后，再装入另一个，于是大大提高了射击速度。佛郎机还安装了瞄准具，提高了射击精度，增大了射程。明朝正德年间，即公元16世纪初，葡萄牙军舰多次侵犯中国广东沿海，恃佛郎机舰炮逞威，中国军队以岸炮与舰炮还击，进行激烈交战。中国曾缴获葡舰两艘及佛郎机舰炮20余门。

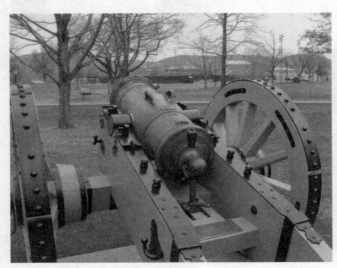

↑19世纪美国南北战争时期的大炮

线膛炮

19世纪初，人们受到来复枪的启示逐步认识到线膛的作用。不过开始时由于受到冶金技术的限制，还只能在炮膛里刻出直线，起到前装弹丸比较方便的作用。

1846年，意大利少校军官卡瓦利提出了用线膛炮发射卵形弹的设想。他的卵形弹是用铸铁制成的，弹丸侧面有两个斜形凸起，装填时将这两个凸起嵌入火炮的膛线，膛线为螺旋形。发射时，弹丸在向前运动的同时，还会沿膛线产生高速旋转。但由于当时制造炮弹的技术水平很低，卡瓦利的炮弹在射击时因弹丸定心不准而堵在膛内发生爆炸，使火炮被毁。尽管如此，线膛炮还是开始受到重视。

由于线膛炮的问世，出现了锥头柱体长形爆炸弹。螺旋的膛线使弹丸旋转飞行，大大提高了弹丸飞行的稳定性和射击精度，增加了火炮的射程。同时，炮弹实现了后装，发射速度明显提高。稍后，英国机械工程师惠特沃思也造成一门线膛炮，用的是盘旋的六角炮膛代替旋转的来复线。这些改进的基本思想是使炮弹贴紧膛壁，以便增加射程并使炮弹发射后发生旋转以增强炮弹飞行的稳定性。

线膛炮的出现，是火炮发展史上的一项了不起的发明。与当时同口径的滑膛炮相比，线膛炮的射程增加了1~2倍，弹丸重量增大了1.5倍，射击精度提高了4倍。同时，由于不再从炮口装药装弹，而是改为后装，所以线膛炮的发射速度快多了。

↑ 19世纪中叶，欧洲克里米亚战争时期即将出征的士兵们。他们正在往出征的战舰上装运火炮和炮弹。

↑ 此图展示的是19世纪中叶英军在乌克兰塞瓦斯托波尔战役中用大炮攻城的战斗场面。

↑ 这是1885年英国志愿兵在清洁炮筒的情景。

↑ 卡瓦利设想中的用线膛炮发射的卵形弹。

↑ 这是一张1850年正在安放大炮的照片，火炮被放置在架子上，炮身的倾角为45°，通过火药的多少决定射程的远近。

炮弹的发明和完善

所有早期的炮弹都不能爆炸，而是靠冲力来破坏或摧毁单个的目标。能爆炸的炮弹大约公元14世纪末才出现，但性能很差。在公元1421年攻克科西嘉的圣博尼法斯的战斗中，使用了安有导爆索的炮弹。使用这种带导爆索的炮弹对炮手来说是极其冒险的：首先要在铜制或铁制的炮弹壳内装上炸药，再安上引线，将其点燃，然后再小心翼翼地放进炮膛内。结果是许多炮筒都爆炸了，炮手也当即丧命。

公元1510年，又出现了铸造的整发弹和球形实心弹。这些炮弹由称做"榴弹炮"的特种火炮发射，弹上装有弹托装置，可以使"弹眼"和引信准确地对准炮膛轴线，朝向炮口。在法国国王路易十四时期，开始研究榴霰弹。直到18世纪晚期，人们都把炮弹称为"枪榴弹"，这个词原意指"石榴"，因为弹壳内的炸药看起来像无数的石榴籽。

英国人施拉普内尔于1784年发明了子母弹，里面装的炸药不多。而在此以前设计的炮弹都装药甚多，因为人们认为是用爆炸力量使弹片向四面八方飞散的。施拉普内尔的想法是只用足够的炸药炸开弹壳，让弹壳内的若干子弹以炮弹原来

↑澳大利亚军队重炮阵地，炮弹整齐地码放在火炮后面，以便随时装填。

的速度继续向前飞。子母弹于1804年在苏里南的阿姆斯特丹堡首次得到应用，但由于炮弹在离开炮筒时要点燃炸药，给子母弹预点火，所以很难掌握时机。1852年，博克塞上校改进了这种炮弹，用铁片隔膜把炸药和引信与弹头隔开。他的炮弹在1864年开始使用，称为"隔膜弹"。

由于博克塞引进了时间准确的引信，从1867年起，标准炮弹有了很大的改进。1882年，黑色炸药首次为苦味酸所取代，接着梯恩梯又取代了苦味酸。1891年开始用无烟火药。至此，炮弹已发展成熟了。

↑德国列车炮的巨型炮弹

↑英国的一个兵工厂正在制造炮弹。

↑早期的火炮和炮弹已成为历史陈迹，供人们观赏。

↑ 美国 M224 式迫击炮弹

↑ 英国炮弹工厂的壮观场面

炮弹的种类

现代炮弹的种类繁多，达上千种。若按用途分，可分为主用弹、特种弹、辅助弹 3 种。

主用弹即直接杀伤有生力量和摧毁目标的炮弹，如杀伤弹、爆破弹、杀伤爆破弹（这 3 种俗称"榴弹"）以及混凝土破坏弹、穿甲弹、破甲弹、碎甲弹、纵火弹、化学弹、霰弹等。特种弹即完成特定战术任务的炮弹了，如发烟弹、照明弹、宣传弹、曳光弹、干扰弹、电视侦察弹等。辅助弹是部队训练和靶场试验等非战斗使用的炮弹，如训练弹、教练弹、试验弹等。

按装填物的类别，炮弹可分为常规炮弹、原子炮弹、化学炮弹、生物炮弹等。

按配用炮种可分为加农炮弹、榴弹炮弹、坦克炮弹、航空炮弹、高射炮弹、岸（舰）炮弹、迫击炮弹和无坐力炮弹等。

按装填方式可分为定装式炮弹和分装式炮弹。定装式炮弹的弹丸和药筒结合为一个整体，发射药质量固定不变，发射时一次装入炮膛。分

装式炮弹根据有无药筒，可分为药筒分装式和药包分装式。药筒分装式炮弹发射时先装弹丸，再装发射装药，射速较慢，但能改变发射药量，以获得不同的初速和射程；药包分装式炮弹没有药筒，发射时将弹丸、发射药包和点具分 3 次装填，依靠炮闩来密闭火药燃气，其射速更慢。

按弹丸稳定方式可分为旋转稳定炮弹和尾翼稳定炮弹两类。旋转稳定炮弹由线膛炮发射，出炮口时获得高速旋转而产生陀螺效应，使弹丸稳定飞行。尾翼稳定炮弹可在滑膛炮或线膛炮上发射，利用其尾翼使气动力压心移到质心后面，形成稳定力矩以保持弹丸飞行稳定。

按弹径与火炮口径的配合可分为适口径炮弹、次口径炮弹和超口径炮弹 3 种。次口径炮弹的弹径小于火炮口径，初速高，有些穿甲弹和杀伤弹为提高威力和射程就采用这种结构。超口径炮弹的弹径大于火炮口径，弹丸露于炮口外，可获得较好的毁伤效果，如迫击炮、长榴弹等。

对付活动目标的末制导炮弹

火炮对付的大多是固定的点目标或集团群体目标，所以一般使用具有显著杀伤爆破作用的榴弹，如果要对付远距离的活动点目标，普通炮弹就无能为力了。于是美国首先为其 155 毫米火炮研制成功了激光半主动末段制导炮弹——"铜斑蛇"。

发射这种"铜斑蛇"炮弹时，火炮就像发射普通炮弹一样，把末制导弹送到目标附近的上空，飞行到靠近目标一定范围时，接收到来自

↑ 各种类型的现代炮弹

↑法国155毫米火炮阵地

↑英国生产的炮兵观测瞄准器，由热成像器和激光测距仪结合在一起。

目标反射的激光信号，开始制导飞行，直至命中目标。目标反射的激光信号靠另外一个激光目标指示器照射到目标上，所以是半主动式末制导炮弹。这种末制导炮弹集中了许多优点，如火炮初速高、弹丸飞行大部分时间靠自然弹道飞行、不会受到外来干扰、导弹在飞行最后阶段可变飞行弹道追踪目标以及命中精度高等，使大炮真正具备了攻击远程活动点状目标的能力。

炮弹的构成

现代炮弹由弹丸和发射装药两部分构成。弹丸包括引信、弹体和装填物，用以杀伤有生力量和摧毁目标。引信是利用目标信息和环境信息，在预定条件下引爆或引燃弹药战斗部装药的控制装置。发射装药包括发射药、药筒，底火和辅助元件。

发射药是发射弹丸的能源，药筒用来连接弹丸、底火和盛装发射药，保护发射药不受潮或损坏。发射时，筒体膨胀，与火炮药室贴紧以密闭

火药气体。底火受火炮机械或电的作用发火，点燃发射药，产生膛压推动弹丸运动。

最早的指挥仪

1909年，俄国炮兵学家拉乌尼契设计了测远机。这种测远机有两个观察站，相距1500～2000米，由基线（两个观察点之间的连线）两端对目标的角度读数可以测出目标的水平距离。但这种测远机不能连续求出目标的诸元，因而在实际战斗中满足不了对飞机射击的要求。

1922年，苏联科学家克鲁日创造了一种新仪器，俄国炮兵学家拉乌尼契发明的测远机相似，但它能够根据目标的运动特点，连续求出火炮的射击诸元。这就是世界上第一台指挥仪。

火炮定位雷达

世界上最早的快速火炮定位雷达是美国休斯飞机公司于20世纪70年代研制的AN/TPQ－37

↑英军在发射"莫林"式末制导反坦克迫击炮弹。

↑俄罗斯ML-20式152毫米加榴炮

↑英国桑恩公司生产的迫击炮定位雷达

↑第二次世界大战末期日本生产的38式150毫米自行火炮。

雷达。这种雷达专门用于给火箭炮定位。它可设置在敌人炮火的最大射程之外，不易被对方炮火摧毁。它的定位速度很快，只需跟踪飞行中的炮弹几秒钟，就可以测定出火炮的位置。这种雷达能同时跟踪多个目标，甚至在敌人实施拦阻射击时，天空有大量的炮弹或火箭弹飞过时，它也能很快测出各门火炮或火箭炮的位置，并把数据显示出来，以便迅速组织火力进行反击。这种雷达还能为友军的火炮进行校射。AN/TPQ—37雷达是一种机动式雷达。天线装在拖车上，由一辆卡车牵引，卡车还载有一台4000赫兹、6万瓦的发电机组。雷达操作组由8～12人组成。雷达采用相控阵体制，波束水平快速扫过一个90°的扇形区，就会触发目标识别波束，并进行自动跟踪。测炮位时，雷达采取对敌工作方式，只跟踪距离越来越近的炮弹；作校射时，雷达采取对友工作方式，只跟踪距离越来越远的炮弹。雷达的工作方式和工作程序都由计算机控制。

自行火炮

1914年，俄国制造出了世界上第一门安装在卡车底盘上的不需外力牵引而自行运动的76毫米自行高射炮。第二次世界大战中，苏联在3年时间内生产的31000辆自行反坦克炮，在战争中发挥了重要作用。战后，自行火炮有取代牵引火炮的趋势。

自行火炮按行驶方式可分为轮式和履带式两种，按装甲防护程度可分为全装甲式、半装甲式和敞开式。其最突出特点之一是机动性好。一般的自行火炮最大时速达30～70千米，最大行程可达到700千米，具有极好的越野能力，能协同坦克和机械化部队高速机动作战，可执行防空、反坦克和远、中、近程对地面目标攻击等任务。二是火力强大。使用数辆自行火炮便可迅速形成防空、反坦克和对地面攻击的合理而有效的火力配备系统，可根据目标的不同，最大程度地发扬综合性火力。三是防护力强。自行火炮吸收了坦克装甲防护好的优点，特别是现代自行火炮

↑巴西EE-18"苏库利"式105毫米自行反坦克炮

↓苏联SU-152式自行榴弹炮

↑第二次世界大战中美军的自行榴弹炮

大都采用坦克、装甲车底盘，履带驱动，车体装甲厚度达 10 ~ 50 毫米，而自身又较坦克轻便灵活，所以可以安装比同样底盘的坦克更大口径的火炮，构成高度机动、火力强大而自身保护能力较强的一种火炮，在战争中起到过去的牵引式火炮无法起到的作用。

"巴黎大炮"

1918 年 3 月 23 日清晨，法国巴黎突然响起了巨大的爆炸声。每隔 15 分钟，就有一次震耳欲聋的爆炸。这一天，巴黎遭到了 21 次重炮的轰击。这些炮弹是德国的一门巨炮发射的，这门巨炮因轰击巴黎而被人们称为"巴黎大炮"。

从 3 月 23 日至 8 月 9 日，德国从不同方向断断续续向巴黎分射了 300 多发炮弹，其中 180 发落在市中心，140 发落在郊外，导致巴黎市民伤亡 1000 余人。

"巴黎大炮"的射程达到了 120 千米之遥。它的炮弹主要在同温层中飞行，射角是 53°，初速为 1700 米 / 秒，最大弹道高达 4 万米。当炮弹进入同温层时，它还有 1000 米 / 秒的速度，这时弹道切线与水平线的夹角恰在 45° 左右。炮弹在同温层中飞行约 100 千米，然后重新进入对流层落到地面，击中 120 千米以外的巴黎。"巴黎大炮"的口径为 210 毫米，炮身长 37 米，若把炮身竖立起来，它的炮口要高过 10 层大厦的楼顶。这样长的炮身，用一般的炮架是支持不住的，炮身的重量就足以使其变形。因此炮身后半部加了一个支架，用很粗的钢杆通过支架拉着炮身的前半部，同时又与后面的炮身尾部相连。该炮的炮弹重达 120 千克，具有远射程弹丸外形。弹丸后部有两排突起，使它沿着火炮的膛线运动。为了使炮弹能得到 1700 米 / 秒的初速，每发炮弹的发射药就需 200 千克。由于膛压很高，火炮发射时

的后坐力很大，所以要求有重而坚固的炮架。因此"巴黎大炮"非常笨重，它的全部重量约达 750 吨。德国人把它从工厂运到德法边界的库垒堡森林地区，装了近 50 节火车车皮。

由于弹重、初速和膛压都很大，发射时炮管膛线磨损很厉害，因此一个炮管打不了 100 发炮弹。发射一二十发后，射击精度就明显降低。这种炮的寿命不到普通火炮的 1%。

由于"巴黎大炮"存在上述一些致命的弱点，加之当时第一次世界大战已经接近尾声，因此没有得到进一步发展。但是，"巴黎大炮"在人类火炮发展的历史上是空前绝后的，成为历史上著名的火炮。

炮王——多拉火炮

1935 年，大力扩军备战的希特勒下令德国克虏伯兵工厂研制口径为 700 ~ 1000 毫米的大炮，作为攻克法国的马其诺防线之用。

克虏伯兵工厂经过长达 8 年的研制，到 1942 年初终于制成了一门世界上最大的巨炮。这门炮的口径为 800 毫米，炮膛内可蹲下一名士兵。德军炮兵给它起了个名字叫"多拉火炮"。1942 年 3 月，希特勒在多名元帅和将军的陪同下观看了这门火炮的试射。火炮先是发射了 1 枚 7 吨重的炮弹，随后又发射了 1 枚 4.8 吨重的炮弹。

多拉火炮是个超级庞然大物，身管长达 32.48 米，身管重 400 吨。火炮全长 42.9 米，高 11 米，总重量达 1329 吨。运输时需将身管、炮尾、炮闩等部件拆卸下来，分车装送。装运整个火炮需要 60 节车皮。安装则必须使用大型龙门吊车，安装好一门炮需要 1500 人工作 30 天左右。多拉炮班的编制多达 1420 人，由一名陆军少将指挥。加上另外进行空中掩护的 2 门高炮，以及其他维修和警卫人员，总共需要 4120 人为它服务。

↑"巴黎大炮"正在发射。

↑德国克虏伯兵工厂制造的轨道巨炮——多拉火炮。

多拉火炮曾在东征苏联及波兰的战斗中使用过，曾向塞瓦斯托尔市区的 7 个目标发射了 48 发炮弹。在斯大林格勒战役中和莫洛托夫城的战斗中，则分别向两个城市发射了 18 发炮弹。在大战快结束时，还参与镇压过华沙起义。大战结束后，该炮被盟军解体，化为一堆废钢铁。

第一次世界大战中的火炮

第一次世界大战开始前，欧洲各国口径在 65 ~ 77 毫米的加农炮、105 ~ 122 毫米的榴弹炮连和营，一般编入师以下单位；口径在 105 ~ 107 毫米的加农炮、152 ~ 155 毫米的榴弹炮连和营，则编入军和集团军内；155 毫米以上的加农炮、榴弹炮、臼炮编入统帅部预备队炮兵。

各参战国已经装备了大量的炮兵：俄国 7000 多门，法国 4300 多门，美国 1300 多门，德国 9300 多门，奥匈帝国 4000 多门。

战争中又出现了许多特大口径的火炮，如 240 毫米口径的加农炮、400 ~ 500 毫米口径的轨道炮，法国甚至还制造了 520 毫米口径的火炮。战役中火炮密度不断增加，突破地段每千米平均密度有时达到 120 ~ 160 门。

战争中炮弹的消耗量很大，仅 1918 年同盟国军队就发射了 15200 多万发炮弹。美军在进攻法国圣米西尔时进行了约 4 小时的炮击，就发射炮弹 100 万发。

↑第一次世界大战中的英国炮兵阵地。

凡尔登战役中的炮战

1916 年 2 月，德法两军在凡尔登的会战开始了。德军在不到 13 千米的战线上集中了 1400 多门大炮，其中还有 13 门 420 毫米的巨型臼炮。该炮身管长为 12 倍口径，最大射程 14 千米，弹丸重约 90 千克，用汽车牵引，发射时响声震天动地。

2 月 21 日，战役拉开了序幕。德军以每小时 10 万发的速度将 200 万发炮弹倾泻在法军防线上。此后战役持续数月。

↑在第一次世界大战中，火炮受到重视，身管也越来越大。这是 1916 年的一个炮兵阵地。

战至 7 月，法军 1 发 155 毫米加农炮的炮弹落进德军的弹药库，引爆了 40 多万发炮弹，使德军炮火的火力受到很大损失。法军抓住机会进行了大反攻，最终取得了凡尔登战役的胜利。

在长达 10 个月的厮杀中，德法两军共发射了 4000 多万发炮弹，双方伤亡的官兵共计达 100 多万人。

炮兵在库尔斯克会战中发挥作用

1943 年 7 月 5 日 23 日，苏德两军在库尔斯克地区进行会战。德军集中了 65 个师、1 万门火炮、2700 辆坦克、2500 架飞机，向苏联军队发起进攻。苏军以三个方面军的兵力、2 万门火炮、3400 辆坦克和 2100 架飞机实施防御和反击。

7 月 5 日，苏军在得知德军将要发起进攻的计划后，朱可夫便于德军进攻前 40 分钟下令对德军率先进行炮火突袭。苏军的 3000 门火炮进行了 30 分钟急袭，打乱了德军的进攻计划。数小时后，德军才发起进攻，但攻势被削弱。此

↑在柏林郊外的阵地上，德军在准备使用重炮抗击苏军。

↑在库尔斯克前线的德军炮兵和152毫米榴弹炮。

后，德军利用坦克部队加强进攻力量，苏军以炮兵进行直瞄射击，在德军突击正面每千米集中85门火炮，以密集的炮火阻击德军。

从7月5日～15日，苏联炮兵共击毁德军坦克1000多辆，最终击退德军进攻，取得了库尔斯克会战的胜利。

↑在斯大林格勒战役中，苏军使用SU-152式榴弹炮猛轰德军。

斯大林格勒战役中的"战争之神"

1942年7月，德军集中50个师进攻斯大林格勒，经过长达4个月的苦战后，苏军开始进行反攻。11月19日晨7时30分，苏军集中数千门大炮，其中包括1937式152毫米榴弹炮，向德军发起猛攻。火炮突袭持续80分钟，仅一个方面军的炮火就歼灭和压制了德军100个炮兵连、60个迫击炮连，并破坏了196个掩蔽部和126个防御工事。战至11月23日，德军33万人被包围。

1943年1月10日，苏军再次集中开火，对被围德军进行了55分钟的猛烈炮击。随后炮火逐步向后延伸，苏军在坦克的支援下发起冲锋。到2月2日，穷途末路的德军终于宣布投降。为了纪念炮兵在斯大林格勒战役中的功绩，苏联政府决定把斯大林格勒保卫战反攻开始的日子——

11月19日，设为"炮兵节"。从此以后，苏联军队把炮兵称为"战争之神"。

攻克柏林战役中的苏军炮兵

1945年2月，苏联军队已经攻到柏林城下。防守的德军总兵力约为100万人，各型火炮达10万门。防御正面每千米部署火炮17门，密度最大处每千米部署火炮达66门。苏军则以三个方面实施突击，共计有兵力250万人，41600门各型火炮，6250辆坦克和自行火炮以及7500架飞机。投入的总兵力超过卫国战争期间的历次战役。

1945年4月16日凌晨3时，苏联白俄罗斯第一方面军的近万门各种火炮突然发起攻击，在20分钟之内，把50万发炮弹倾泻在德军阵地上，迫使德军放弃一线阵地，退守二线阵地。紧接着，苏军炮兵延伸炮火。在交战的第一天里，苏军即发射炮弹1236万发。

4月17日晨，苏军在突破地段上又集中了

↑在斯大林格勒战役中，德军使用了210毫米重型加农榴弹炮。

↑在攻克柏林的战役中，苏军用火箭弹、燃烧弹指示炮兵形成弹幕。

每千米 250 ～ 270 门火炮，发射的炮弹量与第一天相当。通向柏林的道路被打开了。到 4 月 26 日，苏军各部队在炮火的掩护下，从四面八方向柏林市区推进，逐渐紧缩包围圈。

4 月 29 日，苏军开始攻击国会大厦。苏军用 18 式 105 毫米口径轻型榴弹炮对国会大厦和歌剧院的楼房区进行了 10 分钟的火力突袭。

4 月 30 日 13 时 30 分，苏军又用 89 门大口径火炮对国会大厦进行了长达 20 分钟的直接瞄准射击。当日 21 时 50 分，苏军战士终于把红旗插上国会大厦。

上甘岭战役中的炮战

上甘岭战役是朝鲜战争中的著名战役。志愿军的两个连扼守在 579.9 高地和 537.7 高地，其面积仅为 3.7 平方千米。美军为了夺取这两个战略要地，共倾泻炮弹 190 多万发，航弹 5000 多枚，摧毁了全部表面阵地工事，将两山头削低了 2 米。随后，敌军占领了表面阵地，志愿军转入坑道作战。

1952 年 10 月 30 日，志愿军对占领表面阵地的敌人实施反击。志愿军首先集中了 50 门山炮、野战炮和榴弹炮，30 门迫击炮，24 门火箭炮，数十门无后坐力炮，进行大规模的炮火准备。仅野战炮和榴弹炮进行的两次急袭射，就发射炮弹 2574 发，将敌军工事全部摧毁，并且大量杀伤了敌人的有生力量。志愿军随后夺取了表面阵地。

10 月 31 日至 11 月 5 日，敌军每天以数营的兵力，在飞机、大炮、坦克的掩护下，共进行了数十次反冲击。志愿军投入的火炮达 395 门，

在炮火的猛烈轰击下，击溃了敌人一次又一次冲锋。志愿军火箭炮团的 23 门火箭炮一次齐放，在 8 秒钟内可发射 368 发火箭弹，创造了一次即歼敌 600 余名的纪录，终于取得了战役的胜利。

在整个上甘岭战役中，志愿军炮兵共歼敌 1.3 万人。此外，还击毁敌炮 112 门，击落击伤敌机 270 架，击毁敌坦克 14 辆、汽车 14 辆，摧毁敌地堡 279 个。

榴弹炮

榴弹炮是一种身管较短，弹道弯曲，适合于打击隐蔽目标和地面目标的野战炮。早在 17 世纪，欧洲就把这种射角很大的炮称为榴弹炮，并且将它作为地面炮兵的主炮种，用于大面积轰击敌人的阵地和进攻部队。19 世纪，榴弹炮开始采用变装药，炮身长为口径的 7 ～ 10 倍。以后，随着线膛炮技术的出现，榴弹炮也发展成为线膛炮。第一次世界大战中，由于野战工事增多，各国军队竞相装备榴弹炮，新型的榴弹炮不断出现。当时榴弹炮的炮身长为口径的 15 ～ 22 倍，最大射程可达 14200 米，最大射角一般为 45°。德国军队攻击比利时要塞时，曾使用口径为 420

↑美国 M119 式 105 毫米榴弹炮

→俄罗斯 M1932 式 203 毫米自行榴弹炮

↓奥地利炮兵在校调一门 325 毫米榴弹炮。

毫米 M 型榴弹炮。第二次世界大战中的榴弹炮最大射程达 18.1 千米。20 世纪 60 年代以来，榴弹炮已发展到炮身长为口径的 30 ~ 44 倍，初速可达 800 米 / 秒以上，最大射角可达 75°，能够完成同口径加农炮的任务，因而有些国家已用榴弹炮代替加农炮。新型榴弹炮通过加长炮身、增大膛压、提高初速和配用底部喷气弹、火箭增程弹等技术，射程大幅度提高。现代 105 ~ 203 毫米榴弹炮的最大射程已达到 17.5 ~ 39 千米，可更有效地打击敌纵深目标。

现代的榴弹炮可以在短时间内发射出更多的炮弹，有的实现了装弹和射击操作的自动化，大大提高了射速。如法国 1979 年装备的 GCT 型 155 毫米自行榴弹炮，射速达每分钟 8 发，一个炮兵团的 50 多门炮，1 分钟就能发射 20 吨炮弹。

现代榴弹炮配用的弹种空前多样化，除了高威力的杀伤爆破榴弹之外，还有反坦克布雷弹、反坦克子母弹、末制导炮弹以及化学炮弹和核炮弹。随着微电子技术和精确制导技术的发展，制导炮弹和具有自动寻的能力的炮弹大量装备使用，大大提高了榴弹炮的命中精度，使之具有导弹的特点，而在破甲、杀伤等方面又优于导弹。如美国的 M198 式 155 毫米榴弹炮使用激光半主动制导炮弹"铜斑蛇"对 20 千米外坦克射击，命中概率高达 80% ~ 90%，相当于 2500 发常规炮弹的命中率。用 203 毫米榴弹炮发射的美国的"萨达姆"遥感反装甲炮弹，可分离出 3 个子弹头，具有毫米波自动搜索、识别、判断和攻击的能力，能击穿 70 毫米以上的坦克顶装甲。现代榴弹炮已经做到了一炮多用，几乎可以对付地面战场上的任何目标。

↑德军 305 毫米大口径榴弹炮

↑德军 210 毫米榴弹炮

↓德国"蜜蜂"式 105 毫米自行榴弹炮

↑美国 75 毫米轻型榴弹炮

↑美国 M12 式 155 毫米自行榴弹炮

↑美国 M101 式 105 毫米榴弹炮

↑美军第 82 空降师装备的 M102 式榴弹炮。

↑射击准备中的美国 M101 式榴弹炮。

↑CH-47 直升机吊运 M101 式榴弹炮。

↑射击中的 UFH 式榴弹炮。

↑第二次世界大战中欧洲西线战场上的德军野战炮。

↑塞尔维亚榴弹炮队

↑英国"阿拉伯"式 105 毫米自行榴弹炮

↑法国 MKF3 式 155 毫米自行榴弹炮

↑海湾战争中的美国 M-102 式榴弹炮

↑1941 年 9 月，德军在第二次世界大战中使用 M18 式 210 毫米榴弹炮轰击苏军。

↑德军榴弹炮轰击苏军。

↓美国 M2 火炮

↓英、德、意 SP70 式 155 毫米自行榴弹炮

↑英国、德国、意大利三国共同研制的 FH-7D 式 155 毫米榴弹炮，1978 年开始装备部队。

↑美国 M109A1 式自行榴弹炮

加农炮

加农炮是一种身管较长、弹道平直低伸的野战炮，它最早于公元14世纪出现并应用于战争中。公元16世纪时，人们把这种身管较长的炮称为加农炮。第二次世界大战前后，口径在105～108毫米之间的加农炮得以迅速发展，最大射程可以达到30千米。20世纪60年代，一些新型加农炮最大射程达35千米。60年代以后，加农炮不再受到各国重视，只有苏联研制出几种新型号，但性能没有太大的发展和提高。

加农炮按口径可分为：70毫米以下的小口径加农炮；76～130毫米的中口径加农炮；130毫米以上大口径加农炮。按运动方式可分为：牵引式、自运式、自行式和装载到坦克、飞机、舰艇上的载运式4种。反坦克炮、舰炮、海岸炮均属加农炮。

加农炮射程较其他类型火炮都远，特别适合于远距离攻击纵深目标、装甲目标和垂直目标，也可作岸炮对海上目标轰击。

加农榴弹炮

加农榴弹炮即兼有加农炮和榴弹炮的弹道特性的火炮，简称为"加榴炮"。用大号装药和小射角射击时，其弹道低伸，接近加农炮的性能，可完成加农炮的射击任务；用小号装药和大射角射击时，其弹道弯曲，接近榴弹炮的性能，可完成榴弹炮的射击任务。

第一次世界大战中，由于有堑壕体系的筑垒阵地防御战的发展，交战各国都需要增加平射火炮和曲射火炮。为了适应战术上的这种要求，一些国家开始研究制造把加农炮和榴弹炮合为一体

↓俄罗斯406毫米原子加农炮

↑俄罗斯D-20式152毫米加榴炮

↓南非G5式155毫米加榴炮

↑俄罗斯M-46式130毫米加农炮

↓俄罗斯M-46式130毫米加农炮仰视图。

↑奥地利GHN45式155毫米加榴炮

的加农榴弹炮。加榴炮最早于1915年在德国进行了试验，第一次世界大战后在其他国家军队中出现。1937年，苏联研制成 M—20 式 V2 毫米加榴炮，炮身长为口径的32.3倍，初速655米/秒，最大射程17230米，装药号数多达13个，战斗全重7.1吨。

由于加榴炮具有平射和曲射两种性能，其战术上的适应性明显优于其他火炮，因此，它产生后受到了各国军队的重视，成为炮兵部队的重要装备。

各国榴弹炮与加农炮

美国 M101 式 105 毫米榴弹炮

M101 式榴弹炮是美国生产的一种105毫米牵引式榴弹炮。该炮由美国岩岛兵工厂生产，1940年3月出产，1953年停产，1980～1983年间为出口需要曾短暂恢复生产。

该炮重量轻，结构简单，坚固可靠，机动性较高，配用弹种较多。炮身长2574毫米，采用单轴开脚式大架，火炮用2.5吨（6×6）卡车或 M5 式高速牵引车牵引，也可用 CH-47 直升机吊运。瞄准装置包括有 M16A1D 式肘形瞄准镜，M12A7S 式周视瞄准镜和 M16A1D 式肘形瞄准镜，M12A7S 式周视瞄准镜和 M4A1 式象限仪。火炮口径105毫米，最大射程分别为11.2千米（榴弹）及14.6千米（火箭增程弹），最小射程1.8千米，最大射速10发/分，持续射速3发/分，高低射界—5°～＋66°，方向射界46°，战斗全重2.03吨，炮班8人。

↑美国海军陆战队使用的 M101A1 式 105 毫米榴弹炮。

美国 M102 式 105 毫米榴弹炮

M102 式榴弹炮是美国制造的一种口径105毫米的牵引榴弹炮，该炮于1961年开始研制，1966年初在越南战场首次使用，90年代仍装备美国空降师、空中机动师等部队。

该炮由于采用铝合金结构，重量轻，因此

↑美国 M102 式榴弹炮

可用直升机吊运或空运、机动性强。它的主要组成部分包括炮身、反后坐装置、炮架、轮和瞄准装置等。为适应稻田地的特殊地形需要，专门研制了一种发射平台，使火炮能在600毫米深的水稻田地和沼泽地带作战。行军时火炮由 M561（6×6）式卡车牵引，炮班8名炮手乘坐在牵引车上，车上携带弹药200发。火炮配用 M1131A1 式周视瞄准镜、M114A1 式直接瞄准镜、M1A2 式与 M14A1 式象限仪。

火炮口径105毫米，初速494米/秒，最大射程11.5千米。发射 M546 式榴霰弹，最大初速549米/秒，最大射程12.4千米；M548 式火箭增程弹最大射程15.1千米。最小射程1千米。最大射速10发/分，持续射速3发/分。高低射界—5°～＋75°，方向射界360°，战斗全重1.4吨。行军状态长5182毫米，宽1964毫米，高1594毫米，火线高762毫米，最低点离地面高330毫米。行军战斗转换时间为2～4分钟。配用榴弹、火箭增程弹、榴霰弹、发烟弹、照明弹、碎甲弹、子母弹。

美国 M44 式 155 毫米榴弹炮

M44 式榴弹炮是美国的一种旧式口径155毫米的自行榴弹炮，于1953年定型并装备美军炮兵部队。该炮早已停止生产。

↓美国 M44 式自行榴弹炮

M44 式榴弹炮由身管、炮架、制退机、炮闩等部分组成。它配用 M12A7K 式周视瞄准镜，放大倍率为 4，还配有 M93 式瞄准镜和 M1 或 M1A1 式象限仪。该炮无红外夜视设备和三防系统，没有两栖能力。

火炮初速 563.9 米 / 秒，最大射程 14.6 千米。高低射界— 5°～＋65°，方向射界左右各 30°。战斗全重 28.3 吨。单位功率 12 千瓦 / 吨，单位压力 66 千帕。车体长 6159 毫米，车体宽 3238 毫米，车体高（含篷布）3110 毫米，车底距地高 480 毫米。履带中心距 2602 毫米。最大公路时速 56.3 千米，最大公路行程 122 千米。涉水深 1066 毫米，爬坡度 31°，通过垂直障碍高 762 毫米，越壕宽 1828 毫米。发动机为 6 缸风冷汽油机，额定功率 350 千瓦，转速 2800 转 / 分。还装有 4 — 41 — 2 型辅助发动机。变速箱有 4 个前进挡，2 个倒挡。车上携带 155 毫米弹药 24 发，机枪弹 900 发，装甲厚度 12.7 毫米。配用榴弹、照明弹、发烟弹和化学弹。

美国 M109 式 155 毫米榴弹炮

M109 式榴弹炮是美国研制的口径 155 毫米的自行榴弹炮，它有 6 种型号，分别为 M109A1～M109A6 式。M109 于 1963 年开始装备美军师属炮兵部队，该炮此后多次改进并装备部队，是当前世界上装备使用国家最多的火炮。

M109 式榴弹炮安装 24 倍口径长的 M126 式身管。发射 M107 式榴弹时最大初速为 562.2 米 / 秒，最大射程为 14.6 千米。高低射界— 3°～＋75°，方向射界 360°。射速为 3 发 / 分。身管寿命为 5000 发。车体为焊接的铝结构。炮塔顶部装有 1 挺 M2HB 式 12.7 毫米高射机枪。

M109 式榴弹炮战斗全重 23.7 吨。行军状态长 6121 毫米，宽 3100 毫米，高 3280 毫米。携弹量为 28 发。M109 式榴弹炮可发射反坦克炮弹。

↑美国 M109A5 式 155 毫米自行榴弹炮

M109A1 式榴弹炮换装 39 倍口径长的 M185 式身管，采用 M119 式发射药，发射 M107 式榴弹，最大射程达 24 千米。身管寿命提高到 6000 发。

M109A2 式榴弹炮在 M109A1 式基础上换装改进的 M178 式炮架。新设计了弹药架，使携弹量由 28 发增加到 36 发，其中 22 发为新式弹药，两发为"铜斑蛇"激光制导炮弹。M109A2 式榴弹炮战斗全重为 25.1 吨，最大公路时速为 56.3 千米，公路行程 349 千米，涉水深 1 米，爬坡度 31°，通过垂直障碍高 531 毫米，越壕宽 1830 毫米。该炮在 1991 年海湾战争中曾大量使用。

M109A3 式榴弹炮主要改进了送弹器、反后坐装置与炮手安全装置等。

M109A4 式榴弹炮装有三防系统，从而提高了半自主作战能力。炮上的地面导向系统与射击指挥系统合为一体，可为火炮和周视瞄准镜定位、定向。自动连测系统可自动显示火炮、地形与目标的位置关系。

M109A5 式榴弹炮发射普通弹的射程增大到 24 千米，发射火箭增程弹的射程增大到 30 千米。采用半自动装填系统，使爆发射速达 12 发 / 分，持续射速达 8 发 / 分。该榴弹炮能在舱门全部封闭状态下发射，具有较高的生存能力。

M109A6 式榴弹炮与原型比加长了身管，增大

↑美国 M109 系列 155 毫米自行榴弹炮

↑美国 M109 式自行榴弹炮

了射程，采用半自动装填机构，增加弹药携行量。配有自动火控计算机和车辆定位定向装置，可独立实施射击。系统反应能力、生存能力、系统可靠性和弹药的终点效应均比原型有大幅度提高。

美国 M114 式 155 毫米榴弹炮

M114 式榴弹炮是美国于 20 世纪 40 年代初生产的一种 155 毫米牵引榴弹炮，1942 年开始装备美军炮兵部队。1979 年开始由 M198 式 155 毫米榴弹炮替换，但阿根廷、伊朗、以色列和日本等 36 个国家仍装备使用，而荷兰和比利时已将其改进为 M114/39 式。该炮可配用 M107 式榴弹、子母弹及照明弹、化学弹、核炮弹等。

M114 式榴弹炮最大膛压 256.6 兆帕，初速 563.9 米/秒，最大射程 14.6 千米。最大射速 4 发/分，持续射速 40 发/时。高低射界－2°～＋63°，方向射界左 24°、右 25°。战斗全重 5.7 吨。行军状态长 7315 毫米，车体宽 2438 毫米，车体高 1803 毫米，火线高 1676 毫米，最低点离地高 229 毫米，轮距 2070 毫米。炮班 11 人。

↑美国 M114 式榴弹炮

美国 M198 式 155 毫米榴弹炮

M198 式榴弹炮是美国研制的一种口径 155 毫米的牵引榴弹炮，1979 年装备美军炮兵部队，现装备美军步兵师、空降师、空中机动师及部分军属炮兵，在 1991 年海湾战争中曾广泛使用。

该炮主要优点是：射程远，威力大；配用激光制导炮弹等新式特种弹，反坦克命中精度高；由于大量采用铝合金，重量较轻，可用直升机吊运，机动性强；配有氙照明装置，便于夜间射击。缺点是射速比较低。该炮的主要组成部分是炮身、反后坐装置、摇架、上架、高低机、方向机、平衡机、下架、座盘、大架、炮轮和瞄准装置等。它配用的 M137 式周视瞄准镜，放大倍率

↑美国 M198 式榴弹炮发射瞬间。

为 4，视界 10°；M138 式直接瞄准镜，放大倍率为 8，视界 6°。此外还配有 M17 式与 M18 式象限仪。火炮口径 155 毫米，最大膛压 335.5 兆帕，初速 826 米/秒，最大射程分别为 18.15 千米（M107 式榴弹）及 22 千米（M483A1 式双用途子母弹）、30 千米（M549A1 式火箭增程弹），最大射速 4 发/分，高低射界－5°～＋72°，方向射界左右各 22.5°，战斗全重 7.1 吨，行军状态长（炮身折叠在大架上）7440 毫米，宽 2794 毫米，高 2900 毫米，最低点离地高 330 毫米，轴距 2362 毫米。炮班 11 人。配用榴弹、火箭增程弹、子母弹、布雷弹、激光制导炮弹、发烟弹、照明弹、核炮弹和化学炮弹等十余个弹种。

美国"十字军战士"155 毫米榴弹炮

1985 年美国提出"先进野战火炮系统发展计划"，该计划对新式火炮提出了严格的要求，要求在目标毁伤能力、快速反应能力和战场生存能力等方面，都有明显提高。具体要求是：1. 它的最大射程必须超过 21 世纪初期同类武器所能达到的水平，至少达到 40 千米，争取达到 50 千米；2. 发射炮弹速度要尽量快，每分钟达 12～

↑上图为美国"十字军战士"155 毫米自行榴弹炮。下图为"十字军战士"自行榴弹炮俯仰范围。

16 发，并具有 4～8 发同时弹着的能力；3. 停车后 15 秒内应发射出第 1 发炮弹；4. 射击命中精度要比 M109A6 式高 50%，25 千米的圆周概率误差为 80 米，只是 M109A6 式的一半；5. 高机动性，越野时速达到 39～48 千米／时；6. 具有良好的防护能力和最小发射痕迹；7. 具有自主诊断与检测故障和自动修复能力等。

"十字军战士"榴弹炮应运而生。该炮是一种双车系统，一门为 XM2001 式自行榴弹炮，另一辆为 XM2002 式"未来的装甲补给车"。两车采用同一底盘，有 60% 的通用部件。54 倍口径长的 XM297E2 式身管采用整体式中壁制冷。火箭增程弹最大射程 40～50 千米，榴弹炮射速 10～12 发／分。供弹车上装有 60 个弹丸和 60 个装药，可在 12 分钟内通过遥控向火炮供应 60 发炮弹。越野时速 39～48 千米，公路行驶时速 67～78 千米，完全可以伴随主战坦克行进。有 3 名炮手，炮重 50 多吨。1996 年中期，"十字军战士"榴弹转入初步计划阶段，2000 年初转入工程制造和发展阶段，同年 8 月制造出首门样炮，2002 年制造出 10 门样炮和 10 辆车，2005 年开始装备部队。

美国 M110 式 203 毫米榴弹炮

M110 式榴弹炮是美国研制的口径 203 毫米的自行榴弹炮。它有 3 种型号：M110 为原型，1963 年开始装备美军炮兵部队，1986 年开始退出现役。M110A1 式于 1977 年装备使用；M110A2 式于 1980 年装备使用。该炮在 1991 年海湾战争中曾广泛使用。

M110 系列榴弹炮由炮身、反后坐装置、炮架、瞄准装置和底盘等主要部分组成。

M110 式配用 M115 间接瞄准镜，放大倍率为 4，视界 10°。还配用 M116C 直接瞄准镜，放大倍率为 3，视界 13°。此外还配有 M15 式高低瞄准象限仪与 M1A1 式炮手用象限仪等。M110A1 式配用 M139 式直接瞄准镜，镜上装有数字显示装置。3 种型号采用与 M107 式加农炮相同的底盘。车体为焊接的高强度合金钢结构。发动机功率为 298 千瓦。该炮装有红外夜视设备，无三防和两栖能力。底盘后部装有装弹输弹装置与大型驻锄。火炮射程为 16.8 千米。身管长 25.3（37）倍口径。最大射速 2 发／分，持续射速 1 发／分。高低射界－2°～＋65°，方向射界左右各 30°。战斗全重 26.5 吨。最大公路时速 56 千米，最大公路行程 725 千米，涉水深 1066 毫米，爬坡度 31°，通过垂直障碍高 1016 毫米，越壕宽 2362 毫米。携弹量 2 发。乘员 5 人。另有 8 名炮手乘坐在随行的 M548 式履带弹药车上。配用榴弹、核炮弹、化学炮弹、火箭增程弹和子母弹等。

↑美国 M110 式 203 毫米自行榴弹炮

英国 L118 式 105 毫米榴弹炮

L118 式榴弹炮是英国研制的口径 105 毫米的牵引榴弹炮，1975 年开始装备英国陆军野战炮兵团。由于火炮重量轻，因此行军战斗转换程序简单，能迅速投入战斗和撤离战场。该炮配用菲斯野战炮兵计算机、奥达茨火炮诸元传输器和埃米茨自动气象探测装置等射击指挥系统，以提高射击精度。

火炮初速 712 米／秒，最大射程 17.2 千米，最小射程 2.5 千米。高低射界－5.5°～＋70°，

↑英国 L118 式榴弹炮

方向射界不用底盘时为左右各 5.5°，使用底盘时为 360°。最大射速 8 发 / 分，持续射速 3 发 / 分。战斗全重 1.8 吨。行军状态长 6324 毫米（炮身向前）、4876 毫米（炮身向后）、宽 1778 毫米、高 2630 毫米（炮身向前）、1370 毫米（炮身向后）；战斗状态长 7010 毫米，高 1778 毫米。炮班 6 人。该炮配用榴弹、照明弹、底部排气子母弹和碎甲弹、发烟弹。在 1982 年英阿马岛战争中，英国广泛使用了 L118 式榴弹炮。这些火炮经常以高射速进行长时间射击。实战证明，该炮在严寒、尘土、直升机反复吊运和长时间射击等条件下，都具有较高的可靠性。

英国 L119 式 105 毫米榴弹炮

L119 式榴弹炮由英国皇家军械厂生产。

火炮身管长 3170 毫米，采用双室炮口制退器，立楔式炮闩，高效率液压气动式反后坐装置，空心钢管焊接而成的闭脚式大架。该炮全重 1.86 吨。高低射界 — 5.5° ～ ＋70°，方向射界 360°。初速 732 米 / 秒，最大射程为 19.5 千米（火箭增程弹）。最大射速为 8 发 / 秒（可发射 3 分钟），持续射速 3 发 / 分。行军状态长 4900 毫米（炮身向后），宽 1800 毫米，战斗状态长 6 人。炮班 7 人。配用榴弹、发烟弹、照明弹、碎

↑英国 L119 式榴弹炮

甲弹和子母弹等。分装式弹药，弹丸重 15 千克。子母弹有效杀伤范围为 250 ～ 500 米。

←英 / 德 / 意 FH70 式 155 毫米榴弹炮

英 / 德 / 意 FH70 式 155 毫米榴弹炮

FH70 式榴弹炮是由英国、前联邦德国和意大利三国共同研制的一种口径 155 毫米的牵引榴弹炮，1978 年开始装备三国陆军。

该炮的主要特点是射程远，杀伤力大，配用新式弹药，能发射北约 155 毫米制式弹与核弹，可攻击坦克装甲目标，具有爆发射击能力和持续高射速，机动性强，可短途自行、越野和用中型运输机空运。

FH70 式榴弹炮由炮身、反后坐装置、摇架、装填系统、座盘、辅助推进装置和瞄准装置等主要部件组成。辅助推进装置安装在炮架前部，它可使火炮以每小时 16 千米的速度自行，涉水深 750 毫米。同时可用于驱动炮轮，为转向、起落炮轮与架尾轮提供动力。行军时，炮身可转 180° 固定在大架上，用牵引车牵引最大时速 100 千米，涉水深 1.5 米。也可用 C — 130 运输机空运。

火炮初速 827 米 / 秒，最大射程 24 千米（榴弹）及 30 千米（火箭增程弹），最小射程 2.5 千米。最大膛压 340 兆帕，弹丸重 43.5 千克，后坐长 1 ～ 1.4 米。正常射速 6 发 / 分。高低射界 — 5.5° ～ ＋70°，方向射界 55°。战斗全重 9.3

↑英/德/意合作的 FH70 式 155 毫米榴弹炮

↑英国 AS90 式自行榴弹炮

吨。行军状态长 9800 毫米，宽 2204 毫米，高 2560 毫米，火线高 1525 毫米，最低点离地高 300 毫米，转向半径 9 米。配用专用弹药，包括榴弹、照明弹和发烟弹。可发射北约使用的各种 155 毫米弹药（包括美国的"铜斑蛇"激光制导炮弹）。精度为距离公算偏差 0.3% ~ 0.4%。炮班 8 人。

英国 AS90 式 155 毫米榴弹炮

AS90 式榴弹炮是英国研制的一种口径 155 毫米的自行榴弹炮，是新型的 20 世纪 90 年代火炮系统，1992 年初开始装备部队。

AS90 式火炮系统由履带式底盘、155 毫米火炮炮身和火控设备组成。该炮射程远，机动性高，具有独立作战能力。火炮采用 39 倍口径长的单筒自紧身管。自动装填系统由摆动式输弹机、炮弹传送臂和弹丸架组成，可在任何射角下装填弹药。炮塔上装有 1 挺 M2 式 12.7 毫米机枪。火炮采用自主式导航与火炮瞄准系统，包括惯性动态参考装置、炮塔控制计算机、瞄准手显示装置和火炮显示装置等。可发射各种北约 155 毫米制式弹药。

火炮最大射程分别为 24.7 千米（制式榴弹）及 30 千米（火箭增程弹），最大射速 6 发/分，持续射速 2 发/分，供弹方式为自动，高低射界

— 5° ~ + 70°，方向射界 360°，最大公路行驶时速 53 千米，爬坡度 31°，通过垂直墙高 0.75 米，越壕宽 2.8 米，涉水深 1.5 米，最大行程 420 千米，战斗全重 42 吨，乘员 5 人。

该炮的特点是轮廓低，不易暴露，战斗室面积大，炮手操作条件好，射速高，精度好，机动性强，维修保养简便，可向机动作战部队提供及时而有力的火力支援。

法国 LG1 式 105 毫米榴弹炮

LG1 式榴弹炮是法国研制的一种 105 毫米轻型牵引榴弹炮，于 1985 年在法国萨托里陆军装备展览会上首次展出。

它是为步兵师提供直接和间接火力支援而设计的，重量较轻，机动性强，既可用吉普车或各种卡车牵引，也可用美洲狮型直升机空运或空投。该炮由炮身、反后坐装置、摇架、上架、平衡机、大架、下架、座盘、炮轮和瞄准系统等主要部分组成。该炮的瞄准系统是专门设计的，主要由广角测角仪、瞄准装置和直接瞄准具组成。广角测角仪的放大倍率为 3；高低射界 — 5° ~ + 70°，高低与方向修正量 ±10°；直接

↓法国 LG1 式 105 毫米榴弹炮装备法国快速反应部队。

↑沙漠试验中的英国 AS90 式自行榴弹炮

↓法国 LG1 式 105 毫米榴弹炮装备法国快速反应部队。

↑法国 AUF1 式 155 毫米自行榴弹炮

瞄准具放大倍率为 6。瞄准具装有氙灯夜间照明装置。

火炮身管长 30 倍口径，发射底凹榴弹时，最大初速 675 米/秒，最大射程 15 千米；发射研制中的底部排气弹时，初速 650 米/秒，最大射程 17.5 千米；发射破甲弹时，具有近距离反坦克的能力，最大弹道高 2.3 米时直射距离可达 900 米。高低射界－5°～＋70°，不移动大架时方向射界 40°。最大射速 12 发/分，持续射速 8 发/分。战斗全重 1.3 吨。行军状态长（炮身折叠在大架上）5200 毫米，战斗状态长 6650 毫米，宽 1850 毫米，高 1480 毫米，火线高 900 毫米，最低点离地高 320 毫米。公路牵引时速 90 千米。行军/战斗转换时间 30 秒。炮班 7 人（含炮长和牵引车驾驶员）。配用底凹榴弹、底部排气弹、破甲弹、照明弹、发烟弹和练习弹等，也可发射美国的弹药。

法国 AUF1 式 155 毫米榴弹炮

AUF1 式榴弹炮是法国制造的一种口径 155 毫米的自行榴弹炮。AUF1 式榴弹炮射程远，射速高，机动性好，但结构复杂，维护保养困难，价格较高。火炮身管长 6200 毫米，自动装填系统由弹药仓和自动装弹机组成。自动装弹机为液压式，可保证火炮在任何射角下进行自动装填。炮塔上装有 1 挺 7.62 毫米或 12.7 毫米高射机枪。采用 AMX30 式主战坦克底盘，但做了一些改进。火控设备包括随动系统、光电测角仪和显示控制台，火控设备与炮兵连计算机接口，能迅速将炮兵连指挥所的射击命令传递给火炮。该炮配用的弹药有普通榴弹、底凹榴弹、火箭增程弹等。火炮最大射程为 23.5 千米（底凹榴弹）及 31.5 千米（火箭增程弹），最小射程 3.25 千米，最大射速 8 发/分，持续射速 3 发/分，高低射界－4°～＋66°，方向射界 360°，携弹量 42 发，最大行驶时速 60 千米，爬坡度 60°，通过垂直墙高 0.93 米，越壕宽 1.9 米，战斗全重 42 吨，乘员 4 人。

法国 TRF1 式 155 毫米榴弹炮

TRF1 式榴弹炮是法国研制的一种口径 155 毫米的牵引榴弹炮。1975 年，法国陆军决定发展一种现代化的 155 毫米牵引榴弹炮，以取代 1950 年装备的 M50 式 155 毫米牵引榴弹炮。该炮于 1983 年开始生产，1984 年开始装备法国陆军步兵师属炮兵团。该火炮装有液压式输弹机，并有辅助推进装置，行军时由雷诺 TRM1000（6×6）式卡车牵引，车上可搭载炮班全体人员和 50 发

↑法国 AUF1 式 155 毫米自行榴弹炮

↑法国 TRF1 式 155 毫米榴弹炮

炮弹。瞄准装置包括 1 个周视瞄准镜，1 个直接瞄准镜和 1 个 GA81 式测角仪。火炮最大射程分别为 24 千米（高爆弹）及 30 千米（火箭增程弹）。最大射速 6 发 / 分，持续射速 2 发 / 分，身管长为 40 倍口径，高低射界－5°～＋66°，方向射界为左 27°、右 38°，装填方式为半自动，行军 / 战斗转换时间为 2 分钟，战斗全重 10.3 吨，炮班 8 人。

↓法国 TR 式 155 毫米榴弹炮

法国 TR 式 155 毫米榴弹炮

TR 式榴弹炮是法国制造的一种口径 155 毫米的新式牵引榴弹炮，1984 年装备法军炮兵部队，主要用来为步兵师提供直接和间接火力支援。火炮由炮身、炮架、反后坐装置、自动装填机、座盘、辅助动力装置、瞄准装置和炮轮等主要部分组成。由于配有自动装填机，使该炮射速较高。辅助动力装置可使火炮以每小时 10 千米的速度自行，爬坡度 31°，涉水深 1 米。火炮进入战斗状态需 2 分钟。由于有液压起重机帮助拔出驻锄，撤出战斗只需 1.5 分钟。瞄准手的位置在炮架左侧，由液压进行瞄准控制。火炮配有 GA81 式测角仪、直瞄和间瞄用瞄准镜。行军时，炮身可回转 180°，固定在大架上，由 TRM1000（6×6）式卡车牵引。牵引车上可坐 8 名炮手，载运 48 发弹药。最大公路牵引时速 80 千米，行程 600 千米。火炮初速 830 米 / 秒，发射 F1 式底凹榴弹时，最大射程 24 千米；发射 H2 式底部排气弹时，最大射程 29.5 千米；发射 H3 式火箭增程弹时，最大射程 32.5 千米。爆发射速 10 发 / 分，

持续射速 6 发 / 分。高低射界－5°～＋66°，方向射界左 27°、右 38°。战斗全重 10.65 吨。行军状态长 8750 毫米，宽 3090 毫米，高 1650 毫米，最低点离地高 500 毫米。

法国 GCT 式 155 毫米榴弹炮

GCT 式榴弹炮是法国研制的一种 155 毫米自行榴弹炮，1980 年装备部队。

GCT 式榴弹炮由炮身、摇架、反后坐装置、自动装弹系统、火控系统和车体等主要部分组成。自动装弹系统由弹药架和自动装弹机构组成。弹药架分为弹丸架和药筒架两部分，它们的结构形状与大小都相同。自动装弹机构由弹丸选择器、药筒选择器与液压输弹机组成。通过选择器可自动选择所需的弹种和装药号。液压输弹机位于炮塔顶部，由两个平行导轨组成，其中一个输送弹丸，另一个输送药筒。该自动装弹系统可保证火炮处于任意角度均能实施高速射击。火控系统是一种全新的系统，由火炮控制装置、测角仪和显示台组成。火控系统可与炮兵连计算机相通，所要求的射击诸元可自动输入火炮计算机，从而可避免由于指挥口令的失误所产生的误差，又能将连部射击命令迅速送给火炮。

GCT 式自行榴弹炮采用改进的 AMX30 式主战坦克底盘，装有新式炮塔。车内有炮长、瞄准

↑法国 GCTSP 式自行榴弹炮

↓法国 GCT 式 155 毫米自行榴弹炮

手、装填手和驾驶员 1 人。

发射 OFF1 式榴弹时最大射程 24 千米；发射 OE－DTC 式底凹弹时最大射程 28.5 千米；发射 OE－PAD 式火箭增程弹时最大射程 31.5 千米。最大后坐长 950 毫米，高低射界－4°～＋66°，方向射界 360°。最大射速 8 发/分，持续射速 2～3 发/分。方向瞄速 0.01°～10°/秒，高低瞄速 0.01°～5°/秒。战斗全重 43.5 吨，行军重 40.5 吨。最大公路时速 60 千米，最大行程 450 千米（以 40 千米的时速计）。涉水深 2100 毫米，最大爬坡度 31°，最大侧倾坡度 15.5°，通过垂直障碍高 930 毫米，越壕宽 1900 毫米。可发射炮弹、2050 发 7.62 毫米枪弹或 800 发 12.7 毫米枪弹，烟幕施放装置在炮塔前两侧，每侧 2 个。

法国"恺撒"155 毫米榴弹炮

法国地面武器工业集团针对 20 世纪 90 年代在发展中国家发生的中、低强度局部战争以及他们的购买能力，推出了一种低成本的"恺撒"式 155 毫米自行榴弹炮。火炮采用了 52 倍口径长的身管，使发射远程全膛弹底排气弹时，最大射程达到 42 千米；炮架采用法军现役 TRF1 式 155 毫米牵引榴弹炮的炮架。火炮装在车体后部，炮身左侧储存 18 发弹丸，右侧为 18 发装药。由于采用了新设计的快速送弹装置，使开始射击的 15 秒内发射 3 发弹，然后以 6 发/分的速度持续射击。火炮的方向射界左右各 17°，高低射界为 +17°～+66°。"恺撒"的运载车由德国奔驰 U2450L 型 6 轮式卡车改装而成。战斗全重 18.5 吨，可以方便地驶入 C－130 型运输机的后部货舱，进行长途战略运输，快速投入使用。

↓法国"恺撒"式 155 毫米自行榴弹炮

↑德国 PzH2000 式榴弹炮发射炮弹。

德国 PzH2000 式 155 毫米自行装甲榴弹炮

1996 年初，德国开始正式采用第一批国产 155 毫米自行火炮。这种自行火炮被称为 PzH2000 式自行装甲榴弹炮，它的 155 毫米炮弹、自动装填结构、高级射击控制装置代表了火炮界最新的潮流。车体前方左部为发动机室，右部为驾驶室，车体后部为战斗室，并装有巨型炮塔。这种布局能够获得宽大的空间。乘员包括车长、炮手、2 名弹药手以及驾驶员，共 5 人。战斗全重 55 吨。

PzH2000 式装有专为 155 毫米榴弹炮研制的模式推进装药系统，使用普通炮弹最大射程为 30 千米，推进装药温度在升高至 52℃时，炮弹的最大射程达 34 千米。20 发炮弹的最短发射时间为 2 分 30 秒。自动装填装置使用电动系统，操作人员只要按动控制电钮，就可以自动装填炮弹。弹药舱内装有 60 发炮弹，自动装填装置的弹匣中装有 32 发供随时发射的炮弹。车载弹道计算机对弹药数据、目标数据以及射击数据进行自动管理。自行火炮车体采用了与坦克相同的防弹钢板全焊接结构，并在炮塔上面新增加了装甲组合板，由厚度为 20 厘米左右的几十个装甲钢板组成，以保护炮塔内的乘员和弹药舱免受炮弹和反坦克导弹的攻击。最高时速为 60 千米，最大行程可达 420 千米，具备了主战坦克级的机动能力。它的自卫装备包括安装在炮塔上面的 7.62 毫米机枪和炮塔前后的烟幕发射装置。装有主战坦克级的战斗瞄准系统，能够在夜间作战。它的 155 毫米炮弹的重量为 45 千克，初速每秒达 900 米。使用这种炮弹，只需一发命中，就可以将 M1A1 坦克摧毁。

苏联 2S1 式 122 毫米榴弹炮

2S1 式榴弹炮是苏联研制的一种口径 122 毫米的自行榴弹炮。于 20 世纪 70 年代初装备苏联摩托化步兵师和坦克师。

该炮是在 D—30 式 122 毫米牵引榴弹炮炮身和轻型履带式装甲车底盘为基础组合而成，且有三防能力。火炮最大射程分别为 15.3 千米（榴弹）及 21.9 千米（火箭增程弹）。直射距离为 940 米，最大射速 5 发 / 分，高低射界—30°～＋70°，方向射界 360°，携弹量 40 发，最大公路时速 60 千米，而水中最大行驶速度为 4.5 千米 / 时。爬坡度 60°，通过垂直墙高 1.1 米，战斗全重 16 吨，乘员 4 人。

↑苏联 2S1 式 122 毫米自行榴弹炮

苏联 2S3 式 152 毫米榴弹炮

2S3 式榴弹炮是苏联制造的一种口径 152 毫米的自行榴弹炮。该炮是 D—20 式 152 毫米加农榴弹炮的改进型，于 20 世纪 70 年代初开始装备苏军，每个坦克师和摩托化步兵师各配有 18 门。

2S3 式榴弹炮由改进的萨姆—4 式防空导弹发射车底盘和 D—20 式 152 毫米加农榴弹炮构成，并配有三防装置。火炮采用机械装填方式，装填手从弹药架上取下弹丸和药包，放在装弹盘上，通过输弹机送入炮膛。炮塔上装有 1 挺 7.62 毫米机枪。2S3 式榴弹炮最大射程 17.3 千米，射速 3 发 / 分，身管长 28 倍口径，高低射界

↑苏联 2S3 式 152 毫米自行加农榴弹炮

—4°～＋60°，方向射界 360°，携弹量 46 发，行驶时速 62 千米 / 时，爬坡度 60°，通过垂直墙高 1.1 米，越壕宽 2.5 米，涉水深 1.5 米，战斗全重 27.5 吨，乘员 4 人。

苏联 2S5 式 152 毫米加农炮

2S5 式加农炮是苏联研制的一种口径 152 毫米的自行加农炮。2S5 式加农炮的主要优点是射程远，机动性强。它的主要缺点是无装甲防护，战场生存力较差，无自动装填弹药装置，射速不高。

2S5 式加农炮主要由 152 毫米加农炮与履带底盘组成。火炮装在底盘的后部，炮身和反后坐装置安装在上架的炮耳轴上，上架与车体连接。炮身基部附近安装有两个平衡机。炮身上装有制退机和复进机。

驾驶员的座位在车体前左侧处，炮长的位置在驾驶员之后有观察孔的炮塔内。车上乘员 2～3 人。

2S5 式加农炮行动部分有 6 对双负重轮，4 对托带轮，中间两对托带轮安装在中心导杆外侧，前后两对托带轮安装在中心导杆内侧，主动轮在前，诱导轮在后。车上携弹量很少，主要由随伴弹药车供弹。

火炮发射常规榴弹时，最大射程为 27 千米，

↑苏联 2S5 式自行加农炮

↓曾参加过车臣战争的苏联2S19式152毫米自行榴弹炮。

↑苏联2S19式152毫米自行榴弹炮

发射火箭增程弹时,最大射程可达37千米。该炮长约7.5～7.8米,宽3米多。

苏联M1987式152毫米加农炮

M1987式加农炮是为取代20世纪50年代中期装备的D—20式152毫米加农榴弹炮而研制的一种新型牵引式加农炮,北约称为80年代中期装备。炮口装有双室制退器,采用半自动楔式炮闩,反后坐装置为液压气体式。大架为开脚式结构,每个大架只有1个用于开关大架且有利于行军状态与战斗状态转换的滚轮。炮架前下部装有液压控制的圆形发射座盘。可发射2S19式152毫米自行榴弹和绝大多数现役火炮使用的弹药。发射杀伤爆破弹初速810米/秒,最大射程24.7千米。最大射速7发/分,持续射速2发/分,高低射界—3.5°～+70°,方向射界左右各27°,战斗全重7吨。

苏联2S19式152毫米榴弹炮

2S19式榴弹炮于20世纪80年代研制,1989年装备苏军炮兵师和集团军炮兵旅。

2S19式榴弹炮的底盘是基于主战坦克上的,如悬挂和传动装置采用T—80主战坦克上的,动力装置则采用T—72主战坦克的动力装置。榴弹炮根据2A65式152毫米榴弹炮改进而成的2A64式长身管152毫米火炮,带三室炮口制退器和抽烟装置,反后坐装置为液压气动式,采用半自动立楔式炮闩,高低瞄准自动化,方向瞄准半自动化。火炮采用自动装填机,并配有半自动装药装填装置,这样既可以8发/分的射速发射车内携带的弹药,又可以6～7发/分的射速,发射车外供给的弹药。炮塔顶部右前侧有指挥塔。该炮发射杀伤爆破弹、底排弹、发烟弹、子母弹、电子干扰弹和激光制导炮弹。初速810米/秒(杀伤爆破弹),最大射程24.7千米(杀伤爆破弹),身管长9米,高低射界—3°～+68°,方向射界360°,战斗全重42吨。

苏联2S7式203毫米加农炮

2S7式加农炮是苏联研制的一种203毫米自行加农炮,1975年开始装备方面军所属重炮旅。该炮的主要特点是体积大,无装甲防护,射程远。大型底盘是专门为该炮设计的。密闭式驾驶员与乘员室在车体前部,面积较大,可容纳2～4名乘员。发动机置于驾驶室后下方,传动装置

↑苏联2S7式203毫米自行加农炮

位于驾驶室前下方。行动部分有 7 对负重轮，主动轮在前而诱导轮在后，另有两对托带轮。

火炮安装在车体后部。装有自动装填装置，可在任意射角装填弹药。装药和装定引信等弹药准备工作在火炮后右侧进行。车体后部装有一大型液驻锄，火炮射击时放下驻锄以支承火炮的后坐力。

车上携带少量弹药，供随时射击使用。另有一辆随伴弹药车运载炮手和大部分弹药。

火炮发射榴弹时，射程 10 ~ 37.7 千米；发射增程弹时，射程 50 千米。高低射界 0° ~ + 60°。战斗全重 46 吨。车体长 12800 毫米，宽 3500 毫米，高 3500 毫米。发动机功率 330.98 千瓦。配用弹药为榴弹与核弹。

意大利 155/39TM 式 155 毫米榴弹炮

155/39TM 式榴弹炮是意大利生产的一种口径 155 毫米的牵引式榴弹炮。1987 年，意大利奥托·梅莱拉公司对美国的 M114 式 155 毫米榴弹炮进行改进，用新的 39 倍口径身管替代原先的 23 倍口径身管，并相应地做了其他一些改动，从而形成了 155/39TM 式榴弹炮。

155/39TM 式榴弹炮的火炮最大射程为 24 千米（榴弹），高低射界 0° ~ + 60°，方向射界左 24°，右 25°（射角 0° ~ 45° 时）。

新加坡 FH88 式 155 毫米榴弹炮

FH88 式榴弹炮是新加坡新研制的一种 155 毫米牵引榴弹炮。由于它价格比较便宜，又能使用北约的 155 毫米弹药，因此可以向美国、墨西哥、非洲和拉丁美洲出口。该炮在 1988 年亚洲宇航展览会上首次展出。它采用液压弹射式送弹机装填弹药，射速高，装有辅助推进装置，战术机动性比较强；同时配用火控计算机和电子瞄准系统等先进射击指挥系统，具有符合现代火炮作战要求的所有特点。它由炮身、炮架、反后坐装置、液压弹射式送弹机、炮轮和辅助推进装置等主要部分组成。火炮发射远程全膛弹时最大射程 30 千米，爆发射速 3 发 /15 秒，战斗全重 13.2 吨。使用辅助推进装置时越野时速 8 千米。行军时由 6×6 式汽车牵引，炮身向后回转 180°，以缩短行军长度，降低行军高度。炮班 6 人。

↓ 新加坡 FH88 式榴弹炮

↓ 意大利 155/39TM 式榴弹炮

捷克 DANA 式 152 毫米榴弹炮

DANA 式榴弹炮是捷克研制的一种轮式自行榴弹炮，由捷克国营兵工厂制造，1981 年装备炮兵营，作为步兵师和坦克师的中程炮兵支援武器。该炮由炮身、摇架、装填机构、平衡机和车体等主要部分组成。炮身可能采用苏联 2S3 式 152 毫米自行榴弹炮的炮身。炮尾装有自动装填机构。车体系采用"太脱拉"815（8×8）式卡车底盘改装而成。炮塔为固定式，不能实施环射。它由装甲板焊接而成。可防枪弹和炮弹破片。右侧炮塔上方装有 1 挺 DSHKM 式 12.7 毫米高射机枪。车体后部为"太脱拉"T3930 — 51V — 12型柴油发动机，额定功率 213.3 千瓦。火炮最大射程 15 ~ 20 千米。高低射界 — 3° ~ + 60°。战斗全重 23 吨。最大时速 80 千米，最大行程

↑捷克 DANA 式 152 毫米自行榴弹炮

1000 千米。涉水深 1.4 米，越壕宽 2 米，爬坡度 31°。配用穿甲弹、榴弹、发烟弹和照明弹。

南非 G5 式 155 毫米加农榴弹炮

G5 式加农榴弹炮是南非研制的一种口径 155 毫米的牵引加榴炮，1980 年前后装备南非国防军。

G5 式加农榴弹炮是在 GC45 式 155 毫米加农榴弹炮基础上发展的。它的主要特点是射程较远，精度较高，由于装有辅助推进装置，因此，它的越野机动性能比较好。该炮研制周期较短，成本较低。

G5 式加农榴弹炮由炮身、输弹机、炮架、座盘、辅助推进装置和炮轮等主要部分组成。火炮行军时由 SAMIL100（6×6）式卡车牵引，车上还可载运 8 名炮手和 15 个弹药架。火炮身管长 6975 毫米（45 倍口径），初速为 897 米 / 秒，发射榴弹时，最大射程为 30 千米，发射远程全腔底部排气弹时，最大射程为 39 千米，最小射程为 3 千米。最大射速为 3 发 / 分，持续射速为 2 发 / 分。高低射界 — 3°～＋75°，炮身仰角在

15°以上时方向射界为 84°，炮身仰角在 15°以下时方向射界为 65°，战斗全重 13.5 吨。行军状态长 11100 毫米，宽 2500 毫米，高 2300 毫米。涉水深 600 毫米。

南非 G6 式 155 毫米加农榴弹炮

G6 式 155 毫米加农榴弹炮是南非研制的一种口径 155 毫米的轮式自行加榴炮，1988 年开始定型生产。

G6 车体和炮塔为全钢装甲焊接结构，底装甲用双层装甲板制作。炮塔内主要武器是 1 门 155 毫米加榴炮。炮塔上装有 1 挺 M2HB 式 12.7 毫米高射机枪。行军状态转入战斗状态时间为 1 分钟，战斗状态转为行军状态只需 30 秒钟。该炮配有直接瞄准和间接瞄准系统、激光测距机、炮口基准系统、弹道计算机、S700 型气象测量装置、EMVAMK10B 型初速测定仪、AS80 型火控系统和专用头盔式无线电通信系统、全装药自动计算器、后坐长度指示器和炮弹计数器等。车上携带 47 发弹丸和 52 具装药。车上弹药发射完毕后，由弹药补给车从车体后门用传送带传送弹丸和装药。弹药补给车为 6×6 或 8×8 式越野车。火炮身管长 45 倍口径，发射榴弹时最大射程 30.8 千米，发射底部排气弹时最大射程 39 千

↓南非 G6 式自行加农榴弹炮

↑南非 G5 式 155 毫米加榴炮

↑南非 G6 式 155 毫米自
行加农榴弹炮

↑芬兰 M74 式加农榴弹炮

→澳大利亚"哈梅尔"105
毫米榴弹炮

米。高低射界—5°～＋75°，方向射界80°。爆
发射速 1 发 /7 秒，持续射速 4 发 / 分。精度为距
离公算偏差 0.48%，方向公算偏差 0.1%。战斗
全重 36.5 吨。通过垂直障碍高 450 毫米，越壕
宽 1300 毫米，爬坡度 50°，涉水深 800 毫米，最
大公路时速 90 千米，最大行程 600 千米。配用
榴弹、底部排气榴弹、发烟弹、照明弹和黄磷弹
等，也可配用子母弹。

澳大利亚"哈梅尔"105 毫米榴弹炮

"哈梅尔"榴弹炮是澳大利亚制造的一种口
径 105 毫米的轻型榴弹炮，它是英国 L118 式和
L119 式 105 毫米轻型榴弹炮的仿制品，到 1988
年已有大批火炮陆续交付使用，装备部队。

"哈梅尔"榴弹炮的技术和结构特点与英国
火炮基本相同。

芬兰 M74 式 155 毫米加农榴弹炮

M74 式加农榴弹炮是芬兰生产的一种口径
155 毫米的加农榴弹炮。该炮装备芬兰陆军，目
前仍在批量生产。最大射程分别为 24 千米（普通
榴弹）及 30 千米（底部排气弹），身管长 39 倍口
径，高低射界—5°～＋52°，方向射界 90°，运
动方式为牵引式，行军状态全重 9.5 吨。

西班牙 SB155/39 式 155 毫米榴弹炮

SB155/39 式榴弹炮是西班牙研制的一种新
型 155 毫米牵引榴弹炮，1984 年制出 1 门样炮并开
始进行射击试验。该炮用于为师一级的部队提供
掩护和支援火力。它主要由炮身、炮架、反后坐装
置、射击座盘、瞄准装置和运动部分等部件组成。

火炮身管长 4045 毫米，内有 48 条膛线。药
室容积 18.5 升，最大后坐长 1400 毫米，最小后
坐长 600 毫米。火炮全重 9 吨，用 8 号装药发射
时初速 827 米 / 秒，最大射程 23.9 千米。高低射
界—3°～＋70°，方向射界左右各 30°。行军状
态长 9200 毫米，炮全宽 2500 毫米，高 2400 毫
米。战斗状态长 12000 毫米。耳轴高 1525 毫米，
最低点离地高 300 毫米。炮班 6 人。

↓西班牙 SB155/39 式榴弹炮

↓埃及 R02001 式 122 毫米自行榴弹炮

埃及 R02001 式 122 毫米自行榴弹炮

R02001 式榴弹炮是埃及制造的一种 122 毫米自行榴弹炮，它是英国诺丁汉皇家兵工厂专门为埃及研制的，1985 年正式开始研制，1986 年在英国陆军装备展览会上展出。

R02001 式榴弹炮由埃及阿布扎阿伯勒工程工业公司生产的苏联 D—30 式 122 毫米榴弹炮与英国的 R02000 式装甲车族通用底盘组装而成。钢焊接结构炮塔为全封闭式，塔顶左侧装有 1 挺可 360°环射的 M2HB 式 12.7 毫米高射机枪。车长配用 1 具可以 360°旋转的潜望镜。瞄准装置采用周视瞄准镜和直接瞄准镜。

火炮直射距离 940 米，最大射程 15.3 千米，采用人工装填方式，高低射界为—5°~+70°，方向射界左右各 30°。配用弹种为榴弹和破甲弹，携弹量 72 发。采用帕金斯 TV8—640 型 8 缸涡轮增压柴油机，功率 220.6 千瓦，最大行驶速度 55 千米/时，爬坡度为 60°，通过垂直墙高为 0.75 米，越壕宽 2.2 米，战斗全重 20 吨，乘员 5 人。

叙利亚 T—34/122 式 122 毫米自行榴弹炮

T—34/122 式榴弹炮是叙利亚研制的一种 122 毫米自行榴弹炮，由叙利亚兵工厂制造并装备

叙利亚陆军炮兵部队。它由苏联 D—30 式 122 毫米牵引榴弹炮与 T—34/85 式坦克底盘结合而成。

火炮炮身长 4875 毫米。最大射程 15.4 千米，高低射界—7°~+70°，方向射界 120°，战斗全重 29 吨，全长 6005 毫米，宽 2990 毫米，高 2700 毫米，车底距地高 400 毫米，最大速度 60 千米/时。燃料箱容量 560 升，最大行程 300 千米。涉水深 1300 毫米，爬坡度 35°，通过垂直障碍高 700 毫米。越壕宽 2285 毫米，转向半径 4.6 米。乘员 6 人。

↓日本 74 式 105 毫米自行榴弹炮

日本 74 式 105 毫米自行榴弹炮

74 式 105 毫米自行榴弹炮由日本研制而成，1975 年开始生产。后由于日本决定集中力量生产 75 式 155 毫米自行榴弹炮，故到 1978 年只生产了 20 门。曾装备日本北方的第二炮兵团。

车体为焊接结构。驾驶员位于右前部，配有 3 部潜望镜。火炮最大射程 11.27 千米。榴弹弹丸重 19.06 千克，战斗全重 16.5 吨。最大速度 50 千米/时，行程 300 千米。涉水深 1200 毫米，爬坡度 60°，通过垂直障碍高 610 毫米，越壕宽 2000 毫米。发动机为 4 缸柴油机，额定功率 220.65 千瓦。乘员 5 人。

↑叙利亚 T—34/122 式自行榴弹炮

↑日本 74 式 105 毫米自行榴弹炮

↑日本75式155毫米自行榴弹炮

↓日本75式155毫米自行榴弹炮

↑阿根廷M77式155毫米榴弹炮

日本75式155毫米自行榴弹炮

75式155毫米自行榴弹炮由日本研制而成，1975年定型生产，1978年装备日本自卫队炮兵部队。

该炮主要由炮身、反后坐装置、炮架、供弹装填机构、瞄准装置和车体等组成。炮身长30倍口径。供弹装填机构由供弹机和装填机组成。由于该炮装有自动归位装置，弹药装填后，火炮能自动回到规定的射角位置，射击后能立即回到＋6°装填位置，从而保证火炮获得较高的射速。瞄准装置为1部J2式周视瞄准镜，放大倍率为4，视界10°；还有1部J3式直接瞄准镜，放大倍率为4，视界10°。车体和炮塔均为焊接的铝结构。炮塔顶部装有1挺M2HB式12.7毫米高射机枪。火炮发射日本制式榴弹时最大射程19千米，最大射速6发/分。高低射界－5°～＋65°，方向射界360°。战斗全重25.3吨。最大速度47千米/时，最大行程300千米，涉水深1300毫米，爬坡度60%，通过垂直障碍高700毫米，越壕宽2500毫米。发动机为6ZF二行程6缸风冷柴油机，额定功率330.98千瓦。乘员6人。

阿根廷M77式155毫米榴弹炮

M77式155毫米榴弹炮是阿根廷研制的一种牵引榴弹炮，装备阿根廷炮兵部队。

它是为适应各种地形和气候条件，特别是为在巴塔哥尼亚地区使用而设计的。该炮采用法国F3式155毫米自行榴弹炮的炮身、摇架、反后坐装置和平衡机。火炮射击时打高炮轮，使其离地，将火炮支撑在座盘和大架上。大架为开脚式。圆形座盘在球轴座上，悬挂在下架的下部。火炮身管长5115毫米（33倍口径）。发射榴弹弹丸重43千克，最大初速765米/秒，最大射程22千米；发射火箭增程弹最大射程25.3千米。最大射速4发/分，持续射速1发/分。高低射界0°～67°，方向射界70°。战斗全重8吨。配用榴弹、火箭增程弹、发烟弹和照明弹等。

火箭筒

最早的火箭筒——"巴祖卡"

1940年，美国军官斯克纳上校和厄尔中尉经过大约1年的时间，研制成功了一种独具一格的肩射式火箭。这种火箭的发射器是一个圆筒，火箭装有折叠式尾翼。作为一种反坦克武器来说，它的缺点是战斗部威力太小，难以摧毁敌方

↓第二次世界大战中的美国火箭筒炮兵。

↑美军在第二次世界大战中使用的"巴祖卡"火箭筒。

坦克的装甲。

1942年春，斯克纳参考M10型枪榴弹的设计，从而解决了火箭弹的威力问题。斯克纳又把M10型枪榴弹的结构用在火箭弹的战斗部上，并把火箭筒的直径扩大到60毫米。随后又制作了整体式的发射筒，安装了肩托、手柄和一个采用手电筒电池的电击发机构。这就是M1型反坦克火箭筒。

由于持这种武器射击时的姿态与当时美国著名喜剧演员鲍勃·彭斯吹奏自制管乐器"巴祖卡"时很相似，于是射手们就给这种火箭筒取了一个名字叫"巴祖卡"。

各国火箭筒

美国 M72 式 66 毫米火箭筒

M72式火箭筒是美国陆军和海军陆战队步兵分队使用的一种轻型反坦克武器，1962年开始批量生产，1964年开始装备美军部队，用以取代原装备的M20式火箭筒。火箭筒筒重1.16千克，行军状态长638毫米，战斗状态长883毫米。火箭弹直径66毫米，筒长508毫米，弹重1千克，奥克托尔炸药重0.34千克。初速为152米/秒，最大射程为1000米，表尺射程为325米。有效射程对固定目标为300米，对活动目标为150米，直射距离180米。垂直破甲厚度为305毫米。

美国 M20 式 88.9 毫米火箭筒

88.9毫米M20式火箭筒是美国在第二次世界大战后研制的步兵反坦克武器，又称"超巴祖卡"火箭筒。M20式火箭筒由发射筒、发射机构、瞄准镜、火箭弹等部分组成，一般由两名士兵共同操作。

M20式火箭筒由空心装药战斗部、火箭发动机、引信、尾翼等部分组成。M20式火箭筒的

↑美国M20式火箭筒，用于朝鲜战争。

战斗全重9.45千克，携行状态长803毫米，战斗状态长1549毫米。初速为104米/秒，最大射程为1200米，有效射程为200米，反坦克战距离为110米，破甲厚度为280毫米，最大射速为8发/分。

这种火箭筒在20世纪五六十年代曾广泛使用。美军在朝鲜战场和越南战场上曾用它来攻击轻型装甲车和障碍物。该火箭筒射程近，威力不足，在美国现已由M72式火箭筒取代，但在某些国家中仍有少量装备或仿制品。

苏联 RPG－7 式 40 毫米火箭筒

RPG－7火箭筒是苏联步兵分队的制式反坦克武器，20世纪60年代初开始装备苏联和华约国家军队的步兵班，用以攻击装甲车、自行火炮、坦克等装甲目标和小型防御工事内的有生力量。目前俄罗斯军队仍普遍装备使用。火箭弹为超口径空心装药破甲弹，由战斗部、火箭发动机、引信、尾翼等组成。火箭筒行军状态长990毫米，筒重6.3千克。火箭弹直径85毫米，长925毫

↑苏联特种士兵携带的火箭筒发射器。

↑苏联RPG－7式火箭筒战斗状态。

→一名手持苏式RPG—7式火箭
筒的士兵

↑苏联RPG-7式火箭筒

米，重2.25千克。最大飞行速度300米/秒，最
大射程500米。垂直破甲厚度为320毫米。

苏联RPG－16式58.3毫米火箭筒

RPG—16式火箭筒是苏联制造的一种便携
式反坦克武器，约于20世纪70年代末期开始装
备苏军步兵分队，供单兵防御轻型装甲武器时使
用。目前俄罗斯部队仍在广泛使用。

火箭筒筒长1.1米，筒重约10千克。火箭弹
重1.66千克，初速130米/秒，最大飞行速度350
米/秒，实际射程约500米。破甲厚度为375毫

↓英国"劳"80式火箭筒

米。瞄准装置为光学瞄准镜或红外线夜间瞄准镜。

英国"劳"80式94毫米火箭筒

"劳"80式火箭筒是英国亨廷工程有限公司
于20世纪70年代后期至80年代初研制的一种一
次性使用的火箭筒。1987年起正式装备英国陆军
步兵分队。"劳"80式火箭筒由发射筒、火箭弹、
瞄准装置等部分组成。发射筒用涂有环氧树脂的凯
夫拉纤维绕制而成。共有内外两个套筒，平时套
在一起，筒内装有火箭弹，通过垫圈固定在待发
位置。进入战斗状态时将内筒向后拉出，长度由
1米增至1.5米。外筒上装有击发机构、握把、肩
托、背带，上部装有简易瞄准具。瞄准镜用透明
塑料制成，放大倍率为1，便于射手用双眼瞄准。

"劳"80式火箭筒行军状态长1000毫米，
战斗状态长1500毫米，战斗全重9.5千克，初速
约320米/秒，最大射程500米，有效射程300
米。火箭弹直径94毫米，筒长约720毫米，筒
重4千克。破甲厚度大于700毫米。

↑法国ACL-APX式火箭筒

法国ACL-APX式80毫米火箭筒

80毫米ACL-APX火箭筒是法国GIAT公司
研制的一种轻型反坦克武器，1976年开始批量生
产，同年装备法国陆军。

这种反坦克火箭弹主要由空心装药战斗部、
压电引信、火箭发动机、尾翼等组成。发射时先
将火箭弹送入筒内，点燃发动机将射弹推出筒
外，这时6片尾翼就会自动张开，以保持火箭弹
飞行的稳定性。同时位于火箭弹前部的推进器
被点燃，使其以高速度继续飞行。击中目标时，
压电引信引爆空心装药战斗部。火箭弹初速400
米/秒，45°射角时最大射程1500～2000米。
光学瞄准具作用距离200～1600米。火箭弹直
径80毫米，弹长530毫米，炸药重0.55千克。
除反坦克火箭弹外，还配有杀伤火箭弹、照明弹
和发烟弹。

法国"达尔德"120式120毫米火箭筒

"达尔德"120式火箭筒是法国研制的一种
大威力步兵反坦克武器，由法国欧洲发动机公司

↑法国"达尔德"120式火箭筒

于1979年开始研制，是为对付20世纪90年代坦克威胁而研制的便携式肩射型反坦克武器。火箭筒筒长1.1米，筒重约5千克，初速280米/秒，有效射程300米。火箭弹直径120毫米，弹长约1.2米，弹重8.9千克。翼展约236毫米，破甲厚度约为820毫米（一说756毫米）。

意大利"霹雳"80毫米火箭筒

"霹雳"火箭筒是意大利生产的一种由两人操作的新式反坦克武器，1986年开始装备意大利地面部队。

"霹雳"武器系统由发射筒、火箭弹、脚架、测距和瞄准装置等组成。一般情况下由2人操作，必要时也可由1人携带和操作。它可以在占领阵地后的最初2分钟内连续发射8枚火箭弹，但在用最大射速进行射击后，需待发热的火箭筒冷却后才能继续射击。火箭筒筒长1.85米，带双脚架时重18.9千克，带三脚架和光电瞄准系统时重27千克，初速380米/秒，最大飞行速度500米/秒，弹全重5.2千克，战斗部炸药重1.75千克，发射药重1千克。最小射程50米，最大射程4500米。双脚架型有效射程500米；三脚架

型配用激光测距机，有效射程1000米。垂直破甲厚度400毫米。

德国PZF44－2A1 44毫米火箭筒

44毫米PZF44—2A1火箭筒是前联邦德国研制的单兵反坦克武器，1973年起装备地面部队。它在原来PZF44式反坦克火箭筒基础上，采用了新式DM32式火箭增程弹和改进型光学瞄准镜。它由发射筒、火箭弹等组成。该火箭筒行军状态长0.88米，战斗状态长1.16米，筒重7.8千克（带望远镜）。战斗全重10.3千克，初速168米/秒，火箭弹最大飞行速度210米/秒。对活动目标有效射程300米，对固定目标有效射程400米。武器使用寿命为发射2000次以上。火箭弹战斗部直径67毫米，弹长0.55米，重1.5千克。发射药直径44毫米，弹长538毫米，重1千克。破甲厚度370毫米。

瑞典"卡尔·古斯塔夫"M2式84毫米火箭筒

"卡尔·古斯塔夫"M2式火箭筒是瑞典研制的一种步兵排用反坦克武器。该武器由两人操作使用，采用无坐力炮原理发射反坦克破甲弹。全套武器由发射筒、双脚架、机械瞄准具、光学瞄准镜和火箭弹几个部分组成。火箭筒行军状态长1130毫米，战斗全重15.4千克。初速为310米/秒。

↓瑞典"卡尔·古斯塔夫"M2式火箭筒

↑意大利"霹雳"火箭筒　　　　　　↑德国PZF44-2A1火箭筒

最大射程（照明弹）2300米，有效射程分别为500米（反坦克破甲弹，对固定目标）和400米（对活动目标）。爆破杀伤弹射程1000米。发烟弹射程1300米。反坦克破甲弹直径84毫米，全重2.6千克。破甲厚度大于400毫米。

↑瑞典"卡尔·古斯塔夫"M3式火箭筒和各种火箭弹。

瑞典"卡尔·古斯塔夫"M3式84毫米火箭筒

"卡尔·古斯塔夫"M3式火箭筒是瑞典研制的一种反坦克武器，由"卡尔·古斯塔夫"M2式火箭筒改进而来，已批量生产并装备瑞典陆军，并为30多个国家军队所采用，生产总数已超过6000具。

"卡尔·古斯塔夫"M3式火箭筒口径84毫米，筒重8.5千克。新式火箭弹直径132毫米，弹重9.5千克。初速为115米/秒，最大飞行速度为310米/秒，有效射程为300米。破甲厚度为900毫米。

瑞典"米尼曼"74毫米火箭筒

"米尼曼"火箭筒是瑞典研制的步兵用轻型反装甲武器，1968年起装备瑞典陆军步兵分队。该火箭筒是一次性使用的近距离反坦克武器，运用无坐力炮原理，结构简单，发射筒兼作包装筒用。火箭筒行军状态长900毫米，战斗全重2.9千克，筒重2千克。初速165米/秒，有效射程分别为150米（对活动目标）和250米（对固定目标）。射弹飞行时间1.2秒（150米）。火箭弹直径74毫米，长325毫米，重0.88千克。破甲厚度340毫米。

瑞典AT－4式84毫米火箭筒

AT－4式火箭筒是瑞典研制的一种步兵用轻型反装甲武器，1984年开始批量生产，1985年美国订购27万具。这是一种步兵使用的轻便型反装甲武器，主要用于攻击步兵战车、装甲人员输送车等轻型装甲目标。武器采用无坐力炮发射原理，全套系统由发射筒、击发机构、瞄准机构和火箭弹等部分组成。火箭筒主要使用空心装药反坦克破甲弹，它由战斗部、引信、发动机、弹体、尾翼等部分组成。射弹击穿目标后能在车体内部产生很强压力，可破坏车内设施或引起弹药燃烧，并伴有很强闪光，使车内乘员短时间致盲。爆炸后产生的破片能摧毁车内的仪表设备，产生的浓烟可妨碍乘员进行观察。火箭筒口径84毫米，长1米，弹重3千克。发射84毫米空心装药破甲弹，弹重3千克。初速290米/秒，有效射程300米，破甲厚度400毫米以上。

↑瑞典AT-4式火箭筒

西班牙C－90-C式90毫米火箭筒

C－90-C式火箭筒是西班牙研制的一种便携式轻型反坦克武器，于20世纪80年代前期制成并投产，装备西班牙陆军。

↑瑞典"米尼曼"火箭筒

火箭弹由空心装药战斗部、火箭发动机、弹体、瞬发引信和折叠式尾翼等几部分组成。引信位于战斗部后方。战斗部任何部位击中目标都可引爆。

火箭筒行军状态840毫米。火箭弹战斗部直径90毫米，弹重2.35千克。武器系统全重3.9千克。初速185米/秒。有效射程分别为250米（对活动目标）和400米（对固定目标）。破甲厚度大于460毫米。

比利时 RL－83 式 83 毫米火箭筒

RL－83火箭筒是比利时制造的一种步兵反坦克武器，由比利时麦卡公司于20世纪50年代末期研制成功并大量生产。RL－83式火箭筒采用了折叠式发射筒，平时折叠成两个圆筒后，可使长度缩短将近一半。作战时打开来呈战斗状态。

火箭筒行军状态长920毫米，战斗状态长1700毫米。带辅助光学瞄准镜重8.4千克。初速120米/秒，最大飞行速度300米/秒，有效射程500米。破甲厚度为300毫米，对混凝土穿透深度为1米。

火箭筒可配用空心装药破甲弹、杀伤榴弹、破甲/杀伤双用途弹、照明弹、发烟弹和燃烧弹等。

↑意大利士兵在用 RL－83 式火箭筒进行反坦克训练。

↑美国海军陆战队装备的多功能肩射突击武器 WMAW 可发射 83 毫米火箭弹，射程 400 米。

迫击炮

迫击炮是一种用座钣金属承受后坐力、发射尾翼炮弹的曲射火炮。特点是射角大，弹道弯曲，最小射程近，适于对近距离遮蔽物后的目标和反斜面上的目标射击，杀伤效果好，操作方便，可以伴随步兵迅速隐蔽地行动。主要配备杀伤爆破榴弹，还配有烟幕弹、照明弹和宣传弹等，可完成多种战斗任务。

↑美国士兵在操作 107 毫米重迫击炮。

世界上第一门迫击炮

1904 年 9 月至 10 月，俄军建造了世界上第一门迫击炮。它的发明者是炮兵中将戈比亚托·列昂尼德·尼古拉耶维奇。

戈比亚托·列昂尼德·尼古拉耶维奇毕业于炮兵学院。在 1904～1905 年的日俄旅顺口战役中，他根据当时的实地情况，在旅顺口防御战中，把海军炮装在一种带车轮的炮架上，以大仰角发射超口径长尾形炮弹，有效地杀伤了躲在堑壕里的日军。这就是世界上第一门迫击炮。这门炮使

↑苏联 M38 迫击炮

↑法军堑壕里的迫击炮

用长形 47 毫米口径迫击炮弹，弹重为 11.5 千克，射程为 50 ~ 400 米，炮身射角为 45° ~ 46°。它是杀伤开阔地上和掩体内敌军的有生力量和军事技术装备，破坏各种野战工事的威力强大的火器。从此，世界各国竞相发展这种火炮。

迫击炮的发展

在 1904 年的日俄战争中，俄军发明了世界上第一门迫击炮。

第一次世界大战初期，由于堑壕战的发展，各国开始重视迫击炮的发展和使用。第一次世界大战末期，英国已经研制出 1918 式"斯托克斯"型 81 毫米迫击炮，它将性能优异的炮弹和附加药包一起从炮口装填，借炮弹自重滑向火炮膛底，触though膛底击针后点燃发射药包，将炮弹射离炮口。此后出现的迫击炮，基本上都以这种发射方式来发射炮弹。

1927 年，法国制成结构更加完善的斯托克斯·勃兰特 81 毫米迫击炮，发射同口径水滴状带尾翼的迫击炮弹，并在炮身与脚架间安装了缓冲器，使射击密度显著提高。1931 年，中国制造的 82 毫米迫击炮，全重 68 千克，弹重 38 千克，最大射程 2850 米，最小射程 100 米。

第二次世界大战中，自行迫击炮开始装备部队。

20 世纪 60 年代以来，由于采用了新结构、新材料、新技术及配用火箭增程弹，迫击炮性能不断提高。现代迫击炮的射速一般为每 20 ~ 30 发 / 分，苏联的"瓦里西克"82 毫米自动迫击炮，持续射速可达 40 ~ 60 发 / 分。法国的 MO–120–RT – 61 式 120 毫米迫击炮配有火箭增程弹，射程可达 17.5 千米。中国曾先后研制出 1953 年式82 毫米迫击炮、1963 年式 60 毫米迫击炮和 1967 年式 82 毫米迫击炮等并大量装备部队。

美军目前主要装备的迫击炮是 M224 式 60 毫米迫击炮、XM252 式 81 毫米迫击炮。苏联主要有 M37 式 82 毫米迫击炮、M240 自行式 240 毫米迫击炮等。1963 年英国装备的 L1A1 式 81 毫米迫击炮，采用耐高温的高强度合金钢锻制身管，增加了射程，减轻了重量，并配有手持式计算机，2 秒钟内可精确计算出射击诸元，缩短了反应时间。

迫击炮由过去的人背马驮，逐步发展为牵引、自行和车载，机动性和近程攻击力大大提高。此外，后装炮弹式和线膛迫击炮也相继出现并装备部队。

↑自行迫击炮内部剖面图

↑ 1944 年 5 月 14 日前后，盟军进攻意大利古斯塔夫防线时，第 8 集团军装备的口径为 4.2 英寸重型迫击炮发射炮弹时产生震耳欲聋的轰鸣声。

大口径迫击炮

大口径迫击炮，主要有 140、160 和 240 毫米三种口径，代表型有：苏联的 M240 式自行迫击炮，口径 240 毫米，射程 9.7 ~ 12.5 千米，战斗全重 4.1 吨，射速 1 发 / 分，1980 年起装备重炮旅，可发射核炮弹；以色列的 M66 式，口径 160 毫米，射程 9600 米，弹重 40 千克，战斗全重 1.7 吨。

中小口径迫击炮

中口径迫击炮主要有 81、82、100、107 和 120 毫米等口径，代表型有：苏联 M37 式改进型，口径 82 毫米，射程 3 千米；美国 XM252 式

↓ 240 毫米 2C4 大口径迫击炮侧视图。

↑法军在战斗中使用的大口径迫击炮清晰可见。

↑第二次世界大战中，德军空降兵在使用 80 毫米迫击炮。

81 毫米口径迫击炮，射程 5600 米，英国 L16 式 81 毫米口径迫击炮，射程 5600 千米，弹重 4.27 千克，战斗全重 35.4 千克。法国的 RT — 61 式 120 毫米迫击炮，采用线膛身管，发射 18.7 千克带预刻膛线的炮弹，射程达 8140 米，使用火箭增程弹，射程可达 13000 米；德国的"迫击炮 90"型新 120 毫米反坦克迫击炮，发射末制导炮弹，用于反坦克作战，命中精度大大提高。

小口径迫击炮主要有 51、60、75 毫米等口径，代表型有：法国远程迫击炮，口径 60 毫米，射程 5000 米，战斗全重 23 千克，弹重 2.2 千克；芬兰 C — 06 迫击炮，口径 60 毫米，射程 4000 米，战斗全重 18 千克，弹重 1.84 千克；美国的 M224 式，口径 60 毫米，射程 3500 米，弹重 1.7 千克，普通型战斗全重 20.7 千克，用于单兵手提式机动和发射型只有 7.7 千克。

↑第一次世界大战中的英军迫击炮阵地，可见其所用的迫击炮口径很大。

↑ 3F5 式 240 毫米激光制导爆破迫击炮弹

↑德国76毫米迫击炮

↑英国81毫米迫击炮

↓法国"突击队员"60
毫米迫击炮

↓俄罗斯2B8式240毫米迫击炮

↓英国81毫米迫击
炮使用的"莫林"
灵巧迫击炮弹。

←法国MO-120-
RT-61式120毫
米迫击炮

↑法国汤姆逊—布朗特81毫米远
程迫击炮

↑南斯拉夫M68式81毫米迫击炮

↑法国"突击队员"60毫米迫击炮,最大射程1050米,射速20发/分。

↑法国 VPX-40M 式 120 毫米迫击炮

↑日本 96 式 120 毫米自行迫击炮

↑美国 M29 式 81 毫米迫击炮

↑英国 51 毫米单兵迫击炮

↑美国 M125A1 式 81 毫米自行迫击炮

↑美军在第二次世界大战中使用的迫击炮。

各国迫击炮

美国 M19 式 60 毫米迫击炮

M19 式迫击炮是美国于 20 世纪 40 年代初研制的一种 60 毫米迫击炮,它是 1942 年在 M2 式迫击炮的基础上改进而成的,在第二次世界大战和越南战争中曾广泛使用。它有两种型号。一种是双脚架结构,由炮身、双脚炮架、方形座钣和瞄准具组成。身管用钢管制成,长约 762 毫米,滑膛身管,炮口装填,炮全重 20.46 千克。初速 157 米 / 秒,最小射程 45 米,最大射程 1814 米。最大射速 30 发 / 分,持续射速 18 发 / 分。方向射界左右各 7°,高低射界 45° ~ 85°。另一种为手提型,由 M19 式炮身和 M1 式槽型小座钣组成,取消了双脚炮架,而改用拉发 / 迫击两用炮尾,从而减轻了重量,提高了机动性。配用 M1 式座钣时战斗全重 9.3 千克,炮全长 819 毫米。由 1 名士兵即可携带和操作使用。

美国 M224 式 60 毫米迫击炮

M224 式迫击炮是美国研制的口径 60 毫米的便携式滑膛迫击炮,1979 年起装备美军步兵连、空中机动连和空降步兵连,曾在 1983 年格林纳达战斗中使用。全套装备由炮身、炮架、座钣和瞄准具组成,战斗全重 20.8 千克。行军时可以由 2 名士兵携带。另有一种手提式迫击炮,采用 M8 式矩形小座钣,战斗全重仅 7.8 千克,仅用 1 名士兵即可携带和操作使用。两种型号均配用 M720 式榴弹和 M722 式发烟弹,均采用 M734 式新型多用途引信。这种引信可选择近炸、近地面炸、着发和延期 4 种装定方式,从而提高了使用的灵活性和炮弹的杀伤效果。此外,还配备了 AN/GVS — 5 型手持式激光测距机和 M23 式迫击炮弹道计算器,使对远距离目标射击的精确度大大提高。火炮初速 237.7 米 / 秒,最小射程 50 米,最大射程 3500 米,最大射速 30 发 / 分,持续射速 15 发 / 分。M720 式榴弹重 1.7 千克。

美国 M252 式 81 毫米迫击炮

M252 式迫击炮是美国生产的一种 81 毫米迫击炮。它是引进英国皇家军械厂的 L16 式 81 毫米迫击炮而制造的,1978 年鉴定试验,1984 年定型。M252 式由炮身、炮架、座钣和瞄准具等主要部分组成。炮身采用镍钼钒高强度的合金钢整体锻造制成,重量轻,耐磨损,耐烧蚀。炮架为特殊钢制的 K 形炮架,座钣采用美国的 M3 式铝合金锻制的圆形座钣,瞄准具是配用美国 M64 式瞄准具。初速 250 米 / 秒,最小射程 180 米,最大射程 6575 米。高低射界 45° ~ 85°,方向射界(不移动炮架)左右各 5.62°,最大射速 30 发 / 分,持续射速 15 发 / 分,炮身长 1277 毫米,战斗全重 36.48 千克。行军时可分为 3 件,由士兵背负。配用英国榴弹、美国照明弹和发烟弹。此外,还配用美国 M374 式多种作用引信和 M23 式迫击炮计算器。从 1985 年开始装备美军步兵营、空中机动营和空降营。

美国 M30 式 107 毫米迫击炮

M30 式迫击炮是美国研制的一种 107 毫米的线膛迫击炮,1951 年开始装备部队,主要在空降部队中装备使用,每营 4 门。M30 式是一种发射旋转稳定弹的线膛迫击炮,其结构较复杂,由炮身、炮架、连接桥、回转器、座钣和瞄准具等 6 个主要部分组成。炮口装填,迫击发射。炮身长 1524 毫米。火炮初速 308 米 / 秒,最大射程 6800 米,最小射程 770 米,高低射界 40° ~ 65°,方向射界左右各 7°(不移动炮架),最大射速 18 发 / 分,持续射速 3 发 / 分,战斗全重 290.39 千克,需炮手 7 人操作使用。机动方式为履带车载,短距离可分解为 5 件,由士兵背负。可配用 10 余种不同型号的榴弹、发烟弹、照明弹和化学弹,有化学迫击炮之称。美军已为该炮研制了火

↑美国 M224 式 60 毫米迫击炮

↑美国 M30 式 107 毫米迫击炮

箭增程弹，以进一步增加其射程。同时还研制了二元化学弹。

英国 L16 式 81 毫米迫击炮

L16 式迫击炮是英国研制的一种 81 毫米迫击炮，由皇家军械研究与发展局在 20 世纪 50 年代中期设计，皇家军械厂生产。

L16 式迫击炮由炮身、炮架、座钣和瞄准具组成。炮架与普通迫击炮的双脚架不同，它采用两条架腿不一样长的 K 形脚架，由钢和轻合金制造，重量轻，行军时可折叠。

火炮最大初速 297 米／秒，最小射程 166 米，最大射程 5650 米，高低射界 45°～80°，方向射界（不移动炮架）左右各 5.6°，最大射速 30 发／分，持续射速 15 发／分。

L16 式迫击炮炮身长 1280 毫米，战斗全重 37.85 千克。行军时可以分解为 3 件，由士兵背负，也可以用轻型汽车载运，还可以装在 FV432 履带式装甲输送车上发射。

在英阿马岛之战中，L16 式迫击炮曾经被使用过。由于它具有重量轻、携带方便、射程远、精度高、炮弹威力大等优点，因而作战效果很好。

↑英国 LI6 式 81 毫米迫击炮正在装弹。

←英国 LI6 式 81 毫米迫击炮正在瞄准。

↑英国 R0120 式 120 毫米自行迫击炮，出口埃及的为 R2003 型。

英国 R0120 式 120 毫米自行迫击炮

R0120 式自行迫击炮是英国制造的 120 毫米自行迫击炮。英国诺丁汉皇家兵工厂 1985 年 10 月开始研制，该炮为滑膛结构，后膛装填，机械击发。炮塔全密闭，可 360°旋转，炮塔上装有 1 挺 7.62 毫米链式机枪。采用履带式或轮式装甲车底盘。

最大射程 9000 米，高低射界 40°～85°，方向射界 360°。

苏联"瓦西里克"82 毫米自动迫击炮

"瓦西里克"迫击炮是苏联研制的一种新式 82 毫米自动迫击炮。该炮结构特殊之处在于没有座钣，炮身装在双轮开脚大架上，装有反后坐装置。后膛装填。配有自动装弹箱，每次可装弹 4 发，持续射速可达 40～60 发／分，是人工操作、从炮口装填的迫击炮发射速度的 2～3 倍。

"瓦西里克"迫击炮也可装在步兵战车或汽车上，发射时从车上自动卸下，在地面发射，射击完毕即用机械装置装到车上，迅速转移至另一发射阵地。战斗全重 800 千克，最大射程 5000 米，高低射界 0°～80°，方向射界左右各 10°。配用榴弹和空心装药反坦克弹。

↑苏联"瓦西里克"82 毫米自动迫击炮

↑法国驻波黑维和部队装备的 MO-120-RT-61 式 120 毫米迫击炮。

↑法国 MO-120-RT-61 式 120 毫米迫击炮准备装弹。

该炮于 1971 年开始装备苏军摩托化步兵营。它既可用于普通迫击炮，又可完成直接瞄准任务或用于反坦克武器。在阿富汗战场上使用的是装在履带式空降战车上的自行式。

法国 MO-120-RT-61 式 120 毫米迫击炮

MO-120-RT-61 式迫击炮是法国研制的一种 120 毫米线膛迫击炮，20 世纪 70 年代中期装备法军空降师属炮兵团，用以取代 105 毫米榴弹炮。

该炮是世界上设计比较独特而结构较为复杂的现代迫击炮，杀伤效率高，进入和撤出阵地快，主要由炮身、炮架、座钣和瞄准具等部件组成。炮身长 2080 毫米，火炮战斗全重 565 千克，行军全重 582 千克。高低射界 28°～ 85°，方向射界（不移动炮架）左右各 14°，炮口装填弹药，采用撞击和拉火两种方式击发，最大射速 18 发 / 分，正常射速 6 发 / 分。行军时可用轻型汽车或履带车牵引，或以直升机吊运、空运或空投。最小射程 1100 米，最大射程 8135 米，对人员的杀伤效果可与 155 毫米榴弹炮的榴弹相比。

比利时 NR493 式 60 毫米迫击炮

NR493 式迫击炮是比利时研制的一种 60 毫米的迫击炮，为陆军部队装备使用。

该炮由炮身、炮架、座钣和瞄准具等主要部分组成。身管为滑膛式，由特种钢制造。炮口装填，炮尾装有固定击针撞击发射，炮身长 780 毫米。炮架为两脚支架，炮架上装有高低机、方向机、缓冲机和瞄准具架。座钣为圆盘形。该炮一般由 3 名炮手背负使用，在紧急情况下 1 人也可以背负使用。火炮发射 NR431 式榴弹的最大射程为 1800 米，方向射界（不移动炮架）左右各 7.6°，炮全重 22.1 千克。NR431 式榴弹重 1.37 千克，杀伤半径 13.5 米。

比利时 NR475A1 式 81 毫米迫击炮

NR475A1 式迫击炮是比利时研制的 81 毫米迫击炮，为陆军部队装备使用。该炮既可发射美

↑法国 MO-120-RT-61 式 120 毫米迫击炮战斗状态

↑比利时 NR493 式 60 毫米迫击炮

↑比利时 NR475A1 式 81 毫米迫击炮

国的炮弹，又可发射 PRB 工厂生产的炮弹，特别是能发射杀伤效力高的 NR436 式远程榴弹。它由炮身、炮架、座钣和瞄准具等组成。身管为滑膛，炮口装填。行军时可分为 3 件由士兵背负，也可车载或由直升机空投。火炮最小射程 300 米，最大射程 5820 米，射速 15 ~ 20 发 / 分，高低射界 39.4° ~ 85°，方向射界（不移动炮架）左右各 7.9°，炮身长 1350 毫米，战斗全重 43 千克，配用 NR436 式远程榴弹、榴弹、发烟弹和照明弹。NR436 式远程榴弹装有塑料闭气环，以密闭火药气体提高射程，弹重 4.2 千克，最大射程 5820 米，杀伤半径平均 25 米，配瞬发引信。

← 芬兰 TAM 18 式 60 毫米迫击炮

意大利"布雷达"81 毫米迫击炮

"布雷达"迫击炮是意大利研制的一种新式 81 毫米迫击炮，用它来替换旧式迫击炮。

该炮主要特点是采用加长身管的方法，而不是采用特制炮弹或改进发射药的办法来提高射程。它采用从炮尾拔出击针的办法取出不发火弹，而不是采用危险的倒弹方法，从而大大提高了使用安全性。该炮由炮身、炮架、座钣和瞄准具组成。身管为滑膛式，炮口装填，炮架由铝合金制成。圆形座钣。行军时可分为 3 件由士兵背负。此外，还为该炮研制了 CMB8 迫击炮计算机，它能存储 9 ~ 12 个迫击炮炮位，30 个目标，30 个观察员和已知点，10 个已方部队阵地，大大提高了射击的可靠性、准确性和快速性。

火炮最小射程 75 米，最大射程 5000 米，高低射界 35° ~ 85°，方向射界（移动炮架）360°，最大射速 20 发 / 分，炮身长 1455 毫米，战斗全重 43 千克。

芬兰 TAM 18 式 60 毫米迫击炮

TAM 18 式迫击炮是芬兰研制的一种 60 毫米迫击炮由泰普勒公司制造。在泰普勒迫击炮系列中，它是最轻的一种，通常在连一级装备使用，用于支援在丛林地区作战的部队。由于它重量轻，一个由 3 人组成的巡逻小组即使在无公路的条件下也能背负步行。由于该炮火力强、射程远、精度高，因而可用来完成各种不同的战术任务。该炮由炮身、双脚炮架和圆形座钣组成。最大射程 4000 米，射速 25 发 / 分，战斗全重 18 千克。配用 TAM18 式泰普勒榴弹，弹重 1.8 千克。

芬兰 M71 式 81 毫米迫击炮

M71 式迫击炮是芬兰研制的一种 81 毫米迫击炮，由泰普勒公司制造。该炮由炮身、炮架、座钣和瞄准具组成。身管为均质滑膛。炮架为双脚架。炮架上装有脚链、高低机和水平调整装置。最大射程 5000 米，射速 20 发 / 分，战斗全重 55 千克。配用 TAM4.2 式泰普勒榴弹，弹重 4.2 千克。

↑意大利"布雷达"81 毫米迫击炮

↑芬兰 M71 式 81 毫米迫击炮

芬兰 M58 式 160 毫米迫击炮

M58 式迫击炮是芬兰研制的一种 160 毫米迫击炮，由泰普勒公司制造，故又称 M58 泰普勒式迫击炮。它采用传统的炮口装填方式，配用了一系列新式榴弹，这些新弹配用近炸引信，使其威力可提高两倍，因而它是一种很可取的武器。该炮主要由炮身、炮架、座钣和瞄准具组成。身管为滑膛，炮口装填，拉火发射。炮架不同于一般迫击炮，由1根支柱、下架和车轮组成。支柱用于升降身管，使身管进行俯仰，以便装填弹药。最大射程10000米，射速4~8发/分，战斗全重1.45吨，配用M58式泰普勒榴弹，弹重40千克。

↑芬兰 M58 式 160 毫米迫击炮

葡萄牙 M965 式 60 毫米迫击炮

M965式迫击炮是葡萄牙研制的一种60毫米迫击炮。它的主要作用是作为步兵和空降部队的近战支援武器。该炮由炮身、炮架、座钣和瞄准具等部分组成。炮身由高质量合金钢制成，炮尾装有击针，通过炮尾的后部即可更换击针。炮身与座钣用炮杆联结，不用移动座钣即可实现360°方向射界。炮架为双脚支架，装有高低机、方向机和缓冲装置。座钣为三角形，由焊接的钢板制成，即使是在软质地面上，也具有相当好的稳定性。

↓葡萄牙 M965 式
60 毫米迫击炮

最小射程50米，最大射程1820米，炮身长650毫米，战斗全重15.5千克。

葡萄牙 HP 式 81 毫米迫击炮

HP式迫击炮是葡萄牙研制的一种81毫米迫击炮，1979年开始批量生产。

火炮发射美制M43A1B1式榴弹时，最小射程75米，最大射程4200米。炮身重量有15千克（短身管）和18.5千克（长身管）两种，炮架重13.5千克，座钣重13千克（小座钣2.8千克），瞄准具重0.85千克，战斗全重42.35千克（短身管）和45.85千克（长身管），炮身长为1155毫米（短身管）和1455毫米（长身管）。榴弹重3.25千克。

←葡萄牙 HP 式 81 毫米迫击炮

↓希腊 E44 式 81 毫米迫击炮

南非 M3 式 81 毫米迫击炮

M3式迫击炮是南非制造的一种81毫米迫击炮，它是南非根据法国的MO-81-61式迫击炮设计制造的。该炮现在继续生产，并已装备南非军队。该炮由炮身、炮架、座钣和瞄准具等部分组成。炮口装填，迫击发射，炮架为双脚架，配用透镜式瞄准镜。最大射程为4856米，最小射程75米，炮身长1450毫米，高低射界45°~84.94°，方向射界16.88°，战斗全重42.8千克。

希腊 E44 式 81 毫米迫击炮

E44式迫击炮是希腊研制的一种81毫米迫击炮。它的主要作用是为营连级提供快速、精确而有效的火力。其特点是重量轻而灵活，使用简便。

火炮设计膛压125兆帕，最大工作膛压75兆帕，最小射程100米，最大射程6000米，最大射速30发/分，持续射速16发/分，高低射界45°~85°，不移动炮架时的方向射界为左右各5°，炮身长1300毫米，炮身重13.8千克，炮架重

12.5千克, 座钣重11.2千克, 瞄准具重1.3千克, 战斗全重38.8千克。配用榴弹、发烟弹和照明弹。

西班牙L−N和L−L式81毫米迫击炮

L−N和L−L式迫击炮是西班牙研制的81毫米便携式滑膛迫击炮。该炮主要由炮身、炮架、座钣和瞄准具组成。

L−N式最大射程4270米, 最大射速15发/分, 炮身长1150毫米, 炮身重17千克, 炮架重10.5千克, 座钣重13.5千克, 瞄准具重2千克, 战斗全重43千克。L−L式最大射程5220米, 最大射速15发/分, 炮身长1450毫米, 炮身重20千克, 炮架重12千克, 座钣重13.5千克, 瞄准具重2千克, 战斗全重47.5千克。

该炮从1984年开始配用AE−84新式榴弹。此弹装有塑料闭气环以提高射程。弹全长539毫米, 弹全重4.5千克, 内装梯恩梯炸药922克, 最大射程6800米。

↑西班牙L-N和L-L式81毫米迫击炮

↑奥地利SMI式81毫米迫击炮

奥地利M6式60毫米迫击炮

它是奥地利研制的60毫米迫击炮, 又称M6式"诺利肯"60毫米迫击炮。有突击队型、普通型和远程型3种型号。突击队型是一种结构简单、身管轻、座钣小、单兵携带使用的迫击炮。它只有炮身及座钣, 没有炮架。炮尾处有握把, 炮身上装有背带。射击时, 射手只要握住握把, 一只脚踩住背带, 按照需要调整射角, 即可发射。最小射程100米, 最大射程1600米, 最大射速12发/分, 正常射速6发/分, 战斗全重仅4千克。普通型是一种常用迫击炮, 由炮身、对称或不对称式双脚炮架、圆形座钣和瞄准具组成。炮身长822毫米, 战斗全重15.8千克, 最小射程150米, 最大射程3400米, 最大射速30发/分, 高低射界40°~85°。远程型的结构与普通型相同, 只是炮身长度增至1082毫米。战斗全重16.9千克, 最小射程150米, 最大射程4300米, 最大射速25发/分, 正常射速6发/分, 高低射界40°~85°, 方向射界12.4°。

奥地利SMI式81毫米迫击炮

SMI式迫击炮是奥地利研制的一种81毫米迫击炮, 1980年开始装备陆军地面部队。

该炮的主要特点是采用计算机辅助设计, 射程远, 重量轻, 炮架可以折叠, 携带方便。它由炮身、炮架、座钣和瞄准具等主要部分组成。炮身长1330毫米。双脚炮架设计新颖独特, 可折叠成700毫米长, 可在极不平的地面上放置。火炮战斗全重40.55千克, 高低射界45°~85°, 方向射界(不移动炮架)左右各6°。可发射各种81毫米的迫击炮弹。此外还为该炮设计了一种远程榴弹, 弹上装有闭气环, 弹重4.15千克, 最大射程5800米。

土耳其MKE−UT1式81毫米迫击炮

MKE−UT1式迫击炮是土耳其研制的一种81毫米迫击炮, 由陆军部队装备使用。该炮由炮身、炮架和座钣3大部分组成。炮身长1453毫米, 炮身重28.1千克。炮架为双脚支架, 炮架重

↓土耳其MKE−UT1式81毫米迫击炮

↑奥地利M6式60毫米迫击炮

23.2 千克。圆盘形座钣重 19.6 千克。最小射程 400 米，最大射程 6000 米，最大膛压 62.5 兆帕，正常射速 16 发 / 分，高低射界 40°～85°，方向射界左右各 5°。配用 M214 式榴弹，弹重 4.68 千克。

土耳其 MKE-NT1 式 81 毫米迫击炮

MKE-NT1 式迫击炮是土耳其研制的一种 81 毫米迫击炮，由陆军地面部队装备使用。该炮主要由炮身、炮架、座钣 3 大部分组成。炮身长 1150 毫米，炮身重 21.4 千克。两脚支架重 22.6 千克，圆盘形座钣重 14.4 千克，战斗全重 58.6 千克。正常射速 16 发 / 分，高低射界 40°～85°（在不移动炮架的情况下），方向射界为左右各 5°。配用美国 M43A1B1 式榴弹，弹重 3.2 千克，最小射程 200 米，最大射程 3200 米，最大膛压 42.5 兆帕。

↑土耳其 MKE－NT1 式迫击炮　　↑南斯拉夫 M57 式 60 毫米迫击炮

南斯拉夫 M57 式 60 毫米迫击炮

M57 式迫击炮是南斯拉夫陆军装备的一种 60 毫米迫击炮。它依照美国 1938 年制的 M2 式 60 毫米迫击炮仿制而来，由炮身、双脚炮架、矩形座钣和瞄准具等主要部分组成。M57 式迫击炮初速 159 米 / 秒，最小射程 75 米，最大射程 1700 米，射速 25～30 发 / 分，炮身重 5.5 千克，炮架重 4.5 千克，座钣重 8.85 千克，瞄准具重 1 千克。该炮全重 19.85 千克。配用弹药有榴弹、发烟弹和照明弹等。榴弹重 1.35 千克。

以色列"索尔塔姆"60 毫米迫击炮

"索尔塔姆"60 毫米迫击炮是由以色列索尔塔姆公司制造的。由于它是在芬兰泰普勒公司设计的基础上研制的，所以又称为"泰普勒"迫击炮。

"索尔塔姆"60 毫米迫击炮有标准型、"突击队员"型和远程型 3 种型号。

标准型分为两种，分别用来完成两种任务。一种有炮架，用作连一级的支援武器；另一种没

↓以色列"索尔塔姆"60 毫米迫击炮

有炮架，用来完成突击任务。前一种由炮身、炮架、座钣和瞄准具等部分组成。合金钢制滑膛身管，炮身长 739 毫米。炮架为双脚支架，炮架上装有高低机、方向机和水平调整机。炮全重 15.6 千克，最小射程 150 米，最大射程 2550 米，最大射速 30 发 / 分。

"突击队员"型结构简单，重量轻，一人即可背负使用。它由炮身、槽形小座钣和鼓形瞄准具组成，没有炮架。炮身长 533 毫米，炮全重 6 千克，最小射程 100 米，最大射程 900 米，最大射速 20 发 / 分。

远程型由炮身、炮架、座钣和瞄准具等部分组成。身管为滑膛，炮口装填，迫击发射。炮身长 940 毫米，双脚支架式炮架。炮全重 17.85 千克，最小射程 250 米，最大射程 4000 米，最大射速 20 发 / 分。

3 种型号均可配用榴弹、高破片率杀伤弹、发烟弹和照明弹。榴弹重 1.72 千克，杀伤半径 12.5 米，杀伤范围 490 平方米。高破片率杀伤弹杀伤半径为 21 米，杀伤范围 1385 平方米。

以色列"索尔塔姆"81 毫米迫击炮

"索尔塔姆"81 毫米迫击炮是由以色列索尔塔姆公司制造的，20 世纪 70 年代开始装备以色列地面部队。

"索尔塔姆"81 毫米迫击炮共有 4 种型号，即远程型、长身管型、短身管型和两段身管型，它们分别适用于不同的战术要求。这 4 种迫击炮均由高强度钢制滑膛身管、双脚炮架、圆形座钣

↓以色列"索尔塔姆"81毫米迫击炮

↓以色列"索尔塔姆"120毫米迫击炮

和瞄准具等主要部分组成。除身管长短和重量不同外，炮架、座钣和瞄准具均相同。

远程型射程较远，重量较重，最大射程6500米，最小射程150米，炮身长1560毫米，战斗全重49千克。

长身管型作为制式近程炮使用。最大射程4900米，最小射程150米，炮身长1455毫米，战斗全重42千克。短身管型专用于空降兵部队和突击部队，最大射程4100米，炮身长1155毫米，战斗全重38千克。

两段身管型机动性好，行军时身管可分解为两段，便于徒步携带或小型车载，其最大射程为4660米，炮身长1455米，战斗全重44千克。

这4种型号的高低射界均为43°～80°，方向射界（不移动炮架）5.63°，最大射速20发/分，座钣直径518毫米。配用M64式与M21式榴弹、照明弹和发烟弹。M64式榴弹重4.6千克。

以色列"索尔塔姆"120毫米迫击炮

"索尔塔姆"120毫米迫击炮是由以色列索尔塔姆公司制造的，装备以色列军队，德国、土耳其和伊朗等国的陆军也有少量的装备。

"索尔塔姆"120毫米迫击炮由合金钢制滑膛炮身、双脚炮架、圆形座钣、瞄准具和炮车等5大部分组成。该炮于1980年开始配用TMC—363式迫击炮计算器，该计算器可以存储50个目标和10个迫击炮阵地，重1.6千克。

火炮口径120毫米，最大射程6250米，最小射程400米，高低射界45°～80°，方向射界

为4.7°（射角45°时）和9.4°（射角75°时），最大射速10发/分，正常射速5发/分，炮身长1730毫米，战斗全重138.07千克，行军长2170毫米，行军宽1500毫米，行军高980毫米。配用弹种有榴弹、发烟弹和教练弹。M57式榴弹重13.2千克，M57F式榴弹重12.9千克。

新加坡ODE式60毫米迫击炮

ODE式迫击炮是新加坡研制的一种60毫米的迫击炮，它由炮身、炮架、座钣和瞄准具等主要部分组成。身管为滑膛式，炮口装填，迫击发射。炮架为双脚支架，装有高低机、方向机和弹

↓新加坡ODE式60毫米迫击炮

簧式缓冲装置。座钣形状为三角形，能在软质地面上使用。

火炮最小射程150米，最大射程2555米。高低射界45°～85°，方向射界±6.5°。炮身长740毫米，战斗全重16.8千克。配用榴弹、发烟弹和照明弹。榴弹重1.68千克。

新加坡ODE式81毫米迫击炮

ODE式迫击炮是新加坡研制的一种81毫米迫击炮，它由炮身、炮架、座钣和瞄准具等主要部分组成。身管用高强度钢锻造，后部强度有所加强，炮口装填，炮尾装有可缩回的击针。炮架为双脚架，装有全部控制装置，操作方便。座钣形状为圆形，由合金钢制成。该炮行军时可分解为3件由士兵背负，也可用车辆运输。

最大射程6200米，高低射界45°～87°，方向射界为11.25°。炮身长为1319毫米，战斗全重为436千克。

新加坡ODE式120毫米迫击炮

ODE式迫击炮是新加坡研制的一种120毫米迫击炮。该炮由炮身、炮架、座钣和瞄准具等主要部分组成。身管为滑膛式，炮口装填，迫击发射。炮架为双脚支架，装有高低机、方向机和缓冲装置。座钣为圆形，背面焊有3条座钣筋。行军时由轻型拖车载运，随车还可带有少量弹药。

火炮最小射程400米，最大射程6500米，高低射界45°～80°，方向射界13.5°，炮身长1940毫米，战斗全重236.7千克。配榴弹、黄磷发烟弹和照明弹。榴弹重13.2千克。

↓俄罗斯BM-24式240毫米火箭炮弹

火箭炮

火箭炮

火箭炮是利用火箭发射架（或管）发射火箭弹的一种大威力杀伤武器系统。火箭弹靠自身携带的发动机为动力向前飞行，能够有效地对付暴露的集群目标，能够迅速、突然、猛烈地以饱和火力打击敌人。

早在18～19世纪，在一些国家的军队里就曾出现过火箭分队，成为火箭炮兵的前身。1827年4月，第一支火箭分队——火箭连在俄国组建。火箭连装备6部6弹式和12部单弹式火药火箭发射架。

战后先进的火箭炮

第二次世界大战后，火箭炮的战术性能已经有了很大提高，发射火箭弹用的定向器装弹数目

↑新加坡ODE式81毫米迫击炮

↑新加坡ODE式120毫米自行迫击炮

↓俄罗斯 BM-24 式 240 毫米火箭炮

↑美国 M270 式 277 毫米多管火箭炮发射瞬间。

前已经达到 12 ~ 40 枚，火箭弹口径最大已达到 240 毫米，射程最远可以达到 45 千米，高低射界能够达到 0°~ 60°，方向射界可达 360°，再装填时间最短的只有半分钟。

20 世纪 60 年代以后，各国装备的火箭炮均为多管联装自行式。主要型号有苏联的 BM—21 和 BM—27、美国的 MLRS、前联邦德国的 SF110 等。这些火箭炮火力极为猛烈，1 个 18 门制的 122 毫米 40 管火箭炮营，20 秒内可发射 720 枚火箭弹；而 1 个 18 门制的 122 毫米榴弹炮营，20 秒内则只能发射 48 ~ 72 发炮弹。

美国的 MLRS 火箭炮被公认为 20 世纪 80 年代最高水平的代表，一次齐射 12 发 M77 式双用途子母弹，可释放出 7728 颗子弹，饱和杀伤区域达 202350 平方米。6 门 MLRS 火箭炮的瞬时火力效果，是 1 个 6 门制 203 毫米自行榴弹炮连的 22 倍。这种火箭炮采用 M2 履带式步兵战车底盘，越野能力强，火箭炮能 360° 环射，高低射界为 0°~ 60°，并有三防能力。该火箭炮配有非常先进的火控系统，能在任何时间和地点，不用预先准备发射阵地，即可随时发射，从确定自身位置、目标方向、计算射击诸元、发射完 12 发火箭弹到撤离发射阵位，只需 3 分钟即可完成。

火箭炮适于对集团目标进行覆盖性轰击，而对小面积的目标射击精度较差，这是它不及榴弹炮和加农炮的地方。

各国火箭炮

美国 M270 式 277 毫米多管火箭炮

M270 式火箭炮是美国研制的 277 毫米 12 管新式自行火箭炮，1983 年投产并开始装备美陆军。军一级编有 1 个营，装备 27 门；装甲师和机械化师每师编 1 个连，装备 9 门。1991 年海湾战争中，美军曾大量使用该炮来攻击伊拉克的炮兵阵地、坦克集群和各种防御工事。

M270 式火箭炮由发射装置、火箭弹、火控系统、运载车、弹药车、电源与通信器材等部分组成。

M270 式火箭炮发射管数为 12 个。发射双用途子母弹时最大射程为 32 千米；发射反坦克布雷子母弹时最大射程为 40 千米；发射末制导反坦克子母弹时最大射程为 45 千米，发射速度 12

↑美国 M270 式 227 毫米火箭炮

↑第二次世界大战时德军的 150 毫米 6 管火箭炮

↑美国 M270 式 277 毫米 12 管火箭炮

发 / 分。发射方式可单发、连发或齐射。高低射界0°～60°，方向射界360°，填充一次的时间为 5 分钟，战斗行军转换时间 2 分钟。战斗全重 25 吨。行军状态长 6972 毫米，宽 2972 毫米，高 2617 毫米。最大时速 64 千米，行程 483 千米。涉水深 1010 毫米，通过垂直障碍高 914 毫米，越壕宽 2290 毫米，爬坡度60°，爬侧倾坡度40°。火

↑ BM-21 式 122 毫米多管火箭炮（中国改进型）

箭弹采用固体火箭发动机，弹上有 4 个导向销和 4 个折叠尾翼，配用 XM447 型遥控电子时间引信。

↑ 苏联的年轻人结婚时在"喀秋莎"前留影，以示对卫国战争功勋的怀念。

苏联"喀秋莎"火箭炮

1939 年，苏联制成 BM－13 型火箭炮，即俗称的"喀秋莎"火箭炮。

"喀秋莎"火箭炮采用多轨式定向器，一次齐射可以发射 16 枚 132 毫米弹径的火箭弹。这种火箭弹的最大速度为 355 米 / 秒，最大射程8600 米，能在 7～10 秒钟内将 16 枚火箭弹全部发射出去，再装填一次大约需要 5～10 分钟。1 个由 18 门 BM－13 型火箭炮组成的炮兵营，一次齐射便可以发射 288 枚火箭弹，能有效地杀伤敌人。

1941 年 7 月 14 日，苏军首次在战场上使用了这种大威力杀伤性武器。

苏联 BM－21 式 122 毫米多管火箭炮

BM－21 式火箭炮是苏联研制的一种 122 毫米 40 管自行火箭炮，1964 年开始装备陆军炮兵部队。每个摩托化步兵师和坦克师属炮兵团均编有 1 个 BM－21 火箭炮营，装备该炮 24 门。

BM－21 式火箭炮由定向管、摇架、回转盘、高低机、方向机、平衡机、瞄准装置和车体等主要部分组成。定向管分 4 层排列，每层 10个。车体为乌拉尔 375D，其越野性和机动性好。炮班 6 人。

火箭炮发射管数为 40 个。可发射长、短两种基本型号的尾翼稳定火箭弹，发射长火箭弹的最大射程为 20.38 千米，发射短火箭弹的最大射程为 11 千米。长火箭弹重 77 千克，长 3.23米。短火箭弹重 45.8 千克，长 1.095 米。战斗射速为在 18～20 秒的时间内可以发射 40 发，间隔时间为 0.5 秒。高低射界 0°～55°，方向射界左 120°、右 60°。战斗全重 13 吨。行军状态长7350 毫米，宽 2690 毫米，高 2850 毫米。车底距地高 410 毫米，轮距 2 米。涉水深 1 米，爬坡度31°，通过垂直障碍高 650 毫米，越壕宽 875 毫米。最大时速 75 千米，行程 405 千米。弹药基数 120 发。单发弹破片对装甲输送车、步兵战车和自行火炮等的有效杀伤半径分别为 1 米、0.5米和 0.75 米。1 个营一次齐射化学弹，在 2 平方千米以上范围内可构成致死毒区。

苏联 BM－27 式 220 毫米多管火箭炮

BM－27 式火箭炮是苏联研制的一种新式220 毫米 16 管自行火箭炮，1977 年装备陆军炮兵部队。方面军下属炮兵师编有 1 个 BM－27火箭炮旅，下辖 4 个火箭炮营，每营装备 24 门，共装备 96 门。

BM－27 式采用集束式发射装置，发射部分安装在吉尔－135（8×8）卡车底盘上，便于火箭炮机动；同时有较大的高低与方向射界，便于火力机动。该炮共有 16 个发射管，排成 3 排，

↑苏联 BM-27 式 220 毫米多管火箭炮

↑以色列 LAR160 式 160 毫米多管火箭炮正在装载。

上排 4 个、中、下两排各 6 个。发射管长 5 米。

　　火箭炮发射管数 16 个，最大射程 40 千米，射速 16 发 /16 秒，间隔时间 1 秒钟。高低射界 15°～55°，方向射界 240°。战斗全重 22.7 吨。最大时速 65 千米，行程 500 千米。乘员 6 人。配用普通火箭弹、化学火箭弹和杀伤、燃烧及布雷子母火箭弹。火箭弹长 4800 毫米，重 360 千克，采用固体燃料火箭发动机。子母弹战斗部装 30 个子炸弹，布雷弹战斗部装 23 个地雷。

以色列 LAR160 式 160 毫米多管火箭炮

　　LAR160 式火箭炮是以色列研制的一种 160 毫米 36 管自行火箭炮。1973 年 10 月中东战争结束后，以色列迫切需要一种能迅速展开，并能压制由炮兵和防空火力支援的大规模机械化部队进攻的火箭炮。为此，以色列军事工业公司研制了 160 毫米轻型火箭炮（自行式），并在 1982 年对黎巴嫩作战时首次使用。LAR160 式火箭炮机动性较好，火力猛，操作灵活方便，是目前较先进的大面积压制武器。它由发射装置、运载车和射击指挥雷达等主要部分组成。

　　LAR160 式火箭炮发射管数 36 个，最大射程 30 千米，最小射程 12 千米，发射速度 36 发 / 分，高低射界 11°～54°。定向器长 3460 毫米，宽 967 毫米，高 820 毫米，净重 820 千克，装载重 2800 千克。配用榴弹、杀伤子母弹、布雷弹、反

坦克子母弹和化学与生物战剂等，必要时还可配用现装备的 155 毫米榴弹炮弹的弹丸。

以色列 MAR290 式 290 毫米多管火箭炮

　　MAR290 式火箭炮是以色列研制的 290 毫米 4 管自行火箭炮，研制工作从 1965 年开始，供陆军部队装备使用。

　　MAR290 式火箭炮由装有 4 发火箭弹的发射框架与舍曼坦克底盘两部分联合组成，射程 25 千米。

　　以色列在 20 世纪 80 年代初期研制了一种装在逊丘伦坦克车体上的新发射系统，即逊丘伦车载火箭炮。它仍配用 MAR290 式火箭炮的火箭弹，只是发射装置改为 4 个发射管。发射管内径为 700 毫米，以便容纳翼展为 570 毫米的尾翼火箭弹。发射管长 6 米。4 个发射管安装在原炮塔圈上的新构架上。方向射界 360°，高低射界 0°～60°。射速为 4 发 /10 秒。射击完毕即转移至预定地点并重新装填火箭弹，再装填时间大约 10 分钟。

　　逊丘伦车载火箭炮高 3.6 米，重 50.8 吨，车上乘员有炮长、驾驶员和 2 名火控操纵员。发射时，4 人都进入车体内部。瞄准和再装填均通过液压传动装置进行。

　　MAR290 式火箭炮与逊丘伦车载火箭炮配用的火箭弹长为 5450 毫米，发射重量为 600 千克，战斗部重 320 千克，射程为 25 千米。

↑以色列 LAR160 式 160 毫米多管自行火箭炮战斗状态。

↑以色列 MAR290 式 290 毫米多管火箭炮

↑意大利"菲洛斯"25式122毫米多管火箭炮正在进行装载作业。

意大利"菲洛斯"25式122毫米多管火箭炮

"菲洛斯"25式火箭炮是意大利研制的122毫米40管自行火箭炮,由BPD公司于1976年开始研制。

火箭炮由发射架、击发装置、火控系统、瞄准装置和车体等几大件组成。发射架由两个箱式框架组成,每个框架装火箭发射管20个,共40个。

火箭炮发射常规火箭弹时,最大射程25千米;发射子母火箭弹时最大射程22千米,射速40发/20秒,间隔时间0.5秒。发射管长3.7米。高低射界0°~60°,方向射界左右各105°。发射架长3755毫米,宽825毫米,高695毫米,净重400千克。火箭炮单炮放列时间5分钟,1门炮齐射时间为16秒,火箭炮连(6门)放列

↑巴西"阿斯特罗斯"火箭炮

↑意大利"菲洛斯"25式火箭炮

↓意大利"菲洛斯"6式51毫米火箭炮

时间10分钟,收炮时间1分钟,再装填时间为5分钟。

巴西"阿斯特罗斯"Ⅱ式多管火箭炮

阿斯特罗斯Ⅱ式火箭炮是巴西宇航工业公司研制的自行火箭炮,1983年装备巴西陆军师属炮兵,1991年海湾战争中,伊拉克曾大量使用该炮攻击美军阵地。

"阿斯特罗斯"Ⅱ式火箭炮由发射装置、运载车、射击指挥系统和弹药车组成。发射装置为发射箱式,有3种不同的发射箱:一种是装32根127毫米火箭发射管的发射箱;第二种是装16根180毫米火箭发射管的发射箱;第三种是装4根300毫米火箭发射管的发射箱。随着弹径和发射管数的不同,其性能也有差异,但是它们采用的运载车相同,均为10吨(6×4)越野载重车底盘。

该炮配用的3种火箭弹分别为:SS—30式榴弹,弹径127毫米,发射管数32个,全弹重68千克,最大射程30千米,最小射程9千米;

↑沙特阿拉伯在海湾战争中使用"阿斯特罗斯"Ⅱ式多管火箭炮。

SS—40式子母弹，弹径180毫米，发射管数16个，全弹重152千克，最大射程35千米，最小射程15千米；SS—60式子母弹，弹径300毫米，弹长5.6米，发射管数4个，最大射程60千米，最小射程20千米，全弹重595千克。

↑南斯拉夫YMRL32式128毫米多管火箭炮发射瞬间

南斯拉夫YMRL32式128毫米多管火箭炮

YMRL32式火箭炮是南斯拉夫于20世纪70年代初研制的128毫米32管自行火箭炮，装备南斯拉夫陆军部队。

YMRL32式火箭炮由发射装置、运载车和火箭弹组成。发射装置为发射管束式。运载车装有32发备用火箭弹，以便快速再装填，再装填时间只需2分钟。发射方式可单发，也可连射或齐射。

YMRL32式火箭炮的口径为128毫米，最大射程为20千米。高低射界0°~50°，方向射界360°。一次齐射的射速32发/18秒。战斗全重约12~13吨。行军状态长7.75米，宽2.46米，高2.97米。最大公路速度60千米/时，行程700千米。火箭弹长2.6米，全弹重65千克，战斗部重20千克，破片数量5000个，炸药重5千克，杀伤半径30米。配用可预选的瞬发、惯性和延期3种作用的引信。

德国"拉尔斯"Ⅱ式110毫米多管火箭炮

"拉尔斯"Ⅱ式火箭炮是前联邦德国研制的一种110毫米36管自行火箭炮，1983年开始装备陆军所属炮兵团的火箭炮营，每营有两个火箭炮连，每连2个排，每个排装备4门，共16门。该火箭炮由发射箱、平衡机、高低机、方向机、瞄准装置、运载车和射击指挥系统等主要部分组成。每个发射箱内有18个发射管。火箭炮发射管数36个。发射普通火箭弹时的最大射程为14千米，发射新研制H火箭弹时最大射程为20千米，最小射程6千米。发射方式可单发、连射或齐射，连射间隔时间为半秒钟，射速为36发/17.5

↓德国"拉尔斯"Ⅱ式110毫米火箭炮运载车

秒。高低射界0°~55°，方向射界左右各95°，战斗全重17.4吨。行军状态长8280毫米，宽2500毫米，高2990毫米。公路时速90千米，最大行程700千米，最大爬坡度31°，炮班3人。

南非"瓦尔基里"127毫米多管火箭炮

该火箭炮是南非研制的一种127毫米24管自行火箭炮，1981年投产，主要装备团一级所属火箭炮连，每连装备8门。该炮由发射装置、高低机、方向机、击发装置、运载车和火箭弹组成。发射装置为发射管束式，可单发，也可2~24发齐射。运载车为4吨（4×4）轻型载重车。该炮配有弹药车、指挥车、测风装置和1部简易计算机。弹药车为5吨军用卡车，车上载运火箭弹和引信48发，人工再装填约用10分钟。每门炮配1辆弹药车，全连共8辆。指挥车内装有弹道计算机，可对弹道进行修正。火箭炮发射管数24个，最大射程22.5千米，超过了苏联的BM—21式火箭炮。高低射界0°~50°，方向射界104°。射速1发/秒。战斗全重6.44吨。配用预制破片战斗部。火箭弹长2680毫米，重60千克。炮班2人。

↓南非"瓦尔基里"127毫米火箭炮

↑日本 75 式 130 毫米多管火箭炮

↑西班牙"特鲁埃尔"140 毫米多管火箭炮

日本 75 式 130 毫米多管火箭炮

75 式火箭炮是日本研制的一种 130 毫米 30 管自行火箭炮，1975 年开始装备日本自卫队师属炮兵团，每个团配备 10 门。

它由发射装置、地面测风装置、瞄准装置、运载车和火箭弹等主要部分组成。

发射装置为发射框架式，内装 30 个发射管，排成 4 排，第 1、3 排各装 7 个，第 2、4 排各装 8 个。可单发射击，也可连发或齐射，连续发射的间隔时间为 0.2 ~ 0.5 秒。发射装置由电力操作，在紧急情况下也可人工操作。

火箭弹采用单级固体火箭发动机，旋转稳定。弹长 1856 毫米，全弹重 43 千克，战斗部重 15 千克。火箭弹的补给一般由随伴的卡车提供。

火箭炮最大射程 15 千米，高低射界 0° ~ 50°，方向射界左右各 50°，战斗全重 16.5 吨。爬坡度 31°，通过垂直障碍高 700 毫米，越壕宽 2100 毫米。发动机额定功率 220 千瓦。最大公路时速 53 千米，行程 300 千米。炮班 3 人。

西班牙"特鲁埃尔"140 毫米多管火箭炮

"特鲁埃尔"火箭炮是西班牙研制的一种 140 毫米 40 管自行火箭炮，用以装备师属火箭炮营，每营编 3 个连，每连 6 门，全营共 18 门。

该炮由发射装置、电发火系统、发射车和瞄准装置等组成。该炮配有专用弹药车补给弹药，弹药车可装运 4 个发射箱共 80 发弹，两名操作人员只需 5 分钟即可将 40 发弹药再装填完毕。

该火炮发射管数 40 个。发射普通榴弹最大射程 25 千米；发射子母弹最大射程 24 千米，最小射程 10 千米。最大速度 687 米 / 秒，高低射界

0° ~ 55°，方向射界 240°。行军战斗转换时间两分钟，在紧急情况下只需半分钟。

无坐力炮和反坦克炮

无坐力炮

无坐力炮是利用发射时炮尾向后喷射产生的反作用力，使炮身不后坐的火炮，也叫无后坐炮。特点是体积小、重量轻、结构简单、操作方便，是轻巧的步兵伴随武器。由于无后坐力，故不需要炮架，因此它的重量只相当于其他同口径火炮的十分之一左右。但这 种炮身发射时后喷火焰大，配用的是定装式空心装药破甲弹，用于摧毁近距离的敌方坦克、装甲车、野战工事等，是步兵分队反坦克的主要武器之一。无坐力炮按身管结构分为线膛和滑膛两种，按运动方式分为便携式、驮载式、车载式、牵引式、自行式等，按弹药装填方式分为前装式和后装式，按消除后坐方式分

↓早期无坐力火炮

↑美国 M67 式 90 毫米无坐力火炮

为喷管型、戴维斯型和弩箭型。这种口径一般为 57 ~ 120 毫米，反坦克直射距离 400 ~ 800 米。

无坐力火炮的诞生和发展

1914 年，美国海军少校戴维斯发明了世界上第一门可供实用的无坐力火炮。为了抵消炮弹发射时所产生的巨大反作用力，戴维斯在同一根炮管的另一头也装上一个配置弹丸，向前发射弹丸的同时，后面那颗平衡弹在其反作用推力下从炮后射出，爆成碎片，从而第一次制造出一种在发射过程中，利用后喷物质的动量与前射弹丸动量平衡使炮身不后坐的火炮，并且用于实战当中。

1936 年，俄国人梁布兴斯基制造了一门 76.2 毫米的无坐力炮，他首次使用喷管发射气体弹来消除后坐力。第二次世界大战中，这种无坐力炮发射空心装药穿甲弹，成为有效的而且是主要的反坦克武器。这种炮的最大优点是体积小、重量轻、操作方便。最大的缺点是炮后火焰大，容易暴露炮位，而且炮弹初速低。因此，现在很多国家都已停止研制和生产，只有英国、日本等少数几个国家装备，主要用于反坦克作战。随

↑美国 M67 式 57 毫米无坐力火炮

着反坦克导弹、新型榴弹炮和反坦克火箭筒的发展，无坐力炮有被取代的趋势。

反坦克炮

反坦克炮过去叫战防炮，是一种直接瞄准，对坦克和装甲目标进行攻击的火炮。主要用于对付 2000 米以内的装甲目标。它具有身管长、射速快、火线高度低等特点。反坦克炮属于重型火炮，按机动方式分为牵引式和自行式，按炮管结构分为滑膛炮和线膛炮。

自行反坦克炮是一种车炮结合，能够自行机动和发射的反坦克炮。可分为履带式、半履带

↑英军士兵正在为英制 120 毫米反坦克炮装炮弹。

←日本 60 式 106 毫米自行无坐力炮于 1960 年装备日本自卫队。

↓意大利 B1 式 105 毫米自行反坦克炮

↓德国 37 毫米反坦克炮战斗状态。

式、轮式和轮履合一式等；按防护程度，又可分
为全装甲式和半装甲式自行反坦克炮。

两次世界大战中的反坦克炮

1916 年英军在第一次世界大战中首次使用
坦克，德军用来对付坦克的主要武器是 77 毫米
野战炮。大战结束以后，瑞典、德国等很快研制
出了反坦克炮。当时坦克装甲厚度只有 6 ~ 18
毫米，37 毫米反坦克炮发射的钨芯穿甲弹足以穿
透坦克装甲。

1941 年，德军将一辆苏军 KB — 1 型重型坦
克围困了 3 天。德军用 6 门 38 式 50 毫米反坦克
炮向苏军坦克射击，却无法击穿装甲。夜晚，德
军又派 12 名工兵用炸药炸，仍未奏效；最后用
6 辆坦克进行轰击，发射了上百发炮弹，只有 2
发 88 毫米炮弹击穿了装甲。此后，各国的重型
坦克装甲厚度增至 70 ~ 100 毫米，反坦克炮的
口径也随之增大到 57 ~ 100 毫米。

第二次世界大战中，坦克成为地面战争的主
体武器，反坦克炮迅速发展，仅苏联 1943 年就
生产了 23200 门。当时反坦克炮穿甲厚度在 1000
米距离上可以达到 70 ~ 150 毫米，有的可达 200
毫米，并已经开始使用钝头穿甲弹和空心装
药穿甲弹等，有的国家还配装了自行反坦
克炮。

↑德军 88 毫米 PAK43/41 式反坦克炮

↑德军 25 毫米 PAK112 式轻型反坦克炮

↓两次世界大战中的德国 75 毫米反坦克炮。

↑俄罗斯 D-44 式 85 毫米反坦克炮

↓德国 75 毫米自行反坦克炮

↑ 120 毫米自行反坦克炮轻便、迅速，许多国家都在使用这种武器。

↑ 德军 47 毫米 M1937-181 反坦克炮

↑德国 JPZ4-5"美洲豹"式 90 毫米自行反坦克炮

←美国 M50"昂图斯"式 106 毫米 6 管自行无坐力炮

↑ 德军 37 毫米 V237 式反坦克炮

←英国 105 毫米低后坐力炮

各国无坐力炮和反坦克炮

美国 M40 式 106 毫米无坐力炮

M40 式无坐力炮是美国的一种步兵反坦克武器，于 20 世纪 50 年代中期开始生产并装备美军步兵营，同时出口日本、西班牙等 32 个国家，从 70 年代初开始退出美军现役。

M40 式无坐力炮被认为是"最成功的 106 毫米无坐力炮之一"。身管由合金钢制成。通过方向机可使火炮进行 360° 旋转。身管上方有 M8C 式试射枪。瞄准镜观察距离为 2200 米。射击时打开炮闩装进炮弹，通过瞄准镜和试射枪可概略测定目标距离，这时即可发射炮弹。该炮身管长 2.7 米，全长 3.4 米，重 709.5 千克，高 1.12 米，宽 1.52 米，最大射程 7700 米，有效射程 1100 米，持续射速 1 发 / 分，高低射界－17°～＋65°，方向射界 360°。火炮采用整装式炮弹，主要配用空心装药破甲弹和曳光爆破榴弹。试射枪配用试射曳光弹，命中时可产生白色烟团以显示弹着点。

苏联 B－10 式 82 毫米无坐力炮

该炮是苏联的一种旧式反坦克武器，20 世纪 50～60 年代开始生产，并装备苏军摩托化步兵营无坐力炮排。该炮由身管、击发机构、瞄准装置、轮式炮架和三脚架组成。身管前端有拖拽用握把和小滑轮，后部为燃烧室和炮闩，内壁为滑膛。行军时装在轮式炮架上牵引。射击时炮架折向身管下方，改用三脚架支撑。瞄准时用光学瞄准镜。身管长 1.91 米，最大膛压 62 兆帕，初速 320 米 / 秒，最大射程 4470 米，有效射程 500 米。破甲厚度 240 毫米。射速 6～7 发 / 分。高低射界 -20°～＋30°，方向射界 360°。行军状态 87.6 千克，战斗全重 85.5 千克。火炮发射 0－881A 式尾翼稳定破甲弹。破甲弹重 4.9 千克，弹丸重 3.6 千克。弹药基数 60 发。可车载或人力拖拽。

↓美国 M40 式 106 毫米无坐力炮

苏联 D－44 式 85 毫米反坦克炮

D－44 式反坦克炮是苏联生产的一种旧式反坦克武器，因为该炮是在第二次世界大战末期定型的，因此又叫 M1945 式反坦克炮。另外还有一种 SD－44 式反坦克炮，它和 D－44 式的主要区别是装有辅助推进装置。

该炮由身管、炮架、反后坐装置、瞄准装置、轮式炮架组成。配用弹药有曳光穿甲弹、高速穿甲弹、榴弹等。火炮战斗全重 1.7 吨。高低射界－7°～＋35°，方向射界 54°。初速分别为 1030 米 / 秒（高速穿甲弹）和 792 米 / 秒（曳光穿甲弹）。

↑苏联 D-44 式 85 毫米反坦克炮

苏联 B－11 式 107 毫米无坐力炮

B－11 式无坐力炮是苏联的一种旧式反坦克武器，20 世纪 50～60 年代开始生产，并装备苏军摩托化步兵营无坐力炮排，现已由反坦克导弹代替。

该炮主要由身管、击发机构、瞄准装置、轮式炮架和三脚架等几大部分组成。火炮身管长 2.71 米，炮全长 3.31 米，战斗全重 305 千克，最大膛压 61 兆帕，初速为 400 米 / 秒（破甲弹）和

← 苏 联 B-10 式 82 毫米无坐力炮

→ 苏联 B-11 式 107 毫米无坐力炮

375 米 / 秒（爆破榴弹）。最大射程为 6650 米 / 秒（爆破榴弹）和 1710 米 / 秒（破甲弹），有效射程 450 米。破甲厚度为 380 毫米。射速 6 发 / 分。高低射界—10°～＋45°，方向射界 35°。破甲弹重 12.6 千克，弹丸重 7.6 千克。弹药基数 50 发。

南斯拉夫 M60 式 82 毫米无坐力炮

M60 式无坐力炮是南斯拉夫研制的一种步兵用反坦克武器。

M60 式无坐力炮由炮管、击发机构、瞄准装置和轮式炮架等主要部分组成。炮管后部突起部为药室，尾部为炮闩。借助轮式炮架可由人力拖拽进入发射阵地。行军时可用吉普车等轻型车辆牵引。

火炮长约 2.22 米，战斗全重 122 千克，初速 388 米 / 秒。最大射程 4500 米。有效射程分别为 1500 米（对固定目标）和 1000 米（对活动目标）。直射距离 500 米。配用弹药为尾翼稳定的反坦克破甲弹。

↑ 捷克斯洛伐克 M59 式 82 毫米无坐力炮

↑ 南斯拉夫 M60 式 82 毫米无坐力炮

↑ 装在装甲车上的 M60 式 82 毫米无坐力炮。

捷克斯洛伐克 M59 式 82 毫米无坐力炮

M59 式无坐力炮是捷克斯洛伐克研制的步兵用反坦克武器。该炮由炮管、击发机构、瞄准装置和大型轮式炮架等主要部分组成。炮管为滑膛式，后部有燃烧室和炮闩，发射时从后部送弹到位后闭锁击发。行军时由 OT－810 式装甲人员输送车牵引，也可装在装甲车顶部进行瞄准射击，近距离机动时可由 2 名士兵拖拽。火炮配用空心装药破甲弹和爆破弹，可进行直接瞄准射击和间接瞄准射击。战斗状态长 4.6 米，全重 385 千克，弹重 6 千克，最大射程 6657 米。反坦克有效射程 1200 米。破甲厚度为 250 毫米。

意大利"弗格里"80 毫米无后坐炮

"弗格里"无后坐炮是意大利研制的 80 毫米无后坐炮。该炮 1974 年开始研制，目前仍在生产。

该炮的主要特点是采用无后坐炮技术与火箭增程技术相结合，有双脚架型和三脚架型两种，前者采用简易光学瞄准镜，后者采用带有光学测距仪和提前量测定装置的光电瞄准镜，由两人操作。

该炮使用的火箭增程弹由弹丸和多孔药筒组成，弹丸包括空心装药战斗部、火箭发动机和尾翼。火炮最大射程 4500 米，有效射程分别为 500 米（双脚架型）及 1000 米（三脚架型）。

↑ 意大利"弗格里"80 毫米无后坐炮

瑞典 PV－1110 式 90 毫米无坐力炮

PV－1110 式无坐力炮是瑞典研制的一种步兵用反坦克武器。目前该炮已停止生产。

↓瑞典 PV-1110 式 90 毫米无坐力炮

←德国 JPZ4-5 式
90 毫米反坦克炮

该炮由身管、击发机构、瞄准装置和轮式炮架等主要部分组成，身管上方有修正用试射枪，行军时用拖车牵引或用轻型轮式车运载。

该炮的身管长为 3.7 米，战斗状态重 260 千克，初速为 650 米 / 秒，有效射程大约 900 米，高低射界— 10° ~ + 15°，方向射界 75° ~ 115°，射速 6 发 / 分，弹重 3.1 千克，破甲厚度为 550 毫米。

德国 JPZ4 - 5 式 90 毫米反坦克炮

JPZ4 — 5 式反坦克炮是前联邦德国研制的一种 90 毫米自行反坦克炮。它是前联邦德国和瑞士于 20 世纪 50 年代末合作的项目，1967 年起开始大量生产，装备机械化步兵旅和反坦克歼击旅。

该炮的特点是采用了暗炮塔结构，火炮位于车体前部，因此显著降低了火线高度，战斗中便于隐蔽。身管采用 M1966 式 90 毫米反坦克炮身管。战斗舱右后侧有 1 挺 7.62 毫米高射机枪。车顶上装有 8 管发烟器。

火炮炮身长 3663 毫米，车体尺寸为 6.29

米 ×2.98 米 ×2.1 米，战斗全重 27.5 吨，初速为 930 米 / 秒，最大射程为 15 千米，有效射程为 1800 米，射速为 12 发 / 分，方向射界为 30°，高低射界— 8° ~ + 15°，最大行程为 400 千米。最大运动速度 70 千米 / 时。火炮配有超速穿甲弹、穿甲弹、破甲弹、碎甲弹等多种反坦克弹药，还可发射 M47 式或 M48 式坦克使用的炮弹。

高射炮

高射炮的出现

高射炮是从地面对空中目标进行射击的火炮（有时简称为"高炮"）。其特点是炮身长、初速大、射界大、射速快、射击精度高。也可用于对地面或水上目标进行射击。

1906 年，德国的爱哈尔特公司在原来汽球

↑在第一次世界大战中，攻占青岛的日军使用了当时最新试制的高射炮。

↑德军车拉高射炮开火。

↓德国88毫米高射炮战斗状态。

炮的基础上研制出了世界上第一门高射炮，专门用来对付飞艇。到第一次世界大战爆发之前，工业技术先进的国家相继造出了高射炮。第一次世界大战中，参战国主要装备的有75毫米、76.2毫米和105毫米高射炮，并出现了自行高射炮。这一时期，高射炮初速为6000～8000米/秒，炮上装有简易的瞄准装置，并编制了射表，装填和发射由人工操作。

20世纪30年代，军用飞机性能有了明显提高，高射炮也得到了较大改进。小口径高射炮配装上了自动瞄准具，瞄准发射精度高，发射速度为150～400发/分，最大射高6000米。中口径高射炮配用射击指挥仪，炮上装有手摇瞄准系统，发射速度20～25发/分，最大射高为10000～13000米。第二次世界大战中，随着飞机飞行高度的提高，出现了120毫米和128毫米等大口径高射炮。还配备了炮瞄雷达和火炮随动装置，可以

发射嵌有1000个钢珠的榴弹、穿甲弹、穿甲燃烧弹、破片燃烧脱壳穿甲弹等，并配有近炸、延时等多种引信，可击毁装甲防护的直升机和没有装甲防护的飞机。使射击精度和毁伤率进一步提高。

德国88毫米高射炮

在第二次世界大战中，德军使用的1933年式88毫米高射炮是一种著名的火炮。因为它不仅用于打击飞机，而且用于打击坦克。这种高射炮本是德国在第一次世界大战中研制的一种中口径高射炮，后经多次技术改造，火炮性能不断提高。该炮最大射程为15千米，最大射高为11千米，弹丸初速820米/秒，弹重9千克，每分钟可连续发射15～20发炮弹，是当时德国的主要防空兵器之一。

1940年6月10日，德军第7装甲师师长隆美尔与英军坦克部队遭遇，由于当时身边只有两个高射炮连和两个侦察连，于是他下令让高射炮就地展开，直接瞄准英军的坦克射击，不料88毫米高炮威力奇大，取得意外战果。从此，德军就经常将88毫米高炮用作反坦克作战中的直射火力。

1941年6月22日，德军发动侵苏战

↑德军20毫米FLAK-38式高射炮

争。德军第 41 装甲军突入苏联国境后遇到苏军第
3 装甲军的 KV 式超重型坦克的抗击。这种坦克火
炮口径大，车体装甲厚，当时的德军反坦克火炮无
法将其击毁。于是德军调来 88 毫米高炮，竟一举
击毁苏军坦克 200 辆，从而扫清了前进的道路。

1941 年 11 月 16 日，隆美尔率部与英军在
北非进行坦克会战。德国和意大利军队有坦克
395 辆，而英军有坦克 784 辆。但是隆美尔取得
了战役的胜利。其中的一个重要原因是，德军拥
有威力强大的 88 毫米高炮。

↓美国 M42 式 40 毫米自行高射炮

↑德国 88 毫米高射炮不仅能打击飞机，还能
打击坦克。

↓1942 年 5 月，著名的
德军 88 毫米高射炮被部
署在北非的西部沙漠。

↓俄罗斯 ZSU-57-2 式 57 毫米双管自行高射炮

现代自行高射炮系统

20世纪50年代出现了防空导弹综合系统，中大口径高射炮的地位开始下降，60年代，有些国家用地空导弹逐步取代了大中口径高射炮。但由于地空导弹在低空存在射击盲区，故小口径高射炮仍得到发展，出现了炮瞄雷达、光电跟踪和测距装置、火控计算机与火炮结合为一体的自行高射炮系统，改善了防护性能，提高了机动性和射击效果。

各国现装备的小口径高炮近70种，多数是火炮、雷达和指挥仪组成的三位一体自行高射炮系统，有效射程2000～6000米，有效射高1000～3000米。可360°旋转射击，还可以－10°俯射。多为双管，有的采用4管或6管联装，射速一般在每分钟1000发以上。

美国的"火神"M163式6管自行高射炮，射速高达每分钟3000发，可形成密集的杀伤弹幕。自行高射炮系统配有由雷达、光电跟踪和测距装置、数字火控计算机组成的先进火控系统，

↑美国"鹰"35毫米双管自行高射炮

可自动搜索、跟踪和瞄准目标，根据不同性质的目标自动装定所需的引信。这种高炮对空射击反应时间为4～6秒，行进间射击的毁歼概率也能达到28%。瑞典的"特里尼迪"40毫米单管自行高射炮，射速每分钟333发，其火控雷达极为先进，对距离6000米的飞机、直升机射击，10发点射的杀伤概率可达50%，是世界上射击精度最高的高射炮。

↑德国RH202式20毫米高射炮　↑美国"火神"20毫米6管自行高射炮

↑秘鲁军队装备的苏联ZSU-23-4式4管自行高炮。

↑德国RH202式20毫米双管高射炮

↑美国"火神"M163 式 20 毫米 6 管自行高射炮

↑美国 M42 式 40 毫米双管自行高射炮

各国高射炮

美国"火神"M163 式 20 毫米自行高射炮

"火神"M163 式高射炮是美国研制的一种 20 毫米自行高射炮系统。1967 年开始生产，1968 年 8 月起服役，主要装备美军机械化步兵师和装甲师属混合防空炮兵营，与"小榭树"防空导弹配合使用。该系统由 M168 式自动炮、无弹链供弹系统、雷达火控系统和 M741 式装甲车底盘组成。

"火神"M163 式高射炮射程较近，威力不足，不具备全天候作战能力。有效射程 1650 米，有效射高 900 米，管数 6，火控设备为测距雷达和光学瞄准具。乘员 4 人。

美国 M42 式 40 毫米双管自行高射炮

M42 式高射炮是美国生产的一种 40 毫米双管自行高射炮，20 世纪 50 年代初开始设计，1953 年起装备美军，曾在越南战争中广泛使用，1969 年以后被"火神"高射炮取代。

M42 式高射炮的武器系统由双管 M2A1 式 40 毫米高射炮和 M41 式轻型坦克车体组合而成。车体为全焊接式结构，前部为驾驶和指挥舱，中部为敞开炮塔，后部装发动机。指挥舱内有 M13 式潜望镜。火炮可采用单发射击或全自动射击。

火炮管数 2，炮身长 2.4 米，最大射程 9475 米，最大射高 5000 米，有效射高 1640 米。方向射界 360°，高低射界－3°～＋85°，方向瞄准速度 40°/秒，高低瞄准速度 25°/秒，最大射速 2×120 发/分。战斗全重 22 吨。最大行程 161 千米，最大行驶速度 72 千米/时。最大爬坡度 31°。越壕宽 1.83 米，涉水深 1.02 米，通过垂直墙高 0.71 米。车体前装甲厚度 25.4 毫米，炮塔装甲厚度 9.52～15.87 毫米。乘员 6 人。

英国"神枪手"双管 35 毫米自行高射炮

"神枪手"高射炮是英国于 1983 年研制的一种 35 毫米双管自行高射炮系统。该系统由瑞士

↑主要用于前沿阵地打击低空目标的美国 M42 式 40 毫米双管自行高射炮。

↑英国"神枪手"双管35毫米自行高射炮

厄利空公司的KDA式35毫米高射炮及弹药、搜索和跟踪雷达、固定式或陀螺稳定式光学瞄准具及数字式火控计算机组成，具有反应迅速、机动性强以及全天候作战能力等特点。该炮炮塔的适应性很强，借助连接环可安装在多种坦克底盘上。火炮有效射程4000米，有效射高3000米，高低射界—10°～＋85°，方向射界360°，乘员3人。

苏联2C6式弹炮结合防空系统

2C6式弹炮结合防空系统是苏联制造的一种高射炮与地空导弹结合的防空武器系统。1987年初开始装备部队。

该系统是世界上第一种正式装备的弹炮一体化防空武器，使用新的MT－C式装甲输送车的改进型底盘，配装两管2A42式30毫米自动炮和两部双联装萨姆－19式防空导弹发射装置以及搜索和火控雷达。两管自动炮分别安装在炮塔外部两侧，两部双联装萨姆-19式防空导弹发射装置设置在火炮的两侧，能独立进行俯仰运动，不受火炮的影响。火控设备配用北约称之为

↓苏联2C6式弹炮结合防空系统

"快车"的雷达系统，它包括两部独立的分别安装在炮塔前、后部的雷达，其中前部是火控雷达，后部是搜索雷达，作用距离分别为5千米和15千米。火炮有效射程3800米，理论射速1000发/分。

↑苏联ZSU-23-4式23毫米4管自行高射炮

苏联ZSU－23－4式23毫米4管高射炮

ZSU－23－4式高射炮是苏联研制的一种23毫米4管自行高射炮，1965年面世，装备苏军摩托化步兵团和坦克团。该炮还向叙利亚、阿富汗、伊拉克、印度、古巴和越南等30多个国家出口。在1973年第四次中东战争中，由该炮击毁的以色列飞机占以方飞机损失总数的1/3。1991年海湾战争中曾使用。

该炮由AZP－23机关炮、改进的PT－76轻型两栖坦克车体、密封式炮塔与火控系统等主要部分组成。火控系统由B－76炮盘炮瞄雷达、光学瞄准装置、计算机和火炮稳定装置组成。最大射程7000米，有效射程2500米，直射距离900米。最大射高5100米，有效射高1500米。理论射速4×（850～1000）发/分，战斗射速4×200发/分。高低射界—4°～＋85°，方向射界360°。高低瞄准速度60°/秒，方向瞄准速度70°/秒。毁歼概率：停止间33%，行进间28%。系统反应时间14秒，行军战斗转换时间5秒。该炮战斗全重19吨。长6540毫米，宽3125毫米，高3576毫米。最大时速44千米，最大行程260千米。涉水深1070毫米，爬坡度60°，侧倾度30°，通过垂直障碍高1100毫米，越壕宽2800毫米。装甲厚度10～15毫米。车上携弹量2000发。乘员4人。配用杀伤爆破燃烧弹和曳光穿甲燃烧弹。

↑法国 M3-VDA 式双管 20 毫米自行高射炮

法国 M3 – VDA 式双管 20 毫米自行高射炮

M3 – VDA 式高射炮是法国研制的一种 20 毫米双管自行高射炮系统。1975 年开始批量生产，主要供出口。该系统由 TA — 20 式炮塔、RA — 20 型脉冲多普勒搜索雷达、R56T 式光电计算瞄准装置和改进的 M3 — VTT 轮式装甲车底盘组成。火控系统主要包括 RA — 20 目标搜索雷达、P56T 式光电计算瞄准装置和辅助光学瞄准具。有效射程 1800 米，有效射高 800 米，理论射速 2000 发 / 分，高低射界 − 5° ～ ＋85°，方向射界 360°，携弹量 6000 发，最大行驶速度 90 千米 / 时，爬坡度 60°，通过垂直墙高 0.3 米，越壕宽 0.8 米，战斗全重 7.2 吨，乘员 3 人。

法国"塞伯拉"双管 20 毫米牵引式高射炮

"塞伯拉"高射炮是法国研制的一种双管 20 毫米牵引式高射炮，装备法国空军部队。武器系统与前联邦德国 PH202 式双管高射炮类似，但炮管改用法国设计的 M693（F2）式炮管。在火控系统方面，可用警戒雷达或采用 DALDO 式目标指示装置的指挥仪进行自动控制。

火炮战斗全重 1.51 吨，行军全重约 2 吨。行军状态长 5.05 米，宽 2.39 米，高 2.07 米。方

↑法国"塞伯拉"式双管 20 毫米牵引式高射炮

向射界 360°，高低射界 − 5° ～ ＋83°。最大射速 2×900 发 / 分，实际射程 2000 米。机动方式为用卡车牵引。

法国 53T4 式双管 20 毫米高射炮

53T4 式高射炮是法国研制的一种双管 20 毫米牵引式高射炮，在 1983 年的萨托里兵器展览会上首次展出。武器系统由双管 20 毫米机关炮、方向机、高低机、瞄准装置、供弹机、反后坐装置和轮式炮架等主要部分组成。射击时由电动控制开关进行控制，对空射击时使用放大倍率为 1 的高炮瞄准镜，镜内有补偿目标飞行速度的偏差分划。对地面目标射击时使用放大倍率为 5.2 的望远镜。供弹机为两个装有 150 发杀伤爆破弹的弹箱，通过弹带供弹。炮架上还备有 50 发穿甲弹。火炮方向射界 360°，高低射界 − 8° ～ ＋83°，最大射速 900 发 / 分，战斗全重 2 吨，弹药携行量为 350 发。

↓法国 53T4 式双管 20 毫米高射炮

↓法国 VDAA 式双管 20 毫米自行高射炮

法国 VDAA 式双管 20 毫米自行高射炮

VDAA 式高射炮是法国研制的一种 20 毫米双管自行高射炮系统。该系统是继 M3 — VDA 式之后研制生产的，除底盘外，该炮其他部分几乎与 M3 — VDA 式自行高炮完全相同。1980 年开始生产。

该炮由 TA — 20 式炮塔和 VAB 轮式装甲车底盘组成，通常由 1 门不配雷达的自行高射炮和 1 门加装 ESDRA — 20S 型雷达的自行高射炮作为指挥车，构成一个火力单元。必要时，1 辆指

挥车可配合 3 ~ 4 门自行高射炮。技术性能参照 M3 — VDA 式。

法国 ESDTA25 式双管 25 毫米自行高射炮

ESDTA25 式高射炮是法国制造的 25 毫米双管自行高射炮系统。第一门样炮于 1985 年制成，随后处于较长的样炮试验和研制阶段。该炮由 ESDTA25 式炮塔、VAB（6×6）式装甲车底盘和 RA — 20S 型雷达以及微型计算瞄准装置组成，重量较轻，结构简单，具有独立作战能力和抗干扰性能。该炮通常以 4 门炮组成一个火力单位，其中 1 门炮上装有包括雷达在内的全套火控系统作为指挥车。火炮有效射程 1800 米，有效射高 1000 米，射速 1600 发 / 分，高低射界为 — 7° ~ +80°，方向射界 360°，战斗全重 15 吨，乘员 3 人。

↑法国 ESDTA25 式双管 25 毫米自行高射炮

法国"军刀"双管 30 毫米自行高射炮

"军刀"高射炮是法国研制的一种 30 毫米双管自行高射炮系统，20 世纪 80 年代初开始研制，样炮于 1981 年在巴黎航空博览会上首次展出。该系统由 AMX — 30 式坦克的底盘、"军刀"炮塔、KCB — B 式 30 毫米双管自动炮、雷达火控系统组成。火炮有效射程 3300 米，有效射高 2000 米，理论射速 1300 发 / 分，高低界界 — 8° ~ +85°，方向射界 360°，火控系统包括绿眼雷达、陀螺稳定光学瞄准具、视跟踪装置、激光测距仪和 TMV850 型数字式计算机等。

德国 Rh202 式双管 20 毫米高射炮

Rh202 式高射炮是德国制造的一种双管 20 毫米牵引式高射炮，20 世纪 70 年代研制成功，生产了 1500 门，装备德国部队并向希腊、印度尼西亚、阿根廷等国出口。该炮特点是射速高，环境适应能力强，方向瞄准和高低瞄准速度快。它由两门 Rh202 式 20 毫米高射炮、反后坐装置、方向机、高低机、供弹机、上架、下架、火控系统和轮式拖车组成。火炮管数 2，身管长 2.61 米，初速 1150 米 / 秒，有效射程 2000 米。方向射界 360°，高低射界在液压操纵时 — 3.5° ~ +81.6°。最大射速 2×1000 发 / 分。战斗全重 1.64 吨，行军全重 2.16 吨。行军状态长 5.03 米，宽 2.36 米，高 2.07 米。机动方式为卡车牵引或直升机吊运。

德国"野猫"双管 30 毫米自行高射炮

"野猫"高射炮是德国制造的一种新式双管 30 毫米自行高射炮，由克劳斯公司自 1977 年开始研究设计，1981 年首次展出样品。它是一种现代化近程防空武器，主要作用是对低空飞行目标进行防御，也可用于掩护机场、发电厂、指挥所等重要目标，还可用于攻击地面轻型装甲目标。

"野猫"高射炮的武器系统由 MK30F 式双管 30 毫米机关炮、雷达、光电火控系统、计算机和轻便式 6 轮装甲车体组合而成。

↑法国"军刀"双管 30 毫米自行高射炮

↑德国"野猫"双管 30 毫米自行高射炮

火炮管数 2，身管长 2.46 米，初速 1040 米 / 秒。最大射程 6500 米，有效射程 3000 米。最大射高 4800 米，有效射高 2500 米。方向射界 360°，高低射界 —5°～+85°。方向瞄准速度 90° / 秒，高低瞄准速度 70° / 秒，理论射速 2×800 发 / 分。战斗全重 18.5 吨，弹药携行量 540 发。配用的贫铀穿甲燃烧弹可穿透 M48 式或 T62 式坦克的装甲。最大速度 80 千米 / 时。最大行程 600 千米，涉水深 1 米。

↑德国"猎豹"双管 35 毫米自行高射炮

德国"猎豹"双管 35 毫米自行高射炮

"猎豹"自行高射炮是前联邦德国研制的一种双管 35 毫米自行高射炮，由前联邦德国西门子公司和瑞士厄利空公司于 20 世纪 60 年代初开始联合研制，1976 年起装备前联邦德国陆军师属防空团。后进行了多次改进。

"猎豹"高射炮是一种机动式近程防空武器，主要用于对低空飞行目标的防御，可随装甲部队快速机动。全套系统由 KDA 式机关炮、雷达、光电火控系统和"豹"Ⅰ式坦克底盘组成。

火炮管数 2，身管长 3.15 米，初速 1175 米 / 秒。最大射程 12.8 千米，有效射程 4000

↓德国"猎豹"双管 35 毫米自行高射炮

米，最大射高 6000 米，有效射高 3000 米。方向射界 360°，高低射界 —5°～+85°。理论射速 2×550 发 / 分。战斗全重 46.3 吨，弹药携行量 680 发。

瑞士 GAI－DO1 式双管 20 毫米高射炮

GAI—DO1 式高射炮是瑞士研制的双管 20 毫米高射炮，20 世纪 70 年代中期研制成功，1978 年起少量生产供应出口。它由双管 KAD—13—3 式 20 毫米高射炮和 GAI—DOL 式炮架组成。火炮采用液压式传动装置控制方向和高低转动，也可手工操作。每个弹仓可装 120 发炮弹，通过弹链将炮弹送入炮膛。

火炮管数 2，身管长 1.9 米，初速 1050 米 / 秒，有效射程 2000 米，最大射速 2×1000 发 / 分，方向射界 360°，高低射界 —3°～+81°，方向瞄准速度 80° / 秒，高低瞄准速度 48° / 秒。行军状态长 4.59 米，宽 1.86 米，高 2.34 米，战斗全重 1.33 吨。

↑瑞士 GAI-DO1 式双管 20 毫米高射炮

↑瑞士 GAI-BO1 式 20 毫米高射炮

瑞士 GAI－BO1 式 20 毫米高射炮

GAI—BO1 式高射炮是瑞士制造的一种轻便型 20 毫米的轻型高射炮，20 世纪 50～70 年代曾广泛装备西方国家，现已停止生产。

该炮由 KAB—001 式 20 毫米机关炮和三脚式炮架组成，主要用于防御低空飞机的袭击，必要时也可攻击地面轻型装甲目标。

火炮身管长 2.44 米，初速为 1100～1200 米/秒，最大射程约 7000 米，有效射程为 2000 米，理论射速 1000 发/分，方向射界 360°，高低射界—4°～+85°，战斗全重约 400 千克。行军状态长 3.85 米，宽 1.55 米，高 2.5 米。

瑞士"罗马月神"双管 25 毫米自行高射炮

"罗马月神"高射炮是瑞士研制的一种双管 25 毫米自行高射炮。20 世纪 80 年代初期开始研制，1986 年开始批量生产，主要供出口。该炮有 GBF—AOA 式和 GBF—BOB 式两种型号。GBF—BOB 式由双管 KBB 式 25 毫米自动炮、"炮王"光电瞄准具、半封闭炮手舱、动力装置和双轮炮架组成。其中"炮王"式光电瞄准具主要由目标指示镜、潜望镜、激光测距仪和数字式微处理机组成。火炮有效射程为 2000 米，有效射高为 1000 米，理论射速 1600 发/分，高低射界—5°～+85°，方向射界 360°，由轻型和中型卡车牵引，可用直升机吊运。

瑞士"阿塔克"双管 35 毫米自行高射炮

"阿塔克"高射炮是瑞士的一种双管 35 毫米自行高射炮系统。该炮于 1978 年开始研制，研制工作已经完成。该炮采用了新一代数字式计算机火控系统，缩短了武器系统的反应时间，提高了对空中机动目标的命中概率。该系统由双管 KDA 式 35 毫米自动炮、装甲炮塔、全天候火控系统、OF—40 式主战坦克改进型底盘组成。

火炮有效射程 4000 米，有效射高 3000 米，理论射速 1100 发/分，高低射界—5°～+85°，方向射界 360°。战斗全重 48.6 吨，乘员 3 人。

↑瑞士"阿塔克"双管 35 毫米自行高射炮

瑞士"厄利空"GDF—005 式双管 35 毫米高射炮

"厄利空"GDF—005 式高射炮是瑞士研制的一种双管 35 毫米高射炮。它是在 GDF—001、GDF—002 和 GDF—003 等基础上综合改进的产品，作战性能比其他各型号都有大幅度提高。火炮 1984 开始研制，1985 年开始生产，主要供对外出口。

火炮有效射程 4000 米，有效射高 3000 米，

↓瑞士"厄利空"GDF-005 式双管 35 毫米高射炮

↑瑞士"厄利空护卫者"GDF-D03 式 35 毫米双管自行高射炮

↑瑞士"厄利空"GDF-003 式高射炮是瑞士研制的一种双管 35 毫米高射炮，它是在 GDF-001 式高射炮的基础上改进而成的，该炮采用了 KDC-R02/L02 式机关炮和新式防红外探测伪装网，其他性能数据与 GDF-001 式高射炮基本相同。

理论射速 1100 发 / 分，高低射界 — 5°～+ 90°，方向射界 360°。火控设备配用"防空卫士"雷达火控系统，另外还配有"炮王"三维光电计算瞄准装置。由 6×6 卡车牵引，炮手人数 1 名，战斗全重 7.2 吨。

南斯拉夫 M55A3B1 式 3 管 20 毫米高射炮

M55A3B1 式高射炮是南斯拉夫研制的一种 3 管 20 毫米高射炮，装备南斯拉夫地面部队。

M55A3B1 式高射炮配用的 PANS — 20/3 式瞄准具是一种光学与机械结合的自动瞄准装置，既可用于空中目标，也可用于地面目标。射手概略计算目标飞行速度、航向和距离后，把数据输入瞄准具，即可自动计算出目标提前量。瞄准具可对飞行速度为 1000 千米 / 时、距离为 1500 米的目标进行瞄准。火炮管数 3，身管长 1.4 米，最大射程 5500 米，实际射程 1200 米，最大射高 4000 米。方向射界 360°，高低射界 — 5°～+83°。方向瞄准速度 70°/ 秒，高低瞄准速度 50°/ 秒。射速 3×700 发 / 分。战斗全重约 1.15 吨，弹仓重 28.5 千克（装 60 发弹）。

↓ 南斯拉夫 M55A3B1 式 3 管 20 毫米高射炮

瑞典"博菲"40 毫米高射炮

"博菲"高射炮是瑞典生产的一种 40 毫米牵引式防空武器，由博福斯公司于 20 世纪 70 年代开始研制，70 年代后期出口欧、亚一些国家。它不同于传统的雷达火控系统，采用了全新的光电火控系统，具有准备战斗时间短、射击精度高、抗干扰能力强等优点。全套武器系统由 L/70 式 40 毫米高射炮、光学瞄准具、激光测距机和计算机组成。

↑ 瑞典"博菲"40 毫米高射炮

火炮身管长 2.8 米。行军状态长 6.32 米，宽 2.23 米，高 3.25 米。高低瞄准速度 90°/ 秒，方向瞄准速度 120°/ 秒。战斗全重 5.3 吨。理论射速 300 发 / 分。最大射程 12.5 千米，有效射程 3700 米。最大射高 8700 米，有效射高 2300 米。高低射界 — 4°～ +90°，方向射界 360°。机动方式为用卡车牵引。弹药携行量 122 发。配用弹药为穿甲曳光弹、预制破片榴弹等。炮手 4 人。

瑞典 L/60 式 40 毫米高射炮

L/60 式高射炮是瑞典的一种旧式 40 毫米高射炮，第二次世界大战中曾广泛使用，并有多种改进型号。由炮身、高低机、方向机、瞄准具、供弹机构和轮式炮架组成。炮身后部有光学瞄准具和立楔式炮闩，高低瞄准、方向瞄准和弹夹供弹均由炮手操作，由两名装填手在炮盘两侧将装有 4 发炮弹的弹夹轮流插入导板。火炮其中一种身管长 2.24 米（56 倍口径），另一种长 2.4 米（60 倍口径）。最大射程 10.1 千米，有效射程 2500 米，最大射高 4600 米，有效射高 2500 米，高低射界为 — 5°～ + 90°。方向射界 360°。最大射速 120 发 / 分。行军状态长 6.38 米，宽 1.72 米，高 2 米。机动方式为用 2.5 吨（6×6）卡车牵引。

瑞典 L/70 式 40 毫米高射炮

L/70 式高射炮是瑞典的一种 40 毫米牵引式高射炮，是一种使用十分广泛的近距离防空武器，由博福斯公司于第二次世界大战结束后开始研制，1951 年起装备瑞典地面部队。后经多次改进，先后装备美国、法国等 50 多个国家。

该炮由身管、反后坐装置、防盾、方向机、高低机、火控系统、供弹装置和轮式大架组成。

火炮身管长 2.8 米。初速 1005 米 / 秒。最大射程 12.5 千米，有效射程 4000 米。最大射高 8700

↑瑞典 L/70 式 40 毫米高射炮

米，有效射高 3000 米。高低射界－4°～＋90°，方向射界 360°，高低瞄准速度 45°/秒，方向瞄准速度 85°/秒。最大射速 300 发/分。行军状态长 7.29 米，宽 2.24 米，高 2.4 米。

瑞典"特里尼蒂"40 毫米自行高射炮

"特里尼蒂"式高射炮是瑞典博福斯公司研制的一种 40 毫米单管自行高射炮系统。1981 年研制，1986 年鉴定试验，随后进入改进和发展阶段。它由大威力高射炮、高精度火控系统和可编程序近炸引信预制破片榴弹（3P 榴弹）三者组成。火炮有效射程 6000 米（对飞机）及 3000 米（对导弹），射速 330 发/分，高低射界为－20°～＋80°，方向射界 360°。模块式结

↓三位一体的瑞典"特里尼蒂"40 毫米自行高射炮

↑瑞典"特里尼蒂"40 毫米自行高射炮

构的全天候火控系统包括数字式计算机、搜索和跟踪雷达、激光测距仪、电视跟踪仪、红外跟踪仪以及昼夜用光学瞄准具。3P 榴弹爆炸时可产生 3000 多个破片。底盘采用奥地利的斯太尔 4K7FA 系列装甲人员输送车底盘或瑞士的莫瓦格鲨鱼（8×8）轮式侦察车底盘。

↑以色列 TCM-20 式双管 20 毫米高射炮

以色列 TCM－20 式双管 20 毫米高射炮

TCM－20 式双管 20 毫米高射炮是以色列研制的一种近程防空武器，约于 20 世纪 70 年代初装备部队并供应出口。在中东战争中，这种武器被广泛使用。武器系统由双联装瑞士 HS404 式机关炮和轮式炮架组成，炮身下部有装甲防护，炮管一侧有鼓式弹仓，通过弹链将炮弹自动送入炮膛。行军时由吉普车牵引，也可装在履带式装甲车上作自行高炮使用。高炮可配用曳光穿甲弹、曳光穿甲爆破弹、爆破榴弹等多种弹药。火炮管数 2，身管长 1.4 米，初速 850 米/秒。最大射程 5700 米，有效射程 1200 米。最大射高 4500 米。最大射速 2×650 发/分，实际射速 2×150 发/分。方向射界 360°，高低射界－10°～＋90°。方向瞄准速度 72°/秒，高低瞄准速度 67°/秒。行军状态长 3.27 米，宽 1.7 米，高 1.63 米。

以色列 TCM Mk3 式轻型高射炮

TCM Mk3 式高射炮是以色列研制的轻型高射炮。该炮于 1984 年开始生产，同年装备以色列空军的防空部队。该炮采用一种炮架配装 20、23 或 25 毫米不同口径双管自动炮的方式，构成不同口径的高射炮。该炮安装在 RAM 式战车底盘或半履带战车底盘上，可构成自行高射炮。火炮配用 M18 反射式光学瞄准具，也可选用其他现代火控设备。火炮高低射界－10°～＋90°，方向射界 360°。

↑以色列 TCM Mk3 式双管高射炮

↑以色列 TCM-30G 式 30 毫米高射炮

以色列 TCM – 30G 式 30 毫米高射炮

TCM – 30G 式高射炮是以色列生产的一种 30 毫米双管牵引式高射炮。以色列飞机工业有限公司于 1981 年在 TCM – 30 式舰炮基础上研制而成。

火炮采用双管"厄利空"KCB 式 30 毫米自动炮，火炮安装在炮塔式炮架上，由 4 轮炮车牵引。通常情况下 6 门火炮同时由"蜘蛛"－Ⅱ式火控中心控制，包括火控操作台、战术控制操作台、搜索雷达、跟踪指挥仪和处理装置。

意大利"奥托·梅莱拉"4 管 25 毫米自行高射炮

该炮是意大利奥托·梅莱拉公司研制的一种 4 管 25 毫米自行高射炮，20 世纪 70 年代末开始设计试制，1983 年制成样炮。武器系统由 KBA － BO2 式 25 毫米机关炮与 M113 式装甲人员输送车底盘两部分组成。4 管高射炮与小型炮塔一起装在装甲车顶部，可以方便地进行 360° 旋转，因此可实施全方位射击。火炮管数 4，身管长 2.17 米，初速 1325 米 / 秒。最大射程 7000 米，有效射程 2000 米，有效射高 1000 米。方向射界 360°，高低射界－ 5° ～＋ 87°。方向瞄准速度 80° ～ 120° / 秒，高低瞄准速度 100° / 秒。理论射速 4×570 发 / 分。战斗全重 12.5 吨，弹药携行量 1400 发。

意大利"布雷达"L70 式双管 40 毫米高射炮

"布雷达"L70 式高射炮是意大利生产的一种双管 40 毫米牵引高射炮，由意大利布雷达机械公司研制。它主要用于击毁低空飞机和导弹。

该炮系由舰载双联装 40 毫米高射炮发展而来，主要优点是全自动，无需炮手直接在炮上操作，射速高。由炮身、摇架、反后坐装置、自动供弹机、炮塔、炮架、油机和火控系统等组成。

高炮管数 2，身管长 2.8 米（70 倍口径）。初速 1025 米 / 秒，最大射程 12.5 米，有效射程 4000 米。最大射高 8700 米，有效射高 1000 ～ 3000 米。理论射速 600 发 / 分，反应时间 4 秒。高低射界－ 5° ～＋ 85°，方向射界 360°。高低瞄准速度 60° / 秒，方向瞄准速度 100° / 秒。行军全重 11.5 吨。行军状态长 8.05 米，宽 3.2 米，高 3.65 米。行军时由菲亚特 6605（6×6）型卡车牵引。配用穿甲弹、预制破片弹和曳光榴弹。

↓意大利"奥托·梅莱拉"4 管 25 毫米自行高射炮

↓意大利"布雷达"L70 式双管 40 毫米高射炮

意大利"奥托·马蒂克"76 毫米自行高射炮

"奥托·马蒂克"高射炮是意大利奥托·梅莱拉公司研制的一种 76 毫米自行高射炮系统，

↓意大利"奥托·马蒂克"76毫米自行高射炮

1986年制造出第一门样炮。该炮主要特点是射程远，防护性能好，能从远距离攻击武装直升机，全系统反应时间少于5秒，具有全天候和三防作战能力。火炮由76/62式舰炮改进而成，炮塔内有自动供弹系统，采用帕尔玛利亚坦克底盘，也可用"豹"Ⅰ、"豹"Ⅱ和M1主战坦克底盘。火控系统包括搜索雷达、跟踪雷达、敌我识别装置、光电设备、计算机和控制台等。火炮有效射程6000米，有效射高5000米，理论射速120发/分，高低界界—5°～+60°，方向射界360°，战斗全重46吨。乘员4人。

捷克斯洛伐克 M53/59 式双管 30 毫米高射炮

M53/59式高射炮是捷克斯洛伐克研制的一种双管30毫米自行高射炮，20世纪50年代末装备摩托化步兵团，已停止生产。

M53/59式高射炮由轮式装甲车底盘后部装置2门M53式30毫米机关炮组装而成。火炮采用全自动气体推进方式，高低瞄准和方向瞄准采用液压驱动。火炮配用穿甲燃烧弹和榴弹。由于只装有简单的光学瞄准具，因此该炮目标搜索能力和瞄准精度较低。20世纪70年代初改进后，采用较先进的火控系统，提高了行进间射击的精度。

火炮管数2，身管长2.43米。初速1000米/秒。

↑捷克斯洛伐克 M53/59 式双管 30 毫米自行高射炮

最大射程9700米，有效射程3000米。最大射高6300米，有效射高3000米。方向射界360°，高低射界—10°～+85°。理论射速800～900发/分，实际射速300发/分。战斗全重10.3吨。

↓日本87式双管35毫米自行高射炮

日本 87 式双管 35 毫米自行高射炮

87式高射炮是日本制造的一种35毫米双管自行高射炮，由日本三菱公司自1978年开始研制，1987年定型，于1988年开始装备日本驻北海道第7坦克师高炮团（装备8门）。

它由KDA—R04/L01式双管35毫米高射炮与74式主战坦克底盘结合而成。火控系统配有搜索雷达、跟踪雷达、激光雷达、电视摄像跟踪系统等装置。火炮管数2，初速1175米/秒，最大射程12.8千米，有效射程4000米，最大射高6000米，有效射高3000米，射速2×550发/分，高低射界—10°～+85°，方向射界360°。最大时速53千米，最大行程300千米。通过垂直障碍高1000毫米，涉水深990毫米，越壕宽2700毫米，爬坡度31°，侧倾度20.3°。弹仓内装弹量620发左右。该炮采用较先进的火控系统，具有较强的抗电子干扰能力和74式坦克的机动性，但价格太高，使用维修较复杂，对操作人员要求较高。

希腊"月神"－30 式双管 30 毫米高射炮

"月神"—30式高射炮是希腊研制的一种30毫米双管轻型高射炮。1988年开始装备。

该炮结构设计简单，操作和维护方便，模块式火控系统使用灵活，利于改进，可昼夜或全天候使用。火炮外形低矮，便于隐蔽。"月神"—30式高射炮的标准火力部署是：一部搜索雷达，两个火控中心，两套光电火控设备，还有两部跟踪雷达，同时控制6门"月神"—30式高射炮。该炮整个系统的反应时间为5秒钟。

火炮最大射程为5000米，有效射程为3500米，高低射界－5°～＋85°，方向射界360°，运动方式为牵引式，战斗全重5.9吨。

↑英国皇家海军"罗迪尼"号战列舰在诺曼底登陆中提供炮火支援。

舰 炮

舰炮

舰炮是装备在舰艇上的海军炮。按口径分为大、中、小口径舰炮，按管数分为单管、双管和多管联装舰炮，按防护结构分为炮塔舰炮、护板舰炮和敞开式舰炮，按自动化程度分为全自动舰炮、半自动舰炮和非自动舰炮，按射击对象分为平射舰炮和平高两用舰炮，按战斗使命和任务分为主炮和副炮。

舰炮结构由基座、起落部分、旋回部分、瞄准装置、拖动系统、弹药输送系统、电气系统等构成。舰炮及其弹药和火控系统组成舰炮武器系统。现代舰炮的口径一般在20～130毫米之间，一般初速1000米/秒左右，射速10～100发/分，最大射高3～15千米，最大射程4～20千米。通常是采用加农炮，自重平衡，多管联装，具有重量轻、结构紧凑、射界大、射速快、操纵灵活、瞄准快速、命中率高和弹丸破坏威力大等特点。使用弹药有穿甲弹、爆破弹、杀伤弹、空炸榴弹和特种弹，用于射击水面、空中和岸上目标。

公元14世纪出现火炮后，舰炮也出现了。最初的舰炮是臼炮。直到18世纪末，其结构和陆炮一样，都是用生铁、铜和青铜铸造的滑膛炮，配置在多层甲板的两舷，故称为舷炮。1861年，北美首先建造了有旋转炮塔的甲板炮。随着后装线膛炮的发展，无烟火药和高能炸药的采用，舰炮口径不断增大，结构和性能不断改进，

↑19世纪舰内的重炮下设滑轨，可进行移动瞄准射击。

加之装备了光学测距仪、炮瞄雷达和射击指挥仪等，舰炮的射程、发射率、命中率和弹丸破坏力都有了提高。

20世纪60年代，精确制导反舰武器的出现

↑第二次世界大战中战列舰上的重炮。

↑美国"艾奥瓦"号战列舰主炮

↑美国"北卡罗来纳"号战列舰的前主炮

使舰炮的地位发生了显著变化。但舰炮仍是水面战斗舰艇不可缺少的武器。

主炮、副炮和炮塔炮

　　主炮是某一军舰为完成其基本任务（如与相同舰种的敌舰进行炮战）而装备的口径最大的舰炮。到第二次世界大战末期，战列舰的主炮口径已达457毫米，数量约6～12门，安装在双联装、三联装或四联装的炮塔中。战后，由于舰炮任务发生变化（舰炮通常是高平两用炮，既能摧毁空中目标，又能摧毁岸上和海上目标），大型军舰的火炮口径已经减小。现代巡洋舰主炮口径为203毫米，驱逐舰的为130毫米，护航舰的为127毫米。它们装在单炮炮塔、双联装炮塔和三联装炮塔内。

　　副炮是舰艇上除主炮以外的其他火炮。炮塔炮是用装甲封闭的、装有1～4门火炮、可作水平旋转的舰炮或转台岸炮。炮身经前装甲的炮眼伸出，顶部和两侧有供瞄准装置和光学测距仪或

雷达测距仪用的开口，开口上装有装甲罩。19世纪中期，舰上出现了炮塔炮。现代舰用炮塔炮由炮室、炮塔底室和转运室组成。炮室内装火炮、高低机和射击指挥仪。炮塔底室装有方向机、操纵台和送弹装置。转运室将炮塔同弹头舱、装药舱隔开。现代水面舰艇上炮塔炮的特点是：瞄准、送弹与装弹高度自动化；装甲防护完全密闭，外形椭圆；防护装甲与法线之间的夹角较大。小口径炮塔炮已完全自动化。由于采用自动化装置，中、大口径炮塔炮的操纵人员减少。

↑德国海军"沙恩霍斯特"号战列巡洋舰的283毫米主炮开火。

↑1943年，美国"艾奥瓦"号战列舰首的主炮群和20毫米高射机枪。

↑1951年，美国军舰在朝鲜战争中利用舰上的强大炮火为仁川登陆的美军提供火力支援。

↑位于航空母舰机库上的76毫米速射炮，射速120发/分，最大射程16千米。

↑第二次世界大战中，苏联北海舰队的驱逐舰舰尾火炮。

↑1943年8月，第二次世界大战时期的日本战舰，上面的大口径舰炮清晰可见。

↑意大利40L70式舰炮结构示意图

←第二次世界大战中美国巡洋舰"阿拉斯加"号上的右舷后部对空火炮群。

↑6管30毫米舰炮，主要用于近程防御，射速3000发/分，射程2000米。

↑1944年6月5日，英国巡洋舰"渥斯派德"号在诺曼底登陆战役中主炮发射的瞬间。

↑美国舰载 127 毫米 Mk45MOD 2 式舰炮正在发射炮弹。

各国舰炮

美国 Mk45 式 127 毫米舰炮

Mk45 式舰炮是美国研制的一种单管 127 毫米舰炮。20 世纪 70 年代初开始生产，1974 年正式装备使用。1984 年开始生产改进型 MK45 MOD 1 式 127 毫米舰炮。

该炮系全自动火炮系统，结构紧凑，重量轻，自动化程度高，反应快，精度高，可靠性高，具有三防能力，能全天候作战。该炮的瞄准、装填、射击、退壳及退出瞎火炮弹全部实现自动化。火炮采用的 Mk86 型火控系统是美国海军的第一种数字式火力控制系统，它由两部雷达、两套光学探测系统、1 台 Mk152 型通用计算机以及操作控制台组成。雷达与光学探测装置相结合，探测技术先进，抗干扰能力强，能对多个目标进行跟踪。该炮用于对付空中、海上和岸上目标，也用于火力支援。

火炮最大射程 23.7 千米，最大射高 13.6 千米，高低射界 — 15°～＋65°，方向射界左右各 170°。炮手 6 人。

英国 DS30B 式 30 毫米舰炮

DS30B 式舰炮是英国研制的单管 30 毫米舰炮。1980 年研制而成，装备英国皇家海军。DS30B 式舰炮系统是英国新一代多用途舰炮系统，火炮与火控系统两位一体，结构紧凑，重量轻，采用动力驱动。该系统采用瑞士厄利空公司的 KCB 式 30 毫米自动炮，火炮实施炮位控制，如果需要，也可遥控。选用双目和瞄准装置瞄准。火炮有效射程 3000 米，高低射界 — 20°～＋65°，方向射界左右各 165°，高低瞄准速度 55°／秒，方向瞄准速度 55°／秒。

瑞典"博福斯"L170 式 40 毫米舰炮

"博福斯"L170 式舰炮是瑞典博福斯公司研制的单管 40 毫米舰炮。该炮为 20 世纪 50 年代产品，现已不再生产，但仍在世界上广泛使用。

火炮工作可靠，结构简单，采用炮身短后坐工作原理，配用布雷达 144 式供弹机，用弹夹供弹。遥控时由舰上的火控设备控制。火炮上配有带航速显示瞄准环的反射式瞄准具，在炮位控制时使用此瞄准具瞄准。

"博福斯"L170 式舰炮的有效射程为 4000 米，高低射界 — 10°～＋90°，方向射界 360°，高低瞄准速度 45°／秒，方向瞄准速度 85°／秒。该炮配用的弹种有曳光榴弹、近炸引信预制破片榴弹、穿甲弹等。

瑞典"博福斯"Mk2 式 57 毫米舰炮

"博福斯"Mk2 式舰炮是瑞典博福斯公司研制的单管 57 毫米舰炮。20 世纪 80 年代初开始生产，1985 年正式装备使用。该炮为全自动式，采用新型炮塔、自动装填机构、先进的液压遥控伺

↑英国 DS30B 式 30 毫米舰炮

←美国 127 毫米 Mk45 MOD 4 式舰炮构想图

↑瑞典"博福斯"Mk2式57毫米舰炮

服系统以及控制火炮瞄准和射击的计算机。火炮最大射程17千米，高低射界－10°～＋75°，方向射界360°，高低瞄准速度40°／秒，方向瞄准速度55°／秒。

↑意大利"布雷达"紧凑型双管30毫米舰炮

意大利"布雷达"紧凑型双管30毫米舰炮

"布雷达"紧凑型双管30毫米舰炮是由意大利布雷达机械公司研制的一种30毫米双管舰炮。1984年进行鉴定试验并开始投入生产，装备意大利海军巡逻队。

"布雷达"紧凑型30毫米双管舰炮具有体积小、重量轻、射速高、反应时间短和全自动操作的特点，而且安装简便，适用于包括小型快艇、后勤船只等在内的各种类型舰船。

火炮采用德国毛瑟公司的F式30毫米自动炮，双管炮联装，由弹链全自动供弹，配用简易指挥仪，也可同各种火控系统配套使用。有效射程3000米，高低射界－13°～＋85°，方向射界360°。

意大利"布雷达"30毫米舰炮

"布雷达"30毫米舰炮由意大利布雷达机械公司研制，1984年首次在意大利热那亚海军展览会上展出。该炮供意大利海上警备队使用。

↑意大利"布雷达"30毫米舰炮

"布雷达"30毫米舰炮重量轻，安装方便，不用穿过甲板即可安装，因此适用性较强。

火炮采用德国毛瑟F式30毫米单管自动炮，既可遥控，也可炮位控制。可配用各种火控设备，如双目望远镜、红外夜视仪、激光测距仪、电视监视器以及雷达系统。高低射界－13°～＋85°，方向射界360°，高低瞄准速度80°／秒，方向瞄准速度140°／秒。

意大利"布雷达"快40式双管40毫米舰炮

"布雷达"快40式舰炮是由意大利布雷达机械公司研制的40毫米双管舰炮。1986年6月在热那亚海军展览会首次展出样炮。

考虑到20世纪90年代速度高达600米／秒的新一代超声速掠海飞行导弹对舰艇的威胁，布雷达公司在L/70式40毫米双管舰炮的基础上，以双重命中概念（指同时直接命中和间接命中）为指导思想，发展了新型快40式舰炮。该炮在1000米以内用脱壳穿甲弹直接命中并摧毁反舰导弹，而在1000米以外则用近炸引信预制破片榴弹拦截反舰导弹。当交战距离在1000米以上时，预制破片榴弹由炮座底部的弹仓进入炮膛，一旦交战距离降至900～1000米，火炮自动转换，接脱壳穿甲弹弹仓及供弹机构，其间射击不中断。火控设备可配用最先进的火控系统。该炮射速快，反应灵活，瞄准精度高，可安装在各种舰船乃至小型快艇上，可有效攻击和拦截反舰导弹和飞机。

意大利"布雷达"紧凑型40毫米舰炮

"布雷达"紧凑型舰炮是意大利研制的双管40毫米舰炮。1970年6月制成样炮，1974年开始服役，大量生产和装备使用。

"布雷达"紧凑型舰炮的特点是发射速度快，备用弹量较多，伺服系统性能好，反应时间短，

↑意大利"布雷达"紧凑型 40 毫米舰炮

结构紧凑，具有三防作战能力。火炮采用布雷达公司改进的 L/70 式 40 毫米自动炮，双管联装。该炮只需两人在控制面板前遥控操作，不需要瞄准手和装填手，可与任何火控系统配合使用。

该炮最大射程为 12.5 米，最大射高为 8700米，高低瞄准速度 60°/秒，方向瞄准速度 90°/秒，供弹采用扬弹机。

意大利"奥托"紧凑型 76 毫米舰炮

"奥托"紧凑型舰炮是意大利奥托·梅莱拉公司研制的单管 76 毫米舰炮。1969 年 3 月首批生产并装备部队，目前共有 37 个国家的海军装备此炮。该炮为结构紧凑、重量较轻的全自动中口径舰炮，适于安装在各种型号和吨级的舰艇上使用。全炮由两部分组成，甲板以上为炮塔部分，甲板以下是包括扬弹机和旋转弹仓在内的供弹系统。火控设备为电视摄像机火控系统。火炮最大射程 16.3 米，高低瞄准速度 35°/秒，方向瞄准速度 60°/秒。

意大利"奥托"紧凑型 127 毫米舰炮

"奥托"紧凑型舰炮是意大利奥托·梅莱拉公司研制的单管 127 毫米舰炮。20 世纪 70 年代初正式生产和装备。该炮是适用于驱逐舰和护卫舰的高平两用主炮。火炮由两部分组成，甲板以上是炮塔部分，甲板以下是弹仓和装填及供弹系统。配用包括 RTN — 10X 型火控雷达的意大利NA — 10 Ⅱ 型火控系统，从目标探测到火炮发射，各项操作均通过控制台自动完成。最大射程23.68 千米，高低射界 — 15°~ + 85°，方向射界左右各 165°，高低瞄准速度 30°/秒，方向瞄准速度 40°/秒，炮班 3 人。

以色列 TCM – 30 式双管 30 毫米舰炮

TCM — 30 式舰炮是以色列研制的一种双管30 毫米舰炮，于 1981 年开始批量试生产。

TCM — 30 式舰炮重量较轻，结构紧凑。火炮采用"厄利空"KCB 式 30 毫米双管自动炮，通常与舰上的 EL/M2221 型海军火控雷达联用。高低射界 — 20°~ + 85°，方向射界 ±160°，高低瞄准速度 86°/秒，方向瞄准速度 86°/秒。

荷兰 SGE – 30 式 30 毫米舰炮

SGE — 30 式舰炮是荷兰研制的一种 30 毫米舰炮系统，1985 年正式投产，主要装备荷兰和英国海军。这种舰载全自动近程防空武器结构紧凑，火炮射速高，弹丸威力大，配用先进电子设备，反应时间短，能全天候作战，可有效攻击掠海飞行的反舰导弹。

火炮有效射程为 3000 米，高低射界 — 25°~+ 85°，方向射界 360°，高低瞄准速度 100°/秒，方向瞄准速度 100°/秒。

↑荷兰 SGE-30 式 30 毫米舰炮

↑法国 100 毫米紧凑型舰炮

法国 100 毫米紧凑型舰炮

100 毫米紧凑型舰炮是法国 20 世纪 70 年代中期在原有 100 毫米舰炮基础上改进和发展的舰炮，1984 年完成研制工作，用于攻击海上目标和防空，也可反导弹和执行对岸轰击任务。

该炮采用活动身管炮身，炮闩为倒立楔式。初速 870 米/秒，身管长 5500 毫米，射速 10 ~90 发/分。对海上目标最大射程 6000 米。炮重17 吨。具有结构紧凑、重量轻、射速高、反应时间短等特点。

NAVAL SHIPS

舰 船

从木制战船到铁甲舰

战争推动了军舰的发展

战争检验着武器的性能，同时也不断刺激人们去从事新的发明和创造。海战和战船的关系正是如此。在西方，距今3000多年前，生活在地中海沿岸的腓尼基人，在大规模的海上贸易和征战中，发明了最早的海上战船，这种战船有两层划桨手，并备有辅助风帆。腓尼基人还发明和制造了第一艘带有撞角船首的战船，可以在海战中冲撞敌人的船只。当时，发生在地中海和爱琴海上的海战，主要依靠人力划桨木船。腓尼基人发明的撞角战船被希腊人学了去，雅典人制造了三层高的桨帆战船，船首有一个3米长的金属撞角，像一根巨刺，在海战中可以将敌人的船拦腰撞伤。

当时的海战，主要靠接舷战，就是战船上载着受过海战训练的士兵，先用包裹着铁甲的船头将敌船撞伤，然后水兵用铁钩等兵器钩住敌人的战船船舷，手持利刃的士兵迅速跳到敌船上展开白刃格斗，直到把敌人赶尽杀绝，夺取对方的战船为止。

公元前256年，罗马帝国约330艘舰船组成的庞大舰队出征非洲，在西西里附近的海域，与由350艘舰船组成的迦太基舰队展开了激烈的战斗。罗马舰队以"V"字形布阵，迦太基舰队则排成一字形的横宽队形，在海战中，罗马舰队采取惯用的接舷战术，取得了击沉敌船30艘，俘获64艘的辉煌战绩。

到了公元16世纪，火炮开始在挂满风帆的战船上应用，揭开了热兵器在海战中大显神威的历史，船与船之间的战斗也因为火炮的使用而拉开了战斗的距离。此后300多年的海战中，作战形式都是以风为动力的帆船远远地摆开阵式，舷侧对舷侧地用炮打个你死我活。随着工业革命的到来，蒸汽机、螺旋桨、铁甲、爆破弹、旋转炮塔迅速在战船上出现和应用。木制战船发展成为用钢铁作装甲的铁甲舰，1860年英国建造了世界上第一艘铁壳装甲舰"勇士"号，标志着钢铁战舰时代的到来。

20世纪初，世界进入大舰巨炮时代，各海上大国竞相建造超过万吨以上的巨型战列舰。但很快，由于潜艇和飞机对舰攻击能力的迅速增

↑古代战船形式多样，但多为木制战船。

强，鱼雷和空投炸弹成了战列舰的克星。到第二次世界大战结束时，潜艇和航空母舰取得了真正的海上霸主地位。

腓尼基平底战船

古代地中海沿岸的腓尼基人发明的平底战船，是世界上最早的有记载的用于海战的战船。这种由用于航海贸易的商船改造而成的木制战船，至少在公元前2600年时就已经出现了，它是以桨为动力的船。

托里列姆战船

托里列姆战船是一种在腓尼基人的木制平底战船基础上加以改进的古希腊战船，出现于公元前7世纪左右，船为尖底，尖头，长约40米，船上设有70支桨，分三组排列在船的两侧，船上设单桅帆。托里列姆战船航行起来轻捷快速，而且船体坚固，既可由船内的士兵用弓箭射击敌人，也可用装有金属的船头撞击敌船。

火炮搬上木制战船，成为海上堡垒

在人类两三千年的海战中，战船上的主要武器和作战方式，是船上的士兵手持刀剑，在与敌船接触进攻时，跳到敌船上去肉搏厮杀，以决胜负。

后来由中国人发明的火药传入欧洲，西方各国迅速发明了可用火药发射弹药的火炮，并很快用于海战。

首先是意大利的威尼斯制造了一种名为加里的战船。这种船的船首安装了5～8门火炮，用于攻击敌船上的人员。加里战船长约45米，最宽处6米，由54支桨推进，每边各27支，每支桨由3～4名桨手划动，全船共有400人左右。

公元1571年的雷班托海战，是古希腊罗马

↑公元 1571 年的雷班托海战，是地中海最激烈的大海战之一，也是地中海中世纪的最后一场海战。

↑战船行进主要靠桨手们划动，同时也依靠风帆作辅助动力。

木制战船的最后一次大规模海战。交战双方军舰的船首都装上了前所未有的大炮。使基督教国家夺得胜利的是 6 艘威尼斯三桅加里亚斯大型桨帆战船。这是一种半桨半帆式推进的重型战船，每艘船上装有 30～50 门大炮。土耳其舰队的战船虽也装有火炮，但火力较小，在对方舰队的猛烈攻击下，陷入一片混乱之中，木船在火

炮轰击下纷纷起火，士兵大批落水。土耳其战船很快一艘一艘地沉入大海之中。土耳其舰队损失了 150 艘战船，2500 名士兵战死，5000 名士兵被俘。这一仗给欧洲带来了很大的变化，人们发现，自萨拉米斯海战以来的 2000 年间，一直统治着海洋的古希腊、古罗马的没有火炮的木制战船已经过时了，装备了舷侧火炮的新型战船已经登场。

地中海上的古代主力战船和萨拉米斯海战

据历史记载，2300 多年前的地中海沿岸各国，由于贸易纷争经常发生海战。它们普遍使用一种长形的、外形装饰华丽典雅的长桨帆船，由几十名桨手划动。在船头装有尖利的金属撞角，这是海战的主要武器，可用于对敌人船只的冲撞。

早期的这种木制战船只有单层桨座，为了增加速度和机动性，埃及、腓尼基和希腊的海军制造出双层桨座战船和三层桨座战船。作战时，每一把桨由一人划动，同时船上有人吹笛或击鼓，统一指挥几十甚至上百名桨手的操桨动作。战船行进主要靠桨手们划动，同时也依靠风帆作辅助动力。靠一侧桨手倒划水，可使船环形急转。机动性比现在人们的想象要好得多。

公元前 480 年，希腊与波斯帝国在爱琴海上的萨拉米斯岛附近进行了一场海上大战，波斯、希腊双方都使用这种靠人力划桨的三层桨座战船。当波斯大军的战船驶进雅典附近的狭湾时，风把波斯海军的后续战船吹进海湾，800 艘战船挤作一堆，这时，一支小型的希腊海军舰队，趁机用三层桨战船的撞角对波斯战船横冲直撞，一艘一艘地将之撞沉。希腊战舰左冲右突，使数量上占绝对优势的波斯舰队遭到惨败。此次海战，希腊舰队损失 40 艘战船，而波斯舰队则损失近 200 艘战船，其余船只被迫退回出发地。这次海战彻底改变了历史的进程，波斯帝国最终丧失了海上优势，而希腊确立了其对海洋的控制权。

但这种三层桨座战船舷高 2.4 米，吃水只有 0.9 米，稳定性较差，所以不适于远洋航海。另外，船上缺乏就

↑画家笔下萨拉米斯海战的壮观景象

↑古希腊时期的战船都是木制战舰。

↑公元 1588 年的西班牙"无敌舰队"在海战中派出了大小战舰 130 余艘，却大部分被英国舰队击溃。

寝和贮存空间，基本没有续航能力。夜间或气候不良时，人们习惯将它拖到岸边。

大胜西班牙"无敌舰队"的英国舰队

公元 16 世纪初，以桨为动力的桨帆并用战船仍在称霸地中海时，大西洋沿岸的国家开始用风帆作为战船的主要动力。风帆取代了人力划桨，使战船成为远洋探险、贸易和海上抢劫的性能优异的工具。公元 1520 年，英国国王亨利七世建造了世界上第一艘四桅风帆战船"伟大的亨利"号，该船配有 80 门火炮，分别布置在船首、船尾和两层火炮甲板上。该船有 4 根桅杆，满载排水量达 1500 吨，是公元 16 世纪最大的战船之一。当时的另一个海上强国西班牙，也紧随英国的脚步，建造了一种西班牙式的大桨帆战船。该船长约 30 米，宽 9 米，船身狭长，船首仍保留了一个金属尖角，用于撞击敌船，船上也安装了许多火炮，可在远距离对敌人发动攻击。

公元 1588 年，英国与西班牙因争夺海上霸权而爆发了一场大规模的海战。西班牙组织了一支庞大的"无敌舰队"，有大小战船 130 余艘，整个舰队共有 3 万名士兵，但西班牙的"无敌舰队"所用的战船，仍沿用射程较近的大炮和靠士兵跳船格斗作战的古老战术。战争开始前，英国女王伊丽莎白的海军统帅和海军事务高参约翰·霍金斯就发现，过去那种跳船格斗的战术，已经不如远程大炮适于海战，他花了 10 年时间把皇家军舰改装为快速舰队，配备远程重炮，可发射 4000 ～ 8000 克重的圆形铜炮弹，命中率高，有

些射程超过 2000 米。交战一开始，西班牙舰队摆开新月型阵式，试图在英国舰队对其中央战船进攻时，用两翼战船包抄夹击的战术，将英国舰队击溃。但经验丰富的英国海军统帅霍华德和德雷克，指挥英国舰队分成两列，分别攻击西班牙舰队的两个侧翼。在激烈的战斗中，大批西班牙战船连同那些无用武之地的士兵被英国战船的炮火击中，很快沉入大海。

这次海战，西班牙"无敌舰队"损失惨重，130 余艘战船只剩下 65 艘，西班牙人的海上霸主地位被英国人取代。这也是一次单凭舰炮攻击取胜的海战，它改变了 2000 多年的海战方式。

特拉法尔加大海战和英国风帆战列舰"胜利"号

1804 年底，西班牙与法国联合对英国宣战。1805 年，英国与法国之间的特拉法尔加海战爆发了，英国的杰出海军将领霍雷肖·纳尔逊，率领英国舰队一举击败了法国、西班牙联合舰队。因

↑英国纳尔逊将军的旗舰"胜利"号。其 5 层甲板上共有大炮 104 门。

此，纳尔逊被英国视为伟大的民族英雄。

特拉法尔加海战时，以军舰当炮台的观念已经把木制战船发展到了顶峰。在一艘巨型军舰上，5层甲板上分别排列着上百门大炮，远远望去，战船俨然是一座火炮构筑的城池，具有威猛异常的火力。但是，这种船需炮手和帆缆手不下900人。为了防止致命的变形，船体必须装置厚重结实的纵肋骨，肋骨之间必须增加铁肘材和交叉牵条。纳尔逊的旗舰"胜利"号就是这样的战列舰。该舰于公元1759年开始建造，公元1765年下水，全长68.9米，宽15.5米，排水量3500吨，整个舰的建造共用了2500根橡树。"胜利"号上有3层火炮甲板，共装备了102门铁铸加农炮，另外还有两门巨型短炮，可发射30千克的炮弹。"胜利"号列舰服役后一直是英国地中海舰队的旗舰。纳尔逊就是在这艘战列舰上指挥英国舰队最后打败了法国和西班牙的联合舰队。

特拉法尔加海战是木制战船最后一次大规模的海战。人们看到，除了在船上安装许多性能优良、火力巨大的大炮外，木制的战船已经不能适应未来海战的需要了。

↑英国舰队与法国和西班牙联合舰队展开的特拉法尔加大海战，是木制战船最后一次大规模交战。

↓公元13世纪，欧洲的多桅帆船。

英国人发明的海上纵列战术和战列舰

火炮在战船上的应用，虽然使战船的威力大增，但在公元17世纪以前，由于无法解决火炮的后坐力问题，致使当时舰炮的装弹和射击十分笨拙。到公元17世纪初，在舰炮的射击技术上解决了火炮的后坐力问题，装填炮弹变得简单了。这使舰炮的火力大大提高。公元17世纪英国与荷兰进行了三次大规模海战，在海战中善于总结经验的英国海军将领罗伯特·布莱克，首次提出和确立了舰队纵列的海战队形，并据此第一次提出了舰队作战队形的战术原则。英国海军首次制定了《航行中舰队良好队形教范》和《战斗中舰队良好队形教范》，以及《舰队队列条令》和《舰队战斗条令》。根据条令规定，作战时所有战舰以一定间隔排成一个纵队，战斗时每一艘战舰用舷侧炮向敌射击，其余各舰装填弹药。一艘舰射击完毕后，第二艘舰接着进行射击，依次进行下去。这种战术改变了以往海战无战斗队形的混战局面。与此同时，采用纵列队形进行作战的主力战舰开始被称为"战列舰"，因为，只有这些较大的战舰，才有能力坚持在战斗队列上。当时的英国战船按舰炮的数量分成了6个等级，一级舰90门炮以上，二级舰80～90门炮，三级舰50～80门炮，四级舰38～50门炮，五级舰18～38门炮，六级舰18门炮以下。前三级舰被称为战列舰，第四级舰是快速舰或巡航舰，即是巡洋舰的前身。

世界第一艘铁壳装甲蒸汽动力铁甲舰

1859年，英国海军开始建造铁甲蒸汽动力战舰"勇士"号，1860年建成下水。最高航速可达14.5节，如果机帆并用，可以使战船航行的速度达到17节，是当时世界上最快的战舰。

"勇士"号战舰上总共安装了各式火炮40门，其中有当时最先进的后装线膛炮和前装滑膛炮，能分别发射 49.5 千克炮弹和 30.6 千克炮弹。

由于建造匆忙，还存在许多技术上的不足，因此未能在英国海军的序列里占据主力的位置，很快便受到冷落。

1987 年 6 月，英国对这艘百年前的老舰重新进行了整修，并在英国的朴茨茅斯作为一艘游览船向游人开放，向人们展示早期铁甲舰的雄姿。

蒸汽机作动力的铁甲战船

1765 年，英国的詹姆斯·瓦特发明了蒸汽机，为舰船采用蒸汽动力创造了条件。19 世纪初，军舰开始采用蒸汽机，这标志着舰船动力的第一次重大革命。1807 年，美国人罗伯特·富尔顿设计并建造了第一艘明轮蒸汽舰"克莱蒙特"号，它使用木头和煤作燃料，时速可达 8 千米。1815 年，富尔顿为美国建造了第一艘蒸汽动力战舰"德莫洛戈斯"号，1819 年，美国的蒸汽船"萨凡纳"号首次横渡了大西洋。1820 年，第一艘铁壳蒸汽船建成。

1829 年，奥地利人约瑟夫·莱塞尔发明了可用于船舶的螺旋桨，随后，瑞典工程师约翰·埃里克森又对其进行改进，使之能与蒸汽机相连，这就使蒸汽机可以安装在舰船的吃水线以下的舱室里。螺旋桨发明并装舰使用后，把航速从几节提高到十几节，使军舰第一次具备高速和良好的机动能力，可不受风向、风速、潮流的影响而进行远洋作战。

1849 年，法国建造了第一艘螺旋桨推进器的战列舰"拿破仑"号，该船的蒸汽发动机有 440 千瓦，船上装备了 100 门火炮。由于此时的火炮炮膛已经应用了来复线，炮弹也改为杀伤力更大的爆破弹，舰船的战斗力大大提高，炮弹的发射距离已经达到了 7650 米左右，设计精度也大为提高，这也迫使战舰的设计更多地要考虑采用装甲来保护自己，这就加速了钢铁战舰的出现和发展。

↑俄国在 19 世纪 70 年代设计的圆形铁甲舰已经使用蒸汽机作为动力，但航速仍很慢。

美国南北战争中的蒸汽动力铁甲舰

1861 年，美国爆发了南北战争，南军海军部长为了迅速装备自己的海军，于 1862 年 3 月将北军丢弃的一艘木质螺旋桨蒸汽驱逐舰"麦利玛克"号打捞起来，以英国的"勇士"号装甲舰为样板，进行了大规模改装，使之成为一艘装甲舰，并重新命名为"弗吉尼亚"号。南军的这艘包铁甲战舰，排水量达 3500 吨，乘员 320 人，首任舰长是富兰克林·布坎南上校。南军建成了自己的铁甲舰。

1862 年 3 月 8 日，南北两军的战舰在汉普顿锚地附近海域遭遇，并展开激战。"弗吉尼亚"号企图突破北军军舰的封锁线，用新装大炮的爆炸弹击沉了两艘北军的木质帆舰"坎伯兰"号和"国会"号。北军用大炮轰击该船，但并不能击穿船体包着的铁甲，第二天，双方展开历时 4 小时的炮战，虽双方都没能用大炮击穿对方战船上的铁甲，但击中后爆炸的爆炸弹却使北军战船上的士兵受到巨大威胁。另一方面，北军战船上装的可以旋转的炮塔使大炮在船体的任何角度都能实施炮击。

↑北洋舰队部分官兵

蒸汽动力装甲战舰的首次大规模海战——甲午海战

1894 年 7 月，日本海军与中国清政府的北洋水师在黄海的丰岛海域附近遭遇，日舰"吉野"号首先向北洋水师舰队突然开炮，挑起了中日甲午海战的战火。

战前，清政府的海军在北洋大臣李鸿章的主持下，于 1885 年向德国订购了世界上较先进的 7335 吨级钢铁装甲舰"定远"号、"镇远"号和排水量 2300 吨的"济远"号，这在远东是威力最大的战列舰。1887 ~ 1888 年，清政府向英、德订购的 4 艘性能更为先进的战列舰"致远"号、"靖远"号、"经远"号和"来远"号抵华并编入现役，至此北洋水师舰队拥有主力战舰 20 余艘。日本对中国的新型钢铁装甲战列舰十分恐惧，为在未来海战中与中国抗衡，日本投入巨资赶建了一批铁甲战列舰。

甲午海战的丰岛海战开始时，日方共有装甲巡洋舰两艘，轻巡洋舰 1 艘，中方有"济远"号装甲巡洋舰和中国自制的钢壳炮舰"广乙"号，由于日舰航速快，火力猛，又是有备来犯，经过激烈交战，中方"广乙"号被重创退出战斗，"济远"号也受伤，被迫撤出退往威海。日舰在追击途中还击沉中方一艘运兵船，俘走一艘木制炮艇。中国海军首战失利。

1894 年 9 月 17 日，中日海军在黄海大东沟海域附近再次交战，北洋水师的 10 艘战舰与日本联合舰队的 12 艘战舰投入战斗。北洋水师尽管在吨位与航速上与对方相差不大，但在火炮的口径和射速上却远逊于日方，加之战场指挥混乱失误，经过 5 个小时的激烈战斗，北洋水师被击沉 5 艘战舰，其他军舰也大都受伤，而日舰虽有 5 艘遭重创，但却无一沉没。北洋水师在海战中几乎丧失了主动权。由于清政府和北洋水师的软弱无能，1895 年 2 月，北洋水师的 30 余艘战舰，在威海港内，被日本联合舰队全部击沉或俘虏，至此，清政府苦心经营的北洋舰队全军覆没。

↑ 奋战中的"致远"舰

↑ 装甲炮塔铁甲舰

↑ "致远"舰

↑ 日舰"吉野"号

甲午海战是世界装甲战舰在舰队规模上的第一次大海战，它表明了大口径火炮和厚重装甲战舰的作战优势，也显示了速射炮和集中炮火进行攻击的优越性。因此，各国海军纷纷借鉴经验，开始建造大型铁甲战舰，拉开了大舰与巨炮称雄海上的序幕。

↑ "致远"舰管带邓世昌

战列舰

战列舰的兴衰

战列舰是以大口径舰炮为主要武器、具有很强的装甲防护和较强的突击能力、能在远洋作战的大型水面军舰，亦称战斗舰。战列舰在历史上曾作为舰队的主力舰，在海战中通常是由多艘列成单纵队战列进行炮战，因而得名。

战列舰经历了风帆战列舰和蒸汽战列舰两个阶段。风帆战列舰出现于17世纪后期，是帆船舰队中最大的战舰。其满载排水量为1000吨左右，至19世纪中期发展到4000吨左右。风帆战列舰的舰炮，19世纪初期以前是发射实心弹的前膛炮，装有数十门到上百门；19世纪初期以后，改为发射爆炸弹的后膛炮，多达120～130门。蒸汽战列舰出现于19世纪中期。1849年，法国建造了第一艘以蒸汽机为主动力装置的战列舰——"拿破仑"号，装有舰炮100门，是蒸汽战列舰的先驱。1853～1856年的克里木战争推动了蒸汽战列舰的发展。以后，蒸汽战列舰装备了有螺旋膛线的舰炮和能旋转360°的装甲炮塔，装甲厚度大，突击威力和防护能力得到不断提高。20世纪初，英国建造了"无畏"级战列舰，战列舰成为海上霸主。在两次世界大战期间，战列舰有了很大发展，其满载排水量由两万吨增大到7万吨，最大航速由25节提高到30节以上；主炮口径由280～381毫米增大到280～457毫米；重要部位的装甲厚度达483毫米。在第二次世界大战中，由于舰载航空兵和潜艇的广泛使用，战列舰成为海、空袭击的有利目标。在参战

的约60艘战列舰中，约有1/3被击沉或击毁。战后，各国尚有的战列舰均先后退役，并不再建造新的战列舰，战列舰独霸海上的辉煌时代划上了句号。

↑正在进行舾装的德国战列舰"克隆普利茨"号，模仿英国皇家海军建造庞大昂贵的主力舰的战略后来证明并非十分成功。

↑在英国战列舰"沃尔斯派"号上，可以看到早期的对抗措施。锯齿形的帆布条挂在烟囱上，用以伪装外形，并迷惑敌人，使其测距仪难以准确测定其目标的位置和路线。

↑第一次世界大战时的美国战列舰

↑第一次世界大战中，英国战列舰"索文瑞"号的口径为381毫米的大炮正在发射。

↑1919年6月21日，投降的德国战列舰在斯卡帕湾被击沉。

↑第一次世界大战时的德国战列舰

↑日本"长门"号战列舰

↑第二次世界大战中，美国战列舰"西弗吉尼亚"号停靠珍珠港。

↑德国"柯宁"号战列舰

↓美国"阿拉巴马"号战列舰

↑英国"纳尔逊"与"罗德尼"号战列舰

↑意大利"利托里奥"号战列舰

战列舰称雄海上的时代

早期的战列舰也称铁甲舰、装甲舰等。在航空母舰出现以前，战列舰成为主宰海洋的巨型战船达数百年之久。

17～19世纪中期，是风帆战列舰主宰海战的阶段。战船为木质船体，最大为三桅帆船，通常设2～3层甲板，带有轮子的火炮置于甲板之上，通过舷侧门进行射击。17世纪，战列舰最大为1750吨，装有80～100门火炮，舰员600～700人。18世纪，排水量增至2000吨以上，设3层甲板，装120～140门火炮。火炮多为固定炮塔的滑膛炮，需从炮口装填实心炮弹。19世纪中期，战列舰排水量已达4000～5000吨，装有120～130门从炮尾装填爆炸弹的火炮。由于炮塔不能旋转，所以作战时必须将战列舰一字排开，用舷侧舰炮进行射击。

英国1860年建成世界上第一艘铁壳装甲舰"勇士"号；1873年建成世界上第一艘完全去除风帆、采用蒸汽动力的"蹂躏"号铁壳装甲舰；1892年又建成世界上第一艘钢质装甲舰。至此，战列舰的发展趋于成熟，各国开始向大吨位、猛火力、重装甲、高航速方向发展。

有史以来，战列舰吨位最大的是日本的"大和"号和"武藏"号，达69000吨，航速达27节，续航力为7200海里。装有9门主炮，口径460毫米，射程45千米。此外，还装有12～20门中口径副炮和100门左右小口径副炮；战列舰在水线以上的船舷、甲板、炮塔、指挥塔等部位都装有装甲防护。

第二次世界大战以前，战列舰曾作为海军之魂称雄于世长达200多年，主宰着世界海洋。1941年12月8日，英国当时最新型的战列舰"威尔斯亲王"号和战列巡洋舰"反击"号，在

↑美国"华盛顿"号战列舰

↑英国战列舰

没有空中掩护的情况下驶离新加坡，阻止日军在马来西亚半岛北岸登陆。12月10日，英国这两艘军舰被日本海军岸基轰炸机发现。尽管英国军舰向飞机猛烈开炮扫射，也抵挡不住日本飞机的狂轰猛炸，很快被击沉了。事实证明，用战列舰和巡洋舰夺取制海权的时代已经过去。第二次世界大战后，由于核动力、舰载机、导弹及电子装备的大量装备使用，使战列舰的优势所剩无几，很快处于从属地位，并被航空母舰取代。

英国开创了"无畏"级巨型战列舰时代

1906年2月10日，英国建造的"无畏"号战列舰开始下水服役。该舰是第一艘真正意义上的20世纪现代化战列舰。它的排水量为17900吨，航速21节。武器装备为305毫米炮10门，分别配置在5座炮塔内，其中3座在首尾线上，两座在两舷；76毫米炮24门，用来抗击雷击舰的攻击。它的两舷、炮塔和指挥室的装甲厚达279毫米，还有5具457毫米水下鱼雷发射管。该舰首次采用了蒸汽轮机作主机，4台螺旋

↑日本"武藏"号战列舰，排水量高达69000吨，为世界之最。

↑英国"狮"级战列舰。日德兰海战的经验表明，这些舰船的防护不够。

桨推进器，是当时世界上最先进和最庞大的战列舰，而且是第一艘全部装备大口径火炮的军舰。

"无畏"号战列舰与当时其他战列舰的主要区别是：主炮的数量和口径大大增加了，而且没有中口径火炮。这种威力强大的战列舰很快成为各国制造战列舰的榜样。德国获悉英国第一艘"无畏"级战列舰下水后，于1906年修改了海军法案，对原计划建造的大型军舰一律改造成与"无畏"级相似的战列舰。1908年，英国制造出"无畏"级战列舰8艘，德国建造7艘。继之而起的战列舰航速已达23～26.6节，排水量达3万吨以上，主炮口径达380毫米，从而导致了"大舰巨炮"主义的出现。

日德兰海战中的战列舰

1916年，英国与德国之间的北海日德兰大海战，充分显示了"无畏"级战列舰的辉煌，使战列舰的海上威力几乎达到了顶峰。

日德兰大海战是蒸汽动力战列舰第一次进行的大规模海战，也是最后一次以主力舰为首的双方舰队在水面大规模交锋。此役集结了英德两国海军的精华，双方出动战舰共254艘，其中包括44艘"无畏"级战列舰。战事历时12小时，双方相距远达18千米，以强大炮火互相轰击。但是，速度、火力和军舰数目使双方的指挥官来不及观察、联络和有效指挥。尤其是双方的主力舰都不敢进入对方驱逐舰鱼雷的射程。结果是德国宣称胜利，击沉英舰14艘，可是本身损失11艘，它的舰队始终受到英国舰队的压制。

日德兰之役进一步确立了"大舰巨炮"主义理论，使各国海军更加重视发展以战列舰为核心、以大口径舰炮为主要突击兵器的海上舰队。

美国"依阿华"级战列舰

"依阿华"级战列舰是美国海军的战列舰，是除了航空母舰外，威力和吨位最大的水面战舰。美国在第二次世界大战中建造，于1943～1944年间建成服役，共建造4艘，即"依阿华"号、"新泽西"号、"密苏里"号和"威斯康星"号。

↑日德兰海战，是海军上将琼—杰里科率领的英国总舰队与海军上将谢尔率领的德国高级海军舰队在战争中唯一的一次面对面交战。此次海战意味着英国无法保证其海上利益。图为英国战舰"加拿大"号。

↑美国"依阿华"级战列舰

↑美国"依阿华"级战列舰第3艘"密苏里"号

"依阿华"级战列舰满载排水量58000吨，动力装置由8座锅炉和4台蒸汽轮机组成，采用四轴推进方式。其航速可达33节，当航速12节时续航力为15000海里。人员编制为1651人。本级战列舰的原有武器装备为3座三联装406毫米主炮、16座或20座双联装127毫米副炮，有的舰是5座四联装40毫米炮，全舰通体有装甲防护，水线处307毫米，重要部分达430毫米厚，是世界上装甲最厚的水面舰艇，远远超过小型舰艇（不足10毫米）和中型舰艇（14～20毫米）。它的装甲足以承受1吨半重穿甲炮弹的轰击，"飞鱼"导弹击在战列舰的装甲钢板上会弹回去，爆炸冲击波只能划伤装甲。

该级舰于20世纪80年代以来改装了反舰、防空、反潜武器装备和电子设备。拆除了4座双联装127毫米副炮，改装了4座八联装"战斧"巡航导弹发射装置，4座四联装"捕鲸叉"反舰导弹发射装置和3架"拉姆普斯"轻型多用途直升机，保留3座三联装（9门）406毫米主炮，6座双联装（12门）127毫米副炮。还计划在后甲板上加设一层飞行甲板和增设机库，可载12架AV—8B"鹞"式垂直起降飞机或"拉姆普斯"轻型直升机。

巡洋舰

巡洋舰

通常来说，巡洋舰应是一种比驱逐舰排水量大、武器多、威力强，在海战中起骨干作用的用于远洋作战的较大型水面舰艇。在没有航空母舰的舰艇编队中，巡洋舰是编队的核心；在航母编队中，巡洋舰负责航母的侧翼掩护，并可担任旗

↑美国"密苏里"号战列舰

↑美国"依阿华"级战列舰

↑英国巡洋舰

舰。必要时可单舰进行战斗活动。巡洋舰常作为突击兵力用于海上攻防作战、登陆编队和运输船队护航、支援登陆或抗登陆作战等。

在 17 ~ 18 世纪的帆船时代，巡洋舰是指那些装备火炮较少、口径较小、一般不直接参与战斗，而主要执行巡逻及护航任务的快速炮船。

19 世纪中期，最好的巡洋舰是英国造的多桅帆船"阿拉巴马"号，该舰装有蒸汽机，用螺旋桨进行辅助推进，排水量 1040 吨。

19 世纪末，巡洋舰主要是装甲巡洋舰和水平装甲巡洋舰。

现代巡洋舰无论是常规动力还是核动力一般都装备对空、对舰和反潜导弹。同时装有中小口径火炮，并载有直升机，电子设备较多，弹药数量大，作战半径较大。因此，巡洋舰有较大的威力。一般公认巡洋舰的排水量在 7000 吨以上。

↑美国"印第安纳波利斯"号重巡洋舰

↑日本明治时期的巡洋舰"宗谷"号。

↑英国"黑色王子"号是在日德兰海战中沉没的一艘装甲巡洋舰。

↑美国"圣胡安"号轻巡洋舰

↑"圣胡安"号轻巡洋舰。排水量 6000 吨，航速 32 节，装有 12 门 127 毫米高平两用舰炮。

第一次世界大战前的巡洋舰

　　第一次世界大战期间，出现了满载排水量3000 ~ 4000吨级的巡洋舰，动力装置以燃油蒸汽轮机为主，航速由25节增至30节，舰炮多为127 ~ 152毫米口径，最大达190毫米。战争期间用快速商船改装了一批辅助巡洋舰，装备一定数量的舰炮、鱼雷和水雷等，以弥补巡洋舰数量的不足。战后各国建造的大型商船还预留炮座，以备紧急改装成巡洋舰。这一时期，各国的巡洋舰有几种，一种是重巡洋舰，其垂直装甲厚约76 ~ 203毫米，水平装甲厚约51 ~ 127毫米，排水量1万 ~ 2万吨，航速32 ~ 34节，续航力达12000海里，能与战列舰、航空母舰在远洋协同作战。它装有8 ~ 9门主炮，口径在203毫米以上，分装在3 ~ 4座炮塔中，射程37千米左右，主要用以消灭敌巡洋舰和攻击岸上目标。此外，还装有10 ~ 16门副炮，口径在130毫米以下，多为高平两用；数十门自动炮，用于抗击小型舰艇和飞机的来袭。有的还装有3 ~ 4架水上飞机，用以校正舰炮射击和进行侦察。另一种是轻巡洋舰，排水量5000 ~ 10000吨左右，航速35节，续航力10000海里，装甲厚约51 ~ 127毫米。轻巡洋舰主炮口径在152毫米以下，装有6 ~ 12门主炮，其作用是攻击轻型舰艇和陆上目标。有的装127 ~ 133毫米舰炮，用于对空防御和攻击小艇。有的主炮口径88 ~ 127毫米，副炮8 ~ 12门，另配几十门小口径炮。此外，还配有鱼雷、水雷和深水炸弹等，一般装两座3 ~

↑日本"利根"号重巡洋舰

↑法国"贞德"号巡洋舰

↑第一次世界大战时，英国巡洋舰上的双炮塔。

5联装鱼雷发射管，携鱼雷80 ~ 100枚，还可携2 ~ 4架水上飞机用于侦察。

↑英国"曼彻斯特"号轻巡洋舰

↑第一次世界大战中的德国巡洋舰"德夫里格"号

↑美国"提康德罗加"级第3艘"文森斯"号宙斯盾巡洋舰,上载SH－60B"拉姆普斯"Ⅲ直升机。

↑英国"苏塞克斯"号重巡洋舰

第二次世界大战中迅速发展的巡洋舰

　　1922年,英、美、日、法、意5国签定了华盛顿海军条约,对战列舰的威力、吨位和数量等都进行了严格的限制。各海军大国立即转向发展排水量1万吨以下、火炮口径203毫米以下的巡洋舰。1930年,上述5国又在伦敦签署了将华盛顿海军条约延期的新条约。为了扩充实力,英国建造的巡洋舰完全按190毫米炮设计,先装152毫米炮使之成为轻巡洋舰,在第二次世界大战前很快就换装了203毫米炮。

　　大战中,巡洋舰向大吨位、大威力和高航速方向发展。美国建造的"巴尔的摩"级重巡洋舰排水量14000吨,装有3座三联装203毫米主炮;"阿拉斯加"级重巡洋舰排水量则达30000吨,装有3座三联装304毫米大口径舰炮,俨然与战列舰一样成为海上巨型堡垒。

　　各国为了弥补战船之不足,由快速商船和辅助舰船改装成许多辅助巡洋舰,并有一定数量的自动炮。

↑美国"提康德罗加"级巡洋舰编队

舰,其前后122枚Mk41导弹垂直发射装置威力强大,而"宙斯盾"相控阵雷达系统更是开一代水面舰艇之先河。

　　苏联"基洛夫"级核动力导弹巡洋舰是世界上最大的巡洋舰,排水量达28000吨,也是世界上第一艘采用导弹垂直发射装置的舰艇。该舰最多可装载500枚防空、反舰和反潜导弹,还可携3架直升机,因而成为世界上火力最猛的一种巡洋舰,被人们称为真正的"武库舰"。

↓英国轻巡洋舰"基德尼"号,1935年开工,1941年服役。

现代巡洋舰发展为两大流派

　　战后,随着核动力、导弹和电子装备的发展,以大口径舰炮为主的高速巡洋舰迅速退出历史舞台,美国重点发展为航母护航的防空型巡洋舰。在其战后建造的8级巡洋舰中,有5级采用了核动力。常规动力的"提康德罗加"级巡洋

各国巡洋舰

美国"加利福尼亚"级核动力导弹巡洋舰

　　"加利福尼亚"级共建两艘,首舰"加利福尼亚"号1970年1月开工,1974年2月服役。满载排水量10450吨。长181.7米、宽18.6米、吃水9.6米(含声呐)。动力装置为两座D2G型

↑美国"加利福尼亚"级核动力导弹巡洋舰。

压水堆和两台蒸汽轮机，总功率52000千瓦，双轴，航速30节。编制603人。

"加利福尼亚"号舰装有：两座四联装"捕鲸叉"反舰导弹发射架；两座Mk13型单臂"标准"中程舰空导弹发射架（配备导弹80枚）；1座Mk16型八联装反潜导弹发射装置和两具Mk32型三联装反潜鱼雷发射管；两座单管127毫米主炮和两座6管20毫米"密集阵"近防武器系统。"加利福尼亚"号舰上仅设有直升机起降平台。

美国"班布里奇"级核动力导弹巡洋舰

"班布里奇"级仅造一艘，即"班布里奇"号，1962年服役。它是美国海军继"长滩"号巡洋舰与"企业"号航母后的第3艘核动力水面舰艇。其主要技术性能为：满载排水量为8592吨。长172.3米、宽17.6米、吃水7.7米。动力装置为2座D2G型压水堆和2台蒸汽轮机，航速30节，当全速航行时续航力为15000海里，

↓美国"班布里奇"级核动力导弹巡洋舰。

↑美国"班布里"奇级核动力导弹巡洋舰"班布里奇"号

编制548人。该舰装有：两座四联装"捕鲸叉"反舰导弹发射架；两座Mk10型双联装"标准"中程舰空导弹发射架，配备导弹80枚；1座Mk16型8管"阿斯洛克"反潜导弹发射装置和两具Mk32型三联装反潜鱼雷发射管；两座6管20毫米"密集阵"近防武器系统。

美国"特拉科斯顿"级核动力导弹巡洋舰

"特拉科斯顿"级仅建造一艘，即"特拉科斯顿"号。它于1963年6月开工，1967年5月服役，是美国海军第4艘核动力水面舰艇。其主要技术性能为：满载排水量9127吨。长171.9米、宽17.7米、吃水9.4米。动力装置为两座D2G型压水堆和两台蒸汽轮机，航速30节，编制499人。该舰装有：两座四联装"捕鲸叉"反舰导弹发射架；1座Mk10型双联装"标准"舰空导弹/"阿斯洛克"反潜导弹发射架；两具Mk32型三联装反潜鱼雷发射管；1座单管127毫米主炮和两座6管20毫米"密集阵"近防武器系统；1架舰载直升机。

美国"莱希"级导弹巡洋舰

"莱希"级是常规动力导弹巡洋舰，共建9艘，最后一艘"里夫斯"号（CG－24）于1964年5月服役。其主要技术性能为：满载排水量8203吨，长162.5米、宽16.6米、吃水7.6米。动力装置为2台蒸汽轮机和4座锅炉，总功率63000千瓦，航速32节，续航力8000海里/20节。编制413人。该舰装有：两座四联装"捕鲸

↓美国"莱希"级导弹巡洋舰

↑"提康德罗加"级导弹巡洋舰不仅承担着航母编队的防空任务,在执行近距离反潜任务时也不偷懒。

↑美国"提康德罗加"级导弹巡洋舰

叉"反舰导弹发射架;两座 Mk10 型双联装"标准"舰空导弹发射装置(配备导弹 80 枚);1 座八联装反潜火箭发射装置和两座 6 管 20 毫米"密集阵"近防武器系统。该级舰设有直升机升降平台,但不设机库。

美国"提康德罗加"级导弹巡洋舰

"提康德罗加"级是美国海军常规动力导弹巡洋舰,首舰"提康德罗加"号(CG—47)于 1983 年 1 月服役。"提康德罗加"号的主要技术性能为:满载排水量 9600 吨左右。长 172.8 米、宽 16.8 米、吃水 9.5 米。动力装置为 4 台 LM-2500 型燃气轮机,双轴,5 叶可调距桨,总功率 64160 千瓦,航速 30 节,续航力 6000 海里 /20 节,编制 358 人。

"提康德罗加"号舰装有:两座四联装"捕鲸叉"反舰导弹发射架;两座双联 Mk26 型导弹发射架,能发射"标准"舰空导弹(备弹 68 ~ 122 枚)和"阿斯洛克"反潜导弹(备弹 20 枚);两具三联装 Mk32 型鱼雷发射管,可发射 Mk46 型反潜鱼雷;两座单管 127 毫米主炮和两座 6 管 20 毫米"密集阵"近防武器系统;两架 SH—60B"海鹰"直升机。自"邦克山"号(CG—52)之后的各舰,均加装两座 Mk41 导弹垂直发射装置,每个发射装置备弹 61 枚,可发射"战斧"、"标准"、"阿斯洛克"等多型导弹。

美国"弗吉尼亚"级核动力导弹巡洋舰

"弗吉尼亚"级共建 4 艘,首舰"弗吉尼亚"号于 1972 年 8 月开工,1976 年 9 月服役,

是第一艘装备先进武器指控系统的巡洋舰。

"弗吉尼亚"号的动力装置为两座 D2G 型压水堆和两台蒸汽轮机,总功率 52000 千瓦,双轴,航速 30 节以上。编制 558 ~ 624 人。

该舰装有:两座四联装"战斧"对陆和对舰两用导弹发射架;两座双联装 GMLSMk26 型对空"标准"舰空导弹 /"阿斯洛克"反潜导弹发射架;两具三联装 Mk32 型反潜鱼雷发射管;两座单管 127 毫米主炮和两座 6 管 20 毫米"密集阵"近防武器系统;两架轻型多用途直升机。

↑美国"弗吉尼亚"级核动力导弹巡洋舰

↑苏联"斯维尔德洛夫"级巡洋舰

苏联"斯维尔德洛夫"级巡洋舰

"斯维尔德洛夫"级是第二次世界大战后苏联建造的第一代蒸汽轮机巡洋舰。1956 年建成 14 艘。主要技术性能为:满载排水量 17200 吨。长 210 米、宽 22 米、编制 1000 人。部分舰装有两座双联装 SA—N—2 对空导弹发射装置。部分舰装有两座双联装 SA—N—4 舰空导弹发射装置。原型舰只装有 4 座三管 152 毫米炮、6 座双管 100 毫米炮和 16 座双管 37 毫米炮,8 座双管 30 毫米炮。反潜装备有两具三联装 533 毫米鱼雷发射管,但后来各舰根据需要拆除数量不

↑苏联"斯维尔德洛夫"级导弹巡洋舰第3艘"加里宁"号

等的火炮,加装导弹发射架和直升机起落平台及机库。

苏联"卡拉"级导弹巡洋舰

"卡拉"级是苏联海军大型平甲板型反潜巡洋舰,首舰"尼古拉耶夫"号于1969年开工,1973年服役,至1979年共建成4艘服役。

其主要技术性能为:满载排水量8470吨。长173.2米、宽18.6米、吃水6.3米。动力装置为4台燃气轮机,功率为4×17410千瓦;两台燃气轮机,功率为4×4413千瓦。双轴,航速34节,续航力为9000海里/15节、3000海里/32节。

"卡拉"级舰装有:两座双联装SA—N—3反舰导弹发射装置(在"卡拉"级第3艘"亚佐夫"号上是1座);6座SA—N—6垂直导弹发射装置(只有"亚佐夫"号有这种发射装置);两座双联装SA—N—4近程舰空导弹发射装置;两座四联装SS—N—14反潜导弹发射装置;两具五联装533毫米鱼雷发射管(在"亚佐夫"号上是两座双联);两座RBU-6000型12管深水炸弹发射架;两座6管RBU-1000型深水炸弹发射架;两座双管76毫米火炮;4座6管30毫米近程炮;1架卡—25A直升机。

苏联"肯达"级导弹巡洋舰

"肯达"级是为对付美国海军航母而建造的,是苏联海军第一级导弹巡洋舰。首舰"格罗兹尼"号于1960年6月开工,1962年5月服役,共建成4艘。满载排水量5550吨。长142.7米、宽16米、吃水5.3米。动力装置为两台蒸汽轮机和4座锅炉,总功率73500千瓦,双轴,最大航速34节,续航力为6000海里/14.5节、1500海里/34节。编制304人。"肯达"级舰装有:两座四联装SS—N—3B反舰导弹发射架,导弹可以

↑苏联"肯达"级导弹巡洋舰在发射导弹。

↑苏联"肯达"Ⅱ级巡洋舰

↓俄罗斯"卡拉"级导弹巡洋舰

带核弹头；1座双联装SA－N－1舰空导弹发射架；两具三联装533毫米鱼雷发射管；两座12管RBU-6000深水炸弹发射装置；两座双管76毫米炮；4座6管30毫米近程炮。尾甲板设有直升机平台，但是没有机库。

俄罗斯"基洛夫"级核动力导弹巡洋舰

"基洛夫"级是俄罗斯唯一一级核动力导弹巡洋舰，首舰"乌沙科夫海军上将"号（原名"基洛夫"号）于1975年开建，1980年7月服役。

主要技术性能为：满载排水量24300吨。比美国"长滩"级导弹巡洋舰高出近7000吨。堪称当今世界巡洋舰之最。该级舰长251米、宽28.5米、吃水10.33米。动力装置为两座KN3型压水堆和两台蒸汽轮机。双轴，航速30节，续航力为14000海里/30节。编制744人。

该级舰装有：

反舰武器：20座SS－N－19型反舰导弹（射程500千米）垂直发射装置。

防空武器：12座SA－N－6型远程舰空导弹垂直发射装置；两座双联装SA－N－4型近程舰空导弹发射架；两组八筒SA－N－9舰空导弹垂直发射装置；6座CADS－N－1弹炮结合近程防空系统，每座装8枚SA－N－11舰空导弹和双管30毫米近程炮（仅装备第3艘和第4艘）。

反潜武器：1座双联装SS－N－14反潜导弹发射装置（后两艘装SS－N－15）；两具五联装533毫米鱼雷发射管；两座PBU-1000 6管反潜火箭发射装置；1座RBU-6000 12管反潜火箭发射器。

火炮：两座130毫米高平两用炮；8座6管30毫米近程炮（装备第1艘和第2艘）。

3架卡－27直升机，机库设在飞行甲板下方。

俄罗斯"克列斯塔"Ⅰ级导弹巡洋舰

"克列斯塔"Ⅰ级原定为大型反潜舰，1977～1978年间改为导弹巡洋舰，此级舰共有4艘，第1艘"佐祖利亚海军上将"号于1964年2月开工，1967年服役。其主要技术性能为：满载排水量7700吨。长155.5米、宽17米、吃水6米。动力装置为两台蒸汽轮机和4座锅炉，双轴，航速35节，续航力为10500海里/14节、2400海里/32节。编制360人。

该级舰装有：两座双联装SS－N－3B反舰导弹发射架；两座双联装SA－N－1舰对空导弹发射架；两具五联装533毫米鱼雷发射管；

↑俄罗斯"克列斯塔"Ⅰ级巡洋舰

↑俄罗斯"基洛夫"级核动力导弹巡洋舰

两座 12 管 RBU–6000 深水炸弹发射装置；两座 6 管 RBU–1000 型深水炸弹发射装置；两座双管 57 毫米炮；4 座 6 管 30 毫米近程炮；1 架卡—25B 直升机。

↑"光荣"级巡洋舰以火力强大而著称。

↑俄罗斯"克列斯塔"Ⅱ级巡洋舰

俄罗斯"克列斯塔"Ⅱ级导弹巡洋舰

"克列斯塔"Ⅱ级是"克列斯塔"Ⅰ级的改型，以反潜为主要使命，共建 10 艘。首舰"克列斯塔"号于 1966 年开工,1969 年服役。其主要技术性能为：满载排水量为 7850 吨。长 158.5 米、宽 16.9 米、吃水 6 米。动力装置、航速、续航力均与"克列斯塔"Ⅰ级相同。Ⅱ级与Ⅰ级的主要区别在武器装备上，Ⅱ级用两座作战性能更好的 SA—N—3 舰空导弹发射架替代了原来的双联 SA—N—1，用两座四联装 SS—N—14 反潜导弹发射装置取代了Ⅰ级的 SS—N—3B。"克列斯塔"Ⅱ级舰可装备两架直升机，但通常只停 1 架反潜型的荷尔蒙 B 直升机。

俄罗斯"光荣"级导弹巡洋舰

"光荣"级是水面 / 反潜两用的巡洋舰，首舰"光荣"号 1976 年开工，1982 年服役编入北海舰队，共建造 4 艘。其主要技术性能为：满载排水量 11300 吨。长 186 米、宽 20.8 米、吃水 8.4 米。动力设备为 4 台燃气轮机，总功率 8.49 万千瓦；两台燃气轮机，总功率 1.47 万千瓦。双轴，航速 32 节，续航力为 2500 海里 /30 节、7500 海里 /15 节。编制 485 人。

"光荣"级舰装有：8 座双联装 SS—N—12 反舰导弹发射架；8 座 SA—N—6 舰空导弹垂直发射装置；两座双联装 SA—N—4 舰空导弹发射架；两具五联装 533 毫米鱼雷发射管；两座 12 管 RBU—6000 反潜深水炸弹发射装置；1 座双管 130 毫米炮；6 座 6 管 30 毫米近程炮；1 架卡—27 舰载直升机，直升机机库为半沉降式。

法国"科尔贝尔"级导弹巡洋舰

"科尔贝尔"级仅一艘，即"科尔贝尔"号，是法国海军于 1953 年动工，1959 年建成服役的一级巡洋舰。满载排水量 11300 吨。长 180.8 米、宽 20.2 米、吃水 7.7 米。动力装置为两台蒸汽轮机，总功率 63253 千瓦，双轴，最大航速 31.5 节，续航力为 4000 海里 /25 节。编制 560 人。

"科尔贝尔"级舰装有：4 座 MM38"飞鱼"舰舰导弹发射架；1 座双联装"马舒卡"舰空导弹发射架；两座单管 100 毫米炮；6 座双管 57 毫米炮。

←"光荣"级导弹巡洋舰装备的 SS—N—12 反舰导弹发射装置。

驱逐舰

↑英国驱逐舰"特普瑞"号，于日德兰海战中沉没。

驱逐舰

驱逐舰是一种以导弹、鱼雷、火炮等为主要武器，具有多种作战能力的中型水面舰艇。现代驱逐舰一般满载排水量3500～9574吨，航速30～38节，续航力4500～14000海里，能适应复杂海况下的作战，有较强的抗打击能力，并配有较完善的三防能力。驱逐舰按任务可分为反潜驱逐舰、防空驱逐舰、对海型驱逐舰和多用途型驱逐舰等。对海型驱逐舰，以舰舰导弹、鱼雷、舰炮为主要武器，用于对水面舰艇和陆上目标进行攻击，支援登陆和抗登陆作战。多用途型驱逐舰，排水量较大，装有舰空导弹、舰舰导弹、反潜导弹、鱼雷、舰炮、深水炸弹等武器系统，具有防空、反舰等多种作战能力。反潜驱逐舰主要任务是攻击潜艇，配有较强的反潜武器和反潜设备，如必备反潜直升机、火箭助飞鱼雷、深水炸弹和先进的声呐等。防空驱逐舰以对空防御为主，装备有较多的防空导弹和对空火炮，主要对付敌方的飞机和导弹，保护己方舰队。

早期专门对付鱼雷艇的驱逐舰

19世纪60年代前，人们发明了一种用水雷作为攻击武器的水雷艇。这种艇将水雷拖曳于艇后，以触及敌舰使之重创或沉没。1868年，世界上第一枚鱼雷问世之后，便很快装艇使用。到1890年，世界主要海军国家已建成800余艘鱼雷艇，对大型军舰形成很大威胁。1893年，英国建成世界上第一批"哈沃克"号和"霍内特"号鱼雷艇驱逐舰，排水量240吨，航速27节，是

↑美国"阿利·伯克"级导弹驱逐舰"阿利·伯克"号。该级舰是驱逐舰中最早装备宙斯盾系统的舰只，和原先的导弹驱逐舰相比，对空能力相当强。

当时最快的战艇，装有3座鱼雷发射管和4门舰炮。这种专门对付鱼雷艇的战舰当时被称做鱼雷艇驱逐舰，此为驱逐舰的始祖。

早期的驱逐舰以蒸汽机为动力，机动能力很差，1899年被蒸汽轮机取代，航速提高到30节，排水量增至1000多吨，已具备了随舰队远洋作战的能力。在第一次世界大战中，驱逐舰已成为舰队的重要作战力量。第二次世界大战前，驱逐舰排水量增至2000吨左右，到大战结束时，已达3500吨左右。航速也相应增至35～40节，成为最快的战斗舰艇。驱逐舰的武器配备也逐渐增强，鱼雷发射管由单管发展为双联装、甚至5联装，舰炮由1～2门75毫米炮增至3～6门130毫米炮，作战威力有很大提高。各参战国投入第二次世界大战的驱逐舰总数达1800艘之多，使驱逐舰成为参战机会最多的水面战船。

各国驱逐舰

美国"基德"级导弹驱逐舰

"基德"级是美国海军以防空为主的多用途导弹驱逐舰。首舰"基德"号于1978年6月动工，1981年6月建成服役。其主要技术性能为：标准排水量6950吨，满载排水量9574吨。长171.7米、宽16.8米、吃水6.2米（含声呐）。动力装置为4台LM－2500燃气轮机，双轴，总功率64160千瓦，续航力为6000海里/20节、3300海里/30节。编制341人。

"基德"级舰装有：两座四联装"捕鲸叉"舰舰导弹发射装置，最大射程可以达到130海里；两座双联装Mk26型"标准"SM－2MR舰空导弹和"阿斯洛克"反潜导弹共用发射装置，"标准"备弹52

枚，"阿斯洛克"备弹 16 枚；两具 Mk32 型三联装 324 毫米鱼雷发射管，备 Mk46 鱼雷 16 枚，作为近、中程反潜武器；两座 Mk45 型 127 毫米炮；两座 Mk15 型 6 管 20 毫米"密集阵"近防武器系统；两架 SH－2F LAMPS Ⅰ 或 1 架 SH－60 LAMPS Ⅲ 直升机，作为远程反潜武器。

美国"亚当斯"级导弹驱逐舰

"亚当斯"级是在原福·谢尔曼级驱逐舰的基础上进行改进而成的一级以反潜为主的导弹驱逐舰，1958～1964 年间共建造 23 艘，1958 年动工，长 133.2 米、宽 14.3 米、动力装置为两台蒸汽轮机，总功率 55100 千瓦，最大航速 30 节，续航力为 6000 海里 /20 节。编制 360 人。

该级舰装有：两座三联装"捕鲸叉"舰舰导弹发射装置；1 座双联装 Mk11 型"鞑靼人"舰空导弹发射装置（后期建造的 10 艘为单联装 Mk13 型），备弹 40 枚左右；1 座八联装"阿斯洛克"反潜导弹发射器；两具 Mk32 型三联装鱼雷发射管；4 座 Mk42 型单管 127 毫米炮。

↑美国"亚当斯"级导弹驱逐舰

↑美国"亚当斯"级导弹驱逐舰在开炮

↓美国"斯普鲁恩斯"级导弹驱逐舰

美国"斯普鲁恩斯"级导弹驱逐舰

"斯普鲁恩斯"级是美国海军最大的、以反潜为主的多用途驱逐舰，1975 年 9 月建成服役。标准排水量 5770 吨，满载排水量 8040 吨。长 171.7 米、宽 16.8 米、续航力 6000 海里 /20 节。编制 319～339 人。

该级舰装有：两座四联装"捕鲸叉"对舰导弹发射装置（备 8 枚导弹）；1 座八联装 Mk29"海麻雀"舰空导弹发射装置；在没有装导弹垂直发射装置的舰上装有 1 座八联装"阿斯洛克"反潜导弹发射装置（备弹 24 枚）；两具 Mk32 型三联装 324 毫米反潜鱼雷发射管；两座 Mk45 型单管 127 毫米炮；两座 Mk15 型 6 管 20 毫米"密集阵"近防武器系统；1 架 SH－60BLAMPS 3 或 1 架 SH－2F LAMPS 1 直升机。

美国"阿利·伯克"级导弹驱逐舰

"阿利·伯克"级是世界上第一艘装备"宙斯盾"和导弹垂直发射装置的防空型导弹驱逐舰，其首舰"阿利·伯克"号于 1988 年动工，1991 年 7 月建成服役。用以替换于 20 世纪 90 年代初开始退役的"孔兹"级和"亚当斯"级导弹驱逐舰。其主要技术性能为：满载排水量 8422～9033 吨。长 153.8 米，宽 20.4 米，最大吃水 9.1 米（含声呐）。动力装置为 4 台 LM–2500 燃气轮机，总功率 78330 千瓦，双轴，可调螺距螺旋桨，最大航速 32 节，续航力为 4400 海里 /20 节。编制 308 人。

该级舰装有：两座四联装"捕鲸叉"反舰导弹发射装置（Ⅲ 型舰将取消该装置）；前后两座共 90 个单元（首 29、尾 61）的 Mk41 型导弹垂直发射装置，Ⅲ 型舰则增改为 96 个单元（首 32、尾 64），可发射"战斧"巡航导弹、"标准"SM－2MR 舰空导弹、"海麻雀"舰空导弹

↑美国"阿利·伯克"级双舰编队航行。

↑美国"阿利·伯克"级导弹驱逐舰

和"阿斯洛克"反潜导弹等；两具 Mk32 型三联装 324 毫米鱼雷发射管；两座超速散射箔条火箭发射器以及"水精"鱼雷诱饵等装备；1 座单管 127 毫米炮；两座 Mk15 型 6 管 20 毫米"密集阵"近防武器系统，而Ⅲ型舰将由"海麻雀"舰空导弹取代"密集阵"，每个 Mk41 导弹垂直发射单元将能发射 4 枚"海麻雀"舰空导弹，较之"密集阵"将大大增强近程防御能力。Ⅰ、Ⅱ型舰无机库，仅有直升机降落平台和加油及弹药装填设施，可载 SH－60B/F 直升机；Ⅲ型舰则增设双直升机库，可载两架 SH－60B/F 直升机。

苏联"卡宁"级驱逐舰

"卡宁"级是苏联海军的导弹驱逐舰，在"卓越"级驱逐舰的基础上改装而成。满载排水量 4700 吨。长 139 米、宽 14.7 米、吃水 5 米。动力装置为两台蒸汽轮机，航速 34 节，续航力

↑"卡宁"级导弹驱逐舰

为 4500 海里 /18 节。编制 350 人。

该级舰装有：1 座双联装 SA－N－1 型导弹发射架；3 座 12 管 RBU-6000 反潜火箭发射器；两具五联装 533 毫米反潜鱼雷发射管；两座四管 57 毫米炮；4 座双管 30 毫米炮。

苏联"科特林"级驱逐舰

"科特林"级驱逐舰是苏联根据第二次世界大战后的经济情况，制订的 20 年海军发展计划中的一部分。其主要技术性能为：标准排水量 2850 吨，满载排水量 3500 吨。长 126.5 米、宽 12.6 米、吃水 4.6 米。动力装置为两台蒸汽轮机，双轴，航速 38 节，续航力为 4500 海里 /15 节。编制 300 人。

该级舰装有：两具五联装 533 毫米反潜鱼雷发射管（导弹型改 1 座）；6 座深水炸弹发射装置，备有 80 个深水炸弹（导弹型取消）；两座双管 130 毫米高平两用炮（导弹型改 1 座）；4 座四管 45 毫米对空火炮（导弹型改 30 毫米）；4 座双管 25 毫米对空火炮（导弹型取消）。1960 年以后建造的"科特林"级为导弹驱逐舰，增设了 1 座 SS－N－1"果阿"舰空导弹发射装置，两座 12 管 RBU-2500 反潜火箭发射装置。

↑苏联 13 艘"卡辛"级驱逐舰中的一艘

苏联"卡辛"级和"卡辛"改进级驱逐舰

"卡辛"级是世界上第一级完全依靠燃气轮

↑ "卡辛"级导弹驱逐舰

↑ 苏联"无畏"级反潜导弹驱逐舰侧视。

机为动力的驱逐舰，其主要技术性能为：满载水量 4510 吨（"卡辛"级），4974 吨（"卡辛"改进型）。长 144 米，146.2 米（改进型）、宽 15.8 米，吃水 4.7 米。动力装置为 4 台燃气轮机，总功率 4×13239 千瓦，双轴，航速 35 节，续航力 4000 海里 /20 节、2600 海里 /30 节。编制 280 人。装有：4 座 SS—N—2C "冥河"舰舰导弹发射装置（改进型）；两座双联装 SA—N—1 "果阿"舰空导弹发射装置，共备弹 32 枚；1 具五联装 533 毫米鱼雷管；两座 12 管 RBU–6000 型反潜火箭发射装置；两座 6 管 RBU–1000 型反潜火箭发射装置（改进型上拆除）；两座 76 毫米炮，4 座 30 毫米舰炮（改进型）。在舰尾设有直升机平台。

↑ 苏联"卡辛"级驱逐舰尾部装备清晰可见。

苏联"无畏"级导弹驱逐舰

"无畏"级是苏联海军以反潜为主的大型导弹驱逐舰，首舰"无畏"号于 1977 年动工，1980 年建成服役。截至 1999 年，已有 10 艘服役。

"无畏"级舰的主要技术性能为：标准排水量 6700 吨，满载排水量 8700 吨。长为 163.5 米、宽为 19.3 米、吃水 7.5 米。动力装置采用 COGAG 方式，由 4 台全燃气轮机组成，总功率为 7.35 万千瓦，双轴，航速 30 节，续航力为 2600 海里 /30 节、6000 海里 /20 节。编制 249 人。

"无畏"级舰装有：8 座 SA—N—9 舰空导弹垂直发射装置；两座四联装 SS—N—14 反潜 / 反舰导弹发射装置；两具四联装 533 毫米鱼雷发射管；两座 12 管 RBU–6000 型反潜火箭发射装置；两座单管 100 毫米全自动炮；4 座 30 毫米炮；两架卡—27 "蜗牛"A 直升机。

俄罗斯"现代"级导弹驱逐舰

"现代"级，亦称 956 型驱逐舰，是为了补充具有反潜能力的"无畏"级而设计的一级大型驱逐舰。首舰"现代"号于 1977 年动工，1980 年 8 月建成服役。计划建造 28 艘。其主要技术性能为：标准排水量 6500 吨，满载排水量 7940

↑ "现代"级导弹驱逐舰装备的 SS-N-22 反舰导弹、速度超过两马赫，可有效攻击美国航母。

↑俄罗斯"现代"级956A型导弹驱逐舰"别斯鲍柯伊尼"号。

吨。长156米、宽17.3米、吃水5.99米。动力装置为两台蒸汽轮机,总功率7.35万千瓦,双轴,最大航速32节,续航力为240海里/32节、14000海里/14节。编制344人。

"现代"级舰装有:两座四联装SS—N—22"晒斑"舰舰导弹发射装置;两座SA—N—7"牛虻"舰空导弹发射装置,备弹44枚,从第15艘"别斯鲍柯伊尼"号舰开始,利用同一个发射装置发射SA—N—17"灰熊"舰空导弹;三具双联装533毫米鱼雷发射管;两座6管RBU–1000反潜火箭发射装置;设有可布放40枚以上水雷的雷轨;两座双管130毫米炮;4座6管30毫米炮;1架卡—27"蜗牛"直升机。

英国"谢菲尔德"级导弹驱逐舰

"谢菲尔德"级是英国维克斯公司、坎默·莱尔法有限公司、斯旺·亨特公司等联合建造的防空型驱逐舰,又称42型舰,主要是为特混舰队提供区域防空。首舰"谢菲尔德"号于1970年动工,1975年2月服役。该级舰有三种型号,前5艘为Ⅰ型,第6艘至第9艘为Ⅱ型,第10

艘至第13艘为Ⅲ型。从1970~1985年间,共建有13艘。在1987~1989年间,进行了现代化改装。其主要技术性能为:标准排水量3500吨,满载排水量4100吨(Ⅲ型为4675吨)。长125米(Ⅲ型141.1米)、宽14.3米(Ⅲ型14.9米)、吃水4.2米。动力装置为4台燃气轮机,总功率43800千瓦,双轴,最大航速29节(Ⅲ型30节以上),续航力为4000海里/18节。编制253人(Ⅲ型为301人)。

该级舰装有:1座双联装"海标枪"舰空导弹发射装置(备弹22枚);两具三联装324毫米鱼雷发射管;1座Mk8型单管114毫米炮;4座单管20毫米炮;两座Mk15型6管20毫米"密集阵"近防武器系统;一架"山猫"HMA3/8型直升机,载有"海上大鸥"空舰导弹。

英国"布里斯托尔"级驱逐舰

"布里斯托尔"级仅建造一艘,即"布里斯托尔"号,又称82型驱逐舰,1967年动工,1973年建成服役。其主要技术性能为:标准排水量6300吨,满载排水量7100吨。长154.5米、宽16.8米、吃水5.2米。动力装置为COSAG方式,有蒸汽轮机和燃气轮机各两台,总功率44100千瓦,双轴,最大航速30节,续航力为5000海里/18节。编制397人。

"布里斯托尔"级舰装有:1座双联装"海标枪"舰空导弹发射装置(备弹40枚);1座MA8型单管115毫米炮;两座双管30毫米炮;两座单管20毫米炮;1架"黄蜂"直升机。

日本"太刀风"级导弹驱逐舰

"太刀风"级是日本海上自卫队20世纪70年代中后期研制的平甲板型导弹驱逐舰。首舰

↑在英阿马岛海战中,被"飞鱼"导弹击中的英国主力驱逐舰"谢菲尔德"号。

↑日本"太刀风"级导弹驱逐舰

"太刀风"号于1973年动工,1976年建成服役。标准排水量3850吨(DD170舰为3950吨),满载排水量5200吨。长143米、宽14.3米、吃水4.7米。动力装置为两台蒸汽轮机,双轴,航速32节。编制250人(DD170舰255人)。

该级舰装有:1座八联装"捕鲸叉"舰舰导弹发射装置,1座Mk13—3或4型"标准"1SM—1MR对空导弹发射装置;1座八联装Mk112"阿斯洛克"反潜导弹装置,两具68型三联装324毫米鱼雷发射管;两座单管Mk42型127毫米炮;两座Mk15型6管20毫米"密集阵"近防武器系统。

日本"金刚"级防空导弹驱逐舰

"金刚"级是日本海上自卫队第一艘装备"宙斯盾"防空导弹系统和导弹垂直发射系统的新型导弹驱逐舰。首舰"金刚"号于1990年动工,1993年服役。标准排水量7250吨,满载排水量9485吨。长161米、宽21米、吃水6.2米。动力装置为4台LM-2500燃气轮机,总功率76210千瓦,双轴,可调螺距螺旋桨,最大航速30节,续航力为4500海里/20节。编制307人。

该级舰装有:两座四联装"捕鲸叉"舰舰导弹发射装置;舰首装有Mk41型29单元导弹垂直发射装置;舰尾装有Mk41型61单元导弹垂直发射装置,用于发射"标准"SM—2MR舰空导弹和"阿斯洛克"反潜导弹;两具HOS—302型三联装324毫米鱼雷发射管;1座"奥托·梅莱拉"127毫米炮;两座Mk15型6管20毫米"密

↑日本"初雪"级导弹驱逐舰

集阵"近防武器系统。设有SH—60J直升机平台和补给燃料设施。

日本"初雪"级多用途导弹驱逐舰

"初雪"级首舰"初雪"号于1979年动工,1982年服役。标准排水量2950吨(DD129号之后为3050吨),满载排水量3700(DD129号为3800)吨。长130米、宽13.6米、吃水4.2米。动力装置为4台燃气轮机,总功率44200千瓦,双轴,可调螺距螺旋桨,最大航速30节。编制195人(DD124之后为200人)。

该级舰装有:两座四联装"捕鲸叉"舰舰导弹发射装置;1座Mk29型"海麻雀"近程舰空导弹发射装置;1座八联装"阿斯洛克"反潜导弹发射装置;两具68型三联装324毫米鱼雷发射管;两座单管"奥托·梅莱拉"76毫米炮;两座Mk15型6管20毫米"密集阵"近防武器系统;1架SH—60J舰载直升机。

日本"村雨"级多用途导弹驱逐舰

"村雨"级是日本海上自卫队20世纪90年代末建成的一级多用途导弹驱逐舰,首舰"村雨"号于1993年动工,1996年建成服役。标准排水量4550吨,满载排水量5100吨。长150米、宽16.4米、吃水4.8米。动力装置为COGAG方

↑日本"宙斯盾"导弹驱逐舰首舰"金刚"号

→日本"村雨"级导弹驱逐舰

式，两台 SM-1C 燃气轮机，两台 LM — 2500 燃气轮机。双轴，最大航速 30 节。编制 166 人。

该级舰装有：两座四联 SSM-1B "捕鲸叉" 舰舰导弹发射装置；16 单元 Mk48 型 "海麻雀" 舰空导弹垂直发射装置；16 单元 Mk41 型 "阿斯洛克" 反潜导弹垂直发射装置（携弹 29 枚）；两具 68 型 3 联装 324 毫米鱼雷发射管；1 座 "奥托·梅莱拉" 76 毫米炮（将从第 10 艘 DD110 舰起换装 127 毫米炮），1 座 Mk15 型 6 管 20 毫米 "密集阵" 近防武器系统。尾部设有机库，可搭载 1 架 SH-60J "海鹰" 多用途 / 反潜直升机。

↑法国"絮弗伦"级导弹驱逐舰

法国"絮弗伦"级导弹驱逐舰

"絮弗伦"级是法国战后第一代导弹驱逐舰，共建造两艘。首舰"絮弗伦"号于 1962 年动工，1967 年建成服役。其主要技术性能为：标准排水量 5090 吨，长 157.6 米、宽 15.5 米、吃水 6.1 米。动力装置为两台蒸汽轮机，续航力为 5100 海里 /18 节，2400 海里 /29 节。编制 355 人。该级舰装有：1 座四联装 MM38 "飞鱼" 舰舰导弹发射装置，1 座双联装 "玛舒卡" 舰空导弹发射装置；1 座 "马拉丰" 反潜导弹发射装置；4 具反潜鱼雷发射管（每舷两具）；两座 55 式单管 100 毫米高平两用自动炮；4 座 "厄利空" 单管 20 毫米炮。

法国"图尔维尔"级反潜导弹驱逐舰

法国"图尔维尔"级是在"乌头"级基础上设计开发的，又称 F67 型，共建成 3 艘。首舰"图尔维尔"号于 1970 年动工，1974 年建成服役。其主要技术性能为：标准排水量 4580 吨，满载排水量 5950 吨。长 152.8 米、宽 16 米、吃水 5.7 米。动力装置为 2 台蒸汽轮机，双轴，航速 32 节，续航力为 5000 海里 /18 节。编制 301 人。

该级舰装有：6 座 MM38 "飞鱼" 舰舰导弹发射装置；1 座八联装 "海响尾蛇" 舰空导弹发射装置；1 座 "马拉丰" 反潜导弹发射装置（从 1997 年开始被 "米拉斯" 取代）；两具五联反潜鱼雷发射管（MML5）；两座单管 100 毫米炮；两座单管 "厄利空" 20 毫米炮；两架 "山猫" Mk4 型直升机。

法国"乌头"级反潜导弹驱逐舰

法国"乌头"级仅建造了一艘，即"乌头"号。1966 年动工，1973 年建成服役，其主要技术性能为：标准排水量 3500 吨，满载排水量 3900 吨。长 127 米、宽 13.4 米、吃水 5.4 米。动力装置为 1 座蒸汽轮机，续航力为 5000 海里 /18 节。编制 228 人。

"乌头"级舰装有：4 座 MM38 "飞鱼" 舰舰导弹发射装置；1 座 "马拉丰" 反潜导弹发射装置；1 座六联装 305 毫米反潜火箭发射装置；两具 L5 型鱼雷发射管；两座 68 型单管 100 毫米炮。

↑法国"乌头"级反潜导弹驱逐舰 C65 型。

法国"乔治·莱格"级反潜导弹驱逐舰

"乔治·莱格"级是法国海军首次采用燃气轮机动力装置的军舰，又称 F-70ASW 反潜型。首舰"乔治·莱格"号于 1974 年动工，1979 年服役。其主要技术性能为：标准排水量 3830 吨，满载排水量 4300 吨（D640 ~ 643），4580 吨（D644 ~ 646）。长 139 米、宽 14 米、吃水 5.7 米。动力装置为两台燃气轮机和两台柴油机，双轴，航速 30 节，续航力为 8500 海里 /18 节。编制 218 人。

"乔治·莱格"级舰装有：两座 MM38 四联装 "飞鱼" 舰舰导弹发射装置（D642 ~ 646 为 MM40）；1 座八联装 "海响尾蛇" 舰空导弹发射装置；计划用两座双联装 "辛伯达" 舰空导弹发射装置取代 20 毫米炮（D644 ~ D646），两座六联装 "萨德拉尔" 舰空导弹发射装置取代 20 毫米炮（D640 ~ 643），发射 "西北风" 导弹；1 座单管 100 毫米炮；两座 "布莱达" 30 毫米炮

↑法国"乔治·莱格"级驱逐舰第6艘"拉莫特·毕盖"号

↑德国"汉堡"级导弹驱逐舰

（DD640～643）；两座"厄利空"单管20毫米炮；两座固定式鱼雷发射管，备10枚ECAN L5鱼雷；两架"山猫"Mk4型直升机。

德国"吕特晏斯"级导弹驱逐舰

"吕特晏斯"级是前联邦德国海军在美国"亚当斯"级驱逐舰的基础上改进的，又称"亚当斯"级改型，1966～1970年间共建3艘。首舰"吕特晏斯"号1966年动工，1969年建成服役。

"吕特晏斯"级舰的主要技术性能为：标准排水量3370吨，满载排水量4500吨。长133.2米、宽14.3米、吃水6.1米。该级舰的动力装置为两台蒸汽轮机，双轴，最大航速32节，续航力为4500海里/20节。编制337人。

"吕特晏斯"级舰装有：1座单臂Mk13舰空导弹发射装置，用于发射"标准"舰空导弹和"捕鲸叉"舰舰导弹；两座Mk49型21管"拉姆"舰空导弹发射装置；1座Mk112型八联装"阿斯洛克"反潜导弹发射器；两具Mk32型三联装324毫米鱼雷发射装置；1座深水炸弹发射装置；两座Mk42型单管127毫米炮。

德国"汉堡"级导弹驱逐舰

"汉堡"级是前联邦德国建造的首批驱逐舰，在1959～1968年间共建4艘。首舰"汉堡"号，1959年动工，1964年建成服役。其主要技术性能为：标准排水量3340吨，满载排水量4680吨。长133.7米、宽13.4米、吃水6.2米。动力装置为两台蒸汽轮机，双轴，总功率50000千瓦，最大航速34节，续航力为6000海里/13节。编制268人。该级舰装有：两座MM38双联装"飞鱼"舰舰导弹发射装置；4具533毫米鱼雷发射管；两座4管"博福斯"375毫米可回转反潜火箭发射装置；3座单管100毫米炮；4座双管40毫米炮。

意大利"大胆"级导弹驱逐舰

"大胆"级是"无畏"级舰的改进型，是意大利海军第二代导弹驱逐舰。首舰"大胆"号于1968年开工建造，1972年11月建成服役。标准排水量3600吨。满载排水量4400吨。长136.6米、宽14.2米、吃水4.6米。动力装置为两台蒸汽轮机，最大航速34节，续航力3000海里/20节。编制380人。

该级舰装有：4座双联装"特赛奥"舰舰导弹发射装置；1座Mk13"标准"舰空导弹发射装

↑德国"吕特晏斯"级导弹驱逐舰

↑ "大胆"级导弹驱逐舰装备有"标准"防空导弹、127毫米舰炮、鱼雷等武器，可载两架直升机。

置；两具Mk32型三联装324毫米鱼雷发射管；1座"奥托·梅莱拉"127毫米炮；3座"奥托·梅莱拉"76毫米炮；两架AB212反潜直升机。

韩国"广开土大王"级（KDX－1）导弹驱逐舰

"广开土大王"级是韩国自行设计、自行建造的第一型国产驱逐舰，1998年7月建成服役。满载排水量3855吨。长135.4米、宽14.2米、吃水4.2米。动力装置为CODOG方式：两台LM-2500燃气轮机，两台MTU柴油机。续航力为4000海里/18节。编制为170人（15名军官）。

"广开土大王"级舰装有：两座双联装"捕鲸叉"BLOCK1C舰舰导弹发射装置；16单元

Mk48型"海麻雀"舰空导弹垂直发射装置；1具Mk32型324毫米鱼雷发射管，备有Mk46 Mod5鱼雷；1座"奥托·梅莱拉"127毫米炮；两座7管30毫米"守门员"近防武器系统。设有直升机库，可搭载1架"超山猫"直升机。

护卫舰

护卫舰

护卫舰主要用于反潜护航以及侦察、警戒、巡逻、布雷、支援登陆、对岸和对舰攻击等任务。乍看起来，护卫舰与驱逐舰所完成的任务和装备都很相似，但护卫舰一般比驱逐舰吨位小、武器弱、航速低，然而因为其机动性好、造价低廉，受到各国海军的青睐，是一种更为普及的舰种。现代护卫舰按排水量大小可分为中型（1000～3500吨）和小型（600～1000吨）两种；按其作战使命可分为反潜、防空、对海和多用途型护卫舰，这点又与驱逐舰相似。20世纪70年代以来，护卫舰一般都装备了导弹，加强了攻击能力和防卫能力，许多还配备有反潜直升机，并且更新了动力、电子系统和声呐、火控、指挥系统等，能够兼负起驱逐舰的战斗任务。护卫舰的面貌已经今非昔比，甚至在某种程度上，驱逐舰和护卫舰已经很难分得清楚。护卫舰在冷战后的今天显得特别重要，各国护卫舰也因此成为一种最有发展前途的舰种。

↑ 韩国"广开土大王"号导弹驱逐舰

各国护卫舰

苏联"格里莎"级护卫舰

　　苏联黑海、基畏、哈巴罗夫斯克等几家造船厂分别建造的轻型护卫舰。首制舰"格里莎"号1968年开工，1971年建成服役。主要用于中近海和沿岸海区，执行反潜、护航和边防巡逻等任务。因武器配备不同，将其分为Ⅰ型、Ⅱ型、Ⅲ型、Ⅳ型等4个型别，共87艘。

　　"格里莎"Ⅰ型，标准排水量800吨，满载排水量900吨，最大排水量990吨。舰长71.1米，舰宽10.3米，吃水3.4为，最大航速35节。航速14节时，续航力2700海里。自给力9昼夜。编制舰员83名。采用柴-燃联合动力装置，装2台柴油机，功率14710千瓦；1台燃气轮机，功率13239千瓦，三轴推进。舰上装双联装SA-N-4"壁虎"舰空导弹发射装置1座（备弹20枚）、双联装57毫米舰炮1座（备弹1100发）、六联装30毫米舰炮1座（备弹2000发）、双联装533毫米鱼雷发射装置两座、12管RBU-6000火箭式深水炸弹发射炮两座（备弹96枚）和大型深弹滚放装置两座（备弹18枚）。主要电子设备有：对空/对海搜索雷达、导弹制导雷达、变深声呐、电子对抗系统等。

　　"格里莎"Ⅱ型，在保留Ⅰ型舰原有武备的基础上，拆除双联装SA-N-4"壁虎"舰空导弹发射装置，改双联装57毫米舰炮1座为两座（备弹从1100发增加到2200发）、改12管RBU-6000火箭式深水炸弹发射炮两座为6管RBU-6000火箭式深水炸弹发射炮1座（备弹从96枚减少到48枚）。

　　"格里莎"Ⅲ型，在保留Ⅰ型舰原有武备的基础上，改双联装57毫米舰炮1座为单管76毫米舰炮1座（备弹304发），改12管RBU-6000火箭式深水炸弹发射炮两座为6管RBU-6000火箭式深水炸弹发射炮1座（备弹从96枚减少到48枚），增装SS-N-8"小妖精"舰空导弹发射装置（备弹8枚）。

↑苏联"格里莎"级护卫舰

苏联"纳努契卡"级轻型导弹护卫舰

　　苏联彼得洛夫斯基造船厂和太平洋地区船厂建造的轻型护卫舰。代号1234型。首制舰"纳努契卡"号1971年建成。主要用于中近海巡逻、警戒，担负对水面舰艇的攻击任务。至1987年共建成Ⅰ、Ⅱ、Ⅲ、Ⅳ等4个型别共45艘，各型舰的区别主要在于武器配备不同。除装备苏联海军外，还出口印度（3艘）、阿尔及利亚（3艘）、利比亚（4艘）等国。

　　"纳努契尔"Ⅰ型护卫舰标准排水量640吨，满载排水量730吨，最大排水量790吨。舰长59.3米，舰宽11.8米，吃水3.02米。最大航速35节。巡航速度12节时，续航力4000海里，自给力10昼夜。编制舰员60名，其中军官10名。动力装置为3台柴油机，总功率22065千瓦，3轴推进。另有柴油发电机3台，总功率700千瓦。

　　舰上装三联装SS-N-9"海妖"海射反舰导弹发射装置两座、双联装SA-N-4"壁虎"舰空导弹发射装置1座（备弹20枚）、双联装57毫米舰炮1座（备弹1100发）。主要电子设备有：对海/对空搜索雷达、导弹制导雷达、火控雷达、导航雷达、电子战系统等。

↑苏联"纳努契卡"Ⅲ级轻型导弹护卫舰

苏联"克里瓦克"级导弹护卫舰

　　苏联日丹诺夫、列宁格勒、加里宁格勒等几家造船厂分别建造的远洋反潜护卫舰。代号1135型。首制舰"克里瓦克"号1970年开工，1971年

↑苏联"克里瓦克"级导弹护卫舰

建成服役。主要用于舰艇编队协同作战，担负反潜护航等任务。有Ⅰ型、Ⅱ型和Ⅲ型，共40艘。

"克里瓦克"级Ⅰ型，标准排水量3180吨，满载排水量3545吨，最大排水量3670吨。舰长123米，舰宽14.2，吃水4.7米。最大航速32节，巡航速度14节。航速14节时，续航力3900海里。自给力30昼夜。编制舰员192名。采用全燃联合动力装置，装燃气轮机4台（两台巡航机组，两台加速机组），总功率11332千瓦，双轴推进。舰上装双联装SA-N-4舰空导弹发射装置1座（备弹20枚）、100毫米舰炮1座（备弹2000发）、六联装30毫米舰炮两座（备弹12000发）、四联装533毫米鱼雷发射装置两座、12管RBU—6000火箭式深水炸弹发射炮两座（备弹96枚）。此外，甲板上设有直升机起降平台，可以携载卡-27反潜直升机1架。主要电子设备有：三坐标雷达、对空搜索雷达、对海搜索雷达、导弹制导雷达、炮瞄雷达、舰壳主动声呐、变深声呐、电子对抗系统等。

"克里瓦克"级Ⅱ型，装四联装SS-N-10舰舰导弹发射装置1座（备弹4枚）、双联装SA-N-4舰空导弹发射装置两座（备弹40枚）、100毫米舰炮两座（备弹1200发）、12管RBU-6000火箭式深水炸弹发射炮两座（备弹96枚）和水雷20枚。

"克里瓦克"级Ⅲ型，装四联装SS-N-10舰舰导弹发射装置1座（备弹4枚）、双联装SA-N-4舰空导弹发射装置两座（备弹40枚）、双联装76毫米舰炮两座（备弹2000发）、四联装533毫米鱼雷发射装置两座、12管RBU—6000火箭式深水炸弹发射炮两座（备弹96枚）和水雷20枚。

俄罗斯"无畏"级导弹护卫舰

苏联加里宁格勒扬塔尔造船厂建造的多用途型远洋型护卫舰。又译"不惧"级护卫舰。在"克里瓦克"级护卫舰的基础上改进而成。首制舰"无畏"号1987年3月开工，1988年5月下水。苏联解体后，俄罗斯继续建造，于1993年1月建成服役。

标准排水量3210吨，满载排水量4200吨。舰长129.6米，舰宽15.6米，吃水4.26米。最大航速30节。航速16节时，续航力4500海里；18节时3000海里。自给力30昼夜。编制舰员210名，其中军官35名。装燃气轮机4台，总功率53510千瓦，双轴推进。舰上设有舰载直升机库，可携带"卡-27"反潜直升机1架。舰上装

↑从尾部可见"无畏"级导弹护卫舰的直升机机库。

有双联装SS-N-16舰舰导弹发射装置8座（备弹16枚）、八联装SA-N-9"克里诺克"舰空导弹垂直发射装置4座（备弹32枚）、"嘎什坦"弹炮结合防空武器系统两座（备导弹64枚和炮弹6000发）、100毫米舰炮1座（备弹350发）、12管RBU-6000火箭式深水炸弹发射炮两座（备弹60枚）。主要电子设备有：三坐标对空搜索雷达、对海搜索雷达、导弹制导雷达、火控雷达、导航雷达、舰壳主动声呐、拖曳式声呐、卫星导航系统、电子对抗系统等。

"无畏"级护卫舰是俄罗斯首次采用隐身技术的护卫舰。上层建筑采用倾斜式，并涂有吸收雷达波材料，以减小敌方雷达探测的反射波；烟囱内采用喷气引射装置，以冷却燃气轮机排放的高温废气，降低红外辐射；还设有水幕系统，以降低红外辐射信号，达到隐身目的。

美国"佩里"级导弹护卫舰

"佩里"级是美国海军水面舰艇中性能适中的通用型导弹护卫舰。首舰"佩里"号1975年动工，1977年建成服役。标准排水量3638吨，满载排水量4100吨（FFG—8、15、28、29、32、36～61）。长138.1米、宽13.7米、吃水4.5米（含声呐7.5米）。动力装置为两台LM-2500燃气轮机，单轴，航速29节，续航力为4500海里/20节。编制206人。

该级舰装有：1座单臂Mk13/4型"标准"/"捕鲸叉"导弹两用发射装置，备36枚"标准"中程舰空导弹和4枚"捕鲸叉"舰舰导弹；两座Mk32型三联装324毫米鱼雷发射管；1座"奥托·梅莱

↑美国"佩里"级导弹护卫舰具有较强的反潜、防空能力。

拉"76 毫米炮；1 座 Mk15 型 6 管 20 毫米"密集阵"近防武器系统；2 架 SH — 2GLAMPS 1 或两架 SH — 60B 直升机。

英国"利安德"级护卫舰

"利安德"级是英国德文波特海军造船厂建造的多用途型护卫舰。首舰"利安德"号于 1963 年动工，1966 年建成服役。基本型标准排水量 2450 吨，满载排水量 3200 吨。长 109.7 ～ 113.4 米、宽 13.1 米、吃水 4.5 米。动力装置为两台蒸汽轮机，总功率 22000 千瓦，双轴，最大航速 28 节，续航力为 4000 海里 /15 节。编制 266 人。

该级舰装有：两座四联装"海猫"舰空导弹发射装置；两座"乌鸦座"76 毫米干扰火箭发射装置；1 座 Mk6 型双管 115 毫米半自动炮；两座双管 40 毫米炮；两座双管 20 毫米炮；1 座"林波"Mk10 型三联装反潜迫击炮；1 架"黄蜂"直升机。反潜型舰，将 115 毫米首炮换装 4 座 MM38"飞鱼"舰舰导弹发射装置，尾部的"林波"三联装反潜迫击炮换装两座 Mk32 型三联装鱼雷发射管。

↑英国"利安德"级导弹护卫舰

英国"大刀"级反潜导弹护卫舰

"大刀"级是英国亚罗造船公司建造的反潜型护卫舰。该级舰的主要技术性能为：标准排水量：Ⅰ型 3500 吨，Ⅱ型 4100 吨，Ⅲ型 4200 吨；满载排水量：Ⅰ型 4400 吨，Ⅱ型 4800 吨，Ⅲ型 4900 吨。Ⅰ型：长 131.2 米、宽 14.8 米、吃水 6 米。Ⅱ型、Ⅲ型：长 146.5 米、宽 14.8 米、吃水 6.4 米。动力装置：Ⅰ型由两台 TM–3B 型燃气轮机和两台 RM1C 型燃气轮机组成；Ⅱ型和Ⅲ型由两台 SM1A 型燃气轮机和两台 RM1C 型燃气轮机组成。航速 30 节，续航力为 4500 海里 /18 节。编制 222 人（Ⅰ型），273 人（Ⅱ、Ⅲ型）。该级舰装有：4 座单发 MM38"飞鱼"舰舰导弹发射装置Ⅰ型，Ⅱ型，Ⅲ型换装两座四联装"捕鲸叉"

↑英国"大刀"级Ⅲ型护卫舰第 2 艘"坎伯兰"号。

舰舰导弹发射装置；两座六联装"海狼"近程舰空导弹发射装置；两具 Mk46 型三联装鱼雷发射管；1 座 Mk8 型单管 115 毫米炮；1 座"守门员"近程武器系统；两座双管 30 毫米炮（Ⅲ型）；两座单管"博福斯"40 毫米炮；两座单管 20 毫米炮（Ⅰ、Ⅱ型）；两架"山猫"Mk2 型反潜直升机（某些舰可能载"海王"或 EH–101"默林"直升机）。

英国"公爵"级导弹护卫舰

"公爵"级是英国亚罗造船公司研制建造的反潜护卫舰。首舰"诺福克"号于 1985 年动工，1990 年建成服役。标准排水量 3500 吨，满载排水量 4200 吨。长 133 米、宽 16.1 米、吃水 5.5 米（螺旋桨处）。动力装置首创燃气轮机与电力推进联合动力（CODLAG）方式，使安静性、经济性显著提高，续航力较过去提高一倍。由两台斯贝燃气轮机和 4 台 12RPA200CZ 柴油机组成，总功率 29200 千瓦，双轴，航速 28 节，续航力为 7800 海里 /15 节。编制 174 人。

↑英国"公爵"级护卫舰尾部的直升机和机库。

该级舰装有：两座四联装"捕鲸叉"舰舰导弹发射装置；32单元"海狼"舰空导弹垂直发射装置；两具三联装固定式324毫米鱼雷发射管；1座单管114毫米高平两用炮；两座"厄利空"30毫米炮；1架"山猫"HMA3/8直升机或1架EH-101"默林"直升机。

法国"里维埃舰长"级护卫舰

"里维埃舰长"级是法国海军早期建造的护卫舰，首舰"里维埃舰长"号1957年动工，1962年建成服役。主要技术性能为：标准排水量1750吨，满载排水量为2250吨。长103.0米、宽11.7米、吃水4.8米。动力装置由4台柴油机组成，双轴，航速35节，续航力7500海里/15节。编制167人。该级舰装有：4座单发MM38"飞鱼"舰舰导弹发射装置；两具三联装533毫米鱼雷发射管；1座四联装305毫米增程深弹发射器；两座单管100毫米炮；两座单管30毫米炮。尾部可停放轻型直升机。

↑法国"里维埃舰长"级护卫舰

法国"拉法耶特"级导弹护卫舰

"拉法耶特"级是法国海军最新一级轻型护卫舰，首舰"拉法耶特"号于1990年动工，1994年1月服役。满载排水量3600吨。长125米、宽13.8米、吃水4米。动力装置为4台柴油

↑法国20世纪90年代隐形护卫舰——"拉法耶特"级护卫舰。

机，总功率15520千瓦，双轴，航速25节，续航力为7000海里/15节。编制164人。

该级舰装有：两座四联装MM40"飞鱼"舰舰导弹发射装置（备导弹8枚）:1座八联装"响尾蛇"CN2舰空导弹发射装置，发射VT1导弹。第2批3艘舰将被SAAM垂直发射装置取代，该系统带有16枚"紫菀"15舰空导弹；1座单管100毫米高平两用炮；两座"吉亚特"20毫米近防炮。舰尾为直升机机库和直升机起降平台，可载1架AS565 MA"黑豹"或"超黄蜂"直升机，上可携带AM－39"飞鱼"空舰导弹。

↑德国"不莱梅"级导弹护卫舰

德国"不莱梅"级护卫舰

"不莱梅"级，是德国不莱梅·富坎造船公司建造的具有远洋反潜、对海作战和近程防御能力的多用途护卫舰。首舰"不莱梅"号1979年动工，1982年建成服役。其主要技术性能为：标准排水量2900吨，满载排水量3600吨。长130米、宽14.4米、吃水6.5米。动力装置由两台LM-2500燃气轮机和两台MTU柴油机组成，双轴，可调螺距螺旋桨，最大航速30节。续航力为4000海里/18节。编制207人。

该级舰装有：两座四联装"捕鲸叉"舰舰导弹发射装置;1座Mk29型八联装"北约海麻雀"中程舰空导弹发射装置（备弹16枚）；两座"拉姆"21单元点防御系统（安装在机库顶部）；两具Mk32型双联装324毫米鱼雷发射管；1座Mk75型"奥托·梅莱拉"单管76毫米高平两用炮。尾部设有直升机机库，载2架"山猫"反潜直升机。

德国"勃兰登堡"级导弹护卫舰

"勃兰登堡"级护卫舰为德国最新一级导弹护卫舰，又称123型，满载排水量4700吨。长138.9米、宽16.7米、吃水4.4米。动力装置采用CODOG方式，两台LM-2500燃气轮机，两台MTU20V956TB92柴油机。最大航速29节，续航力4000海里/18节，编制199人。

↑德国"勃兰登堡"级护卫舰首舰"勃兰登堡"号。

该级舰装有：两座双联装 MM38 型"飞鱼"舰舰导弹发射装置；16 单元 Mk41 型舰空导弹垂直发射装置，用于发射"北约海麻雀"导弹；两座 Mk49 型 21 单元"拉姆"舰空导弹发射装置；两座 Mk32 型双联装 324 毫米鱼雷管，发射 Mk46 反潜鱼雷；1 座"奥托·梅莱拉"76 毫米炮；设有双机库，可载两架 Mk88 "海山猫"反潜直升机。

意大利"狼"级导弹护卫舰

"狼"级是意大利海军的中型多用途护卫舰，首舰"狼"号 1974 年 10 月动工，1977 年 9 月建成服役。标准排水量 2208 吨，满载排水量 2525 吨。长 113.2 米、宽 11.3 米、吃水 3.7 米。动力装置为柴燃交替 CODOG 方式，采用两台燃气轮机，两台柴油机，总功率 44600 千瓦。双轴，最大航速 35 节，续航力 4350 海里 /16 节。编制 185 人。该级舰装有：两座八联装"奥托马特"Ⅱ舰舰导弹发射装置；1 座"海麻雀"中程舰空导弹发射装置；两具 Mk32 型三联装 324 毫米鱼雷发射管；两座 20 管 105 毫米回转式箔条火箭发射装置；1 座单管"奥托·梅莱拉"127 毫米全自动炮；两座双管"布莱达"40 毫米炮；还将加装两座"厄利空"20 毫米炮。设有直升机库，载 1 架 AB212 反潜直升机。

↑意大利"狼"级导弹护卫舰

意大利"西北风"级导弹护卫舰

"西北风"级是意大利海军在"狼"级护卫舰基础上设计的一型多用途导弹护卫舰。首

↑意大利"西北风"级导弹护卫舰。装有先进的声呐设备，具有较强的反潜能力。

舰"西北风"号 1978 年 3 月动工，1982 年 3 月建成服役。标准排水量 2500 吨，满载排水量 3200 吨。长 122.7 米、宽 12.9 米、吃水 4.6 米。动力装置为两台燃气轮机和两台柴油机，总功率 44600 千瓦。双轴，最大航速 32 节，续航力为 6000 海里 /16 节。自持力 30 天，最大可达 50 天。编制 232 人。

该级舰装有：4 座"奥托马特"舰舰导弹发射装置；1 座八联装"信天翁"舰空导弹发射装置，可发射"毒蛇"舰空导弹；两具 Mk32 型三联装 324 毫米鱼雷发射管，可发射 Mk46 鱼雷；尾构架处有两具线导鱼雷发射管；两座 20 管 105 毫米回转式箔条火箭发射装置；1 座单管"奥托·梅莱拉"127 毫米全自动炮；两座双管"布莱达"40 毫米炮，在 1990～1991 年海湾战争中，加装了"厄利空"20 毫米炮。设有直升机库，可载两架 AB212 ASW 反潜直升机。

意大利"智慧女神"级轻型导弹护卫舰

"智慧女神"级是意大利海军新一代轻型导弹护卫舰。首舰"智慧女神"号于 1985 年动工，1987 年建成服役。标准排水量 1029 吨，满载排水量为 1285 吨。长 86.6 米、宽 10.5 米、吃水 3.2 米。动力装置为 2 台柴油机，总功率 9260 千瓦，双轴，最大航速 24 节，续航力为 3500 海里 /18 节。编制 123 人。

该级舰装有：1 座八联装"信天翁"舰空导弹发射装置，用以发射"蝮蛇"舰空导弹；"奥托

↑意大利"智慧女神"级轻型导弹护卫舰

马特"舰舰导弹发射装置 4 座、两具三联装 324 毫米鱼雷发射管,以及两具干扰火箭发射器;1 座"奥托·梅莱拉"76 毫米炮。

加拿大"哈利法克斯"级导弹护卫舰

"哈利法克斯"级是加拿大海军 20 世纪 90 年代的主力战舰。首舰"哈利法克斯"号于 1988 年动工,1992 年建成服役。满载排水量为 4770 吨。长 134.7 米、宽 16.4 米、吃水 5.71 米。动力装置为两台燃气轮机,1 台柴油机,总功率 42300 千瓦。双轴,巡航速度约 15 节,最大航速 29 节,续航力为 3930 海里 /18 节。编制 225 人(战时),平时编制 198 人。

西班牙"侦察"级护卫舰

"侦察"级是西班牙海军的多用途轻型护卫舰。1978 年建成服役。标准排水量 1233 吨,满载排水量 1666 吨。长 88.8 米、宽 10.4 米、吃水 3.8 米。动力装置为 4 台 MTU 柴油机,总功率 11000 千瓦,续航力为 4000 海里 /18 节。编制 118 人。

"侦察"级舰装有:两座四联装"捕鲸叉"舰舰导弹发射装置;1 座八联装"海麻雀"舰空导弹发射装置(备弹 24 枚)。两具 Mk32 型三联装 324 毫米反潜鱼雷发射管;1 座双联装 375 毫米反潜火箭发射炮;反潜深弹发射装置;1 座"奥托·梅莱拉"76 毫米高平两用炮;1 座或两座"博福斯"单管 40 毫米炮。

以色列"埃拉特"级护卫舰

"埃拉特"级是以色列海军与美国海军联合设计,也称"萨尔"5 型。首舰"埃拉特"号于 1992 年动工,1994 年建成服役。标准排水量 1075 吨,满载排水量 1227 吨。长 86.4 米、宽 11.9 米、吃水 3.2 米。该级舰的动力装置为 1 台 LM — 2500 型燃气轮机和两台 MTU 柴油机,总功率 27160 千瓦,最大航速为 32 节,续航力为 3500 海里 /17 节。编制 74 人。

"埃拉特"级舰装有:两座四联装"捕鲸叉"舰舰导弹发射装置;两座四联装"加布里埃尔"舰舰导弹发射装置;两座"巴拉克"I 舰空导弹垂直发射装置(每座 32 单元);两具 Mk32 型三联装鱼雷发射管;两座"奥托·梅莱拉"76 毫米炮;两座 20 毫米"海火神"近防武器系统;一架 SA366G"海豚"直升机。

↑以色列"埃拉特"级护卫舰

日本"阿武隈"级导弹护卫舰

"阿武隈"级是日本海上自卫队最新一级反潜护航型护卫舰。首制舰"阿武隈"号于 1988 年动工,1989 年底建成服役。标准排水量 2050 吨,满载排水量 2550 吨。长 109 米,宽 13.4 米、吃水 3.8 米。动力装置采用柴 – 燃联合(CODOG)动力装置:主机为两台斯贝 AM1A 燃气轮机和两台 S12U — MKT 柴油机,总功率 24630 千瓦;双轴,最大航速 27 节。编制 115 人。

该级舰装有:两座四联"捕鲸叉"舰舰导弹发射装置;1 座 Mk112 型八联装"阿斯洛克"反潜导弹发射装置;两具 68 型三联装 324 毫米

↑英国在第一次世界大战中的航空母舰"暴怒"号。

↑日本"阿武隈"级护卫舰"大淀"号

↑"乔治·华盛顿"号航空母舰

鱼雷发射管，用于发射 Mk46 Mob5 "尼尔蒂普"反潜鱼雷以及两座 6 管干扰火箭发射装置；1 座"奥托·梅莱拉"76 毫米炮；1 座 Mk15 型 6 管 20 毫米"密集阵"近防武器系统。

澳大利亚"阿德莱德"级导弹护卫舰

"阿德莱德"级是澳大利亚海军仿美国"佩里"级建造的一型导弹护卫舰，在 1977 ~ 1993 年间共建造 6 艘。首舰"阿德莱德"号于 1977 年动工，1980 年建成服役。其主要技术性能为：满载排水量 4100 吨。长 138.1 米、宽 13.7 米、吃水 7.5 米（含声呐）。动力装置为两台 LM — 2500 燃气轮机，单轴，最大航速 29 节，续航力为 4500 海里 /20 节。编制 184 人。该级舰装有：1 座单臂 Mk13 型"标准" / "捕鲸叉"导弹共用发射装置，弹库内装 40 枚"标准"SM — 1MR 中程舰空导弹和 8 枚"捕鲸叉"舰舰导弹；两具 Mk32 型三联装 32 毫米鱼雷发射管；1 座"奥托·梅莱拉"76 毫米全自动炮；1 座 Mk15 型 6 管 20 毫米"密集阵"近防武器系统。设双直升身机库，载两架"海鹰"S — 70A — 2 直升机。

航空母舰

航空母舰

航空母舰是以舰载机为主要武器、并为舰载机编队提供海上活动基地的大型军舰。航空母舰无疑是一座浮动的海上机场，是海军水面战斗舰艇中最大的舰种。

按吨位区分，有大型、中型和小型航空母舰；按战斗使命区分，有攻击航空母舰、反潜航空母舰、护航航空母舰和多用途航空母舰。主要用途是组成远洋舰队，为编队提供各种作战飞机，以攻击敌方水面舰艇、潜艇和运输舰船，袭击海岸设施和陆上目标，夺取作战海区的制空权和制海权。

现代大型航空母舰满载排水量在 6 万 ~ 10 万吨左右，载机 70 ~ 120 架；中型航空母舰满载排水量在 3 万 ~ 6 万吨左右；小型航空母舰满载排水量在 3 万吨以下，载直升机和垂直 / 短距起降战斗机 50 架以内。航空母舰还装备有对

↑英国"鹰"号航空母舰

舰、对潜和对空导弹，水中武器和舰炮等自卫武器。

航空母舰的出现

1913 年，英国皇家海军改装轻巡洋舰"竞技神"号为水上飞机母舰。第一次世界大战期间，有多艘舰只改装成同类母舰。水上飞机利用浮筒下可脱落的轮子起飞，降落时则落在舰旁海面，再吊回舰上。

1915 年 8 月 12 日，萧特 184 型水上飞机自英国航空母舰"彭米克利"号上起飞，在土耳其马尔马拉海击沉一艘土耳其补给舰，成为第一架用鱼雷击沉战舰的飞机。

1917 年，第一次世界大战后期，英国海军将一艘巡洋舰的前甲板上的主炮塔拆除，以甲板中部建筑为界，铺上木制跑道供飞机起飞用。1917 年 8 月 2 日，英国皇家海军航空队邓宁中校驾驶飞机降落在"暴怒"号上，成为降落在航行中舰只上的第一人。1918 年，拆去后炮塔，加建降落甲板，但中部的舰楼、桅杆和烟囱仍然把飞行甲板分隔为两段，使飞机升降相当危险和不便。这艘改装后的巡洋舰叫"暴怒"号飞机搭载舰，它能装载 20 架飞机，是最早出现的用旧军舰改装成的航空母舰。同年 7 月，从这艘舰上起飞的飞机，轰炸了德国的一个空军基地。

1918 年，英国又把一艘正在建造的客轮"康蒂罗索"号改装成"百眼巨人"号航空母舰。它具有全通式飞行甲板，飞行跑道更长了，起飞和降落极为方便。有一层机库甲板及几部液压升降机，可载机 20 架。

↑美国的"艾森豪威尔"号航母。

↑ 1924 年 11 月 16 日，"兰利"号航空母舰在巴拿马运河航行。

↑日本"凤翔"号航空母舰，世界上第一艘真正的航空母舰。

早期航空母舰："兰利"号和"凤翔"号

1922 年，美国利用运煤船改装了一艘直通型飞行甲板的"兰利"号航空母舰。它长 166 米，排水量 11000 吨，航速 15 节，能携载 33 架飞机。舰载机主要是通过机轮滑跑起飞，采用 22 根两端系有沙袋的绳索阻拦降落。

1919 年 9 月 11 日，英舰"竞技神"号下水。其舰楼、桅杆和烟囱移至飞行甲板右侧，即现在常见的舰楼结构，排水量达 10850 吨，时速 25 海里，载机 25 架，1923 年 7 月才全部建成。

1922 年，日本历时 4 年建成一艘"凤翔"号航空母舰，这是世界上第一艘不是用旧船改装，而是专门设计建造的航空母舰。具有全通式飞机甲板，上层建筑很小，位于右舷，排水量 7000 吨，长 160 米，航速 25 节，能携带飞机 21 架，已具有现代航空母舰的基本结构和规模。

飞行甲板

直通式飞行甲板是第二次世界大战中各种航空母舰普遍采用的典型的飞行甲板。战后英

↑英国海军未来型航母采用斜、直两段式飞行甲板。

国"凯旋"号航空母舰首次采用斜、直两段式飞行甲板。1952 年 8 月，"凯旋"号航空母舰上的舰载机首次从与主甲板倾斜 10°的斜角飞行甲板上试飞成功。5 月，美国海军"中途岛"号航空母舰也进行了 400 多次试验。1953 年 11 月，美国海军"安提坦"号正式采用这种斜角式飞行甲板。这种甲板长约 200 ～ 330 米，宽约 70 ～ 90 米。甲板前部直段部分用于舰载机弹射起飞，一般装有 1 ～ 2 部弹射器供弹射飞机使用。斜角甲板一般与舰身中心成 11°～ 13°，专供舰载机降落时用。上层建筑前方的三角区用于停机。这种互不干扰又可同时进行的斜、直两段式飞行甲板为目前大、中型航空母舰广泛采用，成为现代航母的标准布局。

拦阻索

英国邓宁中校第一次驾机在战舰上降落时，由于飞机的飞行速度低，一些拴有沙袋的拦阻索便可以让飞机停下来。20 世纪 50 年代以后，超声速喷气式飞机上舰后，飞机着舰的滑跑速度加快，为此，又研制了复杂的液压传动系统，但是

↑俄罗斯海军"库兹涅佐夫"号航母采用了斜角飞行甲板，但前部为直上翘 12°的滑跃飞行甲板。

仍然在甲板上横放了 3 ～ 5 道拦阻索。这些拦阻索自甲板尾端 60 米处开始，每隔 14 米横设一根直径为 6.35 厘米的粗钢索，高度距甲板平面 50 厘米，索两端通过滑轮与甲板缓冲器相连。飞机着舰时尾钩只要钩住一根拦阻索，在前冲 60 ～ 70 米后即可停下。此外，设有拦阻网，在飞机出现尾钩故障、燃油耗尽或战斗损伤等紧急迫降情况下使用。拦阻网一般设于第三道拦阻索处，高约 4.5 米，网由尼龙带编织而成，飞机撞网后可在 50 米左右距离内安全地停下。

各国争相制造航空母舰

日本"凤翔"号航空母舰的建造揭开了航空母舰的发展序幕。

1922 年，美、英、日、法、意五国在华盛顿共同制定了一个关于限制战列舰总吨位的华盛顿海军协议，促进了航空母舰的发展。因为各国并未按协议销毁多建造的战列舰和巡洋舰，而是着手将一部分舰改装成为航空母舰。许多国家还将快速运输船改装成航空母舰。到 1930 年前后，美、英、日、法等国先后改装成一批航空母舰，一般排水量为 1 万～ 4 万吨，航速为 20 ～ 34 节，续航力为 5500 ～ 23000 千米，飞行甲板长为 130 ～ 270 米，舰宽 21 ～ 35 米。航空母舰一般能装载飞机 20 ～ 90 架。此时的舰载机重量一般为 1 ～ 6 吨，时速在 15 ～ 500 千米之间。所以，航空母舰一般都采用通长甲板形式，并且装有弹射器和阻拦装置。到第二次世界大战前夕，各国已经先后改装和建造了 30 多艘航空母舰，其中美国 8 艘、英国 13 艘、日本 11 艘、法国 1 艘。英国最大的"皇家方舟"号已经达到 28000 吨，载机 60余架。美国最大的"列克星敦"号已达 36000 吨，载机量超过了 100 架。日本航空母舰最大的"赤城"号也达 36500 吨，可载机 90 余架。

↑英国"皇家方舟"号航空母舰

↑ "俾斯麦"号战列舰侧视图。战列舰后被航空母舰所取代，巨型战列舰主宰海洋的时代已经过去。

在战争未到来以前，航空母舰已经威胁了战列舰在海上的霸权地位。

第二次世界大战使航空母舰成为新的海上霸主

1939 年，第二次世界大战在欧洲爆发，此时，在大西洋战场上，拥有 7 艘航空母舰和 15 艘战列舰的英国海军实力雄厚。1940 年 11 月 11 日，英 20 余架飞机从"光辉"号航母上起飞，突袭意大利塔兰托海军基地，在 6 个半小时的战斗中就击沉击伤 3 艘战列舰、两艘巡洋舰、两艘辅助战船，击毁 1 个水上机场和油库，仅损失两架飞机。1941 年 5 月 24 日~ 26 日，英两艘航母的舰载机重创德国新造的 4 万吨级战列舰"俾斯麦"号。航母舰载机击毁重型战列舰的战绩，宣告大舰巨炮主义已被"没有制空权就没有制海权"的新的海战理论所取代。巨型战列舰主宰海洋的时代已经过去了。

为了在大西洋进行反潜护航作战，美国在两年多的时间里紧急动员，用商船改装了 100 多艘护航航母，为夺取战争的胜利发挥了极为重要的作用。这些改装型航母一般在 7000 ~ 12000 吨之间，载 30 余架飞机。作为飞机运载舰时，最多可载 60 多架飞机。美国当时专门设计和建造的"卡萨布兰卡"级护航航母排水量 11000 吨，可载机 60 余架，有一家造船厂在 18 个月中就突击建造 50 多艘。

在太平洋战场上，1941 年 12 月 7 日，日本以 6 艘航母、423 架舰载机、24 艘大中型舰艇和 3 艘潜艇组成海上联合舰队，偷袭美珍珠港海军基地，1 个半小时击沉击伤美战列舰 7 艘、大型舰艇 12 艘、中小型舰艇 20 余艘，击毁飞机 420

余架、毙伤 3615 人，自己仅损失 29 架飞机和 5 艘潜艇。这是海战史上航母编队对陆攻击规模最大、战果最显著的一次。

1942 年 5 月 3 日~ 8 日，日本以 3 艘航母、125 架飞机和 27 艘大中型战舰组成海上编队，美国以两艘航母、141 架飞机、20 艘大中型战舰组成海上编队，在珊瑚海进行了海战史上第一次航空母舰的决战，双方交战距离第一次超出目视距离和大炮射程，所有护航战舰一弹未发，只靠航母舰载机进行海空一体战。结果，日损失 1 艘轻型航母、1 艘驱逐舰、80 架飞机和 900 人；美损失 1 艘航空母舰、1 艘驱逐舰、1 艘油轮、66 架飞机和 543 人。

1942 年 6 月 3 日~ 7 日，日本以 5 艘航母、11 艘战列舰、72 艘大中型水面舰艇，美以 3 艘航母、22 艘大中型水面舰艇在中途岛海域展开激战。美以劣势兵力、配以岛 / 岸基飞机几乎全歼强大的日本舰队，击沉其 4 艘航母及所携的 280 架舰载机，击毁 50 架飞机，毙伤 3500 人，美损失 1 艘航空母舰、1 艘驱逐舰、150 架飞机、307 人，迫使日本海军转入战略守势。

1944 年 10 月 20 日~ 26 日，日本以 4 艘航空母舰、约 200 架舰载机、500 架岸基飞机、9 艘战列舰、54 艘大中型水面舰艇、14 艘潜艇；美国以 17 艘航空母舰和 18 艘护航航母、约 1100 架舰载机、400 架岸基飞机、12 艘战列舰、135 艘大中型舰艇、29 艘潜艇，在莱特湾决一死战，结果日本 4 艘航空母舰被击沉，损失大中型舰艇 24 艘，飞机 150 架、1 万余人。日海军航空兵彻底毁灭，缩至本土，顽抗待降。第二次世界大战期间，世界各国航空母舰数量从第一次世界大战结束时的 13 艘一下子猛增到 176 艘，而称霸于世界海洋几百年的战列舰从140艘下降到40艘，航空母舰和战列舰的比例第一次形成4：1的绝对优势。大战中，有200多艘各种舰船被航母击沉。航空母舰由舰队辅助兵力变为主要突击兵力，不仅取代战列舰成为制空制海的主要兵器，也成为海军远洋作战和对陆攻击的重要军事力量。

第二次世界大战后航空母舰的战绩

航空母舰在第二次世界大战中击败了大型战列舰主宰海洋后，成为远洋支援和攻击的浮动岛屿式的战略基地。1950～1953年朝鲜战争中，美军以11艘航空母舰为核心，配以200余艘水面舰艇，第一次使用舰载喷气式飞机和直升机对朝鲜内地和港口进行攻击和封锁，配合登陆作战。1964～1973年的越南战争中，美军又动用20余艘航空母舰、近千架战斗机对越南内陆腹地、港口基地、海上目标进行大规模轰击和海上封锁，仅1965～1968年12月，航母舰载机就出动20万次空袭越南。1982年4月2日～6月14日，英国以两艘航空母舰、40余艘作战舰艇、140架飞机、2.7万人，航渡19天奔赴13000千米之遥的马岛海域参战。阿根廷用1艘航空母舰、17艘舰艇、200架飞机、1万余人在距本土500千米的战区内作战，英航母夺取制空制海权，封锁海域，支援了登陆作战，大获全胜。1986年3月23日～26日，美以3艘航空母舰、30余艘护航舰艇、250多架飞机、27000余人的兵力向利比亚海岸发起突袭，24小时摧毁2个地对空导弹阵地，击沉击伤2艘导弹艇，自己无一伤亡。4月15日，又以2艘航空母舰、200架舰载机、20余艘舰艇和空军的50多架飞机，在11分钟内摧毁了利比亚境内5个重要军政目标，炸毁其飞机14架、机场两个、雷达站7个，炸死130余人，

↑英国海军"卓越"号轻型航空母舰

美军仅损机1架。卡扎菲在轰炸中差点丧命。

拥有航空母舰的国家，从武力配备和作战能力角度来说，和没有航母的国家一下子便拉开了距离，甚至使没有航母的国家俯首称臣，处于被动挨打的地位。1962年10月，美航母编队在公海对向古巴运送导弹的苏联船只强行进行"停船检查"，当时还没有航空母舰的苏联只好开箱受检。1971年12月的印巴战争中，印度用唯一的1艘老航母和33架舰载机封锁了巴基斯坦海域，11天内起飞400架次，袭击了内地港口、基地和海上目标。1983年美航母和两栖攻击舰一起对格林纳达100千米宽的周边海域进行了有效的封锁，7天便占领全岛。

在海湾战争中大出风头的航空母舰

将一艘载有大量战机和战斗人员的航母靠近一个敌对国家，就如同把自己的一部分国土移动到敌人的附近。1990年8月2日至1991年2月28日，在7个月的海湾危机和海湾战争中，美国的航空母舰发挥了极为重要的威慑及实战作用。

海湾危机爆发后，美国"独立"号航空母舰和两艘巡洋舰、1艘驱逐舰、2艘护卫舰和3艘后勤补给舰等9艘舰艇便从印度洋火速驶往阿曼

↑美国"美国"号航母自服役以来活动频繁，多次参战。

↑海湾战争结束后的美国"艾森豪威尔"号航空母舰。

湾，一周之内就有两个航母战斗群和一个水面战斗舰艇编队的25艘作战舰艇到达预定海域，掩护载运海军陆战队3个旅和可供作战1个月使用的武器装备和物资的海上预置船驶达沙特。一个月内，美国海军55艘舰艇及3~4万人，海军陆战队4.5万多人及所有作战物资便部署完毕。然后，美军5个航母作战群、1个由两艘战列舰加强的中东特遣编队和两个两栖作战舰艇编队等100余艘作战舰艇对伊拉克海域和相邻的海域进行了海上封锁，切断了伊科海上交通线。500余架航母舰载机对伊拉克周边1000~1500千米范围内的海空和陆空进行空中封锁，并利用150余架舰载机掌握波斯湾，完全夺取了科威特战区的制空权、制海权和制电磁权。

然后，700多架舰载机对伊拉克本土实施了纵深攻击和轰炸，并且频频发射威力强大的"战斧"式巡航导弹及其他战术导弹，在陆地战尚未开始之前，已经基本上控制了战争的主动权。除了进驻科威特、沙特等国家的地面部队及空军外，航空母舰真正像一块浮动在波斯湾的国土一样，成为盟军战胜伊拉克的一个重要的军事基

地。海湾战争再次让人们注意到，强大的航空母舰编队移动，在未来很长一段时间里，仍然是一种影响战争的重要力量。

各国航空母舰

美国"埃塞克斯"级航空母舰

"埃塞克斯"级是美国海军史上建造数量最多的一级攻击型航空母舰，原计划建造32艘，实际完成了24艘。1991年，最后一艘"列克星敦"号退出现役。其主要技术性能为：标准排水量27100吨。长267.2米（有的为270.6米）、宽28.4米（最大45米）、吃水7米，飞行甲板宽52.4米。动力装置为4台蒸汽轮机和8座锅炉，

↑美国"埃塞克斯"号航空母舰

↑1982年，"企业"号完成了现代化改装，电子设备更新，防御能力进一步加强。

←美国"独立"号航空母舰

总功率 111900 千瓦，4 轴，最大航速 33 节，续航为 15000 海里 /15 节。编制 3442 人。

该级舰装有：双联装 127 毫米舰炮 4 座，单管 127 毫米炮 4 座，40 毫米舰炮 8 ~ 17 座，20 毫米机关炮多座。两座飞机弹射器和 3 座升降机，至 1945 年携带舰载机为 102 架。

美国"中途岛"级航空母舰

"中途岛"级是第二次世界大战期间美国建造的最大战舰。共造 3 艘，"富兰克林 D. 罗斯福"号和"珊瑚海"号分别于 1945 年 10 月、1947 年 11 月建成服役。首舰"中途岛"号于 1943 年动工，1945 年建成服役。1954 年底进行改装，从 1966 年起，"中途岛"号又进行了历时 4 年的第二次现代化改装，飞行甲板加宽 33%，跑道延长 30.5 米，斜角甲板的角度加大到 13°，增加了两部 C－13 型弹射器，首次在机库甲板上设置有泡沫灭火系统，还扩建了飞机维修车间，在指挥中心配备有海军战术数据系统和惯性导航系统。1986 年 4 月，"中途岛"号第三次进行改装，耗资 0.6 亿美元，于 1987 年 1 月重新服役。1990 年底，"中途岛"号还参加了海湾战争。

其主要技术性能为：标准排水量 51000 吨，满载排水量为 60000 吨。长 295.2 米、宽 41.5 米、吃水 10 米。动力装置为 4 台蒸汽轮机和 8

座锅炉，总功率 158000 千瓦，最大航速 33 节，续航力 11520 海里 /15 节。编制 4104 人。

该级舰装有：两座"海麻雀"舰空导弹发射装置，3 座 Mk15 型 6 管 20 毫米"密集阵"近防武器系统。

该级舰可搭载各型飞机约 75 架，装有两台 C13 型蒸汽弹射器，一次可同时起飞 3 架飞机。

美国"尼米兹"级航空母舰

"尼米兹"级是美国海军继"企业"号后建造量最多的一级核动力航空母舰，现已有 8 艘建成并服役。首舰"尼米兹"号（CVN－68）于 1968 年动工，1975 年服役，主要技术性能为：满载排水量 91487 吨（CVN－68 ~ 70），96386 吨（CVN－71），102000 吨（CVN－72 ~ 74）。长 332.8 米、宽 40.8 米、吃水 11.3 ~ 11.9 米。动力装置为 2 座 A4W/A1G 型加压水堆，4 台蒸汽轮机，总功率 194000 千瓦，4 轴，航速 30 节以上。核反应堆加一次燃料可工作 13 ~ 15 年，并可一次携带 16 天的航空燃油。编制 6000 余人。

该级舰装有：3 座 Mk29 型八联装"海麻雀"舰空导弹发射装置；3 座 Mk15 型 6 管 20 毫米"密

↑美国"中途岛"级航空母舰

↑美国 10 万吨级的"尼米兹"级核动力航母，采用斜角飞行甲板，设 4 部蒸汽弹射器；左为英国 2 万吨级的"无敌"级轻型航母。

↑"尼米兹"级核动力航母曾在175天内环球航行一周，显示其强大的续航力和快速部署能力。

集阵"近防武器系统；两具Mk32型三联装324毫米鱼雷发射管；4座Mk36型箔条干扰发射器。

飞行甲板长332.9米（斜角甲板长237.7米）、宽76.8米。4部C—13型蒸汽弹射器，4部升降机，每个升降机一次可载装2架飞机，弹射器能在几十米距离内用2.5秒时间使飞机航速达到373千米/时。可携载战斗机、攻击机、反潜机、电子战飞机、预警机、直升机等90架。

美国"小鹰"级航空母舰

"小鹰"级是美国海军继"福莱斯特"级舰后建造的最后一级、同时也是最大的一级常规动力航母。共建造4艘。首舰"小鹰"号（CV–63）于1956年动工，1961年服役；其主要技术性能为：标准排水量60100～61000吨，满载排水量79724～81773吨。长320.6～326.9米、宽39.6米、吃水11.4米。动力装置为4台蒸汽轮机，8座锅炉，总功率206000千瓦，4轴，最大航速32节，续航力4000海里/30节，12000海里/20节。编制2930人，其中军官155人；空勤人员

2480人，其中军官320人；旗舰人员70名，其中军官25名。

该级舰装有：3座Mk29型八联装"海麻雀"舰空导弹发射装置；3座Mk15型6管20毫米"密集阵"近防武器系统；4座箔条干扰发射器及6管红外曳光弹。

飞行甲板长318.8米、宽76.8米，4座蒸汽弹射器，4部升降机。一般配备20架F—14"雄猫"战斗机，36架F/A—18"大黄蜂"战斗/攻击机，4架EA—6B"徘徊者"电子战飞机，4架E—2C"鹰眼"预警机，8架S—3A/B"北欧海盗"反潜机，4架SH—60F和两架HH—60H"海鹰"直升机。

苏联"莫斯科"级直升机母舰

"莫斯科"级直升机母舰，苏联海军称其为反潜巡洋舰，首舰"莫斯科"号于1963年动工，1965年下水，1967年建成服役。主要技术性能为：标准排水量14900吨，满载排水量17500吨。长191米、宽34米、吃水8.7米。动力装置由2台蒸汽轮机和4座锅炉组成，双轴，航速31节，续航力为9000海里/18节。编制840人，外加部分舰空人员。"莫斯科"级舰装有：2座双联装SA—N—3"酒杯"舰空导弹发射装置；1座双联装SUW—N—1型反潜导弹发射装置，配

↑美国"小鹰"级航空母舰停靠樟宜基地大型栈桥。

↑苏联"莫斯科"级直升机母舰"列宁格勒"号

→"基辅"级航空母舰。其上的雅克—36垂直起降战斗机，是"基辅"级航母主要的防空力量。

↓美国"小鹰"级航空母舰"美国"号

装18枚"弗拉斯"1A或1B反潜导弹；两座12管RBU-6000型可回转深弹发射装置；两座双管57毫米炮。飞行甲板长为86米、宽为34米。舰的后半部为直升机飞行甲板，甲板下为机库。可以舰载14架卡—25A"激素"反潜直升机。

苏联"基辅"级航空母舰

"基辅"级是苏联海军建造的常规动力多用途航空母舰，在1975～1987年间，共建造了4艘。首舰"基辅"号于1970年动工，1975年建成服役。其主要技术性能为：标准排水量33000吨，满载排水量44500吨。长273米、宽49.2米、吃水9.5米。动力装置为4台蒸汽轮机，总功率4×33097千瓦，4轴双舵，最大航速29节，续航力为7000海里/18节。编制1610人。

舰上装12单元SS-N-12"沙箱"反舰导弹发射装置1座（备弹12枚）、6单元SA-N-9"克里诺克"舰空导弹发射装置4座（备弹192枚）、100毫米舰炮两座（备弹1200发）、六联装30毫

米速射舰炮8座（备弹4800发）、RBU-12000火箭式深水炸弹发射炮两门（备弹60枚）等。主要电子设备有：目标探测雷达、飞行管制雷达、敌我识别雷达、火控雷达、导航雷达，以及主动搜索声呐系统、无线电通信系统、卫星通信系统、电子对抗系统、作战控制情报系统等。后经改进，"戈尔什科夫"号航空母舰增装"望天"多功能相控阵雷达，加强武器配备，提高了抗饱和攻击能力，总体作战效能有较大提高。

飞行甲板长189米、宽20.7米。可携载雅克—141攻击机14架、雅克—38攻击机8架、卡-27反潜直升机16架。

苏联"戈尔什科夫"号航空母舰

"巴库"号航空母舰是"基辅"级航空母舰的改进型。"巴库"号于1990年10月4日改名为"戈尔什科夫"号，下水后一直没有充分投入使用，1995年以后从未出海航行。

1978年12月开工,1982年4月下水,1987年12月开始服役。其主要技术性能为：标准排水量38000吨，满载排水量45000吨。舰长274米，宽32.6米。飞行甲板长195米。动力装置由8座锅炉和4台蒸汽轮机组成，最大航速31节，续航力13000海里/18节。

舰上装有两门100毫米火炮，12座SA-N-13"黄鼠"舰对空导弹发射装置，6座双联装SS-N-12"沙箱"舰对舰导弹发射装置，两座RBU-12000反潜火箭发射装置，8座30毫米AK-630近战火力系统，1台拖曳式鱼雷诱饵，三维对空搜索雷达，导航雷达，舰壳声呐，变深拖曳声呐，"陷阱门"火力控制系统，两座"鸢鸣"火力控制系统，舰载机33架12架雅克-38"锻工"式垂直起/降战斗机，18架卡-27直升机，3架卡-25反潜直升机。

↑俄罗斯"库兹涅佐夫"级航空母舰

俄罗斯"库兹涅佐夫"级航空母舰

"库兹涅佐夫"级是苏联海军建造的第三代航空母舰，也是俄罗斯目前唯一在役的一艘航空母舰。该舰于1983年动工，1991年服役。其主要技术性能为：标准排水量43000吨，满载排水量55000吨。长304.5米、宽72米、吃水10.5米。动力装置为4台蒸汽轮机，8座锅炉，功率4×36776千瓦，4轴，最大航速29节，续航力为8500海里/18节。编制1960人。

该级舰装有：12单元SS—N—19"毁灭"远程舰舰导弹垂直发射装置1座；6单元SA—N—9"长手套"舰空导弹垂直发射装置4座，共装弹192枚；8座CADS—N—1"嘎什坦"导弹/火炮合一发射装置，每座装8枚SA—N—11舰空导弹和双管30毫米"格林"炮；两座RBU-12000反潜火箭发射装置。

飞行甲板长304.5米，宽72米。有标准长度的斜角飞行甲板、飞机拦阻装置和3台升降机，舰上没有弹射器，但舰首部飞行甲板上翘12°，可供舰载机滑跃起飞。机库面积约5500平方米，估计可容纳40余架舰载机。可载12架苏—27战斗机，雅克-141攻击机16架，24架卡-27反潜直升机。

英国"无敌"级航空母舰

"无敌"级是英国建造的可搭载垂直/短距起降飞机的轻型航母，共建造3艘。首舰"无敌"号于1973年动工，1980年建成服役。其主要技术性能为：满载排水量20600吨。长209.1米、宽36米、吃水8米（含螺旋桨）。动力装置为4台RR"奥林帕斯"燃气轮机，总功率72500千瓦，双轴，最大航速28节，续航力为7000海里/19节。编制685人，空勤人员366人。

该级舰装有：1座双联装"海标枪"舰空导弹发射装置，备弹36枚，无反舰能力；3座

↑"无敌"级航母是世界上第一种搭载垂直/短距起降飞机、采用滑跃起飞技术的轻型航空母舰。

↑"无敌"级航母还可以运载700名陆战队员，具有较强的登陆作战能力。

Mk15 型 6 管 20 毫米 "密集阵" 近防武器系统；3 座 7 管 30 毫米 "守门员" 近防炮；两座 "厄利空" 20 毫米舰炮；8 座 6 管 130 毫米 "海蚊" 雷达干扰物投放器。

飞行甲板长 167.8 米、宽 13.5 米，可搭载 9 架 "海鹞" FA2 战斗机，9 架 "海王" HAS6 反潜直升机，3 架 "海王" AEW2 预警直升机。

法国 "贞德" 级直升机母舰

"贞德" 级仅建造一艘，即 "贞德" 号。它是法国第一艘专为装载直升机而设计的载机母舰，"贞德" 号于 1964 年服役。

其主要技术性能为：标准排水量 10575 吨，满载排水量 13270 吨。长 182 米、宽 24 米、吃水 7.3 米。动力装置为两台蒸汽轮机，4 座锅炉，总功率 29400 千瓦，双轴，航速 26.5 节，续航力为 6000 海里 /15 节。编制 627 人，另加 150 名军官实习生。

该级舰装有：两座 MM38 型三联装 "飞鱼" 舰舰导弹发射装置；4 座 DCN 1964 型 100 毫米自动炮；8 管箔条弹发射装置等。飞行甲板长 62 米、宽 21 米，平时搭载 4 架 "云雀" Ⅲ 或 "海豚" 多用途直升机，战时为 8 架 "超美洲豹" 或 "山猫" 直升机。

法国 "戴高乐" 级航空母舰

"戴高乐" 级是法国第一艘核动力航空母舰，

↑法国第一艘核动力航空母舰 "戴高乐" 号。

首舰 "戴高乐" 号 1989 年动工。主要技术性能为：标准排水量 36600 吨，满载排水量 39680 吨。长 261.5 米、宽 64.4 米、吃水 8.5 米。动力装置为两座 K15 压水堆，300 兆瓦，两台通用电气公司的蒸汽轮机，双轴，航速 27 节。编制 1150 人，航空人员 550 人，旗舰人员 50 名；共有铺位 1950 个，另可增加 800 个海军陆战队临时铺位。

该级舰装有：4 座 8 单元 "紫菀" 15 舰空导弹垂直发射装置，共装弹 32 枚；两座六联装 "马特拉—萨德拉尔" 近程舰空导弹发射装置，用以发射用以发射 "西北风" 舰空导弹；8 座 "盖特" 20 毫米炮；4 座 10 管 "萨盖" 箔条弹发射器。飞行

↑法国 "贞德" 级直升机航空母舰

甲板长 261.5 米、宽 64.4 米。可搭载 35 ~ 40 架飞机，包括"阵风 M"、"超军旗"、E — 2C"鹰眼"预警机和 AS565"黑豹"直升机。

↑ "克莱蒙梭"级航空母舰

法国"克莱蒙梭"级航空母舰

"克莱蒙梭"级是第二次世界大战后法国自行设计建造的一级中型航空母舰。共建造两艘。首舰"克莱蒙梭"号 1955 年动工，1961 年建成服役，70 年代末曾经改装。其主要技术性能为：标准排水量 24200 吨，满载排水量 32700 吨。长 265 米、宽 51.2 米、吃水 7.5 米。动力装置为两台蒸汽轮机，8 座锅炉，总功率 92610 千瓦，双轴，最大航速 32 节，续航力为 7500 海里 /18 节、4800 海里 /24 节、3500 海里 / 满功率。编制 1017 人，空勤人员 672 人。

该级舰装有：两座"海响尾蛇"EDIR 八联装舰空导弹发射装置，备弹 36 枚；两座六联装"西北风"舰空导弹发射装置；4 座 DCN 1953 型 100 毫米自动炮；M2 12.7 毫米机枪若干。飞行甲板长 258 米、宽 46 米。可载 18 ~ 23 架"超军旗"攻击机、4 架"军旗"IVP 侦察机、8 架"十字军战士"战斗机，7 架"贸易风"反潜机，两架 SA365F"海豚"直升机。

阿根廷"五月二十五日"号航空母舰

"五月二十五日"号原为英国建造的巨人级"尊敬"号航空母舰，1948 年 5 月为荷兰海军购

↑ 阿根廷"五月二十五日"号航空母舰

得，1968 年 10 月转卖给阿根廷，编号 V2。其主要技术性能为：标准排水量 15892 吨，满载排水量 19896 吨。长 211.3 米、宽 24.4 米、吃水 7.6 米。动力装置为两台蒸汽轮机、4 座锅炉，双轴，总功率为 30000 千瓦，最大航速 24 节，续航力为 12000 海里 /14 节。编制 1000 人，空勤人员 500 人。

"五月二十五日"号舰装有：9 座"博福斯"40 毫米炮。飞行甲板长 212.6 米，宽 40.6 米。可携载 11 架"超军旗"攻击机，6 架 S — 2E"追踪者"反潜机，4 架 SH — 3D"海王"反潜直升机和 1 架 SA319B"云雀"Ⅲ直升机。

巴西"米纳斯·吉拉斯"号航空母舰

"米纳斯·吉拉斯"号是巴西向英国购置的一艘航空母舰。1960 年 12 月 6 日，该舰正式在巴西海军服役。其主要技术性能为：标准排水量 15890 吨。编制 1300 人，其中空勤人员 300 人。

该级舰装有：两座双联装"马特拉—萨德拉尔"舰空导弹发射装置，可发射"西北风"舰空导弹。飞行甲板长 210.3 米，宽 36.4 米。可载 6 架 S — 2A/E"追踪者"反潜机，4 ~ 6 架 SH — 3A/D"海王"反潜直升机、两架 UH — 13"松鼠"2、3 架 UH — 14"超美洲豹"直升机。

↑ 巴西"米纳斯·吉拉斯"号航空母舰

西班牙"阿斯图里亚斯王子"号航空母舰

"阿斯图里亚斯王子"号是西班牙海军的轻型航空母舰。于 1979 年动工，1988 年建成服役。其主要技术性能为：满载排水量 17188 吨。

↑ 西班牙"阿斯图里亚斯王子"号航空母舰

长 195.9 米、宽 24.3 米、吃水 9.4 米。动力装置为两台 LM—2500 型燃气轮机，功率 34000 千瓦，最大航速 26 节，续航力 6500 海里 /20 节。编制 555 人，航空和旗舰人员 208 人。

该级舰装有：4 座 12 管 20 毫米 "梅罗卡" 近防武器系统。飞行甲板长 175.3 米，宽 29.4 米，舰首部为带 12° 升角的跃飞甲板。可搭载 6 ~ 10 架 AV—8B "斗牛士" 垂直 / 短距起降战斗机，6 ~ 10 架 SH—61 "海王" 直升机，2 ~ 4 架 AB212 型反潜 / 预警直升机，两架 SH—60B "海鹰" 反潜艇反舰直升机。

↑泰国 "差克里·纳努贝" 号航空母舰

泰国 "差克里·纳努贝" 号航空母舰

"差克里·纳努贝" 号使泰国成为战后亚洲第二个拥有现役航母、第一个拥有现代新型航母的国家。1992 年 3 月，泰国海军与西班牙巴赞公司签定建造合同，1994 年动工，1996 年下水，1997 年正式服役。主要技术性能为：满载排水量 11485 吨。长 182.6 米、宽 30.5 米，吃水 6.2 米。动力装置为两台燃气轮机和两台柴油机，总功率 41670 千瓦，双轴，最大航速 26 节，续航力 10000 海里 /12 节。编制 455 人，空勤人员 146 人，皇室人员 4 人。舰上的载机及武器系统仍未确定。

"差克里·纳努贝" 舰装有：1 座 Mk41 型 8 单元 "海麻雀" 舰空导弹垂直发射装置；4 座 "密集阵" 近防武器系统；两座 30 毫米炮。

飞行甲板长 174.6 米、宽 27.5 米，滑跃跑道 12°，有 5 个起降点可同时作业。该舰可搭载 6 架 AV-8B 垂直 / 短距战斗机，6 架 "海鹰" 直升机。

印度 "赫尔姆斯" 级航空母舰

"赫尔姆斯" 级亦称 "维拉特" 号。原为英国 "竞技神" 号航空母舰。1986 年 5 月，英国将此舰卖给印度，其主要技术性能为：标准排水量 23900 吨，满载排水量 28700 吨。长 226.9 米、宽 48.8 米、吃水 8.7 米。动力装置为两台蒸汽轮机，4 座锅炉，双轴，航速 28 节。编制 1350 人，其中军官 143 人。

该级舰装有：1 座双管 "博福斯" 40 毫米炮；两座苏制 AK230 "加特林" 30 毫米炮。该舰甲板装甲厚 51 毫米，斜角甲板斜度 6.5。该舰可载 12 架 FRS Mk51 "海鹞"（总共能携载 30 架），7 架 Mk 42B/C "海王" 或卡—27 直升机，2000 年换装卡—31 直升机。

↑印度海军 "维克兰特" 号航空母舰

印度 "维克兰特" 号航空母舰

"维克兰特" 号是印度海军购自英国的航空母舰。该舰于 1979 ~ 1982 年进行了为期 3 年的第一次改装，1983 年进行了第二次改装，在 1990 ~ 1991 年间又进行了进一步现代化改装。

↑印度 "维克兰特" 号航空母舰原为英国已退役的 "巨人" 号航母。

其主要技术性能为：标准排水量 16000 吨，满载排水量 19500 吨。长 213.4 米、宽 39 米、吃水 7.3 米。动力装置为两台蒸汽轮机，4 座锅炉，总功率 30000 千瓦，双轴，最大航速 24.5 节，续航力 12000 海里/14 节、6200 海里/23 节。编制 1075 人（平时）、1345 人（战时）。该级舰装有：7 座单管"博福斯"40 毫米炮。其中的一些炮可能要由 6 管 30 毫米炮代替。飞行甲板长 210 米、宽 34 米。可载 9 架"海王"反潜/反舰直升机、1 架"猎豹"救援直升机和 6 架"海鹞"垂直/短距起降战斗机。

↑ 1898 年由美国霍兰设计的装甲鱼雷艇。船体主要部分藏在水中，蒸汽机的通风口和烟囱在水面。

潜 艇

潜艇

　　潜艇是既能在水面航行，又能潜入水下在一定深度范围内活动和作战的舰艇，亦称潜水艇。它具有良好的隐蔽性、较大的自持力、续航力和较强的突击威力，因而在水中活动不易被发现，给人以神出鬼没之感，并能远离基地独立作战。潜艇主要用于攻击大、中型水面舰船和潜艇，袭击海岸设施和陆上重要目标，以及布雷、侦察、输送侦察小分队登陆等。

　　现代潜艇按作战任务，主要分为战略导弹潜艇、攻击潜艇。按动力分为核动力潜艇和常规动力潜艇；按排水量分为大型潜艇（2000 吨以上）、中型潜艇（600 ~ 2000 吨）、小型潜艇（100 ~ 600 吨）和袖珍潜艇（100 吨以下）；按艇体结构分为双壳体潜艇、个半壳体潜艇、单壳体潜艇和单、双混合壳体潜艇；按艇体线型还可分为水滴型潜艇和"雪茄"型潜艇。

　　战略导弹潜艇是用于对陆上重要目标进行战略核袭击，平时起核威慑作用，第二次世界大战后才出现。除了苏联早期建造的 G 级为常规动力潜艇外，其余皆为核动力潜艇。主要武器是潜地导弹，并装备有鱼雷。最新一代战略导弹核潜艇水下排水量 7000 ~ 48000 吨，最大航速 20 ~ 30 节，下潜深度 300 ~ 400 米，自给力 60 ~ 120 昼夜。战略导弹常规动力潜艇的水下排水量在 3500 吨左右，水下航速 14 ~ 15 节，下潜深度约 300 米，自持力 30 ~ 60 昼夜。攻击潜艇专门用来攻击水面舰船和潜艇。根据它们使用的攻击武器又可分为鱼雷潜艇和巡航导弹潜艇。按动力分为核动力和常规动力两种。主要武器是鱼雷、水雷和反舰、反潜导弹。攻击型核潜艇的水下排水量 1000 ~ 14000 吨，最大航速 20 ~ 42 节，下潜深度 200 ~ 600 米，有的可达 900 余米，自持力 60 ~ 920 昼夜。攻击型常规潜艇的水下排水量约 600 ~ 3000 吨，水下航速 15 ~ 20 节，下潜深度 200 ~ 400 米，自给力 30 ~ 60 昼夜。

"霍兰"号潜艇

　　19 世纪 90 年代，汽油发动机已经使纽约大街上跑满了早期的汽车——无马马车。两个美国发明家约翰·霍兰与西蒙·莱克，都意识到潜艇应采用汽油发动机为动力。虽然这种发动机仍然需要氧气助燃，但可以让潜艇在水下时用电池作动力，当潜艇在水面时，发动机可以带动发电机不断给电池充电。

　　1900 年，美国海军接受了霍兰的第一艘新型潜艇"霍兰"号。它大大超过以往任何潜艇的航程。接着霍兰为日本设计了 5 艘"霍兰"号潜艇，又为美国建造了 7 艘

↑美国"华盛顿"级弹道导弹核潜艇

↑1901年霍兰设计的"富尔顿"号下水，这是SS1中最大的一艘，被美国海军拒绝，俄国购买。

↑罗伯特·富尔顿，美国人，他曾设计制造了第一艘实用的蒸汽动力潜艇。

大型潜艇。1902年，莱克的汽油发动机——电池动力潜艇"保护者"号也获得成功，他又造了几艘卖给俄国，以后又为奥地利和美国造了几艘。

重要的空气再生装置和净化装置

现代潜艇作战人员呼吸的氧气主要来自四个方面：通气管装置、空调装置、空气再生装置和空气净化装置。

其中，空气再生装置是早期潜艇所不具备的先进制氧装置。这个装置在工作时，风机将舱内污浊的空气抽至二氧化碳吸收装置，消除二氧化碳，再在处理过的空气中加进由制氧装置产生的氧气，然后经过风管送到各个舱室供艇员呼吸。如此循环，以达到空气再生的目的。这种空气再生装置还可以用电解水来制氧，它分解出的氧气可以供70～100人呼吸数小时，但是由于耗电过多，不适于常规潜艇。

另有一些产生氧气的方法可以给潜艇工作

↑俄罗斯Ⅷ级核动力攻击潜艇，在艇首部水面处可看见一列4个鱼雷发射口，在其上有两个并列的鱼雷发射口。

舱供氧。再生药板是一种由各种化学物质及填料制成的多孔板，当空气流过时，就能产生化学反应，生成氧气。一般潜艇上带的再生药板，可以使用500～1500小时。液态氧是一种与氧气瓶类似的高压容器，它可供100名艇员使用90天。氧烛是一种由化学材料等制成的烛状可燃物，点燃后即可以制造氧气。一根约30厘米长、直径约7厘米的氧烛所释放出的氧气，可以供40人呼吸1小时。

空气净化装置是将潜艇内空气中的有害气体和杂质控制在允许标准值以下的一种处理装置。常用的有以下四种装置：一是消氢燃烧装置。它主要是用电加热器将流过的空气加温，然后在催化燃烧床的催化作用下使氢、氧发生化学反应，从而生成水蒸气，氢就被燃烧掉了。二是有害气体燃烧装置。三是二氧化碳净化装置。它主要是通过一种特殊药液来吸收二氧化碳。四是活性炭过滤器。它是用活性炭组成的多孔性吸附剂来吸收各种有害气体，进而达到净化空气的目的。

赫尔曼·瓦泽尔发明了不用空气的涡轮发动机

1933年，德国科学家赫尔曼·瓦泽尔想用过氧化氢作为潜艇推进系统的燃料。

1937年，赫尔曼·瓦泽尔向德国海军当局提出了建造一种专门在水下战船使用的高速涡轮发动机。原理是用化学催化剂把过氧化氢分解为水和氧气，释出的氧气随柴油进入燃烧室，柴油以高温在氧气中燃烧，喷入燃烧室的水将正在燃

↑ 1957 年的美国"鳐鱼"号潜艇。采用双壳体设计，艇体为流线型。

烧的柴油气体加以冷却并转变成高压水蒸气。蒸汽和已燃烧的柴油气体进入涡轮产生推动动力。这样，潜艇的燃料中含有了足够燃烧的氧气，再也不用什么通气呼吸管了。1944 年 5 月，希特勒下令建造 100 艘 UXXVI 型装有瓦泽尔式涡轮机的潜艇。潜行时的最高速度达到 25 节，其超绝的机动性和水下续航能力使盟军的反潜武器无能为力。但是盟军轰炸了造船厂，在新潜艇建成前，第二次世界大战就结束了。

到 20 世纪 50 年代，英国海军造成了用瓦泽尔循环发动机推进的两艘实验潜艇，即"探险者"号和"亚瑟王魔剑"号，这两艘潜艇性能极佳。

德国的 U 型潜艇

1913 年初，德国人建造了以柴油机为动力的 U 型潜艇，并用于第一次世界大战。1914 年 9 月 5 日，德国 U—21 号潜艇用一枚鱼雷击沉英国军舰"开路者"号，250 名官兵葬身海底。1914 年 9 月 22 日，德国 U—9 号潜艇在比利时海外用不到 90 分钟的时间就击沉 3 艘 12000 吨级的英国装甲巡洋舰，舰上近 1500 人死亡。到 1915 年末，德国潜艇击沉 600 余艘协约国商船，

到 1916 年和 1917 年，被击沉的商船总数已分别达 1100 艘和 2600 艘。仅 1 艘 U—35 号德国潜艇就独自击沉了 226 艘舰船，总计达 50 多万吨。

第一次世界大战中，德国潜艇击沉的商船总数达 5906 艘，总吨位超过 1320 万吨。据统计，战争中用潜艇击沉的各种战斗舰艇共达 192 艘，其中有战列舰 12 艘，巡洋舰 23 艘，驱逐舰 39 艘，潜艇 30 艘。战争中各参战国共建造了 640 余艘潜艇，德国建造的潜艇就有 300 多艘，其中 U 型潜艇以其卓越的作战能力在海上出尽了风头。

第二次世界大战后苏联的常规潜艇

第二次世界大战后，苏联迅速利用德国 XXI 型潜艇的先进设计，于 1950～1958 年间建造了 235 艘 W 级潜艇。技术上一是用潜艇发射巡航导弹，如 J 级潜艇，排水量 2200 吨，潜深 300 米，装 8 个鱼雷发射管和 4 座导弹发射装置，可在水面发射"沙道克"巡航导弹，射程 420 千米。二是用潜艇发射弹道导弹，如 G 级潜艇，排水量 2850 吨，除装 10 个鱼雷发射管外，还装有 3 个导弹发射装置，可发射射程 1200 千米的 SS—N—5 核导弹。

第二次世界大战中横行大西洋的德国潜艇

第二次世界大战爆发后，潜艇成为主要的水下战舰。战前，各参战国共有潜艇 496 艘，战争中建造了 1669 艘，潜艇总数达 2100 余艘。战争期间，潜艇击沉的作战舰艇达 395 艘（含战列舰 3 艘、航空母舰 17 艘、巡洋舰 32 艘、驱逐舰 122 艘），击沉的运输舰船达 5000 余艘，2000 余万吨。特别是德国依仗性能先进的 U 型潜艇，在大西洋海域有效地攻击了盟军的商船队和护航船队。指挥德国潜艇的海军上将卡尔·邓尼兹发明

↑ 德国 U-848 号潜艇，1943 年 11 月 5 日被美击沉。

↑ 德国 U—552 号潜艇。排水量 769 吨，水下航速 8 节。装有 5 具 533 毫米鱼雷发射管。

了"狼群"战术，用 6 ～ 12 艘潜艇组成水下舰队，白天尾随护航队，黄昏时进入攻击阵位，夜晚钻入护航队中用鱼雷实施近程攻击，这种战术极为有效。1940 年 10 月，一个由 12 艘潜艇组成的"狼群"就击沉了 32 艘舰船，而自己安然无恙。到 1941 年，德国用潜艇击沉盟军舰船的总数已达 1150 艘；到 1942 年上升到 1600 艘。1943 年以后，由于盟军加强了反潜护航兵力，并在舰艇、飞机上加装了雷达，使舰船沉没数量降低了 65%，到 1944 年只有 200 艘舰船被击沉。第二次世界大战中，德国共建造潜艇 1131 艘，加上战前造的 57 艘，共 1188 艘。这些潜艇击沉了 3500 艘舰船，造成 45000 人死亡。到战争结束时，德国有 781 艘潜艇被盟军击沉。

日本用于运送飞机的潜水航母

在第二次世界大战中，日本人建成当时世界上最大的潜水航母伊—400 级，艇上装有可容纳 3 架飞机的机库，机库直径 4.2 米，长 30.5 米，飞机靠弹射起飞作战。装在前甲板的弹射器长 26 米，弹射起飞间隔为 4 分钟。此外，该艇还装备有 1 门 140 毫米甲板炮和 7 门 25 毫米高射炮，装有 8 个鱼雷发射管和 20 枚鱼雷。1944 年底完工的伊—400 和 1945 年初完工的伊—401 两艇还未参加实战，日本就已投降了。

艇只有 21 艘，其中长颌须鱼级水下排水量最大 2637 吨，水下航速最大 25 节，一般装 6 个 533 毫米鱼雷发射管，人员编制最多 95 人。20 世纪 60 年代以后就不再建造常规类潜艇，而以核潜艇为主。

美国第一艘核动力潜艇"鹦鹉螺"号

1954 年 1 月，世界第一艘核动力潜艇"鹦鹉螺"号在美国建成下水。其主要技术性能为：水下排水量 4040 吨。长 98.6 米、宽 8.4 米、吃水 6.7 米。主机采用压水堆和蒸汽机组成，总功率 11000 千瓦。水下最大航速 20 节，并能一直保持这一速度航行。1955 年 5 月，"鹦鹉螺"号在试航中走完从康涅狄格州新伦敦到波多黎各圣胡安之间的航程，只用了 84 小时，全部在水下行进，打破了历史上所有潜艇的速度、续航力和

↑美国"鹦鹉螺"号攻击型核潜艇。该艇是世界上第一艘核潜艇，于 1954 年服役。

↑日本海军潜水艇伊 -16、伊 -58。以伊号潜艇为舰型，其续航力和速度同样都是当时世界上最优越的大型潜水艇。

↑里科弗，海军"核动力之父"，美国第一艘核动力潜艇（SSN—571）的设计者。

第二次世界大战后美国的常规潜艇

第二次世界大战后，美国对战时建造的 52 艘常规潜艇进行"加皮"改装计划，改进艇体线型，全部加装通气管，拆除甲板炮，水下航速达 16 节以上。战后至 50 年代末，美国新建常规潜

航程的纪录。1957 年，它成为第一艘在北极冰下航行的船。第二年，它载着 116 名船员，从珍珠港出发，然后向北行驶穿过白令海峡。8 月 1 日，潜艇在阿拉斯加的巴罗岬潜入水下，一直向北驶去。潜艇一直在冰层下面航行，中途只有一次升

上潜望镜检查方位。1958 年 8 月 3 日 11 时 15 分，潜艇在大块浮冰下穿过了北极。8 月 5 日，潜艇驶入格陵兰海才浮出水面。8 月 7 日抵达冰岛，结束航行。此次航行在冰下穿越了 3704 千米，打破了潜艇航行史上的所有纪录，且具有重大战略意义。

装载飞机的潜艇

美国海军于 1922～1924 年购买了 14 架小型飞机，计划由潜艇携载。S－1 号潜艇在指挥台围壳后安装了一个钢质圆筒，内装一架水上飞机。1923 年 10～11 月间，该艇曾携载 MS－1 型水上飞机进行试验，在狭窄的潜艇甲板上将散装的飞机组装起来就用了 4 个多小时，最后也未能起飞。

1925 年，法国人也在"絮库夫"号潜艇上装设了一个水上飞机机库，进行载机作战试验。1926 年，美国的 S－1 号艇又载 XS－1 型飞机试验，潜艇浮出水面后，从圆筒状机库内取出飞机进行组装，然后潜艇下潜，飞机脱离潜艇后浮在水面再行起飞。组装和起飞用了 12 分钟，收回并将飞机放进机库用了 13 分钟。

这些实例都证明，潜艇载机缺乏实战可靠性，因而并没有引起各国的重视，战后也没有得到任何发展。

原子弹和核动力潜艇

20 世纪 30 年代末，美国人开始研制原子弹前，美国海军研究所的罗斯·根恩博士就曾提出第一个建造核潜艇的建议。

1946 年，同一研究所的菲利普·艾贝尔森博士提出研制动力装置计划。随后，研制工作在海曼·里科弗上校领导下正式开始。核潜艇的心脏是受控的核分裂，须有一具核反应堆。设计制造能在潜艇内工作的反应堆，是一项最具有创造性和涉及范围极广的研究工作。

艾森豪威尔总统的科学顾问乔治·基斯塔科夫斯基博士形容这种划时代的潜艇是"美国工业技术中一个令人惊异的小天地"。核动力获取的原理大致是：反应堆里受控分裂所产生的热传到密封导管内的水中；由于水处于高压下，它能升到高温而不沸腾。泵把超高热的水抽进蒸汽发生

↑ "鹦鹉螺"号是世界上第一艘核动力潜艇，它和"大青花鱼"号同为现代潜艇的先驱。

器，在那儿热力传到第二套水处理系统；在这一系统中的水受到的压力低，便沸腾起来。沸水所产生的蒸汽供应机舱带动涡轮。转动的涡轮又带动螺旋桨和开动供应潜艇所需电力的发电机。蒸汽一通过涡轮，温度便降低还原为水，又回到蒸汽发生器第二套系统中。潜艇便在这种完全不需要空气来助燃的动力推动下长时间地在水下运行了。

此外，由于这种持久的动力会带来人所需要的许多东西，于是核潜艇的制造成为可能。

潜艇的造型

1949 年，美国海军船舶局发现，航速超过 20 节时，传统式潜艇的水下控制会发生困难和危险，水的阻力也太高。研究人员用 30 多种模型做过无数次实验以后，选定了一种新式潜艇形状：圆船首，到尾部逐渐尖细，外形像一条小鲸；其长宽比为 7.6∶1；单螺旋桨；垂直舵和位于螺旋桨正前方的水平舵。

1953 年，他们专为流体学研究造了一艘常规动力潜艇"大青花鱼"号，仅用柴油发动机和电池为动力行驶，速度 33～40 节。它只用 1/4 的动力，就可以轻而易举地达到最快水面舰船的速度，机动性令人吃惊，甚至能像先进战机那样爬升急转。

1958 年 5 月，"鲣鱼"号第一次将"大青花鱼"号的船体和核动力结合起来，速度比历史上任何其他潜艇都更快。和飞机在空中飞行一样，潜艇必须拥有一种特殊的体型以减少水的阻力，使它在水下获得和水面舰船一样的速度，才能适应真正的现代海战。

潜艇通气管

柴油机—电池动力推进装置装上潜艇之后，仍然有一个致命的问题没有解决，这就是必须浮出水面充电。依赖电池在水下航行，即使是容量最大的电池，也只能支持 40 ~ 48 小时。一旦电能用完，潜艇必须浮出水面发动柴油机带动发电机充电，等到充足电才能重新下潜。

1942 年，同盟国巡逻轰炸机装上了先进的雷达侦测仪器。当德国 U 型潜艇浮出水面充电时，极易被雷达发现和遭受攻击。于是德国人发明了一种潜艇通气装置，它源自布什内尔的"海龟"号上使用的呼吸管。这种装置至今还是大多数常规动力潜艇上的标准装置，两根固定空气导管从潜艇的上面伸出，一根吸入新鲜空气，供发动机和船员用，另一根排出发动机的废气，下潜时用活动气阀防止海水进来。这种装置称做通气管，能使潜艇在水底获得氧气，开动柴油发动机行驶或给电池充电。德国 U 型潜艇上使用软橡皮来遮盖"呼吸桅杆"，使潜艇在几英尺的水下行动，再也不用因冒出水面吸气而受到攻击了。20 世纪 40 年代中期的反潜机所使用的雷达还很难测出潜艇的位置。

弹道导弹潜艇

弹道导弹潜艇，又称战略导弹潜艇，是以洲际弹道导弹为主要武器的潜艇。排水量一般为 6000 ~ 30000 吨，载弹量为 16 ~ 24 枚，射程达 8000 ~ 11000 千米。冷战时期世界上曾有 150 余艘在役弹道导弹潜艇，以苏联为最多，其次为

↓俄罗斯"扬基"级弹道导弹核潜艇

美、英、法三国。除苏联第一代潜艇为常规动力外，其余均为核动力推进弹道导弹潜艇，其战略性调防、部署和发射权限属于国家最高指挥当局。它平时游弋于水下，对敌实施战略核威慑；战时，作为具有高生存能力的核反击力量，负责摧毁敌政治经济高度集中的大中城市、交通枢纽和通信设施、大型军事基地、港口等重要战略目标。弹道导弹潜艇与陆基洲际弹道导弹、战略轰炸机一起构成国家三位一体的战略核力量。在未来战争中，这种战略导弹核潜艇将以其无与伦比的攻击能力和自身防护能力，对整个战争局势起到决定性的作用。

美国人最早研制弹道导弹核潜艇

仅有核动力和常规武器的潜艇，并没有增大潜艇的威慑力，潜艇也不具备战略价值。于是，1957 年美国首先开始研制第一代装有远程导弹的核潜艇。研制工作历时 5 年，由美海军特种计划处和威廉·小罗伯恩海军少将负责。研究费用 35 亿美元。5 年后试制成可从水下潜艇发射的北极星 A—1 型导弹。它是世界上第一枚远程固体燃料导弹，重约 15 吨，形状像个香槟瓶。它装上核弹头能飞 2253 千米。发射时利用压缩空气将它从发射管中推出。离开水面时，它的两节火箭发动机点火，使它升入预定弹道，以每小时 1931 千米的高速掠过同温层，然后火箭脱开，导弹射向目标。1958 年 9 月底有 5 枚导弹发射失败。1959 年 4 月，第 6 枚掠空而过，直中目标。

与此同时，第一艘设计用以携载导弹的潜艇"乔治·华盛顿"号，1959 年 6 月 9 日在康涅狄格州的泰晤士河下水。美国人立刻把这种威力巨大的北极星 A—1 型导弹装上去。1960 年 7 月

↑第一艘水下发射弹道导弹的美国弹道导弹核潜艇"乔治·华盛顿"号（SSBN—598）。

20日12时39分，这艘潜艇在水下成功地发射了一枚北极星导弹。

从此，美国开始有了在海洋任何地方都可以发射的战略武器。陆上的导弹发射场容易被敌方侦察出来，但极难在来得及反应的时间内找到这种隐蔽的、随时行动的潜艇。这种潜艇分布在世界各地，监视着射程以内的所有陆上目标。它们发射的命中率高，装有核弹头的导弹几乎可以摧毁一切。

各国潜艇

美国"拉斐特"级弹道导弹核潜艇

"拉斐特"级是美国第三代弹道导弹核潜艇，又称"海神"级。首舰"拉斐特"号（SSBN616）于1961年动工，1963年建成服役。后开始大批生产。到1967年共建造31艘。至1993年已全部退出现役。

其主要技术性能为：水面排水量7330吨，水下排水量8250吨。长129.5米、宽10.1米、吃水9.6米。动力装置采用1座S5G型压水堆，主推进装置为两台减速蒸汽轮机，单轴，总功率11200千瓦。一次装料可航行40万海里，可连续使用6年。水面最大航速18节，水下最大航速25节，最大下潜深度300米。编制168人。该级艇装有：原装备16枚"北极星"A－2导弹，1970年起改装"海神"导弹。该弹长10.36米、直径1.88米，射程4600千米，每枚导弹有10个

↑美国"拉斐特"级潜艇

分导式弹头，每个分弹头核当量为4万吨。4具533毫米鱼雷发射器，发射Mk37－1和Mk45型线导鱼雷，备用鱼雷12枚。

↑美国"俄亥俄"级弹道导弹核潜艇

美国"俄亥俄"级弹道导弹核潜艇

"俄亥俄"级是美国第四代弹道导弹核潜艇。首艇"俄亥俄"号（SSBN 726）于1976年动工，1981年建成服役。共建造18艘。其主要技术性能为：水面排水量16600吨，水下排水量18750吨。长170.7米、宽12.8米、吃水11.1米。动力装置采用1座S8G型压水堆和两台蒸汽轮机，单轴，总功率44800千瓦。装料一次可使用9年，延长了大修间隔，在航率达到65%～70%，服役年限30年，自持力70天。水面航速20节，水下航速24节，下潜深度400米。编制155人。该级艇装有：24枚"三叉戟"-Ⅰ（C4型）导弹，每枚导弹含8个分导式机动热核弹头，射程7400千米，星体惯性制导。第2次限制战略武器条约限定用4枚。从第9艘（SSBN 734）起，该级艇装备"三叉戟"-Ⅱ（D5型）导弹，每枚导弹含12个分导式机动热核弹头，导弹射程达12000千米。第2次限制战略武器条约规定由8枚减到4枚。该级艇还装备4具Mk68型533毫米鱼雷发射管，用以发射Mk48型线导鱼雷。

美国"长尾鲨"级攻击型核潜艇

"长尾鲨"级是美国海军的攻击型核潜艇。首艇"长尾鲨"号于1959年动工建造，1962年建成服役。其主要技术性能为：水面排水量3750吨，水下排水量4300吨。长84.9米、宽9.6米、吃水8.7米。动力装置由1座S5W压水堆和两台蒸汽轮机组成，单轴，水面航速20节，水下航速30节，下潜深度300米。编制103人。该级艇装有：4具533毫米Mk63型鱼雷发射管，可

↑ "长尾鲨"号是世界上第一种以反潜为主要任务的攻击型核潜艇。

发射"沙布洛克"反潜导弹、反潜鱼雷和"捕鲸叉"导弹。

美国"白鱼"级攻击型核潜艇

"白鱼"级仅建造一艘，即"白鱼"号，是美国海军早期建造的攻击型核潜艇。1960年建成服役。此后由于"长尾鲨"级潜艇研制成功，此型艇仅建造一艘。

其主要技术性能为：水面排水量2317吨，水下排水量2640吨。长83.2米、宽7.1米。动力装置由1座S2C压水堆和1个汽轮发电机组成，单轴。下潜深度200米。编制56人。该级艇装有：4具533毫米Mk64型鱼雷发射管，可使用反潜鱼雷。

美国"一角鲸"级攻击型核潜艇

"一角鲸"级只建一艘，即"一角鲸"号攻

↑ "一角鲸"号是美国最早的安静型核潜艇。但该艇水下性能不佳，只能采用"守株待兔"的战术。

↑ 美国"一角鲸"号核潜艇

击型核潜艇。1966年动工，1969年6月服役。主要技术性能：水面排水量4450吨，水下排水量5350吨。长95.9米、宽11.5米、吃水8.2米。动力装置为1台S5G自然循环压水堆和两台蒸汽轮机，单轴。水面航速20节，水下航速30节，下潜深度300～400米。编制107人。该级艇装有：4具533毫米鱼雷发射管，"沙布洛克"反潜导弹和反潜鱼雷。

美国"鲟鱼"级攻击型核潜艇

"鲟鱼"级核潜艇是美国海军的攻击型核潜艇，可在北极冰下活动。首艇"鲟鱼"号1963年动工，1967年服役。

其主要技术性能为：水面排水量4460吨，水下排水量4960吨。长89米、宽9.7米。动力装置由1座S5W压水堆和两台蒸汽轮机组成，单轴，总功率11029千瓦，最大下潜深度400米。编制107人。该级艇装有：4具Mk63型533毫米鱼雷发射管，可发射Mk48线导鱼雷，共有23枚管装武器，例如4枚"捕鲸叉"、4枚"战斧"导弹和15枚鱼雷。携有Mk67型"机动"水雷和M60型"捕手"水雷。该级艇在1990年淘汰了"沙布洛克"反潜火箭。

↑ "鲟鱼"级攻击型核潜艇的第1艘"鲟鱼"号。

↓ "洛杉矶"级潜艇局部视图

美国"海狼"级攻击型核潜艇

"海狼"级是美国海军20世纪90年代末入役的最新一代攻击型核潜艇，也是世界上第一艘噪声水平低于100分贝的攻击型核潜艇。首艇于1989年动工，1997年建成服役，第2艘也于1998年服役，第3艘于2000年服役。

"海狼"级核潜艇的主要技术性能为：水面排水量8060吨，水下排水量9142吨。长107.6米、宽12.9米、吃水10.9米。动力装置由1座S6W压水堆和两台蒸汽轮机组成，总功率33570千瓦，单轴，泵喷推进，水下航速高达39节，下潜深度约610米。编制134人。

该级艇装有：12枚"战斧"（TLAM—N）巡航导弹，射程2500千米，但平时不携带核弹头；"战斧"（TASM）潜舰导弹，射程460千米；8具660毫米鱼雷发射管，用以发射Mk48鱼雷；鱼雷、导弹共备弹50枚，并可携带100枚水雷。还装有BQQ5D、TB16及TB23拖曳阵声呐、BSY1作战数据系统、Mk2型火控系统为主要电子系统。

↑ "海狼"级最具攻击力的核潜艇。

美国"洛杉矶"级攻击型核潜艇

"洛杉矶"级是美国海军现役主力攻击型核潜艇，共建造62艘。首艇"洛杉矶"号，1976年建成服役。其主要技术性能为：水面排水量6080吨，水下排水量6927吨。长110.3米、宽10.1米、吃水9.9米。动力装置由1座S6G压水

↑ 夕阳下的"洛杉矶"级潜艇。

堆和两台蒸汽轮机组成，总功率26000千瓦，单轴，更换一次燃料可航行6万海里。水下最大航速32节，最大下潜深度450米。编制133人。该级艇装有"战斧"对陆攻击型和反舰型导弹。对陆攻击型"战斧"TLAM—N，射程2500千米；反舰型"战斧"导弹射程460千米。从SSN 719号艇后全部安装垂直发射系统，耐压壳外布置了12具垂直发射管。潜舰型"捕鲸叉"导弹，射程130千米。还有4具533毫米鱼雷发射管，可发射Mk48型反潜鱼雷，共装26具管射武器，例如，8枚"战斧"、4枚"捕鲸叉"和14枚鱼雷。

↑ 苏联"德尔塔"-Ⅰ型弹道导弹核潜艇

↑苏联 D Ⅲ 级核潜艇外观，众多流水孔清晰可见。

苏联 D Ⅲ 级弹道导弹核潜艇

苏联 D Ⅲ 级（亦称"德尔塔"Ⅲ型）到1982年底共建造 14 艘。其主要技术性能为：水面排水量 10000 吨，水下排水量 11700 吨。长 160 米、宽 12 米、吃水 8.7 米。动力装置同 D Ⅳ级。水面航速 19 节，水下航速 24 节，下潜深度 300 米。编制 130 人。该级艇装有 16 枚 SS－N－18 弹道导弹。该型导弹有三种：Ⅰ型射程 6500 千米，有 3 个分导弹头；Ⅱ型射程 8000 千米；Ⅲ型射程 6500 千米，有 7 个分导弹头。部分艇改装了 SS－N－23 导弹。艇首部装 6 具 533 毫米鱼雷发射管，共携带 18 枚鱼雷。

苏联 D Ⅳ 级弹道导弹核潜艇

D Ⅳ级（亦称"德尔塔"Ⅳ型）是苏联第三代弹道导弹核潜艇的第Ⅳ型，也是最后一型 D 级潜艇。首艇于 1985 年 1 月下水，1985 年 12 月加入苏联北方舰队服役。共建造 7 艘。其主要技术性能为：水面排水量 10750 吨，水下排水量 12150 吨。长 166 米、宽 12 米、吃水 8.7 米。动力装置采用两座压水反应堆、两台蒸汽轮机，双轴。水面航速 19 节，水下航速 24 节，下潜深度 300 米。编制 130 人。该级艇装有：16 枚 SS－N－23 导弹，射程达 8300 千米，有 10 个分导弹头，圆概率误差 500 米，可以在苏联本土海域内攻击美国目标。此外，还装备 4 具 533 毫米和两具 650 毫米鱼雷发射管，携带 18 枚水雷。

苏联 H 级弹道导弹核潜艇

H 级（亦称"旅馆"级）是苏联第一代弹道导弹核潜艇。首艇于 1958 年动工，1960 年建成服役，至 20 世纪 60 年代中期共建造 8 艘。其主要技术性能为：水面排水量 4750 吨，水下排水量 5500 吨。长 115.2 米、宽 9.1 米、吃水 7.6 米。动力装置为 1 座核反应堆，两台蒸汽轮机，双轴。水面航速 20 节，水下航速 26 节。编制 90 人。该级艇装有：在指挥台围壳后部，布置有 3～6 具垂直导弹发射筒；3 枚水面发射的 SS－N－4 弹道导弹，射程 350 海里。在 1962～1967 年间，有 7 艘改装水下发射的 SS－N－5 弹道导弹，射程为 700 海里。其中一艘还改装了 SS－N－8 弹道导弹，射程达 4200 海里，并将导弹数增加到 6 枚

↑苏联第一代弹道导弹潜艇"旅馆"级。在这型艇上，苏联海军从水面发射了第一枚弹道导弹。

艇。首部另有6具533毫米鱼雷发射管，尾部两具406毫米鱼雷发射管，携带20枚鱼雷。

苏联G级弹道导弹常规动力潜艇

G级（亦称"高尔夫"级）是苏联海军的弹道导弹常规动力潜艇。1958～1962年共建造23艘GI型，装备SS－N－4导弹。1961～1972年间共建造13艘G－II型，换装SS－N－5导弹。其主要技术性能为：长98.9米（G-III型为119米）、宽8.2米、吃水8米。动力装置由3台柴油机和3台电动机组成，该级艇装有：3枚SS－N－5弹道导弹（G－II型），6枚SS－N－8弹道导弹（G－III型），1枚SS－N－20弹道导弹（AG－V型），6具533毫米鱼雷发射管（首4，尾2），携带12枚鱼雷。

苏联Y级弹道导弹核潜艇

Y级是苏联第二代弹道导弹核潜艇，1968年开始服役，到1975年为止，共建造了34艘。主要技术性能为：长132米、宽11.6米。动力装置为两座压水堆、两台蒸汽轮机、下潜深度300米，自持力60天。编制120人。该级艇装有16枚SS－N－6导弹，有三种型号：I、II型为单弹头，射程分别为2400千米和3000千米。III型有两个分导式弹头，射程为3000千米；20艘艇装备I型或III型，只有一艘装备12枚SS－N－17导弹，射程2100海里。艇首部装6具533毫米鱼雷发射管，共携带18枚鱼雷。

苏联E级巡航导弹核潜艇

E级（亦称"回声"级）是苏联第一代巡航导弹核潜艇。E级共有两型：EI型和EII型，其艇体与J级相同，只不过J级是常规动力，E级是核动力。EII型的主要技术性能为：水面排水量4800吨（I型4300吨），水下排水量5800吨（I型5200吨）。长119米（I型114米）、宽9.2米（I型9.1米）、吃水6.9米（I型7.3米）。装有两台压水堆，两台蒸汽轮机，双轴，总功率22000千瓦。水面航速20节，水下航速24节（I型25节），下潜深度230～300米。编制90人（I型92人）。该级艇装有8枚SS－N－3A型导弹，艇首部另有6具533毫米鱼雷发射管和2具尾部406毫米鱼雷发射管，共带有20枚鱼雷。后来又改装SS－N－12型导弹（射程295海里），但两种导弹都不能在水下发射。EI型则装备6枚SS－N－3A反舰导弹（射程200海里）。

1971～1974年，EI型全部（5艘）拆除导弹系统，改为攻击核潜艇。

苏联C级巡航导弹核潜艇

C级（亦称"查理"级）是苏联第二代巡航导弹核潜艇。该级艇也有两型：CI型和CII型。CI型于1967～1972年间共建造11艘，其中的一艘曾租借给印度3年。其主要技术性能为：水面排水量3900吨，水下排水量5000吨。长93.9米、宽10.1米、吃水7.3米。动力装置有1座压水堆和两台蒸汽轮机，单轴，总功率11000千瓦。水面航速17节，水下航速27节。下潜深度300米。编制90人。该级艇装有：8枚SS－N－7型反舰导弹，射程35千米，可水下发射。艇首部6具533毫米鱼雷发射管，携带14枚鱼雷。CII型于1973～1980年间建造6艘。其主要技术性能为：水面排水量4300吨，水下排水量5500吨。长102米、宽10.1米、吃水7.8米。武器装备更换为先进的8枚SS－N－9导弹，射程90千米，水下发射深度20～40米，发射时航速8～12节。

↑苏联CI型巡航导弹核潜艇

↑"奥斯卡"级巡航导弹核潜艇

苏联O级巡航导弹核潜艇

O级（亦称"奥斯卡"级）是苏联第三代，也是最后一代巡航导弹核潜艇。首艇于1985年动工。分为OI型（2艘）和OII型（6艘）。OI级潜艇主要技术性能为：水面排水量10200吨

↑ "回声"—Ⅱ级巡航导弹核潜艇

↑ "基洛"级常规潜艇

↑运送途中的 K 级潜艇。

↑ "基洛"级常规潜艇。其特点是火力强，噪声低，不易被发现。

（Ⅱ型为 14700 吨），水下排水量 2400 吨（Ⅱ型为 2400 吨）。长 143 米（Ⅱ型为 154 米）、宽 18.2 米、吃水 9 米。指挥台围壳长达 32 米。动力装置有两座 200MW 压水堆、两台蒸汽轮机，双轴，总功率 73550 千瓦。水面航速 19 节，水下航速 30 节（Ⅱ型 28 节），下潜深度 300 米。编制 135 人。

该级艇装有：24 枚 SS—N—19 反舰导弹，以固定 40° 角倾斜布置在耐压壳与非耐压外壳之间的两舷间，射程 20～550 千米；4 具 533 毫米可发射 53 型反潜／反舰鱼雷和 SS—N—15 反潜导弹；4 具 650 毫米鱼雷发射管，可发射 65 型反舰鱼雷和 SS—N—16 反潜导弹。

苏联 M 级攻击型核潜艇

M 级（亦称"麦克"级）是苏联海军的新型攻击型潜艇"共青团员"号的西方称谓。该艇 1981 年开工建造，1983 年 5 月下水，1984 年底服役。其主要技术性能为：水面排水量 8000 吨，水下排水量 9700 吨。长 122 米、宽 12.0 米、吃水 8.2 米。动力装置由两座核反应堆和 1 台蒸汽轮机组成，单轴，总功率 29400 千瓦。水面航速 30 节，水下航速达 40 节。编制约 95 人。

该级艇装有：6 具 533 毫米或 650 毫米鱼雷发射管，配备有鱼雷和 SS—N—15、SS—N—16 导弹，特别是配备有最新的 SS—NX—21 巡航导弹，射程 1600 海里。该级艇航速高、潜深大，1989 年 4 月 7 日，该艇在挪威海域发生火灾沉没。

苏联 K 级常规动力潜艇

K 级（亦称"基洛"级）是苏联第一艘水滴型常规潜艇。1982 年建成服役。主要技术性能为：水下排水量 3076 吨。长 73 米、宽 9.9 米、吃水 6.6 米。动力装置由两台柴油机和两台电动机组成，下潜深度 240 米。编制 52 人。该级艇装有 6 具 533 毫米鱼雷发射管，可携带 18 枚 53 型反舰／反潜鱼雷。

苏联 "塞拉" 级攻击型核潜艇

"塞拉"级是苏联海军第四代攻击核潜艇之一，首艇于 1988 年动工，1990 年建成服役。该级有塞拉Ⅰ型（3 艘）和塞拉Ⅱ型（2 艘）。其主要技术性能为：水面排水量 7000 吨（Ⅱ型 6470 吨），水下排水量 7900 吨（Ⅱ型 10400 吨）。长 110.5 米（Ⅱ型 111 米）、宽 12.5 米（Ⅱ型 14.5 米）、

↑ "塞拉"级攻击型核潜艇

吃水 9.5 米。动力装置由两座压水堆和两台汽轮交流发电机组成，单轴，水面航速 18 节，水下航速 34 节（Ⅱ型 32 节）。编制 100 人（Ⅱ型 61 人）。

该级艇装有：8 具 650 毫米鱼雷发射管，可发射 53 型和 65 型鱼雷。可用 533 毫米鱼雷管发射 SS－N－21 潜射巡航导弹和 SS－N－15 反潜导弹，用 650 毫米鱼雷管发射 SS－N－16 反潜导弹。

苏联"阿库拉"级攻击型核潜艇

"阿库拉"级是苏联海军新型攻击型核潜艇，首艇于 1981 年开工，1982 年下水，1984 年服役。至 2000 年已建成 16 艘。其主要技术性能为：水面排水量 8140 吨，水下排水量 12770 吨。长 110 米、宽 14 米、吃水 10.4 米。动力装置由两座核反应堆和 1 台减速蒸汽轮机组成，另有辅助柴油机两台，水面航速 18 节，水下航速 33 节，下潜深度 400 米。编制 73 人。

该级艇装有 4 具 533 毫米和 4 具 650 毫米鱼雷发射管，可发射 53 型鱼雷，可用管衬把 650 毫米的发射管降为 533 毫米，也可用 533 毫米鱼雷发射管发射 SS－N－21 潜射巡航导弹和

↑俄罗斯现役攻击型核潜艇主力"阿库拉"级潜艇

↑"阿库拉"级攻击型核潜艇

↓"阿库拉"级攻击型核潜艇剖视图

SS－N－15 反潜导弹，用 650 毫米鱼雷发射管发射 SS－N－16 反潜导弹。

↑从"台风"级外观看，许多孔都设有盖板。

俄罗斯"台风"级弹道导弹核潜艇

"台风"级弹道导弹核潜艇是苏联和俄罗斯海军核威慑的主力，也是迄今为止世界上吨位最大的潜艇，均布置在北方舰队。该艇携载的 SS－N－20 弹道导弹的射程可达 8300 千米，可打击世界上任何战略目标，发射间隔仅为 15 秒。首艇"台风"号于 1977 年动工，1980 年下水，1981 年服役。到 1982 年相继建成了 6 艘。

其主要技术性能为：水面排水量 23200 吨，水下排水量 26500 吨。长 171.5 米、宽 24.6 米、吃水 13 米。动力装置为两座 320MW 压水堆、两台 60MW 蒸汽轮机，双轴，总功率 73550 千瓦。水面航速 19 节，水下航速 26 节，下潜深度 400 米。编制 160 人。

"台风"级艇装有 20 枚 SS－N－20 弹道导弹，每枚导弹具有 6～9 个 100KT 当量的分导弹头，射程为 8300 千米。指挥围壳内配置水面发射防空导弹。艇首部装有：两具 533 毫米发射管，可发射 53 型反舰/反潜鱼雷或 SS－N－15 反潜导弹；4 具 630 毫米鱼雷发射管，可发射 65 型反舰鱼雷或 SS－N－16 反潜导弹。共携带 36 枚鱼雷及反舰导弹。

俄罗斯ⅤⅢ级攻击型核潜艇

ⅤⅢ级（亦称"维克多"Ⅲ级）是ⅤⅡ级的改进型。首艇于 1978 年建成服役，直至 1992 年

↑俄罗斯ⅤⅢ级攻击型核潜艇

才停止建造，共建造 26 艘。其主要技术性能为：水面排水量 4780 吨，水下排水量 7250 吨。长 107 米、宽 10.6 米、吃水 8.0 米。动力装置由两座压水堆、两台蒸汽轮机和两台应急推进装置组成，单轴。水面航速 18 节，水下航速 30 节，下潜深度 600 米。编制 100 人。

ⅤⅢ级艇装有：两具 533 毫米和 4 具 650 毫米鱼雷发射管，可发射 53 型和 65 型鱼雷，最多可携带 24 枚鱼雷，也可用 36 枚水雷取代鱼雷。533 毫米鱼雷发射管也可用于发射 SS－N－21 远程对陆攻击巡航导弹（仅有一艘作为试验用）、SS－N－15 反潜导弹，用 650 毫米鱼雷发射管发射 SS－N－16 A/B 反潜导弹。

俄罗斯"北德文斯克"级多用途核潜艇

"北德文斯克"级是俄罗斯海军继"阿库拉"级后最新一代多用途核潜艇。首艇"北德文斯克"号于 1993 年 12 月动工，2002 年下水，2004 年建成服役。

其主要技术性能为：水面排水量 5900 吨，水下排水量 8600 吨。长 111 米、宽 12 米、吃水 8.4 米。动力装置为 1 座压水反应堆，单轴，水面航速 17 节，水下航速 28 节。编制 55 人。

"北德文斯克"级艇装有：在艇体指挥台围壳后，有 8 个垂直发射管，用以发射对陆攻击型和对舰型 SS－N－27 导弹；8 具 533 毫米鱼雷发射管，可发射鱼雷和 SS－N－15 反潜导弹，共携导弹和鱼雷 30 枚。

俄罗斯"阿穆尔"级常规动力潜艇

"阿穆尔"级，也被俄海军称为 677 型拉达级，第一艘该级艇分段于 1997 年下水，全艇完成于 2001 年，第二号艇则为出口型。

其主要技术性能为：水面排水量 1765 吨，水下排水量 2650 吨。长 68 米、宽 7.2 米、吃水 4.4 米。首艇仍为常规柴电动力，后续将加装燃料电池 AIP 系统。单轴，水面航速 11 节，水下航速 22 节，最大潜深 250 米。编制 37 人。该级艇装有 6 具 533 毫米鱼雷发射管，并可发射潜射反舰导弹，共备弹 18 枚。

英国"特拉法尔加"级攻击型核潜艇

"特拉法尔加"级是英国皇家海军第四代攻击型核潜艇。首艇"特拉法尔加"号于 1979 年动工，1983 年建成服役。主要技术性能为：水面排水量 4700 吨（Ⅱ型为 5400 吨），水下排水量 5208 吨（Ⅱ型为 5900 吨）。长 85.4 米（Ⅱ型 89.4 米）、宽 9.8 米、吃水 9.5 米。

"特拉法尔加"级艇的动力装置由 1 座压水堆和两台蒸汽轮机组成，单轴，水下航速为 32 节，下潜深度超过 300 米。编制为 97 人。

该级艇装有从鱼雷管可水下发射潜舰型"捕鲸叉"导弹。首部装有 5 具 533 毫米鱼雷发射管，可发射"矛鱼"线导鱼雷、Mk24 Mod 2"虎鱼"鱼雷，携带鱼雷 20 枚。鱼雷舱亦可改装水雷。

英国"前卫"级弹道导弹核潜艇

"前卫"级潜艇是英国皇家海军第二代弹道导弹核潜艇，也是英国第一级装载"三叉戟"

↑英国"特拉法尔加"级攻击型核潜艇

↑英国"前卫"级战略核潜艇即将下水。

↑英国"前卫"级核潜艇

导弹的潜艇，首艇"前卫"号于1986年动工，1993年建成服役。至1999年11月共建造4艘。其主要技术性能为：水下排水量达15900吨。长150米、宽13米、吃水12米，为当今欧洲最大的核潜艇。动力装置为1座PWR2压水堆与两台蒸汽轮机，单轴，泵喷推进器，水下航速25节。编制135人。

该级艇装有16枚"三叉戟"Ⅱ（D5型）弹道导弹，射程12000千米，战斗部为8个分导式核弹头（最多可载12枚），每枚弹头相当于150千吨梯恩梯当量，圆概率误差小于100米。艇首部还有4具533毫米鱼雷发射管，可发射射程65千米的"矛鱼"重型线导鱼雷。

法国"可畏"级弹道导弹核潜艇

"可畏"级是法国海军第一代弹道导弹核潜艇，也是法国自行研制的第一级核潜艇。首艇于1964年动工，1971年建成服役，至1980年5月共建造5艘。

其主要技术性能为：水面排水量8080吨，水下排水量9000吨。长128.7米、宽10.6米、吃水10米。动力装置由1座压水堆、两台蒸汽轮机、两台汽轮交流发电机、1台主推进电动机

和两台应急推进柴油发电机组成，主电机功率11768千瓦，单轴，可航行5000海里，水面航速20节，水下航速25节，下潜深度300米，自持力60天。编制135人。该级艇装有：4具533毫米鱼雷发射管，可携带18枚鱼雷或SM-39"飞鱼"巡航导弹；16个导弹发射装置，原来装16枚M—1弹道导弹，后改装M—2导弹及M—20导弹，其射程1500海里，采用核当量为百万吨级的单弹头。

法国"红宝石"级攻击型核潜艇

"红宝石"级是法国海军的攻击型核潜艇，又称SNA72型核潜艇。首艇于1976年动工，1983年建成服役，共建造6艘。其主要技术性能为：水面排水量2385吨（第5艘以前的均为2410吨），水下排水量2670吨。长72.1米（第5艘以前的为73.6米）、宽7.6米、吃水6.4米。动力装置为1座K—48型液态金属压水堆；两台蒸汽轮发电机，主推电机1台、应急电机1台，单轴，水下航速25节。自持力为45天，下潜深

↑法国"红宝石"级攻击型核潜艇

↑法国"可畏"级弹道导弹核潜艇全貌。

↑法国"可畏"级潜艇首部

度 300 米。编制 66 人。"红宝石"级艇装有 4 具 533 毫米鱼雷发射管,可混合携带 18 枚鱼雷或导弹,可发射 SM—39"飞鱼"潜舰导弹和 L5-3 声自导鱼雷、F17 线导鱼雷。鱼雷舱能改装 32 枚 FG 29 水雷。

↑法国"凯旋"级弹道导弹核潜艇"凯旋"号

法国"凯旋"级弹道导弹核潜艇

"凯旋"级是法国海军第三代弹道导弹核潜艇。首艇"凯旋"号于 1989 年动工,1997 年 3 月建成服役。其主要技术性能为:水面排水量 12640 吨,水下排水量 14120 吨。长 138 米、宽 12.5 米、吃水 10 米。动力装置为 1 座 K—15PWR 型一体化压水堆两组汽轮发电机组;1 台主推进电动机,采用泵喷推进器,单轴,水面航速 20 节,水下航速 25 节,下潜深度据称可达 500 米。编制 111 人。该级艇装有:16 枚 M45 型弹道导弹(将换装 M—5 型),射程 5300 千米,带 6 个分导式热核弹头,每个弹头威力为 150 千吨梯恩梯当量;4 具 533 毫米鱼雷发射管,可发射 L5 反潜/反舰两用鱼雷和 SM-39"飞鱼"潜舰导弹。可混装 18 枚鱼雷和导弹。

法国"阿戈斯塔"90B 型常规动力潜艇

"阿戈斯塔"90B 型常规动力潜艇由法国舰

↑法国"阿戈斯塔"级常规动力潜艇

艇建造局为巴基斯坦海军建造。首艇于 1999 年 4 月交付。其主要技术性能为:水面排水量 1510 吨,水下排水量 1760 吨。长 67.5 米、宽 6.8 米、吃水 5.0 米。动力装置为主电机 2200 千瓦,巡航电机 23 千瓦,柴油发电机 2×850 千瓦,蓄电池 2×160 个。持续航速 17 节,最大航速 20 节,续航力 10000 海里,最大标准潜深大于 320 米,自持力大于 60 天。编制 36 人。该级艇装有:4 具鱼雷发射管,可以装载 16 枚 F17 线导鱼雷及 SM-39"飞鱼"潜射反舰导弹。掠海式 SM-39 的飞行速度为 0.9 马赫,最大射程 50 千米。艇上装备 SUBTICS 综合潜艇作战系统。

德国"桑塔·克鲁兹"级常规动力潜艇

"桑塔·克鲁兹"级(又称 TR—1700 型)是由前联邦德国为阿根廷设计的一型攻击型常规动力潜艇。首艇"桑塔·克鲁兹"号于 1980 年动工,1984 年建成服役,共建造两艘。其主要技术性能为:水面排水量 2116 吨,水下排水量 2264 吨。长 66 米、宽 7.3 米、吃水 6.5 米。动力装置由 4 台 MTU 柴油发电机和 1 台大功率主推进电动机组成,单轴,水面航速 15 节,水下航速 25 节,下潜深度 300 米。编制 29 人。该级艇首部装有 6 具 533 毫米鱼雷发射管,可携带 22 枚 AEGSST4 线导鱼雷或 Mk37 线导鱼雷,还可携带 34 枚沉底水雷。

↑德国为阿根廷设计的"桑塔·克鲁兹"级潜艇。

德国 211 型常规动力潜艇

211 型是前联邦德国海军的攻击型常规动力潜艇,与 210 型相似。第一批 6 艘于 1991 ~ 1993 年完工,用来替换 205 型潜艇。

该型艇水下排水量 1450 吨。其武器装备为艇首部装有 8 具 533 毫米鱼雷发射管,可发射"海豹"3 鱼雷。

德国 212 型常规动力潜艇

212 型是德国海军即将入役的第一型不依赖空气系统(AIP)的常规动力潜艇,采用技术独特的燃料电池作为动力源。首艇 U31,1999 年

↓德国212型常规动力潜艇结构图。

→德国212型潜艇是世界上第一艘不依赖空气系统（AIP）的常规动力潜艇。

11月开工，2001年10月下水，2003年9月建成服役。

其主要技术性能为：水面排水量1320吨，水下排水量1800吨。长53.2米、宽6.8米、吃水5.8米。动力装置为霍瓦兹燃料电池AIP高能电池系统。柴电推进，MTU16V396柴油机两台，西门子电机1台。单轴，水面最大航速12节，水下最大航速21节。编制23人及5名训练人员。

该级艇装有6具533毫米鱼雷发射管，发射"海豹"3或"海梭子鱼"鱼雷。声呐系统包括DBQS—90FTC，FAS—3侧翼阵声呐及TAS—3被动拖曳阵声呐、FMS52主动声呐、DBQS—21DG被动测距侦察声呐。

意大利"纳萨里奥·萨乌罗"级常规动力潜艇

"纳萨里奥·萨乌罗"级是意大利海军的常规动力攻击型潜艇。首艇"纳萨里奥·萨乌罗"号于1974年动工，1980年建成服役，至1982年共建造4艘。主要技术性能为：水面排水量1456吨，水下排水量1631吨。长63.9米、宽6.8米、吃水5.7米。动力装置由3台柴油发电机组和1台推进电动机组成，单轴，水面航速11节，水下航速19节，其下潜深度250～300米，续航力11000海里/11节，250海里/4节，自持力35天。编制49人。该级艇装有6具533毫米鱼雷发射管，可发射A—184型鱼雷，携带12枚备用鱼雷，计划改装舰舰、舰空导弹。

瑞典"西约特兰"级常规动力潜艇

"西约特兰"级是瑞典海军的攻击型常规动力潜艇，又称A—17型。首艇"西约特兰"号于1983年动工，1987年建成服役。

其主要技术性能为：水面排水量1070吨，水下排水量1143吨。长48.5米、宽6.1米、吃水5.6米。动力装置由两台柴油机和1台主推进电动机组成，单轴，水面航速11节，水下航速20节。编制28人。

该级艇装有：艇首部6具533毫米鱼雷发射

↑瑞典"西约特兰"级常规动力潜艇。该级艇火力强，声呐设备先进，操纵性好。

←意大利海军的"朱利亚诺·普里尼"号常规潜艇，是"萨尔瓦托雷·佩雷希"级潜艇的第2艘，计划建造4艘，水下排水量1662吨，是"纳萨里奥·萨乌罗"级的改型艇，为意大利最新一代潜艇。

管，可发射 12 枚 613 型反舰线导鱼雷；尾部 3 具 400 毫米鱼雷发射管，可发射 6 枚 431/451 反潜线导鱼雷。可外挂 48 枚水雷。

瑞典"哥德兰"级常规动力潜艇

"哥德兰"级是瑞典建造的世界上第一级安装不依赖空气动力装置（AIP）的新型常规动力潜艇，又称 A－19 型。首艇"哥德兰"号于 1992 年动工，1996 年服役。其主要技术性能为：水面排水量 1240 吨，水下排水量 1490 吨。长 60 米、宽 6 米、吃水 5.6 米。动力为 1 台考库姆·斯特林不依赖空气（AIP）推进系统，两台 MTU 柴油机，单轴，水面航速 11 节，水下航速 20 节。编制 28 人。该级艇装有：4 具 533 毫米鱼雷发射管，发射 12 枚 613 型鱼雷；两具 400 毫米鱼雷发射管，发射 6 枚瑞典军械公司的 432/451 型鱼雷。还可外挂 48 枚水雷。

↑瑞典"哥德兰"级常规动力潜艇

荷兰"海象"级常规动力潜艇

"海象"级是荷兰海军自行设计建造的一型常规动力潜艇，首艇"海象"号于 1979 年动工，1992 年 3 月建成服役。其主要技术性能为：水面排水量 2465 吨，水下排水量 2800 吨。长 67.7 米、宽 8.4 米、吃水 6.6 米。动力装置由 3 台柴油机和 1 台主推进电机组成，单轴，水面航速 13 节，水下航速 20 节，下潜深度 300 米。编制 52

↑荷兰"海象"级常规动力潜艇剖面图。

人。该级艇装有：可从鱼雷管发射的潜舰型"捕鲸叉"导弹；4 具 533 毫米鱼雷发射管，可发射 Mk48 Mod4 型线导鱼雷或 NT37D 线导鱼雷。共携带 20 枚鱼雷或导弹。

↑澳大利亚"科林斯"级常规动力潜艇

澳大利亚"科林斯"级常规动力潜艇

"科林斯"级为澳大利亚海军以瑞典"哥德兰"级潜艇为设计原型，选用美国战斗系统，于本国建造的一型常规动力攻击型潜艇，首艇"科林斯"号 1990 年动工，1995 年建成服役，至 1999 年共建 6 艘。主要技术性能：水面排水量 3051 吨，水下排水量 3353 吨。长 77.5 米、宽 7.8 米、吃水 7 米。动力装置为 3 台 VB210 型柴油机，1 台推进电动机，1 台应急用 DM43006 液压电动机，单轴。水面及通气管状态的速度 10 节，水下航速 20 节，续航力 9000 海里 /10 节（通气管状态）、11500 海里 /10 节（水面），自持力 70 天。编制 43 人（另外可容纳 12 个参训人员）。该级艇首部装有 6 具 533 毫米鱼雷发射管，左右舷各 3 具。左右舷能独立操作，有两套同样的发射、控制和操作设备，可发射 Mk48 Mod4 重型鱼雷和 UGM－84B 潜射"捕鲸叉"反舰导弹，共携带 23 枚重型鱼雷或反舰导弹。该级艇还可将鱼雷换装为水雷，并可选配瑞典的外挂式水雷。

日本"春潮"级常规动力潜艇

"春潮"级是由"夕潮"级改进发展的一型水滴型潜艇，首艇"春潮"号于 1987 年 4 月动工，1990 年 11 月建成服役，至 1997 年共建造 7 艘。后续 6 艘依次是"夏潮"、"早潮"、"荒潮"、"若潮"、"冬潮"和"朝潮"其主要技术性能为：水面排水量 2450 吨，水下排水量 2750 吨（第 6

↑日本"春潮"级常规动力潜艇出水瞬间。

号艇 2860 吨）。长 77 米、宽 10 米、吃水 7.7 米。动力系统由两台川崎公司的 12V25/25S 柴油机、1 台富士公司的主推进电机组成。单轴，水面航速 12 节，水下航速 20 节。编制 74 人。

该级艇可从鱼雷管发射潜舰型"捕鲸叉"导弹。装有 6 具 533 毫米鱼雷发射管，用于发射日本 89 型线导鱼雷，可携带导弹、鱼雷共 20 枚。

日本"大潮"级常规动力潜艇

"大潮"级是日本海上自卫队的攻击型潜艇。该级艇采用双层壳体结构。首艇于 1960 年动工，到 1986 年共建造 9 艘。其主要技术性能为：水面排水量 1650 吨，水下排水量 2450 吨。长 88 米、宽 8.2 米、吃水 4.9 米。动力装置由两台柴油机和两台推进电机组成，双轴，水面航速 14 节，水下航速 18 节，下潜深度 200 米。编制 80 人。该级艇装有：首部 6 具 533 毫米鱼雷发射管，尾部两具 323 毫米鱼雷发射管。

日本"涡潮"级常规动力潜艇

"涡潮"级是日本海上自卫队的常规动力攻击型潜艇。首艇"涡潮"号 1968 年动工，1971 年建成。其主要技术性能为：水面排水量 1900 吨，水下排水量 2430 吨，长 72 米、宽 9.9 米、

↑日本"涡潮"级常规动力潜艇第 2 艘"鸣潮"号在加装鱼雷。

吃水 7.5 米。动力装置由两台柴油机和 1 台主推进电动机组成，单轴，水面航速 12 节，水下航速 20 节，下潜深度 200 米。编制 80 人。该级艇中部装有 6 具 533 毫米鱼雷发射管，可发射日本 89 型鱼雷，备有 20 枚鱼雷。

日本"夕潮"级常规动力潜艇

"夕潮"级是"涡潮"级的增大型。首艇"夕潮"号于 1976 年动工，1980 年建成服役。到 1989 年为止，已有 10 艘艇建成服役。其主要技术性能为：水面排水量 2250 吨（第 4 艘艇为 2300 吨，前 3 艘艇为 2200 吨），水下排水量 2450 吨。长 76 米、宽 9.9 米、吃水 7.4 米。动力装置由两台柴油机和 1 台主推进电动机组成，单轴，水面航速 12 节，水下航速 20 节，下潜深度 275 米。编制 75 人。

该级艇可从鱼雷发射管发射潜舰"捕鲸叉"导弹。中部装有 6 具 533 毫米鱼雷发射管，可发射日本 89 型鱼雷，携带 20 枚鱼雷或导弹。

↑日本"夕潮"级常规动力潜艇

日本"亲潮"级常规动力潜艇

"亲潮"级是日本海上自卫队为 21 世纪水下作战而开发的最新一代常规动力潜艇，计划建造 6 艘。首艇"亲潮"号 1994 年动工，1998 年建成服役，后续艇建造工程将持续至 2003 年。主要技术性能：标准排水量 2700 吨，水下排水量 3000 吨。长 81.7 米、宽 8.9 吨、吃水 7.9 米。动力装置为两台柴油机和 1 台推进电机从第 2 艘开始装备 800 马力斯特林发动机。单轴，水面航速

↑日本"亲潮"级常规动力潜艇

↑巴西海军"图皮"级常规动力潜艇

12 节，水下航速 20 节。编制 69 名。该级艇装有 6 具 533 毫米鱼雷发射管，携带 20 枚 89 型线导鱼雷，可发射"捕鲸叉"潜射反舰导弹。

以色列"海豚"级常规动力潜艇

"海豚"级是以色列海军潜艇部队自组建以来的第四代水下战斗舰艇，首艇"海豚"号于 1994 年动工，1998 年 4 月建成服役，至 2000 年 6 月已建 3 艘。其主要技术性能为：水面排水量 1640 吨，水下排水量 1900 吨。长 57.3 米、宽 6.8 米、吃水 6.2 米，耐压艇体直径为 6.75 米。动力系统包括 1 台 2500 千瓦双电枢推进电机、3 套 MTU16V396 型柴油机—发电机组和两组蓄电池，单轴，一个 7 叶螺旋桨。水面航速为 13 节，水下航速为 20 节，续航力为 4000 海里 /18 节，自持力 21 天。编制 30 人。

"海豚"级艇装有 6 具 650 毫米、4 具 533 毫米多用途武器发射管，可以发射 STN 型鱼雷、"捕鲸叉"导弹和声诱饵装置，并可布放水雷，艇内装载鱼雷 16 枚。

巴西"图皮"级常规动力潜艇

"图皮"级是巴西海军于 1984 年向德国订购的 209 级 1400 型常规动力潜艇，命名"图皮"级。首艇"图皮"号于 1985 年动工，1989 年建成服役。其主要技术性能为：水面排水量 1260 吨，水下排水量 1440 吨。长 61 米、宽 6.2 米、吃水 5.5 米。动力装置为 4 台 MTU 柴油机，4 台西门子 1.7 兆瓦发电机，1 台主推进电机，单轴，水上航速 11 节，水下航速 21.5 节。

该级艇首部装有 8 具 533 毫米鱼雷发射管，可发射 16 枚"虎鱼"Mk24 Mod1 线导鱼雷。

两栖作战和登陆舰艇

登陆舰艇

登陆舰艇是在登陆作战时，输送登陆兵力及其武器装备和补给品到敌岸的舰艇，亦称两栖舰艇。登陆舰艇可分为登陆艇、登陆舰、登陆运输舰和登陆指挥舰等。

登陆艇可以在无靠岸设施的敌方滩头阵地抢滩登陆，将所载人员或武器装备物资直接送上岸。按照排水量区分，有小型和大型。小型登陆艇能够装载 30 余名登陆兵或 3 吨左右物资。中型登陆艇能够装载坦克 1 辆，或登陆兵 200 名，或物资数十吨。大型登陆艇能够装载坦克 3 ~ 5 辆或登陆兵数百名或物资 100 ~ 300 吨。可作为登陆运输舰和大型登陆舰的登陆工具之一，在由舰到岸的登陆作战中，换乘登陆艇突击上陆。第二次世界大战前，已出现了多种型号的登陆艇。第二次世界大战中，美、英、日等国建造登陆艇

↑以色列海军新型潜艇——"海豚"级常规动力潜艇

↑从美国新港级坦克登陆舰"巴恩斯特布尔县"号驶出的水陆两用装甲车 AAV7 下水。

约 10 万艘。

登陆舰有大型和中型两种。大型登陆舰能装载坦克 10 ~ 20 辆，不能直接登陆，主要用于远程大规模登陆。1940 年英国专门设计建造了世界上第一艘大型登陆舰。此后，一些国家相继建造登陆舰。美国由于在远离本土条件下参战，所以建造了大量的登陆舰，仅 LST 级大型登陆舰就有 1000 多艘。第二次世界大战后，登陆舰的技术发展很快，种类型号越来越多，有船坞登陆舰、两栖攻击舰等。现代登陆舰还设置了直升机平台，装备了航空导弹，采用了侧向推进器、变距螺旋桨和新型登陆装置，战术技术性能有了很大的提高。

登陆运输舰和登陆物资运输舰，属于单一装载的运输舰，现已很少建造。船坞式登陆运输舰亦称船坞登陆舰，可携载大型登陆艇数艘或中型登陆艇 10 ~ 20 艘或两栖车辆 40 ~ 50 辆。直升机登陆运输舰亦称两栖攻击舰，是在 20 世纪 50 年代中期，随着垂直登陆理论的发展，首先由美国用航空母舰改装而成。60 年代，美国建造的硫磺岛级两栖攻击舰是最典型的两栖攻击舰。综合登陆运输舰亦称通用两栖攻击舰，可用其携载登陆艇、两栖车辆和直升机，同时实施由舰到岸的平面登陆和垂直登陆。该舰种是在 20 世纪 70 年代发展起来的，可以实现均衡装载的要求。

各国登陆舰艇

美国"奥斯汀"级两栖船坞运输舰

"奥斯汀"级是美国海军的大型两栖船坞运输舰，是罗利级的改进型。首舰"奥斯汀"号 1963 年动工，1965 年建成服役，至 1970 年共建成 11 艘。主要技术性能为：标准排水量 9130

吨，满载排水量 16500 ~ 17244 吨。长 174 米、宽 30.5 米、吃水 7 米。动力装置为两台蒸汽轮机和两座锅炉，双轴，航速 21 节，续航力 7700 海里 /20 节。编制 420 人（其中 24 名军官），编队司令部 90 人（LPD7 ~ 13 号舰）。

该级舰装有：1 座双管 76 毫米炮；两座 Mk15 型 6 管 20 毫米"密集阵"近防武器系统；4 座箔条式干扰火箭发射器；6 架 CH — 46D/E "海上骑士"直升机。机库只能放 1 架轻型直升机（LPD4 号舰上没有机库）。可投送 930 名海军陆战队员（LPD7 ~ 13 号舰上只能载 840 人），9 艘 LCM6 机械化装备登陆艇，或 4 艘 LCM8 机械化装甲登陆艇，或两艘 LCAC 气垫登陆艇。

美国"蓝岭"级两栖指挥舰

"蓝岭"级是美国海军负责指挥两栖作战的舰艇。首舰"蓝岭"号于 1967 年动工，1970 年建成服役，其主要技术性能为：满载排水量 18372 吨（"蓝岭"号），18646 吨（"惠特尼山"号）。长 194 米、主甲板宽 32.9 米、吃水 8.8 米。动力装置为两台蒸汽轮机，单轴，航速 23 节，

↑美国"蓝岭"级两栖指挥舰

↑美国"奥斯汀"级两栖船坞运输舰

续航力为 13000 海里 /16 节。编制 821 人（其中 43 名军官），司令部 170 ～ 190 人。

该级舰装有：两座八联装"海麻雀"舰空导弹发射装置；两座双联装 76 毫米炮；两座 Mk15 型 6 管 20 毫米"密集阵"近防武器系统；1 架多用途直升机。

可投送 700 多名海军陆战队员，3 艘人员登陆艇，两艘车辆及人员登陆艇。该级舰上设有多套指挥和控制系统，作为舰队旗舰或登陆部队和两栖作战指挥中心使用。

美国"塔拉瓦"级两栖攻击舰

"塔拉瓦"级是美国海军的大型两栖攻击舰，兼有攻击舰、两栖货船和两栖船坞运输舰性能。首舰"塔拉瓦"号于 1971 年开始动工，1976 年建成服役，至 1980 年共建造 5 艘。

其主要技术性能为：满载排水量 39967 吨。长 254.2 米、宽 40.2 米、吃水 9.9 米。动力装置由两台蒸汽轮机和两座锅炉组成，功率 52200 千瓦，双轴，航速 24 节，续航力为 10000 海里 /20 节。编制 930 人（其中 56 名军官）。

该级舰装有：两座通用动力公司的滚动弹体反辐射舰空导弹发射装置，每座 21 枚弹；两座 127 毫米炮；6 座 25 毫米炮；两座 Mk15 型 6 管 20 毫米"密集阵"近防武器系统和箔条式干扰火箭发射器。机库可容纳 19 架 CH — 53D"海上种马"或 26 架 CH — 46D/E"海上骑士"直升机、6 ～ 8 架 AV — 8B"鹞"式飞机。还可携带无人驾驶侦察机。

每舰可载 1703 名海军陆战队员，4 艘 LCU-1610 型通用登陆艇或两艘通用登陆艇和 2 艘 LCM8 机械化装备登陆艇，或 17 艘 LCM 6 机械化装备登陆艇，或 45 艘履带式登陆车。航空燃油 1200 吨。可载 1 艘 LCAC 气垫登陆艇，4 艘大型人员登陆艇。

↑美国"塔瓦拉"级两栖攻击舰

↑美国"黄蜂"级多用途两栖攻击舰

↑美国海军"黄蜂"级多用途两栖攻击舰为通长飞行甲板。

美国"黄蜂"级多用途两栖攻击舰

"黄蜂"级是美国海军第一级专门为携带新型气垫登陆艇和改进型"鹞"式垂直 / 短距起降飞机而设计的一型多用途两栖攻击舰。1989 年建成服役。至 2001 年已建成 7 艘。其主要技术性能为：满载排水量 40532 吨。长 257.3 米、宽 42.7 米、吃水 8.1 米，飞行甲板的长宽为 249.6 米 ×32.3 米，是世界上最大的两栖战舰。编制 1077 人（其中包括 98 名军官）。编制及搭载的陆战队员为 1870 名。

该级舰装有：两座 Mk29 型八联装"海麻雀"舰空导弹发射装置，共携带 16 枚"海麻雀"导弹；两座 Mk49 型"拉姆"近程舰空导弹发射装置；两座或 3 座 Mk15 型 6 管 20 毫米"密集阵"近防武器系统；3 座 25 毫米炮；4 ～ 8 挺 12.7 毫米机枪。直通式飞行甲板共设 9 个直升机着舰点，机库面积 1394 平方米，可容纳 42 架 CH — 46"海上骑士"直升机或 6 架 AV — 8B"鹞"式战斗机。

舰上可容纳 3200 名战斗人员，包括舰员编制、陆战队员（1870 名）和编队指挥人员。并可携带 12 艘 LCM6 登陆艇或 3 艘气垫登陆艇（LCAC），载 1232 吨航空燃油、4 艘大型人员登陆艇。

美国"惠得贝岛"级两栖船坞登陆舰

"惠得贝岛"级是美国海军的两栖船坞登陆舰。首舰"惠得贝岛"号于 1981 年动工，1985

↑美国"惠得贝岛"级两栖船坞登陆舰

年建成服役，至 1998 年共建成 12 艘。其主要技术性能为：满载排水量 15726 吨（第 9 艘起为 1674 吨）。长 185.6 米、宽 25.6 米、吃水 6.3 米。动力装置为 4 台柴油机，双轴，航速 22 节，续航力 8000 海里 /18 节。编制 340 人（其中 21 名军官）。

该级舰装有：1 座滚动弹体舰空导弹发射装置；两座 Mk15 型 6 管 20 毫米"密集阵"近防武器系统；两座 20 毫米炮；两座 25 毫米炮；8 挺 12.7 毫米机枪；4 具 Mk36 型箔条式干扰火箭发射器。还有直升机和垂直起降机。舰上只有两架 CH — 53 直升机的着舰平台。

可投送 450 名海军陆战队员，两艘或 4 艘 LCAC 气垫登陆艇或 9 艘 LSD－CV 型舰或 21 艘 LCM6 机械化装备登陆艇或 1 艘 LSD－CV 型舰或 3 艘通用登陆艇或 64 辆履带式登陆车，两艘大型人员登陆艇。航空燃油 90 吨。

美国 LCAC 型气垫登陆艇

LCAC 型是美国海军现役主力气垫登陆艇。在 1982 ～ 1998 年间共建造 91 艘。其主要技术性能为：满载排水量 170 ～ 182 吨。长 26.8 米（气垫状态）、宽 14.3 米（气垫状态）。动力装置为 4 台 TF － 40 B 燃气轮机，两台用于推进，两台用于升力，航速 40 节（装载时），续航力为 300 海里 /35 节、200 海里 /40 节。编制 5 人。

该级艇装有两挺 12.7 毫米机枪。可携载 1

↑高速航行中的 LCAC 型气垫登陆艇

辆主战坦克或 60 ～ 75 吨军用物资或 24 名海军陆战队员。

美国"圣·安东尼奥"级两栖船坞运输舰

"圣·安东尼奥"级，是美海军瞄准 21 世纪建造的一级多用途两栖船坞运输舰。该级舰首舰于 2000 年动工，2003 年 9 月建成服役。其主要技术性能为：满载排水量 25300 吨。长 208.4 米、垂线间长 200 米、最大宽度 31.9 米、吃水 7 米。动力装置采用 4 台柴油机，双轴，航速 22 节。编制舰员 362 人。

该级舰装有：两座 8 单元 Mk41 垂直发射装置，可发射"海麻雀"舰空导弹，可携弹 64 枚；两座 Mk31"拉姆"近程舰空导弹发射装置；3 座 25 毫米或 30 毫米炮；4 挺 12.7 毫米机枪。

该级舰可载运海军陆战队员 720 名。载运车辆用甲板面积 2360 平方米（总计载运空间 2300 立方米），货物装运量，干货 720 立方米，补给用燃料 1230 立方米。舰尾可容纳 LCAC 气垫登陆艇两艘，备有可容纳 1 架 CH － 53 大型运输直升机或两架 MV － 22 突击支援直升机的机库。飞行甲板面积可确保两架 CH － 53 或 4 架 MV － 22 同时使用。

苏联"伊万·罗戈夫"级船坞登陆舰

"伊万·罗戈夫"级，是苏联仿西方两栖船坞登陆舰建造的一型两栖运输坞舰。1978 ～ 1982 年间共建造 3 艘。

其主要技术性能为：满载排水量 12600 吨。长 158 米、宽 24.5 米、吃水 6.5 米。动力装置为两台燃气轮机，双轴，航速 25 节，续航力为 4000 海里 /18 节。编制 250 人。

该级舰装有：1 座双联装 SA － N － 4 舰空导弹发射装置；两座双管 76 毫米炮；1 座 122 毫米 BM － 21 炮（海军型）；两座 20 管装火箭

↑苏联"伊万·罗戈夫"级船坞登陆舰

发射架；4 座 6 管 30 毫米炮；4 架
K—29"蜗牛"B 直升机。该级舰
设有首舌门，具有冲滩能力，坦克
甲板尺寸为长 61 米、宽 14 米，可
装载 20 辆坦克。尾门打开进入坞
舱，坞舱长 76 米、宽 14 米，可装
载 4 艘"天鹅"级新型气垫登陆艇
和 1 艘机械化部队登陆艇。可投送
522 名海军陆战队员（1 个营）。

↑英国"海洋"号直升机两栖攻击舰的外形很别致。

俄罗斯"天鹅"级气垫登陆艇

"天鹅"级是专为"伊万·罗
戈夫"级和"蟾蜍"级登陆舰配套
设计建造的一级气垫登陆艇。在
1976～1982 年间总共建成 16 艘。

"天鹅"级舰的主要技术性能为：满载排水
量 87 吨。长 24.4 米、宽 11.2 米。动力装置为两
台燃气轮机，航速 50 节，续航力为 100 海里 /50
节。编制 6 人（军官两名）。

该级舰装有 1 座双管 30 毫米炮。可投送
120 名士兵或 40 吨货物或两辆轻型坦克。

俄罗斯"波默尼克"级气垫登陆艇

"波默尼克"级是俄罗斯海军现役大型突击
运输气垫艇，是"鹳"级气垫艇的改进型，采用
通长甲板，首尾均备有装卸货物的跳板。首艇于
1988 年建成服役，共建造两艘。

其主要技术性能为：满载排水量 550 吨。长
57 米、宽 25.6 米。动力装置采用 3 台涡轮发动
机和 3 部导管螺旋桨，航速 60 节，续航力为 300
海里 /55 节。编制 27 人（军官 4 名）。

该级艇装有：两座四联装 SA—N—5 舰空
导弹发射装置；两座 6 管 30 毫米"加特林"近
防武器系统；两座 122 毫米火箭深弹发射装置；
两条布设水雷的雷轨，共携带 80 枚水雷。

可携载 3 辆主战坦克，或 10 艘人员装甲运
输车外加 230 名士兵。总载重量 130 吨。

英国"海洋"级直升机两栖攻击舰

"海洋"级仅建造一艘，即"海洋"号，是
英国海军最新一级多用途直升机母舰，1994 年 5
月 30 日动工，1995 年 10 月 11 日下水，1998 年 9
月 30 日建成服役。其主要技术性能为：满载排水
量 20500 吨。长 203.4 米、宽 34 米、吃水 6.6 米。
动力装置采用两台皮尔斯蒂克 16PC2.6 V400 型柴
油机，双轴，航速 19 节，续航力 8000 海里 /15

节。编制 255 人，另有空勤人员 206 名。

该级舰装有：4 座双管"厄利空"20 毫米
炮，3 座 Mk15 型 6 管 20 毫米"密集阵"近防
武器系统。"海洋"号直通式飞行甲板长 170 米、
宽 31.7 米，共设有 6 个飞行起降点。可搭载"海
王"、EH-101、"山猫"等舰载直升机 30 架，必
要时也可换载"海鹞"垂直 / 短距起降攻击机。

英国"海神之子"级两栖船坞登陆舰

"海神之子"级是英国皇家海军最新一级两
栖船坞登陆舰。首舰"海神之子"号于 1998 年 5
月动工，2002 年建成服役。其主要技术性能为：
满载排水量 16981 吨。长 176 米、宽 28.8 米、吃
水 6.6 米。动力装置由两台 16V32E 型柴油机和
两台 4R32E 型柴油机组成，双轴，航速 18 节。
编制 325 人。

该级舰装有：两座"守门员"近防武器系
统；两座双管 20 毫米炮；3 架 EH-101 直升机。

可投送 305 名兵员（超载为 710 名），若干
车辆及登陆艇。

英国"无畏"级两栖船坞登陆舰

"无畏"级是英国皇家海军的两栖船坞登陆
舰。首舰"无畏"号于 1962 年动工，1965 年建
成服役，共建造两艘。其主要技术性能为：标
准排水量 11060 吨，满载排水量 12120 吨。长
158.5 米、宽 24.4 米、吃水 6.2 米。动力装置为
两台涡轮机，双轴，航速 21 节，续航力 5000 海
里 /20 节。编制 550 人。外加 22 名空勤人员、88
名海军陆战队员。该级舰装有：两座四联装"海
猫"舰空导弹发射装置；两座 Mk15 型 6 管 20

↑英国"无畏"级两栖船坞登陆舰

毫米"密集阵"近防武器系统；两座双管"厄利空"30毫米炮；两座"厄利空"20毫米炮；4架HC4"海王"直升机。可投送380～400名兵员（超载为1000名），15辆主战坦克，7辆3吨级卡车。登陆艇有：4艘Mk9通用登陆艇，4艘Mk3车辆及人员登陆艇。

法国"闪电"级船坞登陆舰

"闪电"级（亦称TCD—90型）是法国海军的一级船坞登陆舰。首舰"闪电"号于1988年下水，1992年建成。共造两艘。后续舰"非洲热风"号1998年服役。

其主要技术性能为：标准排水量8190吨，满载排水量为11900吨。长168米、宽23.5米、吃水5.2米。动力装置为两台柴油机，双轴，可调螺距螺旋桨，航速21节，续航力为11000海里/15节。编制215人。

该级舰装有：两座双联装"西北风"舰空导弹发射装置；1座"博福斯"40毫米炮（"闪电"号）；两座20毫米炮（"非洲热风"号）；两挺12.7毫米机枪。可装载4架"超美洲豹"直升机。可投送兵员467人。

↑法国"尚普兰"级小型登陆舰

法国"尚普兰"级小型登陆舰

"尚普兰"级是法国小型登陆舰和支援舰。于1974～1987年间共建造5艘。其主要技术性能为：标准排水量750吨，满载排水量1330吨。长80米、宽13米、吃水2.4米。动力装置为两台柴油机，双轴，航速16节，续航力为4500海里/13节。编制43人。

该级舰装有：两座双联装"西北风"舰空导弹发射装置（将要安装）；两座"博福斯"40毫米炮（有两艘为两座20毫米炮）；1门81毫米迫击炮；两挺12.7毫米机枪；1架SA319B"云雀"3直升机。可投运138名兵员（有的达180名）、12辆车辆、350吨物资。

法国"暴风"级船坞登陆舰

"暴风"级是法国海军船坞登陆舰。1962～1968年间建成两艘。主要技术性能为：标准排水

↑直升机即将在法国"闪电"级船坞登陆舰上着舰。

→法国"暴风"级船坞登陆舰

量 5800 吨，满载排水量 8500 吨。长为 149 米、宽为 23 米、吃水 5.4 米。动力装置为两台柴油机，双轴，航速 17 节，续航力为 9000 海里 /15 节。编制为 236 人。

该级舰装有：两座双联装"西北风"舰空导弹发射装置；两座 120 毫米炮；两座"博福斯"40 毫米或两座"布莱达"30 毫米炮；4 架"超黄蜂"或"超美洲豹"直升机。可投送 343 名兵员，并可运载两艘

↑ 荷兰"鹿特丹"级两栖船坞登陆舰

坦克登陆艇或 11 辆坦克、11 辆轻型坦克、1500 吨物资。

意大利"圣·乔治奥"级船坞登陆舰

"圣·乔治奥"级是意大利海军的船坞登陆舰。首舰"圣·乔治奥"号于 1985 年动工，1987 年建成服役。至 1994 年总共建造 3 艘。

其主要技术性能为：标准排水量 6687 吨，满载排水量 7665 吨（第 3 艘舰 7950 吨）。长 133.3 米（第 3 艘舰 137 米）、宽 20.5 米、吃水 5.3 米。动力装置为两台柴油机，双轴，航速 21 节，续航力为 4500 海里 /20 节、7500 海里 /16 节。编制 170 人。

该级舰装有：1 座"奥托·梅莱拉"76 毫米炮；两座"厄利空"25 毫米炮；两挺 12.7 毫米机枪；3 架 SH — 3D"海王"或 EH-101 直升机或 5 架 AB212 型直升机。可载运 30 辆中型坦克、3 辆车辆人员登陆艇、3 辆机械化登陆艇、1 辆大型人员登陆艇，并可投送兵员 400 人，载重能力 1000 吨。

荷兰"鹿特丹"级两栖船坞登陆舰

"鹿特丹"级是荷兰海军最新一级两栖船坞登陆舰。首舰"鹿特丹"号于 1996 年 6 月 25 日动工，1998 年 4 月 18 日建成服役。主要技术性能为：满载排水量 12750 吨。长 166 米、宽 25 米、吃水 5.9 米。动力装置由 4 台柴油机、两台电动机，双轴，航速 19 节，续航力为 6000 海里 /12 节。编制 115 人（军官 13 名），611 名海军陆战队员（军官 41 名）。该级舰装有：1 座"守门员"30 毫米近防武器系统；4 座"厄利空"20 毫米炮；4 座箔条发射装置；6 架 NH — 90 或 4 架 EH-101 或 4 架"海王"直升机。可投送 611 名海军陆战队员。可载运 170 辆装甲人员运输车或 33 辆主战坦克或 6 辆 Mk3 型车辆人员登陆艇或 4 辆 LCUMk9 型通用登陆艇或 4 艘 LCM8 机械化登陆艇。

日本"三浦"级坦克登陆舰

"三浦"级是日本海上自卫队的坦克登陆舰，在 1975 ~ 1977 年间共建 3 艘。

其主要技术性能为：标准排水量 2000 吨。

↑ 意大利"圣·乔治奥"级船坞登陆舰

↑ 日本"三浦"级坦克登陆舰 4152 号

长98米、宽14米、吃水3米。动力装置为两台柴油机，功率2940千瓦，双轴，航速14节。编制115人。

该级舰装有：两座双管"博福斯"40毫米炮，两座双管76毫米炮。舰首部设有舱门，可载两艘车辆登陆艇和两艘机械化登陆艇、10辆装甲车和200名士兵，载重能力为1800吨。

日本"大隅"级船坞登陆舰

"大隅"级船坞登陆舰，是日本海上自卫队战后建造的最大军舰。首舰"大隅"号于1995年10月6日动工，1996年11月18日下水，1998年3月11日建成服役。其主要技术性能为：标准排水量8900吨。长178米、宽25.8米、吃水6米。动力装置为两台柴油机，功率19120千瓦，双轴，航速22节。编制135人。该级舰装有两座Mk15型6管20毫米"密集阵"近防武器系统。可搭载6架直升机，两条气垫登陆艇。舰尾门打开后，气垫登陆艇可从船坞中出入。飞行甲板的前半部作为车辆甲板使用。不设机库，直升机停留在飞行甲板上。一次可搭载1000名陆战队员或运送330名士兵、10辆90型坦克或1400吨作战物资。

↑外形酷似轻型航空母舰的日本"大隅"级船坞登陆舰。

↑日本"渥美"级坦克登陆舰是日本佐世保造船厂建造的日本第一代坦克登陆舰。

日本"渥美"级坦克登陆舰

"渥美"级是日本海上自卫队仿制美国坦克登陆舰建造的，于1972～1977年间共建成3艘。

其主要技术性能为：标准排水量1550吨。长89米、宽13米、吃水2.7米。动力装置为两台柴油机，功率2940千瓦，双轴，航速14节，续航力为9000海里/12节。编制95～100人。该级舰装有两座双管"博福斯"40毫米炮。只设首部舱门，可载两艘车辆人员登陆艇、5辆坦克和130名士兵，载重能力为400吨。

导弹艇

导弹艇

导弹艇是以反舰导弹为主要武器的小型高速水面战斗舰艇。主要用于近岸海区作战，也可用于巡逻、警戒和反潜等。20世纪50年代末，苏联将P6级鱼雷艇改制成"蚊子"级导弹艇，这是世界上首次出现的导弹艇。导弹艇满载排水量可由数十吨至五百吨，航速30～40节左右，水翼导弹艇航速50节左右。导弹艇多数采用高速柴油机，有的采用燃气轮机或燃气轮机—柴油机联合动力装置。装备有巡航式舰舰导弹2～8枚，单管或双管20～76毫米舰炮1～2门，有的还装备有鱼雷、水雷、深水炸弹或舰空导弹。导弹艇吨位小、航速高、机动灵活、攻击威力大。但续航力较小，自卫能力较弱。

↑科威特海军向法国订购的"乌姆迈拉迪姆"级导弹艇。该级艇满载排水量245吨，航速30节，装备双联装"海上大鸥"对舰导弹发射装置两座，奥托40毫米炮1座，12.7毫米机枪两挺。

各国导弹艇

美国"飞马座"级导弹艇

"飞马座"级是美国海军的大型双水翼导弹艇。首艇"飞马座"号于1973年动工，1977年建成服役。主要技术性能为：标准排水量218吨，满载排水量240吨。长40.5米（水翼上翻时长44.3米）、宽8.6米、排水航行艇体吃水1.9米（排水航

↑美国"飞马座"级导弹艇主要用于对敌水面舰船实施导弹攻击。

↑苏联"蜂王"级导弹艇

行翼展吃水 7.1 米，翼航行吃水 2.7 米）。其翼航主机采用 1 台燃气轮机，功率 13400 千瓦，喷水推进方式，翼航速度 50 节；排水航行主机采用两台柴油机，功率 1200 千瓦，航速 12 节，续航力为 700 海里 /40 节、1700 海里 /9 节。编制 25 人。

该级装有：两座四联装"捕鲸叉"舰舰导弹发射装置；1 座 Mk75 型单管 76 毫米炮；两座 Mk34 型箔条火箭发射装置。

苏联"蜂王"级水翼导弹艇

"蜂王"级是苏联海军于 1977 年研制的水翼导弹艇，首艇 1978 年服役。

其主要技术性能为：标准排水量 225 吨，满载排水量 260 吨。长 39.6 米（带水翼 41 米）、宽 7.6 米（带水翼）、吃水 2.2 米（包括水翼 3.2 米）。动力装置为 3 台 M503A 柴油机，航速 40 节。编制 30 人。该级艇装有：两座 SS－N－2C 型舰舰导弹发射装置；1 座 76 毫米炮；尾部 1 座 6 管 30 毫米近程防御炮。

苏联"黄蜂"级导弹艇

"黄蜂"级是苏联海军于 1959～1969 年间建造的中型导弹艇。建造黄蜂Ⅰ型、黄蜂Ⅱ型至 1976 年共 311 艘，是世界上建造数量最多的一种导弹艇。其主要技术性能为：标准排水量（Ⅰ型 / Ⅱ型）

160/165 吨，满载排水量（Ⅰ型 / Ⅱ型）210/245 吨。长 39 米、宽 7.8 米、吃水 1.8 米。动力装置Ⅰ型为 3 台 M50－3A 高速柴油机，总功率 9000 千瓦；Ⅱ型为 3 台 M－504 型柴油机，总功率 11200 千瓦。

该级艇装有 4 座"冥河"舰舰导弹发射装置（Ⅰ型为 SS－N－2A/B 型，Ⅱ型为 SS－N－2B/C 型）。两座双管 20 毫米炮；航速 38～40 节，续航力 800 海里 /30 节。编制 30 人。该艇只能在近海作战，但发射的"冥河"导弹准确性高，杀伤力大。

德国"猎豹"级（143A 型）导弹艇

"猎豹"级是德国海军现役大型导弹艇。首艇"猎豹"号 1982 年建成服役，1982～1984 年间共建造 10 艘。其主要技术性能为：满载排水量 391 吨。长 57.6 米、宽 7.8 米、吃水 2.6 米。动力装置为 4 台 MTU 柴油机，4 轴，总功率 9700 千瓦，航速 40 节，续航力为 2600 海里 /16 节、600 海里 /33 节。编制 34 人。该级艇装有：4 座 MM38 型"飞鱼"舰舰导弹发射装置；1 座 21 单元"拉姆"近程点防御舰空导弹发射系统；1 座"奥托·梅莱拉"76 毫米炮。可布放水雷。

↑德国"猎豹"级导弹艇

德国"信天翁"级（143/143B 型）导弹艇

"信天翁"级是德国海军现役大型导弹艇。首艇"信天翁"号于 1976 年建成服役，至 1977 年总共建造了 10 艘。其主要技术性能为：满载排水量 398 吨。长 57.6 米、宽 7.8 米、吃水 2.6

米。动力装置为4台MTU柴油机，4轴，总功率13000千瓦，航速40节，续航力为1300海里/30节。编制40人。该级艇装有：两座双联装MM38"飞鱼"舰舰导弹发射装置；两具533毫米尾鱼雷发射管，发射"海豹"线导鱼雷；两座单管"奥托·梅莱拉"76毫米炮。

↑意大利"雀鹰"级导弹艇

意大利"雀鹰"级导弹艇

"雀鹰"级是意大利海军的双水翼导弹艇。首艇"雀鹰"号于1974年建成服役。至1984年共建造7艘。其主要技术性能为：满载排水量60.6吨。长24.6米（水翼航行时）、宽7米、吃水1.6米（水翼航行时4.4米）。动力装置在水翼航行时采用1台燃气轮机，功率3170千瓦；排水航行时采用1台柴油机，功率213千瓦。航速48节（翼航），8节（柴油机排水航行）。续航力为400海里/45节、1200海里/8节。编制10人。

该级艇装有：2座"奥托马特"舰舰导弹发射装置；1座"奥托·梅莱拉"76毫米炮。

丹麦"飞鱼"级大型导弹巡逻艇

"飞鱼"级是丹麦海军的大型导弹巡逻艇。首艇"飞鱼"号于1989年建成服役，至1996年共建造14艘。其主要技术性能为：满载排水量450吨。长54米、宽9米、吃水2.5米。动力装置为1台燃气轮机，航速30节；两台MTU柴油机，航速20节。三轴，续航力2400海里/18节。编制19～29人。

↑丹麦不带导弹发射装置的"飞鱼"级快艇。

该级艇装有：8座"捕鲸叉"舰舰导弹发射装置；两具533毫米鱼雷发射管；1座单管"奥托·梅莱拉"76毫米炮；两挺12.7毫米机枪。

丹麦"惠勒摩斯"级导弹艇

"惠勒摩斯"级是丹麦海军的导弹艇。首艇"惠勒摩斯"号于1976年建成服役，共建造10艘。主要技术性能为：满载排水量为260吨。长46米、宽7.4米、吃水2.5米。动力装置为3台燃气轮机，航速38节；两台柴油机，航速12节。三轴。编制25人。

"惠勒摩斯"级艇装有：4或8座"捕鲸叉"舰舰导弹发射装置；两或四具533毫米鱼雷发射管；1座单管"奥托·梅莱拉"76毫米炮。还很可能安装"辛伯达"舰空导弹发射装置。

↑丹麦"惠勒摩斯"级导弹艇

瑞典"斯德哥尔摩"级导弹艇

"斯德哥尔摩"级是瑞典海军的导弹艇，用以取代"角宿一星"Ⅰ型。首艇"斯德哥尔摩"号1982年动工，1985年建成服役。共建造4艘。主要技术性能为：标准排水量310吨，满载排水量335吨。长57米、宽8米、吃水2米。动力装置为1台燃气轮机，两台MTU柴油机，喷水推进，航速32节。编制30人。

该级艇装有：4座双联装RBS－15舰舰导弹发射装置；4具400毫米鱼雷发射管；4座"埃尔玛"9管反潜深弹发射装置；1座"博福斯"57毫米多用途炮；1座"博福斯"40毫米炮。可布设水雷，在水雷发射轨道上还可发射深水炸弹。

↑瑞典"角宿一星"级导弹艇

土耳其"苍鹰"级导弹艇

"苍鹰"级是土耳其海军的大型导弹艇,又称为美洲豹Ⅲ型导弹艇。首艇"苍鹰"号于1975年动工,1977年建成服役。其主要技术性能为:满载排水量436吨。长58.1米、宽7.6米、吃水2.7米。动力装置为4台柴油机,总功率13400千瓦,航速37节,续航力为700海里/35节。编制38人。该级艇装有:两座四联装"捕鲸叉"舰舰导弹发射装置;1座76毫米炮;1座双管35毫米炮。

挪威"暴风"级导弹艇

"暴风"级是挪威海军的导弹艇。在1966~1968年间共建成19艘。其主要技术性能为:标准排水量100吨,满载排水量138吨。长36.5米、宽6.2米、吃水1.8米。动力装置为两台MTU柴油机,双轴,航速32节。编制22人。该级艇装有:6座"企鹅"舰舰导弹发射装置;1座单管"博福斯"76毫米炮;1座单管"博福斯"40毫米炮。

↑挪威"暴风"级导弹艇

挪威"隼"级导弹艇

"隼"级是挪威海军的导弹艇。在1977~1980年间共建造14艘。其主要技术性能为:标准排水量120吨,满载排水量160吨。长36.5米、宽6.2米、吃水1.8米。动力装置为两台MTU柴油机,双轴,总功率5300千瓦,航速32节,续航力为440海里/30节。编制24人。

该级艇装有:6座"企鹅"Mk2型舰舰导弹发射装置;1座双联装"辛伯达"舰空导弹发射装置,发射"马特拉·米斯特拉"舰空导弹;两具533毫米鱼雷发射管;1座单管"博福斯"40毫米炮。

伊朗"石弩"级导弹艇

"石弩"级是伊朗海军的导弹艇,属法国女勇士Ⅱ级系列。其主要技术性能为:满载排水量275吨。长47米、宽7.1米、吃水1.9米。动力装置为4台柴油机,航速35节。编制31人。

该级艇装有:两座双联装"捕鲸叉"舰舰导弹发射装置;1座76毫米炮;1座40毫米炮。

以色列"阿利亚"级导弹艇

"阿利亚"级是以色列海军的大型导弹艇,又称"萨尔"4.5型。首艇"阿利亚"号于1980年建成服役。至1998年6月共建成8艘。主要技术性能为:满载排水量498吨。长61.7米、宽7.6米、吃水2.5米。动力装置为4台MTU柴油机,总功率11200千瓦,4轴,航速31节,续航力为3000海里/17节、1500海里/30节。编制53人。"阿利亚"级艇装有:4座"捕鲸叉"舰舰导弹发射装置;4座"迦伯列"舰舰导弹发射装置;1座Mk15型6管20毫米"密集阵"近防武器系统;两座"厄利空"20毫米炮;两挺或4挺12.7毫米机枪;1架"海豚"或"黑豹"反潜直升机。

以色列"海兹"级导弹艇

"海兹"级是以色列海军的大型导弹艇,又称"萨尔"4.5型。主要技术性能为:满载排水量488吨。长61.7米、宽7.6米、吃水2.5米。动力装置为4台MTU柴油机,4轴,航速31节,续航力为3000海里/17节、1500海里/30节。编制53人。该级艇装有:两座双联"捕鲸叉"舰舰导弹发射装置;6座"迦伯列"舰舰导弹发射装置;1座16或32单元"巴拉克"1舰空导弹垂直发射装置;1座Mk15型6管20毫米"密集阵"近防武器系统;1座"奥托·梅莱拉"76毫米炮;两座"厄利空"20毫米炮;1座双管20毫米炮;两或四挺12.7毫米机枪。

↑以色列"海兹"级导弹艇

AIRPLANE

飞机

↓法国莫里斯·法尔芒 M.F.7 侦察机。

军用飞机的问世与发展

飞机开始用于战争

1903 年 12 月 17 日，美国人莱特兄弟在人类历史上首次驾驶自己设计、制造的动力飞机在空中持续飞行成功。6 年后，1909 年，美国陆军便首先装备了世界上第一架军用飞机，准备用它来参与战场侦察。这架飞机上装有一台 22 千瓦的发动机，最大速度可以达到 68 千米／时。同年又制成了一架双座"莱特"A 型飞机，用来训练飞行员。没过多久，这种没有装备武器的侦察机受到了一些国家的重视。

1911 年，在墨西哥革命战争中，革命军雇用了一名美国民间飞行员埃文兰勃，驾驶一架"寇蒂斯"式飞机与政府军的一架侦察机在空中用手枪互相射击。这成为人类历史上的首次空战。

此后，人们开始把机枪安装在飞机上，用于空中战斗和对地扫射。在第一次世界大战中，这种战斗机开始出现在硝烟弥漫的战场上，使地面部队受到来自空中火力的攻击。稍后，人们又在飞机上装上炸药飞临战场，然后由投弹手点燃引信后扔下去。于是，专门用于打击地面目标的轰炸机出现了。1918 年 8 月英国在索姆河的反攻中，1918 年 9 月美国在圣米耶尔的进攻中，又使用强击机对地面部队进行支援。但此时飞机的速度较慢，有的 1 小时只能飞几十千米，最快的也只有 200 千米左右。尽管如此，在第一次世界大战中，用于空战的战斗机、用于打击地面目标的轰炸机和用于支援地面部队作战的强击机，以及专门用于侦察的侦察机都出现了。

给飞机装上机枪

1914 年 9 月 8 日，俄国的飞行员聂斯切洛夫驾驶飞机在空中与一架奥地利侦察机相遇。俄国飞行员拔出手枪向奥地利飞行员打了两枪。有一枪打在侦察机的机身上，但不影响飞机的操纵。俄国飞行员还想射击，手枪却卡了壳。他驾机朝奥地利飞行员冲了过去，机轮撞在了奥地利侦察机的螺旋桨上。奥地利侦察机顿时朝地面坠落下去。

不久，法国飞行员在自己的飞机上安装了一挺火力很强的"霍奇斯基"机枪。机枪固定在座舱前的机身上，沿飞行方向射击，并由螺旋桨根部的挡铁拨开射出的子弹，以避免子弹打断自己飞机的桨叶。不久，法国人的飞机被德国的防空火力击伤，德国人从迫降的飞机上拆下了机枪装置，并着手仿制。为了让子弹避开旋转的螺旋桨叶片，3 名荷兰籍工程师为飞机制造了一种机枪射速协调装置，它依靠凸轮来控制机枪的射击，当桨叶与枪管成一线，桨叶片挡住枪管时，机枪便停止射击。德国人把这种武器安装在福克飞机公司生产的每小时可飞 130 千米、最高可达 300 千米的单翼机上。这种装有机枪射速协调装置的福克 E 型飞机，在空战中击落了多架法国和英国飞机。飞机开始真正进入了空战的时代。

↑ 1909 年 7 月 30 日，美国陆军购买了一架"莱特"A 型飞机，装有一台"莱特"V-8 发动机，成为世界上第一架用于军事目的的飞机。

↑ 第一次世界大战时，德国飞机上架着机枪。

↑飞机上最早装的重武器是机枪。

航炮取代了机枪

1916 年，法国首先在飞机上安装了航炮，1940 年，德国航空部于 1942 年做出规定，20 毫米是空战火炮的最小口径。从此，战斗机开始装备 20 毫米或 30 毫米口径的航空机炮。这些航炮在第二次世界大战后才成为对地实施扫射和空中格斗的主要武器。

现代航炮主要有单管转膛炮、双管转膛炮和多管旋转炮等。转膛炮射击过程中炮管不转，几个弹膛依次旋转到对准炮管的发射位置进行发射。转管炮弹膛不动而炮管连续不断地旋转。现代航炮口径一般在 20 ~ 30 毫米左右，射速每管可达 400 ~ 1200 发 / 分，有效射程 2000 米左右。而地炮、舰炮的射速仅有 100 ~ 200 发 / 分。现代航炮一般是雷达、指挥仪和火炮三位一体的紧凑型配置，自动化程度高，反应时间只有 3 ~ 7 秒。航炮可选用穿甲燃烧弹、穿甲弹和爆破弹等，有的航炮炮弹能穿透 40 ~ 70 毫米厚的装甲，有的还装有近炸引信和预制破片，从而使杀伤威力提高。

水上飞机最早的战斗行动

世界上第一架水上飞机，是由法国人弗勃于 1910 年研制成功的。到 1913 年时，英、德、俄、美、法等国都开始积极地发展海军航空兵，其中包括水上巡逻机和布雷机等。

1914 年 8 月 22 日，一架德国空军侦察机侵入协约国北海岸，协约国立即起飞一架装有机枪

↓意大利 Z.501 侦察机

↑美国 R3C-2 水上飞机

的水上飞机追击敌机。当水上飞机上升到 1060 米高度时，无法再升高了，只得看着德国飞机在空中侦察。这次水上飞机的出动虽无战果，但却是水上飞机的第一次空战行动。1915 年 3 月 15 日，俄国在进攻土耳其的战斗中，首次使用了水上飞机运输舰。载有 1 架水上飞机的"金刚石"号辅助巡洋舰和载有 5 架水上飞机的"尼古拉一世"号运输巡洋舰会同其他舰只驶近博斯普鲁斯海峡（今称伊斯坦布尔海峡）。在进行了侦察后，6 架水上飞机编队轰炸了土耳其炮台和岸防工事，重创土军。这是水上飞机最早取得战果的战斗行动。

飞艇

飞艇是由气球发展而来的。早期飞艇的上部是充有氢气的大气囊，下部是吊篮，人坐在吊篮里。蒸汽机发明后，法国人季裴在 1852 年研制了最早的带动力装置的飞艇，形状像一只大橄

↑1852 年，法国人季裴制造了单人飞艇，飞行员站在平台上，下方悬垂着锚，用于帮助降落。飞艇的发明，使人类的航空事业摆脱了长达千年之久的、简单模仿鸟类进行机械试验的思路，开辟了全新的飞行道路。

↓英国 NO.23 飞艇

榄。其吊篮内装有一台蒸汽机，带动一只三叶螺旋桨。早期的飞艇也叫软式飞艇，它的气囊靠充气的压力才能保持外形。后来德国人齐柏林制成了用金属做骨架、外面蒙着胶布的硬式飞艇，尾部装上升降舵和方向舵，使飞艇性能大为改进。在第一次世界大战时，德国曾利用飞艇多次飞过多佛尔海峡，轰炸英国的伦敦。1937 年，德国制成"兴登堡"号飞艇，长达 245 米，直径超过 41 米，成为世界上最大的飞艇。但在一次着陆时，由于静电火花引起氢气爆炸，巨大的艇体顷刻化为灰烬。美国也制成了"阿可龙"号和"马克"号大型飞艇，长 240 米，重达 200 吨，可载 5 架飞机。这种飞艇被称为空中的"航空母舰"。

第一次世界大战中的战机

早在 1912 年，德国就组建了一支航空兵部队。到 1914 年第一次世界大战爆发前，德国已建立了 40 多个航空兵小队，装备有 232 架军用飞机和 10 多艘军用飞艇。在第一次世界大战期间，德国就对英国进行了 100 多次轰炸。1918 年，

↓罗·鲁夫贝雷，他是为数不多的在法军担任指挥官的外国人之一，是法美联合空军的最高级王牌飞行员。

德军飞机的数量已增至 3000 架，飞行人员达到 4500 人，并建立了较大规模的航空工业。德国在整个战争期间共生产了 48537 架飞机。

第一次世界大战结束后，德国被禁止生产军用飞机，但希特勒上台后即恢复生产。1934 年德国生产了军用飞机 2000 架，1938 年增至 5200 架。1939 年德国空军组建了 30 个轰炸机大队、9 个俯冲轰炸机大队、13 个战斗机大队。到第二次世界大战爆发前，德国已拥有 1 万多架飞机，其中

↑英国索普威斯 F.1 "骆驼"战斗机

↑1917 年 4 月，英国皇后与空军司令亨恰特将军视察在圣奥默的英国皇家空军战斗机部队。

↑比利·贝克少校，英国皇家空军第 28 飞行团司令，旁边是他的索普威斯 F.1 "骆驼"战斗机，该机是 1917 年的产品。

↓英国"飓风"MkI 战斗机

作战飞机 4000 多架。在整个第二次世界大战期间，德国共生产了 11.5 万架战斗机。

第二次世界大战中的战机

　　早期飞机的动力装置都是活塞式发动机，靠螺旋桨推进。战斗机多为单座单发动机，轰炸机多为双座或多座，装两部活塞式发动机。到第二次世界大战前夕，单座单发动机歼击机和多座双发动机轰炸机已大量装备部队。第二次世界大战中，由于战争的持续和不断升级，各国极力争夺空中优势，飞机得到飞速发展。俯冲轰炸机和鱼雷轰炸机相继出现并广泛使用，还出现了可长时间在高空飞行、有气密驾驶舱和 4 个发动机的远程轰炸机。英、德、美等国还把雷达装在战斗机上，使飞机第一次具备夜间起飞作战的能力。此外执行电子侦察或电子干扰任务的电子对抗飞机，以及装有预警雷达的预警机也开始使用。到了大战中、后期，有的活塞式战斗机的最大飞行速度已达 750 千米／时，最大飞行高度约 12000米。当各交战国战机的技术性能相近时，新的竞争便开始了，人们都希望获得一种新的动力装置，以使自己的战机飞得更高、更快和更远。

大不列颠大空战

　　1940 年 8 月 1 日，希特勒命令"德国空军要使用其拥有的所有兵力尽快打垮英国空军"。德国空军开始对英国本土进行战略轰炸。德国投入的作战飞机约 2400 架，英国防空力量为战斗机 700 架，轰炸机 500 架，处于劣势。

　　8 月 6 日，德国空军总司令戈林向部队发出 8 月 10 日开始全面出击的"不列颠战役"命令。8 月 13 日，德军开始实施轰炸，突袭目标是英国南部的航空基地、雷达站，并寻机与英国战机进行空战，以消灭英空军主力。8 月 13 日及 8 月 14 日夜，德军共出动飞机 1485 架，8 月 15 日夜至 16 日晨共出动飞机 1786 架，8 月 16 日至 23 日又连续出动飞机，进行了 5 次大规模轰炸，英国空军基地有 12 个被破坏，7 个飞机工厂和一些雷达站、油库、弹药库被炸坏。从 8 月 24 日至 9 月 3 日，德机对英国共进行了 35 次大规模空袭，每天出动 1000 多架次。

↑ 1942 年 10 月 13 日，美国战机袭击所罗门群岛图吉港的日舰。

↑英国"飓风"式战斗机在大不列颠空战中被击落。

↑德军轰炸机在伦敦工业区上空盘旋，准备轰炸。

9月15日，德国对伦敦的空袭达到高潮。这一天，英国共击落德机185架。后来，英国就把9月15日定为"大不列颠空战节"，以示纪念。

从9月20日起，德军开始使用Me.109改装的战斗机对伦敦狂轰滥炸。在英国战机和高炮联合抗击下，德军飞机损失很大，遂由白天大规模轰炸改为夜间轰炸。到10月31日德国损失飞机433架，英国损失242架，德国原来计划在摧毁英国空军主力以后，于9月21日从海上入侵，由于英军的英勇抵抗，使登陆计划破产。

据法国历史学家统计，从1940年7月10日至11月中旬，德国飞机共计被击落1813架，英国损失飞机995架。

日本偷袭珍珠港

1941年9月，日本海军联合舰队司令山本五十六提出了代号为"Z"的作战计划，准备使用海军舰载飞机，突袭美国夏威夷珍珠港海军基地，摧毁美国的太平洋舰队，消除对日本的威胁，保障日军顺利攻占菲律宾、马来亚、荷属东印度等地。

日本海军联合作战舰队由6艘航空母舰"赤城"号、"加贺"号、"苍龙"号、"飞龙"号、"翔鹤"号、"瑞鹤"号及2艘战列舰、2艘重巡洋舰、1艘轻巡洋舰、9艘驱逐舰、3艘大型潜艇、8艘油船组成，共31艘舰艇，舰载机432架。南云率领6艘航空母舰组成突击队，三川率领2艘战列舰、2艘重巡洋舰组成支援队。从9月开始，日本海军航空兵部队

在与作战地区地形近似的鹿儿岛进行了紧张的轰炸和低空投放鱼雷训练，并针对珍珠港水深仅12米的情况，研制了专门的浅水鱼雷。

11月5日，山本向舰队宣布日本将于12月上旬向英、美、荷开战。11月22日，突击舰队集结于千岛群岛择捉岛的单冠湾。11月25日，山本下令突击队沿偏僻的北航线向夏威夷进发。经过12天，航行6667千米，中途4次加油，采取严格的无线电静默，12月7日晨4时30分，顺利到达珍珠港以北370千米的预定海域。5时30分，舰队派出2架水上飞机进行战前侦察。6时整，舰队航空兵指挥官渊田美智雄中校率第一波183架飞机由母舰起飞，向珍珠港所在地瓦胡岛飞去。机群包括水平轰炸机49架、鱼雷轰炸机40架、俯冲轰炸机51架、"零"式战斗机43架。岛上美军雷达站发现北方有大编队飞机临近，立即向警报中心报告。值班军官泰勒少尉误认为是由加利福尼亚州转场来的B—17机群，答复说不必担心。7时49分，第一波开始攻击。俯冲轰炸机由4000米俯冲至1500米攻击机场和航空站；鱼雷轰炸机分两批在15～30米高度低空攻击军舰；随后水平轰炸机由4000米高空单机跟进，再次突击军舰，战斗机也投入攻击地面目标。攻击至8时40分结束。在日机强大的攻势中，瓦胡岛的福特机场、希卡姆机场、惠勒机场的一架架重型轰炸机和歼击机几乎全部被炸毁。第二波170架飞机由岛崎中校率领，计水平轰炸机54架、俯冲轰炸机80架、"零"式战斗机36架，7时15分起飞，8时54分开始攻击。鱼雷机和高空轰炸机对"加利福尼亚"号、

↑1941年12月7日，美国珍珠港海空军基地受到日本的突然攻击，到处都在爆炸。

↑珍珠港上空的日本飞机。

"亚利桑那"号、"田纳西"号等战舰进行袭击。"亚利桑那"号被5颗炸弹命中，其中一颗炸弹穿过前甲板钻进了燃料储藏舱，引起大火。后舱储存的1600磅黑色炸药发生爆炸，并且引发了前舱的几百吨无烟火药。"亚利桑那"号犹如火山爆发，几乎蹦离水面，裂成两半。只过了9分钟，这艘3.26万吨的巨型军舰就葬身海底，舰上1500多名官兵无一生还。"内华达"号左舷中了一枚鱼雷，后甲板上中了一颗炸弹，船首马上下沉。舰上的官兵纷纷弃舰跳海逃生，大多数惨死在火海中。9时45分攻击结束。

　　第一波10时左右，第二波12时左右，日战机先后返回母舰。参加突击的共353架飞机，另有35架在舰队上空掩护、40架作为预备队。空袭前后历时1小时50分，共投鱼雷50枚、炸弹556颗。美军在港8艘战列舰4沉4伤，4艘巡洋舰1沉3伤，3艘驱逐舰2沉1伤，辅助舰被毁8艘。驻岛飞机370架中被毁188架、伤63架，占70%。人员死亡2403人、伤1178人。日机共损失29架，亡25人；2架水平轰炸机迷航坠海。日军还被击沉大型潜艇1艘、小型潜艇4艘，另1艘小型潜艇触礁被俘。

　　由于对日军偷袭毫无戒备，美军机场和港口只有少数人员作例行的战斗值班，高射炮阵地的弹药都锁进了中心弹药仓库。珍珠港内各舰上780挺高射机枪有3/4无人值班，陆军的31门高射炮只有4门在阵地上。空袭开始时，美军舰船不能开动，飞机不能起飞，通信指挥中断，一片

混乱。岛上高射炮在空袭开始5分钟后才匆忙射击，20分钟后才有30余架美机升空迎战，但因仓促上阵，不是被击毁，就是被自己的高射炮击落，几乎全部殉难。美军3艘航空母舰在外海未归而没有损失。9时45分，渊田在飞机上绕珍珠港一圈，拍下已经斜沉的战列舰和3艘已负重伤的巡洋舰惨况，同时摄下全部被炸毁的美军飞机和机场。然后，向山本五十六发出电报："我奇袭成功"。前后不过2小时，日本海军便夺得西太平洋的主动权，使美太平洋舰队近半年不能作战。日本机群返回母舰后，渊田等建议再次出击，彻底摧毁瓦胡岛上残留目标。但南云认为：攻击已达预期目的，再次攻击必将增大损失。下午1时30分下令舰队沿原航线返航，12月24日返回日本。

沃森·瓦特发明雷达

　　军用飞机在第一次世界大战中出现后，一些国土面积小、无回旋余地的国家往往来不及下达防空命令，炸弹就已落到头上。英国就是如此。因此，英国开始研制一种远距离发现飞机的仪器。

　　英国科学家沃森·瓦特从声音传播的回声中得到了启示。他认为电磁波传送出去以后，遇到

↑俄罗斯水面舰艇的锥形塔桅上布满了电子设备，上端的长方形天线为对空搜索雷达；前方的圆锥面天线是火控雷达。

↑巨大的"维尔茨堡"雷达反射器，直径7米。

障碍必定有向回反射的可能性，如果发明一种装置，既能够发射电磁波，又能够接受反射波，就可以在很远的距离上探测到飞机的行动。1919年他研制成第一个雷达装置。1935年又研制成使用1.5厘米波的新式飞机探测雷达装置GH系统。1938年，GH系统正式投入使用，部署在英国的泰晤士河口附近，对飞机的探测距离达250千米。到1941年，英国沿海岸线部署了完整的雷达警戒网。同年英国还研制出超短波雷达，在第二次世界大战中日夜不停地监视着英国周围的海空。在德国空军大规模空袭英国本土和首都伦敦的时候，为英国人提供了足够的隐蔽疏散时间，为英国皇家空军赢得了充足的起飞迎击时间。1944年德国V—1飞弹袭击伦敦时，英国使用了炮瞄雷达，使击落一枚飞弹所需的炮弹，由过去的上千发降到50发。

第二次世界大战中，美、苏、日、德等也都先后研制出雷达并投入战争。海面搜索和舰载雷达也先后诞生在英国和美国。战后，雷达获得更广泛的应用，飞机、舰艇、坦克、火炮和导弹等形形色色的专用雷达相继问世，并具备了侦察、干扰、引导等多种技术功能。

第一个无伞跳落幸存者

1944年3月23日，21岁的阿克美德和他的机组完成空袭德国的任务后返航，快近午夜，他们的飞机受到德国夜袭飞机的攻击，机翼的右翼被撕开，飞机着火了，驾驶员下令立即跳伞。阿克美德来不及去取伞，他望着烈焰熊熊的机舱，只好向舱外茫茫的夜空扑去。只用了一分半钟，他便从5500米的高空坠落到地面。他掉在约有

46厘米厚的松林积雪中。3个小时以后，阿克美德竟然苏醒过来，恢复了知觉。他不仅活在世上，而且还没有严重损伤，这真是世界航空史上前所未有的奇迹。他是世界上第一个从高空无伞跳落的幸存者。

空降作战

空降兵是以空投方式投入地面作战的兵种。1927年，苏联军队使用运输机在中亚细亚地区空投部队，一举歼灭了巴士马赤匪徒等叛乱分子，是第一次出现的空降兵。1930年，苏军空降兵正式建立，不久，便在战术演习中使用了空降兵。此后，德、美、法、日等国也相继组建了空降兵。

在第二次世界大战期间，空降兵被广泛运用，交战双方共进行了30多次空降作战。其中规模最大的一次是盟军于1944年9月17日在荷兰实施的2万人的空降。在这次空降中使用了运输机1545架，滑翔机478架，战斗机1130架。

第二次世界大战后，航空技术的进一步发展，使空降作战的样式也随之发生了变化。除了过去已有的伞降和滑翔机机降外，还出现了直升机机降。这使空降兵不再受地形条件限制，可以随时被空运到指定位置。在未来战争中，空降兵是配合正面进攻部队实施高速度、大纵深、立体攻击的重要力量。

飞机上的敌我识别系统

在作战飞行和攻击防御时，准确地分辨敌我双方的飞机是至关重要的。为此，战机上都装有一种用来识别雷达所发现目标的敌我属性的电子设备。包括应答机和问答机两种类型。它与装备在己方其他飞机、舰艇、坦克和雷达站的询问机

↑一位苏联飞行员从高速飞行中起火爆炸的战斗机舱中弹出来脱离险境。

↑苏联苏—19战斗机

↑美国F—86D型战斗机，其机头装雷达罩。1948年，美国在F—86战斗机上开始采用后掠翼。

或问答机，组成合作式的目标敌我识别系统。应答机在收到己方询问信号时，能自动回答一组编码信号，以供问方识别。问答机除了具有应答机功能外，还能主动向被识别的目标发出询问信号，并根据对方有无回答信号，或回答信号是否与预定密码相同，判断敌我。

飞机敌我识别器是一部机密性很强的无线电设备。要保证顺利识别和不泄密，识别器收到我方规定的询问信号时就回答，否则就不回答；回答的密码要经常变换，使敌方找不到规律。识别器有一级电路，在平时是闭锁的，只有在我方雷达识别系统询问时，它才开启，尔后应答机才会产生密码回答脉冲信号。

另外，爆炸控制装置有一个惯性接触器，当飞行员跳伞后，随飞机惯性下落，接触爆炸电路后，将密码电路炸毁，以防泄密。

喷气式战机

采用活塞式发动机，靠螺旋桨产生拉力来推动的飞机，在第二次世界大战爆发后不断进行改进，但航速增长不大，最快每小时仅达750千米。

1942年，分属交战双方的德国人和美国人各自研制出了喷气式战斗机。7月27日，德国试飞了一架Me.262型喷气式战斗机；10月2日，美国也试飞了一架XP—59型喷气式战斗机。但在战时最先投入使用的喷气战斗机是Me.262和1943年试飞的英国"流星"式。

喷气式发动机和螺旋桨活塞式发动机不同，

它是靠空气和煤油燃烧所产生的大量高温高压气体，向后喷射而推动飞机前进的。所以，一般在机身前面和侧面都开有专门的进气口，机身后部留有喷口。喷气式发动机可获得较高的推重比，因而使飞机获得较高的飞行速度、高度和机动性能。

喷气式飞机的出现，使战机进入了一个崭新的时代。到1949年，有些国家已拥有相当数量的喷气式战斗机。著名的喷气式战斗机有苏联的米格—15、美国的F—86和英国的"吸血鬼"；著名的喷气式轰炸机有苏联的伊尔—28和英国的"坎培拉"等。

垂直起落军用机

一般的喷气式飞机必须具备供它起降的上千米乃至几千米的跑道，但在军舰上修建这样长的跑道是难以办到的，尽管人们通过改造军舰跑道和采取了飞机降落拖绊方式，但没有上百米的跑道仍难以保证飞机的升空和降落。于是在第二次世界大战后，各国开始研究短距离起落飞机和不需要跑道的垂直起落飞机。

1954年，美国的飞机设计者们想让飞机起飞前垂直竖立起来，飞离地面或甲板后再改变成水平飞行。1954年8月1日，造出了一架XFY—1型飞机，称为推力拉力换向飞机，并且试飞成功，从此诞生了垂直起落飞机。

↑英国"吸血鬼"喷气战斗轰炸机

↑F—111是美国通用动力公司研制的变后掠翼战斗轰炸机，也是世界上第一种实用的变后掠翼飞机。

↑苏联的雅克—38舰载垂直起落战斗机

　　早在1946年，法国人韦博设想，把飞机的喷射引擎喷口转向下方，飞机就能够垂直升降；把喷口转向后方，飞机又可以正常飞行。1957年，这位聪明的法国人向布里斯托航空引擎公司公开了他的构想，该公司很快研制出"飞马"引擎，并于1959年试车。此后，英国霍克飞机公司为"飞马"引擎设计了一种代号为P1127的飞机，1961年在索瑞的登斯福德机场试飞成功，成为飞行史上一项重大突破。1966年，这家工厂又在P1127基础上试制出"鹞"式飞机，功率强大，性能优越。美国海军陆战队、英国海空军和西班牙海军都已采用这种飞机。

　　近年来又出现了雅克—141和美国的V—22。"鹞"式飞机以及它的派生型"海鹞"都是采用推力转向发动机实现垂直起落的，即起落时喷口朝下，平飞时喷口朝后。雅克—36、雅克—38和雅克—141均采用两种发动机，主发动机可推力转向，前面还装了两台专供起落用的升力发动

↓美国的V—22"鱼鹰"垂直起落旋翼机。

机。V—22与前者不同，采用了可以转向的螺旋桨发动机，垂直起落时发动机朝上提供向上的拉力，平飞时发动机朝前提供水平拉力。

"里海怪物"——神秘的俄罗斯"地效飞行器"

　　美国的间谍飞机在20世纪80年代初就已注意到一个奇怪的飞行体，它以令人不能置信的速度、在任何雷达都探测不到的低空飞行于里海之上。美国军事专家给这个飞行体起了一个名字"里海怪物"。

　　人们把这种飞行体称为"地效飞行器"或"地屏飞行器"。从结构上说它是飞机，但却贴着地面。它利用地面效应，在机体下形成一个空气垫，它随着飞机运动。通过三角形的相应承载面，这种效应更为加强。由于在"空气垫"上的滑行作用，在起飞重量相同的条件下，移动的效率比常规飞机高出足足40%。巨大的喷气发动机在前头将吸入的空气斜射到支承面下，从而加强这种飞行器的作用。

　　"地效飞行器"不仅能够在水面上飞行、随地降落和重新起飞，而且能够越过结冰的苔原，不受波浪、潮汐甚至地雷区的干扰。俄罗斯已经

↑美国SR—71型高空高速侦察机

↓美国F—86E型喷气战斗机

造出了多种型号，不仅能够在 10 米高度上运动，而且在需要时可以达到 3000 米以上的高空。

"地效飞行器"装备着有核弹头的巡航导弹或者火箭。航程 7500 千米，能够以 800 千米的时速将 850 名士兵运送到世界各地，而且不会被任何雷达发现。德国联邦情报局早在 1975 年就已经知道，有一种型号的"里海怪物"起飞重量为 500 吨，翼展 50 米，能够加载约 200 吨。现在，俄罗斯已经证实了这些数字，并且向人们展示了该飞行器的影片。

民用"地效飞行器"本来也是为军事目的建造的。但上方的火箭管和内部军用仪器已取消。这种飞行器足有 100 米长，尾翼有足球场那么宽，它的总重量要达到 400 吨。推进器是 8 部喷气发动机。这是俄罗斯飞机制造工业所能够提供的最大喷气发动机。

头盔瞄准具

20 世纪 60 年代，美国卷入越南战争后，大量投入直升机参战。为了解决直升机瞄准射击的问题，提出了头盔瞄准具的方案。1967 年，一批头盔瞄准具被安装在"眼镜蛇"武装直升机上，被称做"目视精确火力控制设备"。随后，美国海军又在战斗机上装设了另一种头盔瞄准具——目视目标截获系统。该系统主要用来控制机载导弹导引头和雷达截获目标，从而简化截获过程。1972 ~ 1973 年间，美国空军又试制了一种简易导引系统，采用头盔瞄准具进行空对空和空对地目标截获、武器投放、大角度制导、侦察和导航等。

头盔瞄准具是利用人眼搜索跟踪目标的。由于人眼搜索跟踪目标快捷可靠、范围广泛，缩短了武器瞄准发射的时间，增加了攻击目标的机会，所以优点很多。驾驶员只需通过目视就可以跟踪瞄准目标，操作过程简便，减轻了驾驶员的负担，同时还可以监视座舱内外的其他情况。

世界著名的飞机设计师

路易斯·C.布雷盖

路易斯·C.布雷盖是法国著名的飞机设计师，也是直升机先驱。

1880 年 1 月 2 日，布雷盖出生于法国巴黎。少年时代的布雷盖经常与弟弟雅可布一起讨论飞行问题，并把注意力转向旋翼飞机。他在查理士·理契特教授的帮助下，1906 年制造了一架旋翼机，并于 1907 年 9 月 29 日升空。1909 年 6 月 28 日，布雷盖研制出 1 号定翼飞机。该机于 1910 年 8 月创造了载 6 人升空的纪录。

1911 年，布雷盖飞机公司成立。该公司在第一次世界大战期间研制出卓越的军用飞机"布雷盖 XIV"，并大批供应协约国军队。

20 世纪 30 年代，布雷盖致力于水上飞机的研究，同时研制旋翼飞行器。他在这时制造的旋翼机外形介于飞机与直升机之间，或者说是直升机的一种过渡形式。到 30 年代末，旋翼机就被直升机所取代。50 年代初期，布雷盖研制成"双层甲板"军民两用运输机。

布雷盖于 1955 年 5 月 4 日逝世。布雷盖公司于 1971 年与达索飞机公司合并为达索—布雷盖飞机公司。

↑ 1967 年，一批头盔瞄准具被安装在"眼镜蛇"武装直升机上，被称做"目视精确火力控制设备"。

↑美国波音公司研制的 B-52G "同温层堡垒"轰炸机。

↓美国波音公司研制的 B—29"超级飞行堡垒"战略轰炸机。

↑美国 B-17G "飞行堡垒"重型轰炸机

威廉·波音

　　威廉·波音，是美国波音公司的创始人。该公司是目前世界上规模最大的飞机制造公司。波音生于 1881 年美国底特律市的一个商人家庭。幼年曾在瑞士上学，后就读于美国耶鲁大学。1910 年波音观看了在洛杉矶附近举行的国际航空大赛，从此与航空结下不解之缘。1915 年，波音拜著名飞行家马丁为师，开始学习飞机驾驶，开始动手制造飞机。他与海军少校韦斯特福尔特合作制造了两架飞机，命名为"波韦"号，并成立了"太平洋航空用品公司"。后因韦斯特福尔特退出，遂改名为"波音公司"。1916 年，波音公司因第一次世界大战而接到了美国海军的订单，但战后曾一度陷入困境。1919 年，波音开始涉足航空邮运，开辟了美国最早的航空邮运业务。1927 年，波音设计制造了 25 架波音 40A 型运输机。1928 年，波音发起成立了包括普拉特·惠特尼发动机公司、钱斯·沃特电气公司和汉密尔顿螺旋桨公司以及波音公司在内的联合飞机制造及空运公司。1934 年，美国的航空邮运业务被收归陆军，波音再次受到打击。此后，波音开始进入军用飞机制造领域。第二次世界大战的爆发给波音公司带来了新的机遇。波音公司以设计和生产重型轰炸机著称，制造出了被称做"飞行堡垒"的 B—17 和被称做"超级飞行堡垒"的 B—29 轰炸机。这两种轰炸机在战争中发挥了重大的作用，为赢得战争的胜利立下汗马功劳。1956 年，威廉·波音去世，终年 75 岁。此后，波音公司逐渐发展成为世界上最大的喷气客机制造商。

西科斯基

　　西科斯基是世界著名的飞机设计师，也是重要的航空制造业创始人之一。

　　1889 年 5 月 25 日，西科斯基出生于俄国基辅。1903 ～ 1906 年，他就读于圣彼得堡海军学校和基辅工业学院。1908 ～ 1911 年，他制造出两种直升机模型。1910 年，西科斯基驾驶自己制造的 C—2 型飞机升空。1911 年，他获得了飞行员毕业证书。此后，他又研制了 C—10、C—11 等飞机。1912 年，他在俄国波罗的海工厂航空处任总设计师，并于 1912 年研制成功世界上最早的 4 发动机飞机"俄罗斯勇士"号。第一次世界大战爆发后，该机进行了改装，成为当时世界上最大的重型轰炸机，更名为"伊利亚·穆罗麦茨"，并成批投入生产。

　　西科斯基于 1919 年去美国，1928 年加入美国籍。1929 年，他组建了西科斯基飞机公司。在他的领导下，他的公司成功地设计了一系列水上飞机，1929 年研制的 S—38 飞机成为美国早期的民航机，1935 年研制的 S—42 水上飞机在飞越大西洋和太平洋的探险航行中起过重要作用。

　　1937 年，西科斯基开始转向直升机的研究。1939 年，他研制成功了世界第一架实用型的直升机 VS—300，并亲自进行试飞。1941 年 5 月，

↑美国西科斯基公司制造的 S—65 战斗直升机

↑ S — 61N 军用直升机

西科斯基驾驶 VS — 300 创造了直升机续航时间 1 小时 32 分 26 秒的世界纪录。随后，西科斯基飞机公司便以生产 S 系列单旋翼布局的直升机而闻名于世。该公司先后研制成功的 S — 51、S — 55、S — 58、S — 61N、S — 64、S — 62、S — 65、S — 70 等直升机都是世界著名的直升机机种。1972 年 10 月 26 日，西科斯基在美国康涅狄格州的伊斯顿逝世，享年 83 岁。

冯·齐柏林

弗迪南·冯·齐柏林是德国飞艇设计师，也是大型实用硬式飞艇的发明人。与航空史上大多数重要人物不同的是，他并不是从小就热爱航空，而是在 52 岁退休后才成为一名狂热的航空爱好者。

1838 年 7 月 8 日，齐柏林出生在德国康斯坦茨的一个军人家庭。1857 年他从路易斯堡陆军士官学校毕业。1858 年进入图宾根大学进修工程技术。以后他历任瓦登堡国王侍卫官、王国驻柏林使节、骑兵旅长，1890 年他以陆军中将衔退休。齐柏林退休时已 52 岁，他想研制一种可操纵的军事气球，由当局对此不感兴趣，他只好自掏腰包。他在家乡康斯坦茨湖畔建造了一座飞艇制造厂，并终于研制出了第一艘硬式飞艇 LZ — 1。该飞艇长 128 米，直径 11.7 米，气囊总容积约 11300 立方米。为了防止着火，将气囊分装为 170 个小气囊，排成三行分装在壳体内。动力装置是两台船用发动机，发动机分别装在艇下的两个吊舱内。气囊采用铝制式结构，壳体的框架包括 4 根桁梁和 16 个横向隔框，中间使用交叉的钢索来加强，飞艇外形呈雪茄状。LZ — 1 于 1900 年 7 月 2 日升空，高度达 369 米，但在着陆时撞坏了。

此后，齐柏林又制造出了 LZ — 2 和 LZ — 3 飞艇，并取得了成功。1908 年，他创办了齐柏林飞艇公司。到 1918 年，该公司共制造了 113 艘军用飞艇，并在第一次世界大战中得到广泛应用。飞艇上安装了火炮、机枪，也能携带炸弹，攻击对方的城市和军事设施，或攻击潜艇，探测地雷和水雷，在海上进行侦察。1915 年 5 月 31 日，齐柏林飞艇 LZ — 38 对英国首都伦敦进行了轰炸。到 1916 年，这种轰炸达到高潮，总计投弹 196 吨，这是航空史上战略轰炸的开始。由于受到飞机和地面炮火的攻击，齐柏林飞艇损失 314 艘。齐柏林在民用飞艇的发展史上也卓有成就。1910 年 6 月，LZ — 7 飞艇首航，是空中定期航线使用的第一艘飞艇，装有 3 台活塞式发动机，巡航时速达到 60 千米。以后又陆续有 LZ — 6、LZ — 8、LZ — 10、LZ — 11、LZ — 13 等投入航线使用。在第一次世界大战爆发前的 4 年中，齐柏林飞艇共飞行了 172535 千米，运送乘客 34028 名，而无一伤亡。

1918 年 3 月 8 日，齐柏林病故。

第一次世界大战后，齐柏林的公司又制造了两艘巨型飞艇。一艘是被命名为"齐柏林伯爵"号的 LZ — 127，它于 1928 年 1 月 18 日首航。

↑ 德国人弗迪南·冯·齐柏林伯爵

↑ 德国齐柏林飞艇 L-71（LZ — 113）

该飞艇总长 236 米，最大直径 30.5 米，气囊容积 10500 立方米，巡航速度每小时 115 千米，载客 20 名。曾载客 16 人完成首次环球飞行，并在 1929 年开辟了欧洲到南非的商业航线。第二艘豪华飞艇 LZ－129"兴登堡"号规模更大，能载客 70～100 人。但当它进行第 18 次飞行时，从德国飞越大西洋抵达美国新泽西州的豪斯特湖时，由于氢气泄漏而突然起火爆炸，巨大的飞艇在 34 秒钟内化为灰烬，艇上 97 人中有 36 人遇难。

安东尼·福克

安东尼·福克，荷兰人，1890 年出生在爪哇的一个咖啡种植主家庭。他在荷兰和德国受教育，年轻时对航空感兴趣。他 18 岁时与人合作制造了一架单翼机，但只飞行了 90 米远。1911 年，福克在柏林附近的约翰尼斯坦尔创办了以自己名字命名的飞机公司。他与名叫雅可布·高德克尔的设计师合作设计出一架名为"蜘蛛"的单翼机。1914～1918 年间，该机共生产了 50 架。

在第一次世界大战中，福克设计出了著名的飞机 Dr.Ⅰ和 D.Ⅶ。Dr.Ⅰ是一架三翼战斗机，翼展长 7.2 米，机长 5.7 米。该机机动性好，爬升能力强，德国著名飞行员李希霍芬驾驶该机作战，击落协约国飞机共 80 架。1918 年 1 月首次试飞的 D.Ⅶ，是福克精心设计的飞机，被认为是当时最先进的战斗机，到第一次世界大战结束时，共制造了 1000 架。该机翼展长 8.9 米，机长 6.9 米，最大飞行速度 189 千米/时，续航时间 1 小时 30 分。福克在大战中与海因里奇·卢比一起发明了机枪协调技术。由于活塞式飞机的螺旋桨都装在机头上，因此机枪的枪弹就需要准确地从螺旋桨桨叶转动时的缝隙中穿出去。这一技术应用在福克 E.Ⅲ战斗机上，击落不少英法飞机，被协约国飞行员称为"福克大灾难"。

第一次世界大战后，福克在荷兰开办飞机工厂，设计了一系列运输机、水上飞机和双座教练机。1922 年福克移居美国。他于 1939 年去世。

安德烈·图波列夫

安德烈·图波列夫生于 1888 年 10 月 29 日，1908 年进入莫斯科高等技术学校，加入茹科夫斯基领导的航空小组。1923 年，图波列夫领导设计了第一架金属和木材混合结构的飞机安特－1，次年又研制成功安特－2。安特－2 全部采用金

属结构，成为苏联第一种全金属结构飞机。此后又制成最早的悬臂式单翼金属飞机安特－3，开始取代当时的双翼机。20 世纪 30 年代图波列夫研制成一系列远程重型飞机。1934 年，他研制成当时世界上最大的客机安特－20"高尔基"号。该机装有 8 台发动机，时速 280 千米，起飞重量达到 40 吨。他设计的另一架著名飞机是安特－25，采用单发动机悬臂式下单翼布局，1937 年苏联飞行员奇卡洛夫和格罗莫夫驾驶安特－25 完成了从莫斯科经北极到美国的不着陆飞行，全程达 12000 千米。图波列夫还研制成功特勃（TB）系列重型轰炸机。自 1926 年研制成功 TB－1 后，又陆续研制成功 TB－2、TB－3、TB－6 等。这些飞机能执行多种任务，除进行轰炸外，还可以携带鱼雷或外挂小型飞机。TB－3 和 TB－6 都装有 4 台发动机，不仅载弹量大，而且火力强。1936 年秋天，图波列夫又研制成功了 TB－7，该机的飞行高度达到了 8000 米，飞行速度达 400 千米/时，可以不着陆飞行 5000 千米。

1936 年，图波列夫飞机设计局成立。此后图波列夫被以反革命的罪名逮捕下狱。他在狱内完成了图－2 轰炸机的设计。1942 年获释后，图波列夫加紧进行研制工作。图－2 于 1943 年研制成功，1944 年初投入战争。在战争中，图波列夫设计局还仿照美国的 B－29 制造了图－4 重型轰炸机。战后，图波列夫设计局先后研制出一系列军用和民用飞机。其中最重要的轰炸机有图－16、图－22、图－20 等。图波列夫逝世后，他的设计局又研制了图－26"逆火"、

↓图波列夫设计的轰炸机。

↓图波列夫研制的 TB-3 轰炸机。

↑苏联图—160 远程轰炸机

↑苏联的"图"系列轰炸机生产车间。

图—160"海盗旗"等。图波列夫设计局研制的著名喷气运输机有图—104、图—114、图—124、图—134、图—154 和图—144 等。

图波列夫与茹科夫斯基并称为"俄罗斯航空之父"。他于 1972 年逝世,享年 84 岁。

德·哈维兰

1882 年 7 月 27 日,德·哈维兰出生于英格兰白金汉郡的一个经纪人家庭。他的航空生涯从学生时代就开始了。1908 年,他制造了第一架飞机。1910 年,他又制成了第二架飞机。1912 年,他被聘请到英国皇家气球工厂任设计师。他在这里设计了 B．S．1 驱逐机,这是当时英国速度最快的单座驱逐机,也是现代战斗机的前身。此后,他设计了 DH 系列双翼机。其中 DH.4 是第一次世界大战中最著名的飞机,也是生产量最大的飞机之一。

1920 年,德·哈维兰正式组建德·哈维兰飞机公司。1925 年,他设计制造的 DH.60"飞蛾"诞生了,它是航空史上设计最成功的轻型飞机,因此成为世界上私人飞行的主要飞机。此后他又设计制造了著名的 DH.98"蚊"式飞机。这种飞机设计巧妙,性能优良,采用双发动机和上单翼布局,既是战斗机,又是轰炸机,还能担负侦察任务。

汉德利·佩季

汉德利·佩季 1885 年 11 月 15 日生于英国切尔特南。他在航空史上占有很高地位。1909 年,他制造了第一架飞机"蓝鸟",并于同年成立了汉德利·佩季公司。直到 1970 年,该公司一直是英国飞机工业的主要公司之一。

汉德利·佩季在第一次世界大战中设计的双发和四发大型轰炸机,为人们带来了战略空军的概念。他对轻型飞机从来没有像对重型飞机那样感兴趣,但他的工作却为提高轻型飞机以及较大型飞机的安全性做出了贡献。1920 年,汉德利·佩季缝翼首次出现在一架改进了的 DH.9 上,后来发展成了一种自动装置。由于它大大改善了飞机的低速操纵性能,空军部规定,皇家空军的所有飞机都必须具有这种装置。

在第二次世界大战开始前,汉德利·佩季公司就已生产出了"汉普登"轰炸机,并开始了"哈利法克斯"轰炸机的设计工作。第二次世界大战结束后,汉德利·佩季公司将轰炸机改装成客机,其中"竞技神"客机在 20 世纪 50 年代一直是英国的主要客机之一。他领导研制的"胜利者"轰炸机于 1957 年试飞成功,1962 年正式服役,该机可携带常规炸弹和核武器。

1962 年 4 月 21 日,汉德利·佩季去世。他一生设计了 63 种飞机,是一位多产设计师。直到生命的最后一刻,他都是汉德利·佩季公司的总裁。

↑英国汉德利·佩季设计的"哈利法克斯"MkI 轰炸机

↑英国索普威斯研制的一种三翼战斗机

朱格芒特·普罗斯基

朱格芒特·普罗斯基 1901 年 10 月 24 日出生于波兰卢布林市的一个工人家庭。19 岁考入华沙技术大学。1925 年波兰举行全国第二次滑翔机竞赛，他赶制了一架 SL3 滑翔机，但没有获奖。于是他决定设计一种双翼机。他先去法国布雷盖飞机工厂实习，两年后回国。1927 年他进入 VWL 飞机公司工作，次年该公司改名为 PZL 飞机制造厂，普罗斯基被委以重任，要求他设计一种拦截战斗机。在他的努力下，PZL－P1 上单翼战斗机问世了。

维利·梅塞施密特

维利·梅塞施密特 1898 年出生在德国的法兰克福，15 岁时就制作过一架小型的金属滑翔机。1923 年，毕业于慕尼黑工程大学机械电气系。1925 年，创办了以他的名字命名的飞机公司。到第二次世界大战爆发时，梅塞施密特公司已成为德国最大的飞机制造商之一。该公司研制出著名的 Me.109 战斗机，在战争期间共生产了 3.5 万架，是纳粹德国空军的主力战斗机，曾给欧洲各国带来了灾难。1938 年，梅塞施密特受命研制火箭动力喷气式战斗机。1942 年 8 月，他研制的 Me.163 喷气战斗机完成了试飞。1944 年 7 月，Me.163B 首次参战，但已无力挽回战争颓势。梅塞施密特还研制了 Me. 262 双发动机涡轮喷气战斗机。1943 年 5 月试飞后投产，但希特勒强令改为轰炸机，使该机性能大大下降，在战斗中累遭败绩。直到 1944 年 6 月，Me.262 A－1a 战斗机投入使用，才使局面有所改观。Me. 262A－1a 是一种真正的喷气战斗机，共生产了 1400 架，但只有 1/4 投入使用。

第二次世界大战结束后，梅塞施密特曾一度

侨居西班牙。他在那里设计了 HA.100、HA.200 教练机和 HA.300 超声速战斗机。梅塞施密特共拥有专利数百项。梅塞施密特公司几经变迁，最后成为拥有 2 万多名职工的 MBB 公司。梅塞施密特退休后一直任该公司的顾问。1978 年 9 月，梅塞施密特逝世。

尼古拉·波利卡尔波夫

尼古拉·波利卡尔波夫是苏联一位多产的飞机设计师，在 20 多年的航空生涯中，共设计了 70 多种飞机。他生于 1892 年 6 月，父亲是神甫。他曾在西科斯基领导下参加"伊里亚·穆罗麦茨"飞机的设计和制造。1916 年，他从技术学校毕业，应聘到波罗的海机车工厂任工程师。随后又到杜克斯飞机工厂从事飞机制造。从 1923 年开始，他独立领导飞机设计工作。

麦克唐纳和道格拉斯

世界上著名的麦道飞机公司是由原麦克唐纳和道格拉斯两家飞机公司于 1962 年合并而成的。它曾与波音飞机公司和洛克希德公司鼎足而立，成为美国最有影响的三大飞机公司之一。1997 年，波音公司兼并了麦道公司，此举震惊世界。但麦克唐纳与道格拉斯的名字在世界航空史上仍然留下了不可磨灭的印记。

詹姆斯·史密斯·麦克唐纳，1899 年出生在美国科罗拉多州的丹佛市。他毕业于普林斯敦大学，1923 年入陆军航空兵飞行学校学习，成为一名飞行员。以后到马萨诸塞州技术学院深造，并获得硕士学位。1929 年，麦克唐纳飞机公司成立，

↑美国通用动力公司研制的 F-16A 多用途战斗机。

←德国梅塞施密特公司研制出著名的 Me. 109 战斗机。

↑麦克唐纳·道格拉斯公司研制的 F/A-18 "大黄蜂"战斗机。

他本人任总裁。第二次世界大战后，麦克唐纳飞机公司主要致力于超声速喷气战斗机的研制工作。20世纪50年代后期，研制出著名的 F—4 "鬼怪"战斗机。该机于1958年5月首次试飞，1960年正式投产，随即大量生产，成为美国60～70年代最有代表性的飞机，总共生产了5195架。

唐纳德·威尔斯·道格拉斯1892年4月6日出生于纽约州布鲁克林。1914年大学毕业。早年在马丁飞机公司任职，曾参加马丁轰炸机的设计工作。他于1920年成立道格拉斯飞机公司。1924年，他设计的 DWC—1 型 "道格拉斯世界巡航者" 双翼机首次完成环球飞行，历时5个月零22天。

1932年，道格拉斯飞机公司研制出 DC—1 和 DC—2 运输机。1936年，该公司又研制出 DC—3 运输机。

DC—3 运输机在世界航空史上是具有里程碑意义的飞机，它充满着传奇色彩，有着令人吃惊的实用性。在第二次世界大战中，DC—3 担负军事运输任务，军用代号为 C—47。C—47 飞机在第二次世界大战中曾开辟了一条由印度经喜马拉雅山至中国内地的航线。1942年缅甸全境陷落后，中国唯一与国际上连接的滇缅公路中断，也是依靠 C—47 的空中运输来为中国提供援助。

1962年，麦克唐纳与道格拉斯公司合并后，麦克唐纳出任执行董事会的董事长。

该公司又研制出 DC 和 MD 系列运输机，并且研制出 A—4、F—15、F—18 和 AV—8 等蜚声世界的军用飞机 "明星"。

道格拉斯于1981年2月1日逝世。

恩斯特·亨克尔

恩斯特·亨克尔1888年出生于德国南部的朗巴赫镇。1913年，亨克尔应聘到信天翁飞机公司任主管设计师。他设计了德国第一架单翼战斗机，该机以公司的名字 "信天翁" 命名。由于取消了撑杆和张线等外部支撑物，"信天翁" 战斗机在飞行中阻力大大减少，机动性能有所提高，能在11分6秒的时间内爬升到455米的高度。亨克尔因此声名大噪。此后，亨克尔到勃兰登堡—汉莎飞机公司任主任设计师，并成功地设计了勃兰登堡 W12、W19、W29 等一系列水上飞机。这些飞机在第一次世界大战中得到使用。

1922年1月，亨克尔飞机工厂在瓦尔内明德湖畔奠基。它生产的第一架飞机 H3，成为1932年哥德堡飞机竞赛同级飞机中最优秀的一架。该机采用双座悬臂式下单翼布局，性能优良，为瑞典和丹麦的海军大量采用。紧接着，亨克尔又设计了在舰船上靠弹射起飞的双翼机，其中 He.25、He.26 得到日本海军的成批订货。He.12 和 He.58 则是商用邮运飞机的先驱。从1925年开始，亨克尔将主要精力放在各种飞机的实验上，以最大限度地提高速度。他设计的双发动机运输机 He.111 后来被改成 He.111 轰炸机，并成为德国空军的主力机种。亨克尔最重要的设计是喷气式飞机。他与火箭专家冯·布劳恩合作，将火箭发动机装到飞机上进行实验。1937年，他们研制成 He.112 火箭驱动的小型喷气式飞机，1939年

↓ He.219 夜间战斗机

又研制成 He.176，时速达到 860 千米。同时，亨克尔又将燃气涡轮技术应用在飞机上，他首先与燃气涡轮专家奥海因共同研制出涡轮喷气发动机 Hes.3B。1939 年 8 月 27 日，装有这种发动机的 He.178 喷气式飞机试飞成功，成为世界上第一种涡轮喷气飞机。亨克尔后来又研制出当时世界上速度最快的喷气式战斗机 He.280，但没有投入使用。第二次世界大战中，亨克尔还设计出 He.177 四发动机的轰炸机和 He.219 夜间战斗机，但不为德国军方所重视。德国战败后，亨克尔到瑞士经营儿童脚踏车。1955 年，亨克尔重建了 VFW 飞机公司。后来 VFW 公司曾与著名的荷兰福克飞机公司联营。

谢尔盖·符拉基米诺维奇·伊留申

在第二次世界大战的苏联战场上，苏军的伊尔－2 攻击机、"喀秋莎"火箭炮和 T－34 坦克一起，成为苏军的明星武器，使德军闻风丧胆。而伊尔－2 飞机的设计师，就是谢尔盖·符拉基米诺维奇·伊留申。伊留申 1894 年 3 月 31 日出生于俄罗斯沃洛格达州的一个农民家庭。11 岁时在圣彼得堡做工。1910 年圣彼得堡举行的首届俄罗斯航空博览会，对伊留申的一生产生了决定性影响。1914 年，他参加了俄国陆军。后担任机场警卫工作，不久改为机械兵，专门维护"伊里亚·穆罗麦茨"轰炸机。1917 年，他获得了飞行员证书。

20 世纪 30 年代后期，伊留申设计出伊尔－4 中型战略轰炸机。这是当时苏联性能最优秀的战略轰炸机。1941 年 8 月 7 日，伊尔－4 从巴尔提克岛起飞，夜袭柏林，震动德国。1939 年，伊留申设计的 TSKB55 双座攻击机问世，但当时未受军方重视，认为它过于笨重，速度慢，机动性差，因此被搁置了一年。1940 年 11 月伊留申被迫上书斯大林，在斯大林的过问下，该机才开始小批量投产。苏联卫国战争爆发后，改型 TSKB57 的生产加快了速度，并更名伊尔-2。由于飞机工厂迁至古比雪夫，与之配套的发动机生

↓伊留申设计的伊尔－10 攻击机。

产厂却在莫斯科，影响了生产速度。

战斗中一个中队的伊尔－2 在 1 分钟内便摧毁了德军坦克 27 辆。德国人称它为"黑死神"。1945 年 4 月 16 日，210 架伊尔－2 与其他飞机一道空袭柏林，将柏林变成一片火海。在战争的最后一年，伊留申设计的伊尔－10 问世了。在战争期间，伊留申还设计了伊尔－12 运输机，但战后 1947 年才正式投产。其发展型为伊尔－14。1957 年，伊尔－18 客机问世，可载客 80 人。这种飞机共生产了 800 架。1963 年 1 月，装 4 台涡轮喷气发动机的伊尔－62 远程客机试飞成功，这是伊留申设计的最后一种飞机，可载客 190 人。

伊留申于 1970 年退休，他的后继者又设计开发出两种著名的飞机：伊尔－76 和能载客 350 人的伊尔－86 宽体客机。

1977 年，伊留申在莫斯科逝世。

亚历山大·雅科夫列夫

亚历山大·雅科夫列夫是苏联著名的飞机设计师，他一生所设计的飞机达 70 多种，总投产量达 6.6 万多架，因而有"红色飞机设计师"之称。

雅科夫列夫 1906 年 3 月 19 日生于莫斯科，幼年即对机械技术和无线电技术等感兴趣。上中学时，他参加了"航空之友协会"，开始投入航空活动。中学毕业后，他结识了伊留申，并在第二届全苏滑翔机比赛中获奖。

1935 年 11 月，雅科夫列夫设计的教练机乌特－1 首次试飞，到 1946 年时，这种教练机已生产了 7000 多架。以后，他又设计出乌特－2 和乌特－3。

1940 年，雅科夫列夫设计出雅克－1 战斗机，并于同年 5 月投产。在后来的卫国战争中，雅克－1 发挥了重要作用。1942 年 3 月 9 日，7 名苏联飞行员驾驶雅克－1 飞机粉碎了 25 架德国飞机的挑衅。雅克－1 因而成为主力战斗机之一。

1946 年，雅科夫列夫又设计出苏联第一架喷气战斗机雅克－15，最大平飞速度达到每小时 850 千米。随后又研制出雅克－17 喷气教练机、雅克－18 和雅克－11 活塞式教练机，取代了波－2 成为苏联的主要教练机。20 世纪 50 年代，雅科夫列夫又研制出苏联第一种全天候双发喷气战斗机雅克－25，以及苏联第一种实用直升机雅克－24。60～70 年代，雅克－42 中短程喷气客机和雅克－36 垂直／短距起落飞机相继

↑雅科夫列夫设计的雅克—3。

↑雅科夫列夫设计的雅克—38。

问世。后者是继英国"鹞"式战斗机之后，世界第二种成功的垂直／短距起落战斗机。

米高扬和格列维奇

在第二次世界大战后，苏联的米格系列战斗机与美国的F系列、法国的"幻影"系列战斗机齐名，成为世界战斗机的三大支柱。而苏联的米格飞机都出自米高扬飞机设计局。

阿基姆·伊万诺维奇·米高扬，1905年8月5日出生于亚美尼亚的一个小镇，父亲是一位木工。18岁时，米高扬进工厂当车工，以后入伍。1931年，米高扬进入伏龙芝军事学院学习，同年他又被选送到茹科夫斯基空军工程学院学习。1938年，米高扬被调到波利卡尔波夫设计局工作，结识了米哈伊尔·约瑟夫维奇·格列维奇。此后二人开始长期合作，"米格"就是两人姓氏第一个字母的组合。

格列维奇1893年1月12日出生在库尔斯克，曾就读于哈尔科夫大学和法国巴黎航空气动学校。他于1923年毕业，但直到1929年他到莫斯科以后，才正式从事航空设计。1936年，他进入中央

设计局，从事水上飞机和对地攻击机的设计。

1940年，米高扬和格列维奇组成独立的设计局，米高扬任局长、总设计师，格列维奇任副总设计师。他们合作设计的第一架飞机是伊—200，也就是后来的米格—1。米格—1装有功率990多千瓦的发动机，这是当时苏联最大功率的发动机。随后他们又设计出米格—3。米格—1和米格—3都成为苏联卫国战争初期的主力战斗机之一。其中米格—3产量最大，达3021架。

1946年，他们设计的米格—9喷气歼击机问世，同年5月试飞时曾经发生机毁人亡的飞行事故。米格—9总共生产了500架。

1947年，米高扬设计局设计的米格—15喷气歼击机问世。该机装有英国制造的"尼恩"涡轮喷气发动机，最大平飞速度达到每小时1050千米，实用升限达15000米，垂直机动性良好，火力配备强大。1947年12月30日该机第一次飞上蓝天，事实证明它的性能超过了当时世界上几乎所有的优秀歼击机。

在20世纪50年代初的朝鲜战争中，米格—15的表现震惊世界。1951年，米格—17开始服役。它的机翼后掠角增大到45°，发动机增加了加力燃烧室。随后，米格—19问世，成为苏联第一代超声速喷气战斗机。

1956年2月，米高扬设计局又成功地研制出超声速两倍的三角翼米格—21战斗机，1958年成批生产后取代了米格—19成为苏联主力战斗机。

该机一直服役到80年代，有21种改型方案，总产量达到13572架，是世界上生产时间最长的战斗机，也是唯一能与美国"鬼怪"式飞机抗衡的战斗机。

↑米格—15型战斗机在朝鲜战场震惊世界。

↑米格—31型高空高速战斗机

以后，米高扬飞机设计局又设计出了苏联第一架可变后掠翼战斗机米格—23和它的发展型米格—27，高空高速战斗机米格—25和它的发展型米格—31等。1970年12月，米高扬在莫斯科逝世。格列维奇于1964年退休，他参与了米格—1至米格—25的设计工作。格列维奇逝世于1976年。

凯利·约翰逊

凯利·约翰逊1910年2月27日生于美国密歇根州依什佩明镇。1929年他进入密歇根大学航空工程系学习。1933年毕业后，他受聘于洛克希德公司。1937年，约翰逊接受设计一种新型战斗机的任务，这就是著名的P—38"闪电"战斗机。他大胆使用了双垂尾方案，并第一次采用前三点式起落架。该机1939年首次试飞，在整个第二次世界大战期间，共生产了9393架。大战结束后，约翰逊研制出美国第一代喷气战斗机P—80。1951年，他又开始研制超过声速两倍的战斗机。由于没有超声速风洞，他用火箭弹发射了350种不同的机翼来进行试验，结果选择了一种小展弦比的最薄的"刀片机翼"，这就是F—104的诞生过程。1954年2月，F—104首次试飞，它是美国第一种超声速两倍的飞机，也是第一种采用全动式平尾的飞机。1953年，约翰逊又领导研制了U—2高空侦察机。1955年8月，U—2正式试飞，次年投入使用。该机是美国著名的高空侦察机，最大升限可达27000米，曾引发多次国际纠纷，也曾被苏联、中国击落。此后，约翰逊又领导研制了SR—71战略侦察机，它的飞行高度超过3万米，最大平飞速度超过每小时3000千米。该机于1976年曾创造过每小时3529千米的世界最大平飞速度纪录。1990年12月21日，凯利·约翰逊去世。生前他曾出版自传——《我怎样设计飞机》。

堀越二郎

在第二次世界大战中，日本的"零"式飞机至今仍为人们所熟知。

堀越二郎，1903年6月22日生于日本群马县，早年就读于东京帝国大学航空系。毕业后赴德国容克斯飞机公司和美国寇蒂斯飞机公司深造。回国后，堀越二郎受聘于三菱公司，任飞机设计师。1934年2月，日本军方提出设计一种时速在320千米以上，能够在6分半钟爬升至5000米高度的战斗机，堀越二郎根据要求设计了A5M，最大时速可以达到450千米，满足了日本军方的要求。这就是"96"式舰载战斗机。1937年，日本海军在"96"式舰载战斗机的研制成果上，又提出"万能战斗机"，最大飞行速度要超过每小时500千米，航程3000千米以上，能够在3分半钟的时间内爬升至3000米的高度，还能够外挂两枚60千克炸弹。1939年7月6日，该机试飞成功。因为当时正值日本纪年的2600年，所以只取一个0，成为"零"式飞机。

在第二次世界大战中，"零"式飞机的各种型号共计生产了10430架。是当时最先进的战斗机之一。"零"式飞机曾给中国造成了巨大损失。

1941年12月7日，日本偷袭珍珠港，"零"式飞机充当了重要角色。1943年以后，性能更优越的美国P—47和P—51型战斗机相继出现，"零"式飞机的末日终于到来了。此时堀越二郎和他的设计小组仍然夜以继日地研制着"零"式飞机的后继机型"烈风"战斗机。但研制工作还没有结束，日本就已经无条件投降了。

↓日本A6M2"零"式战斗机

←凯利·约翰逊研制的F—104"星"式战斗机是美国第一种超声速两倍的飞机。该战斗机主要用于空战，被西欧各国广泛采用。图为德国空军的F—104G型。

战后，堀越二郎曾在三菱重工业公司任技术部次长，1962年任日本航空学会会长。1982年，堀越二郎去世。

帕维尔·奥西波维奇·苏霍伊

帕维尔·奥西波维奇·苏霍伊1895年7月10日出生于白俄罗斯的格卢博科耶镇。1914年考入莫斯科大学数学物理系。不久应征入伍，服役期间被保送到军事技术学校深造。毕业后考入莫斯科高等技术学院聆听茹科夫斯基的讲课。1925年，他到中央流体动力学研究院当工程师，不久开始领导一个设计小组。在图波列夫指导下，苏霍伊小组很快设计出伊—4战斗机。20世纪30年代初，他们又设计出单翼高速战斗机伊—14，并采用许多新技术，如可收放起落架、密封座舱、光滑流线型金属蒙皮、机轮刹车系统、大口径机关炮等。接着，他们在图波列夫的指导下又设计出安特—25远程飞机。1937年6月，一架安特—25创造了莫斯科—北极—纽约航线的不着陆飞行纪录。此后，苏霍伊又设计了安特—37轰炸机，一位苏联女飞行员驾驶该机不着陆飞行6000千米，创造了女子机组世界航程纪录。

1939年，苏霍伊开始独立领导一个实验设计局。他领导设计了多用途作战飞机苏—2。1943年，他又设计成功带装甲的双座攻击机和苏—8远程战斗机。这些飞机在卫国战争中都起到了一定作用。第二次世界大战结束后，苏霍伊即开始着手设计喷气飞机。随后，他研制出超声速战斗轰炸机苏—7，1955年首飞，1959年装备部队。同年，苏霍伊飞机设计局正式成立，苏霍伊任总

↑苏霍伊飞机设计局研制的苏—35战斗机。

设计师。他在50年代中期研制出苏—9、苏—11全天候战斗机，又在60年代初研制出超声速2.5倍、升限达2万米的苏—15全天候截击机。此后，该设计局设计出第一种可变翼战斗轰炸机苏—17。70年代初又设计出苏—24双发动机变后掠翼战斗轰炸机。然后又设计出苏联第一种喷气攻击机苏—25。80年代，苏霍伊设计局推出性能优越的苏—27战斗机，并在此基础上，又连续推出苏—35和苏—37两个型号。特别是苏—37的超机动性能令世人震惊，被称为"21世纪前半叶的超前战斗机"。1975年，苏霍伊逝世。

尼·伊·卡莫夫

尼·伊·卡莫夫1902年出生在苏联的伊尔库茨克。1923年，他毕业于托木斯克工学院。1929年，卡莫夫研制出"红色工程师"自转旋翼机。

1940年，在莫斯科附近建立了专门生产武装旋翼机的工厂，卡莫夫任厂长兼总设计师。

1956年，卡莫夫研制出四座多用途直升机卡—18。50年代末，卡莫夫设计出独特的旋翼定翼机卡—22。在1961年的图申航空节上，卡—22创造了8项世界纪录。苏联海军从1957年开始研制卡—25，并在1961年的图申航空节上亮相。1965年，

↑苏联苏—2攻击机

↑苏—25近距离对地攻击机

↑苏联"基辅"级航母上配备的卡—25直升机。

卡莫夫又领导研制出了卡—26。1973～1977年，研制出卡—29、卡—52等飞机。此外，卡莫夫设计局还研制了一系列多用途直升机，如卡—128、卡—226等。1973年底，卡莫夫逝世。

马塞尔·达索

马塞尔·达索1892年出生在巴黎的一个犹太人家庭。1913年毕业于法国高等航空技术学校。他设计的螺旋桨曾被多种法国飞机采用。在第一次世界大战期间，他创办了一家飞机设计公司，设计了代号为SEA4的双座战斗机，MB—131等几种轰炸机，以及M—175等战斗机。第二次世界大战爆发后，法国被德国占领。他被关进集中营。但他竟然活了下来。战后继续从事飞机的研制工作。40年代他完成了MD315"红鹤"双发轻型运输机的设计后，又相继研制了"飓风"战斗轰炸机和"神秘"系列战斗机。他研制的"超级神秘"B2战斗机是欧洲第一种超声速飞机，

↑法国"幻影"4000多用途战斗机

↑法国"超级军旗"舰载攻击机主要执行对地对舰攻击任务，也可进行空战。

↓英国"飓风"Mk.IIC战斗机

"军旗"和"超级军旗"则是著名的舰载攻击机，"隼"是行政公务机，而"幻影"系列战斗机则是当今世界上最重要的战斗机系列之一，约有30个国家采用了不同型号的"幻影"飞机。其中，"幻影"Ⅲ是20世纪50年代研制成功的全天候战机。"幻影"F—1于70年代研制成功，改型多，用途广。80年代问世的"幻影"2000和90年代问世的"幻影"4000则采用了诸多新技术，是两种著名的高性能战斗机。1967年，达索公司与布雷盖公司合并为达索—布雷盖公司。1986年4月18日，达索逝世，终年93岁。

战斗机的发展

战斗机

战斗机又称歼击机，主要任务是与敌方的战斗机进行空中格斗，夺取制空权；其次是拦击敌方轰炸机、强击机、侦察机和巡航导弹，也能执行对地攻击任务。战斗机通常可以分为制空战斗机、截击战斗机、战斗轰炸机和舰载战斗机等。

战斗机于第一次世界大战中问世，称为驱逐机，到第一次世界大战结束时，战斗机的最大飞行速度已经达到200千米／时，升限高度达6000米，重量约达1吨，活塞式发动机武器为7.62毫米机枪。

↑米格—31战斗机是米格—25的派生型，1991年6月在第39届巴黎航空博览会上首次露面。

第二次世界大战期间，战斗机的最大飞行速度已经达到 700 千米／时，飞行高度为 11 千米，重量达 6 吨，发动机功率接近 1470 千瓦，有了配备陀螺光学瞄准具的 20 毫米机关炮和火箭弹。

第二次世界大战后，战斗机迅速向喷气式和后掠翼布局发展，至 60 年代中期，其飞行速度已超过 3 马赫，作战高度可以达到 23 千米，飞机重量超过 30 吨，机载武器发展为空空导弹。现在，战斗机已经发展了四代，并且正在向第五代发展。

现代战斗机已经发展成为一种喷气式超声速全天候导弹载机，其特点是：采用推力大、重量轻的加力涡轮风扇发动机，采用带前缘边条的后掠式或三角形薄机翼，采用数字式电传操纵的飞机操纵系统及主动控制技术，突出中、低空跨声速机动性，使用大口径机炮、高性能导弹、集束式火箭弹和制导炸弹等。

↑苏联米格—25"狐蝠"战斗机

↑苏联苏—27UB 多用途战斗教练机

↑美国 P-12E 战斗机

↓美国 F3H-2"恶魔"战斗机

↑美国格鲁曼公司设计的第一架舰载战斗机。

↑朝鲜战争中的美国 F90—5 战斗机

↑美海军 F3H"恶棍"舰载战斗机

↑美国海军航母上的 F/A—18"大黄蜂"战斗机

↑美国F－86L战斗机

战后第一代战斗机

　　第二次世界大战后至60年代初是第一代战斗机的时代，其主要技术特征是亚声速，最大飞行马赫数为0.9～1.3左右，开始采用后掠机翼和涡喷发动机，武器配备以机关炮和火箭弹为主，并开始装备第一代空空导弹、光学瞄准器和第一代雷达。第一代战斗机的代表型有美国的F－80、F－89、F－86、F－100，苏联的米格－15、米格－19。目前第一代战斗机已全部退役。

战后第二代战斗机

　　20世纪60年代初　80年代初，第二代战斗机开始大量装备部队，主要技术特征是超声速，最大飞行马赫数为2.0～2.5，采用小展弦比机翼和可变后掠翼。武器配备开始装备第二代空空导弹、具有拦射能力的火控系统和第二代雷达。

　　第二代战斗机的代表型有美国的F－4、F－104、F－111，苏联的米格－21、米格－23和法国的"幻影"Ⅲ、"幻影"F－1等。目前第二代战斗机仍在大量服役。

↑美国F-104A"星"战斗机

↑法国"幻影"F－1战斗机

↑美国F－104"星"战斗机属战后第二代超声速战斗机。

↑美国F－15"鹰"战斗机

↓英、德、意联合研制的"狂风"对地攻击型战斗机。

第三代战斗机

　　20世纪80年代初，第三代战斗机开始大量装备使用，虽然机动性、最大速度仍保持在第二代水平，但采用了翼身融合、隐身等高技术，开始采用第三代中距拦截导弹、近距格斗弹，并装备了全向、全高度、全天候火力控制系统。其代表型有美国的F－14、F－15、F－16、F－18、F－117A，苏联的米格－29、米格－31、苏－27，法国的"幻影"2000和欧洲诸国合研的"狂风"等。

↑美国F－16战斗机属第三代战斗机

第四代和第五代战斗机

　　三代半战斗机是20世纪90年代以后装备部队的新一代战斗机，其典型型号有俄罗斯的苏—37、法国的"阵风"和EF2000、瑞典的JAS.39等。采用几十种新技术，主要有目标定位和攻击技术、隐身技术、短距起落技术、防核生化袭击等，同时将具有超声速巡航能力和高机动飞行能力，并具有较大的航程，起飞滑跑距离可缩短至425～600米。第四代战斗机已完成设计的有F—22和F—42两种。

　　未来第五代战斗机将采用X翼、斜翼、前掠翼及组合式机翼等新概念，并向全隐身方向发展；将采用陶瓷、金属黏结剂等复合材料。此外，还将广泛采用短距起落技术，进一步改进飞机的机动性能，大量改进电子设备，提高自动控制能力。

↓英国EAP战斗机

↓美国F-14A"雄猫"战斗机

↓美国P-51B"野马"战斗机

↓美国P-12E战斗机

美国战斗机

美国CW－21战斗机

　　CW－21战斗机是美国寇蒂斯—莱特联合公司研制的一种单座轻型战斗机，于1939年1月试飞成功。这是一种下单翼活塞式飞机，起落架可以收入机翼。该机于机头整流罩内，装备两挺7.62毫米机枪和两挺12.7毫米机枪。

　　CW－21战斗机机长8.28米，机高达2.72米，翼展10.7米，总重达2040千克，最大飞行速度为505千米／时，巡航速度为454千米／时，爬升率为1460米／分，实用升限可达到10500米，航程为1010千米。该机在1940年6月至12月用于爪哇之战。

美国P－40"战鹰"战斗机

　　P—40"战鹰"战斗机是美国寇蒂斯飞机公司研制，在P—36基础上改型而成。于1938年底试飞成功，1940年5月开始装备美国陆军的航空兵。总计生产13143架。P—40战斗机全长9.68米，机高3.76米，翼展11.4米，最大重量3760千克，最大速度达574千米／时，实用升限9000米，爬升率938米／分，最大航程2260千米。单座，装有可收放的后三点式起落架，携带两挺12.7毫米机枪。改型后最多的可装6挺12.7毫米机翼机枪或4挺12.7毫米机翼机枪并外挂1枚227千克重的炸弹。

↓美国P—40D战斗机

↓美国P-40"战鹰"战斗机

↑美国P-36C战斗机

美国 P－47"雷电"战斗机

P－47"雷电"战斗机是美国共和航空公司研制的单座战斗机，1941年5月6日首次试飞，1942年3月交付使用，先后有B、C、D、G、J、K、L、M和N等型号投入生产，总数达15683架，为美国战斗机生产数量最多的机种。

P－47"雷电"战斗机全长10.7米，全高3.87米，翼展12.4米，装1台功率为1470千瓦4叶螺旋桨发动机，最大速度816千米/时，实用升限13700米，爬升率782米/分，最大航程1770千米。改型后速度、实用升限、爬升率等都有提高，最大航程可达3540千米。该机在机翼内装有8挺12.7毫米机枪，有的型号还可加带10枚127毫米火箭弹或3枚454千克炸弹。

美国 P－61"黑寡妇"战斗机

P－61"黑寡妇"战斗机是美国诺斯罗普飞机公司于1940年开始研制的一种夜间战斗机。1943年10月开始交付使用，先后有A、B、C等型号投产，共制造742架。

"黑寡妇"以漆黑的外表而得名。该机外形独特，装有机头雷达、双人驾驶舱，装前三点式起落架。机长15.1米，高4.47米，翼展20.2米，总重18300千克，空重10900千克，装两台1960千瓦的活塞式发动机，最大速度690千米/时，实用升限12500米，最大航程4830千米。该机火力较强，在机身腹部装有共带600发炮弹的4

↑美国 P-61B "黑寡妇" 战斗机

↑美国 P－61E 夜间战斗机在飞行。

门20毫米机炮，在机身顶部炮塔内装共带1600发子弹的4挺12.7毫米机枪，还可挂4枚725千克炸弹。

↑美国 F－80 "流星" 战斗机

美国 F－80"流星"战斗机

F－80"流星"战斗机是美国洛克希德飞机公司于1943年6月开始研制的一种喷气式战斗机，1945年2月开始交付使用。该机先后有A、B、C型投产，共制造1955架。

F－80"流星"战斗机是美国生产的第一种喷气战斗机，发动机位于飞行员后面，进气道在翼根，排气管位于机心；采用前三点式起落架。该机机长10.5米，机高3.45米，翼展11.85米，总重为7700千克，空重3753千克，装1台应急推力为24.5千牛的喷气发动机，最大速度为935千米/时，实用升限13700米，爬升率为2100米/分，航程为2200千米。机头装有6挺12.7毫米机枪，装备1800发子弹，射速可达1200发/分，机翼可外挂10枚火箭弹或两枚454千克炸弹。

美国 F7F"双猫"舰载战斗机

F7F"双猫"战斗机是美国格鲁门公司从1941年开始研制的一种舰载战斗机，于1943年11月首次飞行，随后交付使用。F7F各型共生产1800多架。F7F"双猫"战斗机是世界上第一种双发动机舰载战斗机，机翼为悬臂式梯形中单翼，采用可收放后三点式起落架。装两台功率各为15431.5千瓦的活塞螺旋桨发动机。机头装4挺12.7毫米机枪；翼根内置4门20毫米机炮。可挂带火箭弹、炸弹和鱼雷。

↘美国 F7F "双猫" 舰载战斗机

美国 F8F "熊猫" 战斗机

美国格鲁门飞机工程公司研制的舰载活塞式战斗机。1944 年 8 月原型机首飞。是该公司生产的 "猫" 系列战斗机的最后一种，也是性能最好的一种，但因问世太晚，还没来得及发挥多大作用，第二次世界大战就宣告结束。

F8F "熊猫" 战斗机，单人座舱气泡式座舱盖，飞行员视界良好，下单翼布局，全金属硬壳式结构，后三点可收放起落架，后机身下方有着舰钩。动力装置为 1 台普·惠 R-2800-34W 型 18 缸双排星形气冷活塞发动机，最大功率 1566 千瓦。机上装 4 门 20 毫米口径航炮；机翼下有 6 个挂架，可挂两枚 454 千克炸弹，或两枚 227 千克炸弹和 4 枚 127 毫米火箭弹；最大外挂重量 907 千克。该机翼展 10.82 米，机长 8.38 米，机高 4.21 米；空机重量 4222 千克，正常起飞重量 5872 千克，最大平飞速度 752 千米 / 时，最大爬升率 25.4 米 / 秒，实用升限 12895 米，机内油量航程 1780 千米，转场 2640 千米。

美国 F9F "黑豹" 战斗机

F9F "黑豹" 战斗机是美国格鲁门公司为美国海军研制的。该机于 1947 年 11 月首次试飞，随后投入生产，装备美国海军，是美国海军在朝鲜战争中最重要的战斗机种之一。F9F "黑豹" 战斗机先后有 F9F—2、F9F—3、F9F—4、F9F—5、F9F—6、F9F—7、F9F—8 等型号问世。其中的 F9F—5，有乘员 1 人，装 1 台普·惠 J42-P-6 型涡轮喷气发动机。飞机全长 11.84 米，翼展 11.58 米，机翼面积 23.22 平方米。飞机空重 4603 千克，起飞重量 8840 千克。平面最大飞行速度为 972 千米 / 时。实用升限 13600 米，最大航程 2180 千米。装备 4 门 20 毫米口径的机炮，并可携带 1361 千克的各种炸弹。

↑美国 F9F-8 "美洲狮" 战斗机

美国 F11F "虎" 战斗机

美国格鲁门飞机工程公司研制的单座单发海军舰载超声速战斗机。1954 年 7 月 30 日首飞，1957 年 3 月装备部队，1961 年后退出第一线，共生产 201 架。曾经是美海军 "蓝天使特技飞行表演队" 的制式装备，使用时间比其他任何一种飞机都长。

F11F "虎" 战斗机，后掠式中单翼低平尾布局，全金属硬壳式结构，机头右侧有可收放的空中受油管，蜂腰状机身，两侧进气，喷气口设在机身末端，前三点可收放起落架。动力装置为 1 台 "莱特" J65-W-6 型带加力燃烧室的涡轮喷气发动机。机头装 AN/APG-30A 截击雷达。主要武器配备为：4 门 20 毫米口径航炮，机翼下 4 个挂架可挂 4 枚 "响尾蛇" 或两枚 "麻雀" 空空导弹和两颗 454 千克炸弹或挂其他空地武器。该机翼展 9.64 米，机长 13.69 米，机高 4.18 米，机翼面积 23.23 平方米；空机重量 6036 千克，正常起飞重量 10640 千克，最大机内载油量 2998 千克，实用升限 12770 米，最大爬升率 26 米 / 秒，机内油量航程 1783 千米。

美国 F—4 "鬼怪" 战斗机

F—4 "鬼怪" 战斗机是美国麦克唐纳公司从 1956 年开始研制的一种双发动机双座远程全天候战斗机，于 1961 年 10 月开始交付美国海军使用，1963 年 11 月开始进入美国空军服役。该机相继有 A、B、C、D、E、F、G、J、K、M、S 等型号投入生产，至 1981 年全部停产，总共制造 5195 架，是 60 年代以来美国生产数量最多的战斗机。

该机为两侧进气，机长 19.2 米，机高 5.02 米，翼展 11.77 米，最大起飞重量 28030 千克，空重 13760 千克，作战起飞重量 18820 千克，装两台加力推力各为 81.2 千牛的涡轮喷气发动机，最大平飞速度 2.27 马赫，实用升限 18000 米，最

↑美国 F—4 "鬼怪" 战斗机编队飞行。

↑美国 F—4C 战斗机

↑美国 F—4J 战斗机

↑美国"鬼怪"式远程战斗机

机高 4.06 米，翼展 8.13 米，最大起飞重量 11210 千克，空重 4410 千克，最大载油量 3956 升；装两台加力推力各为 22.7 千牛的涡轮喷气发动机，最大速度 1.64 马赫，实用升限 15400 米，最大爬升率 10516 米／分，作战半径 220～1060 千米，最大航程 2860 千米。机载设备有搜索与跟踪多用途雷达、敌我识别器、仪表着陆系统和完全盲目飞行设备等。装备的武器有：两门 20 毫米机炮，翼尖挂两枚"响尾蛇"空空导弹；机身下 1 个和机翼下 4 个挂架可选带"小斗犬"和"玛特尔"空地导弹、激光制导炸弹、各种常规炸弹和火箭弹，载弹量可达 3180 千克。

大爬升率 15100 米／分，作战半径 795～1226 千米，转场航程 3200 千米。机载有自动火控系统、惯性导航系统、全高度轰炸系统、武器投放系统、雷达寻的和警戒系统等先进设备。机载武器装备包括 1 门 6 管机炮，6 枚"麻雀"或 4 枚"麻雀"和 4 枚"响尾蛇"空空导弹，对地攻击可带"小斗犬"和"幼畜"空地导弹、"百舌鸟"反雷达导弹、"标准"反辐射导弹、"白星眼"电视制导炸弹、核弹、各种常规炸弹和火箭弹等，最大载弹量 7250 千克。

美国 F—5"自由战士"战斗机

F—5"自由战士"战斗机，是美国诺斯罗普公司从 1955 年开始研制的一种轻型超声速战斗机，1959 年 7 月 30 日原型机首飞。该机先后有 A、B、E、F 等型号投入成批生产，至 1974 年初，产量已超过 1150 架。F—5 为圆锥形头部，蜂腰中部，两侧进气，机长 14.45 米，

↓美国 F—5E 战斗机

美国 F—8"十字军战士"战斗机

F—8"十字军战士"战斗机，是美国原钱斯·沃特公司从 1953 年 5 月开始研制的一种舰载超声速战斗机，于 1957 年 3 月交付使用；共生产 1259 架。该机是 20 世纪 50 年代末到 60 年代中期美国海军的主力舰载战斗机之一。

F—8"十字军战士"战斗机进气道在机头下方，机翼为悬臂式单翼，外翼段可上折，全机长 16.61 米，机高 4.8 米，翼展 10.72 米，最大起飞重量 15420 千克，空重 8170 千克，装 1 台加力推力为 81.7 千牛的涡轮喷气发动机，最大速度 1.7 马赫，实用升限 17600 米，爬升率 7800 米／分，作战半径 650 千米。机载主要设备有自动驾驶仪、搜索与火控雷达、红外扫描器等。装备 4 枚"响尾蛇"空空导弹或 8 枚"阻尼"火箭弹；机翼下可选挂 12×113 千克炸弹、4×254 千克炸弹、

↑中国台湾装备的美制 F—5E 战斗机。

↑美国海军 F—8 舰载战斗机

↑美国 F — 8C "十字军战士" 战斗机

1×454 千克炸弹、2×907 千克炸弹或 24 枚 "阻尼" 火箭弹等；最大载弹量 2270 千克。

↑美国 F — 14 "雄猫" 舰载战斗机

美国 F — 14 "雄猫" 战斗机

F — 14 "雄猫" 战斗机，是美国格鲁门公司从 1968 年 4 月开始研制的一种双座双发动机变后掠翼重型舰载战斗机，1972 年 10 月交付使用。共生产 710 架。

F — 14 "雄猫" 机长 19.1 米，机高 4.88 米，翼展 19.45 米、11.65 米、10.15 米（后掠角 20°、68°、75°），最大起飞重量 33724 千克，空重 18110 千克，装两台加力推力各为 94.9 千牛的涡轮风扇发动机，最大平飞速度 2.34 马赫，实用升限 18300 米，爬升率 200 米 / 秒，作战半径 725 ~

1230 千米，最大航程约 3220 千米。

"雄猫" 战斗机载有脉冲多普勒雷达、惯性导航系统、塔康导航系统、显示系统以及警戒、敌我识别、数据传输、目标截获、多目标跟踪和电子对抗等电子设备，可保障多方位全天候作战。机载武器有：1 门 20 毫米 6 管机炮，6 枚 "不死鸟" 和两枚 "响尾蛇" 空空导弹或 4 枚 "麻雀" 和 4 枚 "响尾蛇" 空空导弹或各种炸弹、火箭弹等，最大外挂载弹量 6580 千克。

美国 F — 15 "鹰" 战斗机

F — 15 "鹰" 战斗机是美国麦道公司从 1969 年 12 月开始研制的一种重型制空战斗机，于 1974 年开始交付使用，先后有 F — 15A、B、C、D、E、J 等型投入生产，总共制造约 1000 架。

F — 15 "鹰" 战斗机机身扁平，尖削头部有雷达罩，两侧各置方形进气道，机翼为固定式切角三角形上单翼，前缘后掠角 45°，机长 19.43 米，机高 5.63 米，翼展 13.05 米，最大起飞重量 30850 千克，空重 12520 千克，装两台加力推力各为 108.2 千牛的加力式涡轮风扇发动机，最大平飞速度 2.5 马赫，实用升限 18300 米，最大爬升率 330 米 / 秒，作战半径 1200 千米。机载主要设备有：脉冲多普勒雷达、中央计算机、平

↑美国麦道公司研制的 F — 15A "鹰" 多用途战斗机。

↑美国 F — 14 "雄猫" 重型战斗机

↑美国F—15E战斗机编队飞行

↑美国F—15E双座战斗轰炸机

视显示器、电子对抗装置、雷达预警系统、惯性导航系统、火控装置、敌我识别器和自动驾驶仪等。武器装备有：1门20毫米6管机炮，备弹940发；4枚"响尾蛇"和4枚"麻雀"空空导弹或8枚先进中程空空导弹或对地攻击用的各种炸弹、火箭弹等，最大载弹量7620千克。

美国F—16"战隼"战斗机

美国F—16"战隼"战斗机，是美国通用动力公司从1972年开始研制的单发动机轻型战斗机，1978年8月开始交付使用，相继有F—16A、B、C、N、R等型号投入生产，生产总数已达3000多架，为美国空军20世纪80～90年代的主力轻型战斗机，主要用于空战，也可用于近距空中支援。

F—16机长15.09米，机高5.64米，翼展9.45米，翼面积27.87平方米，最大起飞重量16060千克，空重7070千克，装1台加力推力为131.6千牛涡轮风扇发动机，最大平飞速度2马赫，实用升限15240米，最大爬升率305米/秒，

↑美国F—16A"战隼"战斗机

作战半径925千米，转场航程4215千米。机载主要设备有脉冲多普勒距离和角速度跟踪雷达、仪表着陆系统、惯性导航系统、雷达光电显示器、敌我识别器、飞行控制计算机和中央大气数据计算机等。机载武器有：1门20毫米6管航炮，在翼尖、机翼和机身下的9个挂架可携带"响尾蛇"空空导弹、空地导弹、制导炸弹、常规炸弹和火箭弹等，最大载弹量6894千克。

美国F/A—18"大黄蜂"战斗/攻击机

F/A—18"大黄蜂"战斗/攻击机是美国麦道公司和诺斯罗普公司从1975年开始研制的双发动机舰载战斗/攻击机，于1983年1月开始正式交付部队使用。已生产1600多架。机身呈流线型，中下部两侧有进气道，机翼外翼段可上折，双垂尾，机长17.07米，机高4.66米，翼展11.43米，最大起飞重量25401千克，空重10455千克，装两台加力推力各为78.3千牛的涡轮风扇发动机；最大平飞速度1.8马赫，实用升限15240米，爬升率254米/秒，作战半径740千米（空战）或1070千米（攻击），转场航程3700千米（空中不加油）。机载主要设备有：全天候着舰系统、惯性导航系统、两台数字式计算机、多模态数字式目标跟踪雷达和多用途座舱显示器等，并带空中加油装置。机上装备的武器包括：1门20毫米6管机炮，两翼尖挂两枚"响尾蛇"空空导弹；两外翼下挂两枚"麻雀"或"响尾蛇"空空导弹或各种空地武器；两内翼下挂两个副油箱或空地武器；机身下短舱处挂两枚"麻

↑ F／A—18"大黄蜂"战斗／攻击机

雀"空空导弹或激光与前视红外跟踪吊舱（攻击型）；机身下挂副油箱或武器；最大外挂弹量7710千克。

美国 F — 20"虎鲨"战斗机

F — 20"虎鲨"战斗机是美国诺斯罗普公司从1975年开始在 F — 5E 基础上研制的一种单座轻型多用途战斗机，1982年8月首次试飞，是美国专用于出口的战斗机。

F — 20 装1台加力推力为76.6千牛的涡轮风扇发动机，机长14.17米，机高4.22米，翼展

↑ 美国 F — 20A"虎鲨"战斗机

8.13米，机翼面积18.60平方米；最大起飞重量12700千克，空重5090千克，最大平飞速度2马赫，实用升限17315米，最大爬升率273米／秒，作战半径560～710千米，转场航程3000千米。机上载有全综合数字式导航和攻击系统、激光陀螺惯性平台、固态数字式电子计算机，两门20毫米机炮。翼尖、机翼和机身下的7个挂点，最大外挂载荷3770千克。

美国 F — 22"猛禽"战斗机

F — 22 战斗机是由美国洛克希德公司于1986年开始研制的最新一代超级战斗机。1990年9月29日原型机首飞，1998年国会批准生产339架。

F — 22 采用锯齿状外形和结构设计，使雷达波集中到几个窄波束内，其他方向均较少反射雷达波。从外形上可以看出，其机翼前缘、进气口上部前缘、垂尾前缘、水平安定面前缘和尾喷口调节板前缘都相互平行，从而保证雷达主波束方向的一致。此外，该机采用40%的非金属热固性和热塑性复合材料，大大减小了雷达发现的可能性。F — 22 采用气泡式座舱，飞行员视界良好，座舱盖上涂有金属膜材料。该机采用了内置式武器舱。其主弹舱位于机身腹部，内设旋转式武器挂架，可根据作战需要挂载先进的中距空空导弹、近距格斗导弹或空地导弹等。F — 22 比常规喷气式战机的生存率高18倍。飞机的伪装涂层使任何一种雷达都难以发现。它的机动性使它可以避开最灵活的对手。在不开加力的情况下也能保持1.5马赫的飞行速度。开动加力，它可使自己同防空导弹拉开距离。机内装有1部每秒能进行100亿次运算的计算机，所有的操作都可由电脑完成，使飞行员能把主要精力放在作战上。它集中了3种特点：轰炸机、对付雷达和飞行电子平台。

美国 F — 94"星火"战斗机

F — 94"星火"战斗机是美国洛克希德飞机公司研制的一种双座喷气式夜间战斗机，于1949年12月交付使用。先后有 A、B、C 等型号投产，共制造854架。

"星火"飞机尖圆机头，内有雷达，进气口在机身两侧，带翼尖油箱，机长13.6米，机高4.6米，翼展12.9米，总重10000千克，空重5450千克，装1台加力推力为39.7千牛的喷气发动机，最大速度1050千米／时，实用升限15670米，

爬升率为5310米／分，最大航程3060千米。机头下有4挺12.7毫米机枪，机头可装24枚70毫米"巨鼠"火箭弹，翼尖可装24枚70毫米火箭弹。

美国F－100"超佩刀"战斗机

F－100"超佩刀"战斗机，是美国北美航空公司从1949年2月开始研制的世界上第一种超声速喷气战斗机，1954年9月交付使用。

F－100进气口在头部，机翼为45°后掠，机长15.4米，机高4.94米，翼展11.82米，最大起飞重量15800千克，空重9535千克，装1台加力推力为76.9千牛的涡轮喷气发动机，最大速度1400千米／时（即1.3马赫），实用升限12250米，最大爬升率4270米／分，作战半径500～700千米，最大航程2100千米。机载武器有：位于机头的4门20毫米机炮，各备炮弹200发；机身上有6个外挂架，后期的F－100加装了"响尾蛇"空空导弹。执行对地攻击任务时，还可加挂空地导弹。又可翼挂2～4枚"响尾蛇"空空导弹或2枚"小斗犬"空地导弹或24枚127毫米火箭弹或47枚"巨鼠"火箭弹或2700～3400千克各种炸弹或原子弹与核弹。

↑美国战斗机编队飞行

美国F－104"战斗之星"战斗机

F－104"战斗之星"战斗机是美国洛克希德公司于1958年交付使用的。该机先后有A、B、C、D、G、J、S等型号投产，总共制造了2536架。

F－104机长16.65米，机高4.11米，翼展6.68米，最大起飞重量13035千克，空重6387千克，装1台加力推力为71.7千牛的加力式涡轮喷气发动机，最大速度2.2马赫，实用升限17680米，爬升率5250米／分，作战半径370～1100千米。F－104配备有1门20毫米6管机炮；可加带"麻雀"和"响尾蛇"空空导弹各两枚或加带两枚"小斗犬"空地导弹、火箭弹和普通炸弹或挂1颗900千克的核弹。

↑美国F－104A"战斗之星"战斗机

美国F－105"雷公"战斗机

F－105"雷公"战斗机是美国共和飞机公司从1951年开始研制的，1958年5月交付使用；有B、D、F、G等型号投产，共生产833架。

"雷公"飞机为圆锥形头部，两侧翼根进气，机头有空中加油设备，机长19.6米，机高6米，翼展10.65米，最大起飞重量23940千克，空重12474千克，装1台加力推力为120.3千牛的双转子轴流式涡轮喷气发动机，最大平飞速度2.0马赫，实用升限15000米，最大爬升率10500米／分，作战半径386～1460千米，最大航程3700千米。

武器有：1门20毫米6管机炮，1颗1000千克或4颗110千克的导弹或核弹，机翼和机身下挂架可携带核弹、常规炸弹、4枚"小斗犬"空地导弹或4枚"响尾蛇"空空导弹等，最大载弹量5900千克。

↑美国F－105D战斗机在空中飞行。

美国F－106"三角标枪"战斗机

F－106"三角标枪"战斗机，是美国通用动力公司康维尔分公司从1955年开始研制的一种全天候超声速战斗机，1959年7月交付使用。共制造约320架。该机采用三角形机翼，两侧翼根处为进气道，无水平尾翼，机长21.56米，机

←美国 F－106A"三角标枪"战斗机在飞行。

↓美国 F－111F 强击机

↑美国 F－111 战斗轰炸机

高 6.18 米，翼展 11.67 米，最大起飞重量 17350千克，空重 10730 千克，装 1 台加力推力为 111千牛的涡轮喷气发动机，最大平飞速度 2.3 马赫，实用升限 17400 米，爬升率 6100 米／分，作战半径 740～920 千米，最大航程 3700 千米。机上载有自动化程度高的火控系统设备，使 F－106 飞机具有自动攻击多个空中目标的能力。装备武器有：4 枚半主动雷达寻的或红外寻的"超级猎鹰"空空导弹、1 枚"妖怪"或 1 枚"超级妖怪"空空核装药导弹，半埋式武器舱内装 1 门20 毫米 6 管机炮。

↑美国 F－106A 全天候战斗机

美国 F－111 战斗机

　　F－111 战斗机是美国通用动力公司从 1962年开始研制的世界上第一种实用型变后掠多用途战斗机，于 1967 年 10 月开始交付使用；先后有 A、B、C、D、E、F 等型号投入生产，共制造562 架。

　　F－111 为并列式双座驾驶舱，进气道位于两侧翼根下方，机翼采用悬臂式变后掠上单翼，后掠角 16°～72.5°，全后掠时与平尾形成三角翼。机长 22.4 米，机高 5.22 米，翼展 19.2米（后掠角 16°）、9.74 米（后掠角 72.5°），最大起飞重量 45360 千克，空重 21700 千克。装两台加力推力各为 95 千牛的涡轮风扇发动机，最大

平飞速度 2.2 马赫，实用升限 15500 米，爬升率8000 米／分，作战半径 500～2100 千米，最大航程 10000 千米。机载光学瞄准具、敌我识别器、惯性导航仪、塔康导航系统、盲目着陆系统、超高频通讯系统、红外搜索警戒系统、雷达寻的警戒系统、防撞雷达、火控雷达和多普勒雷达。

　　配备的武器为 1 门备弹 2000 发的 20 毫米6 管机炮，机身弹舱内挂 1 颗 1360 千克炸弹或核弹，翼下 8 个挂架可选带 6 枚"猎鹰"、"不死鸟"空空导弹，"百舌鸟"、"标准"反辐射导弹，"白星眼"电视制导炸弹，或多枚各种炸弹、核弹和火箭弹，最大载弹量 13610 千克。

苏联及俄罗斯战斗机

苏联伊－16 战斗机

　　伊－16 战斗机由苏联的波利卡尔波夫于1933 年设计，并于该年 12 月首次试飞，1935 年春交付使用。到 1940 年，共生产 7005 架，全部装备苏联空军歼击航空兵。

　　伊－16 采用木头、钢管、蒙皮布和少量硬铝做结构材料，单座驾驶舱位于中部，起落架为可收放的后三点式。装 1 台功率为 525.52 千瓦的气冷式活塞发动机，后经改装，功率提高到 735

千瓦。该机全长 5.9 米，机高 2.36 米，翼展 9 米。全机最大起飞重量 1420 千克，最大平飞速度 454 千米／时，实用升限 9000 米，航程 810 千米。机上配备两挺 7.62 毫米协调式机枪和两门 20 毫米机炮或火箭弹；对地强击型携带 200 千克炸弹。

↓苏联伊—16 战斗机

↓苏联米格—3 战斗机

苏联米格－3 战斗机

米格—3 战斗机是苏联米高扬—格列维奇飞机设计局于 1940 年初开始研制，并由米格—1 改进而成，同年投入批量生产，共制造 3322 架。

米格—3 以木材和金属为主要结构材料，尖头，单座舱位于中后部，机翼装有自动前缘缝翼，起落架为可收放后三点式。装 1 台功率为 992.23 千瓦活塞发动机，全机长 8.25 米，翼展 10.2 米，起飞重量 3350 千克，空重 2595 千克，飞机最大平飞速度 640 千米／时，实用升限 12000 米，航程 1250 千米。装备两挺 7.62 毫米机枪和 1 挺 12.7 毫米机枪。

苏联米格－17 战斗机

米格—17 战斗机，是苏联米高扬—格列维奇飞机设计局从 1948 年开始在米格—15 基础上研制的高亚声速战斗机，1949 年 12 月首次试飞，1952 年交付使用。共生产 9000 架左右。米格—17 战斗机为全金属结构，机头进气，机尾喷气，机翼后掠角 45°，下反角 3°，垂尾较大，平尾高居垂尾中部，采用液压收放前三点式起落架。装 1 台加力推力为 33.8 千牛的涡轮喷气发动机，全机长 11.3 米，机高 3.8 米，翼展 9.6 米，最大起飞重量 6069 千克，空重 3940 千克，最大平飞速度 1145 千米／时，实用升限 16600 米，爬升率 4548 米／分，转场航程 2020 千米。装备有 1 门 37 毫米、两门 23 毫米机炮，翼下可挂带两颗 250 千克炸弹或两枚 240 毫米火箭弹或 16 枚 57 毫米火箭弹。

苏联米格－19 战斗机

米格—19 战斗机，是苏联米高扬—格列维奇飞机设计局 1951 年开始研制、1953 年 9 月试飞，1955 年初交付使用。共生产 10000 多架。

米格—19 战斗机的机身前圆后扁，机头进气，机翼后掠角 55°，前三点式起落架。装 2 台加力推力各为 32.5 千牛的涡轮喷气发动机，全机长 14.64 米，机高 3.89 米，翼展 9 米，最大起飞重量 8830 千克，空重 5450 千克，最大平飞速度 1.36 马赫，实用升限 17900 米，最大爬升率 185 米／秒，最大航程 2160 千米。米格—19 战斗机的机载设备有通信电台、高度表、信标机、无线电罗盘、瞄准具、测距器、敌我识别器和雷达等。它的武器装备有：左右翼根各装 1 门 30 毫米机炮，共备弹 140 发；翼下可以挂载 4 枚空空

↑苏联米格—19 超声速战斗机

导弹或者 4 组 8 枚 57 毫米火箭弹，也可以挂载 2 枚 250 千克炸弹。

苏联米格－21 战斗机

米格－21 战斗机，是苏联米高扬—格列维奇飞机设计局从 1953 年开始研制的超声速战斗机，1955 年首次试飞，1958 年交付使用。共生产 5000 多架。

米格－21 为苏联第一种三角翼战斗机，机身细长，圆截面机头进气道带激波调节锥，机翼前缘后掠角 57°，起落架为前三点式，装 1 台加力推力为 66 千牛涡轮喷气发动机。

米格－21 战斗机全机长 15.76 米，机高 4.1 米，翼展 7.15 米，最大起飞重量 9600 千克，空重 5900 千克，最大平飞速度 2.1 马赫，实用升限 18700 米，最大爬升率 160 米／秒，作战半径 270 千米，航程 1120 千米。该机的机载设备有搜索雷达、超短波电台、无线电罗盘、无线电高度表、信标接收机、敌我识别系统和护尾器等，能全天候作战。机身下装 1 门 23 毫米双管机炮，机翼下挂 4 枚空空导弹或火箭弹、炸弹等，载弹量 1000 千克。

↓ 苏联米格－21F 全天候战斗机

苏联米格－23 战斗机

米格－23 战斗机，是苏联米高扬—格列维奇飞机设计局从 1963 年开始研制的。它是一种变后掠翼重型战斗机，1967 年 5 月试飞，1970 年开始交付使用，总生产量在 3000 架以上。

米格－23 战斗机为圆锥形机头，内装雷达，机身两侧有矩形进气道，机翼由固定翼和活动翼两部分组成，采用前三点式起落架，装 1 台加力推力为 125 千牛双转子涡轮喷气发动机。米格－23 机长为 16.71 米，机高 4.82 米，翼展 14 米，最大起飞重量 18400 千克，最大平飞速度 2.35 马赫，实用升限 18600 米，最大爬升率 235 米／秒，作战半径 930 千米，转场航程 2360 千米，最大过载 8g。米格－23 的机载设备有搜索距离达 85 千米的高空云雀火控雷达以及多普勒导航仪、红外传感器或激光测距仪、仪表着陆系

↑ 苏联米格－23 重型战斗机

统、雷达警告系统和电子对抗装置等，能全天候作战。武器装备包括：1 门 23 毫米双管机炮；机身下 3 个和固定翼下两个挂架，可选带"尖顶"或"蚜虫"空空导弹或空地导弹、火箭弹、炸弹等，最大载弹量 2000 千克。

苏联米格－25 战斗机

米格－25 战斗机，是苏联米高扬—格列维奇飞机设计局从 20 世纪 50 年代末开始研制的一种双发高空高速战斗机，1964 年试飞，1969 年交付使用。共制造 1186 架。

米格－25 战斗机是世界上率先闯过"热障"的两种实用飞机之一，最大飞行速度为 3 马赫，最大升限高达 30000 米。

米格－25 为圆锥形机头，两侧有方形进气道，机翼为梯形后掠上单翼，大面积双垂尾，装两台加力推力各为 123 千牛的涡轮喷气发动机，机长 23.82 米，机高 5.65 米，翼展 13.95 米，最大起飞重量 36750 千克，空重 20000 千克。实用升限 22500 米，海平面爬升率 210 米／秒，作战半径 460～830 千米，最大航程 2500 千米。机载设备有搜索距离 90 千米的火控雷达、半自动指挥引导系统、近距导航系统、雷达警戒系统、敌我识别器、雷达应答器、信标接收机、无线电罗盘等，武器装备为翼下 4 枚"毒辣"远距空空导弹或"尖顶"中距和"蚜虫"近距空空导弹。

↑ 米格战斗机编队，从近到远分别为米格－21、米格－23、米格－25、米格－27 和米格－29。

↑苏联米格—29制空战斗机

↑苏联米格—29高机动性截击机

苏联米格－29制空战斗机

米格—29制空战斗机，是苏联米高扬—格列维奇飞机设计局研制的一种高机动性制空战斗机，1977年试飞，1983年装备部队。

米格—29采用翼身融合体形式，翼根前缘带有很大的弧形边条，大面积双垂尾，装两台加力推力各为86千牛涡轮风扇发动机；机长17.32米，机高4.73米，翼展11.36米，最大起飞重量18500千克，空重10000千克，最大平飞速度2.3马赫，实用升限18000米，海平面最大爬升率330米/秒，作战半径555～574千米，最大航程2100千米。主要电子设备有：最大探测距离可达100千米的脉冲多普勒火控雷达，红外传感器，雷达警戒系统，激光测距器和头盔瞄准具等。

武器装备有1门30毫米机炮，机翼下6个挂架可携带两枚雷达制导中距空空导弹和4枚红外制导的近距空空导弹或各种炸弹、火箭弹等，最大载弹量3600千克。

苏联雅克－1战斗机

雅克—1战斗机是苏联雅科夫列夫飞机设计局于1940年初设计的，同年投产，共制造8721

↑苏联雅克—1战斗机，重量轻，驾驶容易。

架。雅克—1战斗机为雅克系列战斗机的第一种，以重量轻、驾驶容易为主要优势，装备苏联歼击航空兵。在苏联卫国战争中大量参与对德国飞机的作战。雅克—1战斗机的机身由钢管焊接骨架、外绷蒙布而成，单人座舱位于中部，机翼为全木制结构，起落架是可收放的后三点式。该机装有1台功率为771.75千瓦的液冷式活塞发动机。雅克—1战斗机全机长8.45米，翼展9.85米，全机起飞重量2895千克，最大平飞速度580千米/时，航程850千米。武器装备是1门20毫米机炮和两挺7.62毫米机枪，炮管通过螺旋桨中央伸出，使其不用同步装置就可射击。

苏联雅克－9战斗机

雅克—9战斗机是苏联雅科夫列夫飞机设计局研制的，1942年首飞，先后有雅克—9、9T、9Д、9ДД、9Р、9Ъ等型号问世，共生产16769架。雅克—9主要用于空战，也可实施对地攻击，Р型还能进行侦察。

雅克—9战斗机的外形和结构的主要特征是：机身为椭圆截面的流线型细长体；单人座舱位于中部；机翼有6°的上反角；起落架为全收放后三点式。初装1台功率为911.4千瓦的活塞发动机，后改装1台功率高达1212.75千瓦的活塞发动机。

该机机长为85米，翼展9.74米，机高3米，最大起飞重量3080千克，最大平飞速度668千米/时，实用升限11000米，航程1000千米、2200千米（ДД型）。装备1门37毫米或45毫米机炮，两挺12.7毫米机枪，Ъ型机可挂400千克炸弹。

↓苏联雅克-9D战斗机

苏联雅克－141垂直／短距起落战斗机

雅克—141垂直／短距起落战斗机是由苏联雅科夫列夫飞机设计局研制，1989年3月首次试飞，1991年在第39届巴黎国际航展上首次向公众展示。雅克—141战斗机是世界上第一种超声速垂直／短距起落战斗机，主要用于海上防空，曾打算在航空母舰上使用，以取代1967年开始在苏联海军航空兵服役的雅克—38战斗机，但至今仍未投产。

↑苏联雅克—141垂直／短距起落战斗机

↑苏联雅克-38战斗机

装 1 台功率为 1359.75 千瓦的气冷式活塞发动机，翼展 9.8 米，起飞重量 3265 千克，最大平飞速度 648 千米／时，实用升限 9450 米，航程 765 千米。装备两门 20 毫米协调式机炮，位于机头上部，射击时炮弹要从旋转着的三桨叶之间穿过；可载数枚火箭弹或 150 千克炸弹。

↑苏联拉—5FN战斗机，机动性强，操纵性好。

雅克—141 战斗机采用上单翼双垂尾布局，机身较长，26% 使用复合材料，装有 1 台水平加力推力为 152 千牛的喷气式升力巡航发动机，另有两台推力为 23 千牛的喷气式升力发动机装于驾驶员座舱的后面，最大起飞重量为 19.5 吨，最大平飞速度为 1800 千米／时，实用升限 1500 米，垂直起飞时航程为 1400 千米，短距起飞时（带副油箱）航程为 2100 千米。该机装有 1 门 30 毫米机炮，翼下 4 个挂架可挂导弹和火箭等多种武器，最大载弹量为 2600 千克。

苏联拉－3 战斗机

拉—3 战斗机是苏联拉沃奇金飞机设计集团于 1939 年设计的，1940 年投产，共制造 6528 架，装备苏联空军歼击航空兵，在苏联卫国战争中与德国飞机进行过大规模激烈空战。拉—3 歼击机是使用胶压层板的全木制飞机，机身较细长，单人座舱居中，机翼为悬臂式下单翼稍上反，后三点式起落架可收放。装 1 台功率为 771.75 千瓦的液冷式活塞发动机，全机起飞重量达 3000 多千克，最大平飞速度为 570 千米／时。机载武器装备是 1 门 20 毫米航炮和 1 挺 12.7 毫米机枪。

苏联拉－5 战斗机

拉—5 战斗机是苏联拉沃奇金飞机设计集团在拉—3 基础上研制的，1942 年投产，有拉—5 和拉—5ФН 型号问世，总共生产 10000 架。拉—5 以速度高、爬升快、机动性和操纵性好等优势著称于世，在苏联卫国战争中与德国战斗机交战，争夺制空权。拉—5 单人座舱位于中部，机翼上反角约 6°，采用可收放后三点式起落架。

苏联拉－7 战斗机

拉—7 战斗机是苏联拉沃奇金飞机设计局于 1943 年设计的，1944 年正式参战，曾被称为"卫国战争中苏联最佳战斗机"。拉—7 翼展 9.84 米，机长 8.63 米，机翼面积 17.5 平方米，机动装置与拉—5 相同，最大飞行速度 680 千米／时，起飞重量 3393 千克，机头装 3 门 20 毫米协调机炮。至 1945 年 1 月，苏联空军的拉—7、雅克—3 等第一流歼击机已达 14500 架，成为苏军主力战斗机。拉—7 累计生产数量为 5753 架。

苏联苏－11 战斗机

苏—11 战斗机，是苏联苏霍伊设计局研制的一种三角翼全天候高空截击战斗机，1958 年首次试飞，1962 年开始装备部队。该机属于高、中空中程截击机，装 1 台加力推力为 100 千牛的涡轮喷气发动机，机长 18.23 米，机高 4.9 米，翼展 8.43 米，最大起飞重量 14000 千克，空重 9070 千克，最大飞行速度 1.8 马赫，实用升限 17000 米，最大爬升率 180 米／秒，作战半径 580 千米，最大航程 1650 千米。武器为两枚挂于翼下的阿纳布空空导弹，无机炮。

俄罗斯苏－32FN 战斗机

1996 年初，俄罗斯苏霍伊设计局开始试飞一种双座侦察／攻击机——苏—32FN 战斗机，这是俄罗斯正在研制的第四代战斗机。

苏—32FN 的机身长度为 23.3 米，机高 6.5 米，翼展 14.7 米，机翼面积 62 平方米。最大起飞重量为 44360 千克，标准起飞重量为 42000 千克。地平面最大速度为 1400 千米／时，最高马赫数是 1.8。苏—32FN 的航程在没有外挂油箱的情况下为 4000 千米。如果采取空中加油，飞机的航程可以超过 7000 千米。

苏—32FN 总共有 12 处能携带武器，武器的种类大大增加，其中包括寻的和制导空空导弹和空地导弹等武器。武器的总重量为 8000 千克。携带的空空导弹可以根据需要由两枚增加到 4 枚。这种飞机可以在外挂点携带两枚重 4000 千克的反舰导弹，或者 3 枚重 1500 千克的反舰导弹。

↑俄罗斯苏—32FN 战斗机，是正在研制的第四代战斗机。

俄罗斯苏－35 多用途战斗机

苏—35 多用途战斗机是由俄罗斯苏霍伊设计局研制的。

苏—35 是在苏—27 基础上的新改型，增加一对活动的鸭式前翼并更新电子设备。

苏—35 全机长 21.5 米，翼展 14.5 米，最大起飞重量 34000 千克，最大平飞速度 2500 千米／时，实用升限 17500 米，航程 4000 千米，一次空中加油可达 6500 千米。机载可探测距离为 400 千米的抗干扰雷达，能同时跟踪 15 个目标，并能同时攻击 6 个目标，是有与火控雷达相交联的多功能光电系统，可进行先敌发现和先敌攻击，空中攻击距离 350 千米，能在距地面 120 千米的距离上攻击目标。有 12 个武器挂点，能挂 14 枚空空和空地制导武器，包括主动、半主动雷达制导导弹，红外制导、电视制导和遥控指令制导导弹。各种航弹、集束炸弹、火箭弹等武器载荷可达 8 吨。机上还装有 1 门 30 毫米机炮。

俄罗斯苏－37 战斗机

苏—37 战斗机是由苏霍伊设计局在苏—35 的基础上发展而来的单座双发多用途全天候战斗机，能执行空对空、空对地、空对舰作战任务，被称为"21 世纪上半叶的作战飞机"。1996 年 4

月 2 日，1 架前部有小翼、尾翼上写着"711"号码的苏—37 原型机试飞成功。

苏—37 与苏—35 比，主要改进是：（1）换装加力式推力矢量涡扇发动机，推力提高 12%，据称苏—37 的空战机动能力将比无推力矢量的战斗机提高 8～10 倍；（2）装备多功能相控阵雷达，功能更强。该型机机长 22.20 米，翼展 14.70 米，机高 6.43 米。主要性能指标：最大速度 2500 千米／时，巡航速度 1100 千米／时，最大爬升率 350 米／秒，实用升限 18800 米。空重 12000 千克，正常起飞重量 26700 千克，最大起飞重量 34000 千克，载油量 5000 千克，载弹量 8500 千克。转场航程 3300 千克，作战半径 1000 千米。苏—37 有 12 个挂架，可挂空空、空地（舰）武器，另有 1 门 30 毫米机炮。机上装有新型多功能相控阵雷达，并装有地形回避和地形跟踪自动装置。

↓俄罗斯苏—37 超机动性多功能战斗机，被誉为"21 世纪上半叶的作战飞机"。

英国战斗机

英国 F.E.2 战斗机

F.E.2 飞机是英国研制的一种早期战斗侦察机。一般说来，早期的飞机通常都是采用螺旋桨的拉力作为动力方式的，但是 F.E.2 战斗侦察机不同，它是依靠螺旋桨的推力作为动力方式的。之所以这样设计，主要是为了解决在飞机的头部安装机枪的问题。F.E.2b 战斗侦察机是一种双翼机，机身简化为数根木制支撑架，三点式起落架集中

↓第一次世界大战中英国的 F.E.2 战斗侦察机。

于飞机的前部。

在第一次世界大战开始后不久，F.E.2 战斗侦察机就投入了战场。最早生产的 2a 型性能不佳，因此到 1915 年末就制造出了它的改进型 2b。2b 共生产了 1939 架，随后又生产了 250 架夜间型 2d。

英国"喷火"战斗机

"喷火"战斗机是英国维克斯－阿姆斯特朗公司休波马林分公司研制的，1936 年 3 月试飞，1938 年装备部队。该机先后有 30 多种改型投入生产，共制造 21767 架。

"喷火"机身较细长，驾驶舱位于中部，悬臂式下单翼略上反，机翼平面呈半椭圆形，后三点式起落架，主轮可收放，尾轮不可收。装 1 台功率为 757.05 千瓦液冷式活塞发动机，后期改装 1 台功率为 870.98 千瓦的活塞式发动机。全机长 9.1 米，翼展 11.23 米，机高 3.48 米，最大起飞重量 4310 千克，最大速度 585 千米／时，改进后达 657 千米／时，实用升限 13100 米，航程 805 千米。机载武器为 8 挺 7.69 毫米机枪，后期用 4 门 20 毫米机炮；对地攻击时装炸弹、火箭弹等。

↓英国"喷火"Mk Ⅰ 战斗机

英国"飓风"战斗机

"飓风"战斗机是英国霍克公司研制的，1935 年 11 月试飞，1937 年底装备部队。该机相继有近 20 个改型投入生产，到 1944 年停产时，共生产 14233 架。

它是英国第一种装密闭驾驶舱和可收放起落架的战斗机，装 1 台功率为 940.8 千瓦的三叶螺旋桨活塞发动机。飞机全长 9.84 米，机高 3.99 米，翼展 12.19 米，最大起飞重量 3422 千克，正常起飞重量 2924 千克；最大平飞速度 547 千米／时，最大航程 813 千米。武器装备有 12 挺 7.69 毫米口径的机枪或 4 门 20 毫米口径的机炮，后期装炸弹、火箭弹和攻击坦克的 40 毫米机炮。

英国"猎人"战斗机

"猎人"战斗机，是英国霍克·西德利公司从 1948 年开始研制的一种高亚声速喷气战斗机，1951 年 7 月 20 日原型机首飞，1953 年交付使用。共制造 1970 余架，为英国空军 50 年代中后期的主力战斗机。

"猎人"战斗机为全金属结构，机身较细长，两侧翼根有三角形口进气，机翼为后掠中单翼，起落架为液压收放前三点式，装 1 台推力为 46.04 千牛的涡轮喷气发动机。飞机全长 13.98 米，机高 4.26 米，翼展 10.26 米，最大起飞重量

↑英国"猎人"战斗机

↑英国"猎人"T教练机

10885千克, 空重6020千克, 最大平飞速度0.92马赫, 实用升限15250米, 爬升率5330米/分, 作战半径350～570千米, 最大航程2965千米。"猎人"战斗机的机载设备有测距雷达、陀螺机炮瞄准具、特高频通信电台和敌我识别装置等。武器装备有4门30毫米口径机炮, 翼下4个挂架可携454千克炸弹、227千克炸弹、76.2毫米火箭弹、50.8毫米火箭弹发射巢, 最大挂弹量1816千克。

英国"无畏"夜间战斗机

"无畏"战斗机是英国于第二次世界大战前研制的。该机于1937年8月首飞。1939年, "无畏"Mk Ⅰ型开始进入皇家空军服役。共生产了1065架。

"无畏"Mk Ⅱ型战斗机乘员两人, 装1台水冷式发动机。飞机全长10.77米, 翼展11.99米, 机翼面积23.23平方米。飞机空重为2850千克, 起飞重量为3773千克, 最大飞行速度为507千米/时, 实用升限9251米, 最大航程748千米。

"无畏"Mk Ⅱ型机装备4挺7.7毫米口径的机枪。

英国"流星"战斗机

"流星"战斗机是英国格罗斯特公司研制的一种单座亚声速喷气式战斗机, 1943年3月试飞, 1944年7月装备部队。该机是英国第一种实用的喷气式飞机, 先后有多种型号问世, 总共生产3900架, 1961年退役。"流星"战斗机是全金属

飞机, 机身呈流线型, 驾驶舱位于前部, 发动机位于两翼, 采用可收放的前三点式起落架。起初装两台推力各为771千瓦的涡轮喷气发动机, 后来改装两台推力各为15.87千牛的涡轮喷气发动机。"流星"战斗机全机长12.5米, 机高3.9米, 翼展13.1米, 起飞重7121千克, 最大平飞速度962千米/时, 实用升限12106米, 航程1580千米, 机载武器为4门20毫米机炮。

↑英国"蚊蚋"轻型战斗机

英国"蚊蚋"战斗机

"蚊蚋"战斗机是英国霍克·西德利公司1951年开始研制的跨声速轻型喷气战斗机, 1955年7月试飞, 1956年交付使用。共生产60架。"蚊蚋"战斗机为全金属结构, 机身短粗, 两侧进气, 机翼为后掠上单翼, 可收放前三点式起落架。装1台推力为20.5千牛的涡轮喷气发动机, 飞机全长9.06米, 机高2.69米, 翼展6.75米, 最大起飞重量4020千克, 空重2200千克, 最大平飞速度0.98马赫, 实用升限15000米, 作战半径500千米。机载设备有导航辅助装置、雷达测距装置和陀螺机炮瞄准具等。有两门30毫米机炮, 两枚227千克炸弹或两具装12枚76毫米火箭发射器, 载弹量900千克。

英国"鹞"式垂直起降战斗机

1966年, 英国霍克·西德利飞机公司研制成功"鹞"式垂直起降飞机, 随后装备部队。

↓英国"流星"Mk Ⅲ战斗机

↑ "鹞"式垂直起降战斗机从航母甲板上垂直起飞。

↑ 装备于沙特阿拉伯的英国"闪电"战斗机。

"鹞"式飞机的发动机设有4个喷口，都在机身两侧，而且可以转动。当喷口向下时，产生的推力可使飞机垂直上升；当喷口向后时，产生的推力可使飞机前进。飞行员调整喷口的方向和角度，便可改变飞机的飞行姿态。这种飞机在一块35米×35米大小的空地便可起降，对作战条件要求较低，适应性特别强。"鹞"式飞机有一个致命弱点就是时速只有1186千米，属高亚声速飞机，无法在空中进行高速格斗作战，而一般作战飞机都达1马赫以上。由于垂直起降飞机受自身重量限制，挂载燃油和武器较少，作战半径100千米左右。为了增大航程和加大挂量，一般采用短距滑跑起飞、垂直降落方式，加挂副油箱，作战半径可增加到300～400千米。

英国"闪电"战斗机

"闪电"战斗机是英国的第一种喷气式战斗机，英国电器公司1950年研制，1954年4月试飞，1960年7月交付使用。共生产340余架。该机机头进气，切角后掠式中单机翼，液压收放前三点式起落架。装两台加力推力各为74千牛的涡轮喷气发动机。飞机全长16.81米，机高5.97米，翼展10.61米，最大起飞重量22680千克，最大平飞速度2.2马赫，实用升限18300米，最大爬升率254米/秒，作战半径370～830千米，航程2040千米。机上载有火控雷达、自动驾驶仪、塔康导航系统、敌我识别装置和仪表着陆系统等。装备有两门30毫米机炮。腹舱前方武器舱可带两枚"火光"或"红头"空空导弹。

外翼下挂架可带两颗454千克炸弹或两具"玛特拉"155火箭弹发射巢。内翼挂架可带1具"玛特拉"155火箭弹发射巢或两具"玛特拉"100火箭弹发射巢。

英国"海鹞"战斗机

"海鹞"战斗机，是英国霍克·西德利公司从1975年5月开始研制的一种舰载垂直/短距起落多用途战斗机，是"鹞"式飞机的派生型。"海鹞"于1978年8月试飞，1979年6月交付使用。

"海鹞"战斗机的机头可折转180°，装1台推力为97.5千牛的推力转向式涡轮喷气发动机，两对旋转喷管置于两侧，当喷管向前下方转动98.5°时，可提供垂直起落飞行所需的升力。机翼翼尖可拆换并装有反作用操纵喷嘴，后掠角34°，下反角12°，起落架采用液压收放式。全机长14.5米，机高3.17米，翼展7.7米，最大起飞重量11880千克，空重5780千克，最大平飞速度1.25马赫。主要机载设备有火控雷达导航系统、平视显示器与武器瞄准系统、塔康导航系统、自动测向器、被动式电子监视和警告器等。机身和机翼下7个武器挂架可携带30毫米"阿登"机炮舱、454千米炸弹、19枚装68毫米火箭发射巢、"响尾蛇"空空导弹、"海鹰"或"鱼叉"空地导弹。"海鹞"在执行空中作战巡逻任务时，可携带4枚空空导弹，作战半径185千米；执行反舰任务时，携两枚"海鹰"空舰导弹，作战半径370千米；执行侦察任务时，一次出动覆盖面积为96000平方千米。

↓ 英国"闪电"F.1战斗机

↓ 英国"海鹞"舰载多用途战斗机

↑英国"狂风"F.2 战斗机

英国"狂风"ADV 战斗机

"狂风"ADV 战斗机是英国研制的双座双发动机变后掠翼战斗机,1979 年 10 月试飞,1984 年交付使用。

机身头部为圆锥形雷达罩,串列双座驾驶舱,中部两侧有矩形口进气道,可空中加油;机翼由固定段和活动段组成,后掠角 25°~68°。装两台加力推力各为 72.6 千牛的涡轮风扇发动机,尾喷管带反推力装置。飞机全长为 18.06 米,机高 5.73 米,最大起飞重量为 27270 千克,空重14090 千克,最大平飞速度 2.2 马赫,实用升限15240 米,转场航程 3700 千米,机载搜索距离185 千米的火控雷达及目视增益系统、电子式俯视显示器和雷达警告器等。

武器装备有:1 门 27 毫米机炮,机身下可挂带 4 枚中距空空导弹,机翼下可挂带 2 枚"响尾蛇"近距空空导弹。

法国战斗机

法国"幻影"Ⅲ 战斗机

"幻影"Ⅲ战斗机是法国的第一种实用三角翼超声速轻型战斗机,由达索－布雷盖公司 1952年开始研制,1956 年 11 月试飞,1960 年交付使用,相继有 20 余个改型问世,各改型总共生产1000 多架。

"幻影"Ⅲ战斗机机身细长有蜂腰,圆锥形机头,两侧进气,三角翼,前缘后掠角 60°,无水平尾翼,只有单个大后掠垂尾,故又称"无尾飞机",液压收放前三点式起落架,装 1 台加力推力为 62 千牛的涡轮喷气发动机。飞机全长

15.07 米,机高 4.5 米,翼展 8.22 米,最大起飞重量 13700 千克,空重 7050 千克,最大平飞速度 2.2马赫,实用升限 17000 米,作战半径 660~1200千米,转场航程 3330 千米。机载多功能火控雷达、双套超高频通信电台、塔康导航系统、导航计算机、轰炸计算机、自动射击瞄准具和磁探仪等。翼根前装两门 30 毫米机炮,机身与机翼下 5个挂架可选带 454 千克炸弹、火箭弹发射器、空地导弹、"玛特拉"中距和近距空空导弹等。

↑法国"幻影"Ⅲ战斗机

法国"幻影"F.1 战斗机

"幻影"F.1 战斗机,是法国达索－布雷盖公司从 1964 年开始研制的一种单发动机后掠翼轻型战斗机,1966 年 12 月试飞,1973 年 3 月交付使用。

"幻影"F.1 战斗机圆锥形机头,两侧半圆形进气道,上单翼,后掠角 40° 30′,下反角 5°,液压收放前三点式双轮起落架,装 1 台加力推力为 72 千牛的涡轮喷气发动机。飞机全长 15.3 米,机高 4.5 米,翼展 8.4 米,最大起飞重量 15200千克,空重 7400 千克,最大平飞速度 2.2 马赫,实用升限为 20000 米,海平面最大爬升率 183米／秒,作战半径 600~1400 千米,转场航程

↑法国"幻影"F.1C战斗机

↓法国 M.S.406 战斗机

↓法国"幻影"2000N战斗机

↓法国高德隆 C.714 战斗机

5.2 米，翼展 9.13 米，最大起飞重量 17000 千克，空重 7400 千克，最大平飞速度 2.3 马赫，实用升限 16460 米，海平面爬升率 250 米／秒，作战半径 740 千米，最大航程 3335 千米。机载设备有数字式脉冲多普勒雷达、中央数字计算机、自动驾驶仪、仪表着陆系统、敌我识别器和电子对抗装置等。武器装备包括两门 30 毫米机炮，机身下 5 个和翼下 4 个挂架，可带"玛特拉"中距和"魔术"近距空空导弹，及各种炸弹、火箭弹、空地导弹和核弹，最大外挂载荷 6000 千克。

3300 千米。机载多功能火控雷达，塔康导航系统、自动驾驶仪、平视显示器、截击系统、轰炸计算机、导航计算机、位置指示器、激光测距器和敌我识别器等。

　　该机装备两门 30 毫米机炮，机身、机翼及翼尖下 7 个挂点可带空空导弹、空地导弹、反舰导弹、反雷达导弹、火箭弹发射器、250 千克炸弹、激光制导炸弹等，最大外挂弹量 4000 千克。

法国"幻影"2000 战斗机

　　"幻影"2000 战斗机是法国达索—布雷盖公司 1975 年开始研制的一种三角翼超声速轻型战斗机，1978 年 3 月试飞，1983 年交付使用。"幻影"2000 系世界上第二种采用电传操纵系统的战斗机，圆锥形机头，驾驶舱前有空中受油探管，两侧进气，三角翼，前缘后掠角 58°，无水平尾翼，蒙皮用复合材料，装 1 台加力推力为 90 千牛的涡轮风扇发动机。飞机全长 14.36 米，机高

法国汉罗特 HD.1 战斗机

　　法国汉罗特 HD.1 战斗机于 1916 年 6 月首次试飞，具有漂亮的外观，飞行动作也较敏捷，比利时空军曾大量订购，后来该机也在意大利生产。但是该机发动机功率较低，作战性能不能充分发挥，因此它在战场上的价值大打折扣。该机乘员 1 人，装 1 台空冷式活塞发动机；翼展 8.7 米，飞机全长 5.58 米，机翼面积 7.5 平方米；飞机空重 395 千克，起飞重量 575 千克；海平面最大飞行速度 182 千米／时，实用升限 6401米，续航能力 1.5 小时；装备 1 挺 7.62 毫米口径的机枪。

↑法国"幻影"2000N战斗机

↑法国汉罗特 HD.1 战斗机

↑法国 D.520 战斗机

法国 D.520 战斗机

法国 D.520 战斗机于 1938 年 10 月首飞，随后开始陆续装备部队。该机是当时法国最先进的战斗机，也是当时世界上最现代化的战斗机之一。第二次世界大战前期从战争爆发后到法国战败前，该机在各战场都表现甚佳。

D.520 战斗机外表整洁美观，机身浑然一体，有封闭的座舱和整流罩，可收放的起落架。该机乘员 1 人，机头装 1 台水冷式发动机。飞机全长为 8.76 米，翼展 10.2 米，机翼面积为 15.96 平方米。飞机空重 2092 千克，起飞重量 2783 千克。在 6000 米高空时，最大平飞速度 535 千米/时，实用升限 11000 米，最大航程为 900 千米。D.520 战斗机装备 1 门 20 毫米口径的机炮和 4 挺 7.5 毫米口径的机枪。

法国"阵风"战斗机

"阵风"战斗机是法国达索—布雷盖公司研制的超声速战斗机。原型机于 1986 年 7 月首飞，后经 440 次试飞，安装了 M88 — 2 涡扇发动机，进行了其他一些改装，形成了实用型的战斗机。

↑法国"阵风"实验战斗机

"阵风"战斗机机长 15.30 米，翼展 10.90 米，机高 5.34 米。最大速度为 2252 千米/时（高空）、1390 千米/时（低空），巡航速度 950 千米/时。飞机空重 9460 千克（D 型）、9800 千克（M 型），最大起飞重量 18200 ~ 21500 千克，最大载弹量 8000 千克。作战半径为 480 ~ 800 千米。动力装置为两台 M88 — 3 发动机，单台最大推力为 48.7 千牛，加力推力为 87 千牛。主要设备为：脉冲多普勒火控雷达，先进的通讯、导航和座舱显示设备，其火控雷达可同时跟踪 8 个目标。

主要武器装备有：1 门 30 毫米航炮，14 个外挂架，执行截击任务时可挂"米卡"空空导弹各 4 枚，对地攻击时可带 16 枚 227 千克炸弹和两枚"米卡"空地导弹。

↑法国 EF2000 "欧洲"战斗机

法国 EF2000 "欧洲"战斗机

1997 年 6 月，在法国布尔歇航空展上，EF2000 "欧洲"战斗机首次亮相。这一重达 20 吨的新型战斗机在 2 台推力达 9 吨的发动机驱使下，几秒钟内便呼啸着钻进了巴黎的天空。

"欧洲"战斗机集所有的先进技术于一身，是最新一代的战斗机。该机外观为三角形，发动机的红外线辐射非常少，因此几乎无法测到它。它还可以自如地打乱自己的电子发射，以逃避敌方的电子跟踪。它具有先进的武器系统，可以准确地击毁目标。

"欧洲"战斗机每飞行 1 小时即需花费 10 万法郎的费用。因此飞行员的训练大多采用模拟的方式进行。在飞行中，驾驶员必须承受各种巨大的过载压力，飞机的电脑可以随时显示战机的飞行状况、武器系统、飞机的位置和敌机的位置。驾驶员在操纵飞机时看着眼前的显示器，双手操纵有 50 种功能的 24 个按钮。该机也可以完全由电脑控制，使飞行员全身心地投入战斗。

瑞典战斗机

瑞典萨伯－37"雷"战斗机

萨伯—37"雷"战斗机，是瑞典航空公司
1962年开始研制的多用途全天候超声速战斗机，
1967年2月试飞，1971年交付使用。

萨伯—37为世界第一种实用的鸭式布局高
速战斗机，圆锥形机头，两侧椭圆形进气道，机
翼为三角形下单翼，鸭式前翼为三角形中单翼，
尾翼无平尾，装1台加力推力为128千牛的涡轮
风扇发动机，有反推力装置。飞机全长16.4米，
机高5.9米，翼展10.6米，起飞重量15000～
18000千克，最大平飞速度2马赫，实用升限
18300米，作战半径500～1000千米，起降滑跑
距离400～500米，实用过载8g，机载设备有数
字计算机、脉冲多普勒火控雷达、平视显示器、
自动驾驶仪、多普勒导航系统、仪表着陆系统、
雷达警告系统和电子对抗装置等。机身下3个和
机翼下4个挂架可带空空导弹、空地导弹、各型
火箭弹、炸弹、鱼雷、30毫米"阿登"机炮，最
大载弹量6000千克。

↑瑞典JAS-39"鹰狮"超声速战斗机

瑞典JAS-39"鹰狮"战斗机

JAS-39"鹰狮"战斗机，是瑞典JAS工业集
团于1980年开始研制的一种超声速轻型多用途
战斗机，1988年12月首飞，1993年交付使用。

JAS-39战斗机是圆锥形头部，驾驶舱两侧
方形口进气道，机翼为截角三角形中单翼，鸭式

↑瑞典JAS-39"鹰狮"轻型战斗机具有体积小、重
量轻、用途多、起落滑跑距离短等特点。

后掠前翼位居两侧进气道后上方，无平尾，装1
台加力推力约81.7千牛的涡轮风扇发动机。飞机
全长约为14米，机高约4.7米，翼展约8米，正
常起飞重量8170千克，空重5080千克，最大平
飞速度2马赫（高空）、1.2马赫（低空）。机载
多功能脉冲多普勒火控雷达、数字式综合监视系
统、电传操纵系统和电子对抗系统等，可保障飞
机全天候全高度全方位作战。JAS-39战斗机的武
器装备有两门27毫米机炮，新型近距和中距空
空导弹、空舰导弹以及各种对地攻击武器。

德国战斗机

德国LFGC II战斗／侦察机

德国LFGC II战斗／侦察机于1915年10月
首次试飞，1916年初服役。

该机最显著的特点是它双翼间的距离完全与
机身的厚度相平行，并且简化了翼间支柱。飞行
员和射手的头露在机翼上面，因此视界良好。该
机共生产了300架。

该机有乘员2人，装1台水冷式活塞发动
机。飞机全长7.7米，翼展10.3米，机翼面积
26平方米；飞机空重764千克，起飞重量1284
千克；海平面最大飞行速度165千米／时，实用
升限4000米，续航能力5小时；装备一或二挺
7.92毫米口径机枪。

↑瑞典JAS-39"鹰狮"单发全天候多
用途战斗机

↓德国哈尔勃斯太特
CL 系列战斗机。

德国哈尔勃斯太特 CL 系列战斗机

　　德国哈尔勃斯太特 CL 系列战斗机，是在第一次世界大战中研制生产的。它是一种双座护航战斗机，其主要型号有 CL.Ⅱ、CL.Ⅳ型。前者于 1917 年开始投入使用，后者在前者基础上有所改进。

　　CL.Ⅱ型战斗机乘员 2 人，装 1 台水冷式发动机。飞机全长 7.3 米，翼展 10.77 米，机翼面积 30.7 平方米。飞机空重 953 千克，起飞重量 1133 千克。海平面最大飞行速度 165 千米 / 时，实用升限 5000 米，最大航程 450 千米。可装备二或三挺 7.92 毫米口径的机枪，载 10 千克手掷炸弹。

德国汉诺沃 CL 系列战斗机

　　德国汉诺沃 CL 系列战斗机是 1917 年应德国空军的要求而设计的，可用于护航和侦察任务。其 CL.2 型有双机翼和双尾翼，尾翼的尺寸较小，以给射手提供更大的射击空间。后来的 CL.3 型、CL.4 型和 CL.5 型，在动力和外形上又做了较大的改进。其中 CL.3a 型可执行护航和对地攻击任务。该机乘员 2 人，装 1 台水冷式发动机。飞机全长 7.58 米，翼展 11.7 米，机翼面积 32.7 平方米。飞机空重 800 千克，起飞重量 1080 千克。在 5000 米高度时最大飞行速度 165 千米 / 时，实用升限 7500 米，最大航程 435 千米。该机装备 7.92 毫米口径机枪两挺，射手还可携带手枪、步枪等。

↑德国汉诺沃 CL.3a 战斗机

德国 Me.109 战斗机

　　Me.109 战斗机后来又称 Bf.109，是德国梅塞施密特公司于 1934 年开始研制的，是专门为德国空军设计的第一种现代化战斗机。原型机于 1935 年 5 月试飞，1936 年投产，1937 年交付使用。Bf.109 采用全金属结构，机身细长呈流线型，悬臂式下单翼略上反，可收放后三点式起落架，采用密封式驾驶舱。初装 1 台功率为 845.25 千瓦的活塞螺旋桨发动机，起飞重量仅有 2605 千克，最大飞行速度 570 千米 / 时，航程 660 千米，后装 1 台功率为 1470 千瓦的活塞式发动机，全机长 8.84 米，翼展 9.95 米，起飞重量 3386 千克，最大飞行速度 727 千米 / 时，实用升限 12500 米。Bf.109 战斗机的标准武器是 1 门 20 毫米机炮和两挺 7.92 毫米机枪，后期装 3 门 20 毫米机炮。

↑德国 Me.109 战斗机

↓德国 Bf.110 战斗机

德国 Bf.110 远程战斗机

　　Bf.110 战斗机是德国梅塞施密特公司研制的一种双发动机重型远程战斗机，于 1936 年 5 月首次试飞，随后投产使用，先后有多个型号投产。该机是德国空军在第二次世界大战中使用的主要夜间战斗机。

　　Bf.110 战斗机机身较细长呈流线型，有 2 ~ 3 人的封闭式驾驶舱，机翼为悬臂式梯形下单翼，两侧机翼对称前伸，装两台功率各为 771.75 千瓦的液冷活塞式螺旋桨发动机，双垂尾位于平尾两端。飞机全长 12.07 米，翼展 16.25 米，起飞重 6028 千克，最大平飞速度为 540 千米 / 时，实用升限 10000 米，航程 1094 千米。机载武器包括 5 挺机枪、两门 20 毫米机炮和炸弹等。

德国 He.162 喷气战斗机

He.162 喷气战斗机是德国亨克尔公司于第二次世界大战末期研制的一种早期喷气式战斗机。1944 年 12 月首次试飞,1945 年 2 月投入使用。

He.162 喷气战斗机的机背装置 1 台 BMW—300 涡轮喷气发动机,机身为全金属结构,飞行速度 0.75 马赫,装备两门 30 毫米口径的 Mk130 机炮。到战争结束时,德国共制造完成了 3375 架 He.162 飞机,还有 800 架接近完成。

日本战斗机

日本 A5M 九六式战斗机

A5M 九六式战斗机,是日本三菱重工业公司研制的日本第一种全金属单翼舰载战斗机。该机 1935 年 2 月试飞,1936 年初投产,1937 年装备部队。该机先后有 A5M1、2、3、4 等型号投产,各型共生产 1094 架。A5M 机身短粗,开敞式单座驾驶舱,蜻蜓翅形下单翼,外翼有约 9° 上反角,固定后三点式起落架,装 1 台功率为 576.98 千瓦的气冷式活塞发动机。飞机全长 7.57 米,机高 3.24 米,翼展 11 米,起飞重量 1671 千克,空重 1216 千克,最大平飞速度 435 千米 / 时,实用升限 9800 米,航程 1200 千米。机头装两挺 7.62 毫米机枪,可携 2 颗 30 千克重炸弹。

↑ 日本 A5M 九六式舰载战斗机

↓ 日本 A5M4 舰载战斗机

日本 A6M "零" 式战斗机

A6M "零" 式战斗机,是日本三菱重工业公司从 1937 年开始研制的舰载战斗机。1939 年 4 月试飞,1940 年交付使用。有 A6M1、2、3、5、6、7、8 等型号,共生产 10430 架。A6M 采用封闭式单座驾驶舱,机翼近椭圆形,上反角约 5°,翼尖可上折,采用液压收放后三点式起落架,机头装 1 台功率为 830.55 千瓦的气冷式 14 缸活塞发动机。全长 9.12 米,机高 3.51 米,翼展 11 米,总重 2733 千克,空重 1876 千克,最大平飞速度 565 千米 / 时,实用升限 11740 米,爬升率约 855 米 / 分,航程 1920 千米。机翼前缘内装两门 20 毫米机炮,机头上方装两挺 7.62 毫米机枪,带 1 颗 60 千克或二颗 30 千克炸弹。"零" 式飞机是日本有代表性的著名轻型战斗机,机动性好、速度较高、航程较远和火力较强,为日本海军的主力舰载战斗机,在第二次世界大战中转战于远东、南洋和太平洋地区。它的垂直爬升能力很强,在 1 分钟内可爬升 850 ~ 936 米,3 分 30 秒可爬升 3000 米,6 分钟可爬升 6000 米,因此在空战中占有很大优势。

日本 Ki－27 九七式战斗机

Ki－27 九七式战斗机,是日本中岛公司 1935 年末开始研制的一种单座单翼单发动机活塞式战斗机,1936 年 10 月试飞,总共生产 3386 架。

Ki－27 九七式战斗机系全金属轻型战斗机,机身短粗呈大头胡萝卜形,封闭式驾驶舱罩有水滴形舱盖,机翼上反角约 7°,固定后三点式起落架,后起落架为滑橇式,机头装 1 台功率

↑ 日本 Ki-27 九七式战斗机

↓ 日本中岛 Ki-27b 战斗机

为 576.98 千瓦的气冷式 9 缸活塞发动机。

飞机全长 7.53 米，机高 3.25 米，翼展 11.3 米，总重 1790 千克，空重 1110 千克，最大平飞速度为 470 千米 / 时，实用升限 12365 米，航程 1710 千米。机载武器为两挺 7.62 毫米机枪和 4 枚 25 千克炸弹。

日本 Ki – 84 "疾风"战斗机

日本的 Ki – 84 "疾风"战斗机 1942 年开始进行研制，1943 年末正式投产，先后有 Ia、Ib、Ic、2 等型号投入使用，各型共生产了 3577 架。

Ki – 84 – Ia 战斗机是最早的型号，有乘员 1 人，装 1 台空冷式星型活塞发动机；翼展 11.24 米，飞机全长 9.92 米，机翼面积 21 平方米；飞机空重 2680 千克，起飞重量 3750 千克；在 6000 米高度飞行时最大航速 624 千米 / 时，实用升限 10500 米，满载时最大航程 1120 千米。该机装备两门 20 毫米口径机炮和两挺 12.7 毫米口径机枪，可载 500 千克炸弹。

日本 Ki – 100 战斗机

Ki – 100 战斗机乘员 1 人，装 1 台空冷式星型活塞发动机，翼展 12 米，飞机全长 8.82 米，机翼面积 20 平方米；飞机空重 2525 千克，起飞重量 3495 千克；在 10000 米高空时，最大飞行速度为 590 千米 / 时，实用升限 11500 米，最大航程为 1800 千米；装备两门 20 毫米口径机炮和两挺 12.7 毫米口径机枪。

日本 N1K "紫电" / "紫电"改战斗机

日本 N1K "强风"水上型战斗机，是 1940 年按照能够为登陆作战提供保护和支援的要求设计的，但直到 1943 年才开始服役。后来又发展了陆上型 N1K1 – J "紫电"和 N1K2 – J "紫电"两种机型。N1K1 型乘员 1 人，装 1 台空冷式星型活塞发动机；翼展 12 米，飞机全长 10.59 米，机翼面积 23.5 平方米；飞机空重 2897 千克，起飞重量 4320 千克；在 5700 米高度时最大飞行速度 482 千米 / 时，实用升限 12100 米，满负荷飞行

↑日本 N1K2 – J "紫电"
改战斗机

日本 F – 1 战斗机

F – 1 飞机是日本三菱重工业公司 1972 年开始研制的一种超声速喷气战斗机，1977 年交付使用。共生产 77 架。

F – 1 系全金属结构，机身细长呈流线型，圆锥形头部，两侧长方形进气道，机翼后掠，下反角 9°，液压收放前三点式起落架，装两台加力推力各为 32.07 千牛的涡轮风扇发动机。飞机全长 17.85 米，机高 4.45 米，翼展 7.88 米，最大起飞重量 13674 千克，空重 6358 千克，最大平飞速度 1.6 马赫，实用升限 15240 米，海平面最大爬升率 178 米 / 秒，作战半径 280 ~ 560 千米，转场航程 2870 千米。机载两个超高频通信电台、塔康导航装置、雷达火控系统、轰瞄计算装置、平视显示器、惯性导航系统、无线电高度表、大气数据计算机、敌我识别器和雷达警告系统等。座舱左下侧装 1 门 20 毫米 6 管旋转机炮，机身下 1 个和机翼下 4 个挂架，可挂各种炸弹、火箭弹、空空和空地导弹以及副油箱等，最大外挂载荷 2710 千克。

↑日本 F – 1 战斗机

其他战斗机

印度 HF – 24 "风神"战斗机

HF – 24 "风神"战斗机，是印度斯坦航空公司于 1956 年开始研制的超声速战斗机，1961 年 6 月试飞，1964 年交付使用。1977 年停产，共生产 165 架。"风神"机身细长有蜂腰，座舱两侧进气，机翼后掠角 45°，可收放前三点式起落架，装两台涡轮喷气发动机，单台推力 22 千牛。全长 15.87 米，机高 3.6 米，翼展 9 米，最大起飞重量 10908 千克，空重 6198 千克，最大平飞速度 1.02 马赫，作战半径 238 ~ 396 千米。机载设备有甚高频通信电台、攻击与截击瞄准系统和敌我识别器等。机头装 4 门 30 毫米机炮，机腹装收放式 "玛特拉" 103 火箭发射器，机翼下 4 个挂架可带 454 千克炸弹、凝固汽油弹、

↑印度 HF — 24Mk1 "风神"战斗机

116 型火箭发射器、空对地集束火箭弹以及副油箱等。

↑英/德/意大利合作研制的"狂风"战斗机

以色列"幼狮"战斗机

"幼狮"战斗机，是以色列飞机工业公司研制的单座超声速多用途战斗机，它是在法国"幻影"战斗机基础上发展而成的。它的第一种型号"幼狮"C1 于 1975 年 4 月公开露面。该机采用悬臂式三角形下单翼，机身采用全金属半硬壳结构。动力装置采用 1 台通用电气公司的 J79 — J1E 涡喷发动机，额定推力为 52.8 千牛，加力推力为 79.6 千牛。武器装备为以色列飞机工业公司制造的 30 毫米"德发"机炮，"幼狮"C1 型装 1 门，"幼狮"C2 型装两门，每门备 140 发炮弹；截击作战时，每个机翼下可挂 1 枚"谢夫里"红外空空导弹；对地攻击时，机身下可挂两颗 454 千克炸弹和 4 颗 227 千克炸弹，还可外挂火箭弹、凝固汽油弹、"百舌鸟"或"幼畜"空地导弹、"霍布斯"制导炸弹等。

两台加力推力各为 72.57 千牛的涡轮风扇发动机，带反推力装置。机长 16.7 米，机高 5.95 米，最大起飞重量 27950 千克，空重 13600 千克，最大平飞速度 2.1 马赫，实用升限 15240 米，作战半径 370 ~ 1330 千米，转场航程 3890 千米。机载超高频与甚高频通信电台、平显装置、塔康导航系统、电视图表显示器、自动驾驶仪、自备式导航 / 攻击系统、激光测距器、敌我识别器、雷达警戒和电子对抗装置等。2 门 27 毫米机炮，机身下 3 个和机翼下 4 个挂架，可挂空空导弹、空地导弹、核弹、制导炸弹和各种常规炸弹等，最大载弹量 9000 千克（IDS）。

↑以色列"幼狮"C2 多用途战斗机

↑以色列"幼狮"战斗机

英/德/意大利合作"狂风"战斗机

"狂风"战斗机，是由英国、前联邦德国和意大利从 1969 年开始联合研制的一种双座双发动机变后掠翼多用途战斗机。1974 年 8 月试飞，1982 年交付使用。

"狂风"战斗机机头圆锥形雷达罩，串列双座驾驶舱，两侧矩形进气道，变后掠上单翼由固定翼段和活动翼段组成，后掠角 25° ~ 68°，装

攻击机

攻击机（强击机）

攻击机是使用战术武器专门从低空和超低空攻击地面、水面目标的军用飞机，又称强击机。它主要用于直接支援地面部队作战，攻击敌方行进中和集结中的纵队；摧毁敌方战役战术纵深的防御工事、坦克、舰艇、地面雷达、炮兵阵地、前线机场和交通枢纽等重要军事目标，属战术军用飞机范畴。

攻击机用于实战始于西班牙内战，但当时的攻击机缺少防护装甲，所用武器仅为炸弹和机枪。第二次世界大战中，攻击机大量投入作战，著名的有苏联的伊尔—2、美国的 A — 20 "破坏者"和德国的 Ju.87G 等，当时皆为活塞式单翼机，有防护装甲，机载武器多为 20 ~ 37 毫米机炮，加载火箭弹与炸弹，最大载弹量在 1000 千克左右。20 世纪 50 年代喷气式攻击机开始问世，如美国的 A — 4 "空中之鹰"、瑞典的萨伯—32 "矛"和意大利的 G.91 等，多装有火控系统、空空和空地导弹。

↑法、英合制的"美洲虎"攻击机。

↑苏联雅克-36MP 多用途攻击机

↑美国 AV－8B 攻击机

↑美国 A－1H 攻击机

后，一些飞行员被击伤击毙，发动机被击毁，一大批飞机坠落在战场上。

为了加强对地攻击，德国的飞行设计师设计了一种带有装甲的飞机，机身全部用铝合金制成，飞机装有机腹机枪，飞行员的座舱周围装有5毫米厚的钢板，可有效防止地面火力击中飞行员。机上携带束手榴弹和手掷轻型炸弹。1918年，这种由容克飞机制造厂生产的飞机正式投入使用，并意味着攻击机的诞生。

同时，美军与波音公司签订了研制攻击机合同。这种攻击机装有 6.4 毫米的装甲，占整架飞机重量的 1/4，装有 1 门航炮、8 挺机枪，还有 10 枚小型杀伤炸弹。但这种飞机的重量和阻力都太大，发动机功率显得不足，以致无法供部队使用。

苏联也很快研制出了一种攻击机，机翼和尾翼用布蒙皮，机身用胶合板蒙皮。它的飞行性能很好，机身腹部装上了防护装甲和火力很强的武器，具有较好的防护功能。

↓美国 A－17A 攻击机

20 世纪 60 年代出现超声速攻击机，如美国的 A－5"民团团员"和中国的强－5。短距与垂直起落攻击机也开始问世，如英国的"鹞"式。

70～80 年代，攻击机向提高作战能力、加强攻击火力方向发展，出现了美国的 A－10"雷电"、AV－8B，苏联的苏－25、雅克－36，英国与法国的"美洲虎"等。现代攻击机要求具有良好的低空和超低空飞行能力，良好的稳定性和操纵性，优良的下视能力，威力强大的高性能对地（舰）攻击武器，包括机炮、普通炸弹、鱼雷、火箭弹发射器、制导炸弹、反坦克集束炸弹和空地（舰）导弹等，要求可有效提高生存能力的防护装甲，以及完善的通信、导航、火控、警戒和电子对抗等设备，并强调优良的起飞着陆性能或短距与垂直起落能力等。

攻击机的诞生

第一次世界大战爆发后，1916 年 6 月 24 日，英、法空军在一次战役中，首次用飞机执行对德国地面部队的压制和攻击任务，使德国遭到很大的伤亡。德军受到启发，在另一次战役中，将扫射敌方战壕的任务交给了原来担负炮兵弹着点观测任务的双座飞机，并把这些部队改名为"作战飞行小队"，执行低空攻击任务。地面部队集中机枪等火力扫射低空飞行的飞机腹部。击穿机体

各国攻击机

美国 A－4"天鹰"攻击机

A－4"天鹰"攻击机，是美国道格拉斯公司于 1952 年开始研制的一种喷气式轻型舰载攻击机，1954 年 6 月首飞，1956 年 10 月交付使用。各型共生产 2960 架。

A－4 系全金属结构，带空中加油装置，座舱有整体防弹装甲，半圆形进气道位于机身两

↓美国 A-4A "天鹰" 攻击机

↓美国 A—4 全天候舰载攻击机

侧，机翼为悬臂式三角形下单翼，装 1 台推力为 50.8 千牛的涡轮喷气发动机。飞机全长 12.29 米，机高 4.62 米，翼展 8.38 米，最大起飞重量 11100 千克，空重 4900 千克，最大平飞速度 1080 千米 / 时，实用升限 125000 米，爬升率 3140 米 / 分，作战半径 540 千米，转场航程 3230 千米。机载设备有低空轰炸系统、火控雷达、脉冲多普勒导航系统、塔康导航系统、导航计算机、武器投放系统和敌我识别装置等。装备两门 20 毫米机炮，机翼下 4 个和机身下 1 个挂架，可选带战术核武器、空空和空地导弹、火箭弹、炸弹、鱼雷、机炮和干扰设备吊舱等，最大外挂载重量为 4528 千克。

美国 A—6 "入侵者" 攻击机

A—6 "入侵者" 攻击机，是美国格鲁门公司于 1957 年研制的一种全天候重型舰载攻击机。1960 年 4 月试飞，1963 年 1 月交付使用。各型共生产 850 架。"入侵者" 飞机的并列双座驾驶舱有空中加油管，两侧下为进气道，机翼外翼段可收折，装两台推力各为 42.4 千牛的涡轮喷气发动机。飞机全长 16.69 米，机高 4.93 米，翼展 16.15 米，最大起飞重量 27400 千克，空重 12130 千克，最大平飞速度 0.85 马赫，实用升限 12930

↑美国 A—6 "入侵者" 舰载攻击机

米，最大爬升率 39 米 / 秒，转场航程 5230 千米。载有实时显示多功能雷达、自动驾驶仪、导航雷达、惯性和多普勒导航系统、多功能显示器等。机身下 1 个和机翼下 4 个挂架携带各种炸弹、反雷达空地导弹和鱼叉反舰导弹等，最大载弹量 8170 千克。

美国 A—7 "海盗" 攻击机

A—7 "海盗" 攻击机，是美国沃特公司于 1963 年研制的一种亚声速轻型攻击机。1965 年 9 月 27 日原型机首飞，海军舰载型 1966 年 10 月交付使用，空军陆基型 1968 年底装备部队。最大起飞重量 19050 千克，空重 8680 千克，最大平飞速度 0.9 马赫，实用升限 14780 米，战斗半径 370 ~ 895 千米，转场航程 6247 千米。载有多功能雷达、导航与武器投放系统、飞行自动控制系统、平视显示器、大气数据计算机、活动地图系统、塔康导航系统、敌我识别器和电子对抗装置等。装 1 门 20 毫米 6 管机炮，机身下两个和机翼下 6 个挂架，可选挂空空导弹、反坦克和反雷达导弹、火箭弹、普通炸弹、电视和激光制导炸弹及机炮吊舱等，最大载弹量 6800 千克。

↑美国 A—7E 攻击机

美国 A—10 "雷电" 攻击机

A—10 "雷电" 攻击机，是美国费尔柴尔德公司于 1970 年开始研制的一种亚声速攻击机。1972 年 5 月试飞，1975 年交付使用，1984 年 3 月停产，共生产 713 架。

机身细长，后机身两侧并排装两台推力各为 41.75 千牛的涡轮风扇发动机，驾驶舱带盒形厚防护装甲，机翼为悬臂式平直下单翼，外翼上反角 7°，尾翼由梯形双垂尾和矩形下平尾组成。飞机全长 16.26 米，机高 4.47 米，翼展 17.53 米，最大起飞重量 22680 千克，空重 11320 千克，最大平飞速度 706 千米 / 时，实用升限 11000 米，海平面爬升率 35 米 / 秒，作战半径 463 ~ 1000 千米，转场航程 3949 千米。

机载设备有平视显示器、激光目标识别器、

光学瞄准具、导弹发射装置、敌我识别器、塔康导航系统、雷达警戒系统和电子对抗装置等。武器装备包括：机头下方1门30毫米7管速射机炮，备弹1350发；机身下1个和机翼下10个挂架，可选带各种普通炸弹、燃烧弹、集束炸弹、子母弹箱、制导炸弹、火箭弹发射器、"幼畜"空地导弹和"响尾蛇"空空导弹等，最大外挂弹量7250千克。

美国 A－12 隐身攻击机

1990年9月7日，美海军公布了一张A－12的模型照片。A－12是美国通用动力／麦道公司联合研制的一种隐身先进技术攻击机，这种亚声速的隐身攻击机机长10.85米，采用的是三角形飞翼设计，其前缘后掠角为48°，没有垂尾。A－12采用两台通用电气公司生产的不带加力燃烧室的涡轮风扇发动机。发动机埋置在飞机后部中心线两侧的机身内。A－12的梯形进气口位于机翼前缘下部，发动机排气口位于后缘下部，这种腹部隐蔽设计可有效防止海面上空敌方预警机的雷达探测。A－12还采用无源雷达来进行隐身，机上不装发射机，而是利用其他飞机发射信号或接收敌方雷达探测信号来探测目标。A－12的驾驶舱设计使驾驶员的前向视野良好，驾驶座舱盖与机翼上表面融合在一起，隐身效果很好。与A－6E相比，A－12的作战半径增大了60%，武器载荷能力提高了40%，同样载荷时的航程比A－6E大80%。美海军原计划采购858架A－12隐身攻击机，用以替代A－6攻击机、EA－6B专用电子干扰机、S－3B反潜巡逻机和E－2C空中预警机，美空军也曾计划采购A－12攻击机，用以替代F－111战斗轰炸机。

由于研制费用超支，1991年初美国国防部长切尼取消了A－12攻击机研制计划。随后不久，美海军又宣布研制一种暂定代号为AX的隐身攻击机。

↑ 21世纪使用的美国A－12隐身攻击机

↓美国A－20"浩劫"攻击机

美国 A－20"浩劫"攻击机

A－20"浩劫"攻击机是美国道格拉斯公司研制的，1939年试飞，1940年交付使用。各型共生产7478架。A－20飞机为抛物面形，机头有透明的轰炸领航舱，前、后上部有驾驶舱和炮塔，两侧翼下装两台功率各为1176千瓦的活塞发动机，飞机全长14.6米，机高5.51米，翼展18.7米，最大起飞重量9400千克，空重6730千克，最大速度563千米／时，实用升限8720米，爬升率3050米／分，转场航程3600千米。A－20装备有8挺12.7毫米机枪，分别装于机头、后炮塔和翼下，机腹弹舱可挂842千克炸弹。

美国 A－36A 攻击机

A－36A攻击机是美国北美航空公司研制的，1942年9月交付使用。该机由P－5战斗机改装而成，共生产5000架，第二次世界大战中投入欧、亚反法西斯战场。A－36A飞机装1台功率为973.88千瓦的活塞发动机，飞机全长9.85米，机高3.71米，翼展11.3米，最大起飞重量4540千克，空重3000千克，最大速度573千米／时，实用升限7650米，航程886千米。机载6挺12.7毫米机枪和两枚227千克炸弹。

↑ 美国AV－8B"鹞"式垂直／短距起落攻击机

美国 AV－8B"鹞"攻击机

AV－8B"鹞"攻击机，是美国麦道公司与英国航宇公司联合研制的一种亚声速垂直／短距起落攻击机。1978年试飞，1986年交付使用。AV－8B飞机是世界上第一个使用复合材料机翼的作战飞机，机身两侧进气，内装1台推力为97.500千牛的涡轮风扇发动机，带4个转向喷口。飞机全长14.1米，机高3.55米，翼展9.25

米，最大起飞重量 14061 千克，空重 5620 千克，最大平飞速度 0.93 马赫、作战半径 185 ～ 1160 千米，转场航程 4560 千米，短距起飞滑跑距离 366 米。机载角速度轰炸系统、惯性导航系统、平视显示器、大气数据计算机、全天候着陆系统、雷达告警系统、敌我识别器等。机头装 1 门 30 毫米"阿登"机炮和 1 门 25 毫米机炮，机身下 1 个和机翼下 6 个挂架，可带各种炸弹和空空导弹，最大载弹量为 4170 千克。该机曾参与海湾战争。

美国 F－117"夜鹰"攻击机

F－117 攻击机是美国洛克希德公司从 1975 年开始研制的一种单座双发动机亚声速隐身攻击机，于 1981 年 6 月首次飞行，1982 年 10 月开始交付使用。

F－117 机身呈扁平多面锥体，平板拼成的长方口屏蔽进气道位于两侧，后接双发动机；机翼为悬臂式后掠下单翼，外翼可上折，尾翼由 V 形配置的双翼组成，装两台加力推力各为 72.6 千牛的涡轮风扇发动机。飞机长 20.08 米，机高 3.78 米，翼展 13.2 米，空重 13608 千克，最大起飞重量 23814 千克。飞机最大飞行速度小于 1 马赫，实用升限约 13700 米，作战半径 700 ～ 1000 千米。

F－117 采用有利于隐身的内置式武器舱，弹舱长 5.18 米，宽 1.83 米，可携带两枚 908 千克的 BLU－109 型激光制导炸弹或战术战斗机使用的各种武器。最大武器载荷可达 2270 千克。炸弹由机头驾驶舱前下部安装的激光照射器提供目标指示。

为最大可能地达到隐身效果，F－117 隐身攻击机采用多面体外形设计。由于雷达探测范围一般在飞机水平面上下 30°的角度内，因此 F－117 的大多数表面与垂直面的夹角均大于 30°，可以把雷达波上下偏转出去，避开辐射源。另一方面，飞机的前后缘是雷达波的强反射体，这些反射体确定了雷达波反射的主波束。为使主波束变窄，F－117 的前后缘被设计得尖锐笔直，机体表面其他边缘设计成与主波束方向一致，达到了使反射集中于水平面内的几个窄波束的目的，对方雷达接收不到连续的信号，难以确定该飞机是一个实在目标还是一种瞬变噪声。

F－117 机体以铝合金结构为主，整体外表涂满黑色的磁性铁氧体雷达吸波材料，可有效地吸收高频率雷达波或低频率雷达波。它可以在敌防空火力上空任何高度飞行，可以在高空借助激光照射器指示目标并进行轰炸。一般以 7600 米高度接近目标，实施攻击时，下降到 1000 米左右的高度，在水平飞行时进行投弹攻击。

苏联苏－25 攻击机

苏－25 攻击机，是苏联苏霍伊设计局研制的一种亚声速近距支援攻击机。1975 年试飞，1980 年形成战斗力。20 世纪 80 年代初，曾有一个苏－25 中队在阿富汗战场作战。苏－25 是苏联第二次世界大战后研制的唯一专用攻击机，机身短粗，机翼为悬臂式大展弦比梯形平直上单翼，两侧翼根装两台推力各为 51 千牛的涡轮喷气发动机。全机长 15.53 米，机高 4.6 米，翼展 15 米，总重 14500 ～ 16400 千克，空重 9500 千克，最大飞行速度 0.85 马赫，实用升限 10000 米，作战半径 300 ～ 560 千米，航程 1850 千米。装备有 23 毫米双管机炮，翼下 10 个挂架可携空地导弹、空空导弹、火箭弹发射器、各种炸弹或副油箱，最大挂弹量 4000 千克。

↑美国 F－117"夜鹰"攻击机

↑苏联苏－25 攻击机

↓法、德联合研制的"阿尔发"攻击机。

↓美国 B-2A 隐身战略轰炸机。

↑美国 B-29 "超级飞行堡垒" 重型轰炸机

法国／德国"阿尔发"攻击机

"阿尔发"喷气飞机，是法国达索—布雷盖公司和前联邦德国道尼尔公司于1970年共同研制的一种双座教练／攻击机。1973年10月试飞，1978年交付使用。该机有6个型号投产，共生产500多架。

"阿尔发"喷气飞机为串列双座驾驶舱，两侧进气，装两台推力各为13.49千牛的涡轮风扇发动机。飞机全长13.23米，机高4.19米，翼展9.11米，最大起飞重量为8000千克，空重3520千克，最大平飞速度0.85马赫，实用升限14630米，最大爬升率57米／秒（海平面），作战半径350～910千米。机载设备有敌我识别与电码选编识别装置、甚高频无线电全向指向标、塔康导航系统、陀螺平台、武器瞄准计算机、平视显示器、多普勒导航系统、电子对抗装置等。机载1门30毫米机炮，机身和机翼下5个挂架，可以挂各种炸弹、火箭弹发射器、空地导弹、"魔术"等空空导弹以及侦察舱，最大外挂载荷2500千克。

轰炸机

轰炸机

轰炸机是用炸弹、鱼雷或空地导弹攻击敌方地面和海上目标的军用作战飞机。

轰炸机可分为战术轰炸机与战略轰炸机两类；也可分为轻型（近程）轰炸机、中型（中

↑在广岛投掷第一颗原子弹的美国 B — 29 轰炸机。

程）轰炸机、重型（远程）轰炸机三类。轻型轰炸机皆为战术轰炸机，配合地面部队对敌方前线阵地、供应线和各种活动目标轰炸，起飞重量多在5吨以下，航程在3000千米以下；中型轰炸机有战术的，也有战略的，起飞重量在5～10吨之间，航程为3000～8000千米；重型轰炸机都是战略轰炸机，用于深入敌后，对军事基地、交通枢纽、经济和政治中心等战略目标进行轰炸，起飞重量多在10吨以上，航程达8000千米以上。

轰炸机在第一次世界大战前面世，大战期间用于实战，都是木质结构的双翼机，最大飞行速度不到200千米／时，最大航程小于1000千米，载弹量1000千克左右。第二次世界大战时的轰炸机大都改为金属结构的单翼机，最大速度400～600千米／时，航程1000～7000千米，载弹量1～10吨，增装雷达瞄准具及导航系统等设备，能进行全天候轰炸，著名的有美国的 B — 17、B — 24、B — 29，苏联的伊尔—4、别—2、别—8，英国的"蚊"式、"兰开斯特"，德国的 He.111、Ju.87、Ju.88，日本的 G3M、Ki — 21、D3A 等。

20世纪50年代，喷气式轰炸机相继问世，如苏联的伊尔—28、米亚—4、图—16、图—20，美国的 B — 47、B — 52、B — 57，英国的"坎培拉"、"勇士"、"胜利者"和"火神"等。这个时期战略轰炸机进展较大，最大起飞重量达200吨以上，载弹量为25～27吨，航程可到16000千米。到60年代，超声速轰炸机开始服役，如美国的 B — 58、FB — 111，苏联的图—22，法国的"幻影" IV 等，多为中型战略轰炸机，速度最大可以达到2.2马赫。70～80年代，苏、美两国继续研制远程超声速轰炸机，有苏联的图—26、图—160和美国的 B — 1B 面世。90年代出现了隐身战略轰炸机，如美国的 B — 2。

现代轰炸机着重朝超声速变后掠翼和隐身方面发展，装有先进的自动导航系统、地形跟踪系统、火控系统和电子对抗设备，以空地导弹和巡航导弹为主要攻击武器，能在复杂的气象和地形条件下隐蔽地进行突防，对战略目标实施远距离袭击。因此，除重型的战略轰炸机外，轻型轰炸机已不再发展，其战术轰炸任务由歼击轰炸机完成，也将逐渐被中型轰炸机取代。

轰炸机的出现

第一次世界大战以前，飞机开始投入战争，除了用机枪对地面目标扫射外，还从飞机上往下投掷手榴弹，这是轰炸机的雏形。1911 年 11 月 1 日，意大利航空队少尉吉利奥·加沃蒂，从他驾驶的飞机上，向敌方部队扔下 4 枚各重 2000 克的炸弹。这些炸弹都放在飞行员的驾驶舱中，仍然需要用手从飞机上往下扔。1914 年 8 月 3 日，德国派飞机轰炸了法国的一座城市，这是世界上第一次飞机对城市进行轰炸。

1914 年，俄国研制成一种装有 4 台发动机的轰炸机，机上装有挂弹架和自卫武器。专用炸弹挂在特制的机外挂弹架上，不用靠手往下扔了。很快，英国、法国、德国、意大利都生产出了自己的轰炸机。到 1918 年，轰炸机已经比较成熟了。最快的轰炸机每小时可飞 180 千米，飞行高度达 6000 米，最大的轰炸机可载炸弹 2 吨。已有了轻型轰炸机和重型轰炸机之分。一些国家开始组建轰炸航空兵部队。1921 年，美国部队专门组织了一次轰炸机轰炸试验。一艘第一次世界大战中缴获的德国战舰停在一处海湾中，8 架轰炸机在米切尔将军的指挥下，分两批对停泊在海中的那艘德国战舰进行轰炸。轰炸机投弹高度在 700 米左右，每架轰炸机携带 8 枚炸弹。尽管只

↑德国 Ju.87 俯冲轰炸机空袭波兰，拉开了第二次世界大战的序幕。

有 5 枚炸弹命中战舰两侧甲板，这艘战舰还是在 25 分钟后沉入海底。这次试验使人们认识到了轰炸机的威力，大批轰炸机开始用于战场轰炸和对海面舰船的袭击。

德国空袭波兰

1939 年 9 月 1 日凌晨，德国空军以 1929 架飞机突然大规模空袭波兰，拉开了第二次世界大战的序幕。

参加空袭波兰战役行动的是德国空军第 1 和第 4 航空队，包括 9 个 Ju.87 俯冲轰炸机大队、3 个 He.111 重型轰炸机联队、4 个 Do.17 轰炸机联队和少量的 Ju.86 轰炸机，还有大量的"梅塞施密特"型战斗机——Do.17 远程侦察机和 He.126 战场侦察机以及少量的其他飞机。空袭目的是突袭波兰的政治、经济中心、交通枢纽和通讯设施等，夺取制空权，压制波军，摧毁其防御体系，支援德地面部队迅速向波兰内地推进。此时波兰空军共有 824 架飞机，能用于作战的只有 407 架。其中有"鲫鱼"式和"麋鹿"式轰炸机 160 架，PXLP－7 和 P－11 式歼击机 158 架。

9 月 1 日凌晨 4 时 45 分，德国空军 60 架 He.111 重型轰炸机从郎根瑙起飞，在第 76 歼击机联队的第 1 大队 30 架 Me.110 飞机的掩护下，袭击了波兰的克拉科夫机场。另 30 架 He.111 飞机对伦贝格机场进行了轰炸。第 1 轰炸机联队的第 1 大队袭击了普特齐格拉美尔海军基地，第 2 大队袭击了华沙的奥肯切航空港，破坏了跑道和

↓德国 Ju.88A-1 轰炸机

↑苏联的苏－24M 战斗轰炸机

↓德国 He.111H-2 轰炸机

PZL飞机工厂。接着，第27轰炸机联队的90架He.111P轰炸机又对华沙进行了密集袭击。德国空军以极短时间取得并掌握了制空权。

从9月22日起，德空军对华沙市进行猛烈空袭。27日，1150架德机对华沙居民区进行了大面积轰炸，使华沙变成一片废墟。9月28日，华沙守备部队被迫投降。在这次战争中，波兰空军除116架各型飞机在最后崩溃前转移到罗马尼亚外，其余全部被歼。德国空军共损失203架飞机，严重损坏约280架，空勤人员有221人丧生，132人负伤，218人失踪。

英美联合轰炸汉堡

1942年8月，美国第8航空队进驻英国后，英美开始对德国本土实施长时间的持续轰炸。

1943年1月，英国首相丘吉尔和美国总统罗斯福在卡萨布兰卡达成了《对德战略轰炸谅解协议书》，决定对德国的潜艇工厂、飞机工厂、轴承工厂和人造石油工厂等军事工业的生产重地进行大规模空袭，消除德国的战争潜力。

1943年7月24日，英国空军决定对德国最大的城市汉堡实施轰炸。德国保卫汉堡的兵力有54个重型高炮中队、26个轻型高炮中队、22个探照灯中队和3个烟幕施放中心。英军首先施行电子干扰技术，由电子干扰机每隔1分钟就撒下几千条成束的银箔条，使德军的雷达无法辨认轰炸机的运动方向，使其防守高炮无法确定射击目标。在干扰技术的掩护下，英国791架飞机中的728架飞达了汉堡上空，使用威力强大的高爆弹和燃烧弹进行大规模轰炸，使汉堡市区和工厂受到重大破坏。7月25日～26日，

美国空军也派出235架轰炸机进行补充轰炸。27日、28日和8月2日，英国空军又连续三次对汉堡进行了"地毯式轰炸"。

一周时间中，英美空军共出动轰炸机3000多架次轰炸汉堡，落在市区的炸弹9000吨，毁掉60%的城区，达76.8平方千米，死亡人数达10万人，破坏了工业康采恩和兵工厂580个，极大地削弱了德国的战争潜力，使德军前线补给陷入紧张状态。

盟军轰炸历史名城德累斯顿

1945年2月13日，反法西斯国家的盟军对德国历史名城德累斯顿进行大规模联合空袭。首批245架飞机从安德兰特基地起飞直奔德累斯顿。一架"蚊"式高速轰炸机为先导，最后面是携带大量炸弹的英国"兰开斯特"重型轰炸机群。

夜间22时10分，空袭正式开始。轰炸机群飞临德累斯顿上空，先导飞机扔下爆破弹，炸裂和轰塌了有数百年历史的古老建筑群，紧跟后面的飞机则投下燃烧弹，市中心方圆40平方千米内顿成火海。

第二天中午，德累斯顿的大火还未熄灭，美国空军的1350架B－17"飞行堡垒"和B－24"解放"轰炸机，在P－51"野马"歼击机的护航下赶到，再次投下数千吨重磅炸弹。整个市区又陷入一片火海之中。中央火车站附近聚集的无数从东普鲁士、波兰、西莱佳来的难民遭到灭顶之灾，死伤大半。空袭过后，德累斯顿到处是残垣断壁和烧焦的死尸。共有13.5万人死亡，伤者无数。

↑遭空袭后的德累斯顿。

最重的炸弹

　　世界上使用过的最重的普通炸弹，是英国皇家空军的"大满贯"。这种炸弹重达 9979 千克，长 7.75 米，于 1945 年 3 月 14 日投到德国的比勒菲尔德的高架铁路桥上。

　　1949 年，美国空军在加利福尼亚的穆罗克干湖曾试验过 1 枚重 19050 千克的炸弹。

↑美国 B-50D "超级堡垒" 轰炸机

各国轰炸机

美国 B－17 "飞行堡垒" 轰炸机

　　B－17 "飞行堡垒" 轰炸机，是美国波音公司于 1934 年研制的一种单翼四发动机活塞式重型轰炸机。1935 年 7 月试飞，1937 年装备部队。总产量达 12731 架。

　　B－17 "飞行堡垒" 轰炸机系最早装备雷达的全金属结构飞机，前上部安置驾驶舱，头、尾、背、腹各有 1 个炮塔，乘员最多可达 10 人；两翼前缘装 4 台功率各为 882 千瓦的气冷活塞式发动机，后三点式起落架。飞机全长 22.7 米，机高 5.82 米，翼展 31.62 米；最大起飞重量 29735 千克；最大平飞速度 462 千米／时，实用升限 10850 米，最大航程 5472 千米。载有包括雷达在内的无线电设备和导航仪表，可保障飞机昼夜航行，透过云层轰炸。机上载有 13 挺 12.7 毫米机枪，最大载弹量 7985 千克。

↑美国 B－17G "飞行堡垒" 轰炸机

美国 B－18 "保罗" 轰炸机

　　B－18 "保罗" 轰炸机是美国道格拉斯公司研制的一种中型轰炸机，于 1935 年试飞，随后做了改进，便正式投入生产。共生产了数百架。B－18 乘员 6 人，两台空冷式星型发动机装于两侧机翼。飞机全长 17.6 米，翼展 27.28 米，机翼面积 89.1 平方米。空重 7403 千克，起飞重量 12520 千克。在 3050 米高度时，最大飞行速度为 348 千米／时，实用升限 7285 米。载弹量为 907 千克时，最大航程 1450 千米。装备 3 挺 7.62 毫米口径机枪，可挂载 1996 千克炸弹。

美国 B－24 "解放者" 轰炸机

　　B－24 "解放者" 轰炸机，是美国康维尔飞机公司于 1938 年研制的一种单翼四发动机远程重型轰炸机。1939 年 12 月试飞，1941 年 9 月交付使用，共生产 18481 架。"解放者" 机头、机尾和上下左右均有炮塔舱；机翼两侧前缘对称装 4 台功率各为 882 千瓦的活塞发动机；机翼由悬臂式矩形上平尾和双垂尾组成，采用前三点式起落架。飞机全长 20.47 米，机高 5.48 米，翼展 33.5 米，最大起飞重量 28125 千克，空重 16555 千克，最大速度 483 千米／时，实用升限 8500 米，最大航程 5950 千米。载有自动驾驶仪和雷达瞄准具。各炮塔共有 10 挺 12.7 毫米机枪，可载 5800 千克的各种炸弹。

↑美国 B－24 "解放者" 轰炸机

美国 B－25 "米切尔" 轰炸机

　　B－25 "米切尔" 轰炸机，是美国的单翼双发动机轻型轰炸机，1940 年 8 月原型机首飞，1941 年投入使用，相继有多个型号问世。

　　B－25 "米切尔" 轰炸机的机头光滑呈鲸鱼头形，乘员 5 人，两侧翼下对称置两台功率各为

↑美国 B－25"米切尔"轻型轰炸机

↑美军的 F－111C 战斗轰炸机展示其携带的武器。

1249.5 千瓦的气冷式活塞发动机，双垂尾位于平尾端部，可以收放前三点式起落架。

飞机全长 16.13 米，机高 4.8 米，翼展 20.6 米，最大起飞重量 15196 千克，最大平飞速度 442 千米／时，实用升限 7250 米，航程 5950 千米。机头左下方装 1 门机炮，右侧和上、下、尾炮塔装 14 挺机枪，机腹弹舱可载 1500 千克炸弹。

美国 B－26"劫掠者"中型轰炸机

美国的 B－26"劫掠者"轰炸机又名"马丁"179 轰炸机。该型机于 1939 年开始研制，首架 B－26 于 1940 年 11 月开始试飞，1941 年交付使用。它采用前三点式起落架，中单翼布局，流线型机身。B－26 总共生产了 2452 架，先后有 A、B、C、F、G 等型号问世。其中，B－26B 有乘员 7 人，装两台空冷式星型活塞发动机；翼展 21.64 米，飞机全长 17.75 米，机翼面积 61.13 平方米；飞机空重 10886 千克，最大起飞重量 17340 千克；当飞行高度为 4572 米时最大飞行速度 454 千米／时，实用升限 7165 米，满载炸弹时最大航程 1780 千米；装备 12 挺 12.7 毫米口径机枪，机身内可载 1815 千克炸弹，腹下可外挂 1 枚鱼雷。

↑美国 B－26"劫掠者"中型轰炸机

美国 FB－111 轰炸机

FB－111 轰炸机，是美国通用动力公司在 F－111 重型战斗机的基础上研制的一种变后掠翼中程超声速战略轰炸机，它是世界上第一型采用变后掠翼并具实用水平的飞机。1967 年 7 月试飞，1969 年 10 月交付使用，共生产 76 架，从 1992 年起开始退役。

FB－111 采用并列双座舱，机身两侧进气，装两台加力推力各为 90.7 千牛的涡轮风扇发动机，机翼由固定翼和活动翼组成，机翼后掠角可在 16°～72.5°之间变化；起飞、着陆及巡航飞行时，机翼保持在 16°～26°的小后掠角位置，以产生高升力，缩短起落滑跑距离；突防和作战时，机翼处于 70°左右的大后掠角位置，以提高飞行速度。

飞机全长 22.4 米，机高 5.22 米，最大起飞重量 51845 千克，空重 21545 千克；最大平飞速度 2.2 马赫，实用升限 16800 米，作战半径 1700 千米，转场航程 6600 千米。

FB－111 轰炸机的机载设备有导航与轰炸系统、武器投放计算机、多普勒雷达、攻击雷达、地形跟踪雷达和低空雷达高度表等。机身弹舱内两个和机翼下 8 个挂架可选带 50 枚 340 千克普通炸弹或挂 5000 千克的核弹或带 6 枚近距攻击导弹。

苏联伊尔－28 轰炸机

伊尔－28 轰炸机是苏联伊留申设计局研制的苏联第一代轻型喷气轰炸机，1948 年试飞，1950 年交付使用。伊尔－28 机身前上部有双座驾驶舱，尾部有通讯射击舱和旋转炮塔，机翼两侧对称置推力为 27 千牛的离心式涡轮喷气发动机，推力为 15 千牛的固体燃料火箭起飞助推器。全长 17.65 米，机高 6 米，翼展 21.45 米，最大起

↑苏联伊尔—28 轻型轰炸机

飞重量 21200 千克，空重 12890 千克，最大平飞速度 900 千米／时，实用升限 12300 米，爬升率 900 米／分，航程 2260 千米。机载轰炸雷达、光学瞄准具、敌我识别器和护尾器等。弹舱内携 4 枚 400 千克或 12 枚 250 千克炸弹或小型战术核武器，翼下 8 个挂架可挂火箭弹或炸弹，最大载弹量 3000 千克；机头两侧和机尾炮塔各装两门机炮。

苏联图－16 轰炸机

图—16 轰炸机是苏联图波列夫设计局于 1950 年研制的喷气式高亚声速中程轰炸机。1952 年试飞，1955 年交付使用。共生产 2000 多架。1966 年开始退役。图—16 载乘员 6 人。机身上、下和尾部各有一个活动炮塔。机翼两侧各装 1 台推力为 95 千牛的涡轮喷气发动机。飞机全长 34.8 米，机高 10.8 米，翼展 33 米，最大起飞重量 75800 千克，空重 37040 千克，最大平飞速度 992 千米／时，实用升限 15000 米，作战半径 2300 千米，最大航程 6000 千米。机载设备有远距通信电台、应急救生电台、轰炸射击瞄准雷达、盲目着陆系统、敌我识别系统和电子侦察干扰系统等。腹部弹舱可装各种炸弹、核弹、鱼雷或水雷，最大载弹量 9000 千克；翼下两个挂架可带两枚空地导弹，各炮塔共装 7 门 23 毫米机炮。

日本 D3A 九九式轰炸机

D3A 九九式轰炸机，是日本爱知公司于 1936 年研制的一种双座活塞式舰载俯冲轰炸机。1937 年 12 月试飞，1939 年投入生产，共生产

↓日本 D3A1 式轰炸机

1489 架。

D3A 九九式轰炸机的机头装 1 台功率为 955.5 千瓦的三菱金星 54 型气冷式 14 缸活塞发动机，封闭式串列双座驾驶舱位居中上部；机翼为悬臂式椭圆形下单翼，固定的后三点式起落架。飞机全长 10.2 米，机高 3.85 米，翼展 14.37 米，总重 3800 千克，空重 2570 千克，最大平飞速度 410 千米／时，实用升限 10500 米，航程 1350 千米。

D3A 九九式轰炸机的武器装备为：机头的前上方装有两挺 7.62 毫米机枪，驾驶舱的前上方装有 1 挺 7.62 毫米可以转动的机枪，机腹挂载 1 枚 250 千克和 2 枚 30～60 千克的炸弹。

日本 Ki－21 九七式轰炸机

Ki－21 九七式轰炸机，是日本三菱重工业公司于 1935 年研制的一种活塞式重型轰炸机。1936 年 12 月试飞，1938 年投产，共生产约 1723 架。乘员 5～7 人，头部、后上方和后下部均有炮塔，两翼装两台活塞发动机。飞机全长为 16 米，机高 4.85 米，翼展 22.5 米；起飞重量 10632 千克；最大平飞速度 486 千米／时，实用升限为 10000 米，航程 27000 千米。装备 6 挺机枪，可携带 1000 千克炸弹。

德国 Ju. 87 "斯图卡" 轰炸机

Ju. 87 轰炸机，是德国亨克尔股份公司于 1934 年研制的一种双座单发活塞式俯冲轰炸机。1935 年试飞，1936 年交付使用，共生产 5709 架。

Ju.87 系短程轻型轰炸机，头部装 1 台功率为 1029 千瓦的活塞螺旋桨发动机。飞机全长 10.08 米，翼展 13.8 米，起飞重量 4255 千克，最大速度 336 千米／时，最大航程 1400 千米。装 4 挺 7.92 毫米机枪，腹下挂架带 500 千克炸弹。

Ju.87飞机上安装了一种发声装置，这种装置可有效地制造恐怖气氛，因此Ju.87飞机以俯冲轰炸时发出恐怖的嗥叫声而著称，在第二次世界大战中曾发挥了重要作用。

德国Ju. 88 轰炸机

Ju. 88 轰炸机，是德国亨克尔股份公司研制的一种活塞式中程轰炸机。1936年12月试飞，1939年夏交付使用，各型生产总量在15200架。

Ju. 88 轰炸机共载乘员4人，机翼装两台功率各为1029千瓦的三桨叶活塞式发动机。

飞机全长10.6米，翼展12.51米，最大起飞重量6390千克，最大速度465千米／时，实用升限11450米，最大航程2500千米。机身炮塔装4挺7.92毫米机枪，可挂带1800千克炸弹。

↓德国Ju. 88A－1轰炸机

↓意大利菲亚特B.R.20"鹳"轰炸机

意大利 B.R.20 "鹳" 轰炸机

B.R.20 "鹳" 轰炸机是意大利菲亚特股份有限公司研制的一种中型轰炸机，该机的原型机于1937年首次试飞，随后意大利便尽其可能地大量生产。

B.R.20轰炸机有乘员5人，两台空冷式星型发动机置于两侧机翼。飞机全长16.17米，翼展21.56米，机翼面积74平方米。空重6739千克，最大起飞重量10100千克。在4000米高度时，最大飞行速度430千米／时。实用升限7200米。携带1000千克炸弹时，最大航程11000千米。

B.R.20轰炸机装备1挺12.7毫米口径机枪和两挺7.62毫米口径机枪，最大炸弹挂载量为1600千克。

↑美国RC－135侦察机

侦察机

侦察机的出现

第一次世界大战初期，各参战国投入战争的飞机约500架，几乎全用于侦察；战争末期，约有一半的飞机用于战争侦察，并开始使用照相手段。第二次世界大战期间，照相侦察成为主要侦察手段，有些侦察机装有高空航空照相机，可进行垂直或倾斜照相，有的还装有雷达侦察设备。大战末期出现了电子侦察机。美军在朝鲜战争期间，为了策划仁川登陆，派RT－80喷气侦察机，4次从60～70米的低空，拍摄了2000多张仁川码头附近的立体照片，从而推断出1950年9月15日17时30分适于登陆，并计算出潮水与码头的相对高度，预制了木头和铝合金的梯子。战后调查表明，此次飞机摄影测量误差不超过10厘米。

20世纪50年代，侦察机的飞行速度超过声速，机载侦察设备也有改进。拍摄目标后几十秒钟就能印出照片，并可用无线电传真传送到地面。还出现了一些专门研制的侦察机，如美国的U－2高空侦察机。

↓德国L.V.G.CII侦察机

↑美国 OV—1D 侦察机

60 年代，又研制出 3 马赫的战略侦察机，如美国的 SR—71 和苏联的米格—25P 等。米格—25P 侦察机最高时速 3440 千米，最大升限 30000 米。

80 年代，美国还研制出 TR—1A 侦察机，该侦察机是由美国洛克希德公司用战略侦察机 U—2R 机体改装机载设备而成的一种高空技术侦察机。1981 年 8 月 1 日首次试飞，能不分昼夜、全天候和连续观测对方境内纵深目标，以支援地面和空中部队作战。在海湾战争中，美国曾调用了 TR—1A 侦察机。

美国 U—2 侦察机

U—2 侦察机是美国洛克希德公司于 1953 年研制的一种喷气式高空侦察机，1955 年试飞，1956 年交付使用。该机有 A、C、D、R 等型号问世，用于执行战略或战术的照相和电子侦察任务。U—2 飞机是喷气飞机和滑翔飞机的精彩结合。机身细长，单座驾驶舱，两侧进气，装 1 台推力为 50.8 千牛的涡轮喷气发动机；悬臂式平直梯形中直单翼，翼尖有着陆滑橇，飞机全长 15.11 米，机高 3.96 米，翼展 24.38 米，机体多塑料和层板制作，全身喷成黑色，最大起飞重量 7064 千克，空重 5312 千克，最大平飞速度 804 千米 / 时，实用升限 25908 米，最大航程约为 7240 千米，续航时间 10 小时。该机装备 8 台

能全天候工作的高分辨率全自动照相机、4 部实施电子侦察的雷达信号接收机、无线电通信侦收机、辐射源方位测向机和电磁辐射源磁带记录机等。其摄影设备可在 24384 米的高度拍摄，照片上能区分出步行着的人和骑自行车的人、着军服的人和着便服的人。在 15240 米的高度拍摄时，可以从照片上看出报纸上的大字标题和贴在墙上的广告。在 9144 米的高度拍摄时，从照片上能够看出马路上的香烟头。

预警机

空中预警机

预警机是把地面雷达站装在飞机上，由性能较好的运输机或直升机改装而成，用于搜索、监视空中或海上目标，并可指挥引导己方飞机执行作战任务的飞机。预警机装有先进而复杂的电子设备，包括警戒雷达、情报传递设备和指挥控制系统等，在现代战争中占有极其重要的地位。与地面雷达系统相比，它有三大优势：一、雷达天线高度高，没有低空盲区，加大了探测距离，并可延长预警时间。二、机动性好，相对而言不易被攻击。三、可以靠前部署，力争主动。

一般而言，一架现代空中预警机，其雷达覆

↑美国 E-2A "鹰眼" 预警机

↑美国 U—2C 高空侦察机

↑美国 E—2C 预警机正要在 "肯尼迪" 号航母上着舰。

↑瑞典萨伯—340预警机

盖面积可达50万平方千米，相当于几十部地面雷达；探测距离可达1200千米，预警时间可比地面雷达系统提高3～5倍；而且可以较全面地了解战场上的真实情况，提供准确信息，引导和指挥己方飞机和其他进攻武器对敌空中或地面目标实施攻击。

美国E－3"望楼"预警机

E－3"望楼"预警机，是美国波音公司于1970年开始在波音707—320B民航机基础上研制的一种远程空中预警和控制飞机。1972年2月试飞，1977年交付使用。

"望楼"系美国第三代预警机，是世界上性能最好的一种全天候、远航程、高空高速预警机，机内有供17名乘员活动的驾驶舱、战术舱和生活舱，机背上支架托装一个旋转的直径为9.14米、厚1.8米、重5300千克的圆盘形雷达天线罩，两翼下对称吊装4台推力各为95.25千牛的涡轮风扇发动机。飞机全长43.68米，机高12.6米，翼展39.27米，最大起飞重量147550千克，最大飞速853千米/时，实用升限12200米，值勤巡航高度9140米，值勤巡航时间6小时，不进行空中加油可续航9～15小时。E－3A型预警机在9000米高空飞行时，雷达发现高空目标的距离为500～600千米，发现低空目标为300～400千米，其监视覆盖面积可达30～65

万平方千米。相当于30部地面雷达的作用。此外，它还可搜索600个目标，并能对240个重点目标进行识别、判读、测距，并处理300～400个目标的数据。

军用直升机

军用直升机

军用直升机是用于物资和兵员运输、战场伤员救护、空中对地攻击、机降登陆作战、反潜反舰、扫雷布雷、侦察巡逻、炮兵校射、电子干扰、预警指挥、通信联络以及对空作战等军事目的的直升机。按重量可分为轻型（2～4吨左右）、中型（5～12吨左右）和重型（20吨左右）直升机；按用途也可分为武装直升机、多用途直升机和运输直升机等。

载人直升机于20世纪30年代中期问世，在战争中使用则始于50年代的朝鲜战争；这时期代表性的是美国贝尔–47和苏联的米－4。主要使用活塞式发动机和钢木混合式桨叶，最大飞行速度约200千米/时。50年代中期至60年代中期，直升机已改装涡轮轴发动机和全金属桨叶，最大飞行速度约250千米/时，如美国的UH－1、CH－46、SH－3、OH－6和"海妖"，苏联的米－6、米－8及卡－25，法国的"云雀"和SA321"超级黄蜂"，英国的"威赛克斯"。

越南战争中后期及几次中东战争期间，专用武装直升机参战。专用武装直升机也称"攻击直升机"，是集火力、机动性、装甲防护于一体的空中攻击武器。这种直升机机身较窄，重量轻而灵活，主要有配合陆、海军部队作战，包括用于

↑美国UH－1直升机

↑美国HH-60G直升机从舰船上起飞。

↑美国 AH — 64A "阿帕奇"直升机轻盈掠过水面。

反坦克作战和支援地面及水面作战的"攻击直升机",用于空中格斗的"战斗直升机";用于攻击潜艇的"反潜直升机"。武装直升机的最大飞行速度已达 300 千米 / 时左右,较著名的有美国的 AH — 1、MD530、S — 65,苏联的米 — 24,法国的"海豚",英国的"海王"等。

70 年代中期以后,直升机朝武装和多用途方向发展,最大飞行速度在 350 千米 / 时左右,出现了美国的 AH — 64、S — 70,苏联的米 — 28,法国的 AS355"松鼠"以及英法合作的 SA341"小羚羊"等。

各国军用直升机

美国 CH — 46 直升机

CH — 46 直升机,是美国波音·威托尔公司于 1957 年研制的一种双发动机双旋翼纵列式中型军用运输直升机。

CH — 46 机身粗大,呈方形截面,顶部前后各有一个旋翼塔;两个纵列旋翼均由全铰接式桨毂和 3 片可折叠桨叶构成,在后旋翼塔基部并排装两台功率各为 932 千瓦的涡轮轴发动机;机身长 13.66 米,机高 5.09 米,旋翼直径 15.54

米;最大起飞重量 10433 千克,最大速度 267 千米 / 时,最大爬升率 523 米 / 分,实用升限 4265 米,有效悬停高度 2895 米,航程 380 千米。机载设备有盲目飞行仪表、复式增稳系统和自动配平系统等。机舱可运送 25 名全副武装的士兵或 15 名担架伤员和 2 名医护人员或 1814 ~ 3062 千克的军备物资,另可吊运 4535 千克的武器装备和物资设备。

↑美国 CH — 47 直升机

美国 CH — 47 直升机

CH — 47 直升机,是美国波音·威托尔公司于 1956 年研制的双旋翼纵列式中、重型军用运输直升机。机身长 15.54 米,机高 5.77 米,旋翼直径 18.29 米,全机最大起飞重量 22680 千克,最大平飞速度 297 千米 / 时,最大爬升率 406 米 / 分,实用升限 6735 米,悬停高度 1705 米,转场航程 2060 千米。机载设备有超高频调幅调频无线电通信系统、敌我识别器、无线电罗盘、雷达高度表、水平位置指示器等。舱内载荷达 6510 千克,可运送 33 ~ 44 名全副武装的士兵或 24 名担架伤员和两名医护人员或武器、装备和货物,3 个外部吊钩可吊运 7190 千克的武器弹药和货物。

美国 HH — 52A 直升机

HH — 52A 直升机,是美国西科斯基公司于

↑美国 CH — 46E 军用运输直升机

↑美国 HH — 52A 直升机

1957 年开始研制的，1958 年 5 月首飞。1960 年 7 月交付使用，装备美国海岸警卫队。

HH — 52A 直升机的旋翼直径为 16.16 米，尾桨直径 2.67 米，机身长 13.58 米，机高 4.88 米，装涡轮轴发动机，空重 2306 千克，最大有效载重 1368 千克，最大起飞重量 3674 千克，最大平飞速度 175 千米 / 时（海平面），最大爬升率 329 米 / 分（海平面），有效悬停高度 3720

↑美国"海妖"反潜直升机

米，航程 763 千米，可载 12 名全副武装的士兵。

美国 MH － 53 "扫雷" 直升机

MH — 53 直升机是由美国西科斯基公司研制的三发动机重型海军用直升机，可拖拽大型扫雷设备和进行空中加油。

主旋翼直径为 24.08 米，桨叶由钛合金大梁和复合材料蒙皮结构制成，机身为水密式半硬结构，驾驶舱可以乘载 3 名空勤人员，机舱内可以乘载 55 名全副武装的士兵。

装有 3 台通用电气公司的涡轮轴发动机，机身长为 22.24 米，旋翼和尾梁折叠时为 5.66 米，最大平飞速度为 315 千米 / 时，巡航时速为 278 千米，最大爬升率 13.96 米 / 秒，实用升限 5640 米，有效悬停高度为 3520 米，航程 2080 千米。

↑美国 MH-53J 重型直升机

美国 SH-2F "海妖" 多用途直升机

SH-2F "海妖" 直升机，是美国卡曼公司于 1955 年研制的单旋翼中型军用多用途直升机。

SH-2F "海妖" 直升机在旋翼塔两侧装有

两台功率各为 1006 千瓦的涡轮轴发动机，旋翼由钛合金制成，4 片桨叶可折叠，尾桨有 4 片桨叶，采用后三点轮式起落架，机身长 16.08 米，机高 5.30 米，旋翼直径 18.90 米，尾桨直径 3.23 米，最大起飞重量 6123 千克，最大平飞速度 241 千米 / 时，巡航速度 222 千米 / 时，最大爬升率 744 米 / 分，实用升限 4480 米，悬停高度 5670 米，活动半径 333 千米，转场航程 695 千米。

SH-2F "海妖" 直升机的机载设备有搜索监视雷达、战术导航系统、超高频无线电通信电台、雷达高度表、敌我识别器、磁异探测器和声呐浮标系统等。可装一或二条 Mk46 寻的鱼雷。

美国 S － 61 系列直升机

S — 61 是美国西科斯基飞机公司研制的双发动机单旋翼带尾桨直升机。S — 61 系列的第一种型号为 SH — 3A 两栖反潜直升机，1961 年 9 月开始交付使用。

S — 61 系列直升机包括 SH — 3A 反潜直升机，SH — 3D 反潜直升机，SH — 3G 通用型，VH — 3D 要人专机型，S — 61A／B／C 两栖运输型等多种型号。

↑美国 S — 61 直升机

美国 S – 65 直升机

S – 65 直升机，是美国西科斯基飞机公司于1962 年研制的系列单旋翼重型军用多用途直升机。

S – 65 直升机身长为 22.35 米，装 3 台功率各为 2756 千瓦的涡轮轴发动机，旋翼由全铰接式桨毂和 7 片桨叶构成，可折叠，直径 20.08 米，尾桨有 4 片桨叶，直径 4.88 米；机身下装一对翼梢浮筒，可于海上应急降落和漂浮。最大起飞重量 33340千克，最大平飞速度 315 千米 / 时，巡航速度 278 千米 / 时，最大爬升率 762 米 / 分，实用升限 5640米，悬停高度 3520 米，转场航程 2075 千米。

机载自动飞行控制系统、四通道自动驾驶仪、两台数字式电子计算机、通信和导航系统、近地和导弹报警系统等。最大载重可以达到13600 千克，能载运 55 ~ 64 名全副武装的士兵或者导弹、火炮、军车等重型武器装备，可以携带"响尾蛇"空空导弹。

美国 S – 70 直升机

S – 70 直升机，是美国西科斯基飞机公司于 1972 年研制的一种单旋翼中型军用多用途直升机。1974 年 10 月试飞，1979 年正式交付使用。共生产 1500 多架。

S – 70 装两台功率各为 1150 千瓦的涡轮轴发动机，旋翼由铰接式桨毂和 4 片桨叶构成，直径 16.36 米，可折叠；尾桨有 4 片复合材料桨叶，直径 3.35 米；后三点轮式起落架。机身长 15.26米，机高 5.13 米，全机最大起飞重量 9185 千克，最大速度 361 千米 / 时，实用升限 5790 米，悬停高度 3170 米，航程 600 千米。

机载设备主要有甚高频和超高频通信电台、多普勒雷达、无线电罗盘、雷达高度表、敌我识别系统、雷达警报器、搜索雷达、磁异探测器和声呐等。S – 70 直升机装备 1 ~ 2 门机炮，机身外挂"海尔法"反坦克导弹、火箭弹或两条鱼雷，可运送 11 ~ 14 名全副武装的士兵或载运3630 千克的武器装备。

↑美国 AH – 64A "阿帕奇" 中型直升机

美国 AH – 64A "阿帕奇" 直升机

AH – 64A "阿帕奇" 直升机，是美国麦道公司于 1973 年研制的单旋翼中型攻击直升机。1976 年试飞，1984 年交付使用。

AH – 64A 机身较细长，呈流线型，纵列双座驾驶舱，装两台功率各为 1265 千瓦的涡轮轴发动机；旋翼由柔性板桨毂和 4 片玻璃钢增强桨叶组成，直径 14.63 米，尾桨有 4 片桨叶，直径 2.77 米；后三点式起落架。全机最大起飞重量9525 千克，最大速度 365 千米 / 时，最大垂直爬升率 762 米 / 分，实用升限 6400 米，悬停高度3505 米，最大航程 482 千米，转场航程 1899 千米。装有激光目标指示器、热成像探测器、目标截获 / 头盔综合显示器，当飞行员的头盔综合显示器上的图像对准目标时，即可准确击中目标。武器包括：1 门链式机炮，短翼下 4 个挂点可携

↑美国 S – 70 直升机

↑美制 "阿帕奇" 攻击直升机

16 枚 "海尔法" 激光寻的反坦克导弹或 4 具 19 枚装 70 毫米火箭弹发射器，可从 6 000～7 000 米处精确击中目标。

AH－64A "阿帕奇" 武装直升机有多种改型，最新的一款改型是长弓型 AH－64D 武装直升机。长弓型 AH－64D "阿帕奇" 直升机的性能大大优于 AH－64A 型直升机。

美国 RAH－66 "科曼奇" 武装直升机

RAH－66 "科曼奇" 武装直升机，是美国波音直升机公司和西科斯基飞机公司联合研制的一种双座双发轻型攻击直升机。1996 年 1 月 4 日原型机首飞，2001 年首批 6 架初具作战能力的 "科曼奇" 开始试验性服役。

RAH－66 科曼奇武装直升机的旋翼系统采用德国公司的 5 片桨叶全复合材料无轴承旋翼系统。动力装置为两台 1008 千瓦涡轮轴发动机。机头下方旋转炮塔内装有双管 20 毫米口径加农炮，此外可载 "海尔法" 或 "毒刺" 导弹。

机长 14.28 米，旋翼直径 11.90 米，机高 3.39 米，空重 3522 千克，最大起飞重量 5799 千克，最大平飞速度 324 千米／时，垂直爬升率 360 米／分，转场航程 2335 千米。

↑美国 RAH－66 "科曼奇" 直升机

↑苏联米－4 直升机

苏联米－4 直升机

米－4 直升机，是苏联米里设计局于 1951 年研制的单旋翼多用途直升机。1952 年 8 月试飞，1953 年交付使用。共生产 3500 架。

米－4 机身呈蝌蚪形，机头装 1 台功率为

1249.5 千瓦气冷式活塞发动机，旋翼为 4 片全金属桨叶，直径 21 米，尾桨 3 片桨叶，直径 3.6 米；采用四点式单轮起落架。机身长 16.8 米，机高 5.18 米，机舱容积 16 立方米；最大起飞重量 7800 千克；最大平飞速度 210 千米／时，实用升限 5500 米，航程 400 千米，最大载重 1740 千克，可运送 14 名全副武装的士兵或吉普车、76 毫米反坦克炮等；装备机枪、机炮和火箭弹或带鱼雷、照明弹、标志弹及声呐浮标等。

↓苏联米－6 重型运输直升机

苏联米－6 直升机

米－6 直升机，是苏联米里设计局于 1954 年研制的单旋翼重型军用运输直升机，1957 年试飞。

米－6 直升机装两台功率各为 4098 千瓦的涡轮轴发动机，旋翼由全铰接式桨毂和 5 片全金属桨叶构成，直径 35 米，尾桨有 4 片金属桨叶，直径 6.3 米，短翼为悬臂式上单翼。机身长 33.18 米，机高 9.86 米，机舱容积 80 立方米，最大起飞重量 42500 千克，最大平飞速度 300 千米／时，实用升限 4500 米，航程 1000 千米，转场航程 1450 千米。最大载重达 20000 千克，可载运导弹和大炮等重型武器装备或运送 70 名全副武装的士兵或载运 41 名担架伤员和两名医护人员；机头装有 1 挺 12.7 毫米机枪。

苏联米－8 直升机

米－8 直升机，是苏联米里设计局于 1960 年研制的单旋翼中型多用途军用直升机。1961 年 6 月试飞，1963 年交付使用。

米－8 直升机于驾驶舱顶部并装两台功率各为 1266 千瓦的涡轮轴发动机，旋翼由全铰接式桨毂和 5 片矩形金属桨叶构成，直径 21.3 米；尾桨有 3 片全金属桨叶，直径 3.9 米。前三点式起落架。机身长 18.4 米，机高 5.65 米，机舱容积

↑苏联米—8多用途直升机

23 立方米；最大起飞重量 12000 千克，最大平飞速度 260 千米／时，实用升限 4500 米，悬停高度 1900 米，航程 465 千米，转场航程 1200 千米。

苏联米－28 武装直升机

米—28 直升机，是苏联米里设计局于 20 世纪 70 年代中期研制的单旋翼专用武装直升机。1985 年试飞，1987 年交付使用。

米—28 直升机装有两台功率各为 1103 千瓦的涡轮轴发动机，全机长 17.4 米，机高 3.9 米，旋翼直径 17 米，尾桨直径 3.5 米，短翼翼展 6.4 米，最大起飞重量为 11500 千克，最大平飞速度 282 千米／时，最大爬升率 1080 米／分，悬停高度 3600 米，作战半径 240 千米。

米—28 直升机载有自动导航系统、昼夜目视系统、火控系统、诱骗和干扰系统等。机头下方炮塔装 1 门 23 毫米机炮，短翼下 4 个挂架可以携带 16 枚螺旋反坦克导弹或 8 枚空空导弹或者火箭弹发射器等。该机既可以对地面目标实施攻击，也能空中格斗。

↑苏联米—28 武装直升机

苏联卡－27 直升机

卡—27 直升机，是苏联卡莫夫设计局于 20 世纪 70 年代后期研制的一种双旋翼共轴式中型

反潜直升机，1982 年投入使用。

卡—27 直升机机身较粗，呈近正方形截面，顶部装有两台功率各为 1659 千瓦的涡轮轴发动机，机身长 11.3 米，机高 5.4 米，最大起飞重量为 11500 千克，最大有效载荷 5000 千克，最大平飞速度为 250 千米／时，实用升限 6000 米，悬停高度 3500 米，续航时间 4.5 小时。机载设备有自动驾驶仪、飞行零位指示器、多普勒悬停指示器、航道罗盘、大气数据计算机、搜索雷达、敌我识别器、雷达告警装置、声呐浮标、磁异探测器等，武器舱内装有鱼雷和其他武器等。

苏联卡－50"黑鲨"攻击直升机

卡—50"黑鲨"单座攻击直升机，是苏联卡莫夫设计局于 1979 年 12 月开始研制的，1982 年 7 月首次试飞，1991 年开始装备部队。

卡—50"黑鲨"直升机是世界上第一种单座攻击直升机、第一种共轴式直升机和第一种采用弹射救生系统的直升机。该机采用两台功率为 1640 千瓦的涡轮轴发动机，共轴式旋翼，旋翼直径 14.5 米。机长 16 米，最大速度 350 千米／时，无地效悬停升限 4000 米，垂直爬升速度 10 米／秒。

↑苏联卡—50 攻击直升机

卡—50"黑鲨"单座攻击直升机的机载设备有俯仰和航向信号传感器、激光装置、红外前视装置、敌我识别装置、后方警戒雷达等。机上装有30毫米机炮,短翼下可以挂带16枚反坦克导弹和80枚火箭弹。

法国 SA316/319 "云雀" Ⅲ 直升机

"云雀"Ⅲ直升机,是法国国营航宇工业公司研制的单旋翼轻型军用多用途直升机。有SA316和SA319两种型别。1959年2月试飞,1961年交付使用,各型共生产1455架,装备于法国空军、海军和陆军。机身呈大头棒槌形,装1台功率为648千瓦的涡轮轴发动机,全机长12.84米,机高3米,旋翼直径11.02米,尾桨直径1.91米,最大起飞重量2250千克,最大平飞速度220千米/时,最大爬升率270米/分,实用升限4000米,悬停高度2250米,航程540千米。攻击时可带7.62毫米机枪、20毫米机炮或外挂4枚AS11或两枚AS12空地导弹;反潜时可带两条Mk44鱼雷或1条鱼雷和1个磁异探测器。

↑马来西亚空军装备的法制"云雀"Ⅲ直升机,用于联络和前级空中指挥。

法国 SA321 "超级黄蜂" 直升机

SA321"超级黄蜂"直升机,是法国航宇工业公司于1960年研制的单旋翼中型多用途军用直升机。

SA321"超级黄蜂"直升机下机身为船形,两侧装有稳定浮筒,可在海面起落。动力为3台功率各为1169千瓦的涡轮轴发动机。全机长23.03米,机高4.94米,6桨叶旋翼直径18.9米,5桨叶尾桨直径4米。最大起飞重量13000千克,

↑法国 SA321 "超级黄蜂" 直升机

最大允许速度275千米/时,最大爬升率400米/分,实用升限3150米,悬停高度2170米,航程820千米,作战续航时间4小时。机载设备包括自主式导航系统、多普勒雷达、带应答器和显示控制台的360°搜索雷达、提吊式声呐和目标指示雷达等。最大载重5000千克,可运送全副武装士兵30名或15名担架伤员和两名医护人员;作战时可携带两条寻的鱼雷或两枚空对舰"飞鱼"式导弹。

↑法国 SA330 "美洲豹" 军用运输直升机

法国 SA330 "美洲豹" 直升机

SA330"美洲豹"直升机,是法国国营航宇工业公司与英国韦斯特兰公司于1963年合作研制的单旋翼中型军用运输直升机。装两台功率各为1438千瓦的涡轮轴发动机,全机长18.15米,机高5.14米,旋翼直径15米,尾桨直径3.04米,最大起飞重量7400千克,最大允许速度为263千米/时,最大巡航速度258千米/时,最大爬升率336米/分,实用升限4800米,悬停高度2300米,最大航程550千米。可载16～20名全副武装的士兵,或6名担架伤员和6名可坐立伤员或等重量的军用物资;机载武器有7.62毫米机枪、20毫米机炮、火箭弹和导弹等。

法国 AS332 "超级美洲豹" 直升机

AS332"超级美洲豹"直升机,是法国国营航宇工业公司于1974年研制的多用途直升机。

该机前部为装有防弹装甲的驾驶舱,后部为可折叠细长尾梁,装两台功率各为1183千瓦的涡轮轴发动机,机长15.53米,机高4.92米,最大允许速度278千米/时,最大爬升率372米/分,实用升限4100米,悬停高度2700米,航程870千米。可运送23～25名全副武装的士兵或9副担架和3名坐立人员,可携带1门20毫米机炮、两挺7.62毫米机枪或两具内装36枚68毫米火箭弹或19枚70毫米火箭弹的发射器;亦可携带两

枚 "飞鱼" 导弹、6 枚 AS15TT 导弹或 1 枚 "飞鱼" 导弹和 3 枚 AS15TT 导弹或两条鱼雷及声呐、声呐浮标和磁异探测器等。

↑法国 AS332 "超级美洲豹" 多用途直升机

法国 SA341 / 342 "小羚羊" 直升机

SA341 / 342 "小羚羊" 直升机，是法国国营航宇工业公司与英国韦斯特兰公司于 1964 年共同研制的单旋翼轻型多用途直升机。机身较短，呈棒槌形，细长尾梁装有大面积垂尾，装 1 台功率为 305 千瓦的涡轮轴发动机，机身长 9.53 米，机高 3.19 米，旋翼直径 10.5 米，尾桨直径 0.695 米；最大起飞重量 2000 千克，最大允许速度 280 千米 / 时，最大爬升率 468 米 / 分，实用升限 4100 米，悬停高度 3040 米，航程 710 千米。装备有两个 "布朗特" 68 毫米或 FZ70 毫米火箭弹发射器，两枚 AS.12 空地导弹，4 枚或 6 枚 "霍特" 反坦克导弹，两挺 7.62 毫米机枪或 1 门 GLAT20 毫米机炮。

↑法国 SA341 / 342 "小羚羊" 多用途直升机

法国 "海豚" 直升机

"海豚" 直升机，是法国国营航宇工业公司于 1968 年研制的单旋翼多用途直升机。"海豚" 机身较短，呈棒槌形，装两台功率各为 522 千瓦的涡轮轴发动机，机身长 12.11 米，机高 3.99 米，旋翼直径 13.74 米，尾桨直径 1.1 米；最大起飞重量 4100 千克，最大允许速度 296 千米 / 时，

↑法国 "海豚" 多用途直升机

最大爬升率 390 米 / 分，实用升限 4575 米，悬停高度 2150 米，航程 865 千米。

"海豚" 直升机最大有效外挂载荷达 1600 千克，反坦克时可带 4 ~ 8 枚 "霍特" 导弹，反舰时可挂 4 枚 AS15TT 导弹，反潜时可带两枚自动寻的鱼雷，近距支援时可装 7.62 毫米机枪、68 或 70 毫米火箭弹、20 毫米机炮，空战时可携 20 毫米机炮或 4 枚红外制导空空导弹；可运送 8 ~ 10 名全副武装的士兵。

英国 "威赛克斯" 直升机

"威赛克斯" 直升机，是英国韦斯特兰直升机公司研制的单旋翼中型反潜直升机。于 1958 年 6 月试飞，1961 年交付使用。该机装 1 台功率为 1066 千瓦的涡轮轴发动机，机身长 14.77 米，旋翼直径 17.07 米，尾桨直径 2.9 米，机高 4.93 米，最大起飞重量 5715 千克，最大平飞速度 212 千米 / 时，最大爬升率 475 米 / 分，实用升限 4300 米，悬停高度 1800 米，最大航程 1040 千米。武器包括两条寻的鱼雷或 4 枚有线制导导弹、火箭弹或机枪等，可载送 16 名全副武装的士兵或 8 名担架伤员或 1814 千克的军用物资。

↑英国 "威赛克斯" 反潜直升机

英国 "山猫" 直升机

"山猫" 直升机，是英国韦斯特兰直升机公司与法国国营航宇工业公司联合研制，于 1973 年投产。

↑英国"山猫"直升机

"山猫"直升机装有两台功率各为834千瓦的涡轮轴发动机；机身长12.06米，机高3.5米，旋翼直径12.8米，最大连续巡航速度259千米／时，最大爬升率756米／分，悬停高度3230米，最大航程630千米，留空时间达1小时36分。可运送10名全副武装的士兵或910千克的军用装备，可携带7.62毫米机枪、20毫米机炮、68、70、80毫米火箭弹发射器和"霍克"、"陶"式等各种反坦克导弹，可携鱼雷、深水炸弹和空舰导弹等。

英国"超级山猫"／"战场山猫"直升机

"超级山猫"／"战场山猫"直升机，是英国韦斯特兰直升机公司研制的。

"超级山猫"和"战场山猫"直升机分别与"山猫"HAS.Mk8海军型及"山猫"AH.Mk9型基本相同，是双发动机多用途出口型直升机。

"超级山猫"和"战场山猫"直升机装有英国实验旋翼系统计划的复合材料旋翼桨叶，提高了飞行速度。"超级山猫"和"战场山猫"直升机的动力装置采用两台罗尔斯·罗伊斯的"宝石"涡轮轴发动机，单台功率835千瓦。

英国"黄蜂"直升机

"黄蜂"直升机，是英国韦斯特兰直升机公司研制的单旋翼轻型舰载反潜直升机。1962年10月试飞，1963年交付使用。"黄蜂"直升机装

↑英国"黄蜂"反潜直升机

1台功率为522千瓦的涡轮轴发动机，机身长9.24米，机高2.72米，旋翼直径9.83米，尾桨直径2.29米，最大起飞重量2495千克，最大平飞速度193千米／时，最大爬升率439米／分，悬停高度3810米，航程488千米。武器为两条Mk44鱼雷。

英国"海王"直升机

"海王"直升机，是英国韦斯特兰直升机公司研制的单旋翼中型反潜直升机，1969年交付使用。曾投入英阿马岛战争和海湾战争。该机装两台功率各为1091千瓦的涡轮轴发动机，机身长17.02米，悬停高度1982米，航程1482千米。机载设备有甚高频／超高频无线电通信系统和归航仪、无线电罗盘和高度表、多普勒导航系统、伏尔仪表着陆系统、搜索雷达和应答器等。武器包括鱼雷和"海鹰"远距反舰导弹等。

↑英国"海王"直升机

意大利A109A Mk Ⅱ武装直升机

A109A Mk Ⅱ武装直升机，是意大利阿古斯特公司研制的系列军用直升机。包括空中侦察型、轻型攻击型、指挥控制型、通用型、"奎宿九星"型、海军型和警用型等。

空中侦察型可装带稳定瞄准系统的7.62毫米或12.7毫米机枪，两个XM—157火箭发射器。轻型攻击型用于攻击坦克和其他坚固的目标，可装"陶"式反坦克导弹系统。攻击软目标的轻型攻击机则用于掩护、火力压制和攻击软目标。可组合配备火箭和机枪。指挥和控制型为直升机攻击部队指示目标和方位。通用型可载7名士兵、两副担架和两名医护人员，外部安装营救绞车。"奎宿九星"型可发射和回收两架"奎宿九星"—100无人驾驶遥控飞机。海军型可执行反海上舰船，电子战、远程导弹制导、侦察和反潜识别等任务。警用型和其他巡逻型用来执行巡逻、侦察、搜索、救援、消防和其他任务。此

↑意大利 A109AMkⅡ军用型直升机

外，还有电子支援／电子对抗型，A109EOA 型等型号。

军用运输机

军用运输机

军用运输机是用于空运武器装备、兵员并能空投大型军事装备和伞兵的飞机。可分为战术运输机和战略运输机两类，前者为起飞重量在 100 吨以下的中小型飞机，后者为起飞重量在 150 吨以上的大型飞机。

军用运输机出现于第二次世界大战，多由民用运输机改装而成，主要用来空降伞兵和空投军用物资，如美国的 C－47 和德国的 Ju.52，均是活塞螺旋桨式飞机。到第二次世界大战结束时，已出现起飞重量 40～50 吨，载全副武装士兵 50 名、航程 3000 千米以上的全金属战术运输机。50 年代中期，涡轮螺旋桨式军用运输机问世，起飞重量增至 60～250 吨，最大载重 20～80 吨，

↑苏联安－124 运输机打开货舱。

↓美国 C－133A"运货霸王"运输机

巡航速度 500～700 千米／时，如美国的 C－130 和 C－133、苏联的安－12 和安－22、英国的"大商船"和"贝尔法斯特"、法国的"布雷盖"941 和法、德合作的 C－160。60 年代后期，出现涡轮风扇式军用运输机，最大起飞重量高达 140～400 吨，最大载重 30～120 吨，速度 900 千米／时左右，航程约 5000 千米，著名的有美国的 C－141 和 C－5A，苏联的伊尔－76 和安－124，能大量运送部队和装运大炮、坦克、导弹、直升机等重型军事装备。80 年代末，苏联研制出当今世界最大的军用运输机安－225。在现代战争中，军用运输机是提高部队机动性，加强应变能力的重要运输工具，因此一般须具有大容积货舱以便运载大型装备，机身尾部便于大型武器装备和车辆的装卸以及空投和空降，上单翼布局以降低货舱地板接地距离而方便装卸，多轮式起落架和低压轮胎以便于飞机在较松软的跑道上起降和滑行。

↓美国 C－5A"银河"重型运输机

各国运输机

美国 C－5"银河"运输机

C－5"银河"运输机，是美国洛克希德公司于 1963 年研制的涡轮风扇式远程重型军用运输机。1968 年 6 月试飞，1970 年交付使用。

机身粗长呈"8"字形截面，分上下货舱，抛物面形机头罩可向上开成前舱门，后机身上翘，有大型后舱门，机翼为悬臂式后掠单翼，翼下对称吊装 4 台推力各为 194.96 千牛的涡轮风扇发动机，尾翼呈 T 形配置；采用液压收放五支柱

式起落架，1个架为4轮并列，4个后主架各为6轮呈三角形排列。飞机全长75.54米，机高19.85米，翼展67.88米，货舱最大总容积1212.69立方米；最大起飞重量379657千克，最大巡航速度908千米/时，最大爬升率525米/分，实用升限10895米，最大载重航程5526千米，最大燃油航程10411千米。可以载运全副武装的士兵350名或两辆M1型坦克或1辆M1型坦克和两辆陆军战车或16辆3～4吨载重卡车或6架AH—64型武装直升机或装载36个标准集装货箱。该机最大有效载重118388千克。

↑美国C—17战略战术运输机

美国C—17运输机

C—17运输机，是美国麦道公司于1981年研制的涡轮风扇式重型战略战术运输机。1991年9月试飞，1992年交付使用，装备美国空军。

C—17大量采用成熟的先进技术，机尾上翘，有大型后舱门，两侧各有1跳伞舱门，机身上部前后各有两个水上降落应急出口；机翼为悬臂式后掠上单翼，带翼梢小翼，翼下对称吊装4台推力各为185.5千牛的涡轮风扇发动机，带导流式反推力装置，有空中受油设备；呈T形配置。飞机全长53.39米，机高16.79米，翼展50.29米，货舱容积592立方米；全机最大起飞重量250547千克，最大巡航速度0.77马赫，最大载重航程5000千米，转场航程9265千米。可运载重达55吨的M1主战坦克或3架AH—64A攻击直升机或全副武装的伞兵100名或其他重型武器装备。最大有效载重78895千克。

美国C—47运输机

C—47运输机是美国道格拉斯公司研制的一种活塞式军用运输机，由DC—3客机改装而成。1935年12月试飞，1940年装备部队，共生

↑美国C—47B"空中列车"运输机

产10123架，为美国第二次世界大战中的主要军用运输机。后机身左侧有一个大舱门；机翼为悬臂式下单翼，两侧各装1台功率为882千瓦的活塞发动机；采用可收放后三点式起落架。

C—47运输机全长19.65米，翼展28.96米，全机起飞重量11794千克，最大有效载重3000千克，最大平飞速度370千米/时，实用升限为7315米，航程2574千米，可载乘员25～30人。

美国C—130"大力士"运输机

C—130"大力士"运输机，是美国洛克希德公司于1951年研制的涡桨式中型多用途运输机。1954年8月试飞，1956年12月交付使用。

C—130"大力士"运输机系全金属结构，机身较粗短，尾部上翘，有大型后舱门；机翼为悬臂式上单翼，翼下对称吊装4台功率各为3355千瓦的涡轮螺旋桨发动机，还可装8枚推力各为4530牛的助推火箭；飞机全长29.79米，机高11.66米，翼展40.41米，最大巡航速度621千米/时，实用升限10060米，最大爬升率579米/分，空重34686千克，最大起飞重量70310千克，航程4000千米。标准载运方案是：92名士兵或64名伞兵或74名担架伤员和两名护送人员或1辆加油车、1门155毫米榴弹炮及其牵引车1辆，最大有效载重19870千克。

↑美国C—130"大力士"运输机

美国C—133"运货霸王"运输机

C—133"运货霸王"运输机，是美国道格拉斯飞机公司于1957年8月交付使用。机翼为悬臂式梯形上单翼，翼下对称装4台功率各

↑美国 C—133"运货霸王"大型运输机

为 5625 当量千瓦的涡轮螺旋桨发动机，全长 48 米，机高 14.7 米，翼展 54.75 米，最大起飞重量 129730 千克，最大速度 558 千米／时，巡航速度 500 千米／时，实用升限 6125 米，海平面爬升率 6.67 米／秒，最大航程 7015 千米。可装载 200 名全副武装的士兵，"阿特拉斯"和"民兵"等洲际弹道导弹、"雷神"等中程弹道导弹或其他重型武器，最大有效载重 50000 千克。

美国 C—141"运输星"运输机

C—141"运输星"运输机，是美国洛克希德公司于 1961 年研制的涡轮风扇式大型远程军用运输机。

C—141"运输星"运输机的机翼为悬臂式后掠上单翼，翼下对称吊装 4 台推力各为 95.25 千牛的涡轮风扇发动机，有空中加油装置。飞机全长 51.29 米，机高 11.96 米，翼展 48.74 米，货舱最大容积 322.7 立方米，最大起飞重量 155551 千克，最大巡航速度 916 千米／时，海平面爬升率 890 米／分，实用升限 12800 米，最大航

↑美国 C—141B 大型运输机前的一辆美 LAV—25 运兵车，该机能载两辆此类运兵车。

↓苏联安—22 远程重型运输机

程 10280 千米。可载运 154 名全副武装的士兵或 124 名伞兵或 80 名担架伤员和 8 名医护人员或 2.5 吨卡车及其拖车、2.5 吨油车和 M—113 轻型坦克各 1 辆或 1 辆 M—114 型指挥坦克、2 辆 M—113 轻型坦克和 1 辆吉普车或 155 毫米榴弹炮 1 门、5 吨和 1.5 吨卡车各 1 辆；最大有效载重 40440 千克。

苏联安—12 运输机

安—12 运输机，是苏联安东诺夫设计局研制的涡桨式中型军用运输机。1956 年试飞，1958 年交付使用。有 5 个型号问世，1973 年停产，共生产 850 架。安—12 系全金属结构，尾部上翘，有大型后舱门，并有尾炮塔和射击员舱，机翼为悬臂式上单翼，翼下对称装 4 台功率各为 2973 当量千瓦的涡轮螺旋桨发动机。飞机全长 33.1 米，机高 10.53 米，翼展 38 米，货舱容积 97.2 立方米；最大起飞重量 61000 千克，最大平飞速度 777 千米／时，最大巡航速度 670 千米／时，最大爬升率 600 米／分，实用升限 10200 米，最大载重航程 3600 千米，最大燃油航程 5700 千米。货舱装载方案为 100 名全副武装的伞兵或 65 名担架伤员，两门小型火炮和 1 辆拖车或两辆卡车或 1 辆中型坦克，最大有效载重 20000 千克。

苏联安—22 运输机

安—22 运输机，是苏联安东诺夫设计局于 1962 年研制的涡桨式远程重型军用运输机。1965 年 2 月试飞，1967 年交付使用。

安—22 运输机后机身上翘，有大型后舱门，机翼为悬臂式梯形上单翼，翼下对称前伸装 4 台功率各为 11172 当量千瓦的涡轮螺旋桨发动机，尾翼由悬臂式上平尾和双垂尾组成。飞机全长 57.9 米，机高 12.53 米，翼展 64.4 米，货舱容积 640 立方米，最大起飞重量 250000 千克，最大平飞速度 740 千米／时，最大巡航速度 685 千米／时，起飞滑跑距离 1300 米，着陆滑跑距离 800 米，最大载重航程 5000 米，最大油量航程

10950千米。最大有效载重80000千克。货舱内可运载T—62重型坦克、"加涅夫"地空导弹、"飞毛腿"地地导弹、火箭发射车、导弹运输车、桥梁和汽车等重型军事装备。

苏联安—26运输机

安—26运输机，是苏联安东诺夫设计局研制的涡桨式短距军民两用运输机。1968年试飞，1969年服役，共生产700多架。

安—26运输机的尾部上翘，有大型后舱门，机翼为悬臂式平直上单翼，两侧翼下各装1台功率为2072千瓦的涡轮螺旋桨发动机，右发动机短舱内有1台推力为9千牛的辅助涡轮喷气发动机。飞机全长23.8米，机高8.58米，翼展29.2米，全机最大起飞重量24000千克，最大巡航速度435千米/时，海平面最大爬升率480米/分，实用升限8100米，最大载重航程900千米，最大油量航程2250千米。安—26运输机的最大有效载重5500千克，可空运40名全副武装的伞兵或24名伤员和1名护理人员或军用车等军用物资装备。

苏联伊尔—76运输机

伊尔—76运输机，是苏联伊留申设计局于20世纪60年代末研制的涡轮风扇式中远程重型军民两用运输机。1971年3月试飞，1975年交付使用。飞机全长46.59米，机高14.76米，翼展50.5米，最大起飞重量170000千克，最大平飞速度850千米/时，最大巡航速度800千米/时，绝对升限15500米，最大载重航程5000千米，最大油量航程6700千米。可运载150名全副武装士兵或120名伞兵或装运各种装甲战车、运兵车、高炮和导弹等重型武器装备，最大有效载重40000千克。

桨式中型军用运输机。1963年2月试飞，1967年交付使用，共生产210架。

飞机全长32.4米，机高11.65米，翼展40米，货舱容积115立方米；最大起飞重量51000千克，最大平飞速度513千米/时，实用升限8535米，最大载重航程1850千米。最大有效载重17000千克，可运送93名全副武装的士兵或81名伞兵或62名担架伤员和4名护理人员；可装运装甲车、坦克和牵引车等军事装备。

空中加油机

空中加油机

空中加油机是专门用来给飞行中的飞机补加燃油以增大其续航距离的飞机。空中加油技术源于第一次世界大战后美国航空竞技活动。1949年，英国和美国研制出实用的空中加油装置。后来苏联也研制出类似插头锥套式的装置。空中加油机多由大型运输机和战略轰炸机改装而成。加油机的加油设备大都装在机身尾部，少数装在机翼下面。有插头锥套式和伸缩杆式两种。

插头锥套式又称作软管式，软管长为20～30米，软管的末端有锥套，外形呈漏斗状，内有加油接头。空中加油时，加油机在受油机前方飞行，软管从飞机里自行放出。受油机飞行员调整飞行速度、航向和高度，将受油管插进锥套后，油路自动接通，开始加油。加油完毕后，受油机驾驶员降低飞行速度，在预定拉力下，受油管与锥套脱开。

伸缩杆式即硬管式，是在加油机尾部装有一

↑法国C—160"协同"运输机飞行状态。

法国C—160"协同"运输机

C—160"协同"运输机，是法国航宇公司和前联邦德国MBB公司于1959年联合研制的涡

↑美国"星座"号航母上的KA—6D加油机，从照片上可以看到2个加油装置，1个在机身后部下方，1个为右翼内侧下方的加油吊舱，在收放口处可见收入的加油锥套。右翼外侧下方为2个副油箱。

↑战斗机在飞行训练时，也需要空中加油。图为美国 KC－135 加油机在为飞行中的 F－15 战斗机加油。

根与拉杆天线类似的可伸缩半刚性加油杆。当受油机飞到加油机后下方受油位置时，加油机尾部透明舱内的操作员便控制加油杆的伸缩来调整加油杆的位置，使杆末端与受油机驾驶舱后的受油口相接，自动锁定后即开始加油。

各国空中加油机

英国 VC－10K.Mk Ⅱ / Mk Ⅲ 加油机

VC－10 是英国航宇公司在 VC－10 运输机基础上发展起来的加油机。1982 年 6 月首飞，K.Mk Ⅱ 于 1983 年 7 月装备部队；K.Mk Ⅲ 于 1984 年 7 月首飞，1985 年 2 月装备部队。该型机机长 54.59 米，翼展 44.55 米，机高 12.04 米。其主要战技性能为：最大速度 940 千米 / 时，巡航速度 915 千米 / 时，最大爬升率 9.5 米 / 秒，实用升限 12800 米。空重 72000 千克，最大起飞重量 152000 千克，最大载油量 73532 ~ 80170 千克。加油点数量 3 个，加油方式为软管式，加油半径 4000 千米，转场航程 7600 千米。起飞滑跑距离 2530 米，着陆滑跑距离 2130 米。

美国 KC－10A "致远" 加油机

KC－10A "致远" 加油机是美国麦道公司由 DC－10－30CF 运输机改装而成的加油机，1980 年 7 月首飞，1981 年 3 月装备部队。

↑美国 KC－10A "致远" 加油机

KC－10A "致远" 加油机的机长为 55.35 米，翼展 50.41 米，机高 17.70 米。最大速度 965 千米 / 时，最大巡航速度 926 千米 / 时。空重 109328 千克，最大起飞重量 267624 千克，最大载油量 161508 千克，最大供油量 90270 千克，加油点数 1 个，加油方式为硬管或软管，加油率 5678 升 / 分，加油高度 11278 米，加油时飞行速度 324 ~ 695 千米 / 时，转场航程 18507 千米，加油半径 1852 千米。起飞滑跑距离为 3350 米，着陆滑跑距离为 3100 米。

↑美国 KC－135 "同温层油船" 加油机

美国 KC－135 "同温层油船" 加油机

KC－135 "同温层油船" 加油机是由波音 367－80 型试验研究机改型而成，是美国空军的主力加油机，主要为 B－52、C－5A、A－10、F－15 等飞机实施空中加油。该机 1956 年 8 月首飞，1957 年装备部队。

该型机机长 41.53 米，翼展 39.88 米，机高 11.68 米。主要战技性能为：最大速度 965 千米 / 时，巡航速度 856 千米 / 时，爬升率 6.55 米 / 秒，实用升限 15240 米。空重 44663 千克，最大起飞重量 13475 千克，最大载油量 92118 千克，最大供油量 46800 千克。加油点数量 1 个，加油方式为硬管，加油率为 12.68 ~ 21.97 千克 / 秒，加油半径 1850 千米。

反潜巡逻机

主要用于海上巡逻和反潜作战的飞机。有岸基、水上、两栖和舰载反潜巡逻机之分，岸基居多。特点是航程远，续航时间长，低空性能好，载弹量大。在第二次世界大战之前，没有专用的反潜巡逻机，主要使用水上飞机进行反潜巡逻；

搜潜、攻潜手段简单，反潜效能不高。第二次世界大战中，反潜巡逻机已广泛用于反潜作战。装备声呐浮标、反潜鱼雷和深水炸弹的反潜巡逻机已经对潜艇构成很大威胁，在反潜作战中，发挥了很大威力。现代反潜巡逻机大多由民航机、军用运输机或轰炸机改装而成。

各国反潜巡逻机

美国 S－2"搜索者"反潜巡逻机

S－2"搜索者"反潜巡逻机，是美国格鲁门公司研制的活塞式舰载反潜巡逻机。主要担负海上侦察巡逻和反潜任务。原型机 1952 年 12 月首飞，1954 年交付使用。目前已经退役。机身短粗，呈流线型，机翼两侧对称装两台气冷式螺旋桨活塞发动机，飞机全长 13.26 米，翼展 22.13 米，机高 5.06 米，空重 8505 千克，最大起飞重量 13220 千克，最大平飞速度 426 千米／时，巡航速度 241 千米／时，爬升率 7 米／秒，实用升限 6400 米，转场航程 2095 千米，续航时间 9 小时。最大载弹量 2180 千克，可选带鱼雷、深水炸弹、火箭弹等。乘员 4 人。

↓美国 S－2A"搜索者"反潜巡逻机

美国 S－3"北欧海盗"反潜巡逻机

S－3"北欧海盗"反潜巡逻机，是美国洛克希德公司于 1968 年研制的涡扇式舰载反潜巡逻机。1972 年 1 月试飞，1974 年交付使用。共生产 187 架。

S－3"北欧海盗"反潜巡逻机的机翼两侧下对称吊装两台推力各为 42 千牛的涡轮风扇发动机，

↑在甲板上的美国 S－3A 舰载反潜巡逻机

外翼可折叠，采用液压收放前三点式起落架，带有舰上弹射起飞杆。飞机全长 16.26 米，机高 6.93 米，翼展 20.9 米，最大起飞重量 19277 千克。

↑日本海上自卫队的 P－2J 反潜巡逻机。

美国 P－2J 反潜巡逻机

P－2 反潜巡逻机是美国洛克希德飞机公司研制的岸基反潜巡逻机。P－2J 是日本引进美国专利生产的反潜巡逻机。1966 年 7 月首飞，1969 年 10 月装备部队。该型机机长 29.23 米，翼展 29.78 米，机高 8.93 米。其主要战技性能为：最大速度 556 千米／时，巡航速度 402 千米／时，最大爬升率 9.2 米／秒。实用升限 9150 米。空重 19277 千克，最大起飞重量 34020 千克。转场航程 4450 千米，作战半径 1482 千米。起飞滑跑距离 1100 千米，着陆滑跑距离 880 米。主要反潜设备有：集成数据显示系统，搜索雷达，雷达显示器。反潜武器主要有：4 枚 Mk34 鱼雷或 16 枚 150 千克反潜炸弹，8 枚 127 毫米火箭弹。乘员 12 人。

美国 P－3"奥利安"反潜巡逻机

P－3"奥利安"反潜巡逻机，是美国洛克希德公司于 1957 年研制的涡桨式岸基反潜巡逻机。1958 年 8 月试飞，1969 年交付使用。先后

↑美国 P－3"奥利安"反潜巡逻机

有近 10 个型号问世，到 1999 年 1 月共生产 600 余架。

P－3"奥利安"反潜巡逻机共有乘员 10 人，悬臂式下单翼布局，两翼对称装 4 台功率各为 3609 当量千瓦的涡轮螺旋桨发动机。飞机全长 35.61 米，机高 10.29 米，翼展 30.37 米，最大起飞重量 64410 千克，最大平飞速度 761 千米／时，最大爬升率 594 米／分，实用升限 8625 米，最大活动半径 3835 千米。机身弹舱内可装两枚深水炸弹、4 枚鱼雷、信号枪和 12 发信号弹、两个照明弹、87 个声呐浮标和 42 个海上浮标等；机翼下 10 个挂架可以挂带水雷、"小斗犬"导弹和"鱼叉"导弹等。最大武器装载量为 6200 千克。

↑英国 HS.801 "猎迷" 反潜巡逻机

英国 HS.801 "猎迷" 反潜巡逻机

HS.801"猎迷"反潜巡逻机，是英国航宇公司研制的涡扇式远程岸基反潜巡逻机。1967 年 5 月试飞，1979 年服役。

该机头、尾皆为玻璃钢制雷达罩和磁异探测器尾锥，上层为 12 人的增压空调驾驶舱和战术舱，下层是吊篮式非增压武器舱；机翼装 4 台推力各为 55.1 千牛的涡轮风扇发动机；飞机全长 38.63 米，机高 9.08 米，翼展 35 米，最大起飞重量 87090 千克，最大作战速度 926 千米／时，标准低空巡航速度 370 千米／时，作战高度可从超低空至 12800 米，标准续航时间 12 小时，最大转场航程 8340 ～ 9265 千米。机载设备有用于导航、雷达和声学装置的 3 台处理机、武器舱内可挂带 9 枚鱼雷及炸弹，机翼下挂点可带空舰导弹、火箭弹、机炮吊舱和水雷。

法国 "贸易风" 反潜巡逻机

"贸易风"反潜巡逻机原是法国布雷盖公司在"秃鹫"舰载攻击机基础上改进而成的舰载反潜巡逻机。机长为 13.86 米，翼展 15.6 米，机高 5 米。其主要战技性能为：最大速度 518 千米／时，巡航速度 240 ～ 370 千米／时，爬升率 8 米／秒，实用升限 6100 米。空重 5700 千克，最大起飞重量 8200 千克。航程 2500 千米，作战半径 850 千米。该机装 1 台螺旋桨发动机，功率为 4225 千瓦。反潜武器有：鱼雷、空舰导弹、68 毫米及 127 毫米火箭吊舱。乘员 3 人。

↓法国"贸易风"舰载反潜巡逻机

法／德／意 "大西洋" 反潜巡逻机

"大西洋"反潜巡逻机，是由法国、前联邦德国和意大利等国联合研制的反潜巡逻机。1964 年交付使用，共生产 110 多架。该机机身呈 8 字形截面，设有 12 人增压空调的驾驶舱、战术舱、休息舱和生活用舱，下机身有非增压的武器舱和细长尾锥；机翼对称置两台功率各为 4572 当量千瓦的涡轮螺旋桨发动机。飞机全长 32.63 米，机高 10.89 米，翼展 37.36 米，最大起飞重量 46000 千克，最大平飞速度 648 千米／时，最大巡航速度 555 千米／时，海平面最大爬升率 884 米／分，实用升限 9145 米，最大续航时间 18 小时。武器舱内可装 3 枚寻的鱼雷和 1 枚"飞鱼"导弹，机翼下 4 个挂架可带火箭弹、导弹等，最大挂载 3500 千克，武器舱后的隔舱内可放 100 个声呐浮标和照明弹。

↑法／德／意合作 "大西洋" 反潜巡逻机

↑苏联别—6侦察机

↑英国"巨嘴鸟"TMK教练机

↑苏联别—12侦察机

↑捷克斯洛伐克阿埃罗L-39"信天翁"教练机

↑法国"阿尔发"E喷气教练机

↑苏联别—12反潜巡逻机

↑美国P2V-7"海王星"反潜巡逻机

↑苏联别里耶夫设计的别—6反潜巡逻机

TANK AND ARMOURED VEHICLE

坦克与装甲车

古代战车

中国古代在战争中用于攻守的车辆。攻车直接对敌作战，守车用于屯守并载运辎重。一般文献中习惯将攻车称为战车，或称兵车、革车、武车、轻车和长毂。夏朝已有战车和小规模的车战。从商经西周至春秋，战车一直是军队的主要装备，车战是主要作战方式。

↑公元前13世纪埃及壁画，描绘的是法老拉美西斯二世驾战车追击敌人的场景。

坦克的问世与发展

坦克成为坚固而可怕的活动堡垒

坦克不仅具有比碉堡更坚硬的壳体，并且还具有强大的机动能力，在冲锋时能够高速进攻，

↓Ⅰ型坦克，亦即"大游民"坦克。

能在极短的时间内原地作360°转弯，还能在高速行进中准确地射击并摧毁目标，因而成为一座活动的钢铁堡垒，具有强大的攻防能力。

现代坦克的主要结构部件有：装甲车体和炮塔、武器系统、动力装置、传动及操纵装置、观察及瞄准仪器、电气和通信设备、灭火和防护装置等。

国外现在装备的主战坦克，炮塔前装甲厚达200多毫米，车体前装甲一般达100～110毫米，车体两侧装甲为70～80毫米，底部和顶部装甲厚为20～30毫米。20世纪70年代后，许多国家采用了复合装甲、爆炸式装甲、屏蔽装甲，抗弹能力进一步提高，可以抗阻威力很大的炮火袭击。

坦克还装有火力强大的武器。一般有一门口径为105～125毫米的火炮，配有40～60发炮弹。还装有两挺机枪和一挺高射机枪，用来射击步兵及空中飞机。有的坦克装有战术导弹，可以击毁远距离的装甲目标和武装直升机。20世纪70年代以来装备的主战坦克有以电子计算机为中心的火控系统，包括计算机及传感器、激光测距仪、红外或微光夜视夜瞄仪、火炮双向稳定器等设备，坦克手能够迅速实施瞄准并且摧毁目标。

此外，坦克一般都装有功率强劲的柴油发动机。20世纪70年代以后各国的主战坦克发动机功率达515～1103千瓦。

履带的发明

1770年，埃奇沃思发明了一种"可行驶任何马车并跟马车一起移动的铁道或人工道路"，而且在英国获得了专利。他的办法是把若干木制板条连接成一根环状的链，按一定的方式连续地移动，使得始终有一个板条或几个板条跟地面接触。他的目的是要把马车的重量在使用狭窄的车轮时能分散到更宽的地面上，使马车能在崎岖的或松软的地面上行驶。然而埃奇沃思的设计都停留在图纸上。

美国发明家巴特尔于1888年获得一项履带的专利。1904年，霍尔特也获得一项非常实用的履带发明专利，并于1906年投入了批量生产，用履带替换了原来的蒸汽拖拉机的后轮，出现了"霍尔特"履带式拖拉机。这就是最早改制成坦克的那种拖拉机。1904年，英国的霍恩斯比和桑斯公司，已经按照戴维·罗伯茨的一项复杂得多

↑这种用履带行走的"霍尔特"式拖拉机被改装成了世界上最早的一批坦克。

的设计进行了成功的试制。它的特点是用润滑螺栓连接各个分离的环节。1907年，第一辆汽油驱动的履带拖拉机就在这样的履带上行驶，并向陆军部作了表演。然而由于军事热情衰减，霍恩斯比1912年把他们的专利卖给了霍尔特。

后来，最早的坦克就是在霍尔特拖拉机的基础上改装而成的。

记者斯文顿发明了坦克

坦克是一位名叫E.D.斯文顿的英国随军记者在第一次世界大战期间发明的。在战争中，他看到一批批英军由于没有防护设施而在进攻中死去，突然想到可给拖拉机穿上厚厚的钢甲外衣，使它既不怕机枪和炮火的射击，又能进攻敌人阵地。他建议将一种"霍尔特"型履带式拖拉机改装成战车，投入战场。

英国政府于1915年采纳了E.D.斯文顿的建议，这种攻防两用的武器很快就在英国的工厂里生产出来，这就是世界上第一种坦克。为了保密，英国的研制人员称这种武器为"水柜"（Tank），"水柜"的中文音译就是"坦克"。制造出的第一辆样车被称为"小游民"。由于该车机动能力不能满足要求，1916年初又制造了第二辆被称为"大游民"的坦克样车。该车定型投产后

↑英国"I型雄性"坦克在1916年9月索姆河战役中有出色的表现。

被称为I型坦克，分"雌""雄"两种。"雌性"坦克装有5挺机枪；"雄性"坦克火力强得多，装有两门口径为57毫米的火炮和4挺机枪。这种坦克装甲厚度为6～12毫米，最大时速约为5千米，最大行程为24千米，越壕宽度约为4米。

I型坦克是由"霍尔特"履带式拖拉机改装的世界上第一批坦克。它采用履带行走，就像给坦克铺了一道无限延长的轨道一样，使之可以在满是沟壑弹坑、泥泞起伏的原野上机动作战。履带的接地长度达4～6米，扩大了坦克的接地面积，因此对地面的压强比轮子小一半多，增大了坦克在松软、泥泞路面上的通过能力。坦克发动机工作时，驱动装在车尾部两侧的主动轮旋转，从而带动履带板移动，在诱导轮的支撑下呈四边形状进行转动，坦克自身重量经负重轮传给履带。履带运动时与地面产生摩擦力，由于履带板上有花纹并有履刺，所以在雨、雪、冰等路面上或上坡能牢牢地抓住地面，不会滑转。又因为诱导轮中心位置高，所以通过壕沟、垂壁的能力较强，一般坦克的越壕宽度可达2～3米，可通过1米高的垂直墙。履带还可以使坦克过河时在河底软泥中行走，若是浮渡，履带可以像螺旋桨一样产生推进力，驱使车辆前进。

↑第一次世界大战中的新式武器"大游民"坦克。到第一次世界大战结束时，仅法国和英国就投入了2895辆坦克。

"大游民"坦克出现在索姆河战场上

1916年9月，在第一次世界大战中的法国索姆河畔的英、德战场上，英国军队集中3000门大炮，发射了250多万发的炮弹，才向前推进了二三千米。

坦克在战场上的卓越表现，使各国大为震惊。第一次世界大战后期，英法联军在康布雷和亚眠

两次战役中，分别集中了474辆和604辆坦克，对德军进行攻击，取得了重大的胜利。德军将领说：“几天之内，军事形势就被根本改变了……坦克是导致这场战争结局的第一个因素。”

第二次世界大战战前各国纷纷制造坦克

英国最先将坦克投入战争。第一次世界大战后期法国也很快制造出自己的坦克并用于攻防作战。整个第一次世界大战中，英法两国制造了数千辆坦克，主要型号有：英国的Ⅳ型、A型坦克，法国的“圣沙蒙”“雷诺”坦克等。其中“雷诺”型坦克生产了3000多辆，因其作战可靠性较好，战后为其他国家所仿效。早期这些坦克，战斗全重7～28吨，火力较差，一般装有1～2门中小口径火炮和数挺机枪，有的只有几挺机枪。坦克最大时速仅6～13千米，最大行程也只有35～64千米。装甲厚度为5～30毫米，抵御早期火炮的袭击还可以。

坦克改变了战争的规模和作战方式，机械化战争时代到来了。到第二次世界大战前夕，各国都已经研制并装备了各种型号的坦克，其中以轻型坦克为最多，也有用履带和车轮互换行驶的“轮—履式”轻型坦克和多炮塔结构的重型坦克。这一时期的坦克型号主要有：英国的“马蒂尔达”步兵坦克、“十字军”巡洋坦克，法国的“雷诺”R—35轻型、“索马”S—35中型坦克，苏联的T—26轻型、T—28中型坦克，德国的

↑德国 PzKpfw Ⅰ轻型坦克

↓法国“雷诺”FT—17轻型坦克

PzKpfw Ⅲ轻型和 PzKpfw Ⅳ中型坦克等。它们比早期的坦克先进多了，一般战斗全重9～28吨，最大时速可达到20～43千米，最大装甲厚度为25～90毫米，火炮口径多为37～47毫米，德国的T-Ⅳ型坦克达到75毫米，苏联的T—28型坦克装有76毫米炮，无论技术还是战术性能都有空前的提高，为第二次世界大战中的坦克集团大战做好了准备。

第二次世界大战中的著名坦克

第二次世界大战初期，德国使用大量坦克进行闪击战。大战中、后期，在苏德战场上出现了有几千辆坦克参加的坦克大战；在北非战场及诺曼底战役、远东战役中，也有大量坦克参战。交战双方共生产了30多万辆坦克和自行火炮。由于坦克与坦克、坦克与反坦克火器的激烈对抗成为重要作战形式，坦克技术与性能得到迅速提高。这一时期的坦克主要有：苏联的T—34中型、HC—2重型坦克，德国的“豹”式中型、“虎”式重型坦克，美国的M4中型坦克，英国的“丘吉尔”步兵坦克、“克伦威尔”巡洋坦克，日本的97式中型坦克等。

第二次世界大战时期坦克的性能

第二次世界大战中的坦克普遍采用装有一门火炮的单个旋转炮塔，中型、重型坦克的火炮口径分别为57～85毫米和88～122毫米，主要弹药是榴弹、尖头或钝头穿甲弹，并出现了次口径穿甲弹和空心装药破甲弹，破甲能力大为提高，对于坦克对抗和轰击坚固的钢筋混凝土工事尤为适宜。这一时期的坦克发动机的功率多为260～525千瓦，最大速度25～64千米/时，最大行程为100～300千米，可深入敌方纵深作战，对于扩大战果、全面控制战场局面起到了举足轻重的作用。

↓德国"豹"Ⅰ A1型主战坦克侧视图

↓美国 M-8 型坦克

↑苏联 T-26 轻型坦克

这一时期的所有坦克均较第一次世界大战时期在车体造型设计上有了较大改进，特别注重将车体前部易受攻击的部位设计成使炮弹容易滑脱的斜面甲板。装甲厚度多为 45～100 毫米，有的达 150 毫米。第二次世界大战中坦克的大量使用，使战场成为新型坦克的试验场，坦克性能得到迅速检验和改进提高。大战后期的坦克在机动性能、火力配置、防护能力诸方面都已经相当成熟，并且成为陆地突击作战的主宰武器。

最早的无线电操纵的无人坦克

最早的无人坦克出现在第二次世界大战的战场上。1943～1945 年，德军曾在少数重型坦克营装备有 B Ⅳ 无线电操纵爆破坦克，支持"虎"Ⅱ式战斗坦克。这种坦克内无乘员，最大装甲厚度为 150 毫米，车长仅有 3.35 米，车宽也只有 1.8 米，车高 1.25 米，车重 3.6 吨。用无线电遥控操纵，车辆也用履带行走，可以逾越较浅窄的堑壕和爬越铁丝网等障碍物，用来爆破碉堡、排雷和破坏普通坦克炮火所不及的野战工事，支援地面突击部队的进攻。这种坦克前甲板上携带 450 千克炸药，驾驶到爆破地点，借遥控装置从车上抛下炸药后驶回，然后由定时引信或无线电信号引爆。无线电操纵的距离可达 2000

↑第二次世界大战中著名的德国"虎王"Ⅲ型坦克。

↑苏德战场上的坦克集群。

米。这种坦克在第二次世界大战的实战中曾得到应用，但效果较差，并不像德国人想象得那样厉害，而且操纵装置复杂，易受战场其他无线电信号干扰，影响遥控定位的准确度，所以战后不再研制生产。

苏联发明了空投坦克

20世纪30年代初，美国设计师克里斯蒂想制造一种装有翅膀和推进式螺旋桨的坦克飞机，但没成功，因为坦克和飞机结合之后降低了这两种兵器的作战效能。1935年，苏联研发了一种T—27型袖珍坦克，用飞机运输，然后用降落伞空投到局部战场上，对敌突然实施强火力攻击，取得意外成功。它比坦克飞机实用得多，特别是直升机用于战争后，这种吊装式坦克可以随时起吊运往别处再度作战，使坦克成为机动性极强的重型火力。第二次世界大战后，用降落伞空投或

用直升机吊运坦克、装甲车和自行火炮进行"蛙跳"式作战已成为陆地战的重要战术形式。朝鲜战争、越南战争、海湾战争中都广泛使用这一战术，屡建战功。

莫斯科坦克战

1941年秋，苏德战场上的德军发动攻势，投入部队100万人和坦克1700辆集中攻夺莫斯科。苏军投入80万人和770辆坦克。10月2日，德军机械化兵团突破了苏军奥廖尔防线，直逼莫斯科。苏军坦克第4旅10月3日从莫斯科郊区出发，4日到达奥廖尔附近。当天夜间全旅利用有利地形构筑防御工事，所有坦克全部进行了设伏和伪装。

5日晨，德军约一个团的兵力在100多辆坦克引导下，成纵队由奥廖尔开来，遭到苏军坦克旅的伏击，损失坦克11辆后退回出发地。

苏军坦克第4旅于10月5日夜转移到第一军人村地域，在公路两旁再次设伏。6日晨，德国坦克近100辆和大量摩托化步兵沿公路开来，又遭到伏击，德军损失坦克43辆、反坦克炮16门、官兵约500人。坦克第四旅仅损失坦克六辆。苏军在总共八天的阻击战中，先后六次变换阵地，协同其他部队阻击了德军两个坦克师和一个摩托化师的进攻，共击毁击伤敌坦克133辆，自己仅损失坦克8辆。

1941年12月，苏联第16集团军以坦克部队为基础建立了两个快速集群，从南北两面迂回包抄德军。从北面迂回的快速集群由一个坦克旅、一个骑兵师和一个步兵旅组成，于12月13

↑苏联 T-35 坦克

→第二次世界大战中的苏联 T-10 坦克。

日从北面迂回依斯特拉水库直插敌防御阵地后方。从南面迂回的快速集群由两个坦克旅、一个独立坦克营和一个步兵旅组成，于12月13日从巴甫洛夫镇一带渡过依斯特拉河。主力部队在穿插部队配合下，于12月15日强渡依斯特拉河成功，突破了德军依斯特拉河防线。整个莫斯科会战，苏军的坦克部队没有集中使用，没有出现大规模的坦克群作战场面，但坦克与部队的协同作战效果已受到人们的高度关注。

斯大林格勒大会战中的坦克战

斯大林格勒会战（1942年7月～1943年2月）是苏德战争中一次决定性的大会战。德军在莫斯科会战失败后，重点进攻斯大林格勒和北高加索，企图切断伏尔加和夺取巴库，北取莫斯科，南出波斯湾。德军投入作战的是德军"B"集团军群，共计71个师。直接进攻斯大林格勒的是第6集团军和坦克第4集团军，共计25个师25万人、740辆坦克、1200架飞机。苏军共投入7个诸兵种合成集团军（其中两个坦克集团军），共计38个师18万余人、360辆坦克、337架飞机。在斯大林格勒会战中，苏军初次使用装甲兵坦克兵大兵团（机械化军、坦克军和坦克集团军）作为主体武力独立完成重要的战役性任务。

7月24日，德军北路突击集团突破苏军第62集团军的防御，进至上布季诺夫卡地域，包围了苏军两个步兵师和一个坦克旅。苏军坦克第13军和坦克第1、第4集团军7月27日实施反突击，协助被围苏军突围成功。

8月6日，德军南路突击集团进犯斯大林格勒外围的阿布加涅罗沃地域，利用坦克突破苏军第64集团军的防御。苏军坦克第13军9日实施反突击成功，击毁敌坦克约140辆。

防守斯大林格勒市区的苏军第62集团军仅有坦克93辆，而德军有坦克500辆，相差悬殊。由于市内有街垒、建筑物，而且道路遭到严重破坏，不便于集中使用坦克，所以苏军将坦克化整为零，编成5～7辆的小组，支援步兵反冲击。部分被击伤的失去机动能力的坦克作为固定火力发射点配置在十字路口或广场，用以加强支撑点。

苏军把装甲坦克兵的大兵团编为快速突击集群，用来完成战役合围的主要任务。西南方面军的突击集群由坦克第5军和坦克第5集团军的坦克第1、第26军组成。该集群于11月19日中午

↑ 1942年秋，斯大林格勒几乎被夷为平地。

12时独立突入前沿向战役纵深发展进攻，先后击溃了德军预备队两个坦克师和一个摩托化师的反突击，同斯大林格勒方面军的第4机械化军会合，四昼夜前进140千米。

斯大林格勒方面军的快速突击集群由第5机械化军、第13机械化军和一个骑兵军组合而成。机械化第4军于11月22日中午前进100千米，23日下午，该军与西南方面军的装甲坦克兵部队会合，完成了反攻第一阶段对德军合围的任务。

苏军反攻第二阶段，西南方面军将四个坦克军和一个机械化军投入作战，5天时间前进近220千米，割裂了意大利第8集团军、罗马尼亚第3集团军的残部以及德军多尔麦辛集团。坦克第24军5昼夜前进达240千米，于12月24日拂晓突然攻占塔钦斯卡亚火车站和飞机场，缴获飞机350架。随后被德军合围，血战5昼夜后突围。

战役最后阶段，1943年1月22日至25日4天中，苏军推进10～15千米，德军损失重大，防守地域狭窄地段东西仅宽3.5千米，南北宽20千米。苏军第21集团军集结了近卫坦克第9和第48团以及坦克第121旅，26日晨，重新发起进攻，经1小时的战斗，坦克第121旅所属分队进至红十月村地域，与从东面进攻的第62集团军的近卫步兵第13师的部队会合。被围德军被分割成两部分，2月2日被苏军全歼，斯大林格勒大会战结束。

↑ 数百辆苏联造T-34坦克被投入到斯大林格勒战役中。

↓ T-35 坦克

苏德库尔斯克坦克大会战

1943 年 7 ~ 8 月间，苏军在库尔斯克附近与德军再次进行坦克大战。德军在库尔斯克附近集中 65 个师，在进攻库尔斯克的主要方向上集中了 38 个师，其中有 17 个坦克师和 3 个摩托化师，拥有坦克 2700 余辆。

苏军在库尔斯克突出部建立了 8 个防御地带，构成了纵深 300 千米的防御体系，集中了 3 个方面军、计 16 个诸兵种合成集团军、3 个坦克集团军、6 个独立坦克军、18 个独立坦克团和自行火炮团，投入坦克 3200 余辆。

会战开始，德军对苏军固守的库尔斯克突出部实施突击，德军损失坦克 2000 余辆，苏军损失坦克 1500 余辆。战至 11 日，德军进攻失败。7 月 12 日，苏军转入反攻，参战的部队计 22 个诸兵种合成集团军、5 个坦克集团军、11 个独立坦克军、1 个机械化军、50 个独立坦克团和自行火炮团，拥有坦克 6000 余辆。德军参加交战的有 15 个坦克师和 3 个摩托化师，坦克 2500 辆。坦克群与坦克群在战场上拼力厮杀，40 多天时间里，苏军歼灭了德军 7 个坦克师和 2 个摩托化师，击毁坦克 1500 辆。德军坦克部队遭到了沉重打击，会战以德军彻底失败而告终。

↑ T — 34 坦克参加库尔斯克坦克大会战，与德国"豹"式坦克大战。

英德两军在北非的坦克大战

1941 年 11 月 19 日 ~ 23 日，英国第 8 集团军与德军非洲军团在北非西迪拉杰格展开了一场坦克战。

11 月 16 日，德军第 15 装甲师的炮兵和第 90 轻装师的部队已做好向托卜鲁克要塞进攻的准备。突然到来的大雨使德军的机场被淹没，侦察活动中断。

11 月 19 日，英军一个装甲师、两个装甲旅向北猛扑过来。德军隆美尔元帅命第 21 装甲师向贾卜尔萨莱勒前进，第 15 装甲师则在当天晚上进入甘布特以南地域。隆美尔命德军第 21 装甲师组编的战斗群实施攻击。战斗群在贾卜尔萨勒东北约 8 千米的地方碰上了强大的英军坦克部队。激战到黄昏，德军把英军赶过阿卜恩小道，德军损失两辆 T — 3 和若干辆 T — 2 型坦克，英军有 23 辆"斯图亚特"坦克被击毁。

11 月 20 日，德第 15 装甲师沿卡普措小道推进，傍晚，与英国第 4 装甲旅接触，激战到黑夜。英军坦克损失惨重，德军坦克也有较大损失。

20 日晚，隆美尔决定非洲军团于 21 日进攻向托卜鲁克开进的英军。德非洲军团组织了兵力强大的后卫，由 88 毫米炮和反坦克炮支援。英军坦克还是冲进了德摩托化部队的纵队，击毁了德军的许多卡车。英第 7 装甲旅旅长决定留下第 6 皇家坦克团和炮兵支援群守卫西迪拉杰格机场，由第 7 轻骑兵团和第 2 皇家坦克团迎击开进的德坦克部队。由于坦克和火炮不能集中起来协同作战，英第 7 轻骑兵团的多数坦克被击毁。

随后德非洲军团又由东南面发起攻击，以夺占西迪拉杰格机场，但未成功。21 日拂晓，英军第 70 师和第 32 坦克旅出击，突破了德"非洲"师和"波伦亚"师部队的阵地。德军陷入困境，隆美尔赶到现场直接指挥有 88 毫米火炮的第 3 侦察队迎击英军。若干辆英军坦克被击毁，英军败退。

11 月 22 日的早晨，英军袭击了德军的后卫。德军的反坦克炮和 88 毫米炮，使得英军坦克不敢靠前。英军第 4 和第 22 装甲旅已与炮兵支援群和守备西迪拉杰格机场的第 7 装甲旅的余部会合，处于非常有利的态势。隆美尔迅速命德军第 21 装甲师的步兵和炮兵由北面攻击西迪拉杰格高地。这时 88 毫米炮支援的德第 5 装甲团由北迂回到西面攻击机场。英军炮兵支援群向德

↑第二次世界大战中英国巡洋坦克在北非。

军猛烈射击，但德军第5装甲团还是无所顾忌地攻击了飞机场。英军第22装甲旅穿过英军的炮兵阵地进行了反冲击，南北两个高地上的德军88毫米炮和反坦克炮向第22装甲旅开火，使它遭受很大损失，只得撤退。英第1皇家步枪营占领了西迪拉杰格机场的北高地；德军坦克由后方攻击了这个营，步枪营大部分人员当了俘虏。黄昏时，英第4装甲旅投入战斗，但已不能挽回局势。

英第7装甲师师长戈特将军把他的部队撤到南高地以南。德第15装甲师攻击了英第7装甲师的侧翼。德第15装甲师在平坦的沙地上迅速开进，19时左右在西迪拉杰格机场东南碰上了英军大群坦克。德第8装甲团立即展开战斗，包围英军，坦克前灯大开，车长探身车外用手枪射击。英军措手不及，几辆坦克被击中起火。英第4装甲旅旅部及其第8轻骑兵团受到致命打击。德非洲军团主宰了战场。

20世纪50年代的著名坦克

第二次世界大战后的20世纪50年代，苏、美、英、法等国，依据战争中的经验教训，参照战争中坦克作战的技术数据，设计制造了新一代坦克，比较有代表性的有：苏联的Ｔ—54中型、

Ｔ—55中型、Ｔ—10重型和ＰＴ—76轻型水陆两用坦克，美国的M48中型、M103重型和M41轻型坦克，英国的"百人队长"中型和"征服者"重型坦克，法国的AMX—13轻型坦克等。这一时期的中型坦克一般战斗全重36～50吨，火炮口径为90～105毫米，发动机功率为390～608千瓦，最大时速为34～50千米，最大行程为100～500千米。与第二次世界大战时期坦克相比，坦克的火力配备及技术性能大幅度提高。特别是火控系统有了明显变化。有的坦克开始采用火炮双向稳定器、红外夜视仪、光学测距仪、机械模拟式计算机等设备，作战反应能力和快速操控能力显著提高。

↓ M47坦克

↓美国M4"谢尔曼"中型坦克

↑法国AMX-13轻型坦克

坦克上的火炮

坦克炮是一种安装在坦克上的加农炮,分线膛炮和滑膛炮两种,多用于直瞄射击,弹道平直,具有方向射界大、发射速度快、命中精度高、穿甲威力强和火力机动性好等特点。坦克炮大都采用旋转式炮塔,既可保护乘员免受敌火力损伤,又可使火炮360度环射。坦克炮仰角一般仅有20°～30°。此外,受坦克车内空间的限制,坦克炮所带的炮弹一般为40～50发左右,装弹最多的英国"挑战者"坦克,也仅为62发,这是它不及榴弹炮或迫击炮的地方。坦克炮主要任务是反坦克,以在1000～2000米近距离格斗为主,远距离则由各种反坦克导弹去完成。坦克炮射击时坦克可以停止前进,也可以进行行进间射击。

↓ T-80 坦克

↓ 203 毫米 M110A2 自行榴弹炮

↓ 155 毫米 Bk 1A 自行炮

↑ 索尔坦 L-33 155 毫米榴弹炮

↓ Mk F3 自行榴弹炮

从坦克投入战争以来,坦克炮的口径越来越大。第一次世界大战时为57毫米,第二次世界大战时为85毫米,目前最大为125毫米。在滑膛式坦克炮中,口径最大的是苏联 T－72、T－80 等主战坦克,均采用125毫米滑膛炮。在线膛式坦克炮中,目前口径最大的是英国"挑战者"号装备的120毫米线膛炮,改进前的美国 M1 坦克和以色列的"梅卡瓦"坦克均采用105毫米线膛炮。

主战坦克

人们习惯于按战斗全重和火炮口径将坦克分为重型坦克、中型坦克和轻型坦克3类。一般40～60吨、装122毫米口径火炮的坦克称为重型坦克,20～40吨、火炮口径最大为105毫米的坦克称为中型坦克;10～20吨、火炮口径不超过105毫米的称为轻型坦克。

20世纪60年代,出现了一些新型号的中型坦克,其火力和装甲防护力达到或超过了以往重型坦克的水平,同时克服了重型坦克机动性差的弱点,从而形成了一种具有现代特征的单一战斗坦克,即主战坦克。最著名的有:美国的 M60A1 坦克,苏联的 T－62 坦克,英国的"酋长"式坦克,法国的 AMX－30 坦克,联邦德国的"豹"I 坦克,瑞士的 Pz－61 坦克和瑞典的 Strv103B 坦克等。这些主战坦克,其战斗全重

↓德国"豹"Ⅱ A5 主战坦克

35～54吨，火炮口径105～120毫米，最大时速48～65千米，最大行程300～600千米。除了瑞典的坦克没有炮塔外，其他坦克一般都保持传统的炮塔式总体结构。此外，这些主战坦克普遍采用了脱壳穿甲弹、空心装药破甲弹和碎甲弹以及火炮双向稳定器、光学测距仪、红外夜视夜瞄仪器、大功率柴油机或多种燃料发动机，安装了激光测距仪和机电模拟式计算机，机动性能和火炮作战性能大为提高。从总体上看，主战坦克都较以前的坦克降低了高度，增厚了装甲，防护能力已非昔日的坦克所能比了。

不断发展的坦克家族

20世纪70年代以后，各国对60年代装备的坦克作了改进，出现了美国的M60A3、前联邦德国的"豹"ⅠA4、英国的"酋长"改进型、法国的AMX—30B2等。这些坦克主要改进了弹药和火控系统。

同时，各国还研制生产了一批性能优越的新型坦克。最为典型的有：苏联的T—72、T—72M、T—72M1、T—80和T—90，美国的M1、M1A1和M1A2，德国的"豹"Ⅱ，英国的"挑战者"，法国的"勒克莱尔"，以色列的"梅卡瓦"和日本的74式、90式。这些主战坦克大部分是20世纪80年代服役的，它们代表了当今世界主战坦克的最高发展水平。

在对坦克进行改进时，苏联强调坦克的火力，坦克火炮口径最大，外形低矮，重量比较轻。美国、德国则更加注重火力、机动、防护的综合性能，重视火控性能的发展，讲求行进间射击和首发命中，发动机功率比较大，较早采用复合装甲。这些主战坦克的战斗全重一般为40～60吨，"挑战者"坦克达62吨，是当前世界上最重的一种坦克。

主战坦克乘员一般为3～4人。武器配备一般采用105～125毫米滑膛或线膛炮。火炮口径最大的是苏联的T—72坦克，能够达到125毫米。采用的炮弹种类有穿甲弹、破甲弹、碎甲弹和榴弹等，初速一般为730～1800米/秒。初速最高的也是苏联的T—72坦克，发射穿甲弹时可以达到1800米/秒。这些最先进的主战坦克火炮的直射距离一般在2100米以内，弹药基数为39～60发。它们的越野速度为35～55千米/时，最大速度可以达到46～72千米/时。其中德国的"豹"Ⅱ和美国的M1坦克速度最快，可以达到72千米/时。

↓美国M60-A3坦克

坦克的装甲

20世纪70年代以来，为了对付破甲、穿甲和碎甲弹的袭击，复合装甲、爆炸式装甲广泛地应用于现代主战坦克上，显著地增强了坦克的抗弹能力。

复合装甲是由两层或多层性能不同的材料构成的，分为金属复合装甲、金属与非金属复合装甲两类。金属复合装甲有钢与钢、钢与铝以及铝、镁、钛等轻合金之间的复合等几种形式。金属与非金属复合装甲一般是3层，非金属材料夹在外层和内层金属材料当中。非金属材料一般是陶瓷、树脂或增强塑料，陶瓷是高硬度低韧性的材料，抗冲击强度可达钢的10倍。树脂和增强塑料是低硬度高韧性材料，可吸收、分散弹头的剩余能力。当破甲弹击中复合装甲时，破甲弹爆炸产生高能金属射流穿透外层钢板，碰到陶瓷层时，陶瓷层能使射流分散、偏转，不能击穿内层钢板，因而降低了破甲弹的破甲能力。

1982年，黎以战争期间，以色列坦克上附加安装了爆炸式装甲，在实战中首次使用并取得良好的防弹效果，引起全世界的注意。爆炸式装甲是由装有钝感炸药的长方形扁平铁盒子组成的，用螺栓固定在坦克主装甲的外面。当空心装药破甲弹或反坦克导弹打中铁盒子时，钝感炸药发生爆炸，爆炸力对破甲弹或反坦克导弹的高速高温金属射流产生阻扰和改变方向等破坏作用，使其贯穿力降低75%左右，从而减弱其破甲威力，保护坦克主装甲。

为了应付大口径火炮和威力强大的导弹攻击，美国研制成功了贫铀装甲，并在M1A1坦克上应用。贫铀装甲是用铀的副产品制成的新型坦克装甲，是在钢质装甲里嵌入网状贫铀，经特殊热处理制成。贫铀装甲的密度和硬度均为钢装甲的2.5倍，抗弹能力达钢装甲的5倍，经得住135毫米滑膛炮穿甲弹的攻击。

中子弹研制成功以后，出现了只杀伤坦克内人员，不损坏坦克的情况。不少国家在坦克装甲内增加能有效减弱中子弹杀伤的新材料硼酸聚乙烯，对防中子流有明显的效果。利用碳氢物质对快中子的碰撞衰减作用，以及用硼和铅铁等重金属对热中子和γ射线的吸附作用，研制成新型坦克防中子衬层，具有显著防护效用。苏军装备的T—72坦克，内部装有厚约2~3厘米的渗铅塑料衬板，就可以防护中子流和电磁波的伤害。

坦克炮弹越来越厉害

20世纪70年代以来，人们对主战坦克的防护性能进行了多方面的改进。与此同时，反坦克武器也不断加以改进，研制出新的反坦克弹药。目前装备坦克的主要有穿甲弹、破甲弹和碎甲弹3种。

穿甲弹的弹头一般用高密度的钨合金、贫铀合金等制成，弹头做得很尖，弹体细长，弹心的长径比可达到18∶1。现代长杆式脱壳穿甲弹，在通常的射击距离内，一般能穿透250~400毫米厚的垂直匀质钢装甲。弹心穿透装甲后，仍保持高速度和达900℃的高温，杀伤坦克内乘员，破坏坦克内机件、设备，引燃燃油并引爆坦克内弹药。

↑英国"挑战者"Ⅱ主战坦克

↑法国 AMX-40 主战坦克所用的弹药

破甲弹是靠弹击中坦克的一刹那爆炸而产生的高温高速高压金属射流来穿透坦克装甲的。金属射流以每秒 8 ~ 10 千米的高速、4000℃ ~ 5000℃的高温射出，碰击装甲的压力局部可达数万兆到几十万兆帕斯卡，能够把几百毫米厚的装甲穿一个洞。射流进入坦克后，有上千摄氏度高温，每秒几千米速度，能有效地杀伤坦克内的人员，毁坏设备，引燃油料并且引爆弹药。这种弹又叫空心装药破甲弹。

碎甲弹弹壁较薄，弹丸内装有一种制成一定形状的爆速高的塑性炸药。弹丸击中坦克装甲的瞬间，弹丸内的炸药就会像胶皮糖一样紧贴在装甲表面爆炸，并在装甲上产生高达几万兆帕斯卡的爆炸波。爆炸波经过装甲传到装甲背面，在百余毫米厚的装甲背面撕下的几十块大小不同的装甲金属碎块，在坦克内横飞，杀伤人员，毁坏车内的装备。

美军在海湾战争中使用新式贫铀穿甲弹

贫铀是核裂变反应后的剩余物。对目前世界各国的大多数核电站来说，核裂变反应堆主要是利用天然铀中约 0.7% 的铀—235，其余 99.3% 的铀—238 大部分不能被利用，这部分铀就是

↑坦克装备的高聚能贫铀穿甲弹。

通常所说的贫铀。过去这种贫铀一直被当做废料。20 世纪 60 年代初，美国开展了对贫铀利用方面的调查研究。经过试验，他们发现贫铀的硬度为钢材硬度的 2.5 倍，是制造穿甲弹的理想材料。用贫铀合金制成的穿甲弹钢心，硬度和强度高、穿透力强，易于加工，机械性能好，价格低廉，穿进坦克后还能起一定的燃烧杀伤作用。在海湾战争期间，参战的美军 M1A1 主战坦克装备 M829A 式贫铀尾翼稳定脱壳穿甲弹，在 2000 ~ 3650 米范围内的首发命中率几乎为 100%。从战场照片看，M829A1 式贫铀弹穿过 3.15 米厚的沙墙，击穿了苏制 T—72M 坦克前甲板，径直穿过全车并从发动机室射出，后面留下的是被炸飞炮塔的车体。

↑用沙漠迷彩伪装的美国 M1A1 主战坦克。

M1A1 与 T—72 在海湾战争中的较量

1991 年海湾战争爆发前，伊拉克构筑了大量反坦克工事，挖了一道又一道的壕沟，沟里布满石油桶和输油管，地上布设了数十万枚反坦克地雷，地上筑起一道道铁丝网，前沿阵地挖了一个个战壕，一辆辆 T—72 坦克掩蔽于其中。在第二梯队内，还准备了数千辆坦克和装甲车，形成了一个所谓攻不破、炸不垮的"萨达姆防线"。

1991 年 2 月 24 日，地面战争打响后，美军的 M1A1 坦克、M60 坦克和英国的"挑战者"坦克在"阿帕奇"武装直升机、A—10 攻击机和 A—6 攻击机的掩护下，从科威特正面分兵三路突入科威特城，直抵"萨达姆防线"。多国部队在顺利攻破第一道防线后，美、英坦克机械化部队长驱直入，一举歼灭伊军一个师。到 26 日，坦克机械化部队已经推进到伊拉克南部的幼发拉底河地区，在空军的协助下，取得了重大胜利。

2 月 27 日，在伊拉克重镇巴士拉和南部地区数十千米长的战线上，美军装备有 470 辆 M1A1 坦克和 330 辆 M2 步兵战车的 3 个装甲师，同拥有 300 辆 T—72 坦克的伊军展开了第二次

↑苏联制造并装备军队的 T－72 坦克装 125 毫米口径火炮，但火控系统较差。

世界大战以后最大规模的坦克激战。

以数百架"阿帕奇"为主力的武装直升机向 T－72 坦克发射机载"地狱火"激光制导导弹。无数伊军 T－72 坦克顿时成为一堆废铁。美制 M1A1 坦克具有的强大火力和首次使用的贫铀穿甲弹以及极为灵活的火控系统，使 T－72 坦克完全丧失了还击能力。特别是在夜幕下，M1A1 坦克能在 T－72 坦克不会发现的距离上先行发现和发射火炮，置 T－72 坦克于死地。

2 月 24 日 9 时始至 2 月 28 日 18 时止，整个地面作战历时仅 100 小时，伊拉克对多国部队从几个方向的大规模地面猛攻估计不足，终于在战略战术、武器装备处于劣势的情况下溃不成军，以惨败而告终。

海湾战争一战，多国部队共摧毁、缴获伊军坦克 3700 多辆，装甲车 2000 多辆。

未来的隐身坦克

从 20 世纪 80 年代中期开始，美国国防高级研究计划局和陆军战车制造部门，一直秘密进行隐身坦克技术的研究。美国陆军和工业界在隐身坦克技术的研制与试验方面已经获得进展。曾经研制出的一种由高强度 S－2 型玻璃纤维加热固性聚酯树脂压成的复合材料，已于 1989 年 6 月用它制成 M－2"布雷德利"步兵战车。这种材料对光波和雷达波反射比金属弱，可制成最佳隐身结构外形，能减弱坦克的热辐射信号，并使车内噪声降低 5～10 分贝。坦克的隐身技术之一是降低坦克红外辐射。主要措施有：采用热损耗较小的发动机；在燃油中加入添加剂，使排气的红外频谱大部分处于大气窗口之外；改进通风和冷却系统，降低坦克温度等等。二是在坦克表面涂敷迷彩或挂伪装网。迷彩有的兼有吸波作用，可降低坦克的目视发现概率，还可减弱坦克的红外辐射。三是降低坦克噪声。如 M1A1 坦克采用噪声较小的燃气轮发动机，坦克结构设计引入隔音、消音技术等。

在未来的坦克作战性能方面，机动性、装甲防护能力、火力强度固然仍作为坦克的重要指标，但隐身能力对于坦克的自我保护和隐蔽近敌作战，已成为各个国家追求的一个重要目标。

现代机器人坦克

20 世纪 80 年代以来，美、英等国开展了机器人坦克的研究。1983 年美国陆军公布的《装甲战车科学技术规划》，将战车机器人列入发展规划。

军用机器人车辆可以用 6 个轮子，也可以采用履带作为运动装置。这种车辆的行驶有的是采用遥控设备来驾驶车辆，有的是把辖区内的地形图输入电脑。车辆上的摄像机随时把所在地地点地形拍摄下来送入电脑，电脑把摄下来的地形与记忆的地形进行比较判断，给出控制指令，使车辆沿要求的道路行驶。车上装有能自动发射的武器系统。若是只想使入侵者丧失战斗力，就用高音喇叭，通过强烈刺耳的噪声使入侵者精神失常；若是想消灭入侵之敌，就可通过枪榴弹、机枪、导弹等将敌人杀死。这种机器人坦克可以完成战场爆破、克服障碍、排雷等特殊任务，特别

↑法国 AMX-3 改装的隐身坦克。

↑美国 BLOCK3 主战坦克想象图。

是在核战、化学战、生物战的条件下，能连续进行战斗。机器人坦克还能自动发现并跟踪目标，在靠近目标时精确瞄准、射击并将目标歼灭。海湾战争结束后，美军动用了由田纳西州遥控技术公司提供的18台机器人来清理战场，这种机器人装有多重履带，可适应各种地形，能爬45°的斜坡，能在狭窄的走廊内进行作业，能够清除炸弹、地雷和排除哑弹。由此可见，现代机器人坦克已经进入实战应用领域。

各国坦克

美国"虹"式轻型坦克

"虹"（Stingray）式轻型坦克是美国研制的一种轻型坦克。1985年完成生产型样车，1988年12月第一批坦克出厂，泰国陆军购买该坦克106辆，单车价格约为100万美元。该坦克安装有英国L7A3式105毫米超低后坐力炮，主炮左侧安装1挺M240式7.62毫米并列机枪，此外还有1挺7.62毫米或12.7毫米的高射机枪。坦克采用底特律公司的8V－92TA涡轮增压柴油机，最大功率393千瓦。该坦克车体防护力弱，正面防14.5毫米穿甲弹，其他部位只防7.62毫米穿甲弹。坦克战斗全重21.21吨，公路最大行驶速度67千米/时，涉水深1.07米，爬坡度60%，乘员4人。

↑美国"虹"式轻型坦克

美国M41轻型坦克

M41轻型坦克是美国在第二次世界大战后研制的一种轻型坦克。该坦克1951年投产，1953年列入美军装备，主要用于装甲师侦察营和空降部队，进行侦察、巡逻、空降以及同敌方轻型坦克和装甲车辆作战等任务。现美军中的M41坦克已被M551"谢里登"轻型坦克取代，但仍在世界其他许多国家装备。该坦克安装M32 76毫米火炮，火炮左侧有1挺7.62毫米并列机枪，此外还有1挺12.7毫米高射机枪。炮手使用M20A1

潜望镜和M97A1瞄准镜进行观瞄。发动机为6缸风冷汽油机，功率为367千瓦。坦克战斗全重23.5吨，公路最大行驶速度为72千米/时，涉水深1.016米，爬坡度60%，乘员4人。

↓美国M41轻型坦克

美国M551"谢里登"轻型坦克

M551"谢里登"（Sheridan）轻型侦察坦克于20世纪60年代初由美国研制，1968年装备美军装甲骑兵营。1970年停产，总产量1700辆。

M551轻型坦克战斗全重15.8吨，发动机功率210千瓦。具有两栖性能，水中用履带划水，陆地最大速度70千米/时，水上速度5.8千米/时，最大行程600千米，最大爬坡度60%，过垂直墙高0.84米，越壕宽2.54米。该坦克车体为全铝结构，装备XM81型口径152毫米短身管炮弹和导弹两用炮，发射空心装药破甲弹、榴弹和反坦克导弹。弹药基数为30发，其中炮弹20发，橡树棍导弹10发。导弹最大射程为2000米，重26.7千克，装有单级固体燃料发动机，靠红外制导，使瞄准镜的红十字对准目标，就可以保证命中。另配装有12.7毫米高射机枪和7.62毫米并列机枪各1挺。这种坦克主要用于在装甲兵部队中执行侦察任务和在主战坦克不能展开的地区执行战斗任务，也可以装备空降部队。坦克机动性高，使用广泛。

↑美国M551"谢里登"坦克

美国 RDF/LT 轻型坦克

RDF/LT 轻型坦克是美国于 1980 年研制成功的一种可迅速部署到位的轻型坦克。该坦克主要用来执行支援步兵突击、阵地阻击及后续任务，因此要求这种坦克具有良好的运输适应性，尤其是空运适应性；具有很好的机动性和灵活性，应能对付苏式 T—62、T—72 主战坦克。

RDF/LT 坦克现在有两种车型，一是装有 75 毫米火炮的美军装备车型，二是装有 76 毫米火炮的供出口车型。

它战斗全重 13.4 吨。体积小，车长 5.57 米，宽 2.54 米，高 2.23 米。C—5B 型运输机可运载该车 8 辆，C–130 和 C—141 运输机各能运载 2 辆，CH—53E 型直升机可吊运 1 辆这种坦克。

该坦克乘员 2～3 人。装用涡轮增压柴油机，功率 210 千瓦。最大的公路速度为 64 千米 / 时，最大行程 500 千米，爬坡度 60%，涉水深 1 米。车体为铝装甲全焊接结构。安装 1 门 75 毫米高射速加农滑膛炮，自动装弹机以每 1.5 秒 1 发的速度装弹，弹药基数 60 发。脱壳穿甲弹初速为 1220 米 / 秒，直射距离 1500～2000 米，榴弹最大射程 12000 米。火炮射速为 70 发 / 分。配有 7.62 毫米机枪 1 挺。该坦克具有很好的机动性能和较强的火力，可在快速反应作战中给步兵突击以有效支援。

此外 RDF/LT 坦克还有一种出口车型，主要区别是改装了 M32 式 76 毫米线膛炮，配有新研制的尾翼稳定脱壳穿甲弹和 1 挺 7.62 毫米并列机枪。火控系统及稳定器可保证在行进间射击时取得较高的首发命中率。

美国 M46 "巴顿" 中型坦克

M46 "巴顿" 坦克是美国在第二次世界大战后研制的一种中型坦克。是战后装备的第一种中型坦克，在朝鲜战争中曾大量使用，多被志愿军击毁和缴获。战斗全重 44 吨，乘员 5 人，装有 1

↑美国 M46 "巴顿" 中型坦克

门 90 毫米火炮。主炮左侧安装 1 挺 7.62 毫米或 12.7 毫米的高射机枪。最大速度 48 千米 / 时。

↑以色列装备的 M48 坦克

美国 M47/M48 中型坦克

M47 中型坦克是美国于 20 世纪 50 年代初在 M46A1 坦克的基础上改进而成的，并装备美军。该坦克有 5 名乘员，装 1 门 M36 式 90 毫米火炮，有效反坦克射程是 2000 米。有并列机枪、高射机枪和前机枪。战斗全重 46 吨，发动机功率 567 千瓦，公路行驶速度为 48 千米 / 时，最大行程 130 千米，涉水深 1.219 米，爬坡度 60%。由于该车在实战中故障较多，1953 年停止使用，同时开始生产装备 M48 坦克。M48 坦克战斗全重 44.9 吨，乘员 4 人，装甲厚度 12.7～120 毫米；车长 6.88 米，宽 3.36 米，高 3.12 米。装 1 台大陆 AV—1790—7V 缸汽油机。公路行驶速度为 48 千米 / 时，最大行程只有 112 千米。通过垂直墙高 0.91 米，越壕宽 2.6 米，爬壕宽 2.6 米，爬坡度 60%。装 1 门 M41—90 毫米火炮、1 挺并列机枪和 1 挺高射机枪。M48 坦克的改型为 M48A1、M48A2、M48A3、M48A5。其中 M48A5 是具有代表性的车型，装有 105 毫米口径的火炮。针对 M48 机动性差、行程短、速度低的缺陷，美军已准备对此进行改装，主要是换装柴油机和大口径火炮。

美国 M103 重型坦克

M103 重型坦克于 20 世纪 50 年代初由美国研制，1954 年开始装备美海军陆战队。该坦克战斗全重 56.7 吨，装甲厚度 12～178 毫米。乘员 5 人。车长 6.98 米，宽 3.8 米，高 2.88 米。柴油发动机功率为 567 千瓦，公路行驶速度为 34 千米 / 时，最大行程 129 千米，通过垂直墙高 0.9 米，越壕宽 2.9 米，爬坡度 60%，涉水深 1.2 米。车体用均质钢铸造而成，底装甲板为焊接结构。装有 1 门 120 毫米火炮，1 挺 7.62 毫米并列机枪，

1 挺 12.7 毫米高射机枪，携弹38 发。有红外夜视仪，主炮上方装有红外探照灯。这种坦克极易损坏，行程太短，性能可靠度低，因此于 1973 年退出美军装备。

美国 M60 系列主战坦克

M60 主战坦克是美国著名的主战坦克之一，是美军于 20 世纪 60 年代和 70 年代装备的主要坦克。该坦克包括 M60、M60A1、M60A2和 M60A3 等 4 种车型。

M60 主战坦克在 M48 中型坦克基础上改进而成，于 1960 年装备部队，现已全部退役或被改装成其他车型。M60 主战坦克的主要特点是：采用楔形车体及整铸的车体和炮塔；采用 105 毫米火炮，配用脱壳穿甲弹、碎甲弹和破甲弹（尾翼稳定）；有复杂的火控装置，装有光学测距机、弹道计算机和主动式红外夜视装置；装有 525 千瓦柴油发动机，采用 CD850 横式动液机械传动；采用部分轻合金构件。

M60A1 主战坦克由 M60 主战坦克改装而成，于 1962 年装备部队，是 M60 坦克系列中数量最多的一种坦克车型，约占总数的 70% 以上。M60A1 主战坦克的主要改进项目有：对火控装置做了改进，采用了电子式弹道计算机及双向稳定器，提高了首发命中率；改装了新的炮塔，炮塔前方呈尖形，并且采用了细长的防盾；采用了被动式夜视夜瞄装置，装填手配备了观察仪；采用了新式履带，改进了涉水、潜水装具等。

M60A2 主战坦克也由 M60 主战坦克改装而成，于 1974 年定型并相继装备部队，总共生产了 540 辆。M60A2 主战坦克的主要改进项目有：采用 152 毫米口径的短身管两用炮，用以代替

↓美国 M60A1 主战坦克

↓美国 M60A2 主战坦克

105 毫米坦克炮，配有普通炮弹与橡树棍反坦克导弹，橡树棍导弹用红外线制导系统控制；采用了 AN/VVS－1 激光测距仪；采用了新型 XM19弹道计算机，改进了夜视瞄准装置；新设计的炮塔类似长方形，乘员的出入口位置较低，指挥塔用动力驱动。M60A2 主战坦克现已全部退役。

M60A3 主战坦克是在 M60A1 坦克的基础上改装而成。1978 年装备部队，1979 年进一步改进（如坦克热成像瞄准镜等）后，型号改为 M60A3（TTS）。美国陆军到 1985 年共装备 M60A3 和 M60A3（TTS）主战坦克 7347 辆。装备或订购 M60A3/M60A3（TTS）主战坦克的国家有：奥地利、埃及、以色列、约旦、摩洛哥、苏丹、突尼斯及沙特阿拉伯等。美军认为，就性能来说，M60A1 主战坦克与苏 T－62 坦克相当，M60A3 主战坦克与苏 T－72 坦克相当。M60A3主战坦克是 M60 系统中最先进的坦克，其火力、火控、机动性、防护诸方面都有较大提高。

火力方面：M60A3 主战坦克的火炮可发射全钨弹和贫铀弹，增加了射程并提高了穿甲能力。

火控装置：M60A3 主战坦克采用了第二代激光测距仪，测距范围 200～5000 米，最大可达8000 米，精度为 ±10 米，测距次数 30 次／分；采用电子模拟式弹道计算机，能对装药温度、炮膛磨损、耳轴倾斜、横风、运动目标提前量等参数进行自动修正；炮长使用热成像瞄准具，昼夜两用，受烟尘、雨雪等因素影响较小，使火炮昼夜射击命中率显著提高，夜战能力加强；此外身管装有热护套，可减小身管横断面受热不均而引起的变形，保证了射击精度。机动性方面：M60A3 主战坦克发动机采用了可靠性高的零件，改进了发电机，沿用了改进过的钢制履带，采用

新型悬挂系统，提高了减震性能，增强了防地雷能力、越野性能和车体的稳定性。

防护方面：M60A3 主战坦克采用的自动灭火系统，使用了气体灭火剂，效率高，对人无窒息作用，增设了核、生、化探测仪和单兵防毒面具。增装了烟幕筒和发动机热烟幕施放系统，起到自身防护作用。M60A3 主战坦克战斗全重 51.7 吨，乘员 4 人，车长（炮向前）9.44 米，车宽 3.63 米，火炮口径 105 毫米，尾翼稳定脱壳穿甲弹初速为 1500 米 / 秒，弹药基数 63 发，7.62 毫米并列机枪 1 挺，12.7 毫米高射机枪 1 挺，涡轮增压柴油发动机功率为 525 千瓦，最大速度为 48 千米 / 时，最大行程 500 千米，最大爬坡度 60%，克服垂直障碍高 0.91 米，越壕宽 2.6 米，涉水深 1.2 米，潜水深 4 米。

美国 M1/M1A1 主战坦克

M1/M1A1 主战坦克是美国于 1981 年定型的一种著名的主战坦克。1981 年 11 月正式投入全面生产。1982 年元月开始装备驻扎在欧洲的美军。到 1983 年底，总共生产了 1489 辆，装备了 13 个营。美国陆军到 1990 年 5 月共计装备了 7058 辆。M1 主战坦克的单价为 184 万美元。规划的总费用达到 196 亿美元。

M1 主战坦克战斗全重 55.5 吨，车长（炮向前）为 9.76 米，可载员 4 人。驾驶员位于车体前部中央的驾驶室内，行车时以半卧姿势操纵车辆，可以用 3 具潜望镜观察，夜间行驶时，中间 1 具可用微光潜望镜更换。车长、炮长位于主炮右侧，装填手面向右坐在火炮左侧中央。供车长用的有 6 具周视潜望镜和 1 具主瞄准镜；炮长用主、副两具瞄准镜观察战场，瞄准目标。M1 主战坦克性能良好，结构可靠，易于保养，在装甲防护力、机动性以及可靠性、可用性、可维修性和耐用性方面都有显著改进，是美国坦克发展史上一项重要成果。

M1 主战坦克炮塔和车体均采用焊接结构，外附复合装甲。复合装甲由钢、陶瓷和铝合金 3 层构成，用螺钉固定在车体和炮塔上。这种装甲对弹丸的动能有较强的吸收作用，因而可对付反坦克弹药的袭击。

M1 主战坦克车内装有隔板，将人员、动力部分、燃料和弹药舱分开，以免坦克中弹后产生的二次效应给乘员造成更大的伤亡。弹药舱设有条板式导气装置，导气板可将爆炸气体排出车外，而保证车内安全。战斗室和发动机舱设有先进的自动灭火系统，此系统带有高灵敏度的红外探测仪，并使用高效气体灭火剂，在极短时间内即可发现并扑灭可能引起爆炸的火灾，灭火后不留痕迹，对人员也不起窒息作用。M1 主战坦克的车内装有三防器材，其中有三防滤清系统，包括化学毒剂侦测仪、放射剂量侦测仪和乘员防毒面具等。车内外还设有消毒装置。车体两侧各有 5 块装甲裙板，对侧装甲和行动部分进行防护。炮塔后部两侧各有多管烟幕施放器，以加强撤退或转移时自身的防御能力。M1 主战坦克同时还装有发动机热烟幕施放装置。

M1 主战坦克是使用燃气轮机作动力的坦

↓美国 M1 主战坦克

克。该燃气轮机由压气机、回热器、燃气涡轮、动力涡轮等部件组成。其优点是结构紧凑、噪声低、排烟少、起动性佳、加速性能好，10秒钟内可从静止加速到48千米/时；寿命长，大修期为1800小时，可行驶19300千米；体积小，功率大，有效功率为1050千瓦，且具有较大潜力。该机重量轻，易于维修，更换发动机只需13分钟。该发动机的主要缺点是耗油量大，耗油量比柴油发动机高60%～70%，并需要大量空气，给潜渡造成困难。与发动机匹配使用的是一台带闭锁离合器的全自动双流动液综合传动装置。传动装置主要由液力变矩器、传动齿轮组、变速行星排、静液转向系统、汇流行星排和制动器组成。变速、转向、制动均由一液压系统控制，通过各自的操纵系统完成。变速可通过自动装置，也可手动控制。行动部分采用管—杆悬挂系统。扭杆用高强度钢材制作，外部套有铝合金套管。每侧有7个小直径铝合金双轮缘负重轮和两个托带轮，第1、2、7负重轮装旋转式减震器。管—杆悬挂与旋转式减震器相结合，增强了坦克的抗冲击能力，也使越野机动性和乘坐特性得到了提高。

M1主战坦克采用大功率的燃气轮机，配有先进的传动装置和行动装置，获得了良好的机动性，成为速度最快的主战坦克之一，其最大速度达72千米/时，越野速度为48千米/时。M1主战坦克的主要武器为1门口径为105毫米的线膛炮，它通过陀螺仪和液压随动系统进行方向稳定，借助分析器和液压系统与炮手主瞄准镜连接，其俯仰与主瞄准镜随动，因而它是通过瞄准镜来实现高低稳定的。弹药基数为55发，放置在用装甲板隔开的弹药舱里。采用人工装填，发射全钨弹芯和贫铀弹芯的两种尾翼稳定脱壳穿甲弹，初速为1790米/秒，有效射程为3000米，在1800米距离上能够击穿法线角为65°的120毫米厚装甲板。就其总体性能而言，M1主战坦克的防护性能和机动性能有余而火力不足，与其他国家的120毫米或125毫米火炮相比较，它的105毫米火炮在进攻能力方面（特别是对4000米左右的目标）极为有限。因而美军1985年后用前联邦德国的120毫米火炮代替105毫米火炮。

M1主战坦克采用的热成像夜视装置，安装在炮塔右前侧的长方盒内。坦克的火控系统包

↑美国 M1A1 主战坦克

括：全解式固态电子弹道计算机、激光测距仪、炮长主瞄准镜和车长主瞄准镜及稳定器等。

全解式固态电子弹道计算机是火控系统的主要部件，它能精确地对运动目标的提前量进行修正，具有本机自检能力。耳轴倾斜、横风速度、目标距离、提前量等数据可自动输入计算机，而炮口基准补偿量、发射药弹道特性、炮膛磨损、空气压力以及装药温度等数据由人工输入。

激光测距仪由炮长操纵，它能够测出8000米距离内的静止目标和运动目标，测距范围为200～7995米。测距数据显示在炮长和车长使用的主瞄准镜上。

炮长主瞄准镜为单目式，视界为22°，有两个放大倍率（3和10），昼夜两用。目标热像显示在阴极射线管上，同时还设有热像外置复示装置。在可见度最低的环境条件下，炮长也可以观察到1200米距离内的目标。

M1主战坦克还装有炮口基准线修正系统和目标探照灯。目前采用的修正系统是炮口反射镜，固定在炮口上，它可以测出炮管的挠曲度，然后经过计算，得出射角失调修正量。

M1主战坦克的辅助武器有安装在主炮左侧的7.62毫米并列机枪1挺，弹药基数为10000发；12.7毫米和7.62毫米高射机枪各1挺，弹基数分别为1000发和1400发，7.62毫米机枪由装填手操纵，12.7毫米机枪由车长操纵。

M1A1（研制型号M1E1）主战坦克于1985年3月投产。它与M1主战坦克的主要区别是：M1A1主战坦克改装了XM256型120毫米滑膛炮（即前联邦德国"豹"Ⅱ坦克的主炮），炮塔正面及防盾挂装了板块式复合装甲，并增装了集体三防设备等。其战斗全重由M1的55.5吨增加到57吨。

M1A1主战坦克乘员4人，车体长7.61米，

车宽 3.65 米，车高 2.375 米，尾翼稳定脱壳穿甲弹初速为 1650 米 / 秒，弹药基数为 40 发，公路最大速度为 66.4 千米 / 时，最大行程为 462 千米，最大爬坡度 60%，克服垂直障碍高 1.07 米，越壕宽 2.74 米，涉水深 1.2 米。

在 1990 年 8 月 ~ 1991 年 2 月的海湾战争中，大批 M1 主战坦克和 M1A1 主战坦克进驻沙特阿拉伯等地区，在海湾地面战争中发挥了重要作用。

美国 M1A2 主战坦克

M1A2 主战坦克，是美国 M1A1 主战坦克的改进型。1993 年 4 月之前，美国通用动力公司地面系统分公司为美国陆军生产了 62 辆 M1A2 主战坦克，之后转向由 M1 主战坦克改装成 M1A2 主战坦克的改装工作。

M1A2 主战坦克的战斗全重 63.5 吨，乘员 4 人，主要武器是 1 门 120 毫米滑膛炮，配用尾翼稳定脱壳穿甲弹和多用途弹，弹药基数 40 发。火控系统为指挥仪式，包括车长用独立式热像仪、带二氧化碳激光测距仪和热像仪的炮长用三合一稳像式瞄准镜等。M1A2 主战坦克的动力装置为燃气轮机，最大功率 1100 千瓦，以数字式电子控制装置来控制。M1A2 主战坦克的公路最大速度为 67.6 千米 / 时，最大行程为 412 千米。主要部位采用含网状贫铀合金的复合装甲。M1A2 主战坦克与 M1 主战坦克和 M1A1 主战坦克相比，有许多重大的改进，其中包括：车长用独立式热像仪、车长用综合显示器、车际信息系统、车辆电子控制系统、车辆导航系统、单信道陆空无线电台、先进的装甲和高性能的悬挂装置，另外还有先进的自动变速箱等。

↑ M1A2 坦克

↑苏联 T-34/85 中型坦克

苏联 T - 34 中型坦克

T - 34 中型坦克是苏联研制的一种中型坦克。它是 20 世纪 30 年代末在 T - 32 坦克基础上改进发展而来的。大战期间，该坦克又有许多改进，最重要的改进是用 85 毫米坦克炮替换了 76 毫米坦克炮，称为 T - 34/85 坦克。

T - 34 坦克车体是焊接制成的。车长有 1 具观察潜望镜，炮手有一具瞄准镜及 1 具潜望镜。在主炮的右侧并列安装 1 挺 7.62 毫米机枪，还有一挺相同型号的航向机枪安装在坦克车首。最大功率为 367 千瓦。战斗全重 32 吨，公路最大速度 55 千米 / 时，爬坡度 58%，过垂直墙高 0.73 米，越壕宽 2.5 米，乘员 5 人。

苏联 T - 54 中型坦克

T - 54 中型坦克是苏联研制生产的一种主战坦克。该坦克战斗全重 36.5 吨，乘员 4 人，采用 364 千瓦柴油发动机，最大速度 48 千米 / 时，最大行驶距离 400 千米，最大爬坡度 60%，可越过垂直墙高 0.8 米，越壕宽 2.7 米，涉水深 1.4 米，可潜水深 4.5 米。该坦克装有 1 门 100 毫米线膛炮，配有榴弹、穿甲弹和破甲弹，弹药基数 34 发，配备有 1 挺 7.62 毫米并列机枪，1 挺 12.7 毫米高射机枪和 1 挺 7.62 毫米航向机枪。该坦克机动性较好，最大行程较长，造价低，但火力较弱，防破甲能力较差，易被摧毁。T - 54A 中型坦克车内有空气滤清器，1 台涉水用排水泵，1 个自动灭火系统，还增加了外组油箱。T - 54B 中型坦克改用 1 门 100 毫米火炮，安装有红外夜视器材，T - 54C 中型坦克取消了高射机枪。T54 坦克生产数量超过 30000 辆，除装备苏军外，同时装备华约国家军队。

↑苏联 T-54 中型坦克

苏联 T－55 中型坦克

　　T－55 中型坦克是苏联于 20 世纪 50 年代末在 T－54C 坦克原型基础上研制的一种中型坦克。

　　该坦克战斗全重 36 吨，乘员 4 人。采用均质钢装甲防护，炮塔前部装甲厚 175 毫米，两侧装甲厚 160 毫米，防盾装甲厚 200 毫米，车体前装甲厚 100 毫米。坦克全长 9 米，车宽 3.27 米，高 2.4 米。发动机改为 V 型 12 缸功率为 406 千瓦水冷柴油发动机。最大速度 50 千米／时，最大行程 500 千米，最大爬坡度 60%，克服垂直墙高 0.8 米，越壕宽 2.7 米，涉水深 1.4 米，潜水深 5～5.5 米。配备有 1 门口径 100 毫米的线膛炮，可发射穿甲弹、破甲弹和榴弹。穿甲弹直射距离 1000 米，穿甲厚度 185 毫米；破甲弹破甲厚度

380 毫米，弹药基数增加到 43 发。辅助武器为 1 挺口径为 7.62 毫米的并列机枪，弹药基数 3500 发；1 挺 12.7 毫米高射机枪，弹药基数 500 发。

苏联 BMД 空降坦克

　　BMД 空降坦克是由苏联研制并于 1971 年装备苏军的一种伞兵战车。该伞兵战车一般是空运或用降落伞空投到达指定地点。主要作用是随伞兵空降，为空降部队提供机动火力支援，或使伞兵乘车攻击近距离的目标。该伞兵战车可水陆两用，水上靠车后的两个喷水推进器行驶，车上可乘车长、炮手、驾驶员和 6 名伞兵。BMД 空降坦克装有 1 门 73 毫米火炮，由 28 弹夹供弹。火箭增程的尾翼稳定空心装药破甲弹，有效射程为 1000 米。火炮方向可回转 360°。还有 1 挺与火炮并列的 7.62 毫米机枪。车体两侧各配置 1 挺同样航向机枪，在火炮身管上方装有发射导轨架，可以发射 4 枚红外制导萨格尔反坦克导弹。BMД 空降坦克战斗全重 9 吨；车长 5.3 米，宽 2.65 米，高 1.85 米；公路行驶速度 55 千米／时，水上行驶速度 6 千米／时；通过垂直墙高 0.6 米，越壕宽 2 米，爬坡度为 60%。有 Ⅰ 型、Ⅱ 型、Ⅲ 型 3 种改进型。

苏联 PT－76 水陆坦克

　　PT－76 水陆坦克是苏联研制的一种水陆两用坦克。1952 年装备部队。该坦克战斗全重 14 吨，乘员 3 人，车长 7.63 米，宽 3.14 米，高 2.2

↑罗马尼亚装备的 T-55 坦克

↑苏联 PT-76 水陆坦克正从海里驶向岸上。

米，装甲厚度最大 14 毫米，发动机功率 168 千瓦，公路行驶速度 44 千米 / 时，水上行驶速度 10 千米 / 时，行程 260 千米，可通过垂直墙高 1.1 米，越壕宽 2.8 米，爬坡度 70%。采用了装甲钢全焊接结构，弹药基数 1000 发。

该坦克安装 P—56T 式火炮，身管长为 42 倍口径，炮全长 3.455 米，炮重 1150 千克，最大射速为 6~8 发 / 分。该坦克可在水面上靠车体两侧的喷水推进器前进。驾驶员通过潜望镜驾驶。该坦克的底盘还通用于许多装甲车辆。

这种坦克除装备过苏军外，还装备过华约各国及非洲、中东一些国家。

苏联 T—10/T—10M 重型坦克

T—10 是 1957 年苏联在 IS—3 重型坦克的基础上改进并装备军队的一种重型坦克。其中经过了一个短暂的改型过程。先是换装了带抽气装置的 122 毫米加农炮和半自动装填机构，采用了功率为 490 千瓦的机械增压发动机，成为 T—10 型坦克。后在 T—10 坦克上安装双向稳定器，成为 T—10B 重型坦克。在 T—10B 重型坦克的基础上换上 M62—Γ2 型火炮，将 12.7 毫米的机枪换成 14.5 毫米的机枪，增设了红外夜视、夜瞄装置，发动机功率由 490 千瓦增到

525 千瓦，最大速度由 45 千米 / 时提高到 50 千米 / 时，产生了 T—10M 重型坦克。该坦克战斗全重 52 吨，乘员 4 人，另配有 1 挺 14.5 毫米并列机枪，1 挺 14.5 毫米高射机枪。车长 10.6 米，宽 3.56 米，高 2.43 米；行程 250 千米，爬坡度 60%，通过垂直墙高 0.9 米，越壕宽 3 米。使用曳光穿甲弹、榴弹和破甲弹，破甲弹破甲厚高达 400 毫米。弹药基数 30 发。该坦克除装备苏军外，还装备华约各国部队，用于对中型坦克作战的火力支援。20 世纪 60 年代初已停产。

苏联 T—62 主战坦克

T—62 主战坦克是苏联在 T—54、T—55 坦克基础上改进的一种主战坦克。1963 年装备苏军。该坦克战斗全重 37.5 吨。车长 9.69 米，车宽 3.27 米，车高 2.2 米。整个车体低矮，避弹性好。

T—62 主战坦克的发动机功率为 406 千瓦，最大速度 50 千米 / 时，最大行程 580 千米，最大爬坡度 60%，越壕宽 2.8 米，过垂直壁高 0.8 米。炮塔前部装甲厚 200~220 毫米，两侧装甲厚 170 毫米，顶装甲厚 30 毫米。可涉水深度不超过 1.4 米的河流，安装潜渡通气管后，最大潜渡深度可以达到 5.49 米。车后附加油箱以增大坦克行程。

该坦克装有 1 门 115 毫米滑膛炮，发射尾翼稳定的脱壳穿甲弹、破甲弹和榴弹。穿甲弹在 700~800 米距离上可击穿 120 毫米 /60° 的均质甲板，在 2000 米内可击穿 100 毫米 /60° 的甲板，对 2 米高目标直射距离为 1860 米。弹药基数 40 发，自动抛壳。火炮高低射界为 -4°~+17°。有 1 挺 7.62 毫米并列机枪。后期研制的 T—62 坦克安装了 12.7 毫米高射机枪。驾驶员配有红外夜视仪，有红外探照灯，能进行夜间战斗。

T—62 坦克总产量超过 15000 辆，大量装备华约各国军队。此后改进型有 T-62A、T—62K

↑苏联 T-10 重型坦克

↑在 1973 年中东战争中，被以色列军队击毁于戈兰高地上的苏 T-62 坦克。

和 T-62M。因为坦克发动机功率较小、机动性能差、射速低等原因，20 世纪 80 年代初停产。

苏联 T - 64 主战坦克

T - 64 主战坦克是苏联于 1960 年研制，1961 ~ 1962 年间完成第一批样车，1966 年投产，1981 年停产。该坦克战斗全重 38 吨，公路行驶最大速度 60 千米 / 时，最大行程 500 千米，过垂直墙高 0.8 米，越壕宽 2.8 米，爬坡度 60%。发动机功率为 490 ~ 532 千瓦，为卧式 5 缸对置活塞二冲程发动机，是原 150 系列的改型机。首次装备了 125 毫米滑膛炮，发射半可燃药筒的尾翼稳定脱壳穿甲弹、空心装药破甲弹和榴弹。穿甲弹初速达 1800 米 / 秒，可在 2000 米的距离上击穿 150 ~ 170 毫米 /60° 的均质甲板。弹药基数 40 发。有 7.62 毫米并列机枪和 12.7 毫米高射机枪各 1 挺。首次采用自动装弹机，能迅速进行弹种选择、装填和抛壳，另配有激光测距仪、弹道计算机、夜视、夜瞄等装置。此外，车内有三防设备、烟幕发生器和潜渡通气管，车体后部携带附加油箱。该坦克缺点是发动机功率过低，机动性差。

↓苏联 T-64 主战坦克

苏联 T - 72 主战坦克

T - 72 主战坦克是苏联于 1966 年在 T - 62 坦克基础上研制的，是当时世界最先进的主战坦克之一，1971 年投产，1973 年装备苏军，1977 年 11 月在莫斯科阅兵式上首次亮相。

该坦克战斗全重 41 吨，车体长 6.4 米，宽 3.37 米，高 2.19 米，爬坡度 60%，是各国新型主战坦克中重量最轻、体积最小的主战坦克。车内乘员 3 人。炮塔为整体浇铸结构，车体用轧制钢甲板焊接，首上装甲板为厚 204 毫米的三层复合装甲，对反坦克弹种有较强防御能力。装 1 台新

↓苏联 T-72M 主战坦克

型的多种燃料发动机，功率为 546 千瓦，最大速度 65 千米 / 时，最大行程 500 ~ 600 千米。车上装有潜渡进气筒，可在水下行驶 20 分钟。前下方装有一推土铲，用于构筑工事或清除道路障碍。该坦克装有 1 门目前最大口径的 125 毫米滑膛炮，全长 7 米。该炮通过电、液驱动装置调整方向和稳定高低。车中备有尾翼稳定杀伤弹 22 发、脱壳穿甲弹 12 发、空心装药破甲弹 6 发。全钨弹芯的穿甲弹对 2000 米目标可击穿厚度为 240 毫米的装甲，破甲弹破甲厚度为 450 ~ 500 毫米；榴弹最大射程 9400 米。炮弹采用自动装填，装弹速度 8 发 / 分。炮弹发射后由抛壳机将药筒的不可燃部分抛出车外。火控系统包括炮长用昼夜合一瞄准镜、车长用同步瞄准镜、激光—合像式测距仪和模拟式弹道计算机。当对距离 2000 米，以 10 千米 / 时的速度运动的目标射击时，命中率高达 75%。此外该坦克配装有 1 挺 12.7 毫米的高射机枪和 1 挺 7.62 毫米的并列机枪。T - 72 坦克火炮口径大，命中率高；而且速度快，行程大。缺点是车内容积小，操作灵活性较差，弹药基数较小。T - 72 后来又有了改进型 T - 72M。T - 72M 采用了激光测距仪、复合装甲、整体式屏蔽裙板，加装了防中子辐射层，增装了烟幕弹发射器等。

苏联 T - 80 主战坦克

T - 80 主战坦克是苏联于 20 世纪 70 年代中期在 T - 64 坦克基础上加以改进后，于 70 年代末装备苏军的一种主战坦克。

T - 80 主战坦克战斗全重 45 吨，乘员 3 人。车体长 7.4 米，宽 3.4 米，高 2.2 米，爬坡度 60%。炮塔前装甲厚度增加到 530 毫米，车体首上装甲由 5 层组成，前两层为钢板，第三层是玻璃纤维，第四层是钢板，第五层是含铅

↓ T－80 坦克

↓ T-90 坦克

的塑料衬层。炮塔和车体正面能经受破甲能力为600～650毫米的破甲弹或穿甲能力为500毫米的穿甲弹的攻击。采用改进的125毫米高膛压滑膛炮，弹药基数为40发。采用钨合金弹芯穿甲弹在2000米距离内可以垂直穿甲400毫米，直射距离可达2400米。采用贫铀合金穿甲弹在1000米距离上可以垂直穿透660毫米的钢甲。此外，可发射无线电制导的AT－8反坦克导弹，射程3000～4000米。

俄罗斯 T－90 主战坦克

T－90 主战坦克，是俄罗斯在20世纪90年代初研制的主战坦克，1995年装备部队，有T-90（基本型）、T-90S（出口型）和T-90SK（指挥型）等型号。

T－90 主战坦克战斗全重约50吨，乘员3人，主要武器是1门125毫米滑膛炮，带自动装弹机，可发射尾翼稳定脱壳穿甲弹、破甲弹和杀伤爆破弹，还能发射反坦克炮射导弹，弹药基数43发，其中炮射导弹4枚。火控系统是T－80y主战坦克上的火控系统的改进型，为稳像式火控系统；弹道计算机、炮长测距瞄准镜、火炮稳定器等都做了改进。动力装置为多燃料发动机，最大功率618千瓦。T－90 主战坦克最大公路速度

约为60千米／时。车体和炮塔的主要部位装复合装甲和附加装甲，防护性能比T－72主战坦克有较大的提高。炮塔上装有"窗帘"光电干扰系统，由光电干扰系统、激光报警器、防激光烟幕抛射系统及系统控制设备组成，可使来袭的反坦克导弹的命中率降低。

英国"百人队长"中型坦克

"百人队长"中型坦克是英国研制的一种多用途的坦克，1945年装备英军，其后在使用中不断改型，从Mk1～Mk13，共有13种型号之多。其最早的Mk1型战斗全重为47吨，装1门76.2毫米炮。Mk3型装83.8毫米炮。从Mk7型开始装105毫米炮，并在其他方面也作了改进。

"百人队长"12型（Mk13）是"百人队长"系列坦克中最新的改进型，装有1台四冲程水冷汽油机，最大功率为455千瓦，公路最大速度为35千米／时，最大行程185千米，爬坡度60%，克服垂直墙高0.9米，无准备可涉水1.4米，应用围帐，准备15分钟可以浮渡。车体为焊接结构。首上倾斜装甲板厚118毫米，下倾斜装甲板厚76毫米，两侧装甲板厚51毫米。炮塔前部装甲厚152毫米。该坦克有供夜间驾驶用的红外夜视仪，装有1门105毫米线膛炮；弹药基数64

↑ 正在开炮的 T-90 坦克

↑ 英国"百人队长"Mk5 坦克

发，可发射脱壳穿甲弹，有效射程 1800 米；碎甲弹，有效射程 3000 ~ 4000 米；以及榴弹和烟幕弹。辅助武器为 7.62 毫米高射机枪和并列机枪各 1 挺。此外，另配有 1 挺测距机枪。"百人队长"12 型坦克大量装备中东地区阿拉伯国家军队。

英国"酋长"坦克

"酋长"坦克是英国于 1958 年开始研制的第二代主战坦克，1967 年开始装备英军。后在使用中又经过多次改进，先后出现了 Mk1、Mk2、Mk3、Mk3/3、Mk5 等型号。

"酋长"坦克的基本特点是：采用 120 毫米线膛炮，配备带有全可燃药筒的分装式脱壳穿甲弹和碎甲弹。装有双向稳定器、主动式红外夜视装置。采用对置活塞二冲程多种燃料发动机。驾驶员可半仰卧驾驶。其中 Mk3 是性能好、生产量较大的一个型号。Mk5 是该系列坦克中的最新型号，其战斗全重 55 吨，乘员 4 人。装有一台 12 个对置活塞多种燃料发动机，输出功率 525 千瓦。公路最大速度 48 千米 / 时，越野速度 30 千米 / 时，最大行程 500 千米。最大爬坡度 60%，克服垂直墙高 0.914 米，越壕宽 3.149 米。车体装甲炮塔正面最大厚度为 150 毫米。驾驶员采取卧姿驾驶以减小车高。车体两侧安装有屏蔽装甲以防反坦克武器的攻击。该坦克有 1 门 120 毫米线膛炮，发射脱壳穿甲弹时有效射程为 3000 米；弹药基数 64 发。另有两挺 7.62 毫米机枪，作为并列机枪和高射机枪。采用综合火控装置，由数据处理系统、瞄准系统、传感系统和火炮操纵系统组成，使火炮的首发命中率大为提高。目前英军拥有各种型号的"酋长"坦克约 1000 辆，为英国陆军的主要装备。该坦克以强大的火力和重型装甲防护作为设计的基本指导思想，任务主要是用来对坦克作战和支援步兵作战。

该坦克以其火力强大、防护性好的优势，成为英军的主要装备坦克。

↑英国"酋长"900 主战坦克

英国"酋长"900 主战坦克

"酋长"900 主战坦克是英国皇家兵工厂于 1982 年在"酋长"5 型坦克基础上改装而成的一种主战坦克，以向中东国家出口为主。

"酋长"900 主战坦克采用 1 台 CV12TCE 型、12 缸 V — 60°、四冲程水冷、多种燃料、涡轮增压中冷柴油机，功率为 630 千瓦。最大公路时速提高到 52 千米。机动性大大提高。它沿用"酋长"5 型的 1 门 120 毫米线膛炮，改用 SPCS — 600 型简易火控系统，移动中射击精度大为降低，比较适合坦克短暂停歇以对固定或运动目标射击。用脱壳穿甲弹在 2000 米距离上对固定目标射击的命中概率为 70%，在 1000 米距离上对运动目标射击的命中概率可达 95%。基本可满足一些中东国家的作战需要。

英国"维克斯"主战坦克

"维克斯"主战坦克是 1963 年由英国维克斯公司研制的一种主战坦克，后装备印度陆军和科威特陆军。该坦克在印度称做"胜利坦克"。

"维克斯"主战坦克装有 1 门 105 毫米线膛坦克炮，高低射界为 — 7° ~ + 20°，方向射界 360°。火炮瞄准要借助于测距机枪。炮手把火炮对准目标，先用 12.7 毫米测距机枪发射曳光弹打一个点射，观察弹着点，如果击中了目标即可进

↑英国"酋长"式（FV4201）主战坦克

↑ 英国"维克斯"Mk7 主战坦克

行火炮射击。主炮使用两种弹：碎甲弹和脱壳穿甲弹。弹药基数 44 发。配有 GEC —马可尼稳定系统，能在行进间瞄准和射击。另配有两挺 7.62 毫米并列机枪。"维克斯"2 型上装有 4 具英国旋火式有线制导反坦克导弹发射架。最新型号是 3 型，装有激光测距仪和身管热护套。

该坦克战斗全重 38 吨，最大装甲厚度 80 毫米，车长 9.73 米（包括火炮），发动机功率 455 千瓦，公路行驶速度 56 千米 / 时，行程 480 千米，爬坡度 60%。

英国"挑战者"Ⅰ主战坦克

"挑战者"Ⅰ主战坦克是英国于 1978 年开始研制的一种主战坦克，1985 年取代"酋长"坦克成为 20 世纪 80 年代中期英军的主要装备。该坦克也是世界上性能卓越的主战坦克之一。

"挑战者"Ⅰ主战坦克战斗全重为 62 吨，是各国主战坦克中最重的坦克。乘员 4 人，车长 11.55 米，车宽 3.42 米，车高 3.04 米。采用功率为 882 千瓦、2300 转 / 分水冷柴油机，采用液气悬挂装置以代替在此之前一直采用的传统的平衡式悬挂装置，最大公路速度 60 千米 / 时，最大爬坡度 58%，越壕宽 3.15 米，涉水深 1.07 米。坦

↑ 海湾战争中的"挑战者"Ⅰ坦克

克采用乔巴姆装甲，对反坦克武器有很高的防护力，是当前世界上防护力最强的坦克之一。该坦克装有 1 门在"酋长"L11A3 主炮基础上改进而成的 L11A5 型 120 毫米线膛炮，主要弹种有尾翼稳定脱壳穿甲弹、碎甲弹及破甲弹。弹药基数 48 ～ 52 发。尾翼稳定脱壳穿甲弹在 2000 米距离上可穿透北约三层靶板。该车的火控系统是 IFCS 型综合火控系统。IFCS 火控系统工作时，当计算机输入射击提前量使光学瞄准镜视场内的弹道瞄准标记偏离目标后，只需炮长按一下自动瞄准开关，就能自动将射击提前量传送给火炮，并使弹道瞄准标记压住目标。因为此系统中的计算机求出的射击提前量不仅传送给光学瞄准具，而且同时传递给火炮，所以这种火控系统对 2000 ～ 3000 米距离上的静止或运动目标射击时，首发命中率极高，而且从发现目标到开火的反应时间只需 10 秒，对运动目标跟踪时间为 1.2 秒，最长为 5 秒。它具有较好的行进间对运动目标的射击能力，能保证较高的远距离射击精度。

1990 年 8 月 ～ 1991 年 2 月的海湾战争中，"挑战者"Ⅰ主战坦克进驻沙特阿拉伯等地区，发挥了重要作用。

↑ 英国"挑战者"Ⅱ主战坦克正视图

英国"挑战者"Ⅱ主战坦克

英国"挑战者"Ⅱ主战坦克在 1990 年生产出 9 辆样车，在 1991 年战胜其竞争对手——"豹"Ⅱ改进型、M1A1 和"勒克莱尔"主战坦克后，被英国陆军所选中，被订购 384 辆。它是在"挑战者"Ⅰ坦克的基础上研制而成的，战斗全重 62.5 吨，乘员 4 人。主要武器为 L30 型 120 毫米线膛炮，配用贫铀穿甲弹，弹药基数 64 发。火控系统包括数字式弹道计算机、带激光测距仪

和热像仪的稳定式瞄准镜、火控双向稳定器等。882千瓦发动机匹配TN54型全自动传动装置。行动装置采用液气悬挂装置。"挑战者"Ⅱ主战坦克最大速度为56千米/时。车体和炮塔采用乔巴姆复合装甲。车内有三防装置和空调装置。

↑英国"蝎"式轻型坦克

英国"蝎"式侦察坦克

"蝎"式侦察坦克，1969年由英国考文垂的阿尔维斯公司研制，于20世纪70年代初装备英国陆军。该坦克采用铝合金装甲和铝合金零件，乘员3人。车体顶部载有可折叠的浮渡围帐，能在水上靠履带划水行驶，速度为6.5千米/时。装有1门76毫米火炮，火炮的俯仰和旋转靠手操作，弹药基数40发。配装1挺7.62毫米并列机枪，枪弹3000发。装有烟幕弹发射器。该坦克战斗全重7.96吨。车长4.388米，宽2.184米，高2.096米。发动机功率137千瓦，公路行驶最大速度为87千米/时，行程644千米，可越过垂直墙高0.508米，越壕宽2.057米，爬坡度60%。这种坦克主要用于中、短距离的火力侦察或护卫警戒。目前已有非洲和中东一些国家装备这种坦克。此后，采用"蝎"式基型车的底盘，英国又研制了5种变型车：FV102"打击者"反坦克导弹发射车，FV103"斯巴达人"装甲人员输送车，FV104"撒玛利亚人"装甲救护车，FV105"苏尔坦"装甲指挥车，FV106"大力士"装甲抢救车。

英国"蝎"90轻型坦克

"蝎"90轻型坦克，20世纪80年代初由英国阿尔维斯公司在FV101"蝎"式侦察坦克的基础上研制而成。

"蝎"90轻型坦克在FV101"蝎"式坦克基础上改装了T6—3544型水冷6缸柴油发动机，功率可达140千瓦，提高了车速。行程由644千米增大到966千米，0～48千米/时的加速性能从18.5秒减少到16秒。装90毫米炮和柴油机后，该车重量增加，最大公路速度仍能保持72千米/时。"蝎"90轻型坦克改装了1门比利时制造的柯克里尔Ⅲ型90毫米低膛压线膛炮，以代替原76毫米火炮。发射尾翼稳定空心装药破甲弹、碎甲弹和榴弹。弹药基数36发。破甲深度达300毫米。对主战坦克有一定威胁，还有反坦克作战能力。该车可以安装马克尼雷达公司研制的SFCS—600型简易火控系统。目前装有LV10型炮长激光测距瞄准镜和美国的火炮高低方向瞄准液压操纵装置，保证火炮射击的灵活性，减少射击死角。

德国"豹"Ⅰ主战坦克

"豹"Ⅰ主战坦克是前联邦德国研制的第一代主战坦克，1965年装备前联邦德国军队，到1988年1月，共生产4744辆。

"豹"Ⅰ式主战坦克装有英制105毫米火炮，配备有脱壳穿甲弹、空心装药破甲弹和碎甲弹。弹药基数为60发。辅助武器为1挺7.62毫米高射机枪和1挺并列机枪。车体前装甲板厚70毫米，车体顶装甲板厚35毫米。"豹"Ⅰ式主战坦克的火控系统包括光学测距机、火炮双向稳定器、弹道计算机、主动式红外夜视装置等。此

↓"豹"ⅠA4主战坦克

↑英国"蝎"式侦察坦克

后又有"豹"ⅠA1、"豹"ⅠA2、"豹"ⅠA3、"豹"ⅠA4等4种改进车型。其中A4性能最特别，其综合火控系统非常先进。

"豹"ⅠA4坦克战斗全重42.5吨，乘员4人。车全长9.54米，宽3.25米，高2.64米。发动机功率581千瓦。最大公路速度65千米/时，越野速度40千米/时，最大行程600千米，最大爬坡度60%，克服垂直墙高1.15米，越壕宽3米。无准备涉水深1.2米，有准备涉水深2.25米，潜水深4米。"豹"ⅠA4坦克造价高达250万马克。目前，北欧各国和澳大利亚、加拿大等国均装备了这种坦克。

德国"豹"Ⅱ主战坦克

"豹"Ⅱ主战坦克是联邦德国于20世纪70年代末在吸取MBT—70坦克和"豹"Ⅰ坦克技术成果的基础上研制成功的主战坦克。1972年制造出样车，1974年又进行了改进设计，1977年正式投入生产，1979年开始装备部队。该车全重55吨，乘员4人，功率为1100千瓦。最大公路速度72千米/时，越野速度55千米/时。最大行程520～540千米，最大爬坡度60%，越壕宽3米，克服垂直墙高1.2米。可涉水深2.25米（有准备），潜水深4米（有准备）。车体长7.722米，宽3.54米，高2.49米。该坦克装1门莱茵金属公司研制的120毫米滑膛炮，由液压半自动装填机装弹。装有联邦德国MTU公司研制的MB873Ka—501大功率柴油发动机，可使用多种燃料，可靠性好。"豹"Ⅱ主战坦克车体和

炮塔采用由两层金属板夹一层陶瓷构成的复合装甲，有极好的防弹能力。车体两侧有对行动部分进行保护的裙板。车内设有先进的防原子、防化学、防生物的三防装置。另设有空气滤清系统和增压系统。弹药基数42发。穿甲弹在2200米的距离上可击穿120毫米厚的装甲板。火控系统通过1台综合计算机进行控制。计算机根据传感器收集坦克及目标的运动情况、空气温度、风速等数据，修正射击偏差，提高射击精度。配有7.62毫米并列机枪和高射机枪各1挺，并装有杀伤爆破弹的投掷筒和烟幕筒各8具。

↑德国"豹"ⅡA5主战坦克

德国"豹"ⅡA5主战坦克

德国"豹"ⅡA5主战坦克是"豹"Ⅱ坦克的改进型，战斗全重59.7吨，乘员4人，其火力性能和机动性能与"豹"Ⅱ坦克基本相同，主要改进在装甲防护上，炮塔正面和车体正面都增装了附加装甲，炮塔正面呈尖楔状，这一点成为识别"豹"ⅡA5和"豹"Ⅱ坦克的最主要的外部

↑"豹"Ⅱ主战坦克

特征。除此以外的改进有：增装车长用热成像瞄准镜，改装为新的全电式炮控系统，炮塔内部装防崩落衬层，驾驶员舱门改为滑动式，车体后部安装了1部电视摄像机，增装带全球定位系统的混合导航系统。

到1998年11月时，克劳斯·玛菲公司总计为德军生产了225辆"豹"Ⅱ A5主战坦克。

将"豹"Ⅱ A5主战坦克的火炮换装为55倍口径的120毫米滑膛炮，便成为"豹"Ⅱ A6主战坦克，目前已设计定型。

法国 AMX - 13 轻型坦克

AMX - 13 轻型坦克是法国里昂兵工厂生产的一种轻型坦克。

早期装备的 AMX - 13 轻型坦克装备了1门75毫米火炮。现在法军使用的 AMX - 13 轻型坦克全部换装了新式90毫米炮，车内带34发炮弹，并且配装有1挺7.62毫米并列机枪和4具烟幕弹发射器。装上了红外夜视仪，在主炮两侧各安装了2枚SS - 11反坦克导弹，导弹重30千克，射程350 ~ 3000米，能远距离反击敌方坦克。该坦克战斗全重15吨，车长6.36米，宽2.5米，高2.3米。车体为钢装甲焊接结构，最大装甲厚度40毫米。采用摇摆式固定耳轴炮塔。安装有自动装填机构，乘员减至3人。发动机功率175千瓦，公路行驶速度60千米/时，行程350千米，通过垂直墙高0.65米，越壕宽1.6米，爬坡度60%，涉水深0.6米。

AMX - 13 轻型坦克从20世纪60年代起改由法国的克勒佐 - 卢瓦尔兵工厂生产，并且负责改型，共计生产了近5000辆，出口20个国家。

↑法国 AMX - 13 轻型坦克

法国 AMX-30 主战坦克

AMX - 30 主战坦克是法国里昂坦克工厂于1966年生产的一种主战坦克。该坦克战斗全重36吨，发动机功率504千瓦，最大公路速度65千

↑装有反应装甲的法国 AMX-30 主战坦克。

米/时，越野速度35 ~ 40千米/时，最大行程500 ~ 600千米。发动机可使用汽油、柴油、煤油等多种燃料。克服垂直墙高0.93米，越壕宽2.9米，最大爬坡度60%，涉水深1.3米，潜渡深4米。

该坦克前装甲板厚70毫米；侧装甲板厚45毫米，炮塔前部装甲厚140毫米。车体为铸造和焊接结构，炮塔整体铸造。

该坦克装1门105毫米线膛炮，发射外壳旋转的空心装药破甲弹、尾翼稳定脱壳穿甲弹和榴弹、照明弹。破甲弹垂直破甲厚度360毫米。榴弹最大射程为11000米，照明弹照明直径800米，持续35秒钟。弹药基数47发。另外，配有12.7毫米并列机枪1挺或20毫米并列机关炮1门和7.62毫米高射机枪1挺。出口型未装机关炮。并列机枪或并列机关炮可高平两用，可在车内射击。另有4具烟幕筒，装有火炮双向稳定器、测距仪和红外夜瞄装置，具有夜间和行进间作战能力。

AMX - 30 主战坦克参加了1991年1月的海湾战争，在地面战争中发挥了重要作用。

目前，该坦克共生产2000多辆，约一半供出口。在1991年1月的海湾战争中，该坦克以其相当强的火力和机动可靠性，有力地支援了地面部队的运动作战。

法国 AMX-40 主战坦克

AMX-40 主战坦克是法国伊西莱穆利诺制造厂专为出口生产的主战坦克。1983年制成首辆样车，同年6月在第九届萨特利兵器展览会上展出。

该坦克战斗全重43吨，乘员4人，车长9.78米，车宽3.28米，车高2.38米。公路最大速度65千米/时，越野速度50千米/时，公路最大行程550千米，最大爬坡度70%，最大侧倾坡度30%，涉水深2.2米。该坦克安装1门布尔热武器研究与制造公司生产的120毫米滑膛炮，配有尾翼稳定脱壳穿甲弹和多用途弹。脱

↓法国 AMX-40 主战坦克

壳穿甲弹可在 3000 米距离上击穿坦克普通装甲和复合装甲。弹药基数 37 发。为了提高火炮射击命中率和在复杂环境下作战能力，该坦克装有 DIVT13B 型夜间电视系统，车长和炮长通过监视器可看到要搜索的目标图像和由火控计算机控制的电子瞄准十字线。夜间电视系统与 APXM581 火控系统配套使用时，坦克能在 2000 米距离上像白天一样与敌人固定或运动目标交战，从而大大提高了该坦克的突袭能力。此外，该坦克还配有 20 毫米并列机关炮和 7.62 毫米高射机枪。AMX-40 主战坦克采用普瓦超高增压 V12 型 770 千瓦柴油机，功率提高了 2 ~ 5 倍。采用全新底盘，在车首和炮塔部位挂装了新型复合装甲，车体两侧安装了用特种装甲材料制成的裙板。此外还配有热烟幕施放装置、烟幕弹发射装置等。

法国"勒克莱尔"主战坦克

"勒克莱尔"主战坦克是法国研制的，研制工作始于 1982 年，1991 年被命名为"勒克莱尔"坦克，以纪念法国著名将领勒克莱尔元帅。第一部生产型坦克于 1991 年底出厂。

"勒克莱尔"主战坦克为箱形可拆卸式结构，驾驶舱在车体左前部，车体右前部储存炮弹，车体中部是战斗舱，动力传动舱在车体后部。该坦克安装 1 门 120 毫米滑膛坦克炮，随炮塔 360° 旋转，可以在 -8° ~ +20° 范围内俯仰。火炮可以发射尾翼稳定脱壳穿甲弹和多用途破甲弹。尾翼稳定脱壳穿甲弹为长杆型，初速为 1750 米 / 秒，

在 4000 米距离上可击穿约三层重型靶板，有效射程达 3000 米。多用途破甲弹的初速为 1170 米 / 秒。炮长有 1 个 HL 型多通道稳定式瞄准镜，瞄准镜内组合有激光测距仪，还包括红外摄像机。"勒克莱尔"主战坦克使用标准的目标拦击方法，从开始探测到实施射击的时间可以缩短到 6 ~ 8 秒，从而使该坦克在 1 分钟内能消灭 5 个目标，使静止状态射击 2000 米目标和行进间射击 1500 米目标的命中率达到 80% 以上。火炮左侧装有 1 挺 12.7 毫米并列机枪，可由车长和炮长操纵射击，炮塔上还装有 1 挺 7.62 毫米高射机枪，车长和炮长可以在车内遥控射击。"勒克莱尔"主战坦克使用的动力装置是 1 台 V8X1500 型超高增压柴油机，功率可达到 1100 千瓦。坦克采用以陶瓷为基本材料的复合装甲以及低矮扁平的炮塔外形，对付动能穿甲弹的能力比采用等重量普通装甲的坦克提高 1 倍。车体正面可防御从左右 30° 范围内发射来的尾翼稳定脱壳穿甲弹。

"勒克莱尔"主战坦克战斗全重 56 吨，公路最大速度 72 千米 / 时，涉水深（有准备）2.3 米，爬坡度 60%，攀垂直墙高 1.25 米，越壕宽 3 米，有三防装置，乘员 3 人。

意大利 OF-40 主战坦克

OF-40 主战坦克是 1980 年由意大利奥托·梅莱拉和菲亚特公司专为出口设计研制的一种主战坦克，也是意大利战后自行生产的第一代坦克。该坦克战斗全重 45.5 吨，乘员 4 人。车长 9.22 米，车宽 3.51 米，车高 2.45 米。装有 1 台 581 千瓦的增压多燃料柴油机，公路速度可达 60 千米 / 时。最大行程 600 千米，最大爬坡度 60%，最大侧倾坡度 30%，克服垂直障碍物高 1.15 米，越壕宽 3 米，涉水深 1.2 米，潜水深 4 米。该坦克装 1 门奥托·梅莱拉公司设计的 105 毫米线膛炮，有超速脱壳穿甲弹、破甲弹和碎甲

↑法国"勒克莱尔"主战坦克

↑意大利 OF-40 主战坦克正在开火。

弹。穿甲弹初速 1470 米 / 秒，直射距离 1600 米。弹药基数 55 发。辅助武器为 7.62 毫米并列机枪和高射机枪各 1 挺。坦克在行进间对固定目标进行射击时，火控系统命中率可达 50% ~ 60%。意大利目前已制造出 OF–40 Ⅱ型坦克，主要在火控系统方面有很大改进。

↓瑞典 Strv 103B 主战坦克

↓意大利 C1 主战坦克在行进中。

意大利 C1 主战坦克

C1 主战坦克是意大利研制的一种新型主战坦克，也称为"公羊"主战坦克，于 1989 年投产。

C1 主战坦克的车体和炮塔用钢板焊接而成，重点部位采用新型复合装甲。主要武器是 1 门由奥托·梅莱拉公司研制的 120 毫米滑膛坦克炮。辅助武器包括 1 挺 7.62 毫米机枪和 1 挺 7.62 毫米高射机枪。C1 主战坦克装有伽利略公司设计的坦克火控系统，主要部件包括车长昼间周视瞄准镜、炮长激光潜望瞄准镜、弹道计算机、传感器、炮口校正装置以及车长、炮长和装填手控制面板。C1 主战坦克采用 1 台菲亚特公司的涡轮增压中冷柴油机，标定功率为 882 千瓦。该坦克还装有三防装置。

C1 主战坦克战斗全重 54 吨，公路最大速度为 65 千米 / 时，潜水深 4 米，爬坡度 60%，火炮俯仰范围为 − 9° ~ + 20°，乘员 4 人。

瑞典 Strv 103B 主战坦克

Strv 103B 主战坦克是 1958 年由瑞典研制的无炮塔主战坦克，简称 S 坦克。该坦克战斗全重 39 吨，乘员 3 人。采用双机动力装置，1 台 168 千瓦柴油发动机和 1 台 343 千瓦燃气轮机。最大速度 50 千米 / 时，最大行程 340 千米。爬坡度 60%，克服垂直障碍物高 0.9 米，越壕宽 2.3 米，涉水深 1.5 米。具有两栖性能，装有浮渡围帐，水中速度 6 千米 / 时。坦克采用无炮塔

结构，火炮与车体刚性固定，瞄准射击依靠车体悬挂系统和转向机构实现。采用电液操纵，3 个乘员在各自位置上均可驾驶车辆和操纵火炮进行射击，1 个乘员也能作战。坦克装有 1 门 105 毫米坦克炮。射速 10 ~ 15 发 / 分，主要弹种为脱壳穿甲弹、碎甲弹和榴弹。脱壳穿甲弹有效射程 2000 米，榴弹最大射程为 5000 米。弹药基数为 50 发。火炮无稳定器，不能行进间射击，配备两挺并列机枪和高射机枪。

瑞典 UDES XX − 20 歼击坦克

UDES XX — 20 歼击坦克是瑞典于 1981 年开始研制的一种新型坦克，用以代替 IKV — 91 坦克，仅处于样车研制阶段。该坦克改变了传统的装甲战斗车辆设计概念，采取铰接式双车身结构。前车身是火炮和乘员室，乘员 3 人；后车身是油箱、发动机、自动装弹机和弹药舱。该车安装 1 台功率 420 千瓦的柴油发动机。履带长达 6 米，单位压力仅有 40 千帕，通行越野能力好，可超越 1.6 米高的垂直墙。该坦克在履带只剩 2 条的情况下，仍能保持机动性能；而且将炮塔取消，不易被炮火击中，利于在对抗战中保护自身。该坦克战斗全重约 25 吨，装有 1 门莱茵公司生产的顶置式 120 毫米滑膛炮，方向射界只有 60°。装弹时需将炮身恢复到射角为 0° 的基准位置，射速较低。有 1 挺并列机枪。火炮不能在行进间射击，但可依靠先进的火控装置，在静止间和短停间达到很高的首发命中率。

↑瑞典 XX-20 歼击坦克

↑瑞典的 IKV-91 轻型坦克

瑞典 IKV－91 轻型坦克

IKV－91 轻型坦克是由瑞典研制而成的一种水陆两用轻型歼击坦克。该坦克战斗全重 16.3 吨，乘员 4 人。车长 8.835 米，宽 3 米，高 2.41 米。装 1 台 231 千瓦 6 缸直列式废气涡轮增压柴油机。陆上最大速度 67 千米/时，水上最大速度 8 千米/时，最大行程 600 千米，爬坡度 60%，越壕宽 1.7 米。该坦克装 1 门 90 毫米低压滑膛炮，配有尾翼稳定空心装药破甲弹及尾翼稳定杀伤爆破弹，弹药基数 59 发。另配有 7.62 毫米并列机枪及高射机枪各 1 挺。其火控装置包括 1 具合像式光学测距机、数个传感器和弹道计算机，可以精确测算和修正射击角度，有较高的首发命中率。

瑞士 Pz－61 主战坦克

Pz－61 主战坦克是瑞士于 1958 年开始研制的一种主战坦克，1966 年装备该国部队。该坦克战斗全重 38 吨，乘员 4 人，装有两台发动机，主机为 441 千瓦柴油发动机，辅助发动机功率为 11 千瓦。车全长 9.49 米，宽 3.06 米，高 2.72 米。最大速度 50 千米/时，公路最大行程 300 千米。

↓瑞士 Pz-61 主战坦克

越野行驶时，最大行程为 160 千米。爬坡度 60%，克服垂直障碍物高 0.75 米，越壕宽 2.5 米，无准备时可涉水深 1.1 米，不能潜渡。该坦克主要用于山地作战，机动性和机械可靠性相当好，但其防护装甲厚度仅有 20～60 毫米。该坦克装高速脱壳穿甲弹、碎甲弹和榴弹，辅以 1 挺 20 毫米并列机关炮和 7.5 毫米的高射机枪。但无夜视装置，无法进行全天候作战。该坦克生产了 150 辆。

瑞士 Pz－68 主战坦克

Pz－68 主战坦克是瑞士于 1968 年在 Pz－61 型坦克基础上改进而成的一种主战坦克。装 1 门 105 毫米线膛炮，52 发炮弹。配有 1 挺 7.5 毫米的并列机枪，装填手门上装 1 挺 7.5 毫米高射机枪。配有防核、生、化设备和红外前大灯，但不能夜间射击。装有双向稳定系统，可在行进间射击。该坦克战斗全重 39.7 吨。发动机主机改用了 MB837 型 8 缸四冲程高速柴油机，功率提高到 493 千瓦，又配 1 台 24 千瓦辅助发动机。机动性能大为提高。最大公路速度 55 千米/时，公路行程 300 千米；通过垂直墙高 0.75 米，越壕宽 2.6 米，爬坡度 60%；潜水深 2.3 米。该坦克共生产了 170 辆。

↑瑞士 Pz-68 主战坦克

阿根廷 TAM 主战坦克

TAM 主战坦克是阿根廷于 1974 年研制生产的一种中型坦克，由德国"黄鼠狼"步兵战车的底盘改装而成。

TAM 主战坦克战斗全重 30.5 吨，乘员 4 人，发动机功率 497 千瓦。最大速度 75 千米/时，最大行程 550 千米，克服垂直墙高 1 米，涉水深 1.4 米，潜水深 4 米，越壕宽 2.5 米，最大爬坡度 60%。

↑ 阿根廷 TAM 主战坦克

TAM 主战坦克装备有法国 AMX13 轻型坦克的 105 毫米火炮，发射旋转稳定穿甲弹、空心装药破甲弹、旋转稳定碎甲弹和榴弹。弹药基数 50 发。辅助武器为 7.62 毫米高射机枪和并列机枪各 1 挺。

TAM 主战坦克可以通行于阿根廷国内的大多数桥梁，并可用重型卡车运输。已有 200 辆这种坦克装备阿军。

以色列"梅卡瓦"－1 主战坦克

"梅卡瓦"－1 主战坦克是以色列于 1977 年研制的可兼作步兵战车的一种主战坦克。战斗全重 60 吨，发动机为 630 千瓦的风冷柴油机。车长 8.63 米，车宽 3.72 米，车高 2.64 米。最大公路速度 46 千米 / 时，公路最大行程 500 千米，越野速度 40 千米 / 时，最大爬坡度 60%，克服垂直墙高 1 米，越壕宽 3 米。突出装甲防护，从车首至战斗室共有 5 层装甲防护，纵深 3 米。战斗室极大，可容纳车长、炮手、装填手、8 ～ 10 名步兵、60 发炮弹、4 副担架。车体后有两扇门可供出入。车体及炮塔四周是二层或三层间隔装甲。车首上倾斜装甲厚 76.2 毫米，间隔层厚 25.4 毫米，钢装甲厚 50.8 毫米；第二层间隔层厚 152.4 毫米，钢装甲厚 50.8 毫米。间隙中充满柴油，对空心装药破甲弹有良好的防御效果。该坦克装 1 门英国 105 毫米线膛炮，发射破甲弹、碎甲弹或

↑ 以色列"梅卡瓦"－1 主战坦克

M111 尾翼稳定脱壳穿甲弹。配有测距机、独立稳定的车长瞄准具、弹道计算机、双向稳定器；1 挺 7.62 毫米并列机枪和 2 挺 7.62 毫米高射机枪；1 门 60 毫米迫击炮，配有弹药 44 发。该坦克造价 100 万美元。其火力配备和运动能力都较差。

以色列"梅卡瓦"－2 主战坦克

以色列的"梅卡瓦"－2 主战坦克，是"梅卡瓦"－1 坦克的改进型，1983 年起在以色列陆军中服役。

"梅卡瓦"－2 主战坦克的战斗全重为 61 吨，乘员 4 人，主要武器是 1 门 105 毫米线膛炮，弹药基数 62 发。动力装置为柴油机，最大功率为 661.5 千瓦。坦克最大公路速度 46 千米 / 时，最大行程 400 千米。

与"梅卡瓦"－1 主战坦克相比，"梅卡瓦"－2 坦克的主要改进是在装甲防护方面，炮塔和车体的主要部位安装了新的特种装甲。此外，60 毫米迫击炮由外置改为内置，可以在炮塔内完成装弹及发射。在火控系统及传动装置上，"梅卡瓦"－2 主战坦克也做了一些改进。

↑ "梅卡瓦"-2 主战坦克透视图

以色列"梅卡瓦"－3 主战坦克

"梅卡瓦"－3 主战坦克，是"梅卡瓦"－1 型和 2 型坦克的改进型，1990 年起装备以色列陆军。

"梅卡瓦"－3 主战坦克战斗全重为 65 吨，乘员 4 人，车长 8.78 米，车宽 3.7 米，车高 2.65 米，爬坡度 70%。主要武器是 1 门 120 毫米滑膛

↓ 以色列"梅卡瓦"-3 主战坦克

343

炮，弹药基数 50 发。辅助武器包括：3 挺 7.62 毫米机枪，携弹 10000 发；另有 1 门 60 毫米迫击炮，弹药基数 30 发。动力装置为增压柴油机，最大功率 895 千瓦。火控系统为指挥仪式，并有全电式炮控驱动装置。"梅卡瓦"—3 主战坦克的最大公路速度为 55 千米/时，最大行程为 500 千米。其装甲防护采用模块式特种装置，可更换，有发展潜力。另有威胁报警装置和目标自动跟踪装置。

"梅卡瓦"—3 主战坦克，是一种重视生存力的主战坦克。

↑印度"阿琼"主战坦克

印度"阿琼"主战坦克

"阿琼"主战坦克是印度研制的主战坦克，1974 年开始研制，1985 年首次展出样车，1996 年印度政府批准"阿琼"坦克批量生产。

"阿琼"主战坦克战斗全重 58.5 吨，乘员 4 人，爬坡度 60%，主要武器是 1 门 120 毫米线膛炮，可发射尾翼稳定脱壳穿甲弹、破甲弹、碎甲弹、榴弹等多种弹种，弹药基数 39 发。火控系统为指挥仪式。辅助武器为 1 挺 7.62 毫米并列机枪，1 挺 12.7 毫米高射机枪。火炮及炮塔驱动装置为全电式。"阿琼"主战坦克的动力装置为涡轮增压柴油机，最大功率为 1100 千瓦，配用半自动液力机械变速箱。悬挂装置为液气式。该坦克最大公路速度为 70 千米/时。车体和炮塔为钢装甲全焊接结构，主要部位采用了印度研制的复合装甲。车内有三防装置和灭火抑爆装置。

捷克 T－72CZ 主战坦克

捷克 T－72CZ 主战坦克，是苏制 T－72坦克的改进型，有 T－72M3CZ 和 T－72M4CZ 两种型号。T－72M3CZ 型战斗全重 46 吨，采用原来 T－72 坦克上的多燃料发动机，最大功

↓捷克 T-72CZ 主战坦克

率为 640 千瓦。T－72M4CZ 型战斗全重 48 吨，采用英国制造的涡轮增压、多燃料发动机，最大功率 735 千瓦，配用美国制造的自动变速箱，最大公路速度 61 千米/时。T－72M3CZ 和 T－72M4CZ 在其他方面基本相同。T－72CZ 主战坦克乘员 3 人，主要武器是 1 门 125 毫米滑膛炮，带自动装弹机，弹药基数 37 发。火控系统为意大利制造的稳像式火控系统，具有夜间和行进间射击的能力。车体和炮塔的主要部件加装了复合装甲。车上有三防装置、自动灭火抑爆装置、烟幕弹发射装置、电磁扫雷装置等。

南斯拉夫 M－84 主战坦克

M－84 主战坦克，是南斯拉夫特许生产的 T－72 坦克的改进型，外观上和 T－72 坦克十分相像，最主要的识别特征是炮塔顶部前方的横风传感器十分醒目，而 T－72 的则在炮塔后部。M－84 系列坦克有 M－84、M－84A、M－84AB 几种型号，南斯拉夫陆军装备的以 M－84A 坦克为主。

M－84A 主战坦克的战斗全重为 42 吨，乘员 3 人，主要武器是 1 门 125 毫米滑膛炮，带自动装弹机，弹药基数 42 发。和 T－72 坦克相比，M－84A 主战坦克的主要改进有两条。第一条是火控系统的改进，采用了计算机化的火控系统，提高了夜战能力。第二条是动力装置的改进，采用了新的涡轮增压、多燃料发动机，最大功率提高到 735 千瓦，坦克最大公路速度达到 65千米/时。车体和炮塔与 T－72 坦克基本相同，车内有三防装置和自动灭火抑爆装置、烟幕弹发射器、热烟幕装置等。

↓南斯拉夫 M-84 主战坦克

奥地利 4KH6FA 歼击坦克

该车底盘与法国 AMX–13 轻型坦克的摇摆炮塔结合而成的一种歼击坦克。

4KH6FA 歼击坦克使用 1 台 6 缸柴油发动机，最高公路速度达 67 千米 / 时。在炮塔顶部装有红外探照灯，可以适应夜战需要。该坦克装有 1 门 105 毫米坦克炮，自动装弹，射速约为 12 发 / 分。炮塔前部装甲厚度为 40 毫米，其余部分为 8 ～ 20 毫米，防护能力较差，极易被敌方坦克火炮击中。为此，该坦克用提高车速和机动性来弥补这一不足。

↑ 4KH6FA 歼击坦克

奥地利 SK105 轻型坦克

SK105 轻型坦克是奥地利于 1967 年开始研制的一种轻型坦克。1971 年开始装备奥地利陆军。

SK105 轻型坦克的车体为焊接钢板结构。主要武器是 1 门法国 CN — 105 — 57 式 105 毫米坦克炮，发射尾翼稳定的榴弹、破甲弹和烟幕弹等。榴弹重 18.5 千克，初速 700 米 / 秒；破甲弹重 17.3 千克，初速 800 米 / 秒，在最大有效射程 700 米的距离上，破甲厚度为 360 毫米 /90° 或 150 毫米 /35°；烟幕弹重 19.1 千克，初速 695 米 / 秒。火炮俯仰范围为 — 8° ～ ＋ 12°。辅助武器为 1 挺 7.62 毫米并列机枪。柴油机额定功率为 235 千瓦。坦克战斗全重 17.5 吨，公路最大速度 67 千米 / 时，爬坡度 75%。

巴西 EE－T1 主战坦克

EE－T1 主战坦克是由巴西恩杰萨公司于 1981 年研制的一种主战坦克。

EE－T1 主战坦克战斗全重 35 吨，乘员 4 人。车长 10.03 米，宽 3.256 米，高 2.36 米。采用德国生产的功率为 700 千瓦的柴油发动机、自动传动装置和英国设计的液气悬挂装置。最大公路速度 70 千米 / 时，克服垂直障碍高 1.15 米，越壕宽 3 米，涉水深 1.2 米，最大爬坡度 60%，最大行程 550 千米。该坦克外形低矮，避弹性能好，防护力强。可装备英国设计的 L7A3 型 105 毫米线膛炮，弹药基数 50 发。也可装法国设计的 G1AT120 型 120 毫米滑膛炮，弹药基数 40 发。炮塔旋转和火炮俯仰为电驱动。另配有 7.62 毫米并列机枪和 12.7 毫米高射机枪各 1 挺。两种配置均可获得较强的火力。

↑ 巴西 EE — T1 主战坦克

韩国 K1 主战坦克

K1 主战坦克是韩国于 1980 年委托美国通用动力公司研制的一种主战坦克。此后，韩国利用该公司提供的零部件和技术援助自己进行生产，

↑ 奥地利 SK105 轻型坦克

↑韩国 K1 主战坦克

并装备本国军队。

K1 主战坦克战斗全重为 52 吨，乘员 4 名。采用美国 M1 型主战坦克的许多部件，但是体积较小。该坦克车身全长为 9.58 米，宽 3.62 米，高 2.25 米。另装有 840 千瓦柴油发动机 1 台，采用前联邦德国伦克自动传动装置及由扭杆和液气悬挂机构组成的混合式悬挂系统。车体及炮塔为组合装甲焊接结构。

K1 主战坦克装 1 门 M68E1 式 105 毫米线膛炮，辅助 7.62 毫米并列机枪 1 挺，车长门上 12.7 毫米高射机枪 1 挺，装填手门上 7.62 毫米高射机枪 1 挺。改进型 K1A1 坦克装上了 120 毫米滑膛炮。

日本 61 式主战坦克

61 式主战坦克是日本三菱重工业公司研制的一种主战坦克，它是第二次大战以后日本生产的第一代主战坦克，从 1962 ~ 1975 年间共生产了约 600 辆，装备日本自卫队。

61 式主战坦克战斗全重 35 吨。车长 8.19 米，宽 2.95 米，高 2.48 米。乘员 4 人。车体采用轧制钢板焊接结构。装有 1 台三菱公司 21WT 型 12 缸 419 千瓦风冷柴油机。发动机单位功率

为 1.2 千瓦 / 吨。该坦克的最大公路速度为 45 千米 / 时，最大行程为 200 千米；最大爬坡度 60%，越壕宽 2.5 米，克服垂直墙高 0.7 米，涉水深 1 米。

61 式主战坦克装有 1 门 90 毫米线膛炮，可以发射超速脱壳穿甲弹、空心装药破甲弹和碎甲弹。弹药基数 50 发。配 12.7 毫米高射机枪和 7.62 毫米并列机枪各 1 挺。7.62 毫米并列机枪使用北约的 7.62 毫米通用机枪弹，携枪弹 750 发，初速为 868 米 / 秒，射程为 3150 米，射速为 500 发 / 分。12.7 毫米高射机枪初速为 890 米 / 秒，射程为 6660 米，射速为 600 发 / 分。部分车辆装有红外夜瞄装置。

日本 74 式主战坦克

74 式主战坦克是日本于 1964 年开始研制的第二代主战坦克。该坦克装甲采用了高锰、镍、铬合金材料，车体前部最大装甲厚为 110 毫米。该坦克还装有气液悬挂装置，可以调节悬挂装置，使车体高度升降。

74 式主战坦克战斗全重 38 吨，乘员 4 人。车体距地高可以从 60 厘米降到 20 厘米，避弹性好，也可以适应不同的射角要求以及地形条件。发动机功率为 525 千瓦。74 式主战坦克车长 9.08 米，车宽 3.18 米，车高 2.675 米（此时车底距地高 0.2 米）。最大公路行驶速度为 60 千米 / 时，公路行程为 500 千米，通过垂直墙高 1 米，越壕宽 2.7 米，爬坡度 60%，涉水深 1 米，潜渡深 3 米。

74 式主战坦克装有 1 门引进英国维克斯公司生产的 L7A3 型 105 毫米线膛炮，配用脱壳穿甲弹和碎甲弹，弹药基数 51 发，配有半自动装

↑日本 74 式主战坦克

填机构。配备 12.7 毫米高射机枪及 7.62 毫米并列机枪各 1 挺。该坦克还装有双向稳定器、激光测距仪和弹道计算机，并装有红外夜瞄装置。

↓日本 90 式主战坦克

日本 90 式主战坦克

90 式主战坦克是日本三菱重工业公司研制的一种主战坦克，该坦克于 1990 年定型并投入生产。

90 式坦克样车为传统的炮塔式坦克。装有 1 门德国莱茵金属公司的 120 毫米滑膛炮，该炮配有自动装弹机，发射德国的尾翼稳定脱壳穿甲弹和多用途破甲弹。这两种弹都是整装式弹药，均为半可燃药筒，尾翼稳定脱壳穿甲弹的初速大于 1650 米 / 秒，直射距离 1800 米，破甲弹的初速大于 1200 米 / 秒。该坦克装有性能先进的火控系统，由观察瞄准装置、测距仪、弹道计算机直接瞄准装置和指挥仪式瞄准装置构成。74 式 7.62 毫米并列机枪安装在主炮左下方，M2HB 式 12.7 毫米高射机枪安装在车长指挥塔和炮长舱口之间，不能从车内进行操纵。坦克采用三菱涡轮增压中冷柴油机，最大功率 1100 千瓦。车体和炮塔前部采用带陶瓷夹层的复合装甲。坦克战斗全重 50 吨，公路最大速度为 70 千米 / 时，涉水深（有准备）2 米，爬坡度 60%，攀垂直墙高约 1 米，越壕宽 2.7 米。该坦克有三防装置。乘员 3 人。

装甲战车

早期的装甲车

20 世纪初，英国首先研制出了装甲汽车，并在英国—布尔战争中使用，这是世界上最早的以钢铁防护的轮式装甲车。装甲汽车的发明，开创了现代装甲车辆的历史。它不但拥有较强的防护力和机动能力，还有一定的战斗能力。在

1899 ～ 1902 年英国—布尔战争中，英国军队的装甲汽车上就装备了机枪，担任战斗中的重要任务。1905 年，英国制造出了全履带拖拉机。在第一次世界大战中，快速机动的骑兵已经明显经受不住机枪和火炮的袭击，而步兵也因机动速度缓慢而难以适应纵深攻击战术。于是，英国人在发明了坦克之后，于 1918 年专门制造了一种在战场上输送步兵的车辆，成为真正的装甲输送车。这种装甲输送车就像一个大铁盒子，装在汽车或拖拉机的底盘上，每次可向前方输送一个班的兵力。车上没有专门的武器，但有的车上留有射孔，步兵可以通过射孔乘车作战。但由于当时人们把注意力集中到坦克上了，装甲车的作用没有受到人们的重视。

第二次世界大战一开始，德军的坦克战专家首先认识到，只有支援坦克的其他兵种具有与坦克相同的行驶速度和越野能力时，坦克才能充分发挥威力。于是德军装甲师的步兵开始装备半履带式装甲输送车。这种装甲车车顶敞开，装甲很薄，但机动性能与当时的坦克差不多，显著地提高了步兵的机动能力。很快，美、英、日和加拿大的军队便装备了大量的装甲输送车辆，在战争中发挥了重要的作用，仅美国生产的半履带式装甲输送车数量就达 4 万余辆。苏联采用坦克搭载步兵的办法作战，由于得不到防护，步兵损失巨大。战后，世界各国军队竞相装备装甲输送车，使步兵和坦克产生了有效的战术协同作用，装甲步兵师成为军队中最有战斗力的基本战术兵团。

↓英国早期的装甲侦察车。

依赖铁路作战的装甲列车

装甲列车也称为铁道炮。最早的装甲列车于 1861 ～ 1865 年美国国内战争期间用来对骑兵作战。1870 ～ 1871 年普法战争和 1899 ～ 1902 年英国—布尔战争中，大量出现了装甲列车。

↑德国小型装甲车 SDKFZ2 型

　　装甲列车是一种在铁路沿线对部队进行火力支援和独立作战的装甲铁路车辆，由战斗列车和基地列车组成，一般由 1 台装甲蒸汽机车、2 节以上的装甲车厢或 2 ～ 4 节作掩护用的铁路平板车构成。装甲蒸汽机车位于装甲车厢之间，煤水车朝向敌方，机车上备有通信设备和射击指挥器材。装甲车厢装备 1 ～ 2 门火炮，4 ～ 8 挺机枪，位于车厢两侧和旋转炮塔内。各节车辆采用刚性连接，以便于通过轻微损坏的铁路线段。基地列车用于配置司令部，安排人员休息和放置随车储备物资，战斗时在敌人炮火射程以外，于战斗列车之后跟进。

　　第一次世界大战爆发前，各交战强国均拥有数列简陋的装甲列车。战争中，出现了重型装甲列车，车上装有用以摧毁要塞工事的大威力火炮。第二次世界大战中，航空兵和装甲坦克兵的发展，降低了装甲列车的作用。装甲列车多用于对后方铁路交通线的警戒，普遍装备有高射炮和高射机枪，对掩护大型铁路枢纽和铁路车站免遭敌航空兵的袭击，起过一定作用。战后，各国不再发展这种完全依赖铁路机动的装甲车辆。

第二次世界大战后发展起来的装甲车

　　第二次世界大战以后，装甲输送车的重要作用被越来越多的国家所认识。

　　20 世纪 50 年代，苏联以发展轮式装甲输送

↓俄罗斯 BMP — 1 步兵战车

车为主，美国等西方国家则侧重发展履带式装甲输送车。

　　20 世纪 60 年代初，美、苏等国基本实现了装甲车的标准化、通用化和系列化。如美军 1960 年装备的 M113 履带式装甲输送车和苏军 1961 年装备的 BTP — 60Π 轮式装甲输送车，全重 10 吨左右，乘员 2 人，可载步兵 11 ～ 14 人，最大爬坡度达 60%，可越过 1.68 ～ 2 米宽的壕沟，陆上最大时速为 64 ～ 80 千米，水上最大时速为 6.5 ～ 10 千米，最大行程为 321 ～ 500 千米。与早期的装甲车相比，机动能力、装甲厚度和防弹性能大为提高。1967 年，苏军又最先装备了标准的 БМΠ 履带式步兵战车，车上有可以旋转的小炮塔，装有 1 门 73 毫米低膛压反坦克炮、1 挺 7.62 毫米并列机枪和 1 具"萨格尔"反坦克导弹发射架，车体两侧有供步兵射击用的射孔和观察窗，水陆机动能力比 T — 62 坦克还好，使装甲车不仅有快速运输步兵的能力，同时也具有了突击反坦克和协助坦克纵深作战的能力。装甲步兵战车和输送车进入了新的发展阶段。

现代装甲车

　　进入 20 世纪 70 年代以后，各国的新型步兵战车和装甲输送车开始装备部队。到目前为止，步兵战车和装甲输送车共有数十种之多。

　　现代装甲车性能比以往所有的装甲车性能空前提高。首先是机动性大为改善，普遍将汽油机改为柴油机，机动能力已经接近甚至高于主战坦克的水平。履带式步兵战车和装甲输送车的陆上最大时速分别为 65 ～ 75 千米和 55 ～ 70 千米，轮式装甲输送车的最大时速可达 100 千米，而新型主战坦克的最大时速只有 72 千米。而且装甲车的越野能力极强。履带式装甲车越壕宽 1.5 ～ 2.5 米，过垂直墙高 0.6 ～ 1 米，最大爬坡 60%。大多数可直接浮渡，水上时速可达 10 千米。轮

↑法国 Vexrta8×8 步兵战车

↑美国 M2 "布雷德利"步兵战车

式最大行程可达 1000 千米，履带式 500～600 千米，还可以空运或空投到局部战场。

另一方面，现代装甲车火力配备明显改善。现代步兵战车主要用于对付敌方的轻型装甲车辆、步兵反坦克火力点以及低空、超低空飞机。车上安装射速高达每分钟 1000 发的机关炮，有效射程 2000 米，用新式穿甲弹能在 1000 米的距离上穿透 75 毫米的垂直钢质装甲，击毁各种轻型装甲车辆。装有反坦克导弹的步兵战车，可在 100～4000 米的距离为击毁最新式的主战坦克。现代装甲输送车一般都装有口径 7.62～14.5 毫米机枪，个别的还载有单兵防空导弹用于对付低空来袭飞机。

现代步兵战车的车体前部和炮塔，可防 1000 米距离上发射的 20 毫米穿甲弹。装甲输送车的装甲也可达到步兵战车侧面装甲的防弹能力。多数步兵战车和装甲输送车也能在核、化条件下作战，这是 20 世纪 60 年代以前的装甲车无法比拟的。

各国装甲战车

美国 M2 履带式步兵战车

M2 履带式步兵战车是美国于 1977 年开始研制的一种新型步兵战斗车，1983 年装备部队，主要用于协同 M1 坦克作战。

M2 履带式步兵战车装甲防护力比较强，车体侧装甲厚达 25.4 毫米，外面挂装两层各厚 6.35 毫米的钢板，能抵御 14.5 毫米机枪弹和 155 毫米炮弹空爆破片。车体底装甲前部挂装 1 块厚 9.5 毫米的防地雷钢板。M2 履带式步兵战车战斗全重达 22.59 吨。乘员 3 人，载员 6 人。采用 275.7 千瓦的涡轮增压柴油机，陆上最大速度为 66 千

米/时，最大行程 483 千米。水上最大速度为 7.2 千米/时，最大爬坡度为 60%。

M2 履带式步兵战车的武器，主要有 1 门口径 25 毫米链式高平两用机关炮、1 挺 7.62 毫米并列机枪和 1 具双管"陶"式导弹发射装置。机关炮采用三向稳定装置，可在行进间准确射击。火炮有效射程为 2200 米，使用贫铀穿甲弹在 1000 米距离上可穿透 75 毫米的垂直钢质装甲。双管"陶"式反坦克导弹发射装置由炮手在车内操纵发射，射程为 65～3750 米，最大破甲厚度 600 毫米。

M2 履带式步兵战车的战斗室有 6 个射击孔，左、右和后门各 2 个，装有球形枪座，便于步兵在车内射击。这是目前世界上最先进的步兵战车之一。

美国 AIFV 装甲步兵战车

AIFV 装甲步兵战车是美国研制的履带式装甲步兵战车。首批车辆于 1977 年交货，现在装备荷兰、比利时等国部队。该车车体采用铝合金焊接结构，披挂有 FMC 公司研制的间隙钢装甲。主要武器为 1 门"厄利空"25 毫米的 KBA—B02 机关炮，主炮左侧有 1 挺 7.62 毫米并列机枪。该车能用履带划水在水中行驶，发动机为 1 台 6 缸 V 形水冷涡轮增压柴油机，功率 194 千瓦。战斗

↓美国 AIFV 步兵战车

全重 13.7 吨，公路最大速度 61.2 千米 / 时，爬坡度 60%。

美国 LAV－25 步兵战车

　　LAV－25 步兵战车是美国研制的一种轮式步兵战车，主要装备美军的海军陆战队，1982 年开始投入生产。车体和炮塔均采用装甲钢焊接结构，正面能防 7.62 毫米穿甲弹，其他部位能防 7.62 毫米杀伤弹和炮弹破片。主要武器为 1 门 25 毫米链式炮，辅助武器有 7.62 毫米的 M240 并列机枪和 M60 机枪各 1 挺。采用 6 缸废气涡轮增压柴油机，功率为 202 千瓦。战斗全重 12.9 吨，公路最大速度 100 千米 / 时，水上行驶时靠 2 台喷水推进器推进，最大速度 10.46 千米 / 时，爬坡度 70%，乘员 3 人，载员 6 人。

↑美国 LVA-25 步兵战车

↓美国"山猫"
指挥侦察车

美国"山猫"指挥侦察车

　　"山猫"指挥侦察车，是 1963 年美国食品机械和化学品公司为美陆军设计的一种用于指挥和侦察的小型装甲车。

　　"山猫"指挥侦察车战斗全重仅为 8.5 吨，相当轻巧灵便。乘员 3 人，无需任何器材就能够浮渡。该侦察车采用的是底特律柴油机，功率为 151 千瓦，最大行驶速度为 71 千米 / 时，爬坡度 60%。

　　"山猫"指挥侦察车在车顶指挥塔上配有 12.7 毫米机枪 1 挺，车体后舱口装有 7.62 毫米机枪 1 挺，可在行进间对后方尾追之敌进行射击。此车向荷兰输出 260 台。荷兰改装了"厄利空"式炮塔，内装 25 毫米加农炮，取消了原来的 12.7 毫米机枪，使火力有所增强。

↑美国 M3 履带式侦察战车

美国 M3 履带式侦察战车

　　M3 履带式侦察战车是美国于 20 世纪 70 年代末与 M2 履带式步兵战车同时研制的一种履带式装甲侦察车，与 M2 统称"布雷德利"战车。该战车乘员 5 人，战斗全重 22.4 吨。车长 6.453 米，车高 2.525 米，车宽 3.2 米。装 1 台功率为 367 千瓦的涡轮增压柴油机，最大公路速度 66 千米 / 时，最大越野速度 50 千米 / 时，行程 483 千米，水上速度 7.2 千米 / 时，爬坡度 60%，越壕宽 2.54 米，可克服垂直障碍高 0.91 米。M3 履带式侦察战车除了没有载员舱的射孔外，其他均与 M2 履带式步兵战车相同。车底前部设有挂装防地雷的钢装甲板。装 25 毫米火炮 1 门，射程 2200 米。另配装 7.62 毫米并列机枪及班用机枪各 1 挺。此外还有双管"陶"式反坦克导弹发射架 1 个。M3 履带式侦察战车于 1983 年初正式装备美军部队，用于装备装甲骑兵营及坦克营和机械化步兵营的侦察排。曾计划共装备 3300 辆。

美国"突击队员"轮式侦察车

　　"突击队员" 4×4 轮式侦察车是美国研制的一种轮式侦察车。1977 年第一次公开，1983 年开始向印度与埃及出口。车体是高硬度卡德洛伊装甲钢焊接结构，车体四面装甲均为倾斜以提高防护性。该车无三防装置和夜视设备，非水陆两

↑美国"突击队员"LAV-150 4×4 轮式侦察车

用。战斗全重 7.24 吨,公路最大速度 96 千米 / 时,公路最大行程 1287 千米。涉水深 1.168 米,爬坡度 60%,攀垂直墙高 0.609 米,乘员 1 人,载员 1 ~ 2 人。

美国 M9 装甲战斗推土车

M9 装甲战斗推土车为美国研制,1984 年开始生产并交付使用。

M9 装甲战斗推土车是一种多用途工程车辆,可以完成填平弹坑和战壕,抢救战斗车辆,清除路障、树木、碎石或其他战场障碍,修建渡口,修建和保养公路和飞机场等提高机动性任务,亦可完成修造障碍等反机动性任务,还可完成挖掘掩体等提高生存力的任务。车体为铝合板焊接,车辆前部装有刮土斗、液压操纵的挡板和机械式退料器。

M9 装甲战斗推土车车重 15.8 吨,公路最大速度 48.3 千米 / 时,水上最大速度 4.8 千米 / 时,爬坡度 60%,动力装置为 1 台 V — 903 柴油机,功率 217 千瓦,乘员 1 人。

↑美国 M9 装甲战斗推土车

美国 M88 系列装甲抢救车

M88 系列装甲抢救车为美国研制,1961 年 2 月完成该车的首批生产。该车的改进型 M88A1 从 1977 年开始生产。M88 系列装甲抢救车的主要用途是在野战条件下对于淤陷、战伤和发生技术故障的坦克、装甲车辆实施抢救、牵引到前方维修站,快速修理或牵引护送,必要时也可用于排除路障和挖掘坦克掩体等。M88 抢救车的主要设备有起重臂、主绞盘、起重绞盘、驻锄等。该车战斗全重为 50.4 吨,公路最大速度 42 千米 / 时,动力装置采用 1 台 12 缸风冷喷射式汽油机,功率 720 千瓦。爬坡度 60%,攀垂直墙高 1.066 米,越壕宽 2.6 米,乘员 4 人。行程 483 千米。

↓美国 M88 装甲抢救车

美国 M113 履带式装甲输送车族

美国 M113 履带式装甲输送车车族是美国 FMC 公司军械分部研制的。

M113 系列装甲车是美国现装备的制式装甲人员输送车,越野机动性能优越,可以空投空运和水陆两用。1960 年初投产并装备部队,此后向近 50 个国家和地区出口,生产的车辆总数有 75000 辆之多,是西方国家使用最广泛的军用履带式装甲车。

M113 系列装甲车是美国投产的第一种铝合金装甲车辆,它的铝合金车体能保护车内人员不受枪弹或弹片的伤害,但火力较弱,仅有 1 挺装在车长指挥塔上的 12.7 毫米勃朗宁 M2HB 机枪,水平射界 360°,高低射界 — 21° ~ + 53°,没有瞄准镜和夜视夜瞄装置。车上没有射孔,载员不能在车上作战。该车可水陆两用,水上行驶用履带划水。

美国陆军很重视现装备的 M113 车族的现代化改进,1964 年 M113A1 装甲车定型生产后,又

↑美国 M113 装甲输送车

先后发展了 M113A2 和 M113A3 两种车型，而 M113A1 车目前已停止生产。

M113 基型车战斗全重 10.25 吨，公路最大速度 64.37 千米 / 时，水上最大速度 5.6 千米 / 时，最大公路行程 321 千米。爬坡度 60%，攀垂直墙高 0.61 米，越壕宽 1.68 米，发动机功率 154 千瓦，乘员 2 人，载员 11 人。

美国 M113A2 履带式装甲输送车

M113A2 履带式装甲输送车是美国在 M113A1 的基础上改进而成的，1984 年开始装备部队。M113A2 履带式装甲输送车的车体由铝合金制成，战斗全重仅 11.34 吨。前装甲厚 38 毫米，可防 14.5 毫米枪弹，侧、后装甲可防 7.62 毫米枪弹和炮弹碎片。该车乘员为 2 人，载员 11 人。

M113A2 履带式装甲输送车采用新型增压柴油发动机，功率提高到 202 千瓦。从起动至加速到 32 千米 / 时的时间减少到 8.1 秒，越野速度由每小时 26 千米提高到 33.7 千米，陆上最大时速 67 千米，水上最大时速 5.8 千米，最大爬坡度 60%，最大行程 483 千米。车上武器为 1 挺 12.7 毫米机枪。步兵乘载室无射击孔。

↑装备防暴装甲的美国 M113A2 履带式装甲输送车。

美国 AAV7 系列两栖战车

AAV7 系列两栖战车是美国 FMC 公司军械分部研制的。1971 年 8 月首批车辆交付海军陆战队使用。1972 年 3 月该车正式装备部队。

AAV7 两栖战车的车体为铝合金装甲板整体焊接式全密封结构，能防御轻武器、弹片和光辐射烧伤。该车在浮渡时由装在车体后部两侧的喷水推进器驱动。全封闭炮塔安装在车前右侧，武器为 1 挺 M85 式 12.7 毫米机枪。

AAV7 两栖战车战斗全重为 22.838 吨，公路最大速度为 64 千米 / 时，水上最大速度（喷水推进）为 13.5 千米 / 时，公路最大行程为 482 千米，水上最大续航时间为 7 小时。爬坡度 60%，

↑美国 AAV7A1 两栖战车

过垂直墙高 0.914 米。越壕宽 2.438 米，乘员 3 人，载员 25 人。

苏联 MT － ЛБ 履带式装甲车

MT － ЛБ 多用途履带式装甲车是苏联于 20 世纪 60 年代末研制，并于 70 年代初装备部队的一种多用途履带式装甲车。该车车体为钢板焊接，主要武器为 1 挺 7.62 毫米机枪。当采用宽履带时，车辆可在雪地、沼泽地带行驶。该车水陆两用，水上行驶靠履带划水推进。车内设三防装置及各种夜视设备。战斗全重 11.9 吨，公路最大速度 61.5 千米 / 时，水上最大速度 5 ~ 6 千米 / 时，公路最大行程 500 千米，爬坡度 60%，攀垂直墙高 0.7 米，越壕宽 2.7 米。发动机为 1 台 8 缸 V 形水冷柴油机，功率 176 千瓦，乘员 2 人，载员 11 人。

↑ MT-ЛБ 履带式装甲车

苏联 BTP － 60 轮式装甲输送车

BTP － 60 轮式装甲输送车，是苏联于 20 世纪 60 年代初研制的一种系列轮式装甲输送车。该车先后出现 BTP － 60、BTP － 60ДК 及 BTP － 60ДБ 等 3 种型号。

BTP － 60ДБ 轮式装甲输送车战斗全重 10 吨，乘员 2 人，载员 12 人。车长 7.5 米，宽 3 米，高 2.4 米。装两台 6 缸汽油发动机，发动机功率各为 63 千瓦。公路上最大行驶速度 80 千米 / 时，水上航速 10 千米 / 时。陆上最大行程 500 千米。最大爬坡度 60%，过垂直墙高 0.6 米

越壕宽 2 米。该车在沼泽及冰雪地带具有良好的机动性能，适于在恶劣地理及天气条件下作战。

BTP－60ДБ 轮式装甲输送车的车体呈船形结构，由装甲板焊接而成，装甲平均厚度为 10 毫米，前部为驾驶室，中部为战斗室，后部为动力装置及喷水推进器。车厢两侧各有 3 个射击孔，供载员观察和射击。该车主要用于装备摩托化步兵营、海军陆战队等。

苏联 BTP－70 轮式装甲输送车

BTP－70 轮式装甲输送车，是苏联于 20 世纪 70 年代中期在 BTP－60 轮式装甲输送车基础上改进而成的一种装甲输送车，70 年代末开始在苏联陆军中服役。

BTP－70 轮式装甲输送车战斗全重 11.5 吨。车长 7.85 米，车宽 2.8 米，车高 2.435 米。装两台功率各为 88.2 千瓦的汽油发动机，最大公路速度可达 100 千米/时，水上最大航速 10 千米/时。最大行程 500 千米。最大爬坡度 60%，克服垂直墙高 0.6 米，越壕宽 2 米。该车乘员 2 人，载员 9 人。车体前装甲厚度为 14 毫米，可抵御一般火力的攻击。载员舱位于车体后部，两侧各开有 3 个射击孔。BTP－70 轮式装甲输送车装备有 14.5 毫米重机枪和 7.62 毫米并列机枪各 1 挺。重机枪发射的穿甲弹在 500 米距离上可击穿 32 毫米厚的垂直钢装甲，在 1000 米距离上可击穿 20 毫米厚钢装甲。这种装甲输送车主要用于装备苏联陆军及华约各国部队。

苏联 BPДM－2 装甲侦察车

BPДM－2 装甲侦察车，是 20 世纪 60 年代初由苏联研制的一种水陆两用装甲侦察车。该车战斗全重 7 吨，设有一个密闭式的机枪塔，车体为全焊接装甲钢结构，最大装甲厚度为 10 毫米。乘员 4 人，车长 5.75 米，车宽 2.35 米，车高 2.31 米，汽油发动机功率 84 千瓦，公路行驶速度 100 千米/时。在水上用装在车体后部的一个喷水推进器行驶，行驶速度为 10 千米/时。陆上最大行程 750 千米；通过垂直墙高 0.4 米，越壕宽 1.25 米，爬坡度 60%。该装甲车在顶部装一个塔顶没有舱口的独特的机枪塔，装有 14.5 毫米和 7.62 毫米机枪各 1 挺，用于自卫。该车在车腹部装有 4 个附加的驱动轮，在通过起伏地时可以降下，着地行驶。驾驶员配备有红外夜视仪，可在夜间条件下使用。BPДM－2 装甲侦察车有 4 种变型车：第一种是 BPДM－2Y 指挥车；第二种是 BPДM－2PKX 化学辐射侦察车；第三种是 BPДM－2 "萨格尔" 反坦克导弹发射车；第四种是 BPДM－2 "萨姆" 地空导弹发射车。

苏联 BMP－2 履带式步兵战车

BMP－2 履带式步兵战车是苏联在 BMP－1 型基础上改进而成的，可以水陆两用，于 1981 年装备苏联部队。

BMP－2 履带式步兵战车战斗全重 14.6 吨，车高只有 2.06 米，乘员 3 人，载员 7 人。采用涡轮增压柴油发动机，功率 176.5 千瓦，陆上最大速度 65 千米/时，水上最大速度 8 千米/时，最大爬坡度 60%，最大行程 500 千米。车上主要武器有 1 门 30 毫米自动速射加农炮和 1 挺 7.62 毫米并列机枪，1 具 AT－5 反坦克导弹发射装置。火炮有双向稳定装置，可高平两用，最大射速每分钟可达 500 发。火炮直射距离为 1000 米，使用穿甲弹可在此距离上穿透 50 毫米厚的垂直钢质装甲；对空有效射高 2000 米。AT－5 反坦克导弹射程 1000～4000 米，破甲厚度达 700 毫米。

步兵战斗室两侧各开有 3 个射击孔，后门上开有 1 个射击孔，室内装有排除射击火药气体的抽气扇。车上有较完善的三防、灭火装置，并有堵漏设备，可防止浮渡中发生意外时车辆沉没。

↓ 苏联 BMP-2 履带式步兵战车

↑ 苏联 BPДM-2PKX 化学辐射侦察车

↑苏联 BMP-3 步兵战车

苏联 BMP - 3 步兵战车

苏联的 BMP—3 步兵战车于 1986 年投产，1990 年 5 月 9 日在莫斯科庆祝反法西斯战争胜利 45 周年阅兵式上首次亮相。其战斗全重 18.7 吨，乘员 3 人，载员 7 人。车体和炮塔采用复合装甲、铝合金装甲和钢装甲，全焊接结构，车上开有 5 个射击孔。双人炮塔上装有 100 毫米滑膛炮（可发射炮射导弹）、30 毫米机关炮、7.62 毫米并列机枪，100 毫米炮弹的弹药基数为 40 发，导弹 4 枚，30 毫米机关炮炮弹 500 发，7.62 毫米机枪弹 6000 发。车首两侧还各装 1 挺 7.62 毫米机枪。BMP—3 步兵战车的动力装置为对置活塞式柴油机，最大功率 368 千瓦，配用液力机械式变速箱。行动部分采用扭杆和液气混合式悬挂装置。车体尾部有喷水式推进器。公路最大速度 70 千米/时，水上最大速度 10 千米/时。BMP—3 步兵战车在结构上的一个特点是采用了动力—传动装置后置的总体布置方案，这一点和世界上绝大多数步兵战车不同。

俄罗斯 BMP-2 伞兵战车

该车于 1985 年装备部队。主要是用 30 毫米机关炮取代了 73 毫米滑膛炮，可射击地面目标和空中目标；用 AT-4 反坦克导弹取代了 AT-3

↑俄罗斯 BMP-2 伞兵战车

反坦克导弹，可有效攻击装甲目标。车上还配备了"箭"2 或"针"式防空导弹。BMP-2 曾参加阿富汗战争、车臣战争。

德国"黄鼠狼"步兵战车

"黄鼠狼"步兵战车是前联邦德国研制的一种步兵战车，1971 年 5 月装备前联邦德国军队，1975 年停产。总产量 2136 辆。该车战斗全重为 28.2 吨，乘员 4 人，载员 6 人。车长 6.79 米，宽 3.24 米，高 2.86 米。装 1 台 420 千瓦柴油发动机，最大公路时速 75 千米，最大行程 520 千米。最大爬坡度 60%，越壕宽 2.5 米，涉水深 1.5 米，克服垂直障碍高 1 米。该车速度快，越野性能及水上机动性好，能配合主战坦克全天候作战。火力配备方面，"黄鼠狼"步兵战车装有 1 门 20 毫米机关炮和 1 挺 7.62 毫米机枪，车尾有 1 挺 7.62 毫米遥控机枪，并配装有米兰反坦克导弹。车长和炮长通过潜望式瞄准镜或红外夜视瞄准镜瞄准发射。

1978～1982 年联邦德国对"黄鼠狼"步兵战车进行了改进，改进后的"黄鼠狼"步兵战车重 30 吨，乘员 4 人，载员减为 5 人。同时，安装了双弹链送弹机构，改变了弹药的贮存方式。为对付苏联的 BMP 步兵战车，将 20 毫米机关炮改为 25 毫米机关炮。

↑德国"黄鼠狼"2 履带式步兵战车

德国"山猫"式装甲侦察车

"山猫"式 8 轮装甲侦察车，是联邦德国于 1971 年研制定型的第二代轮式车，该车战斗全重 19.5 吨。车长 7.743 米，宽 2.98 米，高 2.905 米。发动机功率 203 千瓦。车体为装甲全焊接结构，发动机可以使用各种燃料，而且 8 个轮子都是驱动轮。该车可以水陆两用，水上靠装在车尾的两个水上推进器行驶。此车可迅速向前后两方向行驶，当车辆遇到攻击，前行操纵失灵时，位于车

↑德国"山猫"装甲侦察车

后的副驾驶员可以立即接替驾驶员操纵车辆行驶作战或退出战斗。公路行驶速度90千米/时，水上行驶速度10千米/时，行程800千米，机动性及越野能力相当强。通过垂直墙高0.6米，越壕宽1.9米，爬坡度60%。该车装1门Rh202型20毫米机关炮，配用燃烧曳光弹和钢心曳光弹，最大射程2000米，射速1000发/分；1挺7.62毫米高平两用机枪，可在高速运动中作防御性射击。

德国"鼬鼠"伞兵侦察车

"鼬鼠"伞兵侦察车是前联邦德国研制的供空降兵和步兵使用的一种侦察车。至1977年共完成6辆样车，1990年8月装备部队。

"鼬鼠"伞兵侦察车可由CH—53G型直升机运输到指定位置，着陆后即可迅速投入作战。该车重仅2.6吨。车长3.26米，宽1.82米，车高1.84米，最大速度85千米/时，最大行程200千米，最大爬坡度60%，最大侧倾坡度17°，克服垂直墙高0.4米，越壕宽1.5米。"鼬鼠"伞兵侦察车的车体为全焊接结构，采用1台奥迪水冷式汽油机，A型车有3名乘员，车上装有"陶"式导弹。B型车有2名乘员，车上装1门20毫米机关炮。C型车装1枚"米兰"反坦克导弹，样

↑德国"鼬鼠"履带式空降侦察车（装"陶"式导弹TOWA1型）。

车于1977～1978年在部队进行试验，后曾取消研制计划；1979年波尔舍公司继续研制出C型样车。

德国TPz—1装甲输送车

TPz—1轮式装甲输送车是前联邦德国研制的一种轮式装甲人员输送车。1979年12月第一批生产型车辆交付使用。

TPz—1轮式装甲输送车战斗全重17吨，除3名乘员外，还可载10～12名步兵或2吨货物。车体为钢板焊接的硬壳结构，可防枪弹和弹片。动力装置为奔驰公司的OMA402型8缸V—90°夹角水冷涡轮增压柴油机，最大功率235千瓦。水上行驶时，靠两个直径为480毫米的五叶片螺旋桨驱动。武器可根据任务需要选用，比如可安装1挺MG3 7.62毫米机枪，俯仰范围为—15°～+40°，可360°旋转；也可安装1门Rh202式20毫米机关炮。该车公路最大速度105千米/时，水上最大速度10.5千米/时，公路最大行程800千米，爬坡度70%。

↑德国TPz-1履带式装甲输送车侧面图。

德国"美洲狮"履带式装甲战车族

"美洲狮"履带式装甲战车族是前联邦德国研制的轻型履带装甲车族。该车族第一辆样车命名为"美洲狮"装甲战车，于1986年春制成。车上安装的是KVKA20毫米机关炮，以后又被装有迪尔公司120毫米迫击炮的炮塔所取代。

↑德国"美洲狮"履带式装甲战车

DM11 式 120 毫米标准迫击炮弹的最大射程为 6500 米，远程弹为 8000 米。根据制造公司的设想，该车族将有 20 多种变型车，能为战斗部队和战斗支援部队提供一个高机动性、多功能的装甲战车族。该车族的车体为钢板焊接结构，基型可防 7.62 ~ 14.5 毫米枪弹，并在正面 60° 的扇面内可防 20 毫米炮弹。动力装置有两种方案可选择，一种是 324 千瓦的柴油机，另一种是 441 千瓦的柴油机。底盘重 16 吨或 17.1 吨，公路最大速度为 70 千米 / 时，爬坡度 60%。

德国"蝎"式抛撒布雷车

"蝎"式抛撒布雷车为前联邦德国研制，1986 年首批生产型车辆交付前联邦国军队。

"蝎"式抛撒布雷车由 M548GA1 履带式装甲车改进而成，车上旋转平台上装有 6 个可调整的发射雷箱，每个雷箱中有 5 排雷匣，每排雷匣内装 20 枚 A72 地雷。每个雷匣中有 4 根玻璃纤维增强塑料抛射管，每根管中有 5 枚 AT2 反坦克雷，用火箭一次发射抛出。布雷车以规定速度前进时以 5 枚 AT2 反坦克地雷为 1 组向车辆斜后方向抛撒。"蝎"式抛撒布雷车战斗重量 12 吨，最大速度 40 千米 / 时，最大行程 500 千米，布雷间距 0.5 枚 / 米，作业人数 2 人。该车一次可装载 600 个反坦克地雷，在 5 分钟内可设置 1 个宽 150 米、纵深 60 米的反坦克地雷场。

↑德国"蝎"式抛撒布雷车

英国"萨拉丁"轮式侦察车

"萨拉丁"轮式侦察车是英国研制的一种轮式侦察车。该车于 1958 年投产，1959 年第一批车辆交付给英国陆军，1972 年停产。

"萨拉丁"轮式侦察车为全焊接钢车体，装备 L5A1 式 76 毫米火炮。有 1 挺 7.62 毫米的并列机枪和 1 挺 7.62 毫米的高射机枪。该车非水陆两用，无三防装置和夜视设备。

↑英国"萨拉丁"轮式侦察车

"萨拉丁"轮式侦察车战斗全重 11.59 吨，公路最大速度为 72 千米 / 时，最大行程 400 千米，涉水深为 1.07 米（不带涉渡装置）和 2.13 米（带涉渡装置）。爬坡度 46%，越壕宽 1.52 米，乘员 3 人。

↑英国"狐狸"轮式装甲侦察车

英国"狐狸"轮式装甲侦察车

"狐狸"轮式装甲侦察车，是 1969 年由英国研制的一种 4×4 轮式装甲侦察车。该车于 20 世纪 70 年代装备英军，是英军的主要轮式侦察车。

"狐狸"轮式装甲侦察车战斗全重 5.67 吨，乘员 3 人。车长 4.17 米，车宽 2.17 米，车高 2.1 米。装有 30 毫米速射火炮，射速为 80 发 / 分，高低射界— 14°～ ＋ 40°，方向射界 360°，主要使用脱壳穿甲弹，炮弹基数 96 发，直射距离 1000 米，有效射程 2000 米。

"狐狸"轮式装甲侦察车主要用来对付地面轻型装甲目标和有生力量，也可射击超低空飞机和武装直升机。配有 7.62 毫米并列机枪 1 挺，该车车体、炮塔以及其他零部件，是用铝合金制造的，重量轻，适于空投至战斗位置，机动性较好。多燃料发动机功率为 137 千瓦，最大速度高达 104 千米 / 时，最大行程 480 千米，爬坡度 58%，而且具有浮渡性能。

英国"宽刃大刀"轮式装甲侦察车

"宽刃大刀"轮式装甲侦察车是 1980 年由英国皇家里兹兵工厂专门为出口而设计的一种轮式

↑英国"宽刃大刀"轮式装甲侦察车

车辆。它是在"狐狸"装甲侦察车的基础上改进而成的。

"宽刃大刀"轮式装甲侦察车战斗全重 5.8 吨，乘员 2 人。车长 4.22 米，宽 2.13 米，高 2.13 米。汽油发动机功率 133 千瓦。公路最大速度 104 千米 / 时，水上 5.23 千米 / 时。公路最大行程 434 千米。爬坡度 58%，克服垂直障碍高 0.5 米，越壕宽 1.22 米。

"宽刃大刀"轮式装甲侦察车在车顶部装有一个 FVT800 型、由 12.8 毫米厚的装甲钢板焊接而成单人炮塔，可防 7.62 毫米穿甲弹。炮塔内装 12.7 毫米机枪和 7.62 毫米机枪各 1 挺，有 12.7 毫米机枪弹 600 发，7.62 毫米机枪弹 1000 发。炮塔四周有 7 具潜望观察镜和 1 具昼夜合一瞄准镜，可全天候完成侦察任务。

英国"突击队员"履带式装甲输送车

"突击队员"履带式装甲输送车，也称"暴风"或"强击者"装甲输送车，是 1978 年由英国军用车辆和工程中心在"蝎"式装甲侦察车基础上研制而成的一种装甲输送车。

"突击队员"履带式装甲输送车战斗全重 11.8 吨，乘员 2 人，可载员 8 人。车长 5.34 米，

↑英国"突击队员"履带式装甲输送车

宽 2.375 米，高 2.388 米。装珀金斯 T6 — 3544 型 6 涡轮增压柴油机，功率为 175 千瓦。最大公路速度 72 千米 / 时，最大行程可达 644 千米。水上航速 6 ～ 9 千米 / 时。最大爬坡度 60%，越壕宽 2.06 米，克服垂直墙高 0.56 米。该车机动性非常好。

"突击队员"履带式装甲输送车采用了"蝎"式坦克系列各车的生产技术和零部件。车体采用铝合金装甲焊接结构，两侧挂甲，能防 14.5 毫米穿甲弹。指挥塔上装有 1 挺 7.62 毫米通用机枪，车长通过昼夜合一瞄准镜瞄准射击。部分车辆装有双人炮塔和 1 门 30 毫米火炮。车后载员舱无射击孔，步兵通过顶部舱口在行进中射击。

↑英国"武士"机械化步兵战车

英国"武士"机械化步兵战车

"武士"机械化步兵战车是英国研制的一种履带式步兵战车。1980 年开始研制，1986 年 1 月开始批量生产，1987 年 5 月第一批生产型车正式交付英军使用。

"武士"机械化步兵战车采用铝合金焊接结构，炮塔采用动力驱动，紧急情况下也可手动操纵。主要武器为 1 门 30 毫米机关炮，辅助武器为 1 挺 7.62 毫米的 EX — 34 机枪。动力装置为 1 台 CV8TCA 柴油机，功率 404 千瓦。该车的标准设备有位于驾驶员左后侧的三防装置和各种夜视仪器。

"武士"机械化步兵战车战斗全重 24.5 吨，公路最大速度为 82 千米 / 时，公路最大行程为 660 千米，涉水深 1.3 米，爬坡度 60%，攀垂直墙高 0.75 米，越壕宽 2.5 米。

法国 AMX － 10P 步兵战车

AMX — 10P 步兵战车是法国研制的一种履带式步兵战车。1965 年开始研制，1972 年开始生产，1973 年交付法军使用，并大量出口。

AMX — 10P 步兵战车车体用铝合金焊接而

↑ 法国 AMX — 10P 步兵战车

成。主要武器为 1 门 20 毫米的 M693 机关炮，全长 2.6 米，采用双向单路供弹，对地面目标的最大有效射程为 1500 米，脱壳穿甲弹在 1000 米距离上的穿甲厚度为 20 毫米。辅助武器为 1 挺 7.62 毫米并列机枪。该车的观瞄仪器有炮手的 OB40 昼夜瞄准镜。动力装置采用 1 台 HS115 多种燃料发动机。为便于水上行驶，车体后部两侧各有 1 个喷水推进器。战斗全重 14.5 吨，公路最大速度 65 千米 / 时，爬坡度 60%，乘员 3 人，载员 8 人。

法国 AMX – 10RC 轮式装甲侦察车

AMX — 10RC 轮式装甲侦察车，是法国于 1973 年研制的。战斗全重 15 吨。乘员 4 人。车长 6.243 米，宽 2.78 米，高 2.215 米。柴油发动机功率 196 千瓦。公路最大时速 85 千米。车尾部装有两个普通喷水推进器，可在水中行驶，水

↑ 法国 AMX — 10RC 轮式装甲侦察车

上最大时速 10 千米。最大行程 800 千米，最大爬坡度 60%，越垂直墙高 0.7 米，越壕宽 1.6 米。装有 MECA 型 105 毫米火炮 1 门，配用杀伤爆破弹时直射距离为 1225 米，配用尾翼稳定空心装药破甲弹时直射距离为 1225 米，破甲弹的弹体上还装有辅助推进装置，当弹丸离开炮口后，该装置可使炮弹的速度提高到 1500 米 / 秒，直射距离可达 1600 米。该车装有先进的集成电路火控装置，可与火炮构成一个全天候武器系统，可在 1200 米的距离上击穿坦克装甲，这种配有强大火力的考虑，在一般用于侦察的装甲车中是不多见的。

↑ 法国 ERC90 装甲车

法国 ERC90F4 "标枪" 装甲车

ERC90F4 "标枪" 装甲车，是 20 世纪 70 年代中期由法国潘哈德和勒瓦索机械制造公司研制生产的一种装甲车。该车战斗全重 8.1 吨。车长 6.93 米，宽 2.495 米，高 2.302 米。车体和炮塔由装甲钢板焊接而成。装 1 台水冷汽油发动机，功率为 925 千瓦。可在水上行驶。靠轮胎划水前进时，速度为 1 米 / 秒，靠两个水上推进器前进时，速度 2 米 / 秒。公路最大速度 100 千米 / 时，最大越野速度 30 ～ 40 千米 / 时，最大行程 800 千米。最大爬坡度 60%，克服垂直墙高 0.8 米，涉水深 1.2 米。车内有乘员 3 人。配装 1 门 90 毫米高初速滑膛炮和 1 挺 7.62 毫米并列机枪，炮塔可 360° 旋转，俯仰角度为 — 8° ～ ＋ 15°。弹种为尾翼稳定空心装药破甲弹、尾翼稳定榴弹及新式长杆尾翼稳定穿甲弹，长杆尾翼稳定穿甲弹可以在 1500 ～ 1700 米的距离上击穿 3 层分别为 10 毫米、25 毫米和 60 毫米的装甲靶板。火炮人工装填，弹药基数为 20 发。此外还装有潜望镜、探照灯、昼夜合一瞄准装置等。

法国 "潘哈德" VBL 轮式侦察车

"潘哈德" VBL 轮式侦察车为法国研制的轮式侦察车。1978 年，法国陆军提出研制 3.5 吨以下的车辆，一是装备 "米兰" 反坦克导弹，一是

↑法国"潘哈德"VBL 轮式侦察车

装备机枪供谍报或侦察用。1985 年 2 月，法国陆军采用了潘哈德公司的 VBL 车。

"潘哈德"VBL 轮式侦察车车体为全焊接THD 钢结构，驾驶员有 1 具应急潜望镜，驾驶员和车长顶上各有 1 舱盖。车辆经 2 分钟准备便可入水，在水上由后部的单个推进器驱动。装备米其林军用轮胎，可使车辆在轮胎无气情况下以 30千米 / 时的速度行驶 50 千米。

"潘哈德"VBL 轮式侦察车战斗全重 3.55 吨，主要武器为 1 挺 7.62 毫米机枪。公路最大速度为 95 千米 / 时，水上最大速度为 4 千米 / 时，公路最大行程 600 千米或 800 千米（带辅助油箱），涉水深 0.9 米，爬坡度 50%，发动机为 1 台 4 缸涡轮增压柴油机，功率 70 千瓦。

法国"雷诺"VBL 轮式侦察车

"雷诺"VBL 轮式侦察车原是按法国陆军的要求而设计的，但 1985 年在与潘哈德公司的竞争中落选，现已向外国提供该车的生产许可证。

"雷诺"VBL 轮式侦察车为全焊接钢制车体结构。1 挺 12.7 毫米或 7.62 毫米机枪安装在车长

↑法国"雷诺"VBL 轮式侦察车

舱盖的环形架上，"米兰"反坦克制导武器安装在炮长的舱盖上。该车为水陆两用，水上行驶靠装于轮上的链驱动。"雷诺"VBL 轮式侦察车战斗全重 2.97 吨，采用柴油发动机时公路最大速度 103千米 / 时，公路最大行程 600 千米。爬坡度 50%。

法国 VCR 轮式装甲输送车

VCR 轮式装甲输送车是法国潘哈德公司于1975 年专为出口研制的一种装甲人员输送车，1978 年开始生产。

车体为全焊接钢板结构，能防轻武器和弹片。发动机为标致公司的 PRV V-6 汽油机，功率 114 千瓦。采用霍青森防弹轮胎，一旦轮胎被子弹击穿，车辆仍能以 30 千米 / 时的速度行驶100 千米。该车能在水上行驶，行驶时靠车轮推进。任选设备包括空调装置、三防装置和夜视装置等。该车能装多种武器，包括 7.62 毫米机枪或20 毫米机关炮等。

该车战斗全重 7.9 吨，公路最大时速为 100千米，水上最大时速为 4 千米，公路最大行程800 千米。爬坡度 60%，攀垂直墙高 0.8 米，越壕宽 1.1 米。乘员 3 人，载员 9 人。

法国 VAB 轮式装甲输送车

VAB 轮式装甲输送车是法国研制的一种轮式装甲人员输送车。在 20 世纪 60 年代末，法国

↑法国 VAB 轮式装甲输送车装备陆军机械化部队。

↓法国 VAB 轮式装甲输送车

决定在陆军的机械化部队中装备 AMX — 10P 履带式步兵战车，而其他陆军部队则配备轮式装甲输送车。根据这种需求，法国潘哈德和萨威姆—雷诺集团设计出 VAB（4×4 和 6×6）样车。1976 年，第一批生产车辆交付陆军。法军计划采购 4000 ~ 5000 辆。

VAB 轮式装甲人员输送车的战斗全重为 14.2 吨（6×6）和 13 吨（4×4），乘员 2 名，能载 10 名步兵。该车动力装置为 1 台 6 缸水冷涡轮增压柴油机，功率为 162 千瓦。采用米其林泄气保用轮胎。VAB 轮式装甲人员输送车在水上有足够的浮渡能力，水上行驶时靠车后两侧的喷水推进器推进。目前法军装备的 VAB/VTT（4×4）标准车型，武器是安装在车长上方顶甲板的 CB52 型旋转枪塔和 1 挺 7.62 毫米机枪。高低射界 — 15° ~ + 45°，对空时俯仰范围为 — 20° ~ + 80°。公路最大速度为 92 千米 / 时，水上为 7 千米 / 时，爬坡度 60%，攀垂直墙高 0.6 米，越壕宽 1 米。

意大利 VCC — 1 装甲步兵战车

VCC — 1 装甲步兵战车是意大利研制的一种履带式装甲步兵战车。最后一批 VCC — 1 于 1982 年交付意军使用，现已停产。VCC — 1 装甲步兵战车的车体采用铝合金焊接结构，并在车体前部和两侧披挂附加钢装甲。该车基型车，即 Mk1 型，主要武器为 1 挺 12.7 毫米的 M2HB 机枪，装在能旋转的枢轴上。载员舱顶部后面还有安装 1 挺 7.62 毫米机枪，以掩护该车的后方。该车可水陆两用，水上行驶时用履带划水推进。战斗全重 11.6 吨，公路最大速度 64.4 千米 / 时，水上最大速度 5 千米 / 时。公路最大行程 550 千米，爬坡度 60%，攀垂直墙高 0.61 米，越壕宽 1.68 米。发动机为 1 台 6 缸水冷柴油机，功率 158 千瓦。

↑意大利 VCC-1 装甲步兵战车

↑意大利 VCC-80 步兵战车

意大利 VCC — 80 步兵战车

VCC — 80 履带式步兵战车是意大利研制的一种履带式步兵战车。1988 年制成首辆样车。该车车体和炮塔均采用铝合金焊接结构，车体有附加钢装甲，车体低矮，至炮塔顶部仅 2.25 米。炮塔位于车辆中央，用电驱动，旋转 360° 的时间为 6.3 秒。主要武器为 1 门 25 毫米的机关炮，俯仰范围为 — 10° ~ + 60°，由于仰角较大，可对付低速飞行的飞机和直升机。该炮配有先进的火控系统。辅助武器为 1 挺 7.62 毫米的并列机枪。该车装有各种被动式夜视仪器空调系统，并有三防装置。

VCC — 80 履带式步兵战车的战斗全重约 19 吨，最大公路速度 70 千米 / 时，最大行程 600 千米，涉水深（无准备时）1.5 米，爬坡度 60%，攀垂直墙高 0.85 米，越壕宽 2.5 米。发动机为 1 台 6V 涡轮增压中冷柴油机，功率 353 千瓦。

意大利 6614 型装甲输送车

6614 型轮式装甲输送车是意大利菲亚特和奥托·梅莱拉公司 1975 年投产，同年装备意大利军队和保安部队。联合研制的轮式装甲人员输送车。

6614 型轮式装甲人员输送车车体为全焊接钢板结构，能防轻武器和杀伤地雷。主要武器为 1 挺 12.7 毫米机枪。该车为水陆两用，水上行驶靠轮胎划水。战斗全重 8.5 吨，公路最大速度 100 千米 / 时，水上速度 4.5 千米 / 时，公路最大行程 700 千米，爬坡度 60%，攀垂直墙高 0.4 米，发动机功率 117.6 千瓦。乘员 1 人，载员 10 人。

意大利"奥托"C13 装甲输送车

"奥托"C13 是意大利奥托·梅莱拉公司专门为出口设计研制的一种履带式装甲输送车。该车于 1982 年公布于世，现已完成研制。

"奥托"C13 履带式装甲输送车的车体采用铝合金焊接结构，有附加装甲，在 100 米以内距

↑意大利"奥托"C13/90装甲输送车

离上可防12.7毫米穿甲弹。炮手兼车长在车体中央，有1个指挥塔，可旋转360°，装有1挺12.7毫米的M2HB机枪。

"奥托"C13履带式装甲输送车战斗全重14.65吨，公路最大速度为70千米/时，最大行程500千米，爬坡度60%，攀垂直墙高0.7米，越壕宽1.8米。发动机为1台6V机械增压发动机，功率265千瓦。

意大利菲亚特B1"半人马座"轮式坦克歼击车

菲亚特B1"半人马座"轮式坦克歼击车是意大利陆军于20世纪90年代计划装备的车型之一。第一辆样车于1987年1月完成，1991年开始正式生产。

菲亚特B1"半人马座"轮式坦克歼击车的车体和炮塔为装甲钢焊接结构，可防12.7毫米枪弹的攻击，前弧可防20毫米穿甲弹的攻击。该车装有奥托·梅莱拉公司52倍口径的105毫米火炮，可以发射包括尾翼稳定脱壳穿甲弹在内的各种北约制式坦克炮弹药。主炮左侧有1挺7.62毫米的M42/59式并列机枪。炮塔顶上有1挺高射机枪。炮塔的旋转和武器的俯仰为电液式。采用伽利略公司的TVRMS火控系统，主要包括车长和炮长用的瞄准具和数字式弹道计算机等。车上有三防装置及空调装置。该车可涉水，但不具备水陆两用能力。

↑瑞典的坦克和Pbv 302履带式装甲输送车联合编队进行攻击演习。

该车战斗全重25吨，乘员4人。公路最大速度100千米/时，公路最大行程800千米，涉水深1.5米，爬坡度60%，攀垂直墙高0.55米，越壕宽1.55米。发动机功率382千瓦。

南斯拉夫BVP M80A步兵战车

BVP M80A步兵战车是南斯拉夫研制的一种履带式机械化步兵战车。1980年正式投产。该车是南斯拉夫在M980机械化步兵战车的基础上发展起来的。单人炮塔内装有1门20毫米的HS804机关炮，主炮右侧有1挺7.62毫米的M55并列机枪。该车可浮渡，用履带划水推进。

BVP M80A步兵战车战斗全重14吨，公路最大速度64千米/时，水上最大速度7.8千米/时。爬坡度60%。乘员3人，载员7人。

↓南斯拉夫BVPM80A
步兵战车

瑞典CV90装甲战车族

CV90装甲战车族是瑞典研制的一种履带式装甲战车族。1978年瑞典决定研制一种供2000年军方使用的CV90战车，并在此基础上发展自行高炮、装甲人员输送、装甲指挥车、装甲观察指挥车、自行迫击炮和装甲抢救车等6种变形车，形成CV90履带式装甲战车族。第一批生产型车辆于1993～1994年完成。

该车族的基型车为PbVG机械化步兵战车，车体采用钢装甲结构。双人炮塔采用电液驱动，主要武器为1门40/70B式40毫米机关炮，此外还有1挺7.62毫米的并列机枪。

该车战斗全重20吨，公路最大时速为70千米，公路最大行程300千米，发动机功率368千瓦，炮塔旋转范围360°，火炮俯仰范围为—8°～＋50°。

瑞典Pbv 302履带式装甲输送车

Pbv 302履带式装甲输送车为瑞典研制，首批于1966年出厂，装备瑞典陆军。1971年9月停产。

Pbv 302履带式装甲输送车的车体用滚压钢板焊接，前甲板可防20毫米炮弹。主要武器为1

门20毫米机关炮，炮塔手动360°旋转，火炮高低射界—10°～＋50°，可发射榴弹和穿甲弹。该车能水陆行驶，水上靠履带板划水推进。

Pbv 302 履带式装甲人员输送车战斗全重13.5吨，公路最大速度70千米/时，爬坡度60%，涉水深0.736米，发动机功率85千瓦。乘员2人，载员10人。

瑞典 Bv 206 全地形运输车

Bv 206 全地形运输车为瑞典研制，能在包括雪地、沼泽等在内的所有地形上行驶，主要用于输送战斗人员和物资。1981年4月首批 Bv 206 全地形运输车正式交付陆军。

该车由两节车厢组成，车身之间用转向装置连接。前车厢内可载货600千克或容纳5名士兵和1名驾驶员，后车厢可载货1400千克或可载11名全副武装的士兵。车身用耐火玻璃纤维增强塑料制成，前后车厢内均装备通风装置及热交换器，能保持车内温度比外界高30℃。此车具备两栖能力，在水上靠履带划水推进。车重4.34吨，载重量2吨，公路最大速度55千米/时，水上最大速度3千米/时，最大爬坡度60%（硬路面）及30%（厚雪地），发动机功率100千瓦，最大行程330千米。

↑瑞士"锯脂鲤"轮式装甲人员输送车

瑞士"锯脂鲤"轮式装甲输送车系列

"锯脂鲤"轮式装甲输送车系列由瑞士莫瓦格公司研制。1976年完成第一批生产型车。车体均为装甲板全焊接结构，能防轻武器和弹片，能水陆行驶。"锯脂鲤"（4×4）可安装1挺或2挺7.62毫米遥控机枪，炮塔上装 M2HB12.7毫米机枪或"厄利空"20毫米炮塔等。"锯脂鲤"（4×4）战斗全重7.8吨，公路最大速度100千米/时，水上最大速度9.5千米/时，公路最大行程700千米。爬坡度70%，攀垂直墙高0.5米，发动机功率159千瓦，乘员10人。

瑞士"旋风"步兵战车

"旋风"步兵战车是瑞士制造的一种履带式步兵战车。第一辆样车于1980年完成。该车车体采用钢装甲全焊接结构，可防枪弹和炮弹破片。主要武器为1门25毫米机关炮，辅助武器为1挺7.62毫米机枪。战斗全重22.3吨，最大速度66.1千米/时。爬坡度60%，攀垂直墙高0.85米，越壕宽2.2米，发动机为1台2冲程8缸V形涡轮增压柴油机，功率287千瓦。

瑞士"鲨鱼"轮式侦察车

"鲨鱼"8×8轮式侦察车是瑞士专为出口而设计制造的一种轮式侦察车。第一辆样车于1981年在巴黎航空展览会上展出，随后投入生产。该车车体为全焊接钢结构，可防14.5毫米穿甲弹。战斗舱居中，可安装 FL－20型炮塔，装备105毫米火炮和 SOPTAC 火控系统。任选设备包括各种三防装置、被动夜视设备和灭火设备。战斗全重22吨，公路最大速度100千米/时，公路行程500千米，涉水深1.3米，爬坡度60%，攀垂直墙高0.46米，越壕宽2.3米。

奥地利"潘德"轮式装甲输送车

"潘德"轮式装甲输送车是奥地利研制的一种轮式装甲输送车。

"潘德"轮式装甲输送车车体为焊接钢板结构，车体低矮，可防7.62毫米穿甲弹射击，车前可防12.7毫米或14.5毫米枪弹。发动机为6缸涡轮增压中冷柴油机。车体后部两侧各装直径为430毫米的喷水推进器，可水上行驶。该车车顶可装旋转平台，安装多种武器系统。"潘德"轮式装甲输送车战斗全重12吨，公路最大速度105千米/时，水上最大速度9千米/时，公路最大行程650千米。爬坡度70%，攀垂直墙高0.5米，越壕宽1.2米。乘员2人，载员8～10人。

奥地利"利奥尼达斯"履带式装甲输送车

"利奥尼达斯"履带式装甲输送车是奥地利4K7FA型车在希腊特许生产的一种履带式装甲人员输送车。1985年完成第一批生产。"利奥尼达斯"履带式装甲输送车安装希腊制炮塔，有1挺12.7毫米机枪或20毫米机关炮。

西班牙 VEC 轮式骑兵侦察车

VEC6×6轮式骑兵侦察车是西班牙研制的一种侦察车。第一辆样车于1977～1978年间完成，随后投入生产。VEC6×6轮式骑兵侦察

↑西班牙 VEC 轮式骑兵侦察车

车为全焊接的铝合金车体，前部弧状结构可防7.62×51 毫米的穿甲弹，其他部位可防 7.62 毫米枪弹。在西班牙陆军服役的该车安装的是奥托·梅莱拉公司 T25 双人炮塔，装备了 KBA25 毫米火炮和 7.62 毫米并列机枪。该车战斗全重 13.75吨，公路最大速度为 106 千米 / 时，水上最大速度为 3 千米 / 时（车轮划水）和 9 千米 / 时（推进器推进）。公路最大行程 800 千米。爬坡度60%，攀垂直墙高 0.6 米，越壕宽 1.5 米。发动机为 1 台 228 千瓦直列 6 缸涡轮增压柴油机。

西班牙 / 奥地利合作"阿斯柯德"步兵战车

"阿斯柯德"是西班牙的圣·巴巴拉公司与奥地利斯太尔－戴姆勒－普赫公司合作研制的。西班牙首批装备部队 144 辆，命名为"皮萨罗"，奥地利首批装备部队 112 辆，命名为"枪骑兵"。该车乘员 3 人，载员 8 人，装 1 门 30 毫米机关炮及 1 挺7.62 毫米机枪，时速 70 千米，战斗全重 25.2 吨。

芬兰 XA－180 轮式装甲输送车

XA－180 轮式装甲输送车是芬兰研制的一种轮式装甲人员输送车。1983 年进行试验，随后投入生产。该车车体由钢板焊接，能防轻武器和弹片。驾驶员上方可以安装夜间观察设备。车长上方有指挥塔，左侧是安装的 1 挺机枪。该车水上行驶时，由车后两侧喷水推进器推进。该车战斗全重 15 吨，公路最大速度 100 千米 / 时，水上最大速度 10 千米 / 时，公路最大行程 800 千米，发动机功率 176 千瓦。乘员 2 人，载员 10 人。

南非"獾"式步兵战车

"獾"式步兵战车是南非研制的一种 6×6 轮式步兵战车。1976 年装备部队。该车因安装主要武器不同而有"獾"式 20 型、60 型、90 型三种车型。"獾"式 90 步兵战车的车体采用钢板焊接结构，可防 7.62 毫米枪弹和炮弹破片，前上装甲还能防 12.7 毫米穿甲弹。主要武器为 1 门 90 毫米半自动速射炮，高低射界为－8°～＋15°，炮塔可旋转 360°，该炮可发射破甲弹、榴弹和教练弹，有效射程分别为 1200 米、2200 米和 1200米。火炮左侧有 1 挺 7.62 毫米并列机枪。动力装置为 1 台 6 缸直列涡轮增压柴油机，功率为 208千瓦。该车战斗全重 19 吨，公路最大速度 105千米 / 时，涉水深 1.2 米，爬坡度 60%，乘员 3人，载员 7 人。

南非"大山猫"装甲战车

"大山猫"装甲战车也称为"大山猫"装甲侦察车，是南非于 20 世纪 80 年代末期研制成功的 8×8 轮式战车。

"大山猫"装甲战车战斗全重为 27 吨，乘员 4人。主要武器是 1 门 76 毫米线膛炮，配用的弹种有尾翼稳定脱壳穿甲弹、杀伤爆破弹、烟幕弹等，弹药基数 48 发。火控系统包括弹道计算机、激光测距仪、火炮驱动装置和各种传感器等。其动力装置为 1 台水冷柴油机、最大功率 420 千瓦。最大公路速度为 120 千米 / 时。驾驶员可根据地形选择 8×8 全轮驱动或 8×4 驱动方式。车体为钢装甲全焊接结构，正面可防 23 毫米穿甲弹的攻击。车上装有轮胎气压中央调节系统、自救绞盘、自动灭火装置、烟幕弹发射器、热烟幕装置等。

"大山猫"装甲战车的变型车有：双 35 毫米自行高炮、防空导弹发射车、"大山猫"－35 机械化骑兵战车、"大山猫"－105 坦克歼击车等。

南非 AC－200 防雷装甲支援车

AC－200 防雷装甲支援车是南非在 20 世纪90 年代研制的一种新型装甲车。该车用钢板焊接，可防轻武器和弹片。装有 1 挺 7.62 毫米机枪的单人炮塔，可选择安装 1 门 20 毫米机关炮或1 门 60 毫米后装式迫击炮等。该车战斗全重 18吨，公路最大速度 108 千米 / 时，公路最大行程1000 千米，涉水深 1.2 米，爬坡度 60%，攀垂直墙高 0.6 米，越壕宽 1.2 米。发动机功率 272 千瓦。乘员 3 人，载员 10 人。

日本 60 式履带装甲输送车

60 式履带装甲输送车是日本研制的第一代履带装甲车，它是仿美国 M59 车设计制造的。1960 年装备日本陆上自卫队，1972 年停产，被73 式装甲输送车取代。车体为全焊接钢板结构。车上装有 1 挺 M2HB 式 12.7 毫米机枪，能 360°旋转并有挡板防护。该车设有三防和夜视装置，

↑日本 60 式履带装甲输送车

无水上行驶能力。战斗全重 11.8 吨，公路最大速度 45 千米 / 时，公路最大行程 230 千米，涉水深 1 米，爬坡度 60%，攀垂直墙高 0.6 米，越壕宽 1.82 米，乘员 4 人，载员 6 人。

日本 73 式履带装甲输送车

73 式履带装甲输送车是日本于第二次世界大战后设计制造的第二代履带式装甲车。1972 年定型投产。至 1988 年底，共装备 229 辆。该车车体为全铝装甲焊接结构。车上装有 1 挺 M2HB 式 12.7 毫米机枪，能 360° 旋转，高低射界为－ 10° ~ ＋ 60°。该车水上行驶时必须使用装在负重轮外侧的浮渡装置，靠履带板划水推进。该车装有被动夜视设备和三防装置。战斗全重 13.3 吨，公路最大速度 70 千米 / 时，水上最大速度为 7 千米 / 时，公路最大行程为 300 千米，爬坡度 60%，攀垂直墙高 0.7 米，越壕宽 2 米。乘员 3 人，载员 9 人。

日本 78 式装甲抢救车

78 式装甲抢救车是日本 1974 年在 74 式主战坦克基础上改装而成的，并于 1978 年定型生产。车体右侧前方有 1 台 3.5 米长的液压吊车，吊臂还可伸长 1.5 米，能回转 270°，最大起吊重量为 20 吨。绞盘的最大拉力为 372 千牛。车载武器有 1 挺 12.7 毫米机枪及 6 具烟幕弹发射器。车重 38 吨，最大公路速度 53 千米 / 时，爬坡度 60%。发动机为 1 台 2 冲程 10 缸风冷柴油机，功率 529 千瓦。

日本 82 式指挥通信车

82 式指挥通信车是日本研制的一种轮式指挥通信车。该车是在 1978 ~ 1981 年间进行研制的，1982 年定型投产。该车为全焊接车体。主要武器有 1 挺 12.7 毫米机枪及 1 挺 7.62 毫米机枪。该车装有先进的通信设备，调频电台装有 F6 和 F7 型收发报机，调幅电台装有 N1 型收发报机和 N4 型接收机。车体后部左右两侧分别竖着调频和调幅电台天线。该车车身呈流线形，车内装有可拆卸的三防装置，不能水陆两用。该车战斗全重 13.6 吨，公路最大速度 100 千米 / 时，爬坡度 60%，攀垂直墙高 0.6 米，越壕宽 1.5 米，涉水深 1 米，发动机功率 224 千瓦，乘员 8 人。

日本 89 式步兵战车

89 式步兵战车是日本于 20 世纪 80 年代研制的步兵战车，1989 年设计定型，并装备日本自卫队。至 1999 年共生产 80 多辆。

89 式步兵战车战斗全重 26 吨，乘员 3 人，载员 7 人。主要武器是 1 门 35 毫米机关炮，新用的弹种有燃烧榴弹、曳光弹、穿甲榴弹、脱壳穿甲弹 4 种，弹药基数 215 发。辅助武器为 1 挺 7.62 毫米并列机枪，携弹 2000 发。炮塔上还装有重型反舰反坦克导弹发射装置。车上开有 7 个射击孔，载员可用随身携带的 5.56 毫米突击步枪向外射击。其动力装置为增压柴油机，最大功率 441 千瓦，配用液力机械式变速箱。公路行驶时的最大速度为 70 千米 / 时，该车不具备水上行驶能力。车体和炮塔正面采用间隔装甲，车体两侧有 5 毫米的侧裙板。车内有三防装置、自动灭火装置和激光探测报警器。

日本 96 式轮式装甲输送车

日本 96 式轮式装甲输送车为 8 × 8 驱动形式，由小松制作所研制，1996 年开始装备日本自卫队，战斗全重 14.7 吨，乘（载）员 10 ~ 12 人，除车长和驾驶员外，后部的载员室可乘坐 8 ~ 10 名步兵。从总体布置上看，车体前部右侧是驾驶室，驾驶员坐椅后方是车长指挥塔，上面安装武器。车体前部左侧为发动机和变速箱。车体中、后部为载员室。整车布置比较紧凑，全车高度只有 1.84 米，但载员室仍然显得比较宽敞。主要武器是 1 具 40 毫米榴弹发射器，射速为 5 发 / 秒，直射距离 300 米，有效射程 1500 米。也可以换装 12.7 毫米重机枪。此外，载员室内还有步兵携带的步枪及 1 门 84 毫米无坐力炮。车体两侧未开射击孔，如有必要，载员只能露出半个身子向外射击。动力装置为水冷 6 缸柴油机，最大功率约 250 千瓦。前部 4 个车轮为转向轮，后部 4 个车轮为驱动轮。悬挂装置为扭杆式，并通过精心设计的 V 形结构尽量降低车高。轮胎为低压防弹轮胎，并有轮胎气压中央调节系统。最大速度 100 千米 / 时。车体为铝装甲焊接结构，可防轻武器攻击。车体首上甲板倾角较大。

MISSILERY AND OTHERS

导弹及其他

↑Ｖ－２导弹

导弹的问世与发展

Ｖ－２导弹

1944年9月8日傍晚，伦敦遭到了更猛烈的空袭，德国使用了威力更强的Ｖ－２导弹。这是世界上投入战争的第一枚弹道式导弹。这种采用液体火箭发动机的Ｖ－２导弹，重13吨，载有重约1吨普通炸药的弹头，长14米，最大直径1.65米，最大飞行速度达每秒1.7千米，射程320千米，弹道高度80～100千米。在半年之内，德军在战争中发射Ｖ－２导弹共4320枚，其中对英国发射了1402枚，落到伦敦市区的有517枚，带来难以估量的灾难。

Ｖ－２导弹是德国在第二次世界大战期间研制和使用的单级液体导弹，是世界上首次出现的弹道导弹。1929年末，德军制订了研制大型火箭的计划。瓦尔特·多恩伯格是德国陆军研究火箭的发起人之一。1932年10月，他把冯·布劳恩请到自己的研究所，要他领导对军用火箭的研究工作。布劳恩最初着手研究的是使用液体燃料的Ａ－１火箭，并在柏林郊区库姆梅斯多夫的试验台上进行过地面试验。1934年，在北海的博尔库姆进行了Ａ－２火箭的飞行试验。接着，1937年12月又在波罗的海进行了Ａ－３火箭的发射试验。1939年，完成了Ｖ－２导弹的前身Ａ－４火箭的基础试验。1942年10月3日，从佩内明德向波罗的海首次发射了Ｖ－２导弹并获得成功。

第一代导弹

德国在研制Ｖ－１和Ｖ－２导弹的同时，还研制了用来对付英美轰炸机群、比高射炮更有效的地空导弹，如"龙胆草"和"莱茵女儿"导弹，以及反坦克、反舰导弹等。这些导弹在进入应用阶段之前，战争就结束了。

战后，美、苏等国在Ｖ－２导弹的基础上，开始发展战术导弹和战略导弹。第一代导弹是20世纪40年代末至50年代，主要是战略导弹和防空导弹。如美国的"宇宙神"、"大力神"Ⅰ，苏联的SS－6洲际导弹等。导弹存在的主要问题是：在地面存放和发射，易被来袭导弹击毁；使用液体推进剂，只能在发射前临时加注，发射速度太慢；命中精度低，圆公算偏差为3000～8000米。这一阶段的远程、高空防空导弹有美国的"奈基"Ⅰ、"奈基"Ⅱ和苏联的"萨姆"Ⅰ防空导弹。这些导弹已开始采用固体燃料。第一代目视瞄准、手控有线制导的反坦克导弹。

↑遭Ｖ－１导弹袭击后的城市。

第二代导弹

第二代导弹是20世纪50年代末至60年代中期。这一代导弹将陆基导弹由地面发射改为地下井发射；潜射导弹由水面发射改为水下发射。美国有陆基洲际导弹"民兵"Ⅱ，水下发射的潜地导弹"北极星"A2。苏联在此期间研了SS－9、SS－11、SS－13陆基洲际导弹和SS－N－4、SS－N－5潜地导弹。与此同时，还发展了对付中低空目标的防空导弹。第二代反坦克导弹也提高了命中精度，同时研发了车载、机载反坦克导弹。

第三代导弹和第四代导弹

第三代导弹是在20世纪60年代至70年代。研发了集束式和分导式多弹头。采用了激光、毫米波等制导系统，由导弹自己追踪目标。

第四代导弹是20世纪70年代初研制的，机动发射的陆基战略弹道导弹。如美国的"潘兴"Ⅱ导弹、苏联的SS－20导弹等，都是采用车载机动发射。此外，还加紧机动式多弹头研究。

目前，战略导弹已经成为世界各国用于战争

↑ "潘兴" Ⅱ地地战术导弹

↑美 "和平保卫者" 地地战略弹道导弹

威胁和最后解决事端的打击武器。战术导弹也已成为战场各种武器中射程最远、命中精度最高、杀伤力最大、最难进行有效防御的一种武器。

美苏签订中导条约

1987 年 12 月 8 日，美苏首脑在华盛顿签署了历史上第一个销毁核武器的国际条约——《苏美两国消除中程和中短程导弹条约》。

根据条约规定，在条约生效后 3 年内，苏美两国已部署和未部署的射程在 500 ~ 5500 千米的中程和中短程导弹将全部销毁，以后也不得试验、生产和拥有这些武器。与这些导弹配套的各种设备和设施也同时销毁。

条约规定，苏联应销毁的数为 1752 枚，其中中程导弹 826 枚，中短程导弹 926 枚。美国应销毁的导弹数为 859 枚，其中中程导弹 689 枚，中短程导弹 170 枚。美国部署在前联邦德国的"潘兴" Ⅰ A 导弹和苏联尚未装备的 SSC — X — 4 陆射巡航导弹也在销毁之列。

在确定要销毁的中程导弹中，苏联的主要型号为：SS — 20 导弹 650 枚，SS — 4 导弹 170 枚，SS — 5 导弹 6 枚。美国的主要型号为："潘兴" Ⅱ导弹 120 枚，BGM — 109G "战斧" 陆射巡航导弹 569 枚。在确定要销毁的中短程导弹中，苏联有 SS — 12 导弹 726 枚，SS — 23 导弹 200 枚。美国只有"潘兴" Ⅰ A 导弹 170 枚。

苏联应销毁的总数比美国多一倍。1981 年 10 月，苏美开始中程导弹谈判时，美国曾要求苏联把中程导弹和中短程导弹统统销毁，苏联则希望保留亚洲部分用以威慑中国的 100 枚 SS — 20 导弹，结果还是全部销毁了。美国曾提出销毁过程中双方进行现场核查，还同意到 SS — 20 生产工厂进行现场核查。

中程导弹条约的签订，销毁了美苏核武库总数的 3% ~ 4%，消除了欧洲和亚洲交界地区的核威慑，对维护世界和平具有重大的意义。

轨道式导弹

轨道式导弹是将弹道式导弹的弹头送入地球卫星运行的轨道上，并控制弹头在目标区上空制动，使其再入大气层以攻击目标。由于弹头运行的轨道通常不足一圈，所以又叫部分轨道武器。轨道导弹和洲际导弹没有多大区别，只是弹头和制导系统更复杂一些。1957 年 8 月 21 日，苏联的 P — 7 洲际导弹发射成功。接着又研制成功 SS — 9 洲际导弹。与此同时，1958 年 11 月，美国阿特拉斯导弹，在经过几次失败之后，首次试飞 9000 千米成功。它重约 100 吨，速度是声速的 15 倍。同年 12 月，又将一颗阿特拉斯导弹送入地球轨道。1959 年 12 月，它的飞行距离达10000 千米。此外，美国还研究了大力神土星和新星等大型导弹。这些大型洲际导弹都可视为轨道式导弹。轨道式导弹可以攻击地球上的任意目标，突防能力很强。因为在制动发动机点火使弹头下降前，反导系统无法判断轨道导弹究竟从哪一点开始下降进行攻击，由于它的轨道比弹道导

↑由美国和苏联两国导弹专家、政府官员以及记者组成的临时机构，正在监督核查已经拆除的远程弹道核导弹。

弹的轨道低的多，从开始下降到击中目标的时间只有几分钟，因而造成对方的反导系统来不及反应就被击中。不足的是，轨道导弹有效载荷小，技术复杂，为使弹头入轨，导弹必须加速到 7.9 千米／秒，需要较大的运载火箭。另一方面，轨道导弹还要求有技术更为复杂的制导设备，否则就不能准确地控制弹头进入目标区的投放点。

导弹的激光制导

在导弹上应用的激光制导方式主要有三种：半主动式、全主动式、激光驾束式。美国是发展与应用激光制导武器最多的国家，其"幼畜"导弹就是采用半主动式激光制导。英国的"星爆"导弹则是采用激光驾束式制导。全主动式激光制导还在研制之中。在目前的导弹系统中，采用的激光器主要是掺钕钇铝石激光器，用它来照射目标，它工作在 1.06 微米近红外波段。其缺点是受气象和烟尘的影响较严重。无论是半主动式还是驾束式制导，在整个导弹作战的制导过程中，都需要由发射人员用激光器对目标进行照射。这样就容易暴露发射人员、发射地点和发射平台，使它们会受到目标方的打击。全主动式激光制导导弹则是一种发射后不管的导弹，可避免上述缺点。激光器不能做得过大或过重，因此激光器的发射功率不大，作用距离也不远。但经过改进和发展，全主动激光器将会应用于导弹中。

导弹的英文代号

表示导弹类别的字母有 A、S、M 等。A 表示空中，S 表示地面和水面，M 代表导弹。字母排列的顺序是：第一个字母表示导弹的发射点，第二个字母表示所攻击的目标，第三个字母表示导弹。如"SSM"即表示地地导弹，"SAM"则表示地空导弹，但有时为了简化，会把"M"省略。表示使用军种的字母有 A、N、G。其中 A 表示空军，N 表示海军，G 表示陆军。其排列时通常是用短线"—"与类别分开。如"SSM—N"表示海军用的地地导弹，"SAM—G"表示陆军用的地空导弹，"ASM—A"表示空军用的空地导弹等。

核导弹的销毁方式

中导条约规定了核导弹的三种销毁方法：第一种是用炸药炸毁；第二种是将导弹固定后，点燃发动机烧毁，未烧毁部分用机械方法销毁；第三种是将导弹核弹头拆除后，向指定溅落区发射。但用发射方法销毁的导弹不得超过 100 枚，而且不能借此用以数据测试或者作为靶弹，再次发射的间隔时间不能少于 6 小时。中导条约规定将核装置在销毁之前拆除，这些核装置可以和平利用作为能源和燃料。发射装置与导弹一起或单独炸毁、碾碎或压扁；起竖—发射装置应从发射车底盘处拆除，其部件从非接口处切开，其他辅助设备也要拆除和切开；固定设施等应拆除或炸毁。为保证核导弹的销毁，美苏双方组织 200 名专家和技术人员到现场进行检查，苏方允许现场检查的有 84 个点，美方允许检查的有 34 个点。检查内容是原始资料、销毁情况和工厂停产情况，以确保这些威力强大的核导弹确实从这个世界上彻底消失掉，可解除核武器对人们的威胁。

现代火箭先驱冯·布劳恩

冯·布劳恩，1912 年出生于德国。他 13 岁时就读过德国早期火箭先驱赫尔曼·奥伯特写

↑德裔美籍科学家冯·布劳恩

的《飞向星际的火箭》，从而引起了他对宇宙探索的浓厚兴趣。1932年他毕业于柏林工学院，后经人介绍成为奥伯特教授的助手，开始从事火箭技术的研究。1937年，他领导研制了历史上有名的V－2火箭等。第二次世界大战结束后，冯·布劳恩到美国继续从事火箭与导弹的研制工作。他先后研制成功"红石""丘辟特""潘兴"等导弹。1958年1月31日，美国用他设计的"丘辟特"C型火箭成功地发射了第一颗人造卫星"探险者"Ⅰ号。此后，他成为美国国家航空航天局的领导人，负责"阿波罗"登月计划和"土星"号运载火箭的研制工作。1972年，冯·布劳恩出任费尔柴德公司的副总裁。他一生曾获得过25个自然科学的博士头衔，并为人类空间技术的发展作出了卓越贡献。1977年6月16日，他因病逝世，终年65岁。

地地弹道导弹

战略核导弹

战略导弹是用于毁伤敌方重要战略目标、洲际导弹地下井等设施的现代化武器。战略导弹通常都带有核战斗部，所以也称战略核导弹。它从地面固定的或机动的发射装置、核潜艇上发射。洲际弹道导弹，又分为地地弹道导弹和潜地弹道导弹两类。没有任何一种武器在尺寸、重量上能与战略弹道核导弹相比。一般的地地导弹弹体长10～30米，直径1～3米，发射重量几十至几百吨。世界上最长的苏联SS—9地地导弹达到37米，直径达3.4米。发射重量最大的SS—18导弹已达220吨。对潜地导弹来说，一般弹体长不超过10米，直径不超过2米，发射重量在12～30吨之间。世界上最长的苏联SS—N—23潜地导弹已达16.9米。发射重量最大的苏制SS—N—20潜地导弹为60吨。弹道导弹通常为圆柱形结构，没有弹翼，发射时靠火箭推力飞行到达目标。

世界上没有任何武器能在射程和速度方面与战略弹道导弹相提并论。中程导弹射程在1000～4000千米之间；远程导弹在4000～8000千米；洲际导弹射程达8000千米以上。

战略弹道导弹由于利用空气稀少的高空和外层空间进行弹道飞行，所以空气阻力几乎没有，

↑中国"东风"地地战略导弹

飞行速度每秒7000米左右，飞行马赫数可达13～14，甚至能达20以上的超高速，这是任何其他武器所无法比拟的。

战略核导弹依靠弹体上的核战斗部来完成战略攻击。核战斗部包括能发生核裂变反应的原子弹战斗部、发生核聚变反应的氢弹战斗部，以及中子弹战斗部。为了对付反弹道导弹的拦截，60年代又出现了多弹头战略核导弹。它是在一个母弹头内装放几个至十多个小子弹头，当母弹头飞到一定高度后，这一簇子弹头分别打击预定的不同目标。由于弹头多，敌方的反弹道导弹难以同时拦截所有来袭的子弹头，从而提高了突防能力，并可有效地杀伤破坏几个不同目标。

多弹头战略导弹

多弹头战略核导弹有分导式多弹头、散弹式多弹头和机动式多弹头。分导式多弹头在母弹头上装有主发动机和控制发动机，当母弹头与运载火箭分离后，控制发动机开始工作，修正弹道误

↑"宇宙神"弹道导弹于1961年1月24日从美国卡那维拉尔角发射升空。

差，对母弹头的速度和方向进行精细调整，然后投放子弹头。子弹头按惯性飞向目标。散弹式多弹头战略核导弹的母弹头和子弹头都没有制导系统，因而命中精度较低。母弹头在主动段的终端按顺序飞一段距离释放一个子弹头，直到释放完为止。所有弹头投放在前后相距数千米或数十千米的目标上。机动式多弹头战略核导弹的每个子弹头上都装有推进和控制装置，能随时改变弹道作机动飞行，并利用弹头上的导向装置自动瞄准和命中设定的多个目标。优点是可有效地防止被拦截导弹拦截，规避性能优异。不足之处是技术复杂，可靠性较低。

各国地地弹道导弹

美国"宇宙神"导弹

"宇宙神"导弹是美国研制的第一代洲际弹道导弹，导弹代号为 SM－65，用途是攻击政治、工业中心等战略目标。1959 年 9 月定型并装备部队，共装备 126 枚，导弹长 25.146 米，弹径 3.05 米，弹尾裙部最大直径为 4.88 米，起飞重量 121 吨，射程 12070 千米，命中精度为 1.85～2.77 千米。

该导弹采用 MA－3 型动力装置，由一台主发动机、两台助推发动机和两台游动发动机组成。弹头为 Mk－4 烧蚀式弹头，重 2000 千克，核当量为 500 万吨。发射方式为井下贮存，地面发射，发射时先将导弹提升到井口，然后主发动机和助推发动机点火发射升空。

美国"丘辟特"导弹

"丘辟特"导弹是美国研制的第一代中程弹道导弹，代号 SM－78。1959 年 3 月在部队部署，1963 年 4 月退役。"丘辟特"是单级液体导弹，全长 18.4 米，弹径 2.67 米，起飞重量 48 吨，命中精度为 8～4 千米，射程为 2400 千米。弹头为单个热核弹头，重 1500 千克，核当量为 100 万吨。

美国"大力神"Ⅱ导弹

"大力神"Ⅱ导弹是美国制造的两级液体地地洲际弹道导弹，导弹代号 SM－68C，属美国第二代战略导弹，用来攻击敌方地面战略目标。它于 1960 年 6 月开始由马丁公司研制，1963 年底装备部队，共装备 54 枚导弹，1984～1987 年全部退役。

"大力神"Ⅱ导弹全长 33.52 米、弹径 3.05

米，起飞重量 149.7 吨，起飞推力 1912 千牛，射程 11700 千米，命中精度 0.93 千米，反应时间 60 秒，发射成功率 85.7％。导弹的动力装置由两级发动机组成，使用可贮存液体推进剂（NO 加混肼 50）。"大力神"Ⅱ导弹采用 Mk6、Mk6A 单弹头（美国 60 年代初研制的烧蚀式弹头），弹头重 3.5

↑美国"大力神"Ⅱ地对地战略弹道导弹

吨，核当量为 1000 万吨；弹头上有突防舱。"大力神"Ⅱ导弹发射方式为直接从地下井发射，井深 44.5 米，井直径 16.7 米。导弹发射后弹上制导系统立即开始工作，根据惯性测量装置得到的信息，制导计算机不断发出指令，导弹通过姿态控制按预定弹道飞行。

美国"民兵"Ⅲ导弹

"民兵"Ⅲ导弹是美国的第三代洲际弹道导弹，为美国第一种采用分导式多弹头技术的洲际导弹。1970 年 6 月完成部署。1978 年 11 月停产，共生产 830 枚。导弹长 18.26 米、弹径 1.67 米，裙部直径 1.88 米，起飞重量 35.4 吨，起飞推力 912 千牛，投掷重量 907 千克，射程 9800～13000 千米，最大弹道高为 1216 千米，最大

↑美国"民兵"Ⅱ战略弹道导弹

速度为 19.7 马赫，命中精度为 185～450 米，反应时间 32 秒。导弹采用三级固体发动机，推进剂为聚丁二烯丙烯腈。导弹有两种分导式多弹头，Mk12 型弹头有 3 枚核当量为 17.5 万吨的子弹头，Mk12A 型弹头含 3 枚核当量为 33.5 万吨的子弹头。Mk12A 改进了制导系统软件，使命中精度提高一倍。发射方式通常为地下井发射。1974 年从 C－5A 运输机上成功地进行了民兵导弹的空中发射试验，证实了从空中发射洲际弹道导弹的可能性。

美国"和平保卫者"导弹

"和平保卫者"导弹是美国的第四代洲际弹道导弹，代号 MGM－118A，是大型四级机动式洲际导弹，1983 年正式定名为"和平保卫者"，是一种起战略威慑作用的新型战略武器。1986 年 12 月开始装备部队，同年底，头一批 10 枚导弹服役。导弹全长 21.6、弹径 2.33 米，起飞重量 87.5 吨，投掷重量 3.18 吨，射程 11100 千米，命中精度 120～90 米，具有打击硬目标能力，是当今世界上精度最高的一种洲际导弹。其动力装置有三级固体火箭发动机和一台液体火箭末助推级发动机。弹头长 4402 毫米、重 2587 千克，包含 10 个 Mk21 子弹头，每个重 194 千克，核当量为 50 万吨。纵向分导距离为 1450～1660 千米。

↑位于范登堡空军基地的美国"和平保卫者"地地战略弹道导弹。

美国"侏儒"导弹

"侏儒"导弹于 1988 年末开始首次飞行试验。1992 年 4 月 8 日进行第二次试飞成功。导弹长 16.15 米、弹径 1.21 米，起飞重量 16.8 吨，射程 10000 千米，命中精度 146o 米～182 米，弹头核当量 475 万吨。其动力装置为多级固体火箭发动机。制导拟采用全程制导方案，分主动段制

导、中制导及末制导。末制导拟采用末端定位系统的末制导装置，能使弹头在目标区内机动，消除主动段和中段的制导误差，使导弹在 9250 千米射程的命中精度达到 30 米。采用 Mk21 单弹头，弹头重 206.4 千克，威力约 30～50 万吨级。这种弹头能机动躲开反导弹的攻击而确保精确命中目标。

苏联 SS－6 导弹

SS－6 导弹是苏联研制的一种洲际导弹，是其第一代战略弹道导弹，又称为"警棍"导弹。1960 年装备部队，60 年代中期退役。导弹长 30 米，弹径 8.5 米，翼展 10.3 米，起飞重量 285 吨，起飞推力 4030 千牛。射程 8000 千米，命中精度 8 千米。采用单弹头，重 3 吨，核当量 500 万吨。制导方式为无线电制导，发射方式为地面发射。1957 年 10 月 4 日世界第一颗人造地球卫星就是用它发射的。

↑ SS－8 导弹 ↑"警棍"SS－6 导弹 ↑ SS－9 导弹

苏联 SS－9 导弹

SS－9 导弹是苏联研制的两级液体洲际导弹，是其第三代战略弹道导弹，又称为"悬崖"导弹。1967 年开始装备部队，1967 年 11 月首次在莫斯科红场阅兵式上公开亮相。SS－9 导弹共有 4 种型别。Ⅰ型为单弹头，核当量 2000 万～2500 万吨；Ⅱ型亦为单弹头，核当量 2500 万吨；Ⅲ型增加第三级火箭，能将 4.5 吨有效载荷运入近地轨道；Ⅳ型带三个集束式子弹头，1971 年具备初步作战能力。已装备的 SS－9 导弹大部分是Ⅱ型。导弹长 32.2 米，弹径 3 米，起飞重量 140 吨，起飞推力 2942 千牛，投掷重量 5 吨，射程 12000 千米，命中精度为 1 千米，反应时间 60～90 秒，发射成功率 70%～80%。导弹第一级装有 6 台可贮液体发箭发动机和 4 台游动发动机，推进剂为硝酸和偏二甲肼。制导方式为惯性制导，发射方式为地下井热发射。

↑一枚 SS－11 地地战略弹道导弹准备发射。

苏联 SS－11 导弹

SS－11 导弹是苏联研制的两级液体洲际弹道导弹，是其第三代战略弹道导弹，1967 年后广泛部署，是苏联部署数量最多的一种洲际导弹。

1972 年 11 月在莫斯科红场阅兵式上首次公开露面。有Ⅰ型、Ⅱ型、Ⅲ型和Ⅳ型 4 种型号。SS－11 导弹从 1975 年起逐步被 SS－17 和 SS－19 取代。

SS－11 导弹长 19.5 米，弹径 2 米，起飞重量 50 吨，投掷重量 700 千克，反应时间接近 60 秒，发射成功率约为 70%。射程为 10000 千米，命中精度 1.1 千米。动力装置为两级液体火箭发动机，采用可贮存液体推进剂。核当量为 100 万吨，

苏联 SS－24 导弹

SS－24 导弹是苏联研制的三级固体洲际弹道导弹，是其第四代战略弹道导弹，又称"解剖刀"导弹。1985 年装备在 SS－11 的加固地下井中。1987 年 8 月开始将 SS－24 导弹部署在列车上，改由列车机动发射。至 1994 年底，俄罗斯仅有 43 枚在役。导弹长 23.6 米，弹径 2.4 米，起飞重量为 104.5 吨，投掷重量 3600 千克，最

大射程为 10000 千米，命中精度为 200 米，动力装置为三级固体火箭发动机，制导方式为惯性制导。弹头有 10 个分导式子弹头，每个核当量为 35 万吨。

苏联 SS－25 导弹

SS－25 导弹是苏联研制的三级固体洲际导弹，是其第四代战略弹道导弹，又称"镰刀""白杨"导弹。1983 年 2 月和 5 月两次试验成功，1985 年装备部队。到 1994 年年底，SS－25 总数已达 318 枚，是目前俄罗斯最为倚重的战略核力量之一。导弹可以采用多种发射方式：地下井热发射和公路机动冷发射，紧急时还可以打开导弹贮存平房，原地起竖发射。导弹长 20.5 米，弹径 1.8 米，与美国的"侏儒"导弹相当。其起飞重量为 41.5 吨，投掷重量 900 千克，射程为 10500 千米，命中精度 350 米。动力装置为三级固体火箭发动机，制导方式为惯性制导。

法国 S－2 导弹

S－2 导弹是法国研制的地地固体中程弹道导弹，1971 年开始装备部队。

导弹长 14.8 米，弹径 1.5 米，起飞重量 31.9 吨，射程 3000 千米，命中精度约 1 千米，反应时间为 200 秒（紧急时可压缩为 71 秒），发射方式为地下井发射。导弹平时贮存在抗核加固的地下井内，地下井深 30 米，导弹的动力装置为欧洲动力公司的 902 型和 903 型固体火箭发动机，第一级推力 544.5 千牛，工作时间 72 秒；第二级推力 445.5 千牛，工作时间 50 秒，用 4 个喷管来控制推力方向。制导方式为惯性制导，弹头为 AN－52 型核弹头，核当量为 15 万吨。

潜地弹道导弹

潜地导弹

潜地导弹是由潜艇在水下发射的导弹，它是战略导弹中生存能力最强的武器系统。潜地导弹可以实施首次核突击，也可以作为战略预备力量进行第二次核打击。现役潜地导弹射程为 1600 ~ 9100 千米，配有单弹头、集束式和分导式多弹头，当量通常为 50 ~ 100 万吨，采用惯性或卫星制导，命中精度为 230 ~ 1500 米。目前较先

↑ SS－19 导弹　　↑ SS－24 导弹　　↑ S－2 导弹

↑美战略核潜艇曾装载的"三叉戟"Ⅰ型弹道导弹。

进的潜地导弹，有美国的"三叉戟"Ⅰ，采用三级固体火箭发动机，射程 7400 千米，携带 10 个分导式弹头，卫星惯性制导，命中精度为 230 ～ 500 米；俄罗斯的 SS — N — 20，采用三级固体火箭发动机，射程 8300 千米，携带 12 个分导式弹头，命中精度为 350 米。

潜艇怎样从水下发射导弹

　　水下发射弹道导弹的潜艇一般在水下 30 米深度以 2 节左右的速度航行，导弹置于发射筒内垂直装于潜艇中部。此时发射筒盖承受约 3 个大气压的水压，用高压气进行筒内增压，便可开启筒盖。为防止海水涌入待发的导弹发射筒，在筒口安装一层水密隔膜。发射时，点燃燃气发生器，高温高压气体从发射筒底部喷入筒内，推动导弹穿透水密隔膜，在第 1 级火箭的助推下冲出水面并飞行二三十千米后，第 2 级火箭进行接力助推，按预定弹道飞行后再入大气层对目标实施攻击。最初的水下导弹发射，采用导弹飞离水面 15 ～ 25 米高度时 1 级火箭开始点火的方式。后来则改为导弹发射离艇后，在水下一个安全距离上点火，保证导弹在出水时有一个巨大的垂直向上运动的推力，以消除导弹出水时水面风浪的影响。重达十几吨的导弹发射离艇后，必须立即向发射筒内灌注海水，弥补部分弹重。同时潜艇均

↑这是早期美国潜艇水面发射"北极星"Ⅰ导弹的情景。

衡水柜也抽水以保持潜艇的稳定性。发射产生的后坐力会使潜艇略微下沉，但不会对潜艇造成危险。水下垂直发射方式对潜艇要求很高，技术也比较复杂，所以一般仍采用鱼雷发射管进行。发射导弹置于一个特制的鱼雷形容器中，容器尾部装一台固体火箭发动机和一个燃气发生器。发射时，潜艇像发射鱼雷那样把容器推出艇外，固体火箭发动机点火推动容器潜航，潜航 150 ～ 200 米后容器以 45° 角跃出水面并升至 20 米高度，尾部燃气发生器所产生的燃气将导弹以 12° ～ 15° 倾角射出，容器脱落，导弹自身的助推器点火，将其推向 32 米高度，随后，弹上主动机点火，导弹降到 15 米左右的高度飞行，直到击中目标。

↑美国"北极星"A — 1 潜对地战略弹道导弹潜艇。

"北极星" A — 1

　　1960 年 7 月 18 日，世界上第一艘携载 16 枚"北极星"A — 1 弹道导弹的美国海军"乔治·华盛顿"号核潜艇准备进行世界上第一次潜射导弹试验。7 月 20 日 12 时 39 分，"北极星"A — 1 弹道导弹终于从"乔治·华盛顿"号核潜艇上成功地发射出去，导弹冲破海面，顺利升空。15 时 32 分，第二枚导弹也试射成功，射程达 1780 千米。

　　第一次水下导弹的发射成功，使潜艇真正具有了强大的生存能力和突防能力，特别是促进了战略导弹核潜艇的发展，为核武器储备和实施机动核打击奠定了基础。

　　"北极星"A — 1 导弹是美国研制的第一代潜地中程弹道导弹，代号为 UGM — 27A，1960

年 11 月装备部队。曾装备 5 艘华盛顿级核潜艇，每艇 16 枚，1965 年全部退役。每枚导弹单价 75 万美元（1963 年美元值）。

该导弹长 8.69 米，弹径 1.37 米，起飞重量 12.9 吨，起飞推力 311 千牛，投掷重量 454 千克，射程 2200 千米，命中精度为 1850 米。导弹采用两级固体火箭发动机，各有四个固定喷管，靠喷流致偏环来改变推力方向。

美国的潜地战略核导弹

美国从 20 世纪 50 年代中期开始发展潜地弹道导弹，陆续研制成功 "北极星" A－1、A－2、A－3，"海神" C－3，"三叉戟" I C-4、II D-5 等共 3 个系列 6 种型号的潜地弹道导弹。1971 年开始装备的 "海神" 导弹主要装备 "拉斐特" 级战略核潜艇。"三叉戟" I 型导弹重达 33 吨，射程高达 7400 千米，误差减小到 460 米。主要装备 "俄亥俄" 级战略核潜艇，每艇装 24 枚。1988 年 12 月 17 日，"三叉戟" II D-5 型导弹服役，首次装备 "俄亥俄" 级 "田纳西" 号，每艇装 24 枚。

各国潜地弹道导弹

美国 "海神" C－3 导弹

"海神" C－3 导弹是美国研制的第二代潜地弹道导弹，代号为 UGM－73A。它是在 "北极星" 导弹的基础上改进的中程潜地弹道导弹。1971 年 3 月装备部队，1974 年停止生产，共生产 640 枚，每枚导弹价格 540 万美元。1979 年开始退役。导弹长 10.4 米，弹径 1.88 米，起飞重量 29.5 吨，起飞推力 725 千牛，投掷重量 1500 千克，射程 4600 千米，命中精度 450 米。动力装置采用两台 PC3－1/LSC3 型固体发动机。第一级发动机长 478 米，直径 1.88 米，重 7.8 吨。两级发动机都采用单个潜入式可动喷管。制导系统为 Mk3 型惯性制导系统。弹头为 Mk3 分导式多弹头，可带 6～10 个子弹头，子弹头重 91 千克，核当量为 5 万吨。子弹头的纵向分导距离为 480～640 千米，横向分导距离为 240～320 千米。

美国 "三叉戟" II 导弹

"三叉戟" II 导弹是美国研制的第三代潜地弹道导弹。它具备攻击包括硬点目标在内的各种目标的能力，是用来摧毁敌方重要战略目标的海基核威慑力量，又称为 D－5 导弹。1990 年开

↑美国 "三叉戟" II 型导弹 1987 年 1 月进行陆基发射试验。

始部署，装备在第 9 艘 "三叉戟" 级潜艇上。在 20 世纪 90 年代装备了约 20 艘 "俄亥俄" 级导弹核潜艇，每艇装 24 枚导弹。该导弹全长 13.4 米，弹径 2.108 米，起飞重量 59.1 吨，投掷重量 2800 千克，射程为 11000 千米，命中精度为 90 米。弹头为 Mk5 型分导式核弹头，含 8 个子弹头，其核当量为 47.5 万吨。

苏联 SS－N－6 导弹

SS－N－6 导弹是苏联研制的潜地战略弹道导弹，又称为 "索弗莱" 导弹，其性能与美国的 "北极星" A－1 和 A－2 导弹相近。该导弹共有三种型号，I 型于 1968 年开始服役，II 型于 1973 年开始服役，III 型于 1979 年服役。

SS－N－6 导弹长 9.15 米，弹径 1.65 米，起飞重量 19 吨，弹头重量 720 千克。I 型和 II 型均为单弹头，核当量为 100 万吨；III 型为集束式多弹头，核当量为 2×（20～35）万吨。

I 型射程为 2400 千米，II 型和 III 型的射程为 3000 千米。I 型和 II 型的命中精度为 0.9 千米，III 型命中精度为 1400 米。最佳毁伤面积为 85 平方千米至 135 平方千米之间。动力装置为一级可贮液体火箭发动机。制导方式为惯性制导。采用潜艇水下发射方式。

苏联 SS－N－4 导弹

SS－N－4 导弹是苏联研制的第一代单级液体潜地战略弹道导弹，又称为 "萨克" 导弹，主要用来攻击陆上战略目标。

SS－N－4 导弹长 11.8 米，弹径 1.3 米，起飞重量 13.7 吨，起飞推力为 470 千牛，射程 650 千米。命中精度为 4 千米，最大速度为 7 马赫。

该导弹的制导方式为惯性制导，采用单弹

头，核当量为 100 万吨，弹头重量 680 千克。其冲击波超压最佳毁伤半径分别为 8.47 或 4.06 千米，最佳毁伤面积分别为 22.5 或 52 平方千米。发射方式为潜艇水面发射，即从浮出水面的潜艇上发射导弹。

苏联 SS－N－23 导弹

SS－N－23 导弹是苏联研制的一种远程潜地弹道导弹，1987 年开始服役，装备在 D 级 Ⅳ 型潜艇上，也可装备在 D 级 Ⅲ 型核潜艇上，每艇装备 16 枚，用以替换 SS－N－18 导弹。导弹全长 14.8 米，弹径 1.9 米，起飞重量为 40.3 吨，投掷重量 1.52 吨，射程为 8300 千米，命中精度为 500～900 米。导弹采用可贮液体火箭发动机及卫星惯性制导系统。弹头为分导式多弹头，有 6 个子弹头，子弹头的核当量为 25 万吨。发射方式为潜艇水下发射。

↑ 俄罗斯海军 D 级 Ⅳ 型弹道导弹核潜艇携载 16 枚 SS－N－23 型潜地弹道导弹。

法国 M－5 导弹

M－5 是法国 1993 年开始研制的潜地导弹，计划 2005 年装备"凯旋"级的潜艇，代替 M－4 的三种型号。导弹长 12 米，弹径 2.3 米，起飞重量 48 吨，射程 6000～11000 千米。导弹采用三级固体火箭发动机，惯性制导系统，由潜艇水下发射。弹头采用 TN76 轻小型分导式弹头，每枚导弹携带 6 个小弹头，每个小弹头的核当量 10 万吨～15 万吨。

短程弹道导弹

短程弹道导弹属于地地战术导弹范畴，射程一般在 1000 千米以下，可携带核弹头或常规弹头，主要用于攻击地面炮兵射程之外的固定及活动目标，如核武器发射阵地、前沿飞机场、坦克集群、部队集结地、固定防空阵地、交通枢纽等。最著名的现役短程地地战术导弹有：苏联的

↑ 中国地地战术导弹正在进行发射试验

"蛙" 7、SS－21、"飞毛腿" B、SS－23、"薄板"、SS－22；美国的"长矛"、"潘兴" IA；法国的"哈得斯"等。

各国近程地地弹道导弹

美国"红石"导弹

"红石"导弹是美国研制的一种近程地地弹道导弹，是在 V－2 导弹基础上研制而成的，于 1957 年 9 月装备部队。导弹长 19.2 米，弹径 1.78 米，翼展 3.67 米，起飞重量 20.4 吨，起飞推力 284 千牛，射程 320～480 千米，命中精度 300 米。惯性制导系统由 ST－80 三轴稳定平台和模拟制导计算机组成，利用空气舵和燃气舵进行控制。导弹达到给定速度后，发动机熄火并使导弹前部分离，靠十字弹翼保持稳定。导弹采用 A－6 型再生冷却式液体火箭发动机，重 660 千克，工作时间 145 秒，推进剂为酒精加液氧。核战斗部重 3 吨，核当量 35 万吨，无防热措施。

美国"潘兴" IA 导弹

"潘兴" IA 导弹是美国研制的一种中程地地战术弹道导弹，是"潘兴" I 的改进型。1969～1971 年逐步完成对"潘兴" I 导弹的替换，共装备了 108 枚。导弹长 10.5 米，弹径 1.01，翼展 2 米，起飞重量 4.2 吨，起飞推力为 119 千牛。最大射程 740 千米，最小射程 160 千米，命中精度为 370 米，反应时间小于 15 分钟，可靠性为 84%。制导系统为数字化全惯性系统。控制系统采用燃气舵加空气舵。动力装置和"潘兴" I 导弹一样。弹头重 570 千克，内装 W50 核弹头，当量为 4 万、6 万和 40 万吨。整个导弹系统装在 4 辆福特公司的 5 吨 M656 型轮式车上运输发射。该导弹系统在 1974 年安装了自动定位系统和连续发射转接装置。其中前者的作用是自动确定发射方位，简化发射操作，缩短发射准备时间；后

者的作用是可控制 3 枚导弹自动发射，每枚弹射后无需重新敷设电缆，因而可以提高射前生存能力和缩短发射时间。

美国"潘兴"Ⅱ导弹

"潘兴"Ⅱ导弹是 20 世纪 80 年代初美国研制的第四代近中程弹道导弹。它从潘兴ⅠA 改进而来。可用于打击指挥所、军事基地、武器及燃料仓库等目标。为陆军提供远距离核火力支援。1983 年 8 月至 1985 年 11 月完成了在德国的部署，共部署了 108 枚导弹。导弹长 10.5 米，弹径 1.0 米，翼展 2 米，起飞重量为 7.4 吨。弹头是核当量 1 万～2 万吨级的空（地）爆核弹头，也可以装 5000 吨级的钻地弹头和高能炸药弹头。导弹采用两级新型的 TX－174/175 型固体发动机，用车载机动发射，射程 1800 千米，弹头重量 1360 千克。最小射程为 160 千米，最大弹道高为 300 千米，最大速度为 12 马赫。采用惯性制导加雷达地形匹配末制导的组合制导方式。命中精度从"潘兴"ⅠA 的 370 米提高为 30 米，圆概率误差仅 25 米，成为世界命中精度最高的弹道导弹。整个武器系统安装在自行运输发射车上，能快速机动（每小时 60 千米）和反应。它所携带的一枚核弹头核当量虽只有 1 万吨，但能空中爆炸、地面爆炸和钻地爆炸。

↑美国"潘兴"Ⅱ地地战术弹道导弹

近程地地弹道导弹

各国近程地地弹道导弹

美国"长矛"导弹

"长矛"导弹是美国研制的近程、全天候地

↑美国"长矛"地地战术弹道导弹在发射时的一刹那。

地战术导弹，属于美国的第二代地地战术导弹，可空运和浮渡，用来为陆军和海军的军一级提供中距离核火力支援。该弹于 1972 年 7 月服役。

"长矛"导弹长 6.14 米、弹径 0.56 米、翼展 1.4 米（带常规弹头时为 1.18 米），起飞重量 1.455 吨（带常规弹头时为 1.52 吨），投掷重量 216 千克（常规弹头 454 千克）。弹头有三种：核弹头 M234，重 211 千克，核当量约为 1000 吨；常规弹头 M188，重约 454 千克，装高能炸药；化学弹头 E－27，装有使人瘫痪的毒气。导弹采用两级 P8E－6 型液体发动机，燃料为预包装可贮液体推进剂，最大推力为 20 吨，射程为 8～115 千米，最大速度为 3 马赫，最大高度为 45.7 千米（对应最大射程），发射速率为每小时 4 发。制导系统为简易惯性制导系统。命中精度：射程 50 千米时为 150 米；射程 75 千米时为 225 米；射程 130 千米时为 375 米。

苏联"飞毛腿"导弹

"飞毛腿"导弹是苏联研制的地地战术弹道导弹，有 A、B、C、D4 个级别：A 型于 1957 年服役；B 型是 A 型的改进型，于 1965 年装备部队。B 型后逐步取代 A 型，曾在 1973 年的中东战争中使用过。伊拉克将其引进并自己研制成了"侯赛因"导弹，其射程可达 640 千米，命中精度为 800 米，在 1991 年海湾战争中为伊拉克大量使用。伊拉克向以色列和沙特阿拉伯发射了几十枚"飞毛腿"导弹，其中部分被"爱国者"防空导弹所拦截，从此"飞毛腿"导弹被世人熟知。由于采用常规弹头，其有效杀伤半径太小，作战效果不好。与固体导弹相比，该导弹的缺点是地面设备庞杂，操作不便。

苏联"飞毛腿"B 导弹

"飞毛腿"B 导弹是苏联 1965 年装备部队的

↑俄罗斯"飞毛腿"A地地战术弹道导弹和建筑物

↑海湾战争中，以色列被"飞毛腿"导弹击中的建筑物。

陆基机动弹道导弹，属第二代地地战术导弹。导弹长11.16米，弹头常规装药时重1000千克，核装药时核当量为1万吨至100万吨，射程50～300千米，命中精度300米，从瞄准到发射为7

分钟，采用惯性制导，发射方式为车载地面发射。它的飞行程序预先在弹上装定，导弹发射后，由弹上惯导系统按预编程序控制导弹飞行。

1973年第四次中东战争爆发，埃及和叙利亚第一次使用了苏制"蛙"7和"飞毛腿"B导弹。

法国"普吕东"导弹

"普吕东"导弹是法国研制的单级固体机动地地战术弹道核导弹。从1974年5月装备第一个导弹团至今已装备了5个"普吕东"战术导弹团，组成法国第一代战术核力量。导弹全长7.64米，弹径为0.65米，尾部有4个稳定尾翼，翼展为1.415米。导弹起飞重量为2.42吨，动力装置采用两级固体火箭发动机（推力为265千牛，助推级工作10秒，主级工作18秒）。最大射程可达120千米，最小射程为10千米。采用AN—51核弹头，其核当量为1.5万～2.5万吨。制导系统为简易捷联式惯性制导系统，由陀螺加速度表和模拟计算机组成，其命中精度为150米。导弹发射车由法国陆军使用的标准型AMX-30坦克底盘改装而成，机动性与防护性较好。从接到发射命令到发射导弹约需30分钟。

印度"大地"导弹

"大地"导弹是印度研制的第一种近程地地弹道导弹。1983年开始研制，1988年2月首次试验，1994年开始装备部队。导弹长9.1米，最大直径1.1米，动力装置为单级液体火箭发动机，但可按不同有效载荷和射程要求，对发动机进行调节。导弹起飞重量为4吨，有效载荷为1吨，可装载核弹头、烈性炸药爆炸弹头或子母弹。制导系统采用捷联式惯导，并有两台微处理机用于监测导弹和弹上测试。导弹安装在轮式运输发射车上，发射时起竖到垂直位置。一车一弹。

↓印度"大地"地地战术弹道导弹。

印度"火"导弹

"火"导弹是印度研制的第一种中程地地弹道导弹。1983年开始研制，是印度10年导弹发展计划的主要项目之一。1989年5月导弹首次发射成功，每枚价值为200万~300万美元。导弹长21米，弹径1.3米，射程2500千米，起飞重量16吨，有效载荷1吨，起飞推力196千牛。导弹制导系统采用惯性加双微处理机系统。导弹弹头可装载烈性爆破弹、化学弹或子母弹，也可装载核弹头。动力装置为两级火箭发动机，第一级为固体火箭，第二级为液体火箭。发射方式为预制发射台发射。"火"导弹在1989~1994年进行了3次飞行试验，1999~2000年部署。

伊拉克"侯赛因"导弹

"侯赛因"导弹是伊拉克在引进"飞毛腿"B的基础上自行生产的第一种短程单级液体战术弹道导弹。伊拉克在两伊战争和海湾战争中大量使用了这种导弹，起到了一定的威慑作用。

"侯赛因"导弹长12.2米，弹径0.88米，起飞重量7吨，射程650千米，命中精度为1千米。导弹弹头为烈性炸药或化学弹头，重量为500千克，落地破坏威力相当大。"侯赛因"导弹的制导系统采用惯性制导。动力装置为1台液体火箭发动机。导弹飞行时间为8~9分钟。最大飞行速度为4马赫。

"侯赛因"导弹采用地面机动发射车发射或地面固定发射台发射。

朝鲜"劳动"Ⅱ导弹

"劳动"Ⅱ是朝鲜在20世纪90年代内研制的地地弹道导弹，又名"大浦洞"Ⅰ。1998年装备使用。

"劳动"Ⅱ射程为1500~2000千米，弹头重量为500千克。动力装置为两级可贮液体火箭发动机。"劳动"Ⅱ的后继型号为"大浦洞"Ⅱ，也是两级液体导弹，最大射程为3500千米。

↑美国ADATS地空导弹

地空导弹

第一代地空导弹

第二次世界大战时期对付飞机的主要武器是高射炮，其次是高射机枪等。随着战机性能的不断改进，高射炮已经无法阻止战机的袭击了，于是有了地空导弹。地空导弹由地面发射，攻击来袭飞机、导弹等空中目标，是现代防空武器系统中的一个重要组成部分。与高炮相比，它射程远，射高大，单发命中率高；与截击机相比，它反应速度快，火力猛，威力大，不受目标速度和高度限制，可以在高、中、低空及远、中、近程构成一道道严密的防空火力网。第一代地空导弹是战后至20世纪50年代末期研制的，主要研发国是美、苏两家。为了对付高空高速飞机，美、苏重点发展了中高空、中远程导弹，代表型为美国的"波马克"和"奈基"Ⅰ、Ⅱ型号弹，苏联

↑伊拉克"侯赛因"和"阿巴斯"地地战术弹道导弹。

的 SA－1 和 SA－2。第一代地空导弹射程达 50 千米左右，射高达 30 千米左右，可对付新出现的喷气式战斗机。但这一代导弹尺寸较大，只能固定发射和对付中高空目标，对低空、超低空突防的飞机作用不大。

第二代地空导弹

第二代地空导弹是在 20 世纪 50 年代末至 60 年代末发展起来的。这一代地空导弹机动性能好，反应速度快，能够对中低空、中远程和低空、近程目标进行攻击。中高空、中近程地空导弹有美国的"霍克"和苏联的 SA－3、SA－6；低空、近程导弹有美国的"小榭树""红眼睛"，苏联的 SA－7 等；中高空、中远程导弹有苏联的 SA－4、SA－5 两型导弹，英国研发了"警犬"2 号中高空、中远程地空导弹。第二代地空导弹有较强的机动发射能力，自动化程度高，可有效对付高、中、低空突袭的战机或巡航式导弹。

第三代地空导弹

第三代地空导弹是 20 世纪 60 年代末至 70 年代末发展的。除苏联的 SA－11 中程导弹外，其余全是低空、超低空防空导弹，特别是携带轻便，随时随地都可以发射的单兵便携式导弹迅速发展。代表型有：美国的"毒刺"，苏联的 SA－8、SA－9，英国的"山猫""轻剑""吹管"，法国的"响尾蛇"，法德合作的"罗兰特"及瑞典的 RBS－70 等各型导弹。

第四代地空导弹

第四代地空导弹是 20 世纪 70 年代末以后发展起来的。第四代地空导弹主要是考虑对付机动能力大增的战机和弹道导弹，因此重点发展低

↑美国"霍克"地空导弹

空导弹并将先进的寻的制导技术及抗干扰技术用于导弹设计。其代表型导弹有：美国的"爱国者""改霍克""罗兰特"，苏联的 SA－12、SA－13，美国和瑞士联合研制的"阿达茨"，法国的"西北风"，英国的"轻剑 2000""星光"，德国的"罗兰特"，法国的"夏安"，日本的 81 式和意大利的"防空卫士"等。这一代导弹能跟踪和攻击多批目标，命中精度和作战效能大大提高。

↑美国"毒刺"地空导弹

单兵便携式防空导弹

单兵便携式防空导弹是地空导弹中体积最小、射程最近、射高最小的一种轻型防空武器，主要打击对象是低空、超低空飞行的战斗机、攻击机、轰炸机和武装直升机。

单兵便携式导弹具有轻便灵活，发射隐蔽，难以截击等优点，在局部战场上显示出强大的威力。

单兵便携式防空导弹发展了三代：第一代是美国的"红眼睛"和苏联的 SA－7；第二代是美国的"毒刺"、英国的"吹管"和瑞典的 RBS－70；第三代是美国的"毒刺"改进型、法国的"西北风"和英国的"标枪""星光"。单兵便携式防空导弹弹长约 1 米，最长达 1.5 米；弹重 10 千克左右，最重 15 千克；有效射程为 2000～7000 米，有效射高为 2000～5000 米。一般采用专门的发射器进行肩扛发射，发射器为一次使用型。用助推火箭发射，离发射筒数米后固体火箭发动机启动推进弹体飞向目标。

单兵便携式导弹弹体小，无法装设复杂的制导设备，故多采用光学、红外和复合制导方式。如"毒刺"导弹采用光学瞄准和红外寻的，导引头装在导弹前端，探测飞机辐射出的高温热源，然后将目标信息传给电子组件，转变为指令制导，控

制伺服系统动作，从而按比例导引法飞向目标。

　　复合式制导方式是采用指令瞄准线制导，射手只需用眼睛跟踪目标，使之保持在瞄准镜的瞄准线上即可，飞行的弹体由激光波束制导击中目标。

↑"爱国者"导弹

各国地空导弹

美国"斯普林特"导弹

　　"斯普林特"导弹是美国研制的一种实施低空拦截的近程导弹，用来拦截洲际导弹进攻的再入的弹头。导弹作战半径最大48千米，最小32千米；作战高度最大30千米，最小15千米，杀伤概率75%，由地下井气体弹射。导弹长8.2米，最大弹径1.37米，二级弹径850毫米，发射筒长3.67米，直径1.53米，发射重量4.5吨，最大速度11～12马赫，机动能力150千克，采用无线电指令制导，动力装置为二级固体火箭发动机，采用核战斗部，杀伤半径400米。

美国"霍克"导弹

　　"霍克"导弹是美国研制的一种全天候中程中低空地空导弹。代号为MIM—23，主要作用是对付飞机、战术弹道导弹和飞航式导弹，担负国土和要地防空。A型于1959年装备部队，B型于1971年投产，大量装备部队。20世纪80年代由"爱国者"地空导弹取代。B型导弹长5.08米，弹体直径0.37米，翼展1.19米，发射重量627.3千克，导弹采用一台双推力固体火箭发动机，起飞推力62千牛，主航推力13千牛。战斗部采用破片杀伤式，装烈性炸药50千克，由近炸引信起爆，也可核装药，当量为100～500吨。B型导弹最大射程40千米，射高0.06～18千米，最大速度2.8马赫，单发命中概率80%，采用全程连续波半主动雷达自动寻的制导系统。世界上约有20个国家和地区装备该导弹。

美国"毒刺"导弹

　　"毒刺"导弹是美国研制的一种单兵肩射式近程地空导弹武器系统。主要用于战区前沿和要地防空，对付低空、超低空飞机和直升机。1981年2月开始服役。"毒刺"导弹的全武器系统由筒装导弹、发射装置、敌我识别器、程序装置和电源等组成。发射装置由发射筒和多次使用的发射机构组成。射手必须采用立姿发射。"毒刺"导弹作战半径0.2～4.5千米，最大作战高度3.8千米，制导方式采用光学瞄准加红外寻的。导弹长1.52米，发射筒长1.83米，弹径0.7米，发射筒内径0.9米，弹翼0.9米，弹重10.1千克，发射筒重3.5千克，最大速度2.3马赫。采用破片杀伤战斗部，重1千克，触发式引信。动力装置采用两台固体火箭发动机。

美国"复仇者"导弹

　　"复仇者"导弹是美国研制的一种近程低空地空导弹武器系统。该导弹具有迎击目标能力，可摧毁近距飞机和直升机。1985年开始批量生产，并陆续装备陆军。"复仇者"导弹的最大作战半径4.8千米，最大作战高度1.48千米，制导方式采用光或前视红外探测加红外被动寻的。它可

↑"复仇者"地空导弹

在行进中发射导弹，最大速度为 64 千米/时，可由直升机及运输机空运。导弹长 1.52 米，弹体直径 0.07 米，翼展 0.09 米，重量 10.12 千克，最大速度为 2 马赫。战斗部采用预成形破片杀伤式战斗部，触发式引信。动力装置为两台固体火箭发动机。

↑"爱国者"导弹发射架

美国"爱国者"导弹

"爱国者"导弹是美国研制的一种全天候多用途地空导弹系统。它属第三代地空导弹，采用多功能相控阵雷达，能同时掌握 100 多批目标和制导 8 枚导弹攻击多个目标。整个系统由一辆相控阵雷达车、一辆指挥控制车、一辆电源车和 4～8 辆四或六联装导弹发射车组成，可以用 C—141 型运输机和重型直升机空运。

导弹长 5.3 米，弹体直径 0.41 米，翼展 0.87 米，发射重量 1000 千克，动力装置为一台高能固体火箭发动机。战斗部重 100 千克，装烈性炸药或核装药，当量为 3 万～5 万吨，杀伤半径 20 千米，杀伤概率大于 80%。射程 80～100 千米，射高 0.3～24 千米，最大速度 6 马赫。"爱国者"导弹武器系统由火控和发射架两大部分组成。它的作战过程大致如下：获入侵目标信息后，导弹进入作战准备状态，地面雷达开始搜索，发现目标后立即进行监视、跟踪，指挥控制车进行敌我识别，威胁判断，确定优先攻击的目标和拦截时间，选定发射架，发射前将需要的数据、程序送给导弹；发射导弹，按预定程序飞行，同时雷达搜索、跟踪导弹，并以指令不断修正导弹飞行弹道；当雷达收到目标反射回来的信号后，导弹由指令制导自动转入半主动雷达寻的制导，当导弹与目标间的距离达到杀伤威力半径时，引爆战斗部，摧毁目标。

苏联 SA－2 导弹

SA－2 导弹是苏联研制的第一代全天候中程中高空地空导弹，又称"萨姆"2 导弹。它是由两级串联组成，配有一部制导雷达。主要用于要地和国土防空。SA-2 导弹已进行了多次改型，其中 B—750 型导弹长 10.8 米，直径一级 0.65 米，二级 0.5 米，翼展 2.56 米，发射重量 2287 千克；动力装置为一台液体主航发动机和一台固体助推器，一级推力为 500 千牛；战斗部为破片杀伤式，装烈性炸药 130 千克。射程 8～30 千米，射高 0.43～27.4 千米，最大速度 3 马赫，单发命中概率 70%，3 发达 95%。制导站的雷达能同时跟踪 6 批目标和制导 3 枚导弹攻击一个目标。制导方式采用无线电指令制导。

苏联 SA－3 导弹

SA－3 导弹是苏联研制的第二代全天候近程中低空地空导弹，又称"萨姆"3 导弹。它是由两级串联组成，配一部制导雷达。20 世纪 50 年代末装备部队。主要用于要地防空，也可车载机动，用于野战防空。该导弹可装舰使用。长 6.1 米，弹体直径一级 0.55 米，二级 0.38 米，翼展 2.08 米，发射重量 950 千克。导弹采用两台串联的固体火箭发动机，一台是固体助推器，另一台是固体主航发动机，推力 14 千牛。战斗部采用破片杀伤式，总重 84 千克，装烈性炸药 70 千克，杀伤半径 50 米。射程 5.6～22.2 千米，射高 0.045～15 千米，最大速度 3.5 马赫，两发命中概率为 95%。无线电指令制导。

苏联 SA－5 导弹

SA－5 导弹是苏联研制的高空远程地空导弹。又称"萨姆"5 导弹。是苏联最大的地空导弹，属战略防空导弹之一，主要用于对付 3 马赫的飞机和飞航式导弹，也可拦截战术导弹。SA－5 导弹于 20 世纪 50 年代末装备部队，现在仍有少量在俄罗斯等国服役，最新的一种为 90 年代的改进型 SA－5D。SA－5 导弹长 10.8 米，弹体直径一级 1.07 米，二级 0.86 米，翼展 3.65 米，发射重量 7 吨。动力装置由一台固体火箭主航发动机和一台固体火箭助推器构成，在弹头内还装一个小型固体火箭发动机，总推力达 1400 千牛。战斗部采用破片杀伤式，装烈性炸药 70

千克或核装药，由无线电引信起爆。导弹的最大射程为 300 千米，最大作战高度 35 千米，最大速度为 5 马赫，制导方式为无线电指令制导加末段主动式雷达寻的制导。

苏联 SA – 6 导弹

SA – 6 导弹是苏联研制的机动式全天候近程中低空地空导弹，又称"萨姆"6 导弹。全部武器系统分装在两辆履带车上，一辆三联装导弹发射车，乘员 3 人，一辆制导雷达车，乘员 4 人。它适用于野战防空，能对付亚马赫速、超马赫速飞机和飞航式导弹。SA – 6 导弹于 20 世纪 60 年代中期装备部队。在 1973 年的中东战争中，埃及和叙利亚曾用 SA – 6 导弹击落不少以色列飞机。但 1982 年 6 月 9 日，以色列却采用先进的电子干扰设备，只用了 6 分钟，就摧毁了叙利亚部署在黎巴嫩贝卡谷地的 19 个 SA–6 导弹营，给对方以沉重打击。

SA – 6 导弹长 5.85 米，弹体直径 0.335 米，弹翼翼展 0.95 米，尾翼翼展 1.22 米，发射重量 604 千克，一级推力为 70 千牛到 130 千牛，二级推力为 12 千牛到 15 千牛。

导弹战斗部采用破片杀伤式，总重 57 千克，装烈性炸药 40 千克，约 3000 块破片，由无线电引信起爆，杀伤半径 18 米。导弹射程最大值为 24 千米，作战高度最大值为 12 千米，最大速度 2.2 马赫。制导方式采用全程半主动雷达寻的制导，单发杀伤概率 80%，反应时间 30 秒。该导弹也可以装舰使用。

苏联 SA – 8 导弹

SA – 8 导弹是苏联研制的全天候近程低空地空导弹，又称"萨姆"8 导弹。SA – 8 于 1975 年 11 月首次公开出现。整个武器系统包括制导雷达和两部双联装发射架都装在一辆三轴轮胎车上，该车能在各种地形上行驶，且在车身后部两侧各贮藏 4 枚导弹，能从车内自动装弹。

SA – 8 导弹长 3.2 米，弹体直径 0.21 米，翼展 0.64 米，发射重量 130 ~ 170 千克，动力装置为一台固体火箭发动机。制导方式采用雷达或光学跟踪和无线电指令制导。战斗部为破片杀伤式，总重 40 ~ 50 千克，装烈性炸药，由近炸引信起爆。SA – 8 导弹射程 1.5 ~ 12 千米，射高 0.025 ~ 5 千米，最大速度约 2.4 马赫，横向过载为 20g。

苏联 SA – 9 导弹

SA – 9 导弹是苏联研制的机动式近程低空地空导弹。又称"萨姆"9 导弹。SA – 9 整个系统装在一辆轮式两栖装甲车上，车长 5.5 米，有 4 名乘员，发射装置采用四联装矩形发射筒，平时可收放在车体后部，作战时升起，车上除有 4 发待发导弹外，还有 8 发贮备弹。SA – 9 导弹于 20 世纪 60 年代末装备部队，随后进行改进，成为全天候地空导弹系统。导弹长约 1.8 米，弹体直径约 0.12 米，动力装置为一台固体火箭发动机。制导方式采用光学瞄准和红外自动寻的。战斗部为破片杀伤式，总重约 7 千克，装烈性炸药。导弹射程 0.9 ~ 4.2 千米，射高 0.030 ~ 3.5 千米，最大速度约 2 马赫。

苏联 SA – 10 导弹

SA – 10 导弹是苏联研制的单级全天候中程低空地空导弹。代号 C – 300，又称"萨姆"10 导弹。1980 年装备部队。SA – 10 导弹长 7.25 米，弹体直径 0.508 米，最大射程约 90 千米，最大速度 6 马赫，动力装置为一台固体火箭发动机。SA – 10 导弹配用三部雷达，导弹飞行末段采用主动式雷达寻的制导。

苏联 SA – 13 导弹

SA – 13 导弹是苏联研制的机动式近程地空导弹武器系统，又称"萨姆"13 导弹。1975 年开始服役。

SA – 13 导弹作战半径 0.5 ~ 5 千米，作战高度最大为 3.5 千米，最大速度约为 1.5 马赫，制导体制采用全程红外寻的制导。导弹长 2.2 米，弹径 0.12 米，翼展 0.4 米，弹重 55 千克，战斗部采用破片杀伤式，重约 6 千克，由近炸引信起爆，动力装置为一台固体火箭发动机，由四联装筒倾斜发射。

↑ 苏联 SA-13 防空导弹

SA—13导弹的武器系统装在一辆履带运输车上。该车越野性能好，并具有三防能力。载车全重12.5吨，公路行驶的最大时速62千米，水中行驶最大时速约为6千米，载弹量12～16枚。

法国"响尾蛇"导弹

"响尾蛇"导弹是法国研制的一种机动、低空近程全天候地空导弹系统。"响尾蛇"导弹的主要作用是对付低空、超低空战斗机、武装直升机，以保卫机场、港口等要地和行进中的野战部队，其改进型可以用来对付巡航导弹。

"响尾蛇"导弹的作战半径为500～8500米，最大作战高度为3000米，"响尾蛇"导弹的杀伤概率，单发为70%，双发为90%。该导弹反应时间，正常目标为10秒，紧急目标为6秒。制导体制采用全程无线电指令制导，三点法制导规律。"响尾蛇"导弹长2.94米，发射筒长3.02米，弹径0.156米，发射筒直径0.476米，翼展0.547米，弹重84千克，带筒导弹总重125千克，导弹最大机动过载25g，战斗部采用红外近炸引信，破片聚焦型战斗部，总重13.9千克，聚焦半径6米，杀伤半径最大为8米，动力装置为单级固体火箭发动机，平均推力24千牛，工作时间2.3秒。

法国"沙伊纳／西卡"导弹

"沙伊纳／西卡"导弹是法国专为沙特阿拉伯研制的一种全天候、近程、低空地空导弹武器系统。它可拦截低空、超低空飞行速度不小于1.2马赫的飞机和巡航式导弹，适用于野战防空和要地防空。它是在法国"响尾蛇"地空导弹武器系统基础上改进而成的。导弹作战半径最大为13千米，作战高度最大为6千米，单发杀伤概率大于80%，反应时间为6～8秒，制导体制采用雷达或电视跟踪加无线电指令。导弹长3.12米，发射筒长3.20米，弹径0.156米，翼展0.592米（展开时），弹重105千克，最大速度为2.8马赫，

↑法国为沙特沙拉伯研制的"沙伊纳"地空导弹发射瞬间。

导弹机动过载为35g。动力装置为一台固体火箭发动机。战斗部采用破片杀伤式，其中炸药5千克。"沙伊纳"1用红外近炸引信，"沙伊纳"2用雷达近炸引信，杀伤半径大于8米。

法国"猎鹰"导弹

"猎鹰"导弹是法国研制的一种机动式全天候近程低空地空导弹。它是由"响尾蛇"地空导弹发展改进而来。1975年在法国航空展览会上首次展示。它的主要作用是为装甲部队提供防空火力。武器系统包括搜索雷达车和导弹发射车两大部分，一辆搜索车可以控制三辆或四辆六联装导弹发射车。一套"猎鹰"导弹系统以一辆雷达车和四辆发射车（共运载24枚导弹）计算，能覆盖300多平方千米的防区。"猎鹰"导弹的战术技术性能与"响尾蛇"导弹基本相同。它们的主要区别点在于，"猎鹰"导弹采用了新型的脉冲多普勒搜索雷达，并配有电视系统，监视目标；用履带车代替电动轮胎车运载导弹系统；四联装改为六联装发射装置等。

↑"罗兰特"地空导弹发射瞬间。

法国／德国"罗兰特"导弹

"罗兰特"导弹是法国和德国共同研制的双联装自行式近程低空地空导弹系统。用于对付低速飞机，适于野战防空。共有1型、2型和3型三种型号。1型为晴天候型，1977年装备法国陆军；2型和3型为全天候型，已装备德国和法国陆军。1型和2型的区别在于后者增加了一部跟踪雷达。"罗兰特"导弹系统都装在一辆履带车上，每辆车有3名乘员，2枚待发导弹和8枚备份导弹。导弹长2.4米，弹体直径0.16米，翼展0.5米，发射重量66.5千克。发射筒长2.6米，发射筒口径0.28米，发射筒重12千克。导弹的动力装置包括一台主航固体火箭发动机和一台起

飞固体助推器，起飞推力为 16.7 千牛，主航推力为 20 千牛。导弹射程为 0.5 ~ 6.5 千米，射高 0.015 ~ 4.5 千米，最大速度 1.5 马赫，制导方式 1 型为光学跟踪和无线电指令制导，2 型为雷达或光学跟踪和无线电指令制导。导弹单发命中概率 90%，反应时间 6 秒。

法国"西北风"导弹

"西北风"导弹是法国研制的超近程地空导弹武器系统。主要用于野战防空，可对付超低空、低空直升机及其他高速飞机，用以保卫空军、陆军要地和野战部队。1987 年开始批量生产。导弹作战半径 0.3 ~ 4 千米，最大作战高度 4.5 千米，杀伤概率 90%，反应时间约为 5 秒，制导体制采用红外寻的，单兵三角架发射。导弹长 1.81 米，弹径 90 毫米，发射筒长 1.85 米，弹重 17 千克，带筒导弹重 21.4 千克，最大速度 2.6 马赫。战斗部为破片杀伤式，重约 3 千克，内装高能炸药和钨珠，杀伤半径 1 米，采用激光近炸引信和触发引信。动力装置为两级固体火箭发动机。该武器系统展开和发射操作简便，只需一名射手一分钟就可将瞄准装置和发射筒安装到发射支架上，并做好发射准备。

法国／意大利未来防空导弹系列

未来防空导弹系列是以法国和意大利为主并有欧洲其他国家合作研制，以满足 2000 年前后对先进防空导弹武器系统需求的一系列防空导弹武器的统称。该系统使用"紫菀"15 和"紫菀"30 两种导弹。陆用防空导弹的作战距离最大 12 千米（对导弹），30 千米（对飞机）；作战高度最大 20 千米，反应时间 4 秒，制导采用无线电指令修正的惯性导航与末段主动雷达制导的体制。导弹全长 4.2 米（"紫菀"15），4.8 米（"紫菀"30）；起飞重量 350 千克（"紫菀"15），450 千克（"紫菀"30）；机动能力为 50 千克；采用破片聚能杀伤爆破战斗部；动力装置为 1 台固体火箭发动机和 1 台固体助推器。为满足 21 世纪的防空作战要求，此系列中的各武器均具有系列化、模块化、技术新、潜力大等特点。

德国／法国"独眼巨人"导弹

"独眼巨人"是德、法联合研制的低空反直升机导弹。它除反直升机外，还可用作空地武器，用于攻击坦克、装甲车等地面目标。导弹作战距离为 10 千米，作战高度为 160 米，最大速

↑德／法联合研制的"独眼巨人"反坦克导弹。

度为 0.4 马赫，机动能力为 10 千克，动力装置为一台涡轮发动机，制导体制采用光纤制导，带有红外导引头。导弹可以装在各种卡车和坦克上由贮箱式发射架发射。"独眼巨人"导弹从 1984 年开始研制，1987 年 12 月进行首次试验，1988 年又进行了多次试验，1991 年 3 月定型。

英国"山猫"导弹

"山猫"导弹是英国研制的全天候机动式近程低空地空导弹武器系统。主要用于点防御，为前沿阵地、机场、桥梁等提供防空，能对付低空高速飞行的飞机。1970 年开始装备英国皇家空军团。该导弹的制导系统采用光学跟踪或雷达跟踪和无线电指令制导，由三联装发射架发射导弹。导弹长 1.48 米，弹体直径 0.19 米，翼展 0.65 米，弹重（起飞重量）63 千克，最大速度为 0.9 马赫，最大射程 5.5 千米，射高 0.03 ~ 4 千米。战斗部采用连杆式，装烈性炸药，总重 15 千克，由近炸或触发引信起爆。动力装置包括一台固体主航发动机和一台固体助推器。

英国"警犬"导弹

"警犬"导弹是英国研制的地空导弹。1 型于 1958 年装备英国空军，作为固定阵地的面防御武器，主要对付高空高速飞机。2 型是 1 型的改进型，于 1964 年 8 月装备部队。

"警犬"2 型采用新的冲压发动机，使推力增大近一倍；导引头由脉冲体制改为连续波体制，提高命中精度并改善低空性能；战斗部改为既可使用烈性炸药，也可使用核装药，以增大对目标的杀伤威力。

20 世纪 60 年代中期，"警犬"1 型已全部退役，由 2 型代替。2 型导弹的最大作战半径 80 千米，作战高度 0.3 ~ 27 千米，制导方式采用全程

连续波半主动雷达寻的制导，在固定阵地支撑式倾斜发射。导弹长 8.46 米，弹径 0.55 米，翼展 2.82 米，发射重量约 2000 千克，最大速度为 2.5 马赫，战斗部由近炸引信起爆。动力装置包括 2 台冲压发动机加 4 台固体助推器，主发动机推力为 50 千牛。

↑英国"长剑 2000"地空导弹

英国"长剑 2000"导弹

"长剑 2000"是为适应 20 世纪末及以后的战场需要而发展的低空、近程地空导弹。1980 年 11 月开始研制，1991 年进行批量生产，1994 年具备作战能力。

"长剑"导弹主要对付高速低飞的作战飞机、作垂直机动的直升机、各种无人机和巡航导弹等目标。最大作战距离 8 千米，最大作战高度 3 千米，最大飞行速度 2 马赫。

导弹全长 2.24 米，弹径 130 毫米，翼展 381 毫米，起飞重量 42.6 千克。采用两种战斗部，一种是 Mk2A，半穿甲战斗部，重量 1.4 千克，配触发引信；另一种是 Mk2B，为破片杀伤战斗部，配红外近炸引信。动力装置为两级固体火箭发动机，采用自动视线指令制导。

英国"吹管"导弹

"吹管"导弹是英国研制的便携式单兵肩射近程低空地空导弹。1973 年装备英国陆军，以后海军又将此导弹系统发展为多联装舰空和潜空导弹。

"吹管"导弹作战半径 0.5 ～ 3.5 千米，最大作战高度为 2 千米，单发杀伤概率为 40%。导弹长 1.35 米，发射筒长 1.4 米，弹体直径 0.076 米，翼展 0.274 米，发射重量 11 千克，发射筒重 3 千克。最大速度为 1 马赫。战斗部为破片杀伤式，总重 2.2 千克，装烈性炸药 1.45 千克，由近炸引信或触发引信起爆；对付地面或水面目标时，采用空心装药战斗部。动力装置包括一台固体起飞助推器加一台固体主发动机。

英国"标枪"导弹

"标枪"导弹是英国研制的一种可以单兵肩射或多种方式发射的近程地空导弹。该导弹于 1985 年初装备部队。

"标枪"导弹研制了三种发射方式。一是三脚支架式，三联装发射架；二是装甲车载四联装发射架；三是直升机载空对空发射架。导弹最大作战半径 5.5 千米，最小作战半径 0.3 千米，作战高度 3 千米，制导体制采用光学跟踪、无线电指令制导。导弹长 1.4 米，弹体直径 0.076 米，最大速度约为 1.6 马赫。

英国"星光"导弹

"星光"是英国在"标枪"导弹基础上发展的一种高速近程地空导弹，代号 S14。1986 年开始研制，1988 年首次试验成功，1989 年开始进行批量生产，1993 年装备英国陆军。

"星光"导弹主要对付低空飞机、直升机，作战距离最大 7 千米，飞行速度为 4 马赫，杀伤概率单发为 96%。导弹全长 1.397 米，弹径为 127 毫米，起飞重量 20 千克，战斗部采用 3 个"标枪"动能穿甲子弹头和小型爆破战斗部子弹头，子弹头长 300 毫米，重 1 千克。制导体制为激光集束制导。动力装置为二级固体火箭发动机。发射方式为单兵肩射、三角架发射、车载发射、舰射等。

↑英国"星光"地空导弹

日本"短萨姆"导弹

"短萨姆"导弹是日本研制的一种低空近程地空导弹武器系统。它对付的目标为低空高速飞机，能同时攻击两架飞机。1982 年开始大批量生产。

"短萨姆"导弹的最大作战半径为 7 千米，作战高度为 0.015 ~ 6 千米，单发杀伤概率为 75%，反应时间为 8 秒。制导方式采用惯性加末段红外导引头寻的。机动方式为车载，必要时可用直升机运送。导弹长 2.7 米，弹体直径 16 厘米，翼展 60 厘米，发射重量 100 千克，最大速度 2.4 马赫，机动过载为 15g。战斗部采用破片杀伤式战斗部，装烈性炸药，触发或近炸引信。动力装置为单级固体火箭发动机，推力为 81 千牛。

↑ RBS — 70 地空导弹弹体

瑞典 RBS - 70 导弹

RBS — 70 导弹是瑞典研制的一种便携式近程地空导弹系统。1978 年装备瑞典陆军。同时还研制了越野车载式及装甲车载式系统。

RBS — 70 导弹对付攻击机、侦察机时速为 300 米 / 秒，对付运输机时速为 250 米 / 秒，对付直升机时速为 50 米 / 秒，机动过载为 8g，飞行高度为 0.1 ~ 3 千米；单发杀伤概率：迎攻目标为 50% ~ 80%，尾追目标为 30% ~ 70%。反应时间为 5 秒，制导体制采用激光波束制导。RBS — 70 导弹是世界上首次使用激光制导的地空导弹。

RBS — 70 导弹长 1.59 米（带助推器），发射筒长为 1.74 米，弹径 0.106 米，翼展 0.320 米，起飞重量 16 千克，二级弹重 13.1 千克，最大速度约 540 米 / 秒，机动过载为 25g。战斗部采用预制破片战斗部，重 1.1 千克，激光近炸和触发引信，杀伤半径 3 ~ 3.5 米。RBS — 70 导弹可由 3 人携带，具有一定机动性能。

意大利"斯帕达"导弹

"斯帕达"导弹是意大利研制的一种全天候低空近程地空导弹武器系统。主要对付低空和超低空飞机。它有牵引式和自行式两种状态。牵引式于 1978 年装备意大利空军，自行式于 1983 年交付意大利空军使用。它由搜索雷达、制导雷达和发射装置三大部分组成，适用于战场点或面防御。导弹作战半径为 1 ~ 15 千米，作战高度为 18 ~ 6000 米，单发杀伤概率为 80%，反应时间为 10 秒，制导体制采用半主动雷达寻的。导弹长 3.7 米，弹径 0.203 米，发射筒尺寸为 3.70

米 × 0.64 米 × 0.71 米，翼展，前翼为 0.8 米，后翼为 0.64 米，起飞重量 220 千克，最大速度为 2 马赫。战斗部采用破片杀伤式，重约 33 千克，杀伤半径为 10 米，采用无线电近炸引信和触发引信。动力装置为单级固体火箭发动机，工作时间为 3.5 秒。

瑞士／美国"阿达茨"导弹

"阿达茨"导弹是瑞士和美国共同研制的一种全天候两用地空导弹武器系统。1985 年开始投产。"阿达茨"导弹对付飞机作战半径最大为 8 千米，最小为 1 千米，对付坦克作战半径最大为 6 千米，最小为 500 米，最大作战高度为 6 米，制导体制采用无线电指令加激光波束。导弹长 2.05 米，发射筒长 2.2 米，弹体直径 0.152 米，弹重 51 千克，最大速度为 3 马赫，导弹机动过载为 35g。战斗部采用破片杀伤式，重约 12 千克，空心聚能装药，激光近炸引信和触发引信。动力装置为一台无烟双基药固体火箭发动机。

舰空导弹

各国舰空导弹
美国"小猎犬"导弹

"小猎犬"导弹是美国研制的一种全天候中程中低空舰空导弹系统，是海军装备的第一个导弹系统。它是美国的三 T 导弹系统之一。"小猎犬"导弹于 1955 年开始服役，此后进行了 6 次改型，其中 RIM — 2F 型为高级小猎犬。高级"小猎犬"导弹对付目标为中、低空的各类战斗机，最大作战半径 35 千米，最大作战高度为 20

↑美国"小猎犬"舰空导弹

千米，制导体制采用雷达波束制导或雷达波束加半主动雷达寻的末制导。"小猎犬"导弹含助推器长 8.23 米，不含助推器长 4.6 米，弹径含助推器为 0.406 米，二级为 0.30 米，翼展 1.25 米，弹重 1393 千克，最大速度为 2.5 马赫。战斗部为连杆杀伤式，装烈性炸药 100 千克，或采用核装药，用无线电近炸引信起爆。动力装置为一台固体助推器加一台固体火箭主发动机。

↑ "海麻雀"舰空导弹系统

美国"鞑靼人"导弹

"鞑靼人"导弹是美国研制的一种较轻便的全天候型近程中、低空舰空导弹武器系统。属于第一代面防御舰空导弹。"鞑靼人"与"高级小猎犬"一样，都是在基本型"小猎犬"的基础上发展起来的。它的动力装置采用一台双推力固体火箭发动机，是一种单级导弹。"鞑靼人"导弹的制导方式采用全程半主动雷达寻的制导，整个武器系统由全自动导弹装填装置、双联装发射架、目标指示雷达、跟踪制导雷达和计算机组成。"鞑靼人"导弹的最大作战半径为 16 千米，最大作战高度为 12 千米。导弹长 4.6 米，弹径 0.3 米，翼展 0.52 米，弹重 680 千克，最大速度 2 马赫。战斗部装烈性炸药，采用无线电近炸引信和触发引信。动力装置为单级双推力固体火箭发动机。

美国"海麻雀"导弹

"海麻雀"导弹是美国研制的一种全天候近程低空舰空导弹。它是美国海军现役的最小的防空导弹，又称点防御导弹系统，主要用于对付低空飞机和巡航式导弹，为攻击型航空母舰和未装导弹的舰船担负防御任务。

"海麻雀"导弹分为三种型号，一是"原型海麻雀"，1969 年开始服役；二是"改进型海麻雀"，1973 年陆续在北约国家的舰艇上服役；三是"高级海麻雀"，威力更大，性能更好。

"海麻雀"导弹长 3.8 米，弹体直径 0.2 米，翼展 1.02 米，发射重量 227 千克，制导方式采用全程连续波半主动雷达寻的制导。动力装置为一台固体火箭发动机，战斗部装烈性炸药 27 千克。

"海麻雀"导弹的最大射程为 15 千米，射高 5000 米，最大速度 2.5 马赫。

美国"宙斯盾"导弹系统

"宙斯盾"导弹系统是美国研制的一种全天候、全空域舰空导弹武器系统。其主要作用是对付高性能飞机及战术导弹，以保卫航空母舰或进行舰队的区域防御，是美国在 20 世纪 80 年代以后的主要防空武器系统，并且列为第三代舰空导弹系统。1983 年开始在巡洋舰上装备。"宙斯盾"导弹武器系统由"标准"2 型导弹（中程）、多功能相控阵雷达、指挥决策中心、武器控制系统、战备状态检测系统、火控系统和导弹发射系统等部分组成。"宙斯盾"导弹具有反应时间短、抗干扰能力强、可靠性高、火力强、能对付饱和攻击及全空域作战等特点。

美国"标准"导弹

"标准"导弹是美国研制的第二代舰空导弹。装备在巡洋舰、护卫舰和驱逐舰上，主要作用是对付中高空飞机和巡航式导弹，也具有一定的反舰能力。它分中程和增程两种，都是从 1969 年开始服役的。"中程标准"导弹弹长 4.48 米，弹体直径 0.343 千米，翼展 1.06 米，发射重量 642.3 千克，射程 38 千米，射高 20 千米，最大速度 2 马赫，动力装置为一台双推力固体火箭发动机。"增程标准"导弹弹长 7.98 米，弹体直径 0.343 米，翼展 1.55 米，发射重量 1343.6 千克，射程 64 千米，射高 20 千米，最大速度 2.5 马赫，动力装置为一台固体主航发动机和一台固体助推器。两种"标准"导弹的战斗部装烈性炸药 100

千克，由触发引信或近炸引信起爆。制导方式均采用半主动雷达寻的制导。

苏联 SA－N－3 导弹

SA－N－3 导弹是苏联研制的一种近程中低空舰空导弹，又称"高脚杯"。SA－N－3 由导弹、双联装发射架和制导雷达等组成，发射架从远处看像一只高脚杯，因此，北约组织给其取名"高脚杯"。SA－N－3 导弹系由 SA－6 导弹改装而来，长约 6 米，最大射程为 55 千米。

SA－N－3 导弹系统从 20 世纪 60 年代末开始装舰使用，装备在航空母舰和巡洋舰等大型船只上，主要用于舰队防空。

苏联 SA－N－4 导弹

SA－N－4 导弹是苏联研制的一种全天候近程低空舰空导弹武器系统。主要用于对付直升机，也可攻击舰艇。SA－N－4 导弹于 20 世纪 70 年代初开始装备。

SA－N－4 系统由导弹、双联装发射、制导雷达等主要部分组成。发射架平时缩进甲板下的发射井内，井上有护盖，以防敌方侦察，作战时发射架靠升降机迅速升出。

SA－N－4 导弹的作战半径为 1.5～12 千米，作战高度为 0.5～5 千米，制导体制采用雷达或光学加无线电指令制导。战斗部为破片杀伤式，总重 30 千克，装烈性炸药。

SA－N－4 导弹的动力装置为一台双推力固体火箭发动机。导弹其他参数与 SA－8 导弹相同。

苏联 SA－N－11 导弹

SA－N－11 导弹又称"嘎什坦"，是苏联20 世纪 80 年代末装备的一种短程末端防御弹炮结合防空导弹系统。

SA－N－11 导弹对付的目标是低空飞机、战术导弹，以及地面、水面目标，作战距离 1500～8000 米（飞机）、1500～5000 米（导弹），最大作战高度为 3000 米，杀伤概率 80%，反应时间约为 8 秒，由八联装倾斜发射。

SA－N－11 导弹长 2.56 米，弹径 152 毫米，重 20 千克，筒弹重 60 千克，最大飞行速度2.6 马赫，机动能力 35 千克。采用破片连杆杀伤式战斗部，重 9 千克，触发和非触发复合引信。采用半自动无线电指令制导，动力装置为固体火箭发动机。SA－N－11 导弹于 1998 年装备海军舰艇，已在独联体国家海军舰艇上装备。

↑ 舰载"海响尾蛇"舰空导弹

法国"海响尾蛇"导弹

"海响尾蛇"导弹是法国研制的一种全天候近程低空舰空导弹系统。"海响尾蛇"导弹由"响尾蛇"地空导弹改装发展而成，已装备法国海军军舰。

"海响尾蛇"导弹与陆用"响尾蛇"导弹的主要区别是发射筒口径增大为 0.515 米，发射架的俯仰角由－5° 改为－15°，以及发射系统的改动等。"海响尾蛇"系统包括发射塔、火控室和中央操纵室等部分。发射塔位于甲板上，火控室和中央操纵室均位于甲板下面。

法国"萨德拉尔"导弹

"萨德拉尔"导弹是法国研制的一种超近程舰空导弹武器系统。该导弹是由"西北风"地空导弹改装而来的。"萨德拉尔"导弹从 1981 年开始研制，主要用来对付低空飞机、直升机和掠海反舰导弹的攻击。

"萨德拉尔"导弹的武器系统包括六联装发射架、随动系统、控制台和导弹几部分，与西北风导弹的武器系统基本相同。"萨德拉尔"导弹的发射部分由三角发射架改为可载 6 枚待发导弹的活动发射架，其方位可转 360°，高低射界为－15°～＋85°。该导弹的发射架有稳定装置，不受舰船倾斜的影响。

"萨德拉尔"导弹武器系统由发射架上的闭路电视摄像机录取图像，从而截获目标，并对发射架预先定位。射手可以用数枚导弹攻击一个目标，也可以攻击多个目标。

英国"海标枪"导弹

"海标枪"导弹是英国研制的第二代舰载中高空面防御舰空导弹。主要作用是拦截高性能飞机和反舰导弹，也能对付舰船等目标。1969 年10 月开始服役。导弹最大作战半径 80 千米，最

↑双联装"海标枪"舰空导弹

↑"海光"导弹武器系统

小作战半径4.5千米，最大作战高度为25千米，最小作战高度为0.03千米，反应时间13.5秒，制导体制采用全程半主动雷达寻的，发射方式为双联倾斜发射架发射。导弹长4.36米，弹径0.42米，翼展0.91米，弹重550千克，最大速度为3.5马赫，采用预刻槽式破片战斗部，无线电近炸引信，杀伤半径为9米。动力装置中的助推器为固体发动机，主发动机为推力可变的液体冲压喷气发动机。

英国"海蛇"导弹

"海蛇"导弹是英国研制的第一代全天候、中程中低空舰空导弹，分Ⅰ型和Ⅱ型两种，是一种面防御系统，主要用于舰队防空以对付轰炸机的攻击，也能对付水面舰船。"海蛇"导弹的最大作战半径为45千米，作战高度为15千米，制导体制采用雷达波束制导加末段半主动寻的制导，由双联装发射架倾斜发射。

"海蛇"导弹长6米，弹径0.410米，助推器长3.65米，翼展1.6米，弹重1100千克。"海蛇"导弹的最大速度为3马赫；战斗部为破片杀伤式，总重9千克，装烈性炸药，采用无线电近炸引信。动力装置采用1台固体主发动机和4台固体助推器。

英国"海猫"导弹

"海猫"导弹是英国研制的一种近程低空舰空导弹武器系统。主要用于点防御，对付低空亚声速、超声速的飞机和直升机，具有全天候作战能力。1962年开始装备部队，此后多次改进。

"海猫"导弹最大射程为5.5千米，最大作战高度为3.5千米；战斗部杀伤半径约5米，导弹反应时间不小于6秒。

"海猫"导弹长1.48米，弹长0.19米，翼展0.65米，导弹起飞重量为63千克，最大速度为0.9马赫。战斗部采用连杆杀伤式，总重量15千克，装烈性炸药，由近炸或触发引信引爆。"海

猫"导弹的动力装置采用一台固体主航发动机和一台固体助推器。

英国"海光"导弹

"海光"是"星光"导弹的舰载型，主要用于对付低空飞行和反舰导弹。1989年9月，英国首次在皇家海军装备展览会上展示了"海光"导弹发展计划。"海光"导弹的作战距离最大7千米，最小0.3千米，由舰载发射。"海光"导弹长1.397米，弹径127毫米，采用3个标枪动能穿甲子弹头和小型爆破战斗部，采用单级固体火箭发动机，激光波束制导加助推段制导。

英国"斯拉姆"导弹

"斯拉姆"导弹是英国研制的一种近程低空舰（潜）空导弹武器系统。主要用于对付反潜直升机、巡逻艇。1973年开始装备使用，制导系统是光学跟踪和无线电指令制导。

"斯拉姆"导弹的最大射程为4.8千米，最小射程为300米，最大射高为1.8千米，杀伤概率约40%，反应时间4秒，弹长1.35米，弹径0.076米，翼展0.27米，发射重量11千克，最大速度为1.5马赫。

"斯拉姆"导弹的战斗部采用破片杀伤式，装烈性炸药1.45千克，导弹全重约为3.6千克，红外近炸引信或触发引信。动力装置采用一台固体无烟主航发动机加一台固体无烟起飞发动机。

巡航导弹

巡航导弹

最早的Ｖ－１就是巡航导弹，当时称为"飞弹"。它靠发动机推进飞行，就像一架无人驾驶

↑美国"斗牛士"地地战术巡航导弹。这是美国第一种战术巡航导弹。

的飞机一样。巡航导弹体积较小，重量轻，便于携载和发射。海军攻击型核潜艇可垂直携载 12 枚抵近敌沿海发射，打击纵深 1300 ~ 2500 千米的重要军政目标。用 Mk41 垂直发射装置可携 100 枚。B — 52G 轰炸机可载弹 20 枚，B — 1B 可携 30 枚，改装后的 DC — 10 能携 50 ~ 60 枚，改装后的波音 — 747 能携 70 ~ 90 枚。地面发射的"战斧"导弹装在发射车上，每辆车载 4 枚，4 台车为一个导弹连，即可发射 16 枚导弹。导弹发射连的重装备可由 C — 130 或 C — 5 等运输机空运至前沿阵地或发射场。

巡航导弹射程最远达 8000 千米，在海面飞行高度 7 ~ 15 米，平坦陆地为 50 米以下，山区和丘陵地带为 100 米以下，可随地形起伏而不断改变飞行高度，不易被对方雷达所发现，可突然攻击敌目标。一般命中精度都很高，摧毁能力强。射程 2500 ~ 3000 千米的巡航导弹，命中误差不大于 60 米，精度好的可达 10 ~ 30 米。

1991 年 1 月 17 日凌晨 3 时，美国海军"洛杉矶"级攻击型核潜艇、"密苏里"号和"威斯康星"号战列舰、"提康德罗加"级导弹巡洋舰，以及"斯普鲁恩斯"级驱逐舰从红海和波斯湾，连续向伊拉克首都巴格达和其他重要军政目标发射了 52 枚 BGM — 109C "战斧"巡航导弹。导弹离舰后在距海面 7 ~ 15 米的高度巡航，进入伊境内后，又在距地面 50 米以下高度飞行，取得了命中率 98%、命中误差不大于 9 米的战绩。一般情况下，携常规弹头的巡航导弹可摧毁坚固的地面目标。也能用子母弹杀伤和摧毁面状目标。携核当量为 20 万吨的核弹头的巡航导弹由于制导精度极高，比弹道导弹的作战效能高 3 ~ 4 倍。

"战斧"系列巡航导弹

"战斧"系列巡航导弹包括："战斧"多用途巡航导弹。

"战斧"多用途巡航导弹 BGM — 109/AGM — 109 是美国 1972 年开始研制的一种兼有战略和战术双重作战能力，可从海、陆、空多种发射平台发射的多用途巡航导弹武器系列。迄今已研制开发了 18 种型号。其中，BGM — 109A 是由潜艇从水下发射的对地攻击型巡航导弹，BGM — 109B 是由水面舰艇或潜艇发射的反舰型战术导弹，BGM — 109C 是由水面舰艇或潜艇发射的对地攻击型战术导弹，BGM — 109D 为地面机动发射的巡航导弹。1983 年 12 月，首批 96 枚 BGM — 109G 部署在英国，1984 年 5 月又将 122 枚部署于意大利。

按原计划美国海军采购了"战斧"导弹 3994 枚，其中 BGM — 109A 758 枚；BGM — 109B 593 枚；BGM — 109C 1486 枚；BGM — 109D 1157 枚。每枚定价约 110 万美元。"战斧"导弹已部署在 140 余艘潜艇和水面舰艇上。

"战斧"导弹对付的目标主要是陆上战略目标和高价值严密设防目标；海上水面舰艇与航母编队。各型"战斧"导弹的射程分别为：2500 千米（A）、556 千米（B）、1300 千米（C）、875 千米（D）；巡航高度分别为：7.6 ~ 15.2 米（海上）、10 ~ 250 米（陆上）；巡航速度最大 0.72 马赫，最小 0.6 马赫；命中精度分别为：30 ~ 80 米（A）、6 ~ 10 米（C 和 D）。

"战斧"导弹长 6.172 米（有助推器）、5.563 米（无助推器），弹径 527 毫米，翼展 2.654 米，发射重量约 1450 千克，战斗部可装热核弹头或高爆穿甲或子母弹头等。制导系统采用惯性加主动雷达导引头等。动力装置 A、C、D 采用涡扇发动机加固体火箭助推器，B 采用涡喷发动机加固体火箭助推器。

其中，BGM — 109C 可携 450 千克常规弹头，也可携载 BLU — 97B 型多用途子母弹，内装 166 个能全方向、多目标定时攻击起爆的子弹头，海湾

↑舰上发射"战斧"巡航导弹。

战争中美国海军发射的 280 枚导弹都是 BGM — 109C
型。在海湾战争中，美国的军舰共携带 500 余枚
"战斧"导弹，1991 年 1 月 17 日凌晨 3 时发射的
第一批 52 枚导弹命中概率高达 98% 以上。

各国巡航导弹

苏联 AS — 15 导弹

AS — 15 导弹是苏联研制的一种机载重型远
程空地巡航导弹，又称"撑杆"导弹。1984 年试
射成功，1985 年用以装备"逆火"式轰炸机，并
装备新一代图—95（熊—H）轰炸机，1986 ~
1987 年开始装备新型的图—160 轰炸机。

AS — 15 主要用于对付陆上战略目标。其最
大射程为 3000 千米，巡航高度为 40 ~ 110 米，
巡航速度 0.48 ~ 0.8 马赫，发射高度 0.2 ~ 12 千
米，载机速度 540 ~ 1050 千米／时，命中精度
45 米。导弹长 6.04 米，弹径 514 毫米，翼展 3.1
米，发射重量 1.25 吨，战斗部采用核弹头，采用
多普勒惯性加地形匹配修正的制导系统，涡扇发
动机。1988 年以后，又发展了 AS — 15 导弹的
潜射型和陆射型。

↑法国"海豚"直升机携带 AS — 15 空地巡航导弹。

苏联 SS — N — 21 导弹

SS — N — 21 导弹又称"大力士"，是苏联
研制的一种潜地核攻击亚声速巡航导弹。用于装
置各种潜艇。最大射程 3000 千米，巡航速度 0.7
马赫，巡航高度为 200 米，命中精度为 150 米。
SS — N — 21 导弹长 8.09 米，弹径 510 毫米，翼
展 3.3 米，发射重量 1.7 吨，战斗部采用核当量
为 20 万吨的核弹头，动力装置为 1 台涡扇主发
动机，1 台半联固体助推火箭。

俄罗斯"宝石"导弹

"宝石"是俄罗斯正在研制的超声速反舰巡
航导弹，又称 SS — N — 26。2000 年以后批量

生产。助推火箭使用固体燃料，主发动机是使用
了液体燃料的冲压空气喷气发动机，最高时速
为 2.5 马赫。高低空飞行时最大射程是 300 千米，
只作低空飞行时为 120 千米。高空飞行时巡航高
度是 14 ~ 15 千米，由惯性制导，在快接近目标
时下降到 5 ~ 10 米，距目标约 25 千米处，抗干
扰的雷达自动制导系统开始启动、追踪目标。"宝
石"巡航导弹全长 8.9 米，直径 67 厘米，发射时
的重量是 3900 千克，弹头重量是 250 千克。可装
入长 9 米、直径 71 厘米的运输、发射集装箱内。
集装箱在舰上既可斜着安装，也可垂直安装。

美国 AGM — 86A 导弹

AGM — 86A 导弹是美国研制的第一种空射
战略巡航导弹。该导弹于 1973 年由波音公司开
始研制，1977 年 6 月终止研制。这种导弹主要用
来装备 B — 52G 轰炸机，每架可带 20 枚导弹。
导弹长 4.27 米，弹径 0.693 米，最大翼展 2.9 米，
发射重量 860 千克，有效射程 1200 千米，命中
精度小于 100 米，巡航速度约 0.66 马赫。动力装
置为一台 F107 — WR — 100 型涡扇发动机，重
59 千克，推力 2.67 千牛，燃料为 JP — 4 航空煤
油。战斗部采用 W 80 — 1 小型核弹头，重 122.5
千克，核当量 20 万吨。作战过程如下：当载机
B — 52G 飞抵发射区时，由检控设备计算导弹发
射参数并输入导弹，按下发射钮后导弹便从发射
架上投放，0.5 秒后发动机开始工作，5 秒后弹翼
从折叠状态展开，转入巡航段并开始自控飞行。
此时制导系统使导弹贴近地 50 ~ 100 米起伏飞
行；离目标 90 千米时导弹下降至离地面 15 米左
右继续飞行，最后向目标俯冲攻击。

空空导弹

第一代和第二代空空导弹

空空导弹是从空中发射、用于攻击空中目标
的导弹，是现代飞机进行空战的主要武器。已发
展了四代。第一代空空导弹于 20 世纪 50 年代中
期开始装备部队，主要是近距离攻击导弹，射程
一般为 3.5 ~ 8 千米，重量为 9 ~ 30 千克，主
要用于攻击轰炸机。这一代空空导弹制导系统性
能较差，主要靠尾追形式实施攻击，稍作空中机
动，便容易失去目标。

↑美国 F — 16C "战隼"置于翼梢的 AIM — 9 "响尾蛇"空空导弹。

20 世纪 60 年代中期出现了可迎头攻击和全天候使用的第二代空空导弹，用以对付超声速轰炸机。最大发射距离增加到 8 ~ 22 千米，战斗部重增至 11 ~ 70 千克。制导方式虽仍使用红外和雷达制导，但性能已有很大提高。

第三代空空导弹

20 世纪 70 年代中期出现了第三代空空导弹，它分为三种类型：一是远距截击空空导弹，如美国的"不死鸟"空空导弹，射程可达 110 ~ 160 千米，因此可以对付从超高空几十千米到超低空几十米的空中目标，还可以多枚齐射攻击多个不同的目标。二是中距空空导弹，射程 10 ~ 50 千米，用于对付超低空入侵的战斗机和巡航导弹。中距导弹的主要型号有：美国的"麻雀" AIM — 7F 和 7M，苏联的 AA — 7 和 AA — 9，英国的"天空闪光"，法国的"玛特拉"超 530 和 F、D 型等。三是近距格斗空空导弹。射程在 10 千米以内，主要是在空中近距交战中攻击对方的战斗机，机动性能极好，导引头十分灵敏，可攻击前方 120° 内的目标。近距导弹的主要型号有：美国的"响尾蛇" AIM — 9G、H、E、J、N、P 型，南非的"短刀"等。近距格斗导弹型主要有美国的"响尾蛇" AIM — 9C、9M，苏联的 AA — 8，法国的"魔术" R — 550 型，以及以色列的"怪蛇" 3 型。

美国"麻雀" 3B AIM — 7F 导弹

"麻雀" 3B AIM — 7F 导弹是美国研制的一种空空导弹，属"麻雀"系列导弹中的第 7 个型号，也是改动较大的一个型号。在制导方式上，它既能用脉冲多普勒，又能用连续波半主动雷达制导，低空性能较好，电子抗干扰能力较强。导弹于 1967 年开始研制，1977 年投产，1981 年停产。

"麻雀" 3B AIM — 7F 导弹弹长为 3.66 米，弹径 203.2 毫米，翼展 1010 毫米，发射重量 227 千克，最大使用高度 18.3 千米，速度为 4 马赫，射程为 46.7 千米（连续波半主动制导时）和 61 千米（脉冲多普勒主动制导时）。具有全天候全向攻击的作战能力。动力装置为单室双推力固体火箭发动机，战斗部为 Mk71 型，高能炸药连续杆式，重 40 千克，杀伤半径 20 米，采用主动近炸引信。

第四代空空导弹

第四代空空导弹是于 20 世纪 80 年代中期以后研制和服役的导弹。美国的 AIM — 120A 先进中距空空导弹，具有发射后不管、复合制导、多目标攻击、全天候作战和下视下射、上视上射的特点，发射距离在 100 千米以上，同时还具备攻击巡航导弹等小目标的能力，以及近距攻击的特性。英德合研的 AIM — 132 先进近距空空导弹分辨能力强、机动能力大，能全向攻击多目标。

第四代空空导弹是于 20 世纪 80 年代中期以后研制和服役的导弹。美国的 AIM — 120A 先进中距空空导弹，具有发射后不管、复合制导、多目标攻击、全天候作战和下视下射、上视上射的特点，发射距离在 100 千米以上，同时还具备攻击巡航导弹等小目标的能力，以及近距攻击的特性。英德合研的 AIM — 132 先进近距空空导弹分辨能力强、机动能力大，能全向攻击多目标。

各国空空导弹

美国"超猎鹰" AIM — 4F 导弹

"超猎鹰" AIM — 4F 导弹是美国研制的一种空空导弹。该导弹是在 AIM — 4E 导弹基础上改

↑美国 F — 16 战机发射"超猎鹰" AIM — 4F 空空导弹。

进而来。"超猎鹰"导弹的制导系统为半主动雷达寻的制导，导引头的导引精度比以前的型号高，且具有更强的抗电子干扰能力，在鼻锥前伸出 0.1 米长的杆以减小阻力；动力装置采用了 M46 型双推力固体火箭发动机，它的特点是推力可变，起动时以大推力加速，较快达到最大速度，然后以较小推力持续作用，以保持最大速度，因燃料增加而延长了发动机工作时间。采用高能炸药战斗部，重 18 千克。

↑英国皇家空军的"鹞"式飞机发射 AIM — 9G 空空导弹。

美国"超猎鹰"AIM — 4E 导弹

"超猎鹰"AIM — 4E 导弹是美国研制的一种空空导弹。它的射程较远，升限较大，速度较高，战斗部的威力较大，是"超猎鹰"空空导弹的基本型。导弹长 2.18 米，弹径 0.168 米，翼展 0.61 米，发射重量 68 千克，射程 11.3 千米，最大飞行速度 4 马赫。动力装置采用燃烧时间长的固体火箭发动机。制导系统采用半主动雷达制导系统。采用的破片式高能炸药战斗部威力较大，从而使导弹的战术使用范围获得增加。

美国"响尾蛇"AIM — 9G 导弹

"响尾蛇"AIM — 9G 导弹是美国海军为扩大截获范围而研制的一种空空导弹，它是"响尾蛇"AIM — 9 系列导弹的第二代产品，1970 年装备部队。"响尾蛇"AIM — 9G 导弹长 2.87 米，弹径 127 毫米，翼展 630 毫米，发射重量 86.6 千克，射程 17.7 千米。"响尾蛇"AIM — 9G 导弹的制导系统采用被动红外制导。动力装置为一台固体燃料火箭发动机。

美国"响尾蛇"AIM — 9L 导弹

"响尾蛇"AIM — 9L 导弹是美国海军和空军联合研制的第三代"响尾蛇"空空导弹，曾被誉为超级"响尾蛇"。它是一种近距格斗空空导弹。1977 年进入批量生产，1983 年停产。导弹长 2.87 米，弹径 127 毫米，翼展 630 毫米，发射重量 86.2 千克，射程 18.53 千米。动力装置是一台固体燃料火箭发动机，被动红外制导，导引头采用了氩制冷的锑化铟探测器，使灵敏度获得较大提高，攻击角可大于 90°。导引头还可与机载雷达互联进行瞄准。

美国"不死鸟"AIM — 54C 导弹

"不死鸟"AIM — 54C 导弹是美国海军研制的远距、全天候、全高度超声速空空导弹，是 AIM — 54A 导弹的改进型。

导弹弹长 3.96 米，弹径 380 毫米，翼展 915 毫米，发射重量 454 千克。最大射程 150 千米，使用高度 30 千米，最大速度 5 马赫。制导方式为混合制导，即初段为惯性制导，中段为半主动雷达寻的制导，末段为主动多普勒末制导。动力装置采用洛克达因 Mk470 型单级固体火箭发动机。

苏联"毒辣"AA — 6 导弹

"毒辣"AA — 6 导弹是苏联研制的一种中远距空空导弹。该导弹有红外和雷达两种制导方式，它们的导引头可以互换。该弹于 1975 年开始装备苏联空军部队。

导弹弹径 300 毫米，弹长分别是雷达型 6.3 米，红外型 5.8 米。翼展 225 毫米，速度为 2.2 马赫。雷达型发射重量 500 千克，射程 50 千米；红外型发射重量 500 千克，射程 22 千米。制导系统采用被动红外制导或半主动雷达制导。采用高能炸药破片式战斗部，重量 60 ~ 100 千克。动力装置为固体燃料火箭发动机。

苏联"尖顶"AA — 7 导弹

"尖顶"AA — 7 导弹是苏联研制的一种空空导弹，是 GA — 3 导弹的后继型。AA — 7 导弹弹径为 200 毫米，翼展 1 米，速度 2 马赫，发射重量为 217 千克。雷达型弹长为 4.48 米，射程 25 ~ 35 千米；红外型弹长为 4.18 米，射程 25 ~ 35 千米。制导方式有被动红外制导或

↓米格—23携载的苏联AA—7空空导弹。

半主动雷达制导两种。AA—7导弹采用高能炸药破片式战斗部，重为40千克。动力装置采用固体火箭发动机。机载雷达为高空云雀雷达。

苏联"蚜虫"AA–8导弹

"蚜虫"AA—8导弹是苏联研制的一种空空近距格斗导弹。该导弹是目前世界上尺寸最小、重量较轻的空空导弹，其性能与美国的"响尾蛇"AIM—9L导弹相当，于1975年装备在苏联米格—23战斗机上。

"蚜虫"AA—8导弹从制导方式上区分，有红外制导和雷达制导两种型号。弹径130毫米，翼展400毫米，发射重量为54千克。雷达型弹长为2.15米，最大发射距离为15千米。红外型弹长为2米，最大发射距离为8千米，最小发射距离为500米。制导系统有被动红外制导和J波段半主动雷达制导两种。"蚜虫"AA—8导弹采用高能炸药破片式战斗部，重为6千克。动力装置采用固体火箭发动机，燃烧时间为1.5～2.0秒。

苏联"阿摩斯"AA–9导弹

"阿摩斯"AA—9导弹是苏联研制的一种新型雷达制导的中距空空导弹，用来对付轰炸机和巡航导弹，于1976年开始研制，1981年装备部队。该导弹能在各种高度上同时跟踪、攻击3～4个目标，并且具有下视、下射作战能力，有迎头和尾追两种攻击方式。

AA—9导弹也有雷达、红外制导两种型号，装有多功能雷达导引头，其弹长为4.15米，弹径为380毫米，翼展900毫米，发射重量480千克。AA—9导弹的射程为120千米，速度3.5马赫。战斗部重47千克。

法国"超530D"导弹

"超530D"导弹是法国研制的中距离空空导弹，它是"超530F"的改进型。主要是对发动机、电子部件进行了较大的改进，改进后的发动机推力比原来提高了20%。导引的探测距离、分辨率、精度和可靠性均有提高，能攻击离地面或海面几十米的目标。该弹从1986年开始装备部队，载机为法国空军的带RDI雷达的"幻影"2000型战斗机。

导弹全长3.8米，弹径263毫米，翼展565毫米，尾翼展875毫米。发射重量265千克，速度为4马赫，单轴过载20g。拦射高度10千米，战斗部重32千克。采用无线电近炸引信。

法国"超530F"导弹

"超530F"导弹是法国研制的一种半主动雷达制导的中程空空导弹。该导弹于1980年开始服役，装备法国的F—1和"幻影"2000战斗机。

弹全长3.54米，弹径263毫米，发射重量250千克。射程几百米至19千米，最大使用高度约30千米，在最小使用高度处可以截击载机上方或下方900米处的目标，速度为5马赫。最大过载为28g。

动力装置采用双推力固体火箭发动机。采用破片式战斗部，重30千克，杀伤半径20米，并装有抗电磁干扰电路。引信为无线电近炸引信和触发引信，能满足低空作战要求。

法国"麦卡"空空导弹

"麦卡"是法国玛特拉公司于1981年开始研制的近距格斗和中距拦射空空导弹。1993年9月该导弹装挂"幻影"2000战斗机进行了发射试验，成功地击中两架飞机，证明了其攻击多目标的能

↑机翼下携载的"麦卡"及"魔术"2空空导弹。

力。同年末进行批量生产，1996年后陆续装备部队。

"麦卡"导弹长3.1米、弹径170毫米、翼展610毫米、尾翼展560毫米。装高能炸药战斗部，双工态（触发和近炸）引信。制导方式为雷达、红外两种方式，导引头可互换。动力装置为固体火箭发动机。最大射程55千米（中距雷达型），最小射程500米（近距红外型）。发射重量110千克，机动能力35千克。

法国"魔术"2导弹

"魔术"2导弹是"魔术"R·550空空导弹的改进型，它的性能远远超过"魔术"R·550导弹，并具有全方向攻击能力。1986年开始小批量生产。

"魔术"2导弹采用十字形双鸭式气动布局。导弹全长2.75米，弹径157毫米，发射重量约89千克。其动力装置采用新的Richard固体火箭发动机，推力增大了10%。"魔术"2导弹采用两种发射方式：由载机火控系统集中控制发射和自主发射。后一种方式是"魔术"2导弹的特有功能，当载机的火控系统出现故障或受到电子干扰时，导弹的红外导引头可以独立完成自主发射。

法国"魔术"R·550导弹

"魔术"R·550导弹是法国研制的一种近距空空导弹。

"魔术"R·550导弹全长2.75米，弹径157毫米，鸭翼翼展470毫米、弹翼翼展660毫米，发射重量90千克。攻击的目标是速度小于2.5马赫的飞机，最大脱靶量小于5米。最小发射距离为500米。最大发射距离分别为：低空2.3千米；中空6千米；高空10千米。使用高度21千米。最大飞行速度为3马赫。单轴最大机动过载为35g。

"魔术"R·550导弹采用高能炸药破片式战斗部，重12千克，杀伤半径不小于10米。采用作用半径为8米的红外近炸引信和触发引信。

意大利"阿斯派德"导弹

"阿斯派德"导弹是意大利在美制"麻雀"3BAIM—7E基础上研制的一种多用途导弹，有地空型、舰空型和空空型三种型号。空空型导弹于1984~1985年进行飞行试验并定型。

"阿斯派德"导弹弹长3.7米，弹径203毫米，翼展1024毫米，发射重量220千克。该导弹的攻击对象有两类：第一类是歼击机、歼击轰炸机、轰炸机；第二类是巡航导弹和无人驾驶飞机。导弹具有上射和下射能力，最大射程为50千米，最小射程为400米，发射高度为21千米，最大速度为4.5马赫，最大机动过载35g，全向攻击方式，单发杀伤概率为80%。"阿斯派德"导弹采用半主动连续波雷达寻的制导系统。主动式雷达引信，脉冲多普勒体制。采用破片式杀伤战斗部，重30千克。动力装置为一台单级固体火箭发动机。

英国AIM—132导弹

AIM—132导弹是北大西洋公约各国联合研制的空空导弹，又称"近距空空导弹"，由英国和德国政府牵头负责研制，1987年制造出试验性样弹，在20世纪90年代初装备部队。

导弹弹长2.73米，弹径168毫米，翼展200毫米，弹重70千克。最小发射距离1000米，最大发射距离10千米。速度为高超声速，制导方式为红外成像制导，战斗部为高能炸药冲击波破片式，装有激光近炸引信和触发引信。动力装置采用两级固体火箭发动机，燃烧时间约15秒。发动机的第一级，提供脱离发射架的初始速度，第二级导弹在整个飞行过程中保持高速度和灵活性。此弹还可挂在"响尾蛇"或"魔术"导弹的发射架上。

英国"红头"导弹

"红头"导弹是英国研制的一种空空导弹，它是在"火光"导弹的基础上改进而成的，1965年装备英国皇家空军和海军。"红头"导弹长3.27米，弹径222毫米，翼展910毫米，弹重150千克。攻击对象是超声速和亚声速飞机。最大射程为12千米，最大使用高度为18千米，最大速度为3马赫，具有全向攻击能力。制导系统为采用红外制导。动力装置为固体火箭发动机。采用连续杆式战斗部，重31千克。配以可调式红外近炸引信，能自动调节起爆点。火控系统采用埃尔帕斯—IB机载截机雷达。

以色列"怪蛇"3导弹

"怪蛇"3导弹是以色列研制的第三代空空导弹。1983年以后开始批量生产，其性能与美国的"响尾蛇"AIM—9L导弹相当。"怪蛇"3导弹弹长为3.0米，弹径为160毫米，弹重120千克，射程为0.5千米至15千米。引信采用主动微波近炸引信和触发引信。"怪蛇"3导弹的战斗部

↑以色列"怪蛇"3空空导弹

重 11 千克。制导系统采用红外寻的导引头，它能与载机雷达随动。

空地导弹

战略空地导弹

空地导弹是由轰炸机、战斗攻击机、攻击机和武装直升机携载，从空中发射，主要用于攻击地面目标的一种航空兵器。分为战略空地导弹和战术空地导弹两种。

战略空地导弹是为轰炸机设计的一种远程攻击武器，主要有机载洲际导弹、空射巡航导弹和一般战略导弹。1981 年 9 月 15 日，世界上第一批空射战略巡航导弹正式装备美国空军，导弹编号为 AGM — 86B，发射重量 1450 千克，射程 2500 千米，速度 885 千米/时，核弹头当量达 20 万吨，它主要由 B — 52G 轰炸机携载，每机装

12 枚。这种导弹采用惯导加地形匹配制导，命中精度较高。一般的战略空地导弹大都携核弹头，用于攻击较大型地面战略目标。发射重量一般为 4000 千克左右，最重的如苏联的 AS — 3 可达 9500 千克；射程一般为 300 千米以上，最远如美国的 AGM — 28B 可达 960 千米。

战术空地导弹

战术空地导弹主要是指对地攻击型导弹，也包括战术巡航导弹、反辐射导弹和反坦克导弹等。战术空地导弹的重量一般为 200 ~ 800 千克，苏联的 AS — 5 导弹达到 4077 千克；射程一般为数十千米，苏联的 AS — 5 导弹达到 320 千米。空地反坦克导弹一般由武装直升机携载。反坦克导弹一般射程为 3000 ~ 4000 米，最大破甲厚度为 400 ~ 600 毫米，具有很强的攻击能力。海湾战争中，直升机携带反坦克导弹由空中击毁了大量伊军使用的 T — 72 坦克。

各国空地导弹

美国"斯拉姆"（AGM — 84）导弹

"斯拉姆"（AGM — 84）是美国研制开发的一种机载远程对地攻击导弹。

1991 年 1 月 18 日，海湾战争爆发后的第 2 天，两架载有"斯拉姆"空地导弹的美国海军 A — 6E"入侵者"舰载重型攻击机和 1 架 A — 7"海盗"舰载轻型攻击机从"肯尼迪"号航空母舰上出发，远袭伊拉克的发电厂。第一架 A — 6E 向目标发射了一枚"斯拉姆"导弹，2 分钟后，另一架 A — 6E 向目标发射了第 2 枚"斯拉姆"导弹，导弹从第一枚导弹炸开的洞口穿入厂房内部，将电站彻底摧毁。

↑美机载高速反雷达空地导弹。

↑装载中的美国"斯拉姆"AGM — 84 战术空地导弹。

美国"百舌鸟"导弹

"百舌鸟"导弹是美国研制的第一代反辐射导弹,主要用于摧毁地空导弹和高炮炮瞄雷达。1965年开始在越南战争中使用。

发射重量177千克。最大射程45千米,有效射程12~16千米,最大飞行速度为2马赫,发射高度1500~10000米。制导方式为跟踪导引,采用被动单脉冲雷达导引头。战斗部多为破片杀伤式,重66千克,烈性炸药25千克。动力装置采用一台固体火箭发动机。

美国高速反辐射导弹

高速反辐射导弹是美国研制和生产的一种空地反辐射导弹,用于摧毁地面或舰上雷达。该导弹1991年在海湾战争中使用。导弹长4.19米,弹径254毫米,翼展1.13米,发射重量362千克。射程大于20千米,速度为3马赫。制导系统采用被动雷达寻的制导和比例导引方法的导引头,能覆盖各种现役雷达的工作频率。战斗部为高能炸药预成型破片杀伤式,重66千克,采用激光近炸引信起爆。

苏联"厨房"AS－4导弹

"厨房"AS－4导弹是苏联研制的一种战略空地导弹,装备海军和空军,用来攻击大型海上目标和地面固定目标。1967年装备部队。

导弹长11.3米,弹径0.9米,翼展3米,发射重量4900千克。最大射程460千米,最大速度为3马赫,发射高度10000~12000米。制导方式采用惯性中段制导加主动雷达寻的末制导,后来又采用末段被动雷达寻的制导。采用当量20万吨的核战斗部,用于攻击地面战略目标。另外,还有一种常规高爆战斗部,重约1000千克,用来执行反舰任务或战术任务。动力装置采用一台液体火箭发动机。该导弹有高、低两种弹道,高弹用来获得最大射程,低弹多用于攻击海上目标。

瑞典"萨伯"导弹

"萨伯"导弹是由瑞典皇家空军研制的一种战术空地导弹,主要用来攻击陆上目标和海上目标,亦可以用来完成空空射击任务。

"萨伯"导弹的射程为9000米,发射高度为300~400米。"萨伯"导弹在发射时载机速度为0.4~1.4马赫。A型导弹弹长3.60米,弹径300毫米,翼展800毫米。发射重量A型导弹为305千克,B型导弹为330千克。"萨伯"导弹的战斗部采用烈性炸药,由近炸引信引爆。动力装置采用瑞典生产的VR35预包装液体火箭发动机。

法国AS·30导弹

AS·30导弹是法国研制的一种近程战术空地导弹,用来攻击陆上点目标和海上舰船,是法国航空航天公司在AS·20导弹的基础上研制而成的。

该导弹装X12型战斗部时弹长3.84米,装X35型战斗部时弹长3.89米,弹径342毫米,翼展1.00米,发射重量520千克。射程11~12千米,速度1.5马赫,发射高度50~10000米。制导方式采用无线电指令制导。战斗部分为X12和X35两种,一种装触发引信,一种装延时引信,重量均为230千克,使用高爆炸药。动力装置由一台固体助推器和一台固体主发动机组成。

法国"阿玛特"导弹

"阿玛特"导弹是法国研制的一种远程防御压制武器,主要作用是远距离攻击地面固定的防空雷达目标,1984年开始服役,装备法国"幻影"2000战斗机和F－1飞机。

导弹长4.15米,弹径400毫米,翼展1.2米。速度2马赫,发射重量550千克,射程为120千米。制导方式采用被动雷达寻的加辅助惯性导航系统。战斗部为高爆破片杀伤式,重150千克。动力装置采用二级固体火箭发动机。

反舰导弹

各国反舰导弹

美国"阿斯洛克"导弹

"阿斯洛克"RUR－5A导弹是美国研制的一

↑反舰导弹攻击示意图

种由水面舰艇发射的短程弹道式反潜导弹，1961年开始装备。

该弹制导方式采用程序控制加音响寻的制导。主要由程序机构和分离机构组成。动力装置为一台固体火箭发动机。该弹有 Mk1 和 Mk2 两种类型。Mk1 型弹长 3.94 米，弹径 349 毫米，翼展 838 毫米，发射重量 427.74 千克，射程 3.2 ~ 9 千米，作战负荷为 1 枚 Mk17 核深水炸弹，重 126 千克，其当量为 1 千吨级，能击毁离爆心 3 ~ 9 千米的潜艇。Mk2 型弹长 4.5 米，弹径 336.7 毫米，翼展 838 毫米，发射重量 486.25 千克，射程 1 ~ 8 千米，飞行速度接近声速，作战负荷为一枚 Mk44 或 Mk46 鱼雷。Mk44 鱼雷重 233 千克，航速 30 节。Mk46 鱼雷重 270 千克，最大航程 11 千米，航速 33 节。

↑ "阿斯洛克"反潜导弹准备发射。

美国／瑞典"尔布斯"17 导弹

"尔布斯"17 导弹是美国和瑞典联合研制的一种便携式反舰导弹，供瑞典反两栖登陆岸防营使用。1987 年 6 月开始批量生产，年底开始交付产品。导弹系统（发射架约 40 千克，导弹与包装容器重 71 千克）可用人力运送到发射阵地，它的展开时间不到 5 分钟，重新装弹时间约需 1 分钟。"尔布斯"17 是激光制导的超声速导弹，装有激光导引头，可接收激光指示器照射目标后的反射能量，并把导弹引向目标。导弹长 1.625 米，重 49.3 千克，速度为超声速，射程 5 千米，仰角为＋10°至＋20°，方位角 360°；发射控制装置重 10 千克。

苏联 AS－5A 导弹

AS－5A 导弹是苏联研制的一种中程空舰巡航式导弹。1966 年装备苏军。该弹弹长 8.59 米，弹径 1.00 米，翼展 4.6 米，发射重量 4000 千克。最大射程 180 千米，速度 1.2 马赫。发射时载机速度 700 ~ 850 千米。单发命中概率为 80%。制导方式为全程主动雷达寻的制导。战斗部分聚能穿甲和爆破型两种，重 838 千克，配以电气机械引信。动力装置为一台液体火箭发动机，能产生两极推力。

英国"海鸥"（CL834）导弹

"海鸥"（CL834）导弹是英国研制的一种机载掠海飞行全天候空舰导弹，主要用于攻击巡逻快艇等小型水面目标，为护卫舰提供中、远程的自卫能力。1981 年，"海鸥"导弹正式装备英国海军的舰载"山猫"直升机，每架"山猫"直升机可以携带 4 枚导弹。

"海鸥"导弹的弹长为 2.5 米，弹径为 280毫米，翼展 720 毫米，发射重量为 145 千克。最大射程为 15 ~ 24 千米，最小射程为 3000 米。巡航高度为 5 ~ 100 米，巡航速度为 0.8 马赫，单发命中概率为 90%。

"海鸥"导弹的制导体制采用中段程序控制和末段半主动雷达寻的。导弹采用高能炸药战斗部，重量约为 20 千克，配以延迟触发引信，使导弹穿入目标内部后才引爆。该导弹的动力装置由固体火箭助推器和固体火箭主发动机串联而成。

↑英国海射"海鸥"反舰导弹出筒瞬间，它与机载"海鸥"导弹区别很小。

英国"海鹰"P·3T 导弹

"海鹰"P·3T 导弹是英国研制的一种中程反舰导弹，用来单发击沉小型舰艇，或重创巡洋舰和航空母舰，1986 年定型并装备英皇家海、空军的"海盗"和"海鹞"飞机。弹长 4.14 米，弹径 400 毫米，翼展 1.2 米，发射重量 600 千克。最大射程约 110 千米，巡航速度为 0.85 马赫。采用惯性制导加主动雷达寻的制导方式。采用非相干主动雷达导引头，可捕获雷达散射截面积为 100 平方米的小艇，捕获概率较高，并能识别预定目标。采用 PV1718 型雷达高度表，测量精度高，保密性好。战斗部为半穿甲爆破型，重 230

千克，配以触发和近炸两种引信。动力装置是一台涡轮喷气发动机。

↑ "海豚" SA365F 直升机携载 4 枚 AS·15TT 反舰导弹。

法国 AS·15TT 导弹

AS·15TT 导弹是法国研制的一种全天候轻型反舰导弹，它是在 AS·12 导弹基础上研制而成的，有空舰、岸舰和舰舰三种型号。1985 年开始批量生产。

弹长 2.30 米，弹径有 181 毫米和 187 毫米两种，翼展 564 毫米，发射重量 100 千克。射程可大于 15 千米，最小射程 2～3 千米。飞行速度 280 米/秒，飞行高度 5～9 米，在末段降为 2～3 米。命中概率接近 100%，发射高度 15～600 米，发射时载机的速度小于 100 米/秒。雷达采用了频率捷变和脉冲压缩技术。采用指令制导，用高度表控制飞行高度。战斗部为半穿甲爆破型，重 30 千克。动力装置采用 2 台固体火箭助推器和一台固体火箭主发动机，发动机工作时间为 45 秒。

法国 MM·15 导弹

MM·15 导弹是法国研制的一种全天候轻型舰舰导弹，它是在 AS·15TT 导弹的基础上研制而成的。主要用来装备各种小艇，在近海或岛屿之间的狭小海域内执行任务，攻击小型舰艇。

弹长 2.30 米，弹径 185 毫米，翼展 564 毫米，发射重量 103 千克。射程 15 千米，飞行速度 280 米/秒，巡航高度 15 米。命中概率接近 100%。采用指令制导，战斗部为半穿甲爆破型，重 30 千克。动力装置为一台固体火箭主发动机和一台环形助推器。

法国 "玛拉丰" 导弹

"玛拉丰" 导弹是法国研制的一种从水面舰艇发射的巡航式近程反潜导弹，由导弹弹体和音响寻的鱼雷两部分组成，于 20 世纪 60 年代中期服役。

弹长 6.15 米，弹径 650 毫米，翼展 3.3 米，发射重量 1500 千克。巡航高度 100 米，最大速度 830 千米/时。无线电指令制导，制导设备包括指令信号接收机、无线电高度表、自动驾驶仪和舵面机构等。作战负荷为 L4 型音响寻的鱼雷，重 540 千克，航速 30 节。动力装置为两台固体火箭发动机。导弹发射后，在两个发动机推进下，爬升到 230 米后抛去发动机进行受控滑翔，使导弹按预定航向和给定高度（100 米）飞向目标区。在离预定点 800 米时，投放鱼雷，入水后开始音响寻的制导，发现目标后便转向，再向目标接近。

法国 "飞鱼" AM·39 导弹

"飞鱼" AM·39 导弹是法国研制的一种超低空掠海飞行的空舰导弹，它是由 "飞鱼" MM·38 舰舰导弹改进而成的，用来装备直升机和固定翼机，以攻击各种水面舰艇。1980 年开始装备部队。弹长 4.69 米，弹径 350 毫米，翼展 1.004 米，发射重量 652 千克。最大射程 50～70 千米，巡航高度 15 米，巡航速度为 0.93 马赫。命中概率 90%。发射高度最高 10000 米，最低 50 米。发射时载机速度为 0.9 马赫，可在 ±30° 的扇面内发射，能全天候作战。制导方式采用中段惯性制导加末段主动雷达寻的制导。导引头具有很强的抗干扰能力。战斗部采用半穿甲型，有延迟和近炸两种引信，总重 165 千克。

↑ "飞鱼" AM·39 导弹挂载于翼下。

法国 "飞鱼" SM·39 导弹

"飞鱼" SM·39 导弹是法国研制的一种巡航式近程亚声速潜舰导弹，是 "飞鱼" 反舰导弹系列中最后一种型号，也是在水下发射的潜载型导弹，用来攻击各种水面舰艇。1985 年开始装备部队。运载器为鱼雷型，推进装置为固体火箭发动机，在水中工作 10～12 秒，在空中工作 1.5 秒。

弹长 4.9 米，弹径 350 毫米，翼展 980 毫米，尾翼展 880 毫米，发射重量 652 千克。最小射程 5 千米，最大射程 45 ~ 50 千米。巡航高度 15 米，在末段为 3 ~ 5 米。巡航速度为 0.93 马赫。发射深度从潜望深度到一般潜艇下潜下限深度均可，发射时艇速小于 10 节。在 6 级海情下仍可使用，命中概率达 90%。制导方式采用简易惯导加主动雷达寻的制导。战斗部采用 GPI 黑索金高能炸药，引信有延时和近炸两种，总重 150 千克。动力装置为一台固体火箭环形助推器和一台固体火箭主发动机。

法国"飞鱼"MM·40 导弹

"飞鱼"MM·40 导弹是法国研制的一种高亚声速、掠海飞行、超视距作战舰舰导弹，用来攻击各种水面舰艇。1981 年初服役，有舰舰型和岸舰型两种型号。弹长 5.78 米，弹径 350 毫米，翼展 1.135 米，尾翼展 760 毫米，发射重量 855 千克，射程可以达到 70 千米以上。巡航高度在中段为 15 米，在末段为 3 ~ 5 米。巡航速度为 0.93 马赫，命中概率约 95%。可在 ±90° 扇面内发射。全天候作战。制导方式为中段采用简易惯性制导，末段采用主动雷达导引。采用半穿甲爆破型战斗部，重 165 千克，触发延时引爆引信。动力装置采用一台固体火箭主发动机和一台固体火箭环形助推器，其所用固体火箭主发动机比"飞鱼"MM·38 导弹的有较大改进。

意大利／法国"奥托马特"1 导弹

"奥托马特"1 导弹是意大利和法国联合研制的一种中程反舰导弹，弹长 4.7 米，前段弹径 400 毫米，后段弹径 460 毫米，翼展 1.36 米，发

↑"奥托马特"1 导弹发射。

射重量 770 千克（无助推器的为 550 千克）。有效射程 60 千米，最大射程 80 千米。飞行速度 0.7 ~ 0.93 马赫，巡航高度 15 ~ 20 米。在有效射程下命中概率为 90%，最大射程下命中概率为 80%。可全向发射，反应时间 30 秒。制导体制为惯性加主动雷达末制导，导引头搜索距离为 6 千米，按比例导引律导引导弹。采用半穿甲爆破型战斗部，重 210 千克，装药 65 千克。动力装置采用两台固体火箭助推器和一台涡轮喷气发动机。

意大利"火星"2 导弹

"火星"2 导弹是意大利海军装备的一种全天候掠海飞行空舰导弹，载机为直升机，用来攻击中、小型水面舰艇。1985 年底开始服役。

"火星"2 导弹弹长 4.48 米，弹径 316 毫米，翼展 980 毫米，发射重量为 330 千克。射程大于 20 千米，末段掠海飞行高度为 3 ~ 5 米，巡航速度 250 米／秒。在 150 米高度的载机上投放。"火星"2 导弹的制导方式为中段自动驾驶仪和无线电高度表控制，末段为主动雷达寻的制导。"火星"2 导弹采用高能半穿甲爆破型战斗部，重为 90 千克，配以触发和近炸两种引信。动力装置由一台固体火箭助推器和一台固体火箭主发动机串联而成。

瑞典"尔布"08A 导弹

"尔布"08A 导弹是瑞典皇家海军研制的一种中程舰舰和岸舰两用反舰导弹，1967 年服役。

"尔布"08A 导弹弹长为 5.72 米，弹径 670 毫米，弹高为 1.33 米，翼展 3.10 米，折叠后有 1.35 米。射程为 80 千米，飞行速度 0.65 马赫，巡航高度为 200 ~ 1000 米。"尔布"08A 导弹采用瞄准式发射。制导方式为自控加末制导，制导系统由自动驾驶仪与主动雷达导引头和程序装置组合而成。"尔布"08A 导弹的战斗部采用常规战斗部，重量为 250 千克。动力装置采用一台涡轮喷气发动机和两台固体火箭助推器。

瑞典"尔布斯"15F 导弹

"尔布斯"15F 导弹是瑞典研制的一种空舰导弹，是"布尔斯"15 多用途反舰导弹的空舰型，用来攻击大、中型水面舰艇，其作战目标是一枚能击沉小艇，或使大、中型舰艇丧失作战能力。1982 年开始研制，1986 年开始装备部队。

"尔布斯"15F 导弹弹长 3.35 米，弹径 500 毫米，翼展 1.40 米，发射重量 620 千克，最大

射程 150 千米。巡航速度为 0.8 马赫，巡航高度是超低空巡航，末段掠海。可在 ±90° 扇面内发射，可在高海情、高寒海域环境下使用。"尔布斯" 15F 导弹的制导方式为惯性制导加主动雷达寻的，战斗部为爆破型，配有触发和近炸两种引信。该导弹的动力装置是一台涡轮喷气发动机。

瑞典"萨伯"04E 导弹

"萨伯" 04E 导弹是瑞典研制的一种近程巡航式空舰导弹，用来攻击各种水面舰艇。

"萨伯" 04E 型导弹弹长 4.45 米，弹径 500 毫米，翼展 1.95 米，发射重量为 616 千克，最大射程 32 千米，飞行速度为 0.95 马赫，巡航高度在中段超低空，末段掠海，能全天候作战。"萨伯" 04E 型导弹采用扇面发射方式，制导方式为自动驾驶仪控制加雷达末制导。"萨伯" 04E 型导弹采用常规炸药，爆破型战斗部重 300 千克，配有触发和近炸两种引信。该导弹的动力装置为一台固体火箭助推器和一台固体火箭主发动机。

↑瑞典机载"萨伯"04E 反舰导弹

挪威"企鹅"2 导弹

"企鹅" 2 导弹是挪威研制的一种多用途反舰导弹。1975 年定型。

"企鹅" 2 导弹弹长 2.96 米，弹径 280 毫米，翼展 1.4 米，发射重量 340 千克。射程为 2.5 ～ 27 千米，巡航高度 60 ～ 100 米，巡航速度为 0.8 马赫。制导系统由可编程惯导系统、红外导引头、激光高度表和液压随动系统等组成。战斗部采用半穿甲爆破型，重 120 千克，装药 50 千克，采用延时触发引信。动力装置为两级固体火箭发动机，由一台固体火箭主发动机和一台固体火箭助推器串联而成。

挪威"企鹅"3 导弹

"企鹅" 3 导弹是挪威研制的一种空舰导弹。它是由"企鹅" 2 导弹改进发展而来。1986 年定

↑挪威"企鹅"3 导弹

型生产，1987 年装备部队。

"企鹅" 3 导弹弹长 3.2 米，弹径 280 毫米，翼展 1.0 米，发射重量 372 千克。最小射程 7 千米，最大射程 55 千米。低空或超低空掠海飞行，巡航速度为 0.8 马赫，发射高度为 50 米到 10 千米。可在狭窄海湾环境中作战，能抗电子、红外和假目标干扰。"企鹅" 3 导弹的制导方式采用惯性制导加红外寻的末制导。采用半穿甲爆破型战斗部，重 120 千克，触发引信。该导弹的动力装置为一台固体火箭发动机。

德国"鸬鹚"1AS－34 导弹

"鸬鹚" 1AS－34 导弹是德国研制的一种近程掠海飞行空舰导弹，1987 年开始生产。"鸬鹚" 1AS－34 导弹弹长 4.4 米，弹径 345 毫米，翼展 1.0 米，发射重量 600 千克，最大射程约 30 千米，巡航高度约 20 米，接近目标时为 3 ～ 5 米，巡航速度 0.95 马赫，发射速度为 0.6 ～ 0.9 马赫。制导体制中段为惯性制导加雷达高度表，末段为雷达导引头寻的制导。载荷战斗部重 100 千克，用延时触发引信。动力装置为一台固体火箭主发动机和两台固体火箭助推器。

日本 ASM－1 导弹

ASM－1 导弹是日本研制的一种亚声速近程空舰导弹，用来攻击大、中型水面舰艇。这是战后日本自行研制的第一种反舰导弹，1981 年装备日本航空自卫队。弹长 4.0 米，弹径 335 毫米，翼展 1.02 米，发射重量 610 千克。射程 25 千米，最大射程 70 千米，巡航高度 15 米，巡航速度 0.9 马赫。发射高度为 762 ～ 3048 米。制导方式为惯性制导加主动雷达寻的末制导。采用调频连续波无线电高度表和单脉冲主动雷达导引头。平头式半穿甲爆破型战斗部，重 200 千克，配有触

↑日本 ASM－1 反舰导弹

发和近炸两种引信。动力装置为一台固体火箭发
动机。

以色列"迦伯列"3 导弹

"迦伯列"3 导弹是以色列研制的一种近程
亚声速舰舰导弹。1982 年生产并装备部队。弹长
3.95 米，弹径 340 毫米，翼展 1.35 米，发射重量
560 千克。最大射程 36 千米，最小射程 6 千米。
巡航高度 20 米，在末段为 1.5 米或 2.5 米。巡航
速度为 0.65 马赫。命中概率对小艇为 75%，对
大艇为 83%。可在 ±30° 扇面发射；制导体制
初始段和中段用自主控制或通过火控系统数据线
路控制，末段用主动或半主动雷达导引头制导，
采用比例导航导引律。战斗部为半穿甲延时爆破
型，总重 150 千克，采用一台固体火箭主发动机
和一台固体火箭助推器。

澳大利亚"伊卡拉"导弹

"伊卡拉"导弹是澳大利亚研制的一种舰载
巡航式近程反潜导弹。该弹可在小舰上装备，用
来攻击各种潜艇。1964 年开始装备部队。弹长
3.43 米，弹高 1.57 米，翼展 1.52 米，发射重量
550 千克，不包括鱼雷（负荷）为 294 千克。最
大射程 19 千米，巡航高度 300 米，巡航速度为

高亚声速。作战环境上限要求为：横风 70 千米；
舰横摇 ±25°；纵摇 ±9°；升沉 ±5 米；横倾
15°。制导方式为无线电指令制导。作战负荷为
美国的 Mk44 和 Mk46 等鱼雷。动力装置为两级
推力姆拉瓦助推巡航组合式固体火箭发动机。

反坦克导弹

最早的反坦克导弹——"小红帽"

在第二次世界大战后期，德国陆军武器局为
了对付苏联坦克，于 1944 年 2 月 3 日制订了一
项研制新武器的应急计划，其中的一个项目称做
"小红帽"。1944 年 9 月，"小红帽"样弹研制成
功，这就是世界上第一枚反坦克导弹。随后经过
几个月的试验与改进，"小红帽"反坦克导弹开
始成批生产，导弹代号为 X－7。但是这种新式
武器还没来得及在战场上使用，战争就结束了。

X－7 导弹长 950 毫米，发射重量 9000 克，
导弹直径 150 毫米，翼展 600 毫米，全重 15 千
克，射程 1000～1500 米。其鼻锥部为空心装药
战斗部，内装 2.5 千克的聚能穿甲弹头，配有触
发引信。导弹穿甲厚度最大可达 200 毫米。其弹
体短而粗，呈流线型，弹上装有陀螺仪和双推力
发动机。起飞发动机的推力为 68 千克，工作时
间 2.5 秒；续航发动机推力为 5500 千克，工作
时间为 8 秒，起飞级装有电火帽点火药盒；续航
级用的是带包覆层的单根药柱，靠起飞级的燃气
点火。弹体两侧各有一翼，翼的后缘有襟翼，导
弹在飞行中可产生每秒两转的转速，以保持飞行
的稳定性。翼梢装有线管，线管外有整流罩，线

↑澳大利亚的"伊卡拉"反舰导弹

↑车载"霍特—阿特拉斯"反坦克导弹

↑美国"海尔法"反坦克导弹。这是一种直升机或车载发射的第三代重型反坦克导弹，主要用来攻击坦克、装甲车辆等目标。

管上绕有漆包线以传递指令。导弹尾部还有一根长而弯曲的尾杆，端部装有舵机。发射制导装置由发射架和控制箱组成。在导弹飞行时，射手用目视跟踪导弹和敌坦克，通过操纵控制箱上的两个操纵手柄发出控制指令，以控制导弹航向。射手在导弹飞行过程中用手柄不断给出方向修正指令，直到导弹命中目标。

各国反坦克导弹

美国 AGM – 65 型导弹

AGM — 65 型导弹是美国研制的一种精确制导的反坦克导弹，又称"幼畜"导弹。它有电视制导，激光制导，红外制导多种型号。该弹于1971 年开始装备美国空军。

"幼畜"导弹的最大射程为 25 千米，圆公算偏差为 2.4 米。导弹长 2.49 米，弹径 0.305 米，翼展 0.71 米，弹重为 210 千克，其中战斗部重90 千克。动力装置为固体火箭发动机和续航发动机。在导弹投下的同时点燃导弹的火箭发动机，凭借火箭的推力发射导弹。"幼畜"导弹的电视寻的系统包括电子系统和光学系统两部分。

美国"陶"导弹

"陶"导弹是美国休斯飞机公司于 1962 年开始研制的第二代重型反坦克导弹武器系统。它于1970 年大量生产并装备部队。

"陶"导弹除用以攻击坦克、装甲车辆外，还可攻击碉堡、火炮阵地等。其最大射程 3000 米（直升机发射的最大射程为 3750 米），最小射程 65米。初速 65 米 / 秒，最大速度为 360 米 / 秒。地

面发射时的射击精度，高低偏差为 ±0.2 米，方向偏差为 ±0.2 米。当用直升机发射时，其高低偏差为 0.16 米，方向偏差为 ±0.2 米。它的破甲威力，静破甲厚度为 600 毫米，动破甲厚度为 200毫米 /65°。发射速度为 3 发 / 分。导弹全长 1164毫米，弹重 18.47 千克，武器系统全重 102 千克。动力装置由起飞发动机和增速发动机组成。

↑美国"陶"反坦克导弹

美国"标枪"导弹

"标枪"是美国陆军单兵使用的轻型反坦克导弹，兼有反直升机能力。1989 年 6 月开始研制。

"标枪"导弹采用红外焦平面阵导引头，是一种实现全自动导引的新型反坦克导弹，具有昼夜作战和发射后不管的能力，射程 1000 米，武器系统由导弹和发射装置组成。系统全重 22.5 千克，弹径 114 毫米，弹长 957 毫米，弹重 11.8 千克，串联战斗部以顶攻击方式攻击目标，垂直破钢甲 750 毫米。

美国"龙"导弹

"龙"导弹是美国研制生产的一种轻型反坦克导弹。1972 年问世。此后经改进，又出现该导弹的 FGM — 77 型和 FGM — 77A 型。

"龙"导弹由单兵携带，主要用来攻击坦克和各种装甲车辆。还可攻击野战工事、火炮掩体等。其射程为 65 ~ 1000 米。对静止目标的命中率为 80%，对活动目标（8.4 米 / 秒）的命中率为 50%。弹长 744 毫米，弹径 114 毫米，翼展330 毫米，发射管长 1120 毫米。弹重 6.3 千克，聚能破甲战斗部重 2.5 千克，能穿透 500 毫米的均质钢板。整个武器系统全重 14.6 千克。其机动方式为步兵便携式，贮存寿命约 12 年。此外，该弹经过改进，出现了"龙"2、"龙"3 型导弹。

↑ "萨格尔"改进型 AT－3C 反坦克导弹。

苏联 AT－3 导弹

AT－3 导弹是苏联研制的反坦克导弹，亦称"萨格尔"或"烧箱"导弹，属于第一代反坦克导弹。20 世纪 60 年代中期装备部队，在越南战争中曾大量使用。该导弹不仅用于攻击坦克和装甲目标，也可用来摧毁敌火力点和野战工事。其最大射程 3000 米，最小射程 500 米，平均速度 120 米／秒。当射程为 500 米时，命中概率为 60%，射程为 3000 米时，命中概率为 87%。弹长 831 毫米，弹径 120 毫米，翼展 393 毫米，弹重 11.3 千克，武器系统全重 30.5 千克。战斗部为聚能破甲式，重 2.5 千克。动力装置采用两级固体火箭发动机。可车载，也可机载发射。

苏联 AT－4 导弹

AT－4 导弹是苏联研制的第二代轻型反坦克导弹，绰号"塞子"，20 世纪 70 年代中期开始装备苏军。主要用来攻击坦克、装甲车辆及其他防御工事。

AT－4 导弹系地面或车载筒式发射。发射筒装在三脚架上，三脚架可以折叠，且能作 360°方向旋转。AT－4 导弹最大射程 2000 米，最小射程 70 米。平均飞行速度 180 米／秒。破甲威力 500 毫米。导弹长 1.2 米，弹径 120 毫米。弹重约 7 千克，发射弹重 18～12 千克。战斗部为聚能破甲式，重 3.5 千克。动力装置为单级固体燃料火箭发动机。

苏联 AT－5 导弹

AT－5 导弹是苏联研制的第二代反坦克导弹，绰号"拱肩"，1976 年开始装备苏军。该导弹采用五联装车载发射方式。所用车型为 BTP－40ПБ 轮式装甲车。发射架可作 360°的旋转。导弹的体积较小。车上的备用弹可供 3 次装填，共有 15 枚左右。AT－5 导弹最大射程 4000 米，最小射程 75 米，速度为 208 米／秒，破甲威力 600～700 毫米。筒装弹长 1.35 米，导弹长 1.3 米，弹径 155 毫米，发射弹重量大于 26.5 千克。战斗部为聚能破甲战斗部。制导采用的是光学跟踪、红外半自动控制、有线传输指令的方式。动力装置为固体燃料火箭发动机。

英国"旋火"导弹

"旋火"导弹是英国研制的一种重型反坦克导弹，属第一代反坦克武器。该导弹于 1969 年初研制成功并正式装备英国陆军，主要用来攻击坦克、装甲车辆等，其最大射程 4000 米，最小射程为 150 米。速度为 185 米／秒，命中概率 90%，破甲厚度为 530 毫米。采用箱式发射方式，可靠性达到 90%。"旋火"导弹弹长 1.07 米，弹径 170 毫米，翼展 373 毫米，发射重量 27 千克。动力装置采用单室双推力固体燃料火箭发动机。"旋火"的制导为目视瞄准与跟踪、手动操纵、三点导引、导线传输指令。导线绕在金属管上，它有 4 根高强度镀铜钢丝芯线。导线全长 4020 米，拉断力 137 牛。导弹发射后导线即从分离器拖出。旋火武器系统既可车载发射，又可单兵发射。但主要用于车载发射。

法国／德国"霍特"导弹

"霍特"导弹是一种半自动红外遥控制导的第二代重型反坦克导弹，由法国和德国共同研制而成。1975 年开始批量生产，1977 年装备部队。导弹的最大射程为 4000 米，其最小射程，车载发射为 75 米，机载发射为 400 米。最大速度为 240～260 米／秒。命中概率为 80%，其射击精度，圆公算偏差为 0.5 米。战斗部威力较大。当着角为 65°时，破甲深度达 272 毫米；当着角为 0°时，穿甲深度大于 800 毫米。可靠性在 90% 以上。发射速率为 3 发／分。弹长 1.27 米，弹

↑ 车载型 4 枚"霍特"反坦克导弹进入发射位置。

径为 136 毫米，翼展为 312 毫米。弹重 23 千克，简装弹重 32 千克。动力装置采用二级固体火箭发动机。制导系统由两部分组成，即弹上制导装置与地面车辆或直升机上的制导装置。战斗部系聚能破甲式，重 6.548 千克。

法国 SS·11 导弹

SS·11 导弹是法国研制的第一代重型反坦克导弹。1958 年开始成批生产并装备部队。

SS·11 导弹的攻击目标主要有坦克、装甲车辆、舰船等，此外还具有杀伤有生力量的能力。它的最大射程为 3000 米，最小射程为 500 米，速度为 160 米/秒，单发命中概率约为 70%，垂直破甲厚度在 600 毫米以上。在机动飞行中，其弹道最小转弯半径为 1000 米，发射速率为 3 发/分。飞行 3000 米的时间为 19～21秒。弹长为 1.20 米，弹径 164 毫米，翼展为 500 毫米。发射重量为 29.4 千克，战斗部重量为 7.50 千克，破甲战斗部炸药重 1.50 千克；杀伤战斗部炸药重 2.60 千克。SS·11 导弹的动力装置系两级固体火箭发动机，它们是串联在一起的。瞄准系通过一个双筒光学瞄准镜，用目测来进行。

↑ SS·11 反坦克导弹

法国短程反坦克导弹

短程反坦克导弹是法国研制的一种小型、轻便、可供单兵携带的反坦克武器（ACCP）。它是世界上第一种近程便携式反坦克导弹。

短程反坦克导弹的最大射程为 600 米，最小射程为 25 米。最大速度为 300 米/秒，而导弹离开炮口时的初速度为 20 米/秒。它的抗干扰能力强，可以出色地抗背景及人工干扰。发射准备时间小于 5 秒，发射速率大于 5 发/分。在战术包装筒内携行状态下的弹长为 950 毫米，飞行状态下的弹长为 840 毫米。筒装导弹（弹药）弹径为 160 毫米，导弹直径 150 毫米。待发状态弹药重

↑法国短程反坦克导弹（ACCP）

10.5 千克，携带状态弹药重 11 千克。动力装置采用二级固体火箭发动机。战斗部为破甲式，重 3.9 千克，可穿透均质钢甲 900～950 毫米以上，能穿 T－72 和 T－80 坦克的复合装甲，也能击穿 2000 年以后出现的新型装甲。

法国／德国“米兰”“米兰”－2 导弹

“米兰”/“米兰”－2 导弹是第二代轻型便携式反坦克导弹武器系统。由法国和德国联合研制，1975 年开始大量生产。“米兰”－2 于 1984 年投入批量生产。主要用于攻击坦克、装甲车辆和其他防御工事。最大射程 2000 米，最小射程 25 米。导弹离开发射筒口的初速为 75 米/秒，最大速度 200 米/秒。射击精度按圆概率偏差计算小于 0.5 米。“米兰”原型的静破甲厚度为 690 毫米；“米兰”－2 的静破甲厚度大于 850 毫米。弹身最大直径 116 毫米，翼展 266 毫米。弹药重 6.65 千克，导弹起飞重量 11.3 千克。战斗部为聚能破甲式，重 3 千克。动力装置为单室双推力结构，外径 85 毫米，内装双基药。制导装置由遥控导线及线管组件、弹上接收机、陀螺仪、燃气航机、红外曳光管及热电池组成。“米兰”武器系统用于地面发射时，可由两人组成的发射组进行。当该系统用于车载发射时，可将三角架装在车顶，也可装在车体内，还可利用 MCT 炮塔。当这一系统用于机载发射时，可将其装在小羚羊轻型直升机上。

法国／德国／英国“崔格特”导弹

“崔格特”导弹是法国、德国和英国联合研制的第三代反坦克导弹，有轻型（中程）与重型（远程）之分。

轻型“崔格特”导弹采用地面便携式发射方式，可装在三脚架上发射，也可装在各种履带或轮式车辆上发射。其射程为 2000 米，初速度约为 18 米/秒，最大速度约为 290 米/秒。弹长

1000毫米，弹径150毫米，翼展180毫米左右，弹重11千克。战斗部系空心装药，动力装置为二级固体火箭发动机，激光束制导。重型"崔格特"导弹的特点是，具有"发射后不管"的能力，制导系统采用红外热成像自动寻的技术，利用电荷耦合器件线路和红外镶嵌阵列探测器，自动导引头工作波长为10～12微米。热成像瞄准具既可装在地面发射车上，也可装在攻击直升机上。战斗部采用串联式空心装药战斗部，从顶部攻击装甲，一部发射装置可连续发射几枚导弹，能攻击多个目标，并具有俯冲攻击的能力。该导弹主要供地面车辆使用和攻击直升机。

德国"曼姆巴"导弹

"曼姆巴"导弹是德国研制的改进型第一代反坦克导弹。该导弹的攻击目标是坦克和装甲车辆。其最大射程为2000米，最小射程为300米。初速为55米/秒，最大速度为140米/秒。破甲威力500毫米，飞行时间17.5秒。可在－40℃～＋60℃条件下使用。"曼姆巴"导弹长955毫米，弹径120毫米。弹重11.2千克，武器系统全重64.75千克。战斗部为聚能破甲式，重2.7千克。动力装置为单室双推力固体斜推力火箭发动机。

"曼姆巴"导弹的整个武器系统由导弹、控制盒、望远镜和电缆等组成。通过控制盒可以控制多枚导弹发射。接线盒上的8根引出线连接着8枚导弹，通过选择按钮，可控制12枚导弹的发射。

日本64式"马特"导弹

64式"马特"导弹是日本研制的一种中程反坦克武器，属于第一代反坦克导弹。1957年开始研制，它是在法国SS－10反坦克导弹的基础上发展而来的。

64式"马特"导弹的射程为350～1800米，飞行速度85米/秒，飞行时间23.5秒，命中率75%以上，破甲厚度500毫米。弹长1.020米，弹径120毫米，翼展600毫米，翼弦330毫

↑日本64式"马特"反坦克导弹

米，弹重15.7千克，战斗部重3.1千克，架式发射。导弹可在－20℃～＋45℃的温度条件下使用，而其贮存温度为－30℃～＋50℃。动力装置为两级固体火箭发动机。导弹的制导方式为目视瞄准及跟踪、手动操纵、导线传输指令、三点法导引。弹头为聚能破甲战斗部，空心装药。

日本"重马特"导弹

"重马特"导弹是日本研制的红外半自动有线制导的两用导弹，属第二代反坦克导弹。主要用于攻击地面与海上装甲目标，既可攻击坦克，也可攻击小型登陆艇等。该导弹于1976年装备部队。最大射程4000米，飞行速度200米/秒，命中概率85%，垂直破甲厚度500毫米。弹长1565毫米，弹径152毫米，翼展330毫米，战斗部重1.9千克，弹重30千克。发射管长1600毫米，发射管口径160毫米，发射管重3千克。跟踪装置重50千克，瞄准镜重20千克，计算机重20千克，武器系统全重278千克。动力装置为二级固体火箭发动机。制导方式有两种，通常采用红外半自动式有线制导，只是在逆光情况下才使用手控有线制导方式制导。

瑞典"比尔"RBS－56导弹

"比尔"RBS－56导弹是瑞典研制的一种从顶部攻击坦克的轻型反坦克导弹。由瑞典博福斯公司新近研制。属于第二代反坦克导弹。

"比尔"导弹对固定目标的最大射程2000米，最小射程150米。对10米/秒运动目标的最小射程300米。最大速度250米/秒，平均速度200米/秒，发射速度75米/秒。命中概率为95%，破甲威力286毫米。该弹弹长900毫米，弹径150毫米，翼展410毫米。筒装导弹重20千克，发射方式为筒式发射。弹上控制系统包括控制装置和红外编码示踪器两部分。采用聚能破甲战斗部。导弹发射制导装置包括发射筒、瞄准具、发射架三部分。

瑞典"斑塔姆"BS－53导弹

"斑塔姆"BS－53导弹是瑞典研制的一种反坦克导弹，主要用于攻击坦克和装甲车辆，属于第一代反坦克导弹。它主要由单兵携带和发射，也可从吉普车和直升机上发射。该导弹于1962年正式服役。

"斑塔姆"的导弹最大射程2000米，最小射程300米，速度85米/秒，在射程为800～

2000 米时，命中概率为 95% ~ 98%，破甲威力为 500 毫米，飞行时间 24 秒。导弹弹长 850 毫米，弹径 110 毫米，翼展 400 毫米，弹重 7.5 千克，武器系统全重 20 千克。导弹的制导方式采用目视瞄准及跟踪、三点法导引、导线传输指令、手动操作的方法。发射方式为筒式发射。动力装置采用二级固体火箭发动机，一个是起飞发动机，一个是续航发动机。采用聚能破甲战斗部，配有触发引信。

↑意大利"麦夫"反坦克导弹

意大利"麦夫"导弹

"麦夫"导弹是意大利研制的一种便携式反坦克导弹。该弹于 1988 年 5 月首次进行发射。

"麦夫"导弹是一种由发射包装容器发射的导弹。主要用于攻击坦克、装甲车辆等，对现代新型主战坦克也具有较好的摧毁能力。其最大设计射程为 3000 米，最大飞行速度约为 260 米 / 秒。弹长 1380 毫米，弹径 130 毫米，弹重 14.5 千克。"麦夫"导弹战斗部重 4.1 千克，装药重 2.5 千克，破甲威力较大，能击穿 800 毫米厚的装甲。发射筒重（含弹）19 千克。整个系统全重 38 千克。武器系统由步兵的一个两人小组操作。

"麦夫"导弹的制导方式为激光驾束制导，并采用了抗干扰的激光指令传输线。

化学武器

化学武器是以毒剂杀伤有生力量的武器。包括装有毒剂的化学炮弹、航弹、火箭、导弹和化学地雷、飞机布洒器、毒烟施放器材，以及装有毒剂前体的二元化学炮弹、航弹等。化学武器在

使用时，将毒剂分散成蒸气、液滴、气溶胶或粉末等状态，使空气、地面、水源和物体染毒，以杀伤敌方有生力量。化学武器的杀伤途径很多。染毒空气可经呼吸道吸入、皮肤吸收致毒；毒剂液滴可经皮肤渗透致毒；染毒的食物和水可经消化道吸收致毒。多数爆炸分散型化学弹药还有破片杀伤作用。化学武器的杀伤作用可延续几分钟、几小时，有时达几天、几十天。化学炮弹比普通炮弹的杀伤面积一般要大几倍至几十倍。染毒空气并能随风扩散，渗入不密闭、无滤毒通风装置的装甲车辆、工事、建筑物等，沉积、滞留于沟壕和低洼处，杀伤隐蔽的有生力量。化学武器按其装备于不同的军种、兵种可分为：步兵化学武器，主要有毒烟罐、化学手榴弹、地雷、小口径化学迫击炮弹和布洒车等；炮兵、导弹部队化学武器，主要有各种身管火炮、火箭炮的化学弹、化学火箭、导弹等，舰用化学武器亦属此类；航空兵化学武器，主要有化学航空炸弹和飞机布洒器等。

化学武器的种类

化学武器按毒剂的分散方式不同可分为：爆炸分散型，通常由弹体、毒剂、装药、爆管和引信组成，借炸药爆炸分散毒剂，如液态毒剂化学弹、化学地雷及部分固态毒剂化学弹等；热分散型，借烟火剂等热源将毒剂蒸发、升华，形成毒烟、毒雾，如装填固态毒剂的毒烟罐、毒烟手榴弹、毒烟炮弹，以及装填液态毒剂的毒雾航弹等；布洒型，通常由毒剂容器和加压输送装置组成，使用固态毒剂溶液、低挥发度液态毒剂或粉末状毒剂，经喷口喷出，造成地面和空气染毒，如飞机布洒器、布毒车、气溶胶发生器以及喷洒型弹药等。

↑芥子毒气弹的受害者——协约国士兵。

化学武器在战场上的使用

20世纪初，化学工业在欧洲的迅速兴起和军事上的需要，为现代化学武器的发展提供了条件。

1915年4月，德军利用大量液氯钢瓶，吹放具有窒息作用的氯气，使英法联军伤亡惨重。但是，钢瓶吹放仅适于少数低沸点毒剂，使用时准备工作复杂，并受风向风速的制约。因此，英军先后研制使用了"李文斯"投射器和"司托克斯"迫击炮。这两种抛射式武器比吹放钢瓶有很大改进，但仍较笨重，射程近，机动性能差。随着毒剂的发展，交战国又竞相研制化学炮弹。

1916年2月，法军使用了75毫米装有光气的致死性化学炮弹。1917年7月，德军使用了能透过皮肤杀伤的芥子气炮弹。利用火炮发射的化学弹，既可装填多种毒剂，又便于实现突然、集中、大量用毒的战术要求。因此，1918年火炮发射的毒剂量已达交战各国所用毒剂总量的90%以上。随着技术的改进，相继出现了定距空爆的各种化学炮弹、着发和定距空爆的化学航空炸弹以及飞机布洒器、布毒车等。1936～1944年，德国先后研制出几种神经性毒剂，其毒性较原有的毒剂大几十倍。还有一些国家继续加强毒剂及其使用技术的研究，着重发展远程火炮、多管火箭炮、飞机等投射的大面积杀伤化学武器。

20世纪50年代以来，先后出现的神经性毒剂化学火箭弹、导弹和二元化学武器及装有多枚至上百枚小弹的子母弹、集束弹，成为大口径化

↑第一次世界大战中毒气造成的伤员。

学弹药的重要构型。现代化学武器与常规投射兵器的广泛结合，使火力密度、机动范围和同重量毒剂的覆盖面积，都达到更高的水平。

芥子气

芥子气是一种糜烂性毒剂。以比利时伊普尔城的名字命名，1917年7月12日，德国人在此地区对英法联军首次使用了芥子气。纯的化学芥子气是一种无色液体，略溶于水，易渗入多孔材料、涂漆表面和食物。芥子气具有多方面的杀伤性能，有全身中毒作用、窒息作用和糜烂作用。经呼吸器官中毒的绝对致死毒害剂量为2～3毫克·分/升，液滴状芥子气经皮肤中毒的绝对致死毒害剂量为70毫克·分/升，芥子气蒸气对眼睛作用的半数失能毒害剂量为0.2～0.3毫克·分/升。液滴状芥子气落在皮肤上，浓度在0.1毫克/平方厘米时便会产生溃疡。芥子气作用的潜伏期可达12小时以上。防毒面具和专用防护服可用来保护呼吸器官和皮肤不受芥子气伤害。

光气

光气是一种窒息性毒剂。光气在常温条件下为无色气体，具有烂干草或烂苹果气味；易溶于有机溶剂，在水中可迅速水解。光气是用一氧化碳、氯气的相互反应制取的。光气在第一次世界大战中作为毒剂使用过。它可损伤肺部，引起肺水肿。光气具有积累作用（重复中毒时作用加强）。光气在0.005毫克/升左右浓度时暴露60～90分钟会造成伤害，0.5毫克/升时10分钟便可致命。光气中毒时有作用潜伏期，视中毒程度的不同潜伏期可持续2～8小时。对光气的防护可使用防毒面具。

沙林

沙林是一种神经麻痹性毒剂，具有极微弱的水果香味，为无色透明液体，易同水混合，并能溶于有机溶剂，易渗入多孔表面和涂漆表面。所有神经麻痹性毒剂中，沙林的挥发度最高。它对人的瞳孔具有强烈的收缩作用。当沙林以各种方式侵入人的机体时，其毒害作用是能损伤神经传导。沙林的潜伏期极短。沙林经呼吸道致毒时，其绝对致死剂量为0.1毫克·分/升，半数致死剂量视体重的不同为0.025～0.07毫克·分/升。防毒面具可用来对沙林进行防护。

↑英军士兵在战场上迎着毒气冲锋，没有戴防毒面具的士兵当场阵亡。

神经性毒剂

神经性毒剂是一种主要作用于神经系统的毒剂。主要代表物有沙林、梭曼和维埃克斯。神经性毒剂为速杀性致死剂，可经呼吸道、皮肤等多种途径使人员中毒，抑制胆碱酯酶，破坏神经冲动传导。主要症状有缩瞳、流涎、恶心、呕吐、肌颤、痉挛和呼吸麻痹。这类毒剂为无色油状液体，可用以装填多种弹药和导弹弹头，美军还将沙林、维埃克斯等神经性毒剂发展为二元化学武器。神经性毒剂可作为暂时性和持久性毒剂使用，造成空气、地面或物体表面和水源染毒，杀伤有生力量，封锁重要军事地域和交通枢纽。

全身中毒性毒剂

全身中毒性毒剂，又名血液中毒性毒剂，主要是损伤人体细胞和组织内的呼吸酶系的一类毒剂，有氢氰酸和氯化氰。氢氰酸是一种有苦杏仁味的无色液体，易气化，吸入中毒，无潜伏期，中毒较重者可在几分钟内出现昏迷、痉挛和呼吸困难等症状，如不及时救治立即死亡。氯化氰对眼和上呼吸道有强烈刺激，全身中毒症状与氢氰酸相似。全身中毒性毒剂可装填在炮弹、航空炸弹和火箭弹中使用，造成空气染毒。

↑被毒气致死的士兵。

窒息性毒剂

窒息性毒剂，又名伤肺性毒剂，主要是损伤肺组织，使血浆渗入肺泡引起肺水肿的一类毒剂。中毒者出现肺水肿时，肺泡内气体交换受限，血液摄氧能力降低，机体缺氧以致窒息死亡。

这类毒剂曾在第一次世界大战中使用过，主要有光气、双光气、氯气和氯芥气等。当时光气是重要毒剂之一，占毒剂生产总量的25%。光气的化学名称为二氯化碳酰，是一种有烂草味的无色气体，低温时液化，沸点为7.6℃。吸入光气后，一般经几小时的潜伏期后才出现肺水肿症状，表现为呼吸困难、胸部压痛、呼吸频率升高、血压下降，严重时出现昏迷以至死亡。有些窒息性毒剂对眼、鼻、喉还有不同程度的刺激作用。窒息性毒剂可装填于炮弹和航空炸弹中使用，造成空气染毒，使用防毒面具可对其进行有效地防护。

化学炮弹和化学炸弹

化学炮弹是以军用毒剂杀伤人、畜及造成地面染毒的炮弹，是化学武器的重要组成部分。它由装有军用毒剂的弹体、炸药或火药的爆炸装药以及引信组成。通常借助炸药的爆炸能量将弹体炸开，装料飞散。此时军用毒剂变成蒸气状、气溶胶状或液滴状。化学炮弹与着发、非触发或空炸的弹头引信配套，能在目标上空或目标表面爆炸。

子母弹型的化学炮弹，内装许多小弹，弹壳在高空爆开时，诸小弹呈面形散开并自行爆炸。火力齐射的火箭系统在射击时具有最大的战斗杀伤力。破片杀伤的化学炮弹兼有破片杀伤弹与化学弹二者的性能。这种炮弹的军用毒剂装量较小，以保证炮弹的破片杀伤作用，炸药的爆炸装药约占炮弹内腔容积的30%。航空化学炸弹是以持久性和暂时性毒剂沾染地面来杀伤有生力量的航空炸弹。

1925年《日内瓦议定书》禁止使用毒剂。但在某些国家的军备中，却有各种配方毒剂的航空化学炸弹。航空化学炸弹装有撞发引信、定时引信或非触发引信。当炸药爆炸时，航空化学炸弹的薄壁弹体破裂，液态毒剂分散成小点滴向各方飞溅，从而以持久性毒剂杀伤人员，沾染地面和目标，或造成暂时性毒气团，污染空气。小圆径（0.4～0.9千克）航空化学炸弹的弹体为球形，由塑料制成。这种航空化学炸弹使用时无须引信，在碰地瞬间，其弹体破裂，毒剂即行扩散。

基因武器

　　基因武器亦称遗传武器，是利用重新组织遗传基因、细胞融合和培养、生物反应等技术手段制造的生物武器。其致病菌有很强的抗药性，并能利用人种生化特征上的差异，使这种致病菌只对特定遗传型的人种有致病作用，以达到有选择地对某些人种进行杀伤的目的，从而克服普通生物武器在杀伤区域上无法控制的缺点。遗传武器与普通生物武器在作用机理上相同，但两者生产方法上不完全一样。普通生物武器是用生物学方法复制生产，而遗传武器还可以用化学方法生产。美国马里兰州的美军医学研究院即是基因武器研究中心。苏联也有基因武器研究机构。有的国家已经研究出利用酿酒菌传播裂谷热病细菌基因的方法。此种武器有灭亡族种的毒害力，有的研究者将常见的肉毒杆菌的一种基因，移植在另一种特别的基因上，产生出"热毒素"。试验者称，这种奇特的巨毒物质有空前的毒害力，只需20克就可以使50亿人死于一旦。制造基因武器已属可能。据统计，用5000万美元建立的基因武器库，比5亿美元建立的核武器库具有更大的威力。基因武器造价低、保密性好，有人称之为"世界末日武器"。

糜烂性毒剂

　　糜烂性毒剂是一种以皮肤糜烂作用为伤害特点的毒剂，兼有全身中毒作用，可致人死亡。主要种类有芥子气、氮芥气和路易氏气。糜烂性毒剂属细胞毒物，可破坏细胞中重要的酶及核酸，造成组织坏死，吸入时损伤呼吸道、肺组织及神经系统。接触皮肤和粘膜时能引起红肿、起泡、糜烂，对眼睛可造成严重伤害。芥子气、氮芥气有数小时潜伏期，路易氏气潜伏期较短，甚至可立即伤害皮肤。糜烂性毒剂可装填于多种弹药，以蒸气、气溶胶、液滴状态造成空气、地面、物体表面染毒，可作持久性和暂时性毒剂使用。

生物武器

　　生物武器也称细菌武器。它是利用微生物的致病特性引起人员、动植物感染疾病的特种破坏性武器。主要由生物战剂和施放器材组成。第一

↑三名头戴防毒面具的美国海军。

次世界大战期间，德国曾首先研制和使用生物武器。日军在侵华战争中，美军在朝鲜战争中，也曾研制和使用细菌武器。第二次世界大战后，一些国家违反国际公约，漠视舆论谴责，仍继续研究和生产新的生物武器。生物战剂的施放方式有：利用飞机投弹，施放带菌昆虫动物；利用飞机、舰艇携带喷雾装置，在空中、海上施放生物战剂气溶胶；或将生物战剂装入炮弹、炸弹、导弹内施放，爆炸后形成生物战剂气溶胶。生物战剂主要用于攻击敌方军队集结地域、后方地域、交通枢纽、经济区和居民区。生物战剂有极强的致病性和传染性，能造成大批人、畜受染发病，并且多数可以互相传染。受染面积广，大量使用时可达几百或几千平方千米。危害作用持久，炭疽杆菌芽胞在适当条件下能存活数十年之久。带菌昆虫、动物在存活期间，均能使人、畜受染发病，对人、畜造成长期危害。但生物战剂受自然条件影响大，在使用上受到限制，日光、风雨、气温均可影响其存活时间和效力。

二元化学武器

　　二元化学武器是将两种以上可以生成毒剂的无毒或低毒的化学物质——毒剂前体，分别装在弹体中由隔膜隔开的容器内，在投射过程中隔膜破裂，化学物质靠弹体旋转或搅拌装置的作用相互混合，迅速发生化学反应，生成毒剂。在生产、装填、储存和运输等方面较安全，能减少管理费用，避免渗漏危险和销毁处理的麻烦，毒剂前体可由民用工厂生产。二元化学武器弹体结构复杂，化学反应不完全，相对降低了化学弹药的威力。20世纪60年代以来，有些国家已研制了沙林、维埃克斯等神经性毒剂的二元化学炮弹、航弹等，有的国家还计划发展适用于化学战武器系统的二元化学导弹弹头等。

核武器

核裂变

1938年，德国物理学家哈恩发现，铀核在中子的轰击下，可以分裂成两个中等核，同时放出两到三个中子和一定的能量，而裂变时产生的新中子又可以使其他铀核裂变，这样进行下去，产生的中子越来越多，被分裂的铀核也就越来越多。这就是链式反应。

大量的铀核被分裂后，就会释放出巨大的能量。1000克铀的原子核全部分裂后释放出的能量相当于2万吨梯恩梯炸药爆炸时所释放出的能量。原子弹就是利用核裂变的链式反应来爆炸的。

为了实现核爆炸，就必须有足够的核装药。保证链式反应正常进行所需要的核装药的最小体积，叫作"临界体积"。原子弹爆炸前，核装药在弹内分成几块，每块都小于临界体积，而总体积却超过临界体积。爆炸时，控制机构先引爆普通的烈性炸药，利用爆炸产生的挤压作用，使几块分离的装料迅速合拢，使其总体积大于临界体积。这时，弹内的镭铍中子源放出中子，引起裂变链式反应，在百万分之一秒的极短时间内释放出巨大能量，引起猛烈的爆炸。

最早从事核武器研究的德国

1938年12月，德国柏林威廉大学化学研究所科学家哈恩和斯特拉斯曼经过6年时间的研究，发现了铀裂变，掌握了分裂原子核的基本方法。这一杰出的成就被透露后，传遍了全世界。

1939年4月，哈塔克向陆军工兵署写信指出："首先用上它的国家将取得对别国的压倒优势。"德国于当月30日召开了由6位原子科学家参加的"铀设备"会议，并在柏林成立了"德国铀协会"。

1940年初，由物理学家魏茨泽克、海森堡、布雷格和施罗德等制定了德国核研究计划，代号为"U工程"。执行这一计划的领导机构是"帝国研究委员会"。他们设计并建造了第一座反应堆。当时德国占领了捷克斯洛伐克，获得了普日布拉姆和雅希莫夫沥青铀矿，德国地质学家在本国东部地区也发现了铀矿，同时德国还在挪威南部建造了世界上最大的重水生产工厂，从而使核武器研制的原料问题得到了解决。

1942年，海森堡和德佩尔运用一个球形装置使反应堆得到成功，打开了制造原子弹的大门。布雷格根据计算，认定最理想的中子减速剂是石墨，但负责生产减速剂的普拉尼亚工厂生产出的炭片含有二硫化铁、钙和硫杂质，使布雷格的研究所试验遭到了失败。他又经过无数次的试验，找到了重水当减速剂，但制造原子弹的日期却被大大推迟了。在此期间，英国和美国已经确认德国正在试验和制造这种威力巨大得令人无法想象的核武器，因此同盟国不断派出飞机对德国的试验基地进行轰炸，其主要目标之一就是德国的核试验场所，又不惜代价地破坏德国生产重水的工厂，使得德国人不得不把设在挪威这个工厂的设备和1100多千克重水运往德国本土。

英国于1944年2月20日派出特别行动小组，将运载设备和重水的"海德"号轮船炸沉于波罗的海，延缓了德国研制生产原子弹的进程。直到第二次世界大战结束，德国人也没能制造出一颗原子弹。

"曼哈顿工程"

1939年10月11日，美国总统罗斯福下令成立"铀顾问委员会"。1942年，罗斯福决定成立秘密原子弹研究机构，地址设在纽约，代号为"曼哈顿工程"。

这一工程投资22亿美元，投入人力达50余万。整个工程由格罗夫斯负责全面指挥，芝加哥大学的著名教授康普顿负责裂变材料的制造工作，美籍意大利著名科学家费米负责制造原子反应堆，著名物理学家奥本海默为原子弹总设计师。

1942年12月，在费米领导下，于芝加哥大学建成世界上第一座核反应堆，并于该月首次实

↑康普顿，诺贝尔奖获得者，参加了"曼哈顿工程"。

现人工控制的链式核反应。后建起了生产裂变材料铀—235的工厂。但得到铀—235并非易事，经过无数实验，费米终于发现钚—239竟是一种比铀—235更加易于分裂的原子炸药。因此美国又建造了3座石墨慢化、水冷却型天然铀反应堆和一个后处理厂以生产钚—239。

到1945年，美国终于研制成3枚原子弹，分别命名为"小玩意儿""小男孩"和"胖子"。1945年7月16日上午5时24分，美国在新墨西哥州阿拉莫戈多的"三一"试验场内30米高的铁塔上，进行了人类有史以来的第一次核试验。"小玩意儿"钚装药重6.1千克，梯恩梯当量2.2万吨，试验中由于核爆炸产生了上千万摄氏度的高温和数百亿个大气压，致使30米高的铁塔被熔化为气体，并在地面上形成一个巨大的弹坑。在半径为400米的范围内，沙石被熔化成了黄绿色的玻璃状物，在半径1600米范围内，所有的动物全部死亡。这枚原子弹的威力，要比科学家们原估计的大20倍。

"原子弹之父"——奥本海默

奥本海默被誉为"原子弹之父"。原子弹爆炸并投放日本后，他预感到战后在原子弹问题上会产生什么样的后果。战后他对美国继续研制威力更大的氢弹态度冷漠，并于1949年与热心这一工作的贝特等人发生了冲突。1950年，麦卡锡主义气焰十分嚣张，奥本海默遭到恶毒诽谤和攻击，联邦调查局对他进行控告。1953年，军事情报机关控告他是"苏联的代理人"、原子弹间谍同案犯。1954年美国政府决定对奥本海默进行审

↑"原子弹之父"——奥本海默。

查，许多亲朋好友也因此受到株连。在许多正义科学家作证下，美国政府不得不承认奥本海默是一个"忠诚的美国公民"，没有犯叛国罪，但仍以不信任的态度不准他接触军事机密，并解除了他在原子能委员会总顾问委员会中的职务。美国科学家联合会158名科学家就保安委员会对奥本海默的处理提出了抗议。1963年，约翰逊总统把原子能委员会的费米奖授予奥本海默，以这种方式为他恢复名誉。奥本海默1966年退休，次年2月18日因患喉癌去世，享年仅62岁。

美国人在日本使用原子弹

1945年8月6日清晨，一架美军B—29轰炸机飞临日本广岛市区的上空。上午8时15分，B—29型轰炸机扔下一枚炸弹后，就拼命逃离了广岛上空。那枚黑色的大炸弹带着降落伞慢慢落向市中心，离地面还有五六百米时爆炸了。

爆炸瞬间，先是耀眼的强光一闪，随即是天崩地裂的爆炸声。紧接着，出现了一个大火球，逐渐上升、翻滚和扩大，变成一团暗棕色的烟云，地面上的尘土、碎石被扬起卷入空中。这就是美军研制成的3枚原子弹之一的"小男孩"。"小男孩"是"枪式"铀弹，长3米，重约4吨，直径0.7米，梯恩梯当量为1.5万吨，内装60千克高浓铀，爆高约为580米。广岛市24.5万人中有20万人死伤或失踪，城市建筑物在巨大冲击波的作用下全部倒塌和燃烧，一枚原子弹毁掉了一座城市。

两天后，1945年8月9日上午11时零2分，美军又用B—29轰炸机将第二枚原子弹"胖子"投在长崎市中心，爆高503米。"胖子"重约4.9吨，长3.6米，直径1.5米，梯恩梯当量2.2万吨，是一枚"收聚式"钚弹。这枚原子弹的爆炸，使长崎市23万人中有15万人死伤和失踪，城市毁坏程度达60%～70%。

光辐射和冲击波

核武器的杀伤破坏方式主要有光辐射、冲击波、早期核辐射、电磁脉冲及放射性沾染。光辐射是在核爆炸时释放出的以每秒30万千米速度直线传播的一种辐射光杀伤方式。1枚当量为2万吨的原子弹在空中爆炸后，距爆心7000米内会受到比阳光强13倍的光照射。光辐射可使人迅速致盲，并使皮肤大面积灼伤溃烂，物体会

燃烧。

冲击波是核爆炸后产生的一种巨大气流和超压。一枚当量为 3 万吨的原子弹爆炸后，在距爆心 800 米处，冲击波的运动速度可达 200 米／秒，可迅速摧毁建筑物、电网等矗立设施。当量为 2 万吨的核爆炸，在距爆心 650 米以内，超压值大于 1000 克／厘米，可把位于该区域内的所有建筑物及人员彻底摧毁。

早期核辐射、电磁脉冲和放射性污染

早期核辐射是在核爆炸最初几十秒钟放出的中子流和 γ 射线。1 枚当量 2 万吨的原子弹爆炸后，距爆心 1100 米以内人员可遭到极度杀伤，1000 吨级中子弹爆炸后，在这个范围内的人员几周内会致死，在 200 米以内的人员则当即致死。

电磁脉冲的电场强度在几千米范围内可达 1 万～10 万伏，不仅能使电子装备的元器件严重受损，还能击穿绝缘体，烧毁电路，冲销计算机内存，使全部无线电指挥、控制和通信设备失灵。1 枚 5000 万吨级原子弹爆炸后破坏半径可达 190 千米。

放射性污染是蘑菇状烟云飘散后所降落的烟尘，对人体可造成体内体外照射或皮肤灼伤，以致死亡。1954 年 3 月 1 日，美国在比基尼岛试验的 1500 万吨级氢弹，爆后 6 小时，污染区长达 257 千米，宽 64 千米。在此范围内的所有生物都受到致命性污染，在一段时间内缓慢死去或终身残废。

氢弹

第二次世界大战期间，美国科学家研究"重元素"铀和它的同位素钚的同时，一些科学家预见到利用裂变反应产生的足够热量而使氢核聚变的可能性。1943 年，人们还发现氢的同位素氘、氚聚变所需要的点火能量较低，于是设想制造氢弹。

1949 年 8 月，苏联实战性核武器的爆炸成功打破了美国的核垄断地位，促使美国人又加紧了氢弹的试验。泰勒组织了氢弹的研究工作，到 1949 年底完成了氢弹的全部理论研究。

1950 年 1 月，美国总统杜鲁门下达了研制氢弹的命令。1950 年 2 月 24 日，美国国防部和参谋长联席会议通过了"立即全力发展氢弹的生产与运输工具"的决定。氢弹终于制造出来了。这枚氢弹是由一个被 1 吨左右高度压缩成液态的氢围绕的原子弹构成的。这种装置爆炸时，氢元素的温度升到 9000 万摄氏度，足可开始聚变反应，从而放出大量的核能，产生的热能是原子弹的数百倍，原子弹在其中起着引爆作用。1952 年 11 月 1 日，美国在太平洋上的马绍尔群岛的比基尼环礁上试爆成功了第一枚氢弹，这枚试验用的氢弹为 1040 万吨梯恩梯当量，相当于投向日本广岛那枚原子弹威力的 800 倍。

在美国研制氢弹的同时，苏联科学家萨哈罗夫 1948 年就开始领导进行氢弹的研究，终于在 1953 年 8 月在北极圈的弗兰格尔岛成功地爆炸了一枚氢弹，比美国仅晚 9 个月。

↑ 氢弹爆炸产生的蘑菇云。

英国成为第三个拥有核武器的国家

1939年，英国的牛津、剑桥、利物浦和伯明翰大学展开了原子能的研究工作，并得到因战争逃亡到英国的许多外国科学家的帮助。

1940年5月，丘吉尔就任英国首相后，在首都成立了以帝国化学公司华莱士·艾克斯爵士为首，以迈克尔·佩林为助手的秘密理事会，代号为"铙管厂"。丹麦著名物理学家尼尔斯·玻尔，为英国人提供了德国人"利用慢中子连锁反应制造炸弹"的重要情报，加速了英国人的科研速度。

在一年多的时间里，英国人在核武器结构和供弹芯用的稀有铀同位素分离的研究方面取得了重大的进展。但英国已被战争消耗得精疲力竭，因此，英国政府1941年7月派出了以澳大利亚科学家马库斯·奥利劳特率领的代表团出访美国，敦促美国加速研制原子弹。同时，英国大批杰出的科学家也加入了美国研究原子弹的行列。

1942年夏，丘吉尔和罗斯福在伦敦海德公园会晤，决定以美国为研试地点。但随后美国借口影响战争进程，拒绝向英国提供有关原子弹的情报。美国试爆原子弹成功后，英方向美方多次交涉，但仍无法获取有关资料。第二次世界大战后，英国人迅速在伯克郡建立了自己的科研基地，在坎伯兰市温克尔建立了一座钚反应堆。第一任负责人是约翰·科克罗夫特爵士。

1946年6月，K.福克斯从美国回到英国担任原子能研究机构理论部主任。1946年8月，美国总统杜鲁门签署《麦克马洪法案》，决定由美国垄断原子弹生产，彻底堵塞了美英原子情报交流渠道。

1949年2月，布鲁诺·蓬泰科尔从加拿大回到英国接任该基地主管科学的主任职务，使得英国的核科研工作具备了雄厚的科技力量，英国政府加快单独研制原子弹的步伐。

1952年10月3日，英国第一颗原子弹在澳大利亚沿海的蒙特贝洛停泊的船上试爆成功。英国成为世界上继美苏之后第三个拥有核武器的国家。

1956年，英国开始在空军装备原子弹。3年后又爆炸了氢弹，英国成为世界上第三个爆炸氢弹并具有核作战能力的国家。

↑中国氢弹爆炸后的壮观景象。

中国第一颗原子弹爆炸成功

1955年，中国地质部门就开始了铀矿的勘探，并找到了丰富的铀矿。1956年，国防部成立了第五研究院，即第一个导弹研究机构，院长由科学家钱学森担任。

1958年秋天，34岁的物理学家邓稼先担任了核武器研究设计院的理论部主任。他在北京几十所大专院校中选择了28名年轻的专家，组成了中国核武器研究的基本科技力量。

1959年，中国科学家们对第一颗原子弹的理论计算获得了成功，以祝麟芳任厂长、姜圣阶任总工程师的核工业企业的建设也初获成效。

在苏联撤走了在华专家之后，中国重新调整了核研制计划，代号为"596"工程。组织了30多个研究所、200多家工厂投入研制，克服了技术上的道道难关，使"596"工程顺利进行。1964年10月，完成了第一颗原子弹的组装。同年10月16日15时，在人迹罕至的罗布泊，巨大的蘑菇状烟云腾空而起，中国第一颗原子弹爆炸成功。

法国第一颗原子弹试爆成功

1945年10月18日，戴高乐将军决定进行原子弹的研究，成立了原子能委员会，由著名物理学家，居里夫人的女婿弗雷德里克·约里奥·居里担任主要负责人。法国的原子弹工业从此起步并蓬勃发展起来。

1948 年，法国在本土找到了铀矿，第一座反应堆建立起来，并于 1949 年分离出钚。1952 年法国政府提出发展核武器的设想。1954 年 12 月，这一设想被孟戴斯—弗朗斯政府内阁会议列入议程。富尔执政时，决定发展第 94 号元素的生产，并且筹办了分离同位素的工厂。

1956 年，席勒内阁制订了核能试验五年计划。第四共和国末期的费利克斯·加亚尔政府决定制造第一颗原子弹。同年，法国建成第一座使用天然铀的二氧化碳石墨中速反应堆试验电站。

1958 年，戴高乐重新上台执政后，加快研制核武器。法国终于在 1960 年 2 月 13 日在西非撒哈拉大沙漠赖加奈 100 米的高塔上爆炸成功了第一颗原子弹。这颗原子弹获得了约 6 万吨当量的核裂变能量。法国成为世界上第四个核国家。

1962 年 6 月，法国政府又提出耗资达 300 多亿法郎的"军事装备计划法案"，其中 60 多亿法郎用来建立核威慑力量。之后法国很快建立起由陆基导弹、潜艇导弹、飞机携带的核导弹所组成的三位一体的独立核力量。法国成为第四个拥有核武器的国家。

氢弹的类型

氢弹的核装药可以用氘和氚，在它里面装有一颗小型原子弹作为引爆装置。爆炸时，先用雷管将普通炸药引爆，将分开的核装药铀—235 或钚—239 迅速地压拢在一起，起爆小型原子弹，产生上千万摄氏度的超高温，使氘、氚产生聚变反应。在超高温的条件下，氘、氚就变成一团由不带电子的原子核和自由电子所组成的气体，并以很高的速度相互碰撞着，随之迅速剧烈地进行

合成氦的反应，同时释放出巨大的核聚变能。

另有一种以氘化锂—6 为核装药的"干式"氢弹。氢弹内部用来引爆的原子弹爆炸后，产生超高温的同时还产生大量的中子，而锂—6 在中子的轰击下又产生氦和氚。氘化锂—6 中的氘和新产生的氚，又在超高温条件下发生聚变反应，产生氦核和中子，并放出巨大的能量。氘和氚的核聚变反应极大地提高了反应温度，又会加速氘和氚的聚变反应速度。

美国拥有的核武器

美国是世界上第一个试制成功核武器的国家和第一个将原子弹用于实战的国家，也是世界上拥有核武器数量最多、质量最高、运载工具最先进的国家。美国拥有的核弹头有 26 个型号、26000 个，总当量近 55 亿吨。其中，战略核弹头 11000 个；其余的近 15000 个核弹头装备中、近程导弹，飞机和舰艇，以及配备发射核炮弹的火炮部队。

在战略核武器中，陆基洲际弹道导弹有 107 枚，潜地弹道导弹 648 枚，携带核武器的远程战略轰炸机 336 架。

战略核武器和战术核武器

核武器可分为战略核武器和战术核武器两大类。

战略核武器攻击的主要目标是军事基地、工业基地、交通枢纽、政治经济中心和军事指挥中心等。核爆炸威力通常有数十万吨、数百万吨，乃至上千万吨梯恩梯当量。主要运载工具有陆基战略导弹、携带核航弹的远程轰炸机、潜基战略导弹、反弹道导弹、核导弹以及近程攻击核导弹和巡航核导弹等。

↑ 美国核试验的爆炸场面

↑ SS-N-25 洲际导弹发射车

战术核武器主要打击目标为导弹发射阵地、指挥所、集结地、飞机、舰船、坦克集群、野战工事、港口、机场、铁路、桥梁、交通枢纽等。主要有战术核导弹、核航弹、核炮弹、核深水炸弹、核地雷、核水雷和核鱼雷等。主要运载和发射工具有火炮、导弹、飞机、水面舰艇和潜艇等。战术核武器机动性能好，命中精度高，爆炸威力有百吨、千吨、万吨和十万万吨梯恩梯当量，少数可达百万吨级。

中子弹

1958 年，美国号称"中子弹之父"的科学家科恩，发表了关于中子弹原理的报告。1963 年，美国第一个中子弹实验装置进行了地下试验，代号"3－63"。1968 年，美国已能制成直径不超过 30 厘米、引爆 10 吨级的小型氢弹，这就为中子弹研制成功打下了基础。

1972 年，美国在低威力扳机设计方面有重大突破。1976 年，美国国防部要求研制"长矛"导弹用的中子弹头以及 155 毫米口径以上榴弹炮用的中子炮弹。

1977 年 6 月，美国正式宣布研制出了中子弹，并开始正式投入生产和装备部队。1978 年，美国已能制造出 1000～3000 吨的中子弹，中子弹的关键部件已投入生产。1981 年，美国里根政府下令生产和储备中子弹。不久，苏联和法国也宣布制造出了中子弹。

中子弹是一种利用中子和 γ 射线作为主要杀伤手段的武器，它能最大限度地杀伤人员等有生力量，而对建筑物、坦克及战斗车辆的破坏力则比较小。中子弹主要用于战术核武器，对杀伤敌集群坦克或大兵团进攻的步兵效果更为明显。

中子弹以贯穿辐射为主，主要是破坏人体各种细胞，特别是中枢神经系统的细胞，使人员当即死亡或失去正常活动能力。1 枚 1000 吨梯恩梯当量的中子弹，在 800 米高度爆炸时，中子贯穿辐射能力最强，可穿透 30 厘米厚的坦克装甲和钢筋混凝土掩体、工事内部杀伤人员，而且 1 分钟内能扩及 4 平方千米的广阔地域。处于爆心 200 米以内的一切人员立即致死，距爆心 350 米内的人员两天内致死，1350 米以内的人员几周后致死，1450 米以外可致伤。

中子弹在 30 千米以内范围，可用 155 毫米、203 毫米榴弹炮发射；在 130 千米范围内，可用"长矛"地地战术导弹携载中子弹头；在更远的距离上，则可使用"潘兴"Ⅱ式导弹和"战斧"巡航导弹携载中子弹头，也可由飞机投掷。

从防御的角度出发，国外已研制成功一种特殊的 20 毫米厚的塑料板，能使中子辐射强度减到千分之一。254 毫米厚的混凝土或湿泥土层可挡住 90% 的高能中子辐射。由于中子辐射容易被硼、氢、氧等轻元素吸收，因此给坦克装甲镶上掺硼或镉薄板的塑料，可有效地降低中子的辐射剂量。

美国的"星球大战"计划

1983 年 3 月 23 日晚，美国总统里根以《和平与国家安全》为题向全国发表电视演说，首次宣布建立反弹道导弹系统，以便在"苏联的战略核导弹到达我们的国土或者我们盟国的国土之前就拦截并摧毁它们"。这就是著名的美国"星球大战"计划。

"星球大战"计划将拦截方案划分了 4 个层次。

第一层为助推段拦截。敌导弹发射阶段有 3～5 分钟的持续时间。此时产生大量红外线，易被空间探测器捕获。担任拦截任务的是在地球同步轨道上运行的 432 颗反导弹 X 射线卫星，每颗卫星可摧毁 100 枚以上正在升空的导弹。这种反导弹 X 射线卫星直径 1 米，表面插有多根刺猬状金属管，一旦发现敌导弹，卫星便开始攻击。卫星内部产生核爆炸，每一金属管都喷射一束 X 射线，将导弹摧毁。

第二层为末助推段拦截。当导弹最末一级火箭关机，弹头和突防装置开始脱离导弹飞向目标时，持续时间约 500 秒。可用激光武器或动能武器摧毁已投放的弹头和含有一部分尚未投放子弹头的母舱。

第三层为中段拦截。从导弹投放完分导弹头和突防装置，到弹头再入大气层之前的这一段称为中段，持续时间达 20 分钟。拦截时，利用部署在高轨道发射平台上的动能武器或粒子束武器摧毁来袭导弹；利用飞机或在低轨道上部署的作战平台，发射以超高速火箭为动力的自动寻的拦截导弹。这种导弹可以在预定高度上形成密集的弹幕，直接击毁来袭导弹。

第四层为再入段拦截。这一段是拦截再入大气层的导弹。先通过机载红外探测器和机载雷达捕捉目标，用红外寻的器进行瞄准和跟踪。拦截时，通过地基发射高速近程导弹，在预定高度爆炸击毁来袭弹头，或利用以火箭推进的非爆炸性弹丸，通过齐射方式将成千上万个弹丸送入拦截高度，以阻拦来袭弹头。另外，还可以带电粒子束武器的强烈电磁效应使来袭弹头失效。

从理论上说，"星球大战"计划建立的多层次防御系统拦截成功率可达99.9%。但这是一项规模庞大又耗资惊人的工程，总预算将达1万亿美元。

激光武器

据传说，公元前212年希腊科学家阿基米德曾用镜片聚光，烧毁了入侵的战舰。18世纪，一个法国人设计了1架由168块玻璃组成的面积约为50平方米的反射镜"光炮"，将太阳光聚焦，使47米远处的松木板在几分钟之内燃烧起来。第二次世界大战期间，在德国有人用设计的光学装置杀伤过10米远处的兔子。但这些都不是激光武器。直到1960年世界上第一台红宝石激光器诞生，才真正使用光束作为武器变成了现实。激光在激光器的激励下，能将光束高度集中，具有极强的方向性。一束激光射到1000米远处，其光斑直径只有10厘米左右；射到10千米远处，其光斑直径为1米左右；要是射到38万千米远的月球表面上，其光斑直径也只有3000米左右。因此可以产生高强度的冲击能量。激光的亮度比太阳表面的亮度高出400亿倍以上。把这种高强度的光投射到物体上，物体受照部分的温度可上升到10000℃以上。无论是金属还是非金属，都将迅速熔化和汽化。激光武器利用亮度大、方向性强而集中这一特性，通过烧蚀、激波和辐射三种效应来达到杀伤有生力量和摧毁坚固敌对目标的目的。

激光武器的研究始于20世纪60年代初，开展这一领域研究的国家主要有：美、苏、法和前联邦德国等，其中美、苏两国投入的力量最大。发展激光武器要解决的主要技术难题有：研制性能优异的高能激光器；发展高精度瞄准跟踪系统；搞清激光破坏目标的机理；研究克服大气效应；研制大型反射镜和自适应光学系统。此外，还有工程组装和配备自动化指挥控制通信系统等问题。美国对激光武器一直很重视，积极发展各项单元技术，同时研制了一些试验样机，进行过演示性的验证试验。

用于实战的激光炮

激光炮属高能激光武器，已进入实战装备阶段。1973年，美国用激光炮进行第一次试验，击落了一架长4.57米、时速为482.8千米的飞行靶机。1975年，用空中加油机改装了一架空中激光武器试验机，击中了一个固定目标。1983年5月，用机载二氧化碳激光器击落了5枚"响尾蛇"空空导弹，9月又击落了3架模拟进攻军舰的低空飞行靶机。1976年，美陆军用车载激光武器击落了一架距离约914米的飞行靶机；同年10月，又击落了两架飞行高度为900米的无人驾驶直升靶机。用激光炮反导弹、反卫星的试验也取得一些成功。1978年11月23日，美陆军使用激光炮在2000米内使1枚正在高速飞行的反坦克导弹头部裂成碎片。苏联研制的中红外化学激光武器已装备"基洛夫"级核动力导弹巡洋舰试验，其作用距离可达10千米。1975年11月，美国两颗卫星在飞抵苏联西伯利亚导弹发射场上空进行侦察时，被苏联反卫星激光武器击毁。反坦克激光炮虽可击穿钢制装甲，但要耗费大量能量。目前反坦克激光炮主要还是通过发射强激光束来破坏坦克上的观察瞄准镜等光学仪器，给常规反坦克提供战机。

激光枪

激光武器主要分两大类：一类是低能激光武器，主要是单兵使用的近程杀伤性武器；另一类是高能激光武器，也称强激光武器，主要用于攻击飞机、坦克、导弹、卫星等战术或战略目标。低能激光武器主要是激光枪和激光致盲武器等。激光枪的外形、重量、操作方法与普通步枪差不多，是一种激光轻武器。这种枪准确性高，无后坐力，无声响，不需计算提前量，也无需弹药保障，是一种理想的步兵武器。第一支激光枪由美国人于1978年3月研制成功，连同电源在内共12千克。激光枪为脉冲式工作，射速每秒1次以上。在近距能杀死敌人，击穿钢盔等防护装置，在1500米远的距离内，能使人致盲或烧损人员及物体。激光枪的使用方法与步枪相同，只要把激光束对准目标，就能击毁目标。这种枪已正式装备美国陆军作战分队。激光手枪是一种袖珍型激光武器，外形有手枪式、钢笔式、电筒式等。目前制造的红宝石袖珍式激光枪外形酷似钢笔，全重不到0.5千克。